住房和城乡建设部"十四五"规划教材

"十二五"普通高等教育本科国家级规划教材

高等学校土木工程专业指导委员会规划推荐教材

（经典精品系列教材）

# 钢结构（上册）
# ——钢结构基础

（第五版）

西安建筑科技大学　编

陈绍蕃　郝际平　顾　强　主编

中国建筑工业出版社

**图书在版编目(CIP)数据**

钢结构. 上册, 钢结构基础 / 西安建筑科技大学编；陈绍蕃，郝际平，顾强主编. — 5 版. — 北京：中国建筑工业出版社，2023.8

住房和城乡建设部"十四五"规划教材 "十二五"普通高等教育本科国家级规划教材 高等学校土木工程专业指导委员会规划推荐教材. 经典精品系列教材

ISBN 978-7-112-28800-7

Ⅰ. ①钢… Ⅱ. ①西… ②陈… ③郝… ④顾… Ⅲ. ①钢结构－高等学校－教材 Ⅳ. ①TU391

中国国家版本馆 CIP 数据核字(2023)第 100866 号

责任编辑：王 跃 吉万旺
责任校对：芦欣甜

　　本书第五版根据《钢结构通用规范》GB 55006—2021 对前版教材进行了修改和完善，以适应当前钢结构的发展和高等学校本科土木工程专业人才培养的需要。全书分上、下册。上册《钢结构基础》着重阐述钢结构的基本性能，包括材料、构件、连接和节点的性能及承载能力计算原理和方法。体系上改变过去按构件类型分章为按极限状态分章：截面强度、单个构件稳定、整体结构中构件稳定、脆性断裂和疲劳属于承载能力极限状态的不同侧面和层次，分列四章论述；正常使用极限状态也单列一章；简单设计示例和防腐、防火另列两章。

　　本书可作为土木工程专业本科教材，也可供工程设计和施工人员在工作中参考。

　　为更好地支持教学，我社向采用本书作为教材的教师提供课件，有需要者可与出版社联系，索取方式如下：建工书院 https：//edu. cabplink. com，邮箱 jckj@cabp. com. cn，电话(010)58337285。

住房和城乡建设部"十四五"规划教材
"十二五"普通高等教育本科国家级规划教材
高等学校土木工程专业指导委员会规划推荐教材
（经典精品系列教材）

**钢结构(上册)——钢结构基础**
（第五版）
西安建筑科技大学 编
陈绍蕃 郝际平 顾 强 主编

\*

中国建筑工业出版社出版、发行（北京海淀三里河路 9 号）
各地新华书店、建筑书店经销
北京红光制版公司制版
北京云浩印刷有限责任公司印刷

\*

开本：787 毫米×1092 毫米 1/16 印张：26¾ 字数：579 千字
2023 年 8 月第五版 2023 年 8 月第一次印刷
定价：**68.00** 元（赠教师课件）
ISBN 978-7-112-28800-7
(41162)

党和国家高度重视教材建设。2016年，中办国办印发了《关于加强和改进新形势下大中小学教材建设的意见》，提出要健全国家教材制度。2019年12月，教育部牵头制定了《普通高等学校教材管理办法》和《职业院校教材管理办法》，旨在全面加强党的领导，切实提高教材建设的科学化水平，打造精品教材。住房和城乡建设部历来重视土建类学科专业教材建设，从"九五"开始组织部级规划教材立项工作，经过近30年的不断建设，规划教材提升了住房和城乡建设行业教材质量和认可度，出版了一系列精品教材，有效促进了行业部门引导专业教育，推动了行业高质量发展。

为进一步加强高等教育、职业教育住房和城乡建设领域学科专业教材建设工作，提高住房和城乡建设行业人才培养质量，2020年12月，住房和城乡建设部办公厅印发《关于申报高等教育职业教育住房和城乡建设领域学科专业"十四五"规划教材的通知》（建办人函〔2020〕656号），开展了住房和城乡建设部"十四五"规划教材选题的申报工作。经过专家评审和部人事司审核，512项选题列入住房和城乡建设领域学科专业"十四五"规划教材（简称规划教材）。2021年9月，住房和城乡建设部印发了《高等教育职业教育住房和城乡建设领域学科专业"十四五"规划教材选题的通知》（建人函〔2021〕36号）。为做好"十四五"规划教材的编写、审核、出版等工作，《通知》要求：（1）规划教材的编著者应依据《住房和城乡建设领域学科专业"十四五"规划教材申请书》（简称《申请书》）中的立项目标、申报依据、工作安排及进度，按时编写出高质量的教材；（2）规划教材编著者所在单位应履行《申请书》中的学校保证计划实施的主要条件，支持编著者按计划完成书稿编写工作；（3）高等学校土建类专业课程教材与教学资源专家委员会、全国住房和城乡建设职业教育教学指导委员会、住房和城乡建设部中等职业教育专业指导委员会应做好规划教材的指导、协调和审稿等工作，保证编写质量；（4）规划教材出版单位应积极配合，做好编辑、出版、发行等工作；（5）规划教材封面和书脊应标注"住房和城乡建设部'十四五'规划教材"字样和统一标识；（6）规划教材应在"十四五"期间完成出版，逾期不能完成的，不再作为《住房和城乡建设领域学科专业"十四五"规划教材》。

住房和城乡建设领域学科专业"十四五"规划教材的特点：一是重点以修订教育部、住房和城乡建设部"十二五""十三五"规划教材为主；二是严格按照专业标准规范要求编写，体现新发展理念；三是系列教材具有明显特点，满足不同层次和类型的学校专业教学要求；四是配备了数字资源，适应现代化教学的要求。规划教材的出版凝聚了作者、主审及编辑的心血，得到了有关院校、出版单位的大力支持，教材建设管理过程有严格保障。希望广大院校及各专业师生在选用、使用过程中，对规划教材的编写、出版质量进行反馈，以促进规划教材建设质量不断提高。

住房和城乡建设部"十四五"规划教材办公室

2021 年 11 月

# 修订说明

为规范我国土木工程专业教学，指导各学校土木工程专业人才培养，高等学校土木工程学科专业指导委员会组织我国土木工程专业教育领域的优秀专家编写了《高等学校土木工程专业指导委员会规划推荐教材》。本系列教材自 2002 年起陆续出版，共 40 余册，十余年来多次修订，在土木工程专业教学中起到了积极的指导作用。

本系列教材从宽口径、大土木的概念出发，根据教育部有关高等教育土木工程专业课程设置的教学要求编写，经过多年的建设和发展，逐步形成了自己的特色。本系列教材曾被教育部评为面向 21 世纪课程教材，其中大多数曾被评为普通高等教育"十一五"国家级规划教材和普通高等教育土建学科专业"十五""十一五""十二五""十三五"规划教材，并有 11 种入选教育部普通高等教育精品教材。2012 年，本系列教材全部入选第一批"十二五"普通高等教育本科国家级规划教材。

2011 年，高等学校土木工程学科专业指导委员会根据国家教育行政主管部门的要求以及我国土木工程专业教学现状，编制了《高等学校土木工程本科指导性专业规范》。在此基础上，高等学校土木工程学科专业指导委员会及时规划出版了高等学校土木工程本科指导性专业规范配套教材。为区分两套教材，特在原系列教材丛书名《高等学校土木工程专业指导委员会规划推荐教材》后加上经典精品系列教材。2021 年，本套教材整体被评为《住房和城乡建设部"十四五"规划教材》，请各位主编及有关单位根据《高等教育 职业教育住房和城乡建设领域学科专业"十四五"规划教材选题的通知》要求，高度重视土建类学科专业教材建设工作，做好规划教材的编写、出版和使用，为提高土建类高等教育教学质量和人才培养质量做出贡献。

高等学校土木工程学科专业指导委员会

中国建筑工业出版社

这本《钢结构》是我的导师陈绍蕃先生十分重视的一本教材，凝聚了先生几十年的心血。先生生前十分重视本科教学，年近期颐仍然多次为本科生做报告。本教材的前三版修订工作，无论从内容的取舍、章节的安排，还是到字句的斟酌和最终统稿，先生都十分认真，即使在身体欠佳，不能像以前从早到晚的工作，先生还是在生前完成了第四版的修订工作，他期望本教材能为我国培养土木工程学子发挥作用，希望能让土木工程学子对钢结构有基本的认知。事实上，陈先生主编期间，这本教材在全国有着广泛的影响，修订次数多，印刷量大，至今已发行 40 余万册。

先生生前就曾多次嘱咐我接手修订工作，说这不仅仅是他主编的《钢结构》教材，更是西安建筑科技大学主编的教材，希望教材能继续再版服务于广大读者。但我深知自己才疏学浅，一直没有答应此事。2017 年 3 月我在北京参加"两会"期间，先生在病床上又电话与我说起此事。直至"两会"闭幕后，我抵达西安径直赶往病房探望先生时，也没有敢答应先生再次提起的此事。我当时一是祈盼先生痊愈继续主编，二是祈盼或在先生指导下接手，开展修订工作。怎奈先生不久后驾鹤西去，这一切都不可能了，我唯有斗胆接此主编工作，以期不辜负先生的愿望，不辜负这本有重要影响力的西安建筑科技大学的教材。我虽有心尽力编好，但无论从学术水平上，文字功夫上，还是人生修养上，先生在我心中都是永远无法企及的高山。

虽然这次修编工作以保留陈先生的学术理念为原则展开，但限于我的能力，新版教材很难达到先生任主编时的水平。

我们在保持原书章节结构和体例不变的前提下，根据新颁布的《工程结构通用规范》《建筑与市政工程抗震通用规范》《钢结构通用规范》和本书所引用的其他技术标准和规范的修订，对前版教材上、下册进行修订，以适应高等学校土木工程专业人才培养的需要。上册的主要修订工作如下：

1. 按照现行《工程结构通用规范》GB 55001—2021 修改了荷载分项系数。

2. 按照现行《低合金高强度结构钢》GB/T1591—2018，将前版的 Q345 钢用上屈服点表示的 Q355 钢代替，同时增加了强度高于 Q460 的高强度低合金结构钢和低屈服点钢的介绍。

3. 将轴力构件三种屈曲形式的辨析调整至第 4 章开头，有助于学生形成压杆稳定的整体概念。

4. 第 5 章增加了框架整层稳定的内容，有助于加深学生对失稳本质以及计算长度物理意义的理解。

5. 防腐蚀和防火是钢结构不可回避的问题，本版增加了钢构件的耐火验算和防火保护设计等内容。

　　本版修订工作分工如下：第 1、2 章郝际平，第 3 章田黎敏，第 4 章苏明周，第 5、6 章田炜烽，第 7 章、附录杨俊芬，第 8 章钟炜辉，第 9 章杨应华，第 10 章于金光，全书最后由我定稿。 真诚希望读者提出意见和建议，以便我们今后改进。

郝际平

2023 年 8 月

# 第四版前言

　　鉴于本书引用的一些技术标准和规范的更新，秉持如下原则对本书进行了修订。

　　1. 完整保持原书章节结构和体例不变。

　　2. 坚持开放性思维的思想，尽量避免定势思维影响。

　　3. 及时更新原书中技术规范和规程的引用。

　　限于水平，不当抑或错误之处在所难免，望读者不吝赐教。

编　者

2018 年 8 月

为了培养创新型人才，教科书应该不仅是传授知识的工具，还需担负起开发智力、启迪思辨精神的任务。 为此，本书这次修订从两方面着手：一是更新内容，这是每次修订不可或缺的。 二是改进写法，改定势思维为开放性思维：避免刻板式叙述，关注条件变化；树立全面考察、争取最优化的思想；结合论述的内容提出讨论和思考的问题。 以梁的截面选择为例，过去只是结合截面强度给出一系列经验公式。 这次的改进是：（1）指出公式是前人在低碳钢的基础上得出的，有局限性，用于高强度钢时需要适当修正；（2）在评论三种不同的 H 型钢的优劣时，不仅比较耗钢量，还引进占用建筑净空问题；（3）增加按整体稳定要求选择截面的分析，指出和按强度选截面的差异。

教科书如何对待设计规范，这次也有所改变。 以前是对规范的每一条款都奉为圭臬，只能遵守，不能违反或置疑。 这次修订，对高强度螺栓抗拉连接的分类和相关计算方法进行评论，指出其缺点，有利于解除思想禁锢。

更新内容必然涉及《钢结构设计规范》的新旧更替问题。 规范的修订工作已经启动多年。 我们原以为这本第三版可以依照新规范来写，但事与愿违，交稿之前新规范尚未问世。 这一情况使我们陷于两难的境地。 最后决定：GB 50017—2003 规范明显陈旧的内容，教材有必要加以更新，可以选用新规范草案的内容，但一般不加以联系。

从更新内容的角度，这次增加了两章：简单钢结构设计示例（第 9 章）和钢结构的防腐蚀和防火（第 10 章）。 第 9 章把前 8 章串联起来，给出钢结构设计的概貌，有助于形成钢结构设计的整体概念，对只学本书上册而不学下册的学生提供一个有益的总结。 防腐蚀和防火是建造钢结构必然遇到的问题。 缺了这部分，对钢结构的认识就不够完整。 在增加内容的同时，我们也删去一些，包括 1.4.3 节概率极限状态法和第 7 及第 8 章一些次要内容。

为适应当前教学需求，本书作者制作了配套的《学习辅导材料》光盘，附于书后。 光盘中有每一章的教学电子课件，供有需要的读者学习使用。

从事本版编写工作的人员分工如下：第 1、2 章陈绍蕃，第 3、10 章郝际平，第 4、8 章郭成喜，第 5、6 章于安林，第 7 章顾强，第 9 章杨应华，各章习题李峰，全书最后由陈绍蕃定稿。 我们虽然致力于启迪思辨精神，但未能完全摆脱旧习惯的束缚，具体做得仍然很不够。 希望读者不吝提出改进意见。

编　者
2013 年 10 月

　　本书 2003 年版是 1994 年《钢结构》第二版的延伸，因而编者把它看作是第三版。 但是，由于体系和内容含量都有很大变动，且从单册扩展为上、下两册，出版社把它作为新书对待。 因此，这次修订的新版本应为新第二版。

　　时间已经进入第十一个五年规划的年代，本着与时俱进的精神并鉴于几年来使用过程中发现不少缺点，现在对 2003 年出版的本书第一版上、下册进行全面修订。 上册修改概况如下：

　　1. 增加新内容和以新代旧

　　第 2 章增加了耐火钢；第 7 章增加了焊接热影响区；有关稳定性的两章增加了以下内容：T 形截面压杆的板件宽厚比限值，板件宽厚比的限值何时可以放宽，框架柱基于层刚度的计算长度系数。 焊缝代号原来是按 1988 年的《焊缝符号表示方法》写的，现在改按 2001 年的《建筑结构制图标准》GB/T 50105—2001重写。

　　2. 加强概念，有利于读者较深刻理解钢结构的性能

　　主要是有关稳定性的概念：格构柱换算长细比的实质；梁整体失稳时既弯又扭的原因；梁等效临界弯矩系数和弯矩分布及支撑的关系；圆管径厚比限值和屈服强度的关系何以和板件宽厚比不同；杆件计算长度不仅和端部约束情况有关，也和自身受力情况有关；刚架柱计算长度和柱顶荷载分布有关(柱相互支持作用)。 此外，还有方管桁架节点连接焊缝的有效长度和两种连接类型中高强螺栓抗拉承载力的一致性等。

　　3. 删去较为繁琐的次要内容，以免篇幅过大

　　删去内容包括：有关塑性设计的表 3-3 和公式(3-46)、公式(3-47)；与图 4-45 差别不大的图 4-47；斜角焊缝的图 7-32(复杂，存在问题较多)；图 7-57(a)(和图 7-53 重复)；图 7-58(e)(过分夸张)；图 7-91(e)、(h)(删繁就简)。

　　4. 改正错误和不尽确切的论述

　　有关受拉高强度螺栓的论述；变截面梁的算例；板件厚度大于 16mm 的截面，f 误用 215MPa；图 2-1 低合金钢伸长率应小于低碳钢；图 2-6 高温下钢材屈服强度曲线偏高，和文字叙述不一致；相当一部分图中存在的缺点。

　　5. 增强教材内在联系

　　轴心拉杆的性能和拉伸试件相联系；压杆选截面中的局部稳定因素。

　　我们力争在这次修订后不再存在错误和不够完备之处，并做到概念清楚完整，文字叙述容易读懂。 但是实际上难于完全做到。 对于仍然存在的这样或那样不足之处，请广大读者不吝提出改进意见。

下册的修订概况在该书前言中说明。

此外，与本教材配套的《钢结构学习辅导与习题精解》已由中国建筑工业出版社出版，欢迎参阅。

编　者

2007 年 4 月

鉴于钢结构的应用范围迅速扩展，高等学校土木工程专业的调整和《钢结构设计规范》的修订，本书 1994 年第二版已经不能适应当前的需要。新的版本和第二版的差别主要有以下几个方面。

1. 扩充内容。把全书分为《钢结构基础》和《房屋建筑钢结构设计》两部分，分册出版。上册阐述钢结构的基本性能及设计原理；下册阐述各类房屋钢结构的设计要领和方法。

2. 改变教材体系。除划分为基础和设计两大部分外，基础部分采用了新的体系，改变过去的按构件类型分章为按极限状态分章。各类构件的强度计算属于截面承载能力问题，稳定计算则属于整个构件的承载能力问题，二者的性质截然不同。对这两个问题分章论述，概念较为清晰。构件只是整体结构的一个组成部分，由于构件之间相互制约，失稳实质上涉及整个结构。这种整体性目前由构件的计算长度系数来解决，集中写在第 5 章中。正常使用极限状态单列一章。此外，把节点构造集中起来和连接合为一章，便于读者掌握构造设计的原理。

3. 更新内容。新《钢结构设计规范》GB 50017—2003 在原 GBJ 17—88 规范的基础上做了很多更新和充实。本书除全面吸收这些内容外，还适当更新一些其他内容。例如，对牛腿连接焊缝的计算和高强度螺栓抗拉连接的计算都提出了新的、更为经济合理的观点。配合近年来钢结构应用范围的扩展，下册列入了轻型门式刚架设计和多层和高层房屋结构的设计。

4. 拓宽理论基础，密切联系实际。在基础部分注意用发展的观点处理问题。例如随着轻型钢结构的推广应用，扭转和局部变形的影响在设计中愈来愈显得重要。为此，在强度一章中较全面地阐述了扭转的效应；同时还在第 7 章专门写了一节《节点构造对构件承载力的影响》。在基础部分还注意密切联系实际，在第 2 章中除对结构用钢的质量分级和选用做了较全面的阐述外，还写了有关钢材性能鉴定的内容以适应从事实际工作的需要。

参与编写工作的有：陈绍蕃(第一主编和上册第 1 章)，顾强(第二主编，上册第 3、7 章，下册第 3 章)，于安林(上册第 2、5、6 章，下册第 1 章)，郭成喜(上册第 4、8 章，下册第 2、4 章)。李峰参加了习题编选工作。本书的第一版和第二版原编写人员为陈绍蕃、永毓栋、蒋焕南、陈骥和郭在田。

本版变动很大，内容取舍、论述和前后衔接难免存在不妥之处。敬希读者发现后予以指正！

编　者
2002 年 7 月

# 目 录

**第 1 章　概述** 　　　　　　　　　　　　　　　　　　　　　001

　1.1　钢结构的特点和应用　　　　　　　　　　　　　　001

　1.2　钢结构的建造过程和内在缺陷　　　　　　　　　006

　1.3　钢结构的组成原理　　　　　　　　　　　　　　008

　1.4　钢结构的极限状态　　　　　　　　　　　　　　011

　1.5　钢结构的发展　　　　　　　　　　　　　　　　013

　1.6　钢结构课程的特点和学习建议　　　　　　　　　015

　习题　　　　　　　　　　　　　　　　　　　　　　017

**第 2 章　钢结构的材料** 　　　　　　　　　　　　　　　　018

　2.1　对钢结构用材的要求　　　　　　　　　　　　　018

　2.2　钢材的主要性能及其鉴定　　　　　　　　　　　019

　2.3　影响钢材性能的因素　　　　　　　　　　　　　024

　2.4　钢材的延性破坏和非延性破坏、循环加载和快速加载的效应　030

　2.5　结构钢材的类别及钢材的选用　　　　　　　　　035

　习题　　　　　　　　　　　　　　　　　　　　　　041

**第 3 章　构件的截面承载能力——强度** 　　　　　　　　042

　3.1　轴力构件的强度及截面选择　　　　　　　　　　042

　3.2　受弯构件的类型和强度　　　　　　　　　　　　046

　3.3　梁的局部压应力和组合应力　　　　　　　　　　057

　3.4　按强度条件选择梁截面　　　　　　　　　　　　059

　3.5　梁的内力重分布和塑性设计　　　　　　　　　　070

　3.6　拉弯、压弯构件的应用和强度计算　　　　　　　072

　习题　　　　　　　　　　　　　　　　　　　　　　078

**第 4 章　单个构件的承载能力——稳定性** 　　　　　　　080

　4.1　稳定问题的一般特点　　　　　　　　　　　　　080

4.2　轴压构件的整体稳定性 084

4.3　实腹式柱和格构式柱的截面选择计算 101

4.4　受弯构件的弯扭失稳 111

4.5　压弯构件的面内和面外稳定性及截面选择计算 119

4.6　板件的稳定和屈曲后强度的利用 133

习题 162

**第5章　整体结构中的压杆和压弯构件** 166

5.1　桁架中压杆的计算长度 166

5.2　框架稳定和框架柱计算长度 170

5.3　有侧移框架的整层稳定 177

习题 182

**第6章　钢结构的正常使用极限状态** 184

6.1　正常使用极限状态的特点 184

6.2　拉杆、压杆的刚度要求 185

6.3　受弯构件的变形限制 188

6.4　钢结构的变形限制 190

6.5　振动的限制 191

习题 192

**第7章　钢结构的连接和节点构造** 193

7.1　钢结构对连接的要求及连接方法 193

7.2　焊接连接的特性 195

7.3　对接焊缝的构造和计算 204

7.4　角焊缝的构造和计算 209

7.5　焊接热效应 229

7.6　普通螺栓连接的构造和计算 235

7.7　高强度螺栓连接的性能和计算 249

7.8　焊接梁翼缘焊缝的计算 260

7.9　构件的拼接 262

7.10　梁与梁的连接 269

7.11　梁与柱的连接 272

7.12　柱脚设计 281

7.13  桁架节点设计      290

7.14  节点构造对构件承载力的影响      306

习题      307

## 第 8 章  钢结构的脆性断裂和疲劳      312

8.1  钢结构脆性断裂及其防止      312

8.2  钢结构抗疲劳设计      317

习题      333

## 第 9 章  简单钢结构设计示例      335

9.1  厂房的天窗结构      335

9.2  桁架桥的桥面系设计      346

## 第 10 章  钢结构的防腐蚀和防火      356

10.1  钢结构的腐蚀      356

10.2  钢结构的防腐蚀方法      360

10.3  钢结构重防腐蚀涂料      363

10.4  钢结构的火灾危险      365

10.5  钢结构的火灾防治      367

10.6  钢构件的耐火验算与防火保护设计      371

习题      375

## 附录      376

附录 1  型钢规格表      376

附录 2  螺栓和锚栓规格      395

附录 3  钢材的化学成分和力学性能      396

附录 4  钢材、焊缝和螺栓连接的强度设计值      398

附录 5  各种截面回转半径的近似值      400

附录 6  H 型钢、等截面工字形简支梁等效弯矩系数和轧制工字钢梁的稳定系数      401

附录 7  轴心受压构件的稳定系数      402

附录 8  框架柱计算长度系数      405

## 参考文献      409

第 1 章

# 概　　述

## 1.1　钢结构的特点和应用

### 1.1.1　钢结构的特点

钢结构是用钢板、热轧型钢或冷加工成型的薄壁型钢制造而成的结构。和其他材料的结构相比，钢结构有如下一些特点：

（1）材料的强度高，塑性和韧性好，但压力会使强度不能充分发挥

钢材和其他建筑材料诸如混凝土、砖石和木材相比，强度要高得多。因此，特别适用于跨度大或荷载很大的构件和结构。钢材还具有塑性和韧性好的特点。塑性好，结构在一般条件下不会因超载而突然断裂；韧性好，结构对动力荷载的适应性强。一方面，良好的吸能能力和延性还使钢结构具有优越的抗震性能。另一方面，由于钢材的强度高，做成的构件截面小而壁薄，受压时需要满足稳定的要求，强度有时不能充分发挥。图 1-1 给出同样断面的钢拉杆和压杆受力性能的比较：拉杆的极限承载能力高于压杆。这和混凝土抗压强度远远高于抗拉强度形成鲜明的对比。

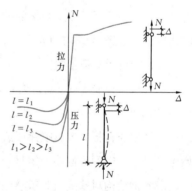

图 1-1　钢拉杆和压杆受力性能比较

（2）材质均匀，和力学计算的假定比较符合

钢材内部组织比较接近于匀质和各向同性体，而且在一定的应力幅度内几乎是完全弹性的。因此，钢结构的实际受力情况和工程力学计算结果比较符合。钢材在冶炼和轧制过程中质量可以严格控制，材质波动的范围小。

（3）钢结构制造简便，施工周期短

钢结构所用的材料单纯而且是成材，加工比较简便，并能使用机械操作。因此，大量的钢

结构一般在专业化的金属结构厂做成构件，精确度较高。构件在工地拼装，可以采用安装简便的普通螺栓和高强度螺栓，有时还可以在地面拼装和焊接成较大的单元再行吊装，以缩短施工周期。小量的钢结构和轻钢屋架，也可以在现场就地制造，随即用简便机具吊装。此外，对已建成的钢结构也比较容易进行改建和加固，用螺栓连接的结构还可以根据需要进行拆迁。

（4）钢结构的质量轻

钢材的密度虽比混凝土等建筑材料大，但钢结构却比钢筋混凝土结构轻，原因是钢材的强度与密度之比要比混凝土大得多。以同样的跨度承受同样荷载，钢屋架的质量最多不过钢筋混凝土屋架的 1/4～1/3，冷弯薄壁型钢屋架甚至接近 1/10，为吊装提供了方便条件。对于需要远距离运输的结构，如建造在交通不便的山区和边远地区的工程，质量轻也是一个重要的有利条件。屋盖结构的质量轻，对抵抗地震作用有利。另一方面，质轻的屋盖结构对可变荷载的变动比较敏感，荷载超额的不利影响比较大。受有积灰荷载的结构如不注意及时清灰，可能会造成事故。风吸力可能造成钢屋架的拉、压杆反号，设计时不能忽视。设计沿海地区的房屋结构，如果对飓风作用下的风吸力估计不足，则屋面系统有被掀起的危险。广东湛江地区就发生过这种情况。

（5）钢材耐腐蚀性差

钢材耐腐蚀的性能比较差，必须对结构注意防护。尤其是暴露在大气中的结构如桥梁，更应特别注意。这使维护费用比钢筋混凝土结构高。不过在没有侵蚀性介质的一般厂房中，构件经过彻底除锈并涂上合格的油漆，锈蚀问题并不严重。近年来出现的耐候钢具有较好的抗锈性能，已经逐步推广应用。

（6）钢材耐热但不耐火

钢材长期经受 100℃ 辐射热时，强度没有多大变化，具有一定的耐热性能；但温度达到 150℃ 以上时，就须用隔热层加以保护。钢材不耐火，重要的结构必须注意采取防火措施。例如，利用蛭石板、蛭石喷涂层或石膏板等加以防护。防护使钢结构造价提高。目前已经开始生产具有一定耐火性能的钢材，是解决问题的一个方向。

（7）钢结构对缺陷较为敏感

任何事物都不是十全十美的，钢结构也不例外。不仅钢材出厂时就有内在缺陷，构件在制作和安装过程中还会出现新的缺陷。钢结构对缺陷较为敏感，设计时需要考虑其效应。

（8）钢结构的变形有时会控制设计

由于钢材强度高而构件截面小，钢结构在荷载作用下的变形比较大。尤其是采用高强度钢材的结构，构件可能因变形限制而需要加大构件截面。

（9）钢结构对生态环境的影响小

建造钢结构不需要开山采石、河底挖砂等破坏生态环境的行为，施工过程可以大幅度减少碳的排放。终止服役的钢结构，可以用作炼钢的原材料，不产生大量垃圾。钢结构建筑从建造到拆除，从拆除到回收，从回收到再加工，从再加工到再建造，钢材可以实现低损耗循环利用。

### 1.1.2　钢结构的应用范围

钢结构的合理应用范围不仅取决于钢结构本身的特性，还受到国民经济发展情况的制约。从新中国成立到 20 世纪 90 年代中期，钢结构的应用经历了一个"节约钢材"阶段，即在土建工程中钢结构只用在钢筋混凝土不能代替的地方。原因是钢材短缺：1949 年全国钢产量只有十几万吨，虽然大力发展钢铁工业，钢产量一直跟不上社会主义建设宏大规模的要求。直至 1996 年钢产量达到 1 亿吨，局面才得到根本改变，钢结构的技术政策改成"合理使用钢材"。此后，钢结构在土建工程中的应用日益扩展。根据我国国民经济"十五"计划至"十四五"规划，国家对钢结构行业的支持政策经历了从"合理使用钢材"到"推广绿色建筑、绿色施工"再到"推广装配式建筑和钢结构建筑"的变化。

从技术角度看，钢结构的合理应用范围包括以下几个方面（图 1-2～图 1-7）。

（1）大跨度结构

结构跨度越大，自重在全部荷载中所占比重也就越大，减轻自重可以获得明显的经济效果。因此，钢结构强度高而质量轻的优点对于大跨桥梁和大跨建筑结构特别突出。我国人民大会堂的钢屋架、各地体育馆的悬索结构、钢网

图 1-2　高层钢结构建筑

图 1-3　斜拉桥

图 1-4　穹顶结构

图 1-5　钢拱桥

图 1-6　杂交结构

图 1-7　海上采油平台

架和网壳，陕西秦始皇墓陶俑陈列馆的三铰拱架都是大跨度屋盖的具体例子。很多大型体育馆屋盖结构的跨度都已超过 200m，南京奥林匹克体育中心的跨度已经超过了 360m。1968 年在长江上建成的第一座铁路公路两用的南京桥，最大跨度 160m，其后在九江和芜湖建成的，跨度分别增大到 216m 和 312m。长江上的公路桥跨度更大，正在建设的常泰长江大桥主跨 1176m，是目前世界上最大跨度的斜拉桥。大桥于 2019 年 1 月开工建设，计划于 2024 年建成投用。武汉杨泗港长江大桥主跨长达 1700m，是长江首座双层公路桥，同时也是世界上跨度最大的双层悬索桥。2022 年开工建设的张靖皋长江大桥，大桥主跨 2300m，建成后将成为世界最大跨径桥梁。

（2）重型厂房结构

钢铁联合企业和重型机械制造业有许多车间属于重型厂房。所谓"重"，就是车间里吊车的起重质量大（常在 100t 以上，有的达到 440t），其中有些作业也十分繁重（24h 运转）。这些车间的主要承重骨架往往全部或部分采用钢结构。新建的宝山钢铁公司，主要厂房都是钢结构的。另外，有强烈辐射热的车间，也经常采用钢结构。

（3）受动力荷载影响的结构

由于钢材具有良好的韧性，设有较大锻锤或其他产生动力作用设备的厂房，即使屋架跨度不很大，也往往用钢制成。对于抗震能力要求高的结构，用钢来做也是比较适宜的。

（4）可拆卸的结构

钢结构不仅质量轻，还可以用螺栓或其他便于拆装的手段来连接。需要搬迁的结构，如建筑工地生产和生活用房的骨架，临时性展览馆等，钢结构最为适宜。钢筋混凝土结构施工用的模板支架，现在也趋向于用工具式的钢桁架。

（5）高耸结构和高层建筑

高耸结构包括塔架和桅杆结构，如高压输电线路的塔架、广播和电视发射用的塔架和桅杆等。上海的东方明珠电视塔高度达 468m，广州的新电视塔广州塔高达 600m。1977 年建成的北京环境气象塔高 325m，是五层拉线的桅杆结构。高层建筑的骨架，也是钢结构应用范围的一个方面，例如上海环球金融中心，高度为 492m，上海中心大厦，高度为 632m。

（6）容器和其他构筑物

用钢板焊成的容器具有密封和耐高压的特点，广泛用于冶金、石油、化工企业中，包括油罐、煤气罐、高炉、热风炉等。此外，经常使用的还有皮带通廊栈桥、管道支架、钻井和采油塔架，以及海上采油平台等其他钢构筑物。

（7）轻型钢结构

钢结构质量轻不仅对大跨结构有利，对使用荷载特别轻的小跨结构也有优越性。因为使用荷载特别轻时，小跨结构的自重也就成了一个重要因素。冷弯薄壁型钢屋架在一定条件下的用钢量可以不超过钢筋混凝土屋架的用钢量。轻型门式刚架因其轻便和安装迅速，近 20 年来如雨后春笋大量出现。

从全面经济观点看，钢结构还具有更多的优越性。在地基条件差的场地，多层房屋即使高度不是很大，钢结构因其质轻而降低基础工程造价，仍然可能是首选。在地价高昂的区域，钢结构则以占用土地面积小而显示它的优越性。工期短，投资及早得到回报，是有利于选用钢结构的又一重要因素。施工现场可利用的面积狭小，也是需要借重钢结构的一个条件。现代化的建筑物中各类服务设施包括供电、供水、中央空调和信息化、智能化设备，需用管线很多。钢结构易于和这些设施配合，使之少占用空间。此外，相对于传统混凝土建筑，钢结构建筑有低碳、绿色的优势，在"双碳"背景下，钢结构建筑的发展迎来了契机。钢结构建筑作为绿色建筑的主要代表，在建造过程中二氧化碳的排放量比传统混凝土要低 35% 以上，对自然环境的影响也小，"全生命周期"经济效益好。因此，对多层建筑采用钢结构和装配式钢结构也逐渐成为一种趋势。

钢结构和钢筋混凝土结构的合理应用范围是有重叠的，从而导致两者相互竞争的局面。钢铁工业和水泥工业都不断提高材料强度、优化性能和降低成本以求在竞争中占优势。造成两种结构随时间而此消彼长。这是两种结构之间的第一层关系。另一方面，两种结构各有其长处，从而出现相互配合的各类组合结构。

## 1.2 钢结构的建造过程和内在缺陷

### 1.2.1 钢结构的建造过程

钢结构的建造分为两个主要步骤，即工厂制造和工地安装。工厂制造包括下列工序：

钢材的验收、整理和保管，包括必要的矫正；

按施工图放样，做出样板、样杆，并据以划线和下料；

对划线后的钢材进行剪切（焰割）、冲（钻）孔和刨边等项加工，非平直的零件则需要通过煨弯和辊圆等工序来成型；

对加工过程中造成变形的零件进行整平（辊平、顶平）；

把零件按图装配成构件，并加以焊接（栓接）；

对焊接造成的变形加以矫正；

除锈和涂漆。

工地安装工作包括：

现场的扩大拼装；

把扩大拼装后的构件（子结构）一一吊装就位，相互连接，加以临时固定；

调整各部分的相对位置，使符合安装精度的要求，并做最后固定。

建造过程，尤其是加工阶段，不可避免地要对钢结构的性能产生影响，如冷加工硬化和焊接热效应等，要用适当的方法进行处理。

### 1.2.2　钢结构的初始缺陷

在力学分析中，一般都把结构和构件理想化，如：直杆的轴线都是几何学的直线；垂直于地面的柱子不仅是挺直的，而且其铅直位置没有丝毫偏斜；构件的长度完全符合设计图的尺寸，不存在误差等。实际工程中的构件，显然不可能完全符合这些理想化的条件。钢结构的施工和验收规范对构件出厂时的初弯曲、柱子安装时的倾斜率等都规定有允许偏差值。

分析和设计钢结构时，必须考虑初始几何缺陷的效应。直杆的初弯曲，对受拉构件和受压构件就有所不同。微弯的杆受拉时，矢度逐渐减小直至消失；受压时则正好相反，压力愈大则弯曲愈甚，杆件的弯矩随之愈大。静定的杆系结构，当杆件长度有偏差时，组装后只是形状略有偏离，超静定结构则将产生初始内力。如图 1-8 所示的铰接桁架的一个节间，其斜杆 $AD$ 略偏短，装配在一起时 $BC$ 两点的距离将比原定的数值增大，使正方形变为菱形。如果这个节间设计为具有交叉斜杆，而且两根斜杆都偏短，那么采取措施强行组装后，两根斜杆将承受一定拉力，而周边四根杆则

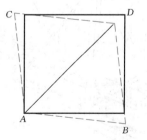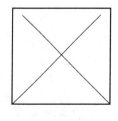

图 1-8　杆件长度偏差的影响

产生与之平衡的压力。这些初始内力会对结构性能产生不利的影响。因此，提高施工精度十分必要。

除了几何缺陷外，钢结构还有材料缺陷。钢材的匀质和等向性虽然优于混凝土和木材，但并不是理想的匀质体和各向同性体。这方面的问题可以称为力学缺陷。构件在焊接、火焰切割和热轧后形成的残余应力（详见第 7 章 7.5.1 节）也可看成是力学缺陷。这些缺陷也对钢结构有不可忽视的影响，将在以后的章节中论述。

## 1.3　钢结构的组成原理

任何结构都必须是几何不可变的空间整体，并且在各类作用的效应之下保持稳定性、必要的承载力和刚度。当结构的承重主体是桁架、刚架等平面体系时，需要设置一些辅助构件如支撑、横隔等把它们连成空间整体。近年来对钢结构提出一项新要求，即结构遭遇冲撞、爆炸等意外事件，造成局部损伤时（包括一根关键性构件破坏），不致造成建筑物倒塌。

第 1.1 节所述的各类结构，除了容器类结构外，可以划分成两类，即跨越结构和高耸结构。前者是跨越地面上一定空间的结构，包括桥梁和单层房屋结构；后者则是从地面向上发展的结构，包括高层房屋、塔架和桅杆结构。层数不多的房屋则介于两者之间。

### 1.3.1　跨越结构

早期的跨越结构都是由平面体系加支撑组成。最典型的当属支在钢筋混凝土桥墩上的桁架桥。桁架桥的承重主体是两榀相互平行的桁架，称为主桁。两主桁的上弦之间组成水平支撑桁架，称为纵向联结系。下弦之间也是如此。图 1-9 示出穿式铁路桁架桥的简图。此图略

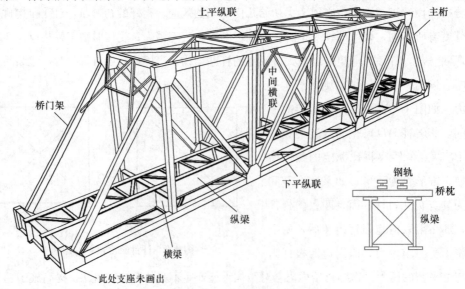

图 1-9　穿式桁架桥

去桁架的斜杆，以免线条过多而看不清楚。

除了水平支撑架外，在桁架两端斜杆（或端竖杆）之间组成桥门架，形成一个几何不可变的六面体。还在若干竖杆平面组成竖向支撑架以增强整个结构的抗横向摇摆的刚度。

穿式桁架桥的下弦平面还应有承受钢轨（或桥面板）的桥面系结构。它包括横梁和纵梁。横梁同时是下弦支撑桁架的横杆。

支撑系统虽属辅助结构，却起着多方面的作用：上、下水平支撑都承受风荷载。图中主桁的支座在下弦端部。上弦支撑承受的风力要经桥门架传下来。下弦支撑还承受车辆摇摆力等。此外，水平支撑还使主桁受压杆件在平面外的计算长度减小。

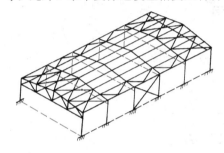

图 1-10　单层房屋结构的组成

单层房屋的屋盖结构也常用平面屋架（或和钢柱组成平面框架）和支撑体系组成，和桁架桥十分相似。不过屋盖结构中桁架榀数多，水平支撑架只需设在一部分桁架之间，未设支撑的开间则用纵向构件相联系。图 1-10 给出单层房屋结构组成的示意图。纵向构件包括有设置在两侧的纵向支撑架，使在屋架上弦平面内形成刚性片体，以加强空间作用。

如图 1-10 所示，框架柱列也要适当布置支撑，以保证纵向稳定性和刚度要求。结构的横向性能则由框架的抗侧移刚度提供。

在平面体系继续应用的同时，空间体系已在大跨度房中蓬勃发展。平板网架是我国用得较早而又较多的空间屋盖结构体系。它的特点是把屋面荷载双向或三向传递，减少甚至省去辅助性的支撑结构，从而使钢材利用得更为有效。图 1-11 （a）的平板网架由许多倒置的四角锥组成，所有构件都是主要承重体系的部件，完全没有附加的支撑。图 1-11 （b）穹顶结构是另一种空间结构形式，适合于平面为圆形或正多边形的建筑物。悬索屋盖结构则可以适应各种不同的建筑平面。

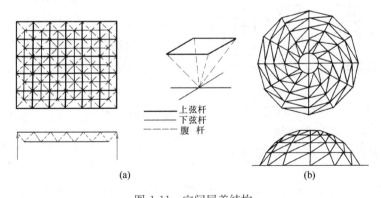

上弦杆
下弦杆
腹　杆

(a)　　　　　　　　　　　　　　　(b)

图 1-11　空间屋盖结构

(a) 平板网壳；(b) 穹顶结构

大跨度的框架也可做成空间体系。如图 1-12 所示的一座体育馆，采用了三个大型空间框架。每个框架都是几何不可变体系，不需要设置支撑。屋面结构悬吊在三榀框架的下弦之间。

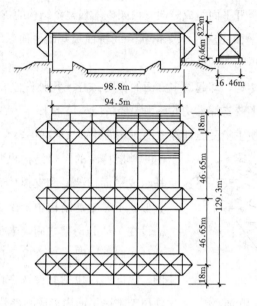

图 1-12　空间框架体系

## 1.3.2　高耸结构

高层房屋结构当两个方向的梁都和柱刚性连接而形成空间刚架，可以无需设置支撑（图 1-13a）。但是，高耸结构不同于跨越结构的一个重要特点是，水平荷载（风力、地震的水平作用）可能居于主导地位。刚架以其构件的抗弯和抗剪来抵抗水平荷载，侧移变形比较大，对 20 层以上的楼房就显得刚度不足，需要借助于支撑或剪力墙（图 1-13b、c），支撑和剪力墙是钢结构常用的抗侧力构件。如果房屋平面为狭长形，则可以仅在窄的一边设置支撑。高度很大而两个方向都需要支撑或剪力墙时可以做成竖筒。图 1-13（d）是重型支撑组成的外筒，适合于 100 层左右的房屋。这种结构方案已经像是一座塔架了。

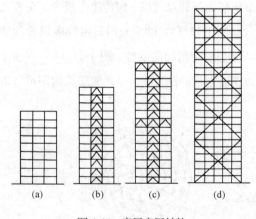

图 1-13　高层房屋结构

（a）框架结构；（b）框架-支撑结构；（c）设置帽桁架与腰桁架的框架-支撑结构；（d）支撑筒体结构

图 1-14 给出一个横截面为正六边形的塔架，它本身就是一座空间桁架。为了保证横截面的几何不变性，需要适当设置横隔。除了顶面和塔柱倾角改变处必须设置外，每隔一定高

度还应设置。

桅杆属于用纤绳抵抗水平作用和保持稳定的结构，见图 1-15。纤绳层数随桅杆高度而定，矮者 2～3 层，高者 5～6 层。纤绳是柔性构件，安装时必须赋予一定的预拉力。预拉力的大小根据整体稳定和刚度要求计算确定。

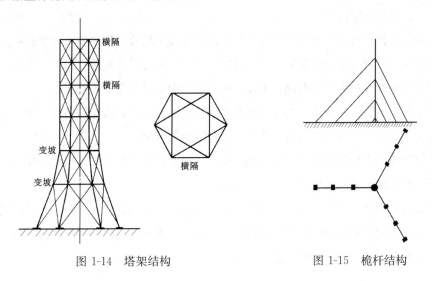

图 1-14　塔架结构　　　　　　　　　　　　　图 1-15　桅杆结构

# 1.4　钢结构的极限状态

### 1.4.1　钢结构的极限状态

和其他建筑结构一样，钢结构的极限状态分为承载能力极限状态和正常使用极限状态两大类。前者对应于结构或构件达到最大承载能力或出现不适于继续承载的变形，包括倾覆、强度破坏、疲劳破坏、丧失稳定、结构变为机动体系或出现过度的塑性变形。后者对应于结构或构件达到正常使用或耐久性能的某项规定限值，包括出现影响正常使用（或外观）的变形、振动和局部破坏等。

强度破坏是指构件的某一截面或连接件因应力超过材料强度而导致的破坏。有孔洞的钢构件在削弱截面拉断，属于一般的强度破坏。图 1-9 所示的桁架桥，如果受力最大的下弦杆拉断，整个桥梁就不能再继续承载。钢结构还有一种特殊情况，即在特定条件下出现低应力状态的脆性断裂。材质低劣、构造不合理和低温等因素都会促成这种断裂。

土建钢结构用的钢材具有较好的塑性变形能力，并且在屈服之后还会强化，表现为抗拉强度 $f_u$ 高于屈服强度 $f_y$。在设计钢结构时可以考虑适当利用材料的塑性。但是，利用塑性工作阶段不应导致过大的变形。桁架的受拉弦杆如果以 $f_u$ 而不是 $f_y$ 为承载极限，就会因过大变形而使桁架不适于继续承载。

超静定梁或框架可以允许在受力最大的截面出现全塑性，形成所谓塑性铰。荷载继续增大时，这个截面有如真实的铰一样工作。多次超静定的结构可以出现几个塑性铰而不丧失承载能力，直至塑性铰的数目增加到形成机动体系为止。当然，达到这种极限状态有一定条件，即丧失稳定的可能性得到防止。

钢构件因材料强度高而截面小，且组成构件的板件又较薄，使失稳成为承载能力极限状态的极为重要的方面。压应力是使构件失稳的原因。除轴心受拉杆外，压杆、梁和压弯构件都在不同程度上存在压应力。因此，失稳又在钢结构中具有普遍性。如果图 1-9 所示桁架桥的主要受压弦杆失稳，整个结构将丧失承载能力。不过，有些局部性的失稳现象并不构成承载能力的极限。读者将从后面的有关章节了解这方面的情况。

许多钢构件用来承受多次重复的行动荷载，桥梁、吊车梁都属这类构件。在反复循环荷载作用下，有可能出现疲劳破坏。

承载能力极限状态绝大多数是不可逆的，一旦发生就导致结构失效，因而必须慎重对待。正常使用极限状态中的变形和振动限制，通常都在弹性范围内，并且是可逆的。对于可逆的极限，可靠度方面的要求可以放宽一些。

### 1.4.2 结构的荷载效应分析

设计钢结构需要处理两个方面的因素：一是结构和构件的抗力；二是荷载施加于结构的效应。荷载效应通过内力分析来解算。

结构在荷载作用下必然有变形。当变形和构件的几何尺寸相比微不足道时，内力分析按结构的原始位形进行，即忽略变形的影响。这种做法称为一阶分析。传统的钢结构除采用柔索的结构如悬索桥、悬索屋盖结构和带纤绳的桅杆外，都用一阶分析。然而随着钢材强度的提高和构件截面尺寸的减小，结构变形相应增大，以至一阶分析算得内力偏低。大跨度的钢拱桥，拱肋的柔度就比较大，变形影响不再能被忽略。房屋建筑中围护结构轻型化使它对承重结构提供的刚度支持减小，多层框架结构的变形影响也不再能够被忽略。考虑变形影响的内力分析称为二阶分析，属于几何非线性分析。

构件和结构的几何缺陷，有些在确定构件抗力时加以考虑，如压杆的初始弯曲，有的则在内力分析时予以考虑，如框架柱的初始倾斜。

结构内力分析还可以区分为弹性分析和非弹性分析。传统的做法是把结构看作弹性体来分析。如果结构或构件在达到承载能力极限状态之前不出现塑性，弹性分析正确反映结构的真实情况。如果结构出现少量非弹性应变，但对结构的行为影响不大，为计算简便计，仍然可以用弹性分析。多次超静定的结构如多层刚架，在达到承载极限之前会在多处出现塑性变形，精确反映这类结构极限状态的计算应在充分考虑钢材的塑性性能的条件下进行二阶分析。图 1-16 给出一榀双跨三层刚架用二阶和一阶弹塑性分析的比较。这是一榀试验刚架，先加足其重力荷载，然后分级施加水平荷载 $H$，观测其顶部侧移 $\Delta$ 的变化。二阶弹塑性分析的 $H-\Delta$ 曲线和实测曲线比较接近。承载极限由曲线的最大纵坐标给出，属于丧失整体稳定的极限状态。

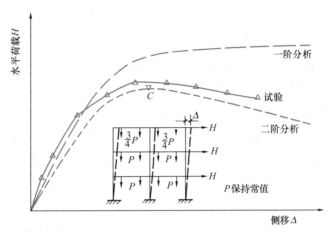

图 1-16　多层刚架的分析

## 1.5　钢结构的发展

建筑结构的设计规范把技术先进作为对结构要求的一个重要方面。先进的技术并非一成不变，而是随时间推移而不断发展。钢结构的发展体现在以下几个主要方面：采用新的高性能钢材，深入了解和掌握结构的真实极限状态，开发新的结构形式和提高钢结构制造工业的技术水平。

高性能钢材的一个重要特性是强度高。1988 年发布的《钢结构设计规范》GBJ 17—88，强度最高的钢材 15MnV 相当于 Q390 级，2003 年版的规范增加了 Q420 级钢，《钢结构设计标准》GB 50017—2017 增加了 Q460 级钢。从发展趋势来看，还会有强度更高的结构用钢出现。高性能不仅表现在强度上，还伴随有塑性和韧性要求以及其他方面的优良性能，如：屈服强度不随厚度增大而下降；屈服强度不仅有下限，还有上限等。改善钢材性能还有一个方向，就是改进它的耐腐蚀和耐火性能。宝钢集团公司研制的耐候耐火钢，在 600℃时屈服强度下降幅度不大于其标准值的 1/3，和国外耐火钢相当。今后估计还会进一步改进。型钢的类型也在不断发展，尤其是冷弯型钢，截面形状越来越多样化。目前高性能钢材美中不足的是弹性模量没有提高，在一定程度上限制它充分发挥优势。

人们对结构承载能力的表现认识得越清楚，设计中对钢材的利用就越合理。结构承载能力极限状态的研究，经历着从构件和连接向整体结构发展的过程。常用构件的极限状态大多已经了解清楚，不过仍然不断有新问题出现，例如新截面形状冷弯型钢的特性。连接的极限状态的研究滞后于构件，整体结构的极限状态则更有大量工作要做。计算手段的不断改进，为此提供了有利条件。极限状态的研究成果，需要迅速吸收到设计规范中去。目前的发展情况，多层框架的弹塑性极限承载力和单层房屋蒙皮效应利用等研究成果，已经有条件纳入规范或规程中去。

促进结构形式改革的重要因素之一，是推广高强度钢索的应用。用高强钢丝束作悬索桥的主要承重构件，已经有七八十年的历史。钢索用于房屋结构可以说是方兴未艾，新的大跨度结构形式如索膜结构和张拉整体结构等不断出现。钢索是只能承受拉力的柔性构件，需要和刚性构件如桁架、环、拱等配合使用，并施加一定的预应力。预应力技术也是钢结构形式改革的一个因素，可以少用钢材和减轻结构重量。图 1-17 为陕西省某市的跳水馆屋盖的张弦梁结构。

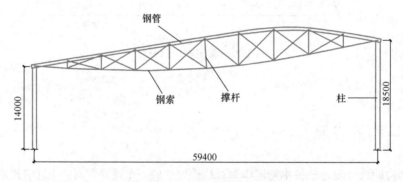

图 1-17　张弦梁结构

钢和混凝土组合结构，是使两种不同性能的材料取长补短相互协作而形成的结构。压型钢板组合楼板已经在多层和高层建筑中普遍采用。压型钢板兼充模板和受拉钢筋，不仅简化了施工，还可以减小楼板厚度。钢梁和所承钢筋混凝土楼板（或组合楼板）协同工作，楼板充任钢梁的受压翼缘，可以节约钢材 15%～4%，降低造价约 10%。梁的高度也有所减小，节省了建筑空间。钢和混凝土组合柱有多种组合形式，其中钢管混凝土柱以其多方面的优点而推广得最为迅速。钢管有混凝土支持，可以取较大的径厚比而不致局部失稳；混凝土受到钢管约束，抗压强度大为提高。钢管混凝土作为一个整体，具有很好的塑性和韧性，抗震性能很好。它的耐火性能也优于钢柱，所需防火涂料仅为钢柱的一半或更少。

索和拱配合使用，常被称为杂交结构，这是结构形式的杂交。钢和混凝土组合结构，可以认为是不同材料的杂交。相信今后还会有其他方式的杂交出现。

制造业正在向智能化、自动化的方向发展。在目前工业生产过程中机电一体化属于工作生产过程中的主要技术。智能制造主要是将机电一体化技术和智能生产相结合，从而形成多技术的智能制造系统，取代传统较为单一的机电一体化生产形式。钢结构也不例外。发达国家的工业软件把钢材切割、焊接技术和焊接标准集成在一起，既保证构件质量又节省劳动力。我国参与国际竞争，必须在提高技术水平和降低成本方面下功夫。提高技术水平除了技术标准（包括设计规范）要和国际接轨外，制造和安装质量也必须跟上。我国某智能制造团队已经研究出一整套钢结构智能制造技术体系。

## 1.6 钢结构课程的特点和学习建议

钢结构课程有三个特点：现实性、综合性和实践性。

### 1.6.1 现实性

力学课的研究对象是理想的抽象体，钢结构课则着眼于现实材料做成的实际结构。实际结构的性能往往有别于抽象体。当差别显著时就需要从抽象回到具体，考虑现实情况。钢材虽然接近于匀质和各向同性，但存在一定差别。热轧 H 型钢，腹板的屈服强度高于翼缘。确定它的强度指标必须在翼缘上取样。热轧钢板纵向强度高于横向，下料时应注意使板纵向受力。

构件都有几何缺陷，已经在 1.2.2 节阐述其影响。

杆件之间的相互连接，在结构力学中抽象为理想铰接和理想刚接两类。在现实结构中未必能完全符合这两种理想条件，必要时要进行修正。

变形可能使某些杆件、板件的应力状态发生变化，不能忽视。二阶分析只是变形影响的一个方面。

焊接结构如果不注意控制施工质量，焊缝可能出现裂纹等缺陷，从而留下事故隐患。

### 1.6.2 综合性

学习钢结构的目的在于能够设计和建造性能优良的钢结构。为此，不仅需要了解钢结构的基本性能，还要了解各种条件对它的性能的影响。

建成的钢结构要经受多种荷载和作用的考验，包括使用荷载、风雪等气象荷载、温度变化作用、地震作用、腐蚀性介质的作用和地基沉降作用等。有的结构甚至会遇到恶意破坏如爆炸。钢结构在各种荷载和作用下如何响应，怎样才能使结构不致失效，涉及的知识面很广。外因通过内因起作用。钢材的化学成分、金相组织和冶金缺陷决定它的基本性能；辊轧造成钢材的方向性和冷却后的残余应力；焊接造成残余应力、残余变形、热影响区和焊接缺陷；制造、安装的误差不仅表现为几何缺陷，还可能引发初始内力。这些因素都会影响结构的承载能力。相关知识涉及金属学和焊接学等。

保证钢结构在各种荷载和作用的组合之下不失效，必须不超过 1.4 节所述的极限状态。是否不超限，需要力学计算来揭示。计算依据的荷载必须符合实际情况，不能有遗漏。钢结构设计用到的工程力学包括结构稳定理论等分支，设计人员在这些方面需要具备一些基本知识和清晰的基本概念。

### 1.6.3　实践性

钢结构课程理论性强，学习知识的过程如果重理论轻应用，将难以达到建立工程观念和锻炼创新能力的目标。钢结构工程涉及面广，技术难度大，结构形式多种多样，又相互各成体系。例如，按照材料的生产制造方法可以分为普通钢结构和冷弯薄壁型钢结构。按照建筑高度和跨度又可以分成低多层轻钢结构、高层钢结构和大跨度空间钢结构等。按照连接技术又可以分为螺栓连接、铆接与焊接。复杂的钢结构防护是钢结构实践中至关重要的环节。同学们现阶段对钢结构接触较少，钢结构的复杂性和多样性，使得学习过程存在距离感和陌生感，学习时可多注意对钢结构实际工程的观察，认识和思考，将理论与实践结合起来。

钢结构的设计、制作与安装等，其应用能力、实践能力比创新能力更为重要。钢结构的理论、计算、实验构成了钢结构专业技术人员的知识结构，只有将钢结构理论、技术、实践技能等协调发展，才能成为优秀的工程应用型人才，适应土木工程综合化、复杂化的发展需求。

### 1.6.4　学习建议

这本教材适用于土木工程专业的第一门钢结构课——钢结构基本原理。学好这门课，掌握钢结构的基本知识，需要注意以下几点：

（1）放开眼界，以全面的观点来学习这门课

教材内容虽然大部分是力学计算，但是决不能忽视钢结构的现实性。比如，缺陷影响在计算中要认真考虑。又如，结构和构件的计算简图必须和实际构造相符合，而构造方案离不开施工条件的考虑。

（2）学思结合，以质疑的观点来学习

古籍中说："博学之，审问之，慎思之，明辨之，笃行之"，这对我们今天的学习依然有指导意义。要经过思考、辨别来吸收书上正确的内容。遇到看似论据不够充分或有局限性之处，不要轻易放过。可以做些辨析，或是查找相关资料后再做论证。还可以在同学之间展开讨论，力求做到明辨是非。有的问题可以暂时存疑，日后再做针对性研究。

（3）从课程内容领会前人如何不断创新

现代钢结构大约只有 200 年历史，它是一段不断创新的发展史。钢结构的创新和引进新技术密切关联，并在引进过程中解决一系列新问题。例如，用焊接代替铆接是一项重大革新，可使钢材利用得更有效。但顺利使用焊接需要解决一系列问题：选用钢材要注意其可焊

性；计算压杆需要考虑焊接产生的残余应力；构件制作要控制焊接残余变形等。又如，冷弯薄壁型钢的出现扩大了钢结构的应用范围，它也带来需要解决的一系列新问题，包括合理的截面组成和屈曲后强度利用等。不断地解决新出现的问题，使冷弯型钢结构设计得更经济合理，而又安全可靠。

钢结构的诸多创新体现了下列思想：扬长避短，取长补短，好中选优，精益求精等，需要结合各章的具体内容去领会。

（4）争取在教科书之外读一些参考书和相关杂志的论文

（5）注意日常生活中所见的钢结构实例。

## 习题

本章习题由同学自选完成：可以选，也可以不选；可以独自完成，也可以两三人协作完成。

1.1　收集资料，写一篇钢结构二百年来发展历程的报告。

1.2　进行调查，写一篇钢结构和钢筋混凝土结构造价比较的报告。

第 2 章

# 钢结构的材料

钢材是钢结构的原料，对钢结构的服役性能起决定性作用。要建成性能优良的钢结构，必须对钢材有深入的了解。不仅了解钢材的原始性能，还要了解它在各种荷载和环境条件下的响应。

## 2.1 对钢结构用材的要求

国民经济各部门几乎都需要钢材，但由于各自用途的不同，所需钢材性能各异。如有的机器零件需要钢材有较高的强度、耐磨性和中等的韧性；有的石油化工设备需要钢材具有耐高温性能；机械加工的切削刀具，需要钢材有很高的强度和硬度等。因此，虽然碳素钢有一百多种，合金钢有三百多种，符合钢结构性能要求的钢材只有碳素钢及合金钢中为数不多的几种。

用作钢结构的钢材必须具有下列性能：

（1）较高的强度。即抗拉强度 $f_u$ 和屈服点 $f_y$ 比较高。屈服点高可以减小截面，从而减轻自重，节约钢材，降低造价。抗拉强度高，可以增加结构的安全保障。

（2）足够的变形能力。即塑性和韧性性能好。塑性好则结构破坏前变形比较明显从而可避免突然破坏的危险，并且塑性变形还能调整局部高峰应力，使之趋于平缓。韧性好表示在动荷载作用下破坏时要吸收比较多的能量，同样也降低脆性破坏的危险。对采用塑性设计的结构和地震区的结构而言，钢材变形能力的大小具有特别重要的意义。

（3）良好的加工性能。即适合冷、热加工，同时具有良好的可焊性，不因这些加工而对强度、塑性及韧性带来较大的有害影响。

此外，根据结构的具体工作条件，在必要时还应该具有适应低温、有害介质侵蚀（包括大气锈蚀）以及重复荷载作用等的性能。

在符合上述性能的条件下，同其他建筑材料一样，钢材也应该容易生产，价格便宜。

《钢结构设计标准》GB 50017—2017 推荐的碳素结构钢、低合金高强度结构钢和建筑结构用钢板都符合上述要求。

选用《钢结构设计标准》GB 50017—2017 还未推荐的钢材时，需有可靠依据，以确保钢结构的质量。

## 2.2　钢材的主要性能及其鉴定

钢材的主要性能包括力学性能和工艺性能。前者指承受外力和作用的能力，后者指经受冷加工、热加工和焊接时的性能表现。

### 2.2.1　单向拉伸时的工作性能

钢材在常温、静载条件下一次拉伸所表现的性能最具有代表性。拉伸试验也比较容易进行，并且便于采用标准的试验方法来测定各项性能指标。所以，钢材的主要强度指标和变形性能都是根据标准试件一次拉伸试验确定的。

低碳钢和低合金钢（含碳量和低碳钢相同）一次拉伸时的应力-应变曲线示于图 2-1（a），简化的光滑曲线示于图 2-1（b）。由应力-应变规律示出的各种力学性能指标如下。

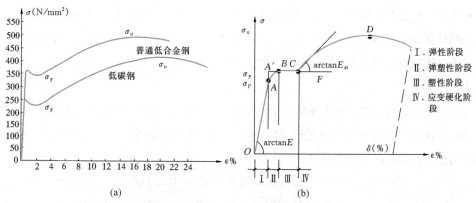

图 2-1　钢材的一次拉伸应力-应变曲线

（a）一次拉伸应力-应变曲线；（b）简化的拉伸应力-应变曲线

**比例极限 $\sigma_P$**　这是应力-应变图中直线段的最大应力值。严格地说，比 $\sigma_P$ 略高处还有弹性极限，但弹性极限与 $\sigma_P$ 极其接近，所以通常略去弹性极限的点，把 $\sigma_P$ 看作是弹性极限。这样，应力不超过 $\sigma_P$ 时，应力与应变成正比关系，即符合虎克定律，且卸荷后变形完全恢复。这一阶段，是图 2-1（b）中的弹性阶段 $OA$。

材料的比例极限与焊接构件整体试验所得的比例极限，往往有差别，这是因构件中残余应力的影响所致。构件应力超过比例极限后，变形模量 $E_t$ 逐渐下降，对构件刚度有不利影响。

**屈服点 $\sigma_y$** 应变 $\varepsilon$ 在 $\sigma_P$ 之后不再与应力成正比，而是渐渐加大，应力-应变间成曲线关系，一直到屈服点。这一阶段，是图 2-1 (b) 中的弹塑性阶段 $AB$。图 2-1 (b) 中 $B$ 点的应力为屈服点 $\sigma_y$，在此之后应力保持不变而应变持续发展，形成水平线段即屈服平台 $BC$。这是塑性流动阶段。

应力超过 $\sigma_P$ 以后，任一点的变形中都将包括有弹性变形和塑性变形两部分，其中的塑性变形在卸载后不再恢复，故称残余变形或永久变形。

$\sigma_P$ 与 $\sigma_y$ 之间是简化了的光滑曲线（图 2-1b），这样便于应用。实际上，由于加载速度及试件状况等试验条件的不同，屈服开始时总是形成曲线的上下波动，波动最高点称上屈服点，最低点称下屈服点。下屈服点的数值对试验条件不敏感，并形成稳定的水平线，所以计算时以下屈服点作为材料抗力的标准（用符号 $f_y$ 表示）。

屈服点是建筑钢材的一个重要力学特性。其意义在于以下两个方面：

(1) 作为结构计算中材料强度指标，或材料抗力指标。应力达到 $\sigma_y$ 时的应变（约为 $\varepsilon = 0.15\%$）与 $\sigma_P$ 时的应变（约为 $\varepsilon = 0.1\%$）较接近，可以认为应力达到 $\sigma_y$ 时为弹性变形的终点。同时，达到 $\sigma_y$ 后在一个较大的应变范围内（约从 $\varepsilon = 0.15\%$ 到 $\varepsilon = 2.5\%$）应力不会继续增加，表示结构一时丧失继续承担更大荷载的能力，故此以 $\sigma_y$ 作为弹性计算时强度的指标。

(2) 形成理想弹塑性体的模型，为发展钢结构计算理论提供基础。$\sigma_y$ 之前，钢材近于理想弹性体，$\sigma_y$ 之后，塑性应变范围很大而应力保持不增长，所以接近理想塑性体。因此，可以用两根直线的图形（图 2-1b 中的 $OA'F$）作为理想弹塑性体的应力-应变模型。钢结构设计标准对塑性设计的规定，就以材料是理想弹塑性体的假设为依据，忽略了应变硬化的有利作用。

有屈服平台并且屈服平台末端的应变比较大，这就有足够的塑性变形来保证截面上的应力最终都达到 $\sigma_y$。因此一般的强度计算中不考虑应力集中和残余应力。在拉杆中截面的应力按均匀分布计算，即以此为基础。

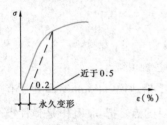

图 2-2 名义屈服点

低碳钢和低合金钢有明显的屈服点和屈服平台(图 2-1a)。而热处理钢材（如 $\sigma_y$ 高达 $690\text{N/mm}^2$ 的美国 A514 钢），它可以有较好的塑性性质但没有明显的屈服点和屈服平台，应力应变曲线形成一条连续曲线。对于没有明显屈服点的钢材，规定永久变形为 $\varepsilon = 0.2\%$ 时的应力作为屈服点，有时用 $\sigma_{0.2}$ 表示。为了区别起见，把这种名义屈服点称作屈服强度（图 2-2）。生产试验时为了简单易行，也可以用与 $\varepsilon = 0.5\%$ 对应的应力作为屈服强度，因为它与 $\sigma_{0.2}$ 相差不多。以后，为简明统一起见，在钢结构中对 $\sigma_y$ 与 $\sigma_{0.2}$ 不再区分而且用符号 $f_y$ 表示，并统一用屈服强度一词。

**抗拉强度 $\sigma_u$** 屈服平台之后，应变增长时又需有应力的增长，但相对地说应变增加得快，呈现曲线关系直到最高点，这是应变硬化阶段 $CD$（图 2-1b）。最高点应力为抗拉强度 $\sigma_u$（设计时作为材料抗力用 $f_u$ 表示）。到达 $\sigma_u$ 后试件出现局部横向收缩变形，即"颈缩"，随后断裂。

　　由于到达 $\sigma_y$ 后构件产生较大变形，故把它取为计算构件的强度指标；由于到达 $D$ 点时构件开始断裂破坏，故 $\sigma_u$ 是材料的额外安全储备。塑性设计虽然把钢材看作理想弹塑性体，忽略应变硬化的有利因素，却是以 $\sigma_u$ 高出 $\sigma_y$ 为条件的。如果没有硬化阶段，或是 $\sigma_u$ 比 $\sigma_y$ 高出不多，就不具备塑性设计应有的转动能力。因此，规范规定用于塑性设计的钢材必须有 $f_y/f_u \leqslant 0.85$ 的屈强比。现行国家标准《建筑抗震设计规范》GB 50011 也有类似规定，并且强调 0.85 是 $f_y$ 和 $f_u$ 的实测值之比。原因是在罕遇地震作用下不仅允许结构出现塑性变形，并且还通过塑性变形耗散地震的能量。

　　**伸长率 $\delta_{10}$ 或 $\delta_5$**　伸长率是断裂前试件的永久变形与原标定长度的百分比。取圆形试件直径 $d$ 的 5 倍或 10 倍为标定长度，其相应的伸长率用 $\delta_5$ 或 $\delta_{10}$ 表示（图 2-1b），伸长率代表材料断裂前具有的塑性变形的能力。结构制造时，这种能力使材料经受剪切、冲压、弯曲及锤击而无明显损坏。

　　屈服点、抗拉强度和伸长率，是钢材的三个重要力学性能指标。钢结构中所采用的钢材都应满足钢结构设计规范对这三项力学性能指标的要求。

　　除上述的三个指标及其表现的性能外，材料的弹性模量 $E$ 及硬化开始时应变硬化模量 $E_{st}$（图 2-1b），也是一次拉伸试验表现的性能。

　　钢材在一次压缩或剪切时所表现出来的应力-应变变化规律基本上与一次拉伸试验时相似，压缩时的各强度指标也取用拉伸时的数值，只是剪切时的强度指标数值比拉伸时的小。

### 2.2.2　冷弯性能

　　根据试样厚度，按规定的弯心直径将试样弯曲 180°，其表面及侧面无裂纹或分层则为"冷弯试验合格"（图 2-3）。"冷弯试验合格"一方面同伸长率符合规定一样，表示材料塑性变形能力符合要求，另一方面表示钢材的冶金质量（颗粒结晶及非金属夹杂分布，甚至在一定程度上包括可焊性）符合要求。因此，冷弯性能是判别钢材塑性变形能力及冶金质量的综合指标。重要结构中需要有良好的冷热加工的工艺性能时，应有冷弯试验合格保证。

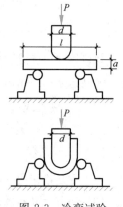

图 2-3　冷弯试验

### 2.2.3　冲击韧性

　　与抵抗冲击作用有关的钢材的性能是韧性。韧性是钢材断裂时吸收机械能能力的量度。吸收较多能量才断裂的钢材，是韧性好的钢材。钢材在一次拉伸静载作用下断裂时所吸收的能量，用单位体积吸收的能量来表示，其值等于应力-应变曲线下的面积。塑性好的钢材，其应力-应变曲线下的面积大，所以韧性值大。然而，实际工作中，不用上述方法来衡量钢材的韧性，而用冲击韧性衡量钢材抗脆断的性能。实际构件时常含有缺陷，从而使它在冲击荷载作用下抗脆断能力下降。因此，韧性试验采用带缺口试件，承受试验机摆锤的冲撞并测定其冲击功。

冲击韧性的试件缺口有不同形状。我国过去多用梅氏（Mesnager）方法进行。该法规定用跨中带 U 形缺口的方形截面小试件在规定试验机上进行（图 2-4a、b）。试件在摆锤冲击下折断后，断口处单位面积上的功即为冲击韧性值，用 $a_k$ 表示，单位为"J/cm$^2$"。

现行国家标准如《碳素结构钢》GB/T 700—2006 规定采用国际上通用的夏比试验法（Charpy V-notch test），试件和梅氏试件的区别仅仅在于带 V 形缺口，由于缺口比较尖锐（图 2-4c），缺口根部的高峰应力及其附近的应力状态能更好地描绘实际结构的缺陷。夏比缺口韧性用 $A_{kv}$ 或 $C_v$ 表示，其值为试件折断所需的功，单位为 J。因为试件都用同一标准尺寸，不用缺口处单位面积的功，可以使测量工作简化。

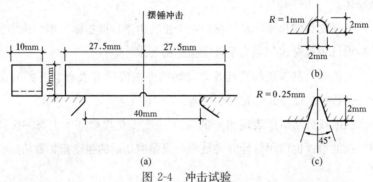

图 2-4　冲击试验
(a) 带 U 形缺口试件；(b) U 形缺口细部尺寸；(c) V 形缺口细部尺寸

缺口韧性值受温度影响，温度低于某值时将急剧降低。设计处于不同环境温度的重要结构，尤其是受动载作用的结构时，要根据相应的环境温度对应提出常温（20±5℃）冲击韧性、0℃冲击韧性或负温（−20℃或−40℃）冲击韧性的保证要求。

### 2.2.4　可焊性

可焊性是指采用一般焊接工艺就可完成合格的（无裂纹的）焊缝的性能。

钢材的可焊性受碳含量和合金元素含量的影响。碳含量在 0.12%～0.20% 范围内的碳素钢，可焊性最好。碳含量再高可使焊缝和热影响区（参看 7.5.6 节）变脆。Q235B 的碳含量就定在这一适宜范围。Q235A 的碳含量略高于 B 级，且不作为交货条件，除非把碳含量作为附加保证，这一钢号通常不能用于焊接构件。提高钢材强度的合金元素大多也对可焊性有不利影响。衡量低合金钢的可焊性可以用下列公式计算其碳当量。此式是国际焊接学会

（IIW）提出的，为我国国家标准《钢结构焊接规范》GB 50661—2011 所采用。

$$CEV = C + \frac{Mn}{6} + \frac{1}{5}(Cr + Mo + V) + \frac{1}{15}(Ni + Cu)$$

当 $CEV$ 不超过 0.38％时，钢材的可焊性很好，Q235 钢属于这一类。当 $CEV$ 大于 0.38％但未超过 0.45％时，钢材淬硬倾向逐渐明显，焊接难度为一般等级，Q345 钢属于此类，需要采取适当的预热措施并注意控制施焊工艺。预热的目的在于使焊缝和热影响区缓慢冷却，以免因淬硬而开裂。当 $CEV$ 大于 0.45％时，钢材的淬硬倾向明显，需采用较高的预热温度和严格的工艺措施来获得合格的焊缝。《钢结构焊接规范》GB 50661—2011 给出常用结构钢材最低施焊温度表。厚度不超过 40mm 的 Q235 钢和厚度不超过 20mm 的 Q345 钢，在温度不低于 0℃时一般不需预热。除碳当量外，预热温度还和钢材厚度及构件变形受到约束的程度有直接关系。因此，重要结构施焊时实际采用的焊接制度最好由工艺试验确定。有些高性能钢材可以用焊接裂纹敏感性指数代替碳当量，这里从略。

综上所述，钢材可焊性的优劣实际上是指钢材在采用一定的焊接方法、焊接材料、焊接工艺参数及一定的结构形式等条件下，获得合格焊缝的难易程度。可焊性稍差的钢材，要求更为严格的工艺措施。

### 2.2.5　钢材性能的鉴定

由前可知，反映钢材质量的主要力学指标有：屈服强度、抗拉强度、伸长率、冷弯性能及冲击韧性。此外，钢材的工艺性能和化学成分也是反映钢材性能的重要内容。每项工程在钢材订货时除了指定钢材牌号和质量等级外，还应提出必要的保证项目。根据《钢结构工程施工质量验收标准》GB 50205—2020 的规定，对进入钢结构工程实施现场的主要材料需进行进场验收，即检查钢材的质量合格证明文件、中文标识及检验报告，确认钢材的品种、规格、性能是否符合现行国家标准和设计要求。对属于下列情况之一的钢材，应进行抽样复验，其复验结果应符合现行国家产品标准和要求。

1）国外进口钢材；

2）钢材混批；

3）板厚等于或大于 40mm，且设计有 Z 向性能要求的厚板；

4）建筑结构安全等级为一级，大跨度钢结构中主要受力构件所采用的钢材；

5）设计有复验要求的钢材；

6）对质量有疑义的钢材。

复检时各项试验都应按有关的现行国家标准《金属材料室温拉伸试验方法》GB/T 228、《金属夏比缺口冲击试验方法》GB/T 229 和《金属材料弯曲试验方法》GB/T 232 的规定进行。试件的取样则按现行国家标准《钢及钢产品力学性能试验取样位置及试样制备》GB/T 2975 和《钢的成品化学成分允许偏差》GB/T 222 的规定进行。做热轧型钢的力学性能试验时,原则上应该从翼缘上切取试样。这是因为翼缘厚度比腹板大,屈服点比腹板低,并且翼缘是受力构件的关键部位。钢板的轧制过程使它的纵向力学性能优于横向,因此,采用纵向试样或横向试样,试验结果会有差别。国家标准中要求钢板、钢带的拉伸和弯曲试验取横向试件,而冲击韧性试验则取纵向试件。

钢材质量的抽样检验应由具有相应资质的质检单位进行。

## 2.3 影响钢材性能的因素

影响钢材性能的主要因素一是化学成分,二是金相组织和晶粒度。前者由钢材冶炼过程决定,后者除和冶炼有关外,还受到轧制及其后的热处理的影响。

### 2.3.1 化学成分的影响

钢是含碳量小于 2% 的铁碳合金,碳大于 2% 时则为铸铁。制造钢结构所用的材料有碳素结构钢中的低碳钢、低合金结构钢和高性能建筑结构用钢。

碳素结构钢由纯铁、碳及杂质元素组成,其中纯铁约占 99%,碳及杂质元素约占 1%。低合金结构钢中,除上述元素外还加入少量合金元素,后者总量通常不超过 3%。碳及其他元素虽然所占比重不大,但对钢材性能却有重要影响。

1. 碳(C)

碳是形成钢材强度的主要成分。材料中大部分成分为柔软的纯铁体,而化合物渗碳体($Fe_3C$)及渗碳体与纯铁体的混合物—珠光体则十分坚硬,它们形成网络夹杂于纯铁体之间。钢的强度来自渗碳体与珠光体。碳含量提高,则钢材强度迅速提高,但同时钢材的塑性、韧性、冷弯性能、可焊性及抗锈蚀能力下降。因此不能用含碳量高的钢材,以便保持其他的优良性能。按碳的含量区分,小于 0.25% 的为低碳钢,大于 0.25% 而小于 0.6% 的为中碳钢,大于 0.6% 的为高碳钢。钢结构用钢的碳含量一般不大于 0.22%,对于焊接结构,为了有良好的可焊性,以不大于 0.2% 为好。所以,建筑钢结构用的钢材基本上都是低碳钢。只有高强度螺栓用的 40B 和 35VB 钢及组成预应力钢索的高强钢丝,含碳量高于 0.25%。

2. 锰(Mn)

锰是有益元素,它能显著提高钢材强度但不过多降低塑性和冲击韧性。锰有脱氧作用,是弱脱氧剂。锰还能消除硫对钢的热脆影响。碳素钢中锰是有益的杂质,在低合金钢它是合金元素。我国低合金钢中锰的含量为 1.0%~1.7%。但是锰可使钢材的可焊性降低,故含量有限制。

3. 硅（Si）

硅是有益元素，有更强的脱氧作用，是强脱氧剂。硅能使钢材的晶粒变细，控制适量时可提高强度而不显著影响塑性、韧性、冷弯性能及可焊性。硅的含量在碳素钢中不超过 0.35%，低合金钢中不超过 0.50%～0.60%，过量时则会恶化可焊性及抗锈蚀性。

4. 钒（V）、铌（Nb）、钛（Ti）

钒、铌、钛都能使钢材晶粒细化，既提高钢材强度，又保持良好的塑性、韧性。我国的低合金钢都含有这三种合金元素。

5. 铝（Al）、铬（Cr）、镍（Ni）

铝是强脱氧剂，用铝进行补充脱氧，不仅进一步减少钢中的有害氧化物，而且能细化晶粒。低合金钢的 C、D 及 E 级都规定铝含量不低于 0.015%，以保证必要的低温韧性。铬和镍是提高钢材强度的合金元素，用于低合金高强度钢和高性能钢。

6. 硫（S）

硫是有害元素，属于杂质，能生成易于熔化的硫化铁，当热加工及焊接使温度达 800～1000℃时，可能出现裂纹，称为热脆。硫还能降低钢的冲击韧性，同时影响疲劳性能与抗锈蚀性能。因此，对硫的含量必须严加控制，一般不得超过 0.045%～0.050%，质量等级为 D、E 级的钢则要求更严，Q355E 的硫含量不应超过 0.020%。高性能的建筑结构用钢板则不超过 0.015%。近年来发展的抗层间撕裂的钢（称为厚度方向性能钢板，亦称 Z 向钢），含硫量要求控制在 0.01% 以下。

7. 磷（P）

磷既是有害元素也是能利用的合金元素。磷是碳素钢中的杂质，它在低温下使钢变脆，这种现象称为冷脆。在高温时磷也能使钢减少塑性，其含量应限制在 0.045% 以内，质量等级 C、D、E 级的钢则含量更少。高性能的建筑结构用钢板，C 级和 D 级分别不超过 0.025% 和 0.020%。但磷能提高钢的强度和抗锈蚀能力。经过合适的冶金工艺也能作为合金元素，如过去用的牌号 09 锰铜磷钛就含有磷元素，含量在 0.05%～0.12% 之间。

8. 氧（O）、氮（N）

氧和氮也是有害杂质，在金属熔化的状态下可以从空气中进入。氧能使钢热脆，其作用比硫剧烈，氮能使钢冷脆，与磷相似。故其含量必须严加控制。钢在浇铸过程中，应根据需要进行不同程度的脱氧处理。碳素结构钢的氮含量不应大于 0.008%。但氮有时却和钒一起作为合金元素存在于钢之中，桥梁用 15 锰钒氮桥钢（15MnVNq）就是如此，它的 B 级钢氮含量为 0.01%～0.02%。

钢结构所用碳素结构钢中的 Q235 钢及低合金钢中的 Q355 钢、Q390 钢、Q420 钢和 Q460 钢的化学成分和力学性能分别见书后附表 9 和附表 10（a）、（b）。

### 2.3.2　成材过程的影响

#### 1. 冶炼

钢材的冶炼方法主要有平炉炼钢、氧气顶吹转炉炼钢、碱性侧吹转炉炼钢及电炉炼钢。其中平炉炼钢由于生产效率低，碱性侧吹转炉炼钢生产的钢材质量较差，目前基本已被淘汰。而电炉冶炼的钢材一般不在建筑结构中使用。因此，在建筑钢结构中，主要使用氧气顶吹转炉生产的钢材。目前氧气顶吹转炉钢的质量，由于生产技术的提高，已不低于平炉钢的质量。同时，氧气顶吹转炉钢具有投资少、生产率高、原料适应性大等特点，目前已成为主流炼钢方法。

冶炼这一冶金过程形成钢的化学成分与含量，并在很大程度上决定钢的金相组织结构，从而确定其钢号及相应的力学性能。

#### 2. 浇铸

把熔炼好的钢水浇铸成钢锭或钢坯有两种方法，一种是浇入铸模做成钢锭，另一种是浇入连续浇铸机做成钢坯。前者是传统的方法，所得钢锭需要经过初轧才成为钢坯。后者是近年来迅速发展的新技术，浇铸和脱氧同时进行。铸锭过程中因脱氧程度不同，最终成为镇静钢、半镇静钢与沸腾钢。镇静钢因浇铸时加入强脱氧剂，如硅，有时还加铝或钛，保温时间得以加长，氧气杂质少且晶粒较细，偏析等缺陷不严重，所以钢材性能比沸腾钢好，但传统的浇铸方法因存在缩孔而成材率较低。

连续浇铸可以产出镇静钢而没有缩孔，并且化学成分分布比较均匀，只有轻微的偏析现象。采用这种连续浇铸技术既提高产品质量，又降低成本，现已成为浇铸的主要方法。

钢在冶炼及浇铸过程中会不可避免地产生冶金缺陷。常见的冶金缺陷有偏析、非金属夹杂、气孔及裂纹等等。偏析是指金属结晶后化学成分分布不匀；非金属夹杂是指钢中含有如硫化物等杂质；气泡是指浇铸时由 FeO 与 C 作用所生成的 CO 气体不能充分逸出而滞留在钢锭内形成的微小空洞。这些缺陷都将影响钢的力学性能。

#### 3. 轧制

钢材的轧制能使金属的晶粒变细，也能使气泡、裂纹等焊合，因而改善了钢材的力学性能。薄板因辊轧次数多，其强度比厚板略高。热轧 H 型钢翼缘和腹板厚度不同，屈服强度也有差别。另一方面，热轧钢材的性能和停轧温度有关。控制停轧温度的生产方式称为控轧。浇铸时的非金属夹杂物在轧制后能造成钢材的分层，所以分层是钢材（尤其是厚板）的一种缺陷。设计时应注意尽量避免垂直于板面受拉（包括约束应力），以防止层间撕裂。

#### 4. 热处理

一般钢材以热轧状态交货，即不经过热处理，但某些高强度钢材则在轧制后经过热处理才出厂。热处理的目的在于取得高强度的同时能够保持良好的塑性和韧性，而性能的改善则通过金相组织的改变来实现。国家标准《低合金高强度结构钢》GB/T 1591—2018 规定，交货状态除热轧和控轧外，还可以是正火、正火加回火和热机械轧制（简称 TMCP，即 thermo-mechanical，control process）。

正火属于最简单的热处理：把钢材加热至 850～900℃并保持一段时间后在空气中自然冷却，即为正火。如果钢材在终止轧制时温度正好控制在上述温度范围，可得到正火的效果，称为正火轧制。回火是将钢材重新加热至 650℃并保温一段时间，然后在空气中自然冷却。热机械轧制是一项新技术，也称为"温度-形变控轧控冷"，含义是把轧制温度和轧制挤压量控制在适当范围内，并在轧毕后加速冷却。这样得到的高强度钢材有以下优点：可焊性较好（碳当量较低）；屈服强度随厚度增大而下降的幅度较小；屈强比不太大，从而保持较高的伸长率；屈服强度波动范围小，不会大幅度超过其标准值。后者对抗震设防的钢结构十分重要，这类结构的框架按强柱弱梁设计，地震来临时塑性铰出现在梁端而不是柱顶端。如果梁的钢材实际屈服强度高出标准值很多，有可能颠倒塑性铰出现顺序，造成结构倒塌。具有上述优点的高强度钢可以称为高性能钢。淬火是把钢材加热至 900℃以上，保温一段时间，然后放入水或油中快速冷却。淬火加回火又称调质处理，强度很高的钢材，包括高强度螺栓的材料都要经过调质处理。

### 2.3.3　影响钢材性能的其他因素

钢材的性能和各种力学指标，除由前面所列各因素决定之外，在钢结构的制造和使用中，还可能受其他因素的影响。

1. 冷加工硬化（应变硬化）

在常温下加工叫冷加工。冷拉、冷弯、冲孔、机械剪切等加工使钢材产生很大塑性变形，产生塑性变形后的钢材在重新加荷时将提高屈服点（图 2-5 中的 $B$ 点），同时降低塑性和韧性（图 2-5 中的 $CD$）。由于减小了塑性和韧性性能，普通钢结构中不利用硬化现象所提高的强度。重要结构还把钢板因剪切而硬化的边缘部分刨去。

用作冷弯薄壁型钢结构的冷弯型钢，是由钢板或钢带经冷轧成型的，也有的是经压力机模压成型或在弯板机上弯曲成型的。由于冷成型操作，实际构件截面上各点的 $f_y$ 与 $f_u$ 几乎都有不同百分比的提高，其性能与原钢板已经有所不同。由于这个原因，薄壁型钢结构

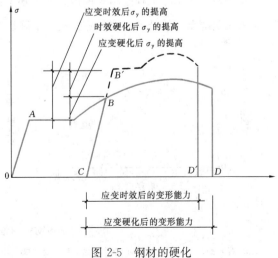

图 2-5　钢材的硬化

设计中允许利用因局部冷加工而提高的强度。

此外，还有性质类似的时效硬化与应变时效。时效硬化指钢材仅随时间的增长而转脆，应变时效指应变硬化又加时效硬化（图 2-5 中的 $CB'D'$）。由于这些是使钢材转脆的性质，所以有些重要结构要求对钢材进行人工时效（加速时效进行），然后测定其冲击韧性，以保证结构具有长期的抗脆性破坏能力。

2. 温度影响

钢材对温度相当敏感，温度升高与降低都使钢材性能发生变化。相比之下，低温性能更重要。

（1）正温范围

附表 10 所列钢材的性能指标除冲击韧性外都是常温情况下的。当温度逐渐升高时，钢材的强度、弹性模量会不断降低，变形能力则不断增大。

由图 2-6（a）、（b）可见，随着温度的升高，普通钢的强度下降较快，温度达到 600℃ 时，其屈服强度仅为室温屈服强度的 1/3 左右，此时因强度很低已不能承担荷载。而弹性模量则在 500℃ 之后开始急剧下降，到 600℃ 时，约为室温弹性模量的 40%。另外，250℃ 附近有兰脆现象，约 260～320℃ 时有徐变现象。兰脆现象指温度在 250℃ 左右的区间内，$f_u$ 有局部性提高，$f_y$ 也有所回升，同时塑性有所降低，材料有转脆倾向。在兰脆区进行热加工，可能引起裂纹。徐变是在应力持续不变的情况下钢材以很缓慢的速度继续变形的现象。结合 200℃ 以内材性无大变化的性能看，结构表面所受辐射温度应不超过这一温度。设计时规定以 150℃ 为适宜，超过之后结构表面即需加设隔热保护层。钢材在高温下强度降低，使其耐火性很差。为了满足建筑物抗火要求，需要用防火材料加以保护，从而提高了钢结构的造价。

近年开始用于实际工程的耐火钢极大地改善了钢材在高温下的力学性能。从图 2-6 可以看出，耐火钢随温度的升高强度和弹性模量下降缓慢，当温度升至 600℃ 时，耐火钢的屈服

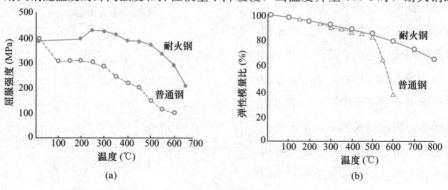

图 2-6　高温对钢材性能的影响

（a）普通钢、耐火钢的屈服强度—温度关系曲线；（b）普通钢、耐火钢的弹性模量比—温度关系曲线

强度仍高于室温屈服强度的 2/3，弹性模量也约为室温值的 80%。采用耐火钢，可以大幅度减少防火材料的使用，具有良好的综合经济效益。

中国工程建设标准化协会推荐的《建筑钢结构防火技术规范》CECS 200：2006 对耐火钢的性能给出详细资料。

（2）负温范围

在负温范围 $f_y$ 与 $f_u$ 都增高但塑性变形能力减小，因而材料转脆，对冲击韧性的影响十分突出。$C_v$ 随温度变化的规律如图 2-7 所示。由图看到，在右部（高能部分）与左部（低能部分），曲线比较平缓，温度带来的变化较小，而中间部分曲线较陡，破坏时需要的能量随温度而急剧变化，这部分对应的温度用 $T_1$ 及 $T_2$ 表示，$T_1$ 与 $T_2$ 之间称作温度转变区。材料由韧性破坏转到脆性破坏是在这一区

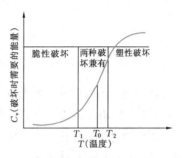

图 2-7 $C_v$ 值随温度 $T$ 的变化

间内完成的。曲线最陡点所对应的温度 $T_0$，叫该种钢材的转变温度，$T_1$ 与 $T_2$ 要根据实践经验由大量试验统计数据来确定。在结构设计中要求避免完全脆性破坏，所以结构所处温度应大于 $T_1$；而不要求一定大于 $T_2$，这是因为实际结构的缺陷不如冲击试件缺口那样严重，荷载的加荷速率也低于试件条件。

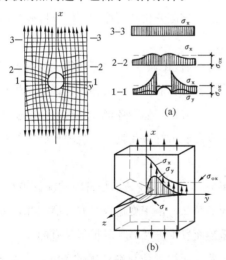

图 2-8 孔洞、缺口处的应力集中

（a）各截面应力分布；（b）边缘存在缺口板

### 3. 应力集中

当截面完整性遭到破坏，如有裂纹（内部的或表面的）、孔洞、刻槽、凹角时以及截面的厚度或宽度突然改变时，构件中的应力分布将变得很不均匀。在缺陷或截面变化处附近，应力线曲折、密集、出现高峰应力的现象称为应力集中。图 2-8 （a）中孔洞边缘的最大应力 $\sigma_{max}$ 与净截面平均应力 $\sigma_0$（$\sigma_0 = N/A_n$，$A_n$ 为净截面面积）之比称为应力集中系数，即 $K = \sigma_{max}/\sigma_0$。孔边应力高峰处将产生双向或三向的应力。这是因为材料的某一点在 $x$ 方向伸长的同时，在 $y$ 方向（横向）将要收缩，而 $\sigma_x$ 的分布很不均匀，最大应力附近的横向收缩将受到阻碍从而引起 $\sigma_y$。图 2-8（b）表示边缘有缺口的板，此板厚度较大时缺口截面在不均匀的 $\sigma_x$ 作用下不仅派生出 $\sigma_y$，还将引起 $\sigma_z$。

由力学知识知道，三向同号应力且各应力数值接近时，材料不易屈服。当为数值相等三向拉应力时，直到材料断裂也不屈服。没有塑性变形的断裂是脆性断裂。所以，三向应力的应力状态，使材料沿力作用方向塑性变形的发展受到很大约束，材料容易脆性破坏。因此，

对于厚钢材应该要求更高的韧性。

## 2.4 钢材的延性破坏和非延性破坏、循环加载和快速加载的效应

### 2.4.1 延性破坏和非延性破坏（塑性破坏和脆性破坏）

有屈服现象的钢材或者虽然没有明显屈服现象而能发生较大塑性变形的钢材，一般属于延性材料。没有屈服现象且塑性变形能力很小的钢材，则属于脆性材料。

钢结构需要用延性材料制作。规范推荐的几种钢材都是延性好的含碳量低的钢材。钢结构不能用脆性材料如铸铁来制造，因为没有明显变形的突然断裂会在房屋、桥梁及船体等供人使用的结构中造成恶性后果。

所谓延性材料是指由于材料原始性能以及在常温、静载并一次加荷的工作条件之下能在破坏前发生较大塑性变形的材料。然而一种钢材具有塑性变形能力的大小，不仅取决于钢材原始的化学成分，熔炼与轧制条件，也取决于后来所处的工作条件。即使原来塑性表现极好的钢材，改变了工作条件，如在很低的温度之下受冲击作用，也完全可能呈现脆性破坏。所以，严格地说，不宜把钢材划分为延性和脆性材料，而应该区分材料可能发生的延性破坏与脆性破坏。

超过屈服点 $f_y$ 即有明显塑性变形产生的构件，当达到抗拉强度 $f_u$ 时将在很大变形的情况下断裂，这是材料的塑性破坏，也称为延性破坏。塑性破坏的断口常为杯形，并因晶体在剪切之下相互滑移的结果而呈纤维状。塑性破坏前，结构有很明显的变形，并有较长的变形持续时间，可便于发现和补救。因此，在钢结构中未经发现与补救而真正发生塑性破坏的情形是很少见的。

与此相反，当没有塑性变形或只有很小塑性变形时即发生的破坏，是材料的脆性破坏。其断口平直并因各晶粒往往在一个面断裂而呈光泽的晶粒状。由于变形极小并突然破坏，造成损害的危险性极大。因设计、制造或使用条件不适当而发生脆性破坏的情形是有的。

综上所述除选用塑性好的材料外，还必须注意避免或减少导致材料转脆的条件。在第 8 章中将对此阐述。

### 2.4.2 循环荷载的效应

1. 疲劳断裂的概念

疲劳断裂是微观裂缝在连续重复荷载作用下不断扩展直至断裂的脆性破坏。断口可能贯穿于母材或连接焊缝，也可能贯穿于母材及焊缝。

出现疲劳断裂时，截面上的应力低于材料的抗拉强度，甚至低于屈服强度。同时，疲劳破坏属于脆性破坏，塑性变形极小，因此是一种没有明显变形的突然破坏，危险性较大。

疲劳断裂的过程可分为三个阶段，即裂纹的形成、裂纹缓慢扩展与最后迅速断裂。对建筑钢结构来说不存在裂纹形成阶段，因为焊缝中经常有微观裂纹或者孔洞、夹渣等缺陷，这些缺陷与微裂纹类似；非焊接结构中在冲孔、剪边、气割等处也存在微观裂纹。有人把微观裂纹与缺陷统一叫"类裂纹"。

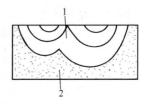

图 2-9 断口示意
1—光滑区；2—粗糙区

疲劳破坏的构件断口上面一部分呈现半椭圆形光滑区，其余部分则为粗糙区（图 2-9），微观裂纹随着应力的连续重复作用而扩展，裂纹两边的材料时而相互挤压时而分离，形成光滑区；裂纹的扩展使截面愈益被削弱，至截面残余部分不足以抵抗破坏时，构件突然断裂，因有撕裂作用而形成粗糙区。

连续重复荷载之下应力往复变化一周叫作一个循环（图 2-10）。应力循环特性常用应力比值 $\rho = \sigma_{min}/\sigma_{max}$ 来表示，以拉应力为正值。当 $\rho = -1$ 时称为完全对称循环（图 2-10a），$\rho = +1$ 时相当于静荷载作用（图 2-10d）。$\rho = 0$ 时称脉冲循环（图 2-10c）。

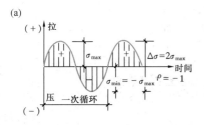

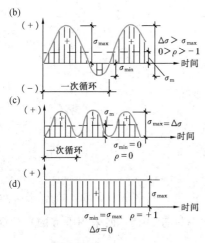

图 2-10 循环应力谱

$\rho$ 也可以是 +1 与 -1 之间的值，如图 2-10（b）所示的就是以拉应力为主的一种应力循环。

$\Delta\sigma = \sigma_{max} - \sigma_{min}$ 称为应力幅，表示应力变化的幅度。应力幅总为正值。

$\sigma_m = (\sigma_{max} + \sigma_{min})/2$ 称为平均应力，其值可正可负，代表某种循环下平均受力的大小（图 2-10b、c 中虚线）。任何一种循环应力都可看成是平均应力与应力幅为 $\Delta\sigma$ 的完全对称循环应力的叠加（图 2-10b、c）。

长期以来曾经以最大应力 $\sigma_{max}$ 和应力循环特性 $\rho$ 作为疲劳验算的重要依据，但随着焊接结构的广泛应用，多数国家已经转为按应力幅 $\Delta\sigma$ 进行验算。大量试验证明，焊接结构的疲劳破坏并不是名义上的最大应力重复作用的结果，而是焊缝处足够大的实际应力幅值重复作用的结果。这里，残余应力的存在不能忽视，应力集中造成的高峰应力也对疲劳性能十分不利。

图 2-10 所示的各种应力循环都是常幅应力循环，即一次应力循环中应力幅为常数，其

疲劳规律较易掌握。此外，还有变幅应力循环，在每次应力循环中，其应力幅值不是常数而是一种随机变量。

2. $\Delta\sigma$-$n$ 曲线及疲劳验算

根据试验数据可以画出构件或连接的应力幅 $\Delta\sigma$ 与相应的致损循环次数 $n$ 的关系曲线（图 2-11a）。这种曲线是疲劳验算的基础。致损循环次数也叫作疲劳寿命。对应一定的疲劳寿命，例如 $2\times10^6$ 次，在 $\Delta\sigma$-$n$ 曲线上就有一个与之相应的应力幅值，在该应力幅值之下循环 $2\times10^6$ 次时，构件或连接即破坏。目前国内外都常用双对数坐标轴的方法使曲线改为直线以便于分析（图 2-11b）。

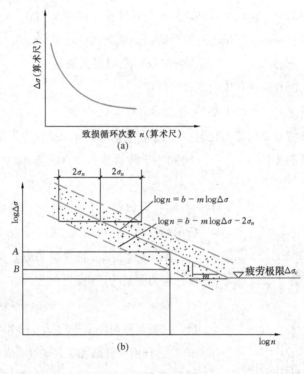

图 2-11　$\Delta\sigma$-$n$ 曲线

在双对数坐标图中，疲劳方程就是直线式（图中实直线）

$$\log n = b - m\log\Delta\sigma \tag{2-1}$$

式中　$b$——$n$ 轴上的截距；

　　　$m$——直线的斜率。

此式是根据试验数据由统计理论所得的回归方程。任一 $n$ 值之下，有 50% 的试验点处于实线下方，即在荷载确知的条件下构件不破坏的保证率只有 50%，而采用下方的平行虚线即方程

$$\log n = b - m\log\Delta\sigma - 2\sigma_n \tag{2-2}$$

则可得到足够的保证率。$\log n$ 呈正态分布时是 97.7%，呈 $t$ 分布时则约为 95%（假定荷载准确知道）。

式中　$\sigma_n$——标准差，根据试验数据由统计理论公式得出，它表示 $\log n$ 的离散程度；绝大部分试验点都应包括在式（2-1）加减 $2\sigma_n$ 的范围内（图 2-11）。

常幅应力循环下，当应力幅不超过某一数值 $\Delta\sigma_c$ 时，构件与连接不会产生疲劳损伤，比值称为疲劳极限（图 2-11b）。常幅疲劳按下式进行验算

$$\Delta\sigma \leqslant [\Delta\sigma] \tag{2-3}$$

式中　$\Delta\sigma$——对焊接结构为应力幅 $\Delta\sigma = \sigma_{max} - \sigma_{min}$；对非焊接部位为折算应力幅 $\Delta\sigma = \sigma_{max} - 0.7\sigma_{min}$，应力以拉为正，压为负；

$[\Delta\sigma]$——常幅疲劳的容许应力幅。

常幅疲劳的容许应力幅 $[\Delta\sigma]$ 应根据疲劳方程（即 $\Delta\sigma\text{-}n$ 曲线）并考虑合理安全度求得。

由式（2-1）可得到与一定 $n$ 值对应的致损应力幅（图 2-11 中的 $A$ 点纵坐标）

$$\Delta\sigma = \left(\frac{10^b}{n}\right)^{\frac{1}{m}} \tag{2-4}$$

$n$ 值为根据结构的具体条件由设计者所确定的整个使用期间内的循环次数，也就是预期的疲劳寿命。钢结构中常采用 $2\times10^6$ 次。在相同 $n$ 值之下，有足够安全度的应力幅（图 2-11b 中的 $B$ 点纵坐标）即常幅疲劳的容许应力幅为

$$[\Delta\sigma] = \left(\frac{10^{b-2\sigma_n}}{n}\right)^{\frac{1}{m}} \tag{2-5}$$

就疲劳验算来说，不同类别的构件和连接有各自不同的 $b$、$\sigma_n$ 及 $m$ 值，数值主要取决于应力集中的程度。《钢结构设计标准》GB 50017—2017 规定常幅疲劳的容许应力幅的计算公式中把 $10^{b-2\sigma_n}$ 和 $m$ 分别改为 $C$ 和 $\beta$，即

$$[\Delta\sigma] = \left(\frac{C}{n}\right)^{\frac{1}{\beta}} \tag{2-6}$$

对于既没有焊缝又没有应力集中的部位，钢材疲劳强度非常高。但是焊接结构中各种不同的构造细部使疲劳强度不同程度地降低，详见第 8 章。

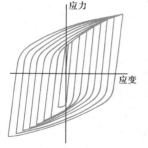

图 2-12　钢构件的滞回曲线

### 3. 弹塑性应力循环

钢构件在强烈地震作用下，会出现弹塑性的应力循环。它的性能由应力-应变滞回曲线（滞回环）来考察。不涉及应力集中也不出现整体或局部屈曲的钢构件滞回环丰满而稳定（图 2-12），表明具有良好的耗散地震能量的性能。

### 2.4.3 快速加荷的效应

快速加荷使钢材的屈服点和抗拉强度提高，而钢厂在做钢材拉伸试验时往往加荷比较快，致使所得 $f_y$、$f_u$ 偏高。快速加荷的不利效应在于影响能量吸收的能力，图 2-13 给出三条不同加荷速率下的断裂吸收能量-温度关系曲线。从图可以看出，随着加荷速率的减小，曲线向温度较低的方向移动。有些结构的钢材在工作温度下冲击韧性值很低，但仍然保持完好，就可以由加荷速率很慢来说明。对于同一冲击韧性的材料，当设计承受动力荷载时，允许最低的使用温度要比承受静力荷载高得多。

按应变速率 $\dot{\varepsilon} = d\varepsilon/dt$ 把加荷速率分为三级，即

缓慢加荷　　$\dot{\varepsilon} = 10^{-5} \, s^{-1}$

中速加荷　　$\dot{\varepsilon} = 10^{-3} \, s^{-1}$

动力加荷　　$\dot{\varepsilon} = 10 s^{-1}$

一般房屋结构中带有动力性质的荷载，其应变速率都不高，如厂房中吊车梁应变速率大多在 $10^{-4} s^{-1}$ 左右，最多不超过 $10^{-3} s^{-1}$。金属材料的应变率敏感性界限大约在 $10^{-3} \sim 10^3 s^{-1}$ 之间。当应变率低于 $10^{-3} s^{-1}$ 时属于准静态情况，应变率效应可略去不计。图 2-14 给出加荷速率对断裂韧性的影响曲线。断裂韧性是有别于冲击韧性的钢材性能指标，见 8.1.2 节。由图 2-14 可见，中速加荷时韧性比缓慢加荷下降不多，而比动力加荷提高很多。欧洲标准委员会的钢结构设计规范把加荷速率分为二级，其中 R1 为静力及缓慢加荷，适合于承受自重、楼面荷载、车辆荷载、风及波浪荷载以及提升荷载的结构；R2 级为冲击荷载，适用于高应变速率如爆炸和冲撞荷载。这就是说，除遭强烈地震作用袭击外，建筑结构通常列为静态的结构，即在考虑荷载的动力系数后按静态结构对待，不过承受多次循环荷载时需要进行疲劳验算。

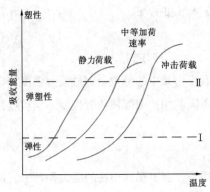

图 2-13　断裂吸收能量随温度的变化

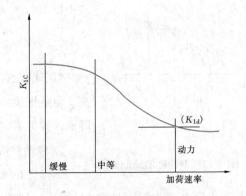

图 2-14　加荷速率对断裂韧性的影响

## 2.5 结构钢材的类别及钢材的选用

### 2.5.1 结构钢材的类别、牌号和等级

#### 1. 热轧钢材

我国第一本正规的《钢结构设计规范》TJ 17—74 规定采用的钢材是 3 号钢、16 锰钢和 16 锰桥钢，分别属于普通碳素钢、普通低合金钢和桥梁用钢。前二者分别相当于现在的 Q235 和 Q355 钢。第 2 代设计规范 GBJ 17—88 增加了 15 锰钒钢和 15 锰钒桥钢，前者相当于现在的 Q390 钢。桥梁钢和同号的非桥梁钢的区别主要在于硫磷含量稍低。第 3 代设计规范 GB 50017—2003 增加了 Q420 钢，但不再推荐桥梁钢。20 世纪八九十年代，我国对结构用钢采用统一的牌号标记：以代表屈服强度的汉语拼音字母 Q 开始，加上以 MPa 表示的屈服强度数字。Q235 属于国家标准《碳素结构钢》GB/T 700；Q355、Q390 和 Q420 都属于国家标准《低合金高强度结构钢》GB/T 1591。每种牌号又分为五种质量等级：A，B，C，D，E（Q235 没有 E 级），以这些字母作为后缀来表示，如 Q355C 即为 C 级的 Q355 钢。GB 50017—2017 标准修订已增加 Q460 钢和 Q355GJ 钢。后者属于国家标准《建筑结构用钢板》GB/T 19879，其后缀 GJ 表示高性能建筑结构用钢。40 多年来钢铁工业经历了迅速发展，而钢结构发展的要求是一股推动力量。高性能结构用钢板的出现是一项重要的里程碑。同样是 Q355 钢，厚度为 100mm 的 GJ 钢屈服强度为 325MPa，断后伸长率不小于 22%，而一般 Q355 钢的对应数据是 305MPa 和 19%～20%。同时，Q355GJ 规定有屈服强度的上限（下限加 120MPa）和屈强比的上限（0.83），而一般 Q355 没有。GJ 钢的高性能还体现在屈服强度的离散度低，因而抗力分项系数高。还应指出的是，按现行国家标准《低合金高强度结构钢》GB/T 1591 的规定，取消了 Q345 钢材牌号，改为采用上屈服强度值表示的 Q355。同时，该标准对钢材牌号表示方法进行了修正，在屈服强度数值之后增加了交货状态代号。其规定交货状态为热轧时，交货状态代号为 "AR" 或 "WAR"，可省略；交货状态为正火或正火轧制时，交货状态代号为 "N"；交货状态为热机械轧制时，交货状态代号为 "M"。该标准还给出了采用热机械轧制的高强度钢材，包括 Q500M，Q550M，Q620M，Q690M 等更高强度的钢材供选择。近年来，越来越多的低屈服点钢材用在耗能减震装置中，这类钢材具有较低屈服点并且屈服强度控制在较低范围内，其断后伸长率一般在 50% 以上，进入塑性状态后有良好的滞回性能。常见屈服强度包括 100MPa、160MPa 和 225MPa。

钢材质量等级的划分以冲击韧性的试验温度为依据。A 级钢不提供冲击韧性保证；B、C、D、E 级分别提供 20°、0°、−20° 和 −40° 的冲击韧性。Q235 钢的冲击韧性值为 $A_{KV}=$

27J，Q355～Q460 为 34J，Q355GJ 亦同。E 级钢是级别最高、性能最好的钢材。碳素结构钢只有前四类，而高性能的 GJ 钢则不包括 A 类。

除了上述三类钢材之外，钢结构必要时还可采用特殊性能的钢材，包括按现行国家标准《厚度方向性能钢板》GB/T 5313 生产的抗层间撕裂的 Z 向钢和按现行国家标准《耐候结构钢》GB/T 4171 生产的耐腐蚀钢。有些钢铁公司生产耐火钢和耐候耐火钢，目前还没有这方面的国家标准。

厚度方向性能钢板分为 Z15、Z25 和 Z35 三个等级，其厚度方向断面收缩率（三个式样的平均值）分别不小于 15%、25% 和 35%。《低合金高强度结构钢》和《建筑结构用钢板》两本标准都规定可以提供具有厚度方向性能的钢材。厚度不小于 40mm 的钢板，当沿厚度方向受拉时（包括外加拉力和因焊接收缩受阻而产生的约束拉应力），需要注意避免层间撕裂。Z 向钢含硫量特别低，可以满足要求。

按现行国家标准《桥梁用结构钢》GB/T 714 生产的钢材，不仅硫磷含量低，而且还有低温冲击韧性随钢材强度一起提高的特点。D 级和 E 级的 Q420q 钢冲击功不低于 47J，高于 Q420 和 Q420GJ 的 34J。除铁路桥梁外，遇到在低温条件下承受动力荷载的结构也可选用。

### 2. 铸钢

铸钢在钢结构中应用时间不长，主要用于大型空间结构的复杂节点和支座。用于焊接结构的铸钢件按现行国家标准《焊接结构用铸钢件》GB/T 7659 生产。用于非焊接结构的铸钢件分为碳素钢和低合金钢两类，其国家标准的代号分别为 GB/T 11352 和 GB/T 14408。铸钢件未经辊轧，性能略逊于热轧钢材。

### 3. 冷成型钢材

一般冷弯薄壁型钢构件也采用 Q235 钢和 Q355 钢，压型钢板的基本屈服强度不应小于 350N/mm²。冷成型钢材经过冷弯或模压，变形大的部位性能有所改变，已经在 2.3.3 节中论述。冷成型钢材有时用镀锌或镀铝锌的钢板及带钢，其生产标准分别是 GB/T 2518 和 GB/T 14978。

### 4. 高强钢丝和钢索材料

悬索结构和斜张拉结构的钢索、桅杆结构的钢纤绳等通常都采用由高强钢丝组成的平行钢丝束、钢绞线和钢丝绳。高强钢丝是由优质碳素钢经过多次冷拔而成，分为光面钢丝和镀锌钢丝两种类型。钢丝强度的主要指标是抗拉强度，其值在 1570～1700N/mm² 范围内，而屈服强度通常不作要求。根据国家有关标准，对钢丝的化学成分有严格要求，硫、磷的含量不得超过 0.03%，铜含量不超过 0.2%，同时对铬、镍的含量也有控制要求。高强钢丝的伸长率较小，最低为 4%，但高强钢丝（和钢索）却有一个不同于一般结构钢材的特点——松弛，即在保持长度不变的情况下所承拉力随时间延长而略有降低。

平行钢丝束由 7 根、19 根、37 根或 61 根钢丝组成，前三种组成的截面见图 2-15（a）、(b)、(c)。钢丝束内各钢丝受力均匀，弹性模量接近一般受力钢材。用来组成钢丝束的钢丝

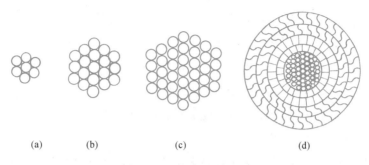

图 2-15　平行钢丝束的截面

(a) 7 根；(b) 19 根；(c) 37 根；(d) 不同截面钢丝

除圆形截面外，还有梯形和异形截面的钢丝（图 2-15d）。

钢绞线亦称单股钢丝绳，由多根钢丝捻成，钢丝根数也为 7 根、19 根、37 根。7 根者捻法最简单，一根在中心，其余 6 根在周围顺着同一方向缠绕。钢绞线受拉时，中央钢丝应力最大，其他外层钢丝应力稍小。由于各钢丝之间受力不均匀，钢绞线的抗拉强度比单根钢丝低 10%～20%，弹性模量也有所降低。钢绞线也可几根平行放置组成钢绞线束。

钢丝绳多由 7 股钢绞线捻成，以一股钢绞线为核心，外层的 6 股钢绞线沿同一方向缠绕。绳中每股钢绞线的捻向通常与股中钢丝捻向相反，因为此种捻法外层钢丝与绳的纵轴平行（图 2-16），受力时不易松开。钢丝绳的核心钢绞线也可用天然或合成纤维芯代替，如采用浸透防腐剂的麻绳。麻芯钢丝绳柔性较好，适合于需要弯曲的场合。钢芯绳承载力较高，适合于土建结构。钢丝绳的强度和弹性模量比钢绞线又有不同程度降低。其中纤维芯绳又略逊于钢芯绳。

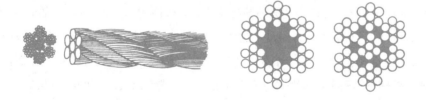

图 2-16　钢丝绳的捻法及截面

结构用钢绞线应符合现行国家标准《预应力混凝土用钢绞线》GB/T 5224，而钢丝绳应符合现行国家标准《重要用途钢丝绳》GB/T 8918。

## 2.5.2　钢材的选择

设计钢结构时选用钢材品种，主要是按国家标准确定钢材的牌号和质量等级，同时还可以对交货状态和附加保证条件提出要求。选择钢材既要保障安全，又要经济合理。这就是说，对大量的一般结构选用普通质量的钢材，而对重要的和处于严酷条件下的结构按具体情况采用适当等级的优质钢材。为此，选材时需要考虑下列因素。

荷载性质：承受动力荷载者要求高于承受静力荷载者；

应力状态：受拉还是受压，是否双轴或三轴受拉；

连接方法：焊接结构材质要求高于铆接和螺栓连接者；

工作环境：低温要求优质钢材，并且随板厚度而有所区别。

供货价格也是必须考虑的因素。

确定钢材牌号的主要因素是结构的体量和荷载。跨越结构的跨度越大，单位长度的荷载越大，使用强度高的钢材越经济。高耸结构则取决于它的高度。一般条件下宜采用 Q235 钢或 Q355 钢，具体用哪一种要看供货价格的情况，选用性价比高者。

选钢材的质量等级，主要依据对冲击韧性的要求。因此，对常温下承受静力荷载的结构来说，质量等级不是重要问题。没有冲击韧性要求的结构，按理应该用 A 级钢。但是 Q235A 不保证碳含量，只能用于非焊接结构。此外，由于钢材在低温时有变脆倾向，工作温度不高于 0° 的结构宜采用 B 级钢，而温度不高于 −20° 的受拉构件和其他构件的受拉板件需要更加严格要求：当板厚度不大于 40mm 时，用 C 级钢，厚度更大者用 D 级钢。

需要验算疲劳的焊接结构视其温度 $T$ 的高低而采用不同质量等级的钢材。

$T$ 高于 0°　　　　　　　B 级钢

$T$ 高于 −20° 但不高于 0°　　Q235 和 Q355 用 C 级钢

　　　　　　　　　　　　Q390，Q420 和 Q460 用 D 级钢

$T$ 高于 −40° 但不高于 −20°　Q235 和 Q355 用 D 级钢

　　　　　　　　　　　　Q390，Q420 和 Q460 用 E 级钢

在同样温度条件下，屈服强度高的钢材应该具有较高的 $A_{KV}$ 值。Q355 的 $A_{KV}$ 等于 34J，高于 Q235 的 27J。因此，在同样温度下这两种钢用同一级别，即 C 级或 D 级。Q390～Q460 的 $A_{KV}$ 保证值也是 34J，并不高于 Q355，因而在同样温度下需要提高一级。然而，Q390 和 Q460 的强度差别不算很小，采用同一等级未必合理。或许把 Q390 和 Q355 同属一类更合理些。至少当 $T$ 不低于 −10° 时 Q390 用 C 级钢应该不成问题。

C 级钢冲击试验的温度是 0°。何以 Q355C 可以用于 $T<0°$ 的场合呢？原因在于实际结构的缺陷和加荷速率都不如试验条件那么严重。第 8 章提到，板厚不超过 40mm，温度差距可以取 40°。规范所取差距只有 20°，还存在余地。然而，厚板的韧性低于较薄的板，而冲击试验不反映这一差别。因此，随着板厚度增大，余地不断缩小乃至不复存在。

需要验算疲劳的非焊接结构，钢材质量等级比焊接者降低一级，但不低于 B 级。

抗震设防的钢结构，其受力在弹性范围的构件钢材，可以和需要验算疲劳的非焊接结构同样选用。其承担塑性耗能作用的构件钢材，则应满足下列要求：

1）屈服强度实测值与抗拉强度实测值之比不大于 0.85；

2）钢材应有明显的屈服平台，且伸长率不小于 20％；

3）钢材屈服强度实测值不高于上一级钢材屈服强度规定值；

4）钢材工作环境温度下 $A_{KV}$ 不低于 27J。

高烈度地震区的结构和特别重要的结构宜用 Q235GJ 钢，并要求以 TMCP 为交货状态。必要时还可增加厚度方向性能要求。

指导钢材选用的技术文件还有中国工程建设协会标准《钢结构钢材选用与检验技术规程》CECS300：2011，此书内容较为详尽，但不属于国家标准。

连接所用钢材，如焊条、自动或半自动焊的焊丝及螺栓的钢材应与主体金属的强度相适应。

### 2.5.3　型钢规格

钢结构构件一般宜直接选用型钢，这样可减少制造工作量，降低造价。型钢尺寸不够合适或构件很大时则用钢板制作。构件间或直接连接或附以连接钢板进行连接。所以，钢结构中的元件是型钢及钢板。型钢有热轧及冷成型两种（图 2-17 及图 2-18）。现分别介绍如下。

1. 热轧钢板

热轧钢板分厚板及薄板两种，厚板的厚度为 4.5～60mm，薄板厚度为 0.35～4mm。前者广泛用来组成焊接构件和连接钢板，后者是冷弯薄壁型钢的原料。在图纸中钢板用"厚×宽×长（单位为毫米）"前面附加钢板横断面的方法表示，如：—12×800×2100 等。

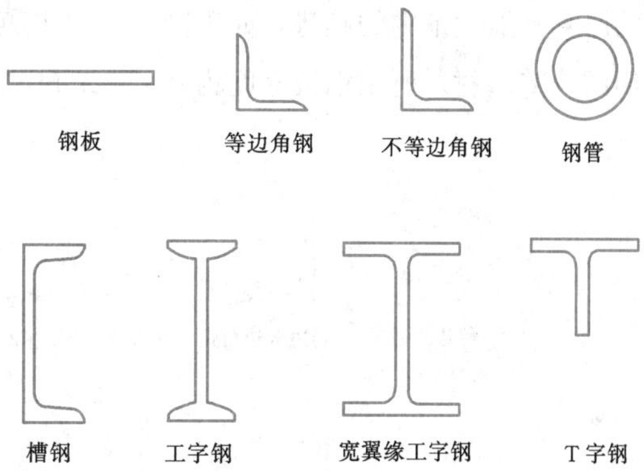

2. 热轧型钢

**角钢**　有等边和不等边两种。等边角

钢板　等边角钢　不等边角钢　钢管

槽钢　工字钢　宽翼缘工字钢　T 字钢

图 2-17　热轧型材截面

钢（也叫等肢角钢），以边宽和厚度表示，如 L100×10 为肢宽 100mm、厚 10mm 的等边角钢。不等边角钢（也叫不等肢角钢）则以两边宽度和厚度表示，如 L100×80×8 等。附表 3 和附表 4 中角钢的表示方法按国家标准《热轧型钢》GB/T 706—2016 给出，其型号尺寸有别于上述表示方法，GB/T 706 型号数值对应单位为"cm"。我国目前生产的等边角钢，其肢宽为 20～200mm，不等边角钢的肢宽为 25mm×16mm～200mm×125mm。

**槽钢**　我国槽钢有两种尺寸系列，即热轧普通槽钢（GB 708—65）与热轧轻型槽钢。前者的表示法如匚30a，指槽钢外廓高度为 30cm 且腹板厚度为最薄的一种；后者的表示法例如匚25Q，表示外廓高度为 25cm，Q 是汉语拼音"轻"的拼音字首。同样号数时，轻型者由于腹板薄及翼缘宽而薄，因而截面积小但回转半径大，能节约钢材减少自重。不过轻型系列的实际产品较少。

**工字钢** 与槽钢相同，也分成上述的两个尺寸系列：普通型和轻型。与槽钢一样，工字钢外轮廓高度的厘米数即为型号，普通型者当型号较大时腹板厚度分 a、b 及 c 三种。轻型的由于壁厚已薄故不再按厚度划分。两种工字钢表示法如：I32c，I32Q 等。

**H 型钢和剖分 T 型钢** 热轧 H 型钢分为三类：宽翼缘 H 型钢（HW）、中翼缘 H 型钢（HM）和窄翼缘 H 型钢（HN）。H 型钢型号的表示方法是先用符号 H（或 HW、HM 和 HN）表示型钢的类别，后面加"高度×宽度×腹板厚度×翼缘厚度"，例如 H300×300×10×15，即为截面高度和翼缘宽度为 300mm，腹板和翼缘厚度分别为 10mm 和 15mm 的宽翼缘 H 型钢。剖分 T 型钢也分为三类，即：宽翼缘剖分 T 型钢（TW）、中翼缘剖分 T 型钢（TM）和窄翼缘剖分 T 型钢（TN）。剖分 T 型钢系由对应的 H 型钢沿腹板中部对等剖分而成。其表示方法与 H 型钢类同，如 T225×200×8×12 即表示截面高度为 225mm，翼缘宽度为 200mm，腹板和翼缘厚度分别为 8mm 和 12mm 的窄翼缘剖分 T 型钢。

3. 冷弯薄壁型钢

是用 2～6mm 厚的薄钢板经冷弯或模压而成型的（图 2-18）。在国外，冷弯型钢所用钢板的厚度有加大范围的趋势，如美国可用到 1 英寸（25.4mm）厚。压型钢板是近年来开始使用的薄壁型材，所用钢板厚度为 0.4～2mm，用作轻型屋面等构件。

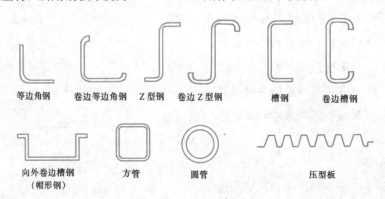

等边角钢　卷边等边角钢　Z 型钢　卷边 Z 型钢　槽钢　卷边槽钢

向外卷边槽钢　方管　圆管　压型板
（帽形钢）

图 2-18　冷弯型钢的截面形式

热轧型钢的型号及截面几何特性见书后附表 1～附表 6。冷弯型钢的常用型号及截面几何特性见现行国家标准《冷弯型钢》GB/T 6725 和现行行业标准《建筑结构用冷弯矩形钢管》JG/T 178。

## 习题

2.1　简述建筑钢结构对钢材的要求、指标，GB 50017 标准推荐使用的钢材有哪些?

2.2　衡量材料力学性能的好坏，常用那些指标? 它们的作用如何?

2.3　哪些因素可使钢材变脆? 从设计角度防止构件脆断的措施有哪些?

2.4　碳、硫、磷对钢材的性能有哪些影响?

2.5　什么是钢材的可焊性? 影响钢材可焊性的化学元素有哪些?

2.6　钢材的力学性能为何要按厚度（直径）进行划分?

2.7　钢材中常见的冶金缺陷有哪些?

2.8　随着温度的变化，钢材的力学性能有何变化?

2.9　什么情况下会产生应力集中，应力集中对材性有何影响?

2.10　什么是疲劳断裂? 它的特点如何? 简述其破坏过程。

2.11　快速加荷对钢材的力学性能有何影响?

2.12　选择钢材应考虑的因素有哪些?

2.13　什么是冷工硬化（应变硬化）、时效硬化?

2.14　钢材的实际屈服强度超过其标准值（下限）是好事还是坏事? 为什么?

第 3 章

# 构件的截面承载能力——强度

钢结构的承载能力分为三个层次，截面承载能力、构件承载能力和结构承载能力。构件截面的承载能力取决于材料的强度和应力性质及其在截面上的分布，属于强度问题。构件有可能在受力最大截面还未达到强度极限之前因丧失稳定而失去承载能力。稳定承载力取决于构件的整体刚度，因而属于构件承载能力。组成钢构件的板件还有可能局部失稳，它也不属于个别截面的承载能力问题。整体结构的承载能力也往往和失稳有关。

本章集中论述各类构件的截面承载能力——强度，及如何按强度要求确定截面尺寸。

## 3.1 轴力构件的强度及截面选择

### 3.1.1 轴力构件的应用和截面形式

轴力构件广泛地用于主要承重钢结构，如平面桁架、空间桁架和网架等。轴压构件还常用于工业建筑的平台和其他结构的支柱。各种支撑系统也常常由许多轴力构件组成。

轴力构件的截面形式有如图 3-1 所示的四种。第一种是热轧型钢截面，如图3-1（a）中圆钢、圆管、方管、角钢、工字钢、T 型钢和槽钢等；第二种是冷弯薄壁型钢截面，如图 3-1（b）中的带卷边或不带卷边的角形、槽形截面和方管等；第三种和第四种是用型钢和钢板连接而成的组合截面，图 3-1（c）所示都是实腹式组合截面，图 3-1（d）则是格构式组合截面。

对轴力构件截面形式的共同要求是：（1）能提供承载力所需要的截面积；（2）制作比较简便；（3）便于和相邻的构件连接；（4）截面开展而壁厚较薄，以满足刚度要求。对于轴压构件（以下简称压杆），截面开展更具有重要意义，因为这类构件的截面积往往取决于稳定承载力，整体刚度大则构件的稳定性好，用料比较经济。对构件截面的两个主轴都应如此要求。根据以上情况，压杆除经常采用双角钢和宽翼缘工字钢截面外，有时需采用实腹式或格构式组合截面。格构式截面容易使压杆实现两主轴方向的等稳定性，同时刚度大，抗扭性能

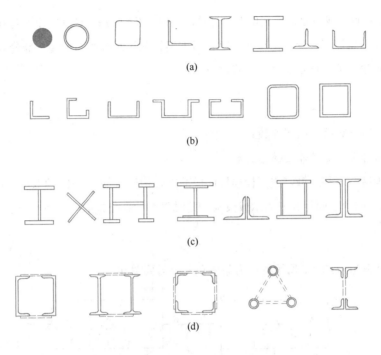

图 3-1　轴力构件的截面形式

(a) 热轧型钢截面；(b) 冷弯薄壁型钢截面；(c) 实腹式组合截面；(d) 格构式组合截面

好，用料较省。轮廓尺寸宽大的四肢或三肢格构式组合截面适用于轴压力不甚大、但比较长的构件以便满足刚度、稳定要求。在轻型钢结构中采用冷弯薄壁型钢截面比较有利。

### 3.1.2　拉杆的强度

轴拉构件，简称拉杆，在没有局部削弱时性能和钢材的拉伸试件所表现的一致。构件在应力达到屈服强度时因拉伸变形过大而不能继续承载（毛截面屈服）。相应的强度计算公式是：

$$\sigma = \frac{N}{A} \leqslant f \tag{3-1}$$

式中 $N$ 和 $A$ 分别为拉力设计值和杆的毛截面面积，$f = f_y / \gamma_R$ 为钢材抗拉强度设计值。

端部局部削弱后（如螺栓或铆钉连接的拉杆），其截面是薄弱部位，强度应按净截面核算。然而，少数截面屈服，杆件并未达到承载能力的极限状态，还可以继续承受更大的拉力，直至净截面拉断为止（净截面断裂）。此时强度计算的限值是钢材的抗拉强度 $f_u$ 的最小值除以对应的抗力分项系数 $\gamma_{Ru}$。考虑到拉断的后果比屈服严重得多，抗力分项系数需要取大一些，可取为 $\gamma_{Ru} = 1.1 \times 1.3 = 1.43$，其倒数为 0.7。净截面强度的计算公式是

$$\sigma = \frac{N}{A_n} \leqslant 0.7 f_u \tag{3-2}$$

式中 $A_n$ 为拉杆的净截面面积。在用上式计算的同时，仍须按式（3-1）计算毛截面强度。

当杆端采用高强度螺栓摩擦型连接时，考虑到孔轴线前摩擦面传递一部分力，净截面上所受内力应扣除该部分传走的力，上式修正为

$$\sigma = \left(1 - 0.5\frac{n_1}{n}\right)\frac{N}{A_n} \leqslant 0.7f_u \tag{3-3}$$

式中　$n_1$——所计算截面的螺栓数；

　　　$n$——杆件一端的连接螺栓总数。

当拉杆为沿全长都用铆钉或螺栓连接而成的组合构件（如图 3-1c 的双槽钢贴合在一起，用螺栓相连），则净截面屈服成为承载极限。此时强度计算公式取

$$\sigma = \frac{N}{A_n} \leqslant f \tag{3-4}$$

拉杆的孔洞造成图 3-2 所示的应力集中现象，需要关注。

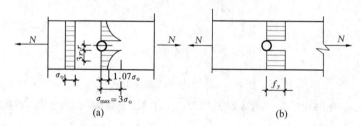

图 3-2　拉杆孔洞处截面应力分布

（a）弹性状态应力；（b）极限状态应力

在弹性阶段，随着孔洞形状的不同，孔壁边缘的最大应力 $\sigma_{max}$ 可能达到拉杆毛截面平均应力 $\sigma$ 的 3~4 倍。当孔壁边缘的最大应力达到屈服强度以后，应力不再增加而塑性变形持续发展。此后，由于应力重分布，净截面的应力可以均匀地达到屈服强度，如图 3-2（b）所示。此时拉杆达到承载能力极限状态，和没有应力集中的情况相同。和应力集中类似，残余应力也使构件截面上应力分布不均匀，并且也可通过应力重分布而均匀地屈服（参看 7.5.2 节）。

### 3.1.3　端部部分连接的杆件有效截面

当构件端部的节点连接并非使全部板件直接传力时，还应计及剪切滞后的影响。当平板拉杆在端部仅用侧焊缝连接时（图 3-3a），板在 $A$-$A$ 截面的应力分布不均匀。但是，只要焊缝足够长（现行《钢结构设计标准》GB 50017 要求不小于板宽度 $b$，美国 AISC 规范要求不小于二倍宽度），则通过应力重分布可以达到全截面屈服的极限状态。当单根 T 型钢用翼缘两侧焊缝和节点板相连接时（图 3-3b），情况大不相同。由于腹板没有焊缝和节点板连接，它的内力需要通过剪切传入翼缘，才能传到焊缝。它的 $A$-$A$ 截面应力不均匀度更为突出，在达到全截面屈服之前就会出现裂缝。因此，拉杆 $A$-$A$ 截面并非全部有效，强度应按下式计算

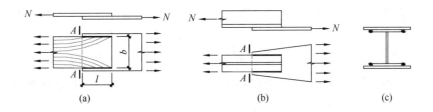

图 3-3　端部部分连接的杆件

(a) 平板拉杆；(b) T 形截面拉杆；(c) 工字形截面拉杆

$$\frac{N}{\eta A} \leqslant f \tag{3-5}$$

式中 $\eta$ 为有效截面系数，对 T 型钢取 $0.9$，单角钢取 $0.85$。当采用螺栓连接时，式（3-5）的 $A$ 应改为 $A_n$。

工形截面拉杆，当端部只在翼缘边缘用侧焊缝和节点板连接时（图 3-3c），相当于两个 T 型钢，也应采用 $0.9$ 有效面系数。如果此杆在端部只有腹板和节点板用焊缝相连，则有效截面系数应取 $0.7$。

显然，当图 3-3（b）的杆件端部同时焊上端焊缝时，传力情况大有改善，式（3-5）不再适用。这正是通常应该采用的方案。

当图 3-3（b）的杆件受压时，A-A 截面同样难以达到均匀屈服的状态，但是没有拉断的危险。

【**例题 3-1**】某轻钢屋架的下弦杆是用 Q235 钢的圆钢制作的。在杆的中央需用花篮螺丝张紧，杆的轴拉力为 $N=90\mathrm{kN}$。试设计此杆。

【**解**】估计圆钢直径可能在 $18\sim40\mathrm{mm}$ 之间，对拉杆的强度设计值取 $205\mathrm{N/mm^2}$（见附表 11），抗拉强度最小值取 $370\mathrm{N/mm^2}$（见附表 10a）。

圆钢所需的截面面积 $A=\dfrac{N}{f}=\dfrac{90\times10^3}{205}=439.0\mathrm{mm^2}=4.39\mathrm{cm^2}$

圆钢所需的净截面面积 $A_n=\dfrac{N}{0.7f_u}=\dfrac{90\times10^3}{0.7\times370}=347.5\mathrm{mm^2}=3.48\mathrm{cm^2}$

由附表 7 可知，直径为 24mm 的圆钢加工螺纹后，其有效直径为 $21.19\mathrm{mm}$，有效面积 $A_n=3.53\mathrm{cm^2}>3.48\mathrm{cm^2}$。此外，它的截面积为 $4.52\mathrm{cm^2}$，比需要的 $4.39\mathrm{cm^2}$ 稍大。因此，可选用直径为 24mm 的圆钢，如图 3-4 所示。

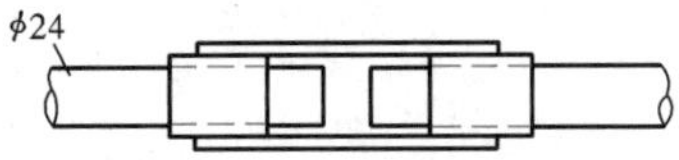

图 3-4　例题 3-1 附图

### 3.1.4　压杆的强度

在计算压杆的截面强度时，可以认为孔洞由螺栓或铆钉压实，按全截面公式（3-1）计算。当孔洞为没有紧固件的虚孔时，则应按式（3-4）计算。一般情况下，压杆的承载力是由稳定条件决定的，强度计算不起决定性作用。

### 3.1.5 索的受力性能和强度计算

钢索是一种特殊的受拉构件，广泛应用于悬索结构、张拉结构、桅杆纤绳和预应力结构等。

悬索作为柔性构件，其内力不仅和荷载作用有关，而且和变形有关，具有很强的几何非线性，需要由二阶分析来计算内力。悬索的内力和位移可按弹性阶段进行计算，通常采用下列基本假定

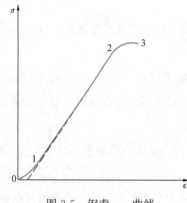

图 3-5 钢索 $\sigma$-$\epsilon$ 曲线

（1）索是理想柔性的，不能受压，也不能抗弯；

（2）索的材料符合胡克定律。

图 3-5 所示实线为高强钢丝组成的钢索在初次拉伸时的应力-应变曲线。加载初期（图中 0-1 段）存在少量松弛变形，随后的主要部分（1-2 段）基本上为一直线。当接近极限强度时，才显示出明显的曲线性质（2-3 段）。实际工程中，钢索在使用前均需进行预张拉，以消除 0-1 段的非弹性初始变形，形成（图 3-5）中虚线所示的应力-应变曲线关系。在很大范围内钢索的应力应变符合线性关系。

钢索一般为高强钢丝组成的平行钢丝束、钢绞线、钢丝绳等。根据结构形式的不同，有时也可用圆钢或型钢。

钢索的抗拉力设计值按下式计算：

$$F = \frac{F_{tk}}{\gamma_R} \tag{3-6}$$

式中　$F$——钢索的抗拉力设计值；

　　　$F_{tk}$——钢索的极限抗拉力标准值；

　　　$\gamma_R$——钢索的抗力分项，取 2.0；当为钢拉杆时取 1.7。

## 3.2 受弯构件的类型和强度

### 3.2.1 梁的类型

结构中的受弯构件主要以梁的形式体现。钢梁主要用以承受横向荷载，在房屋建筑和桥梁工程中得到广泛应用。如楼盖梁、工作平台梁、墙架梁、吊车梁、檩条及梁式桥、大跨斜

拉桥、悬索桥中的桥面梁等。

钢梁按制作方法的不同可以分为型钢梁和组合梁两大类，如图 3-6 所示。型钢梁又可分为热轧型钢梁和冷弯薄壁型钢梁两种。热轧型钢梁常用普通工字钢、槽钢或 H 型钢做成（图 3-6a、b、c），应用最为广泛，成本也较为低廉。对受荷较小，跨度不大的梁用带有卷边的冷弯薄壁槽钢（图 3-6d、f）或 Z 型钢（图 3-6e）制作，可以有效地节省钢材。受荷很小的梁，有时也可采用单角钢制作。由于型钢梁具有加工方便和成本较低的优点，在结构设计中应该优先采用。

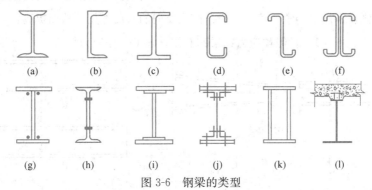

图 3-6　钢梁的类型

（a）普通工字钢；（b）槽钢；（c）H 型钢；（d）卷边冷弯薄壁槽钢；（e）Z 型钢；（f）卷边冷弯薄壁双槽钢；（g）焊接工字形截面；（h）两个 T 型钢和钢板组成的焊接梁；（i）双层翼缘板组成的截面；（j）铆接梁；（k）双腹板箱形梁；（l）钢与混凝土组合梁

当荷载和跨度较大时，型钢梁受到尺寸和规格的限制，常不能满足承载能力或刚度的要求，此时可考虑采用组合梁。组合梁按其连接方法和使用材料的不同，可以分为焊接组合梁（简称焊接梁）、铆接组合梁、钢与混凝土组合梁等。组合梁截面的组成比较灵活，可使材料在截面上的分布更为合理。

最常用的组合梁是由两块翼缘板加一块腹板做成的焊接工字形截面（图3-6g），它的构造比较简单、制作方便，必要时也可考虑采用双层翼缘板组成的截面（图 3-6i）。图 3-6（h）所示为由两个 T 型钢和钢板组成的焊接梁。铆接梁（图 3-6j）除翼缘板和腹板外还需要有翼缘角钢，和焊接梁相比，它既费料又费工，属于已经淘汰的结构形式。

对于荷载较大而高度受到限制的梁，可考虑采用双腹板的箱形梁（图3-6k），这种截面形式具有较好的抗扭刚度。

为了充分地利用钢材强度，可考虑受力较大的翼缘板采用强度较高的钢材，腹板采用强度稍低的钢材，制作成异种钢组合梁。

混凝土宜于受压，钢材宜于受拉，为了充分发挥两种材料的优势，钢与混凝土组合梁得到了广泛的应用（图 3-6l），并收到了较好的经济效果。

将工字钢或 H 型钢的腹板如图 3-7（a）所示沿折线切开，焊成如图 3-7（b）所示的空腹梁，常称之为蜂窝梁，是一种较为经济合理的构件形式。也可如图3-8所示将工字形或 H

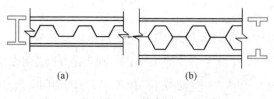

图 3-7  蜂窝梁

（a）腹板沿折线切开；（b）成型后

型钢的腹板斜向切开，颠倒相焊制作成楔形梁以适应弯矩的变化。

按受力情况的不同，可以分为单向弯曲梁和双向弯曲梁，图 3-9 所示的屋面檩条及吊车梁都是双向受弯梁，不过吊车梁的水平荷载主要使上翼缘受弯。

为了节约钢材，可以把预应力技术用于钢梁。它的基本原理是在梁的受拉侧设置具有较高预拉力的高强度钢筋或钢索，使梁在受荷前受反向的弯曲作用，从而提高钢梁在外荷载作用下的承载能力（图 3-10）。但预应力钢梁的制作，施工过程较为复杂。

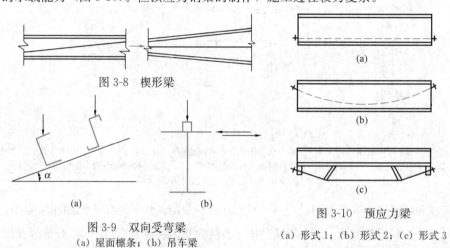

图 3-8  楔形梁

图 3-9  双向受弯梁
（a）屋面檩条；（b）吊车梁

图 3-10  预应力梁
（a）形式 1；（b）形式 2；（c）形式 3

梁的承载能力极限状态计算包括截面的强度、构件的整体稳定、局部稳定。对于直接受到重复荷载作用的梁，如吊车梁，当应力循环次数 $n \geqslant 5 \times 10^4$ 时尚应进行疲劳验算。本章只阐述强度计算，包括弯、剪、扭等力素及其综合效应。

### 3.2.2  梁的弯曲、剪切强度

1. 梁的正应力

在纯弯曲情况下梁的纤维应变沿杆长为定值，其弯矩与挠度之间的关系与钢材抗拉试验的 $\sigma\text{-}\varepsilon$ 关系形式上大体相同，如图 3-11 所示。$M_e$ 为截面最外纤维应力到达屈服强度时的弯矩，它的数值与梁的残余应力分布有关，不过在分析梁的强度时并不需要考虑残余应力的影响。$M_p$ 为截面全部屈服时的弯矩。由于钢材存在硬化阶段，最终弯矩超过 $M_p$ 值。在强度计算中，通常将钢材理想化为图 3-12 所示的弹塑性应力应变关系，忽略残余应力的影响。

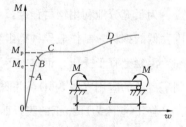

图 3-11  梁的 $M\text{-}w$ 曲线

在荷载作用下钢梁呈现四个阶段，现以双轴对称工字形截面梁为例说明如下：

（1）弹性工作阶段

弯矩较小时（图 3-11 中的 A 点），梁截面上的正应力都小于材料的屈服点，属于弹性工作阶段（图 3-13a）。对需要计算疲劳的梁，常以最外纤维应力到达 $f_y$ 作为强度的限值。冷弯型钢梁因其壁薄，也以截面边缘屈服作为强度极限。

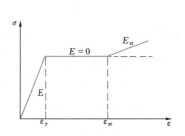

图 3-12　应力-应变关系简图

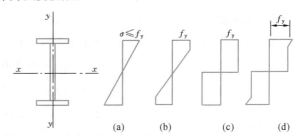

图 3-13　梁的正应力分布
（a）弹性工作阶段；（b）弹塑性工作阶段；
（c）塑性工作阶段；（d）应变硬化阶段

（2）弹塑性工作阶段

荷载继续增加，梁的两块翼缘板逐渐屈服，随后腹板上下侧也部分屈服（图 3-11 中的 B 点及图 3-13b）。在现行《钢结构设计标准》GB 50017 中对一般受弯构件的计算，就适当考虑了截面的塑性发展，以截面部分进入塑性作为承载能力的极限。

（3）塑性工作阶段

荷载再增大（图 3-11 中的 C 点），梁截面将出现塑性铰（图 3-13c）。静定梁只有一个截面弯矩最大者，原则上可以将塑性铰弯矩 $M_p$ 作为承载能力极限状态。但若梁的一个区段同时弯矩最大，则在到达 $M_p$ 之前，梁就已发生过大的变形，从而受到"因过度变形而不适于继续承载"极限状态的制约。超静定梁的塑性设计允许出现若干个塑性铰，直至形成机构。

（4）应变硬化阶段

按照图 3-12 所示的应力-应变关系，钢材进入应变硬化阶段后，变形模量为 $E_{st}$。梁变形增加时，应力将继续有所增加，梁截面上的应力分布将如图 3-13（d）所示。虽然在工程设计中，梁强度计算一般不利用这一阶段，它却是梁截面实现塑性铰不可或缺的条件。

根据以上几个阶段的工作情况，可以得到梁在弹性工作阶段的最大弯矩为

$$M_e = W_n f_y \tag{3-7}$$

在塑性阶段，产生塑性铰时的最大弯矩为

$$M_p = W_{pn} f_y \tag{3-8}$$

式中　$f_y$——钢材屈服强度；

　　　$W_n$——梁净截面模量；

$W_{pn}$——梁塑性净截面模量；

$$W_{pn} = S_{1n} + S_{2n};\qquad(3-9)$$

$S_{1n}$——中和轴以上净截面面积对中和轴的面积矩；

$S_{2n}$——中和轴以下净截面面积对中和轴的面积矩。

中和轴是和弯曲主轴平行的截面面积平分线，中和轴两边的面积相等，对于双轴对称截面即为形心主轴。

由式（3-7）和式（3-8）可见，梁的塑性铰弯矩 $M_p$ 与弹性阶段最大弯矩 $M_e$ 的比值仅

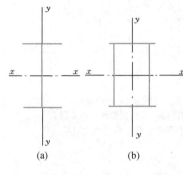

图 3-14　截面简图

（a）双轴对称工字形截面；（b）箱形截面

与截面几何性质有关，而与材料的强度无关。一般将毛截面的模量比值 $W_p/W$ 称为截面的形状系数 $F$。对于矩形截面，$F=1.5$；圆形截面，$F=1.7$；圆管截面，$F=1.27$；工字形截面对 $x$ 轴，$F$ 在 1.10 和 1.17 之间。

实际设计中为了避免梁产生过大的非弹性变形，将梁的极限弯矩取在式（3-7）和式（3-8）之间。钢结构设计标准对不需要计算疲劳的受弯构件，允许考虑截面有一定程度的塑性发展，所取截面的塑性发展系数分别为 $\gamma_x$ 和 $\gamma_y$（受弯构件有两个正交的形心主轴，其中绕某一主轴的惯性矩、截面模量最大，称该轴为强轴，相对的另一轴为弱轴，且习惯上将强轴记为 $x$ 轴）。例如图 3-14 所示的双轴对称工字形截面取 $\gamma_x=1.05$，$\gamma_y=1.2$；箱形截面取 $\gamma_x=\gamma_y=1.05$，均较截面的形状系数 $F$ 为小（参看表3-3）。

GB 50017 规定梁的正应力计算公式为

单向弯曲时
$$\sigma = \frac{M_x}{\gamma_x W_{nx}} \leqslant f \qquad(3-10)$$

双向弯曲时
$$\sigma = \frac{M_x}{\gamma_x W_{nx}} + \frac{M_y}{\gamma_y W_{ny}} \leqslant f \qquad(3-11)$$

式中　$M_x$、$M_y$——梁在最大刚度平面内（绕 $x$ 轴）和最小刚度平面内（绕 $y$ 轴）的弯矩设计值；

　　$W_{nx}$、$W_{ny}$——对 $x$ 轴和 $y$ 轴的净截面模量（利用板件屈曲后强度的 S5 级截面为有效截面模量，详见现行《钢结构设计标准》GB 50017）；

　　$f$——钢材的抗弯强度设计值；

　　$\gamma_x$、$\gamma_y$——截面塑性发展系数，当截面板件宽厚比为 S1～S3 级时按本章表 3-3 取用；当截面板件宽厚比为 S4 或 S5 级时，截面塑性发展系数应取 1.0；对需要计算疲劳的梁，不考虑截面塑性发展，即取 $\gamma_x=\gamma_y=1.0$。

强度计算是截面承载力问题，式（3-11）中的两个弯矩应同属一个截面。如果二者的最大值不在同一截面，需要对两个截面进行计算比较。

当固端梁和连续梁采用塑性设计时，塑性铰截面的弯矩应满足下式

$$M_x \leqslant W_{pnx}f \tag{3-12}$$

式中　$W_{pnx}$——对 $x$ 轴的塑性净截面模量；

　　　　$f$——钢材的抗弯强度设计值。

这里需要指出的是：受弯至塑性铰的截面，对板件宽厚比有更严格的要求。按照现行《冷弯薄壁型钢结构技术规范》GB 50018 规定，冷弯型钢梁的正应力强度按下式计算

$$\sigma = \frac{M_{max}}{W_{enx}} \leqslant f \tag{3-13}$$

式中　$W_{enx}$——对 $x$ 轴的较小有效净截面模量；当截面全部有效时，即为净截面模量。

【例题 3-2】试比较图 3-15 两种焊接工形截面，各能承受多大弯矩。钢材为 Q355。

【解】计算截面的惯性矩和截面模量

截面 I

$$I_{x1} = \frac{1}{12} \times 0.8 \times 100^3 + 2 \times 1.4 \times 25 \times 50.7^2$$

$$= 246601 \mathrm{cm}^4$$

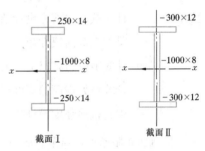

图 3-15　例题 3-2 附图

$$W_{x1} = \frac{246601}{51.4} = 4797.7 \mathrm{cm}^3$$

截面 II

$$I_{x2} = \frac{1}{12} \times 0.8 \times 100^3 + 1.2 \times 30 \times 50.6^2 \times 2$$

$$= 251013 \mathrm{cm}^4$$

$$W_{x2} = \frac{251013}{51.2} = 4902.6 \mathrm{cm}^3$$

考察翼缘的宽厚比，对 Q355 钢，$13\sqrt{\frac{235}{355}} = 10.58$，$15\sqrt{\frac{235}{355}} = 12.2$

截面 I　　　　$\dfrac{250-8}{2 \times 14} = 8.64 < 10.58$　　　$\gamma_x = 1.05$

截面 II　　$\dfrac{300-8}{2 \times 12} = 12.17 > 10.58$，但未超过 12.2　　　$\gamma_x = 1.0$

按式（3-10）两截面承受弯矩的能力分别为

截面 I　　　$M_1 = \gamma_x W_{nx1} f = 1.05 \times 4797.7 \times 30.5 = 153646.3 \mathrm{kN \cdot cm}$

截面 II　　　$M_2 = \gamma_x W_{nx2} f = 1.0 \times 4902.6 \times 30.5 = 149529.3 \mathrm{kN \cdot cm}$

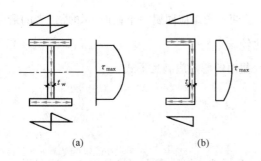

图 3-16　弯曲剪应力分布

(a) 工字形；(b) 槽形

截面Ⅱ的面积比截面Ⅰ大 1.3‰，而承载能力却小 2.7‰

**2. 梁的剪应力**

横向荷载作用下的梁，一般都有剪应力。对于工字形和槽形等薄壁开口截面构件，根据弯曲剪力流理论，在竖直方向剪力 V 作用下，剪应力在截面上的分布如图 3-16 所示。截面上的最大剪应力在腹板上中和轴处。

截面上任一点的剪应力应满足下式的要求

$$\tau = \frac{VS}{It_w} \leqslant f_v \tag{3-14}$$

式中　$V$——计算截面的剪力设计值；

$\quad\quad I$——梁的毛截面惯性矩；

$\quad\quad S$——计算剪应力处以上（或以左/右）毛截面对中和轴的面积矩；

$\quad\quad t_w$——计算点处截面的宽度或板件的厚度；

$\quad\quad f_v$——钢材抗剪强度设计值，见附表 11。

依剪切屈服条件，当梁截面剪应力到达 $\tau = f_{vy} = f_y/\sqrt{3}$ 时即进入塑性。附表 11 中的 $f_v$ 就是按 $f/\sqrt{3}$ 得出的。但试验表明，梁破坏时的极限剪应力可达 $f_{vy}$ 的 1.2～1.6 倍，即受剪屈服后，也和受拉一样，还有较大的潜力。

### 3.2.3　梁的扭转

当梁的横向荷载不通过截面剪心时，梁将在受弯的同时受扭。构件在扭矩作用下，按照荷载和支承条件的不同，可以出现两种不同形式的扭转。一种是自由扭转或称为圣维南扭转（图 3-17a），另一种是约束扭转或称为弯曲扭转（图 3-17b）。

**1. 自由扭转**

自由扭转是指截面不受任何约束，能够自由产生翘曲变形的扭转。这里所说的翘曲变形是指杆件在扭矩作用下，截面上各点沿杆轴方向所产生的位移。图 3-17

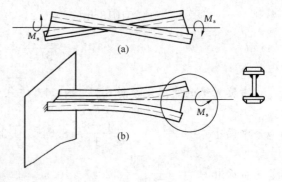

图 3-17　梁的扭转

(a) 自由扭转；(b) 约束扭转

(a) 所示杆件两端作用有大小相等、方向相反的扭矩，即属于此种情况。圆杆受扭后，截面不产生翘曲变形，各截面仍保持为平面，仅产生剪应力。而对于非圆形截面，例如图 3-17

（a）所示的工字形截面杆件，扭转后，原来的截面不再保持为平面，产生翘曲变形，但各截面的翘曲变形值相同，同样在截面上只产生剪应力，而且变形后杆件的纵向纤维仍保持为直线。

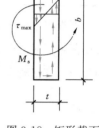

图 3-18　矩形截面
杆件的扭转剪应力

　　按照弹性力学分析，对于图 3-18 所示矩形截面杆件的扭转，当 $b \gg t$ 时，可以得到与圆杆相似的扭矩和扭转率的关系式

$$M_{s} = GI_{t}\theta \tag{3-15}$$

最大剪应力则为

$$\tau_{\max} = \frac{M_{s}t}{I_{t}} \tag{3-16}$$

以上二式中　$M_{s}$——截面上的扭矩；

　　　　　　$G$——材料的剪变模量；

　　　　　　$\theta$——杆件单位长度的扭转角，常称为扭转率；

　　　　　　$t$——截面厚度；

　　　　　　$I_{t} \approx \dfrac{1}{3}bt^{3}$——扭转常数或扭转惯性矩。

　　对于图 3-19 所示的薄板组合开口截面，根据理论和试验研究，可以看作由几个狭长矩形截面所组成。其剪应力沿板厚方向呈双三角形分布，与图 3-18 相同。扭转剪应力在截面内形成内扭矩（图 3-20b）。其扭转常数 $I_{t}$ 可以近似取为

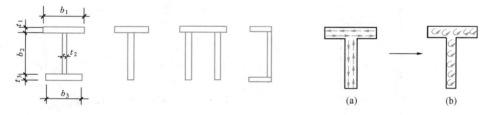

图 3-19　薄板组合截面　　　　　　　　图 3-20　扭转剪力和扭矩
　　　　　　　　　　　　　　　　　　　　（a）扭转剪力；（b）扭矩

$$I_{t} = \frac{1}{3}\sum_{i=1}^{n}b_{i}t_{i}^{3} \tag{3-17}$$

　　对于热轧型钢截面，板件交接处的圆角使厚度局部增大，上式扭转常数 $I_{t}$ 需要修正为

$$I_{t} = \frac{1}{3}k\sum_{i=1}^{n}b_{i}t_{i}^{3} \tag{3-18}$$

式中　$k$——依截面形状而定的常数，表 3-1 给出几种热轧型钢的 $k$ 系数，是来自 20 世纪的研究成果。随着轧钢技术的不断改进，圆角半径逐渐减小，$k$ 值也随同下降。按照国家标准《热轧 H 型钢和剖分 T 型钢》GB/T 11263 的 1998 年版计算，$k$ 系数在 1.20 左右，2005 年版进一步降低到 1.10 左右。

系数 $k$ 表 3-1

| 角钢 | $k$ | T 型钢 | $k$ | 槽钢 | $k$ | 工字钢 | $k$ | H 型钢 | $k$ |
|---|---|---|---|---|---|---|---|---|---|
| L L | 1.00 | T | 1.15 | ⊏ | 1.12 | I | 1.31 | ⊢⊣ | 1.10~1.20 |

薄板组成的闭合截面箱形梁的抗扭刚度和开口截面梁有很大的区别。在扭矩作用下其截面内部将形成沿各板件中线方向的闭合形剪力流,如图 3-21 所示,剪应力可视为沿壁厚均匀分布。其扭转常数 $I_t$ 的一般公式为

$$I_t = \frac{4A^2}{\oint \frac{ds}{t}} \tag{3-19}$$

式中 $A$——闭合截面板件中线所围成的面积,即 $A = bh$;

$\oint \frac{ds}{t}$ 的积分号表示沿壁板中线一周的积分,图示截面 $\oint \frac{ds}{t} = 2\left(\frac{b}{t_1} + \frac{h}{t_2}\right)$。

如图 3-22 所示的截面面积完全相同的工字形截面和箱形截面梁,其扭转常数之比约 1:500,最大扭转剪应力之比近于 30:1,由此可见闭合箱形截面抗扭性能远较工字形截面为有利。

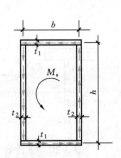

图 3-21 闭合截面的循环剪力流

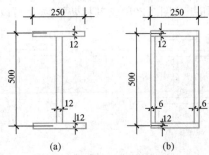

图 3-22 截面面积相同的两种截面
(a) 工字形截面;(b) 箱形截面

2. 约束扭转

约束扭转是指杆件在扭转荷载作用下由于支承条件或荷载条件的不同,截面不能完全自由地产生翘曲变形,即翘曲变形受到约束的扭转。钢梁受扭时不可能完全处于自由扭转的状态。以跨度中央承受集中扭转矩的简支梁为例,虽然理想的简支支座并不对截面翘曲提供约束,然而对称条件使梁中央截面不能发展翘曲,从而引发一定程度的约束扭转。悬臂梁的固定端则完全不能出现翘曲变形。

现在分析图 3-23 所示双轴对称悬臂工字梁。在悬臂端处,作用有外扭矩 $M_T$,扭矩使梁的上下翼缘向不同方向弯曲,在悬臂端处截面的翘曲变形最大,越向固定端处靠近,截面的翘曲变形越小,说明截面的翘曲变形受到不同程度的约束。在固定端处翘曲变形完全受到约

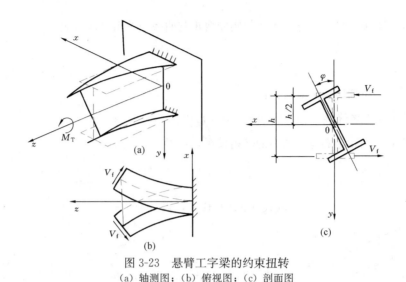

图 3-23 悬臂工字梁的约束扭转
(a) 轴测图；(b) 俯视图；(c) 剖面图

束，截面将保持原来的平面。翘曲变形受到约束，相当于对梁的纵向纤维施加了拉伸或压缩作用。因此，梁在扭矩作用下，不仅产生剪应力，而且同时产生正应力，称其为弯曲扭转正应力。

梁扭转时，截面内既有如图 3-24 (a) 所示的自由扭转剪应力 $\tau_s$，同时还有由于翼缘弯曲而产生的剪应力 $\tau_w$（图 3-24b），常称之为弯曲扭转剪应力。$\tau_s$ 沿板厚呈三角形分布，而 $\tau_w$ 视为均匀分布。自由扭转剪应力所产生的扭矩之和构成内部自由扭转力矩 $M_s$，由前已知 $M_s$ 应为

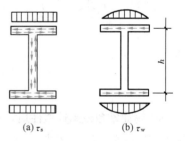

$$M_s = GI_t\theta \qquad (3\text{-}20)$$

图 3-24 扭转剪应力分布
(a) $\tau_s$ (b) $\tau_w$

每一翼缘中弯曲扭转剪应力 $\tau_w$ 之和应为翼缘中的弯曲剪力 $V_f$，即在上下翼缘中作用有大小相等、方向相反的剪力 $V_f$。剪力之间的力臂为 $h$，形成另一内部扭矩为

$$M_w = V_f \cdot h \qquad (3\text{-}21)$$

称 $M_w$ 为约束扭转力矩或弯曲扭转力矩。依内外扭矩的平衡关系可以写出

$$M_T = M_s + M_w \qquad (3\text{-}22)$$

弯曲扭转剪力可以用如下的公式求出。

在距固定端处为 $z$ 的截面，若产生扭转角 $\varphi$ 时，则上翼缘在 $x$ 方向的位移（图 3-23c）为

$$u = \frac{h}{2}\varphi \qquad (3\text{-}23)$$

其曲率为

$$\frac{\mathrm{d}^2 u}{\mathrm{d}z^2} = \frac{h}{2} \cdot \frac{\mathrm{d}^2 \varphi}{\mathrm{d}z^2} \qquad (3\text{-}24)$$

若取图 3-25 所示的弯矩方向为正，则依弯矩与曲率间关系可以写成

$$M_f = -EI_f \frac{d^2 u}{dz^2} = -\frac{h}{2} EI_f \frac{d^2 \varphi}{dz^2} \tag{3-25}$$

式中　　$M_f$————一个翼缘的侧向弯矩；

$I_f$————一个翼缘绕 $y$ 轴的惯性矩，$I_f = I_y/2$。

再依图 3-25 所示上翼缘间内力的平衡关系，可得

$$V_f = \frac{dM_f}{dz} \tag{3-26}$$

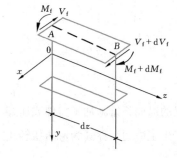

图 3-25　上翼缘的内力

以式（3-25）代入，得

$$V_f = -\frac{h}{2} EI_f \frac{d^3 \varphi}{dz^3} \tag{3-27}$$

由式（3-21）及式（3-27）可得

$$M_w = V_f h = -\frac{EI_f h^2}{2} \cdot \frac{d^3 \varphi}{dz^3} \tag{3-28}$$

式（3-28）可以改写为

$$M_w = -EI_\omega \frac{d^3 \varphi}{dz^3} \tag{3-29}$$

式中

$$I_\omega = \frac{I_f h^2}{2} = \frac{I_y h^2}{4} \tag{3-30}$$

$I_\omega$ 称为翘曲常数或扇性惯性矩，是约束扭转计算中一个重要的截面几何性质。对于双轴对称工字形截面，$I_\omega$ 可按式（3-30）计算。

将式（3-20）和式（3-29）代入式（3-22），即得约束扭转的内外扭矩平衡微分方程为

$$M_T = GI_t \varphi' - EI_\omega \varphi''' \tag{3-31}$$

式（3-31）为开口薄壁杆件约束扭转计算的一般公式。$GI_t$ 和 $EI_\omega$ 常称为截面的扭转刚度和翘曲刚度。

闭合截面薄壁杆件的约束扭转计算与开口薄壁杆件的计算方法相似，其翘曲刚度也较开口截面杆件的为大。

由于开口截面的工字梁和槽钢梁扭转刚度和翘曲刚度都比较小，在设计中应该尽量避免使这类梁受扭。遇到必须使梁受扭的场合，宜采用闭合箱形截面。

3. 约束扭转正应力

约束扭转的一个重要特点是：在产生剪应力的同时还产生弯曲正应力。对于工形截面梁，此应力为

$$\sigma_\omega = \frac{M_f}{I_f} x = -E \frac{h x}{2} \varphi'' \tag{3-32}$$

对于冷弯槽钢、Z 形钢等非双轴对称截面，$\sigma_\omega$ 需要用更具普遍性的公式计算，即

$$\sigma_\omega = \frac{B}{W_\omega} \tag{3-33}$$

式中 $B$ 称为双力矩，工形截面 $B = M_f h$。由式(3-25)和式(3-30)可得双力矩的普遍公式

$$B = -EI_\omega \varphi'' \tag{3-34}$$

$W_\omega$ 为梁截面的扇性模量，其计算可见薄壁构件理论，这里从略。在现行《冷弯薄壁型钢结构技术规范》GB 50018 中所附冷弯型钢规格表中可以查到 $W_\omega$ 值。对于工形截面梁 $W_\omega = I_\omega / \frac{hx}{2} = I_\omega / \omega$，$\omega = hx/2$ 称为 $(x, h/2)$ 点的扇性坐标。翼缘边缘处的扇性坐标则为 $hb/4$。约束扭转正应力有时称为翘曲正应力。注意不要把这一名词误解为由翘曲引起的应力。如前所述，它是翘曲受到约束而产生的。

## 3.3 梁的局部压应力和组合应力

### 3.3.1 局部压应力

梁在承受固定集中荷载处不设置加劲肋时（图 3-26a、b），或承受移动荷载（如轮压）作用时（图 3-26c），荷载通过翼缘传至腹板，使之受压。腹板边缘在压力 $F$ 作用点处所产生的压应力最大，向两侧边则逐渐减小，其压应力的实际分布并不均匀，如图 3-26（d）所示。在计算中假定压力 $F$ 均匀分布在一段较短的范围 $l_z$ 之内。现行《钢结构设计标准》GB 50017 规定分布长度 $l_z$ 取为

用于图 3-26（a）、（c）

$$l_z = a + 5h_y + 2h_R \tag{3-35}$$

用于图 3-26（b）

$$l_z = a + 2.5h_y \tag{3-36}$$

式中 $a$——集中荷载沿梁跨度方向的支承长度，对钢轨上的轮压可取为 50mm；

  $h_y$——自梁顶面（或底面）至腹板计算高度边缘的距离，对焊接梁 $h_y$ 为翼缘厚度，对轧制型钢梁，$h_y$ 包括翼缘厚度和圆弧部分；

  $h_R$——轨道的高度，对无轨道的梁 $h_R = 0$。

在腹板计算高度边缘处的局部压应力验算公式为

$$\sigma_c = \frac{\psi F}{t_w l_z} \leqslant f \tag{3-37}$$

式中    $F$——集中荷载，对动力荷载应考虑动力系数；

       $\psi$——集中荷载增大系数，对重级工作制吊车梁取 $\psi=1.35$，其他梁 $\psi=1.0$；

       $f$——钢材抗压强度设计值。

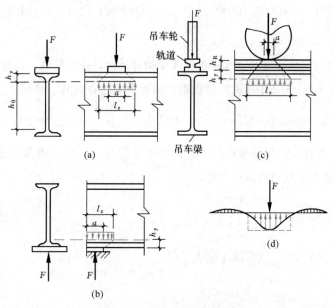

图 3-26   局部压应力作用

（a）集中荷载在梁中部；（b）集中荷载在梁端部；（c）承受轮压作用时；（d）压应力的实际分布

    若验算不满足，对于固定集中荷载可设置支承加劲肋，对于移动集中荷载则需要重选腹板厚度。

    对于翼缘上承受均布荷载的梁，因腹板上边缘局部压应力不大，不需进行局部压应力的验算。

### 3.3.2   多种应力的组合效应

    梁在受弯的同时经常会受剪。当一个截面上弯矩和剪力都较大时，需要考虑它们的组合效应。图 3-27（a）所示承受两个对称集中荷载梁的 1-1 截面即是如此。

    工形截面梁的 $\sigma$ 和 $\tau$ 在截面上都是变化的，它们的最不利组合出现在腹板边缘（图 3-27b）。该处达到屈服时，相邻材料都还处于弹性阶段，不致妨碍梁继续承受更大的荷载，因而验算公式是

$$\sqrt{\sigma^2+3\tau^2}\leqslant 1.1f \tag{3-38}$$

    即将强度设计值提高 10%（考虑个别点的应力进入塑性后截面还有承载力富余）。此式左端称为折算应力。

    当还有对腹板边缘产生局部压力 $\sigma_c$ 的集中荷载时，折算应力公式扩展为

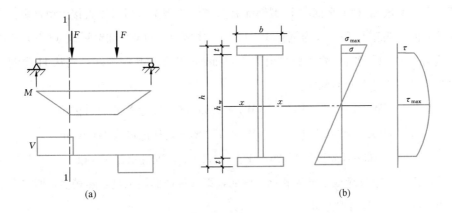

图 3-27 梁的弯剪应力组合
(a) 承受两个对称集中荷载的梁；(b) 截面上的应力分布

$$\sqrt{\sigma^2 + \sigma_c^2 - \sigma \cdot \sigma_c + 3\tau^2} \leqslant \beta_1 f \tag{3-39}$$

当 $\sigma$ 与 $\sigma_c$ 异号时，$\beta_1 = 1.2$；当 $\sigma$ 与 $\sigma_c$ 同号或 $\sigma_c = 0$ 时取 $\beta_1 = 1.1$。

当梁的横向荷载不通过截面剪心时，$\sigma$ 应和约束扭转正应力加在一起，而 $\tau$ 应和自由扭转剪应力及约束扭转剪应力相组合。正应力的验算公式是

$$\sigma = \frac{M}{W_{\mathrm{enx}}} + \frac{B}{W_\omega} \leqslant f \tag{3-40}$$

上式中 $M$ 和 $B$ 应同属一个截面。

## 3.4 按强度条件选择梁截面

工程设计中有大量的梁按强度条件确定其截面尺寸。通常这些梁都有防止整体失稳的构件与之相连，如上面有桥面板的公路桥梁和有楼面板的楼盖梁。梁的截面选择包括初选截面和截面验算两部分。跨度大的梁还可以考虑按弯矩图变化截面。至于整体稳定控制设计的梁，则应按第 4 章 4.4 节验算其截面。

### 3.4.1 初选截面

按强度条件选择梁截面，主要是在满足抗弯条件下如何选出经济合理的截面。当梁跨度不大时，首先考虑是否有合适的轧制型钢。抗弯能力的指标是截面模量，需要的截面模量值由下式给出

$$W_{\mathrm{nx}} = \frac{M_{\mathrm{x}}}{\gamma_{\mathrm{x}} f} \tag{3-41}$$

塑性发展系数 $\gamma_x$ 对工字钢和 H 型钢都取 1.05。算得 $W_{nx}$ 后可以直接由型钢规格表中选出适用的截面。热轧 H 型钢分为宽翼缘（HW）、中翼缘（HM）和窄翼缘（HN）三类，最后一类适用于梁。设梁需要截面模量值为 4400cm³，截面无孔洞削弱，则从 H 型钢规格表中可以找到以下三种不同的截面。

$$HW414\times405\times18\times28，W_x=4480cm^3，理论重量 232kg/m$$
$$HM594\times302\times14\times23，W_x=4500cm^3，理论重量 170kg/m$$
$$HN656\times301\times12\times20，W_x=4470cm^3，理论重量 154kg/m$$

显然，第三种窄翼缘截面最为省钢。然而，第二种截面用钢量虽然稍多，所占净空却比第三种小 98mm，有其可取之处。

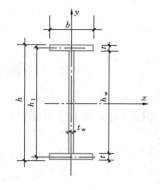

图 3-28　焊接梁截面

对于截面较大的梁，需要选用由两块翼缘板和一块腹板组成的焊接截面（图 3-28）。确定焊接截面的尺寸，首先要定出梁的高度。它既是用料节省的主要因素，又受到相关要求的制约，包括净空限制和挠度要求。因此，需要从下列三个方面加以考虑：

（1）容许最大高度 $h_{\max}$：梁的截面高度必须满足净空要求，亦即不能超过建筑设计或工艺设备需要的净空所允许的限值。依此条件所决定的截面高度常称为容许最大高度 $h_{\max}$。

（2）容许最小高度 $h_{\min}$：梁的最小高度依刚度条件所决定，即应使梁的挠度满足正常使用极限状态的要求。梁的挠度大小与截面高度直接相关，以均布荷载作用下的双轴对称简支梁为例，其最大挠度计算公式为

$$v=\frac{5ql^4}{384EI}=\frac{5l^2}{48EI}\cdot\frac{ql^2}{8}=\frac{5Ml^2}{48EI}=\frac{5Ml^2}{48EW\left(\frac{h}{2}\right)}=\frac{5\sigma l^2}{24Eh}$$

正常使用极限状态按荷载标准值考虑，当梁的强度得到充分利用时，在上式中应取 $\sigma=f/\gamma_s$。$\gamma_s$ 为荷载分项系数，可近似取为 1.4（相当于永久荷载和可变荷载分项系数的平均值）。上述关系可以写成

$$v=\frac{10fl^2}{48\times1.4Eh}\leqslant[v] \tag{3-42}$$

或

$$\frac{h_{\min}}{l}\geqslant\frac{10f}{48\times1.4E}\cdot\frac{l}{[v]} \tag{3-43}$$

式中　$[v]$——梁的容许挠度。

如以 Q235 钢的 $f=215N/mm^2$，$E=206\times10^3N/mm^2$ 及 $[v]=l/n$（参见表 6-4）代入式

（3-43），则得

$$h_{\min} \geqslant \frac{n}{6400} l \tag{3-44}$$

依不同的 $[v]$ 值可以算得梁的容许最小高度 $h_{\min}$，如表 3-2 所示。由表中可见梁的容许挠度要求愈严格，所需截面高度愈大。钢材的强度愈高，梁所需截面高度亦愈大。表 3-2 中数据系依均布荷载情况算得，对于其他荷载作用下的简支梁，初选截面时同样可以参考。

均布荷载作用下简支梁的最小高度 $h_{\min}$ 

表 3-2

| | $[v]$ | $\frac{l}{1000}$ | $\frac{l}{750}$ | $\frac{l}{600}$ | $\frac{l}{500}$ | $\frac{l}{400}$ | $\frac{l}{300}$ | $\frac{l}{250}$ | $\frac{l}{200}$ |
|---|---|---|---|---|---|---|---|---|---|
| | Q235 钢 | $\frac{l}{6.4}$ | $\frac{l}{8.5}$ | $\frac{l}{10.6}$ | $\frac{l}{12.8}$ | $\frac{l}{16}$ | $\frac{l}{21.3}$ | $\frac{l}{25.6}$ | $\frac{l}{32}$ |
| $h_{\min}$ | Q355 钢 | $\frac{l}{4.5}$ | $\frac{l}{6}$ | $\frac{l}{7.5}$ | $\frac{l}{9}$ | $\frac{l}{11.2}$ | $\frac{l}{15}$ | $\frac{l}{18}$ | $\frac{l}{22.5}$ |
| | Q390 钢 | $\frac{l}{4}$ | $\frac{l}{5.3}$ | $\frac{l}{6.6}$ | $\frac{l}{8}$ | $\frac{l}{10}$ | $\frac{l}{13.3}$ | $\frac{l}{16}$ | $\frac{l}{20}$ |

（3）经济高度 $h_e$：一般来说，梁的高度大，腹板用钢量增多，而梁翼缘板用钢量相对减少；梁的高度小，则情况相反。最经济的截面高度应使梁的总用钢量为最小。设计时可参照经济高度的经验公式（3-45）初选截面高度。

$$h_e = 7\sqrt[3]{W_x} - 30 \text{ （cm）} \tag{3-45}$$

式中　$W_x$——梁所需要的截面抵抗矩，以 "cm³" 计。

根据上述三个条件，实际所取用的梁高 $h$ 一般应使之满足

$$h_{\min} \leqslant h \leqslant h_{\max} \quad \text{及 } h \approx h_e \tag{3-46}$$

选定梁高度后不难找出相应的腹板和翼缘尺寸。腹板高度 $h_w$ 较梁高 $h$ 小得不多，可取为比 $h$ 略小的数值，最好为 50mm 的倍数。

确定腹板厚度 $t_w$ 需要考虑抗剪能力的需要和适宜的高厚比。抗剪需要的厚度可根据梁端最大剪力按下式计算

$$t_w = \frac{\alpha V}{h_w f_v} \tag{3-47}$$

当梁端翼缘截面无削弱时，式中的系数 $\alpha$ 宜取 1.2；当梁端翼缘截面有削弱时 $\alpha$ 宜取 1.5。

依最大剪力所算得的 $t_w$ 一般较小。考虑到腹板还需满足局部稳定要求，其厚度可用下列经验公式估算

$$t_w = \frac{\sqrt{h_w}}{11} \tag{3-48}$$

式中的 $h_w$ 和 $t_w$ 均以 cm 计。选用的腹板厚度应符合钢板现有规格，并不小于 6mm，已知腹板尺寸后，可依据需要的截面抵抗矩得出翼缘板尺寸，依图 3-28 可以写出梁的截面模量为

$$W_x = \frac{2I_x}{h} = \frac{1}{6} t_w \frac{h_w^3}{h} + bt \cdot \frac{h_1^2}{h} \tag{3-49}$$

初选截面时可取：$h \approx h_1 \approx h_w$，则式（3-41）可以写成

$$W_x = \frac{t_w h_w^2}{6} + bth_w \text{ 或 } bt = \frac{W_x}{h_w} - \frac{t_w h_w}{6} \tag{3-50}$$

已知腹板尺寸后，即可由上式算得需要的翼缘截面 $bt$。翼缘的尺寸首先应满足局部稳定的要求。当利用部分塑性，即 $\gamma_x = 1.05$ 时，悬伸宽厚比应不超过 $13\sqrt{\frac{235}{f_y}}$；而 $\gamma_x = 1.0$ 时则不超过 $15\sqrt{\frac{235}{f_y}}$。通常可按 $b = 25t$ 选择 $b$ 和 $t$，一般翼缘宽度 $b$ 常在下述范围内

$$\frac{h}{2.5} > b > \frac{h}{6} \tag{3-51}$$

经验公式（3-45）和式（3-48）都是以普通碳素结构钢为基础得出的，用于高强度钢梁时需要适当增大。

### 3.4.2 梁截面验算

初选截面的计算采用了一些近似关系，截面选出后应按实际截面尺寸进行全面的强度验算。验算中应注意，如初选截面时荷载未包括自重，则此时应加入梁自重所产生的内力。验算项目包括弯曲正应力、剪应力、局部压应力和折算应力，可按本章 3.2.2～3.3.2 节有关公式进行。

除此之外，设计梁截面时还应进行刚度验算，组合梁需做板件局部稳定或屈曲后强度验算。有整体失稳可能的梁截面需要适当放大，详见第 4 章。

经过各项验算如发现初选截面有不满足要求或不够恰当之处时，则应适当修改截面重新验算直至得到满意的截面为止。

【例题 3-3】 图 3-29 所示为某车间工作平台的平面布置简图，平台上无动力荷载，其恒载标准值为 3000N/m²，活载标准值为 4500N/m²，钢材为 Q235 钢，假定平台板为刚性，并可保证次梁的整体稳定，试选择其中间次梁 $A$ 的截面。恒载分项系数 $\gamma_G = 1.3$，活载分项系数 $\gamma_Q = 1.4$。现行《工程结构通用规范》GB 55001 中规定，标准值大于 4000N/m² 的工业房屋楼面活荷载，当对结构不利时不应小于 1.4。

【解】 将次梁 $A$ 设计为简支梁，其计算简图如图3-30所示。

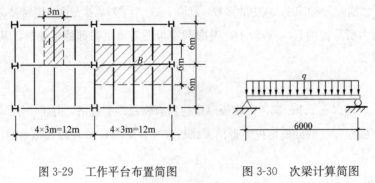

图 3-29　工作平台布置简图　　　　图 3-30　次梁计算简图

梁上的荷载标准值为

$$q_k = 3000 + 4500 = 7500 \text{N/m}^2$$

荷载设计值为

$$q_d = 1.3 \times 3000 + 1.4 \times 4500 = 10200 \text{N/m}^2$$

次梁单位长度上的荷载为

$$q = 10200 \times 3 = 30600 \text{N/m}$$

跨中最大弯矩为

$$M_{max} = \frac{1}{8} q l^2 = \frac{1}{8} \times 30600 \times 6^2 = 137700 \text{N} \cdot \text{m}$$

支座处最大剪力为

$$V_{max} = \frac{1}{2} \times 30600 \times 6 = 91800 \text{N}$$

梁所需要的净截面抵抗矩为

$$W_{nx} = \frac{M_x}{\gamma_x f} = \frac{137700 \times 10^2}{1.05 \times 215 \times 10^2} = 610 \text{cm}^3$$

查附表 1，选用 Ⅰ 32a，单位长度的质量为 52.7kg/m，梁的自重为 $52.7 \times 9.8 = 517 \text{N/m}$，$I_x = 11080 \text{cm}^4$，$W_x = 692 \text{cm}^3$，$I_x/S = 27.5 \text{cm}$，$t_w = 9.5 \text{mm}$。

验算：梁自重产生的弯矩为

$$M_g = \frac{1}{8} \times 517 \times 1.3 \times 6^2 = 3024 \text{N} \cdot \text{m}$$

总弯矩为

$$M_x = 137700 + 3024 = 140724 \text{N} \cdot \text{m}$$

弯曲正应力为

$$\sigma = \frac{M_x}{\gamma_x W_{nx}} = \frac{140724 \times 10^3}{1.05 \times 692 \times 10^3} = 193.7 \text{N/mm}^2 < f = 215 \text{N/mm}^2 \text{ （翼缘平均厚度 15mm）}$$

支座处最大剪应力为

$$\tau = \frac{VS}{It_w} = \frac{91800 + 517 \times 1.3 \times 3}{27.5 \times 10 \times 9.5} = 35.9 \text{N/mm}^2 < f_v = 125 \text{N/mm}^2$$

可见，型钢梁由于其腹板较厚，剪应力一般不起控制作用。因此，只在截面有较大削弱时，才必须验算剪应力。

刚度验算参见第 6 章。

【例题 3-4】按照例题 3-3 的条件和结果，设计主梁 $B$ 的截面（参见图 3-29）。平台

064

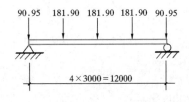

图 3-31 主梁计算简图

的刚性铺板可保证梁的整体稳定。

【解】

1. 初选截面

主梁的计算简图如图 3-31 所示。

两侧次梁对主梁 $B$ 所产生的压力为：

$$91800 \times 2 + 517 \times 1.3 \times 6 = 183600 + 4033 =$$
187633N≈187.6kN

梁端的次梁的压力取为中间次梁的一半。

主梁的支座反力（未计主梁自重）为

$$R = 2 \times 187.6 = 375.2\text{kN}$$

梁跨中最大弯矩为

$$M_{max} = (375.2 - 90.95) \times 6 - 187.6 \times 3 = 1142.7\text{kN} \cdot \text{m}$$

梁所需净截面抵抗矩为

$$W_{nx} = \frac{M_{max}}{\gamma_x f} = \frac{1142.7 \times 10^5}{1.05 \times 215 \times 10^2} = 5061.8\text{cm}^3$$

梁的高度在净空方面无限制条件；依刚度要求，工作平台主梁的容许挠度为 $l/400$，参照表 3-2 可知其容许最小高度为

$$h_{min} = \frac{l}{16} = \frac{1200}{16} = 75\text{cm}$$

再按经验公式（3-45）可得梁的经济高度为

$$h_e = 7\sqrt[3]{W_x} - 30 = 7\sqrt[3]{5061.8} - 30 = 90.2\text{cm}$$

参照以上数据，考虑到梁截面高度大一些，更有利于增加刚度，在本例题中初选梁的腹板高度为 $h_w = 100\text{cm}$。

腹板厚度按负担支点处最大剪力需要（此处考虑到主次梁连接构造方法未定，取梁的支座反力作为支点最大剪力），由式（3-47）可得

$$t_w = \frac{1.5V}{h_w f_v} = \frac{1.5 \times 375.2 \times 10^3}{1000 \times 125} = 4.5\text{mm}$$

可见依剪力要求所需腹板厚度很小。

按经验公式（3-48）估算

$$t_w = \frac{\sqrt{h_w}}{11} = \frac{\sqrt{100}}{11} = 0.909\text{cm}$$

选用腹板厚度为 $t_w = 8\text{mm}$。

依近似公式（3-50）计算所需翼缘板面积

$$bt = \frac{W_x}{h_w} - \frac{t_w h_w}{6} = \frac{5061.8}{100} - \frac{0.8 \times 100}{6} = 37.3\text{cm}^2$$

试选翼缘板宽度为 300mm，则所需要厚度为

$$t = \frac{3730}{300} = 12.4\text{mm}$$

考虑到式（3-50）的近似性和钢梁的自重作用等因素，选用 $t = 14\text{mm}$。梁的截面简图如图 3-32 所示。

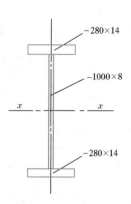

图 3-32　主梁截面简图

梁翼缘的外伸宽度为 $b_1 = (300 - 8)/2 = 146\text{mm}$

$$\frac{b_1}{t} = \frac{146}{14} = 10.43 < 13\sqrt{235/f_y}$$

梁翼缘板的局部稳定可以保证，且截面可以考虑部分塑性发展。

2. 验算截面

截面的实际几何性质计算

$$A = 100 \times 0.8 + 2 \times 30 \times 1.4 = 164\text{cm}^2$$

$$I_x = \frac{0.8 \times 100^3}{12} + 2 \times 30 \times 1.4 \times \left(\frac{100 + 1.4}{2}\right)^2 = 66667 + 215921 = 282588\text{cm}^4$$

$$W_x = \frac{282588}{51.4} = 5498\text{cm}^3$$

主梁自重估算

单位长度梁的质量为

$$164 \times 100 \times 7850 \times 10^{-6} \times 1.3 = 167.4\text{kg/m}$$

式中 1.3 为考虑腹板加劲肋等附加构造用钢材使自重增大的系数。因此梁的自重为

$$g = 167.4 \times 9.8 = 1641\text{N/m}$$

自重产生的跨中最大弯矩为

$$M_g = \frac{1}{8} \times 1641 \times 1.3 \times 12^2 = \frac{1}{8} \times 2133 \times 12^2 = 38394\text{N} \cdot \text{m} = 38.4\text{kN} \cdot \text{m}$$

式中的 1.3 为恒载分项系数。

跨中最大总弯矩为

$$M_x = 1142.7 + 38.4 = 1181\text{kN} \cdot \text{m}$$

正应力为

$$\sigma=\frac{1181\times10^6}{1.05\times5498\times10^3}=204.58\text{N/mm}^2<215\text{N/mm}^2$$

支座处的最大剪力按梁的支座反力计算，其值为

$$V=375.2\times10^3+1641\times1.3\times6=388000\text{N}$$

剪应力为

$$\tau=\frac{388000}{100\times0.8\times10^2}=48.5\text{N/mm}^2<125\text{N/mm}^2$$

说明剪应力的影响很小，跨中弯矩最大处的截面剪应力无需再进行计算。

次梁作用处应放置支承加劲肋，所以不需验算腹板的局部压应力。

跨中截面腹板边缘折算应力

$$\sigma=\frac{1181\times10^6\times500}{282588\times10^4}=208.96\text{N/mm}^2$$

跨中截面剪力　$V=90.95\text{kN}$

$$\tau=\frac{90950\times1.4\times30\times50.7\times10^3}{282588\times10^4\times8}=8.57\text{N/mm}^2$$

$$\sqrt{\sigma^2+3\tau^2}=\sqrt{208.96^2+3\times8.57^2}=209.49\text{N/mm}^2<1.1f=236.5\text{N/mm}^2$$

梁的局部稳定验算参见第4章。

### 3.4.3　梁截面沿长度的变化

梁的截面如能随弯矩变化，则可节约钢材。图 3-33 所示均布荷载作用下简支梁的弯矩图为二次抛物线图形。如果仅依弯矩所产生的正应力考虑，梁的最优形状是将净截面抵抗矩按照抛物线图形变化，做成如图 3-33（b）所示下翼缘为曲线的鱼腹式梁，使梁各截面的强度充分发挥作用。但实际上，梁不仅承受有弯矩的作用，同时还有剪力作用，而且做成曲线形状的钢板比较费工，对钢板的有效使用上也并不有利。因此，焊接梁截面沿长度的改变常采用以下两种方式。

一种方式是变化梁的高度，如图 3-34 所示，将梁的下翼缘做成折线外形，翼缘板的截面保持不变，仅在靠近梁端处变化腹板的高度，这样可使梁的支座处高度显著减小，有时可以降低建筑物的高度和简化连接构造。梁端部的高度应满足抗剪强度的要求，且不宜小于跨中高度的 1/2。下翼缘板的弯折点一般取在距梁端 $\left(\frac{1}{6}\sim\frac{1}{5}\right)l$ 处，在翼缘由水平转为倾斜的两处均需设置腹板加劲肋，使梁本身的构造较为复杂。

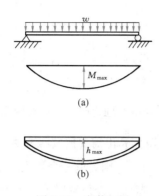

图 3-33 变截面梁
(a) 弯矩图；(b) 鱼腹式梁

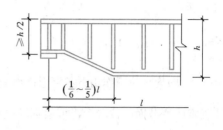

图 3-34 变高度梁

　　另一种比较常用的方式是变化翼缘板面积来改变梁的截面。对于单层翼缘板的焊接梁，如图 3-35 所示改变翼缘板的宽度，不致产生严重的应力集中，且使梁具有平的外表面。根据设计经验，改变一次截面约可节省钢材 10%～20%。改变次数增多，其经济效益并不显著，反而增加制造工作量。对于承受均布荷载或多个集中荷载作用的简支梁，约在距两端支座 $l/6$ 处改变截面比较经济。以图 3-33 所示均布荷载作用简支梁为例，设其截面理论改变点距支座为 $x=\alpha l$，上、下翼缘板宽度由 $b$ 改为 $b_1$，翼缘板的截面积由 $A_f$ 变为 $A_{f1}$。梁端翼缘截面改变后节约的钢材体积为

$$V_s = 4\ (A_f - A_{f1})\ \alpha l \tag{a}$$

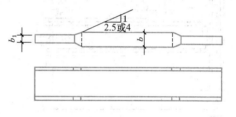

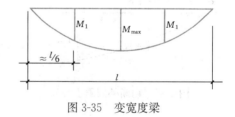

图 3-35 变宽度梁

梁跨中截面所需抵抗矩为

$$W_x = \frac{M_{max}}{\gamma_x f} = \frac{\frac{1}{8}ql^2}{\gamma_x f}$$

截面改变处的弯矩及截面抵抗矩为

$$M_1 = \frac{1}{2}qlx - \frac{1}{2}qx^2 = \frac{1}{2}ql^2\ (\alpha - \alpha^2)$$

$$W_{x1} = \frac{M_1}{\gamma_x f} = \frac{1}{2}ql^2\ (\alpha - \alpha^2)\ /\gamma_x f$$

由近似公式（3-50）可得

$$bt = A_f = \frac{W_x}{h_w} - \frac{1}{6}t_w h_w = \frac{ql^2}{8\gamma_x f h_w} - \frac{1}{6}t_w h_w \tag{b}$$

$$A_{f1} = \frac{ql^2\ (\alpha - \alpha^2)}{2\gamma_x f h_w} - \frac{1}{6}t_w h_w \tag{c}$$

代入式（a）得
$$V_s = \frac{ql^3}{2\gamma_x f h_w}(\alpha - 4\alpha^2 + 4\alpha^3)$$

由 $\frac{dV_s}{d\alpha} = 0$，得 $1 - 8\alpha + 12\alpha^2 = 0$

解得 $\alpha = \frac{1}{6}$，即均布荷载作用下工字形截面简支梁翼缘截面理论改变点应在距支座 $l/6$ 处。

初步确定改变截面的位置后，可根据该处梁的弯矩反算出需要的翼缘板宽度 $b_1$。缩窄后的翼缘宽度不宜小于原宽度的一半。如果算得的 $b_1$ 过小，则另取一个宽度，并按此宽度确定缩窄区段的长度。为了减少应力集中，应将宽板由截面改变位置以不大于 1：2.5 的斜角向弯矩较小侧过渡，与宽度为 $b_1$ 的窄板相对接（需要进行疲劳验算的梁，斜角应不大于 1：4）。当正焊缝对接强度不能满足要求时，可以考虑用斜焊缝对接。

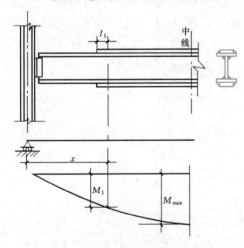

图 3-36 切断外层翼缘板的梁

对于多层翼缘板的梁，可以采用切断外层翼缘板的方法来改变梁的截面，理论切断点的位置 $x$ 可依计算确定（图 3-36）。为了保证在理论切断点处，外层翼缘板能够部分参加工作，实际切断点位置应向弯矩较小一侧延长长度 $l_1$，并应具有足够的焊缝。

当被切断翼缘板的端部有正面焊缝时

若 $h_f \geqslant 0.75t$，取 $l_1 \geqslant b$

若 $h_f < 0.75t$，取 $l_1 \geqslant 1.5b$

当被切断翼缘板的端部无正面焊缝时，取 $l_1 \geqslant 2b$。

$b$ 和 $t$ 分别为外层翼缘板的宽度和厚度，$h_f$ 为侧面角焊缝和正面角焊缝的焊脚尺寸。

上述有关梁截面变化的分析是仅从梁的强度需要来考虑的，适合于有刚性铺板而无须顾虑整体失稳的梁。由整体稳定控制的梁，如果它的截面向两端逐渐变小，特别是受压翼缘变窄，梁整体稳定承载力将受到较大削弱。因此，由整体稳定控制设计的梁，不宜于沿长度改变截面。

【例题 3-5】将例题 3-4 中的主梁进行改变截面设计。已知该主梁的截面及弯矩、剪力图如图 3-37 所示。

【解】采用改变翼缘板宽度的方法，假定翼缘板在距支点 $l/6 = 2000$mm 处开始变化截面，该截面的弯矩为

$$M_x = (374.34 - 90.95) \times 2 - \frac{1.756 \times 2^2}{2} = 563.3 \text{kN} \cdot \text{m}$$

需要的截面惯性矩为

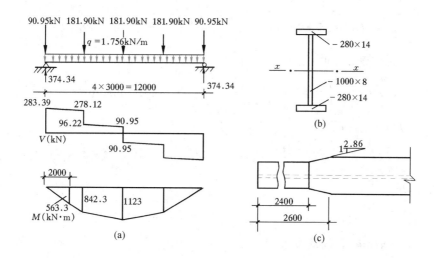

图 3-37　例题 3-5 附图
(a) 弯矩、剪力图；(b) 截面尺寸；(c) 变截面明细

$$I_x = \frac{M_x h}{2\gamma_x f} = \frac{563.3 \times 10^6 \times 1030}{2 \times 1.05 \times 215} = 1285.05 \times 10^6 \, \text{mm}^4 = 128505 \, \text{cm}^4$$

翼缘面积所需惯性矩为

$$I_1 = 128505 - 66667 = 61838 \, \text{cm}^4$$

由 $I_1 = 2b_1 \times 1.4 \times \left(\dfrac{100+1.4}{2}\right)^2$，可以得到

$$b_1 = \frac{61838 \times 4}{2 \times 1.4 \ (100+1.4)^2} = 8.60 \, \text{cm}$$

这样算得的翼缘宽度不到原来宽度的 1/3，近于梁高的 1/12，太窄。

现改取翼缘变化后的截面宽度为 140mm，则梁的惯性矩为

$$I_x = 66667 + 2 \times 14 \times 1.4 \times \left(\frac{100+1.4}{2}\right)^2 = 167430 \, \text{cm}^4$$

可承担的弯矩为

$$M_x = \frac{2\gamma_x f I_x}{h} = \frac{2 \times 1.05 \times 215 \times 167430 \times 10^4}{102.8 \times 10} = 735.4 \times 10^6 \, \text{N} \cdot \text{mm} = 735.4 \, \text{kN} \cdot \text{m}$$

应用下式求理论变截面位置 $x$

$$(374.34 - 90.95)x - \frac{1.756x^2}{2} = 735.4$$

解得 $x = 2.616$m。

将梁在距两端 2.6m 处开始改变截面，按照 1：2.86 的斜度将原来的翼缘板在 $x = 2.6 - 0.20 = 2.40$m 处与改变宽度后的翼缘板相对接，如图 3-37（c）所示。

由于在变截面处同时受有较大正应力和剪应力的作用，需按式（3-38）验算折算应力。梁在距支点 2.4m 处截面所受弯矩为

$$M_x = (374.34 - 90.95) \times 2.4 - \frac{1.756 \times 2.4^2}{2} = 675.08 \text{kN} \cdot \text{m}$$

翼缘和腹板相连接处的正应力为

$$\sigma = \frac{M_x y}{I_x} = \frac{675.08 \times 10^6 \times 50 \times 10}{167430 \times 10^4} = 201.6 \text{N/mm}^2$$

剪应力为

$$\tau = \frac{VS}{I_x t_w} = \frac{(374340 - 90950 - 1756 \times 2.4) \times 14 \times 1.4 \times 50.7 \times 10^3}{167430 \times 10^4 \times 8} = 20.72 \text{N/mm}^2$$

折算应力为

$$\sigma_{zs} = \sqrt{\sigma^2 + 3\tau^2} = \sqrt{201.6^2 + 3 \times 20.72^2} = 204.8 \text{N/mm}^2 < 1.1 \times 215 \text{N/mm}^2$$

$$= 236.5 \text{N/mm}^2，满足要求。$$

这样改变后，可节省的钢材按体积计为

$$V_1 = 2 \times 2 \times 14 \times 1.4 \times 240 = 18816.0 \text{cm}^3$$

原来梁的总体积（不包括构造用钢材）为

$$V_0 = (30 \times 1.4 \times 2 + 100 \times 0.8) \times 1200 = 196800 \text{cm}^3$$

$$\frac{18816.0}{196800} \times 100\% = 9.56\%$$

即可节省用钢量 9.56%。

## 3.5 梁的内力重分布和塑性设计

按照理想弹塑性的钢材应力-应变关系，单跨简支梁跨中截面一旦出现塑性铰，即发生强度破坏。对超静定梁（连续梁、固端梁）和一些少层框架，一个截面出现塑性铰后，仍能继续承载。随着荷载增大，塑性铰发生塑性转动，结构内力产生重分布，使其他截面相继出现塑性铰，直至形成机构。以承受均布荷载的两端固定梁为例，弹性阶段梁端弯矩大于跨中弯矩，如图 3-38 所示。因梁端弯矩大于跨中弯矩，$A$、$B$ 点先形成塑性铰，塑性弯矩为 $M_A = M_B = M_P$。此时梁上均布荷载 $q = 12M_P/l^2$，梁并未丧失承载能力。当荷载继续增加时，按照材料理想弹塑性的应力-应变关系，梁端自由转动而弯矩 $M_P$ 维持不变，梁的受力性能如同一根简支梁继续承担荷载，直到跨中弯矩 $M_C$ 也达到 $M_P$，形成塑性铰（图 3-38d）。此时梁端 $A$、$B$ 及跨中 $C$ 点都出现塑性铰，形成机构，达到承载能力极限。梁所能承受的极限荷载 $q_u = 16M_P/l^2$，与梁在两端刚形成塑性铰时的荷载相比，$q$ 值增加了 1/3。

梁的弯矩图由图 3-38（c）逐步转变为图 3-38（d），此过程称为内力塑性重分布。塑性设计就是利用内力塑性重分布，以充分发挥材料的潜力。塑性铰弯矩按材料理想弹塑性确

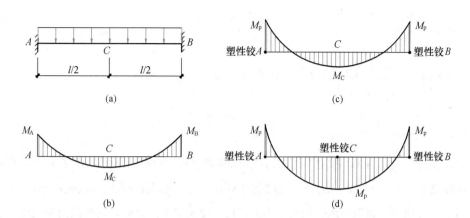

图 3-38　均布荷载固端梁内力重分布

（a）承受均布荷载的两端固定梁；（b）弹性阶段；（c）A、B点先形成塑性铰；（d）A、B、C点均形成塑性铰

定，忽略钢材应变硬化的影响。从塑性发展的过程可见，梁所用钢材应能保证梁端截面有较大的塑性应变而不致断裂。为此现行《钢结构设计标准》GB 50017 规定，进行塑性设计时，钢材的力学性能应满足屈强比 $f_y/f_u \leqslant 0.85$，且钢材应有明显的屈服台阶，伸长率 $\delta_5 \geqslant 20\%$。

塑性设计只用于不直接承受动力荷载的固端梁和连续梁，梁的弯曲强度应符合下式要求

$$M_x \leqslant W_{pnx} f \tag{3-52}$$

式中　　$M_x$——弯矩设计值；

　　　　$f$——钢材抗拉强度设计值；

　　　　$W_{pnx}$——对 $x$ 轴的塑性净截面模量。

受弯构件的剪力 $V$ 假定由腹板承受，剪切强度应符合下式要求

$$V \leqslant h_w t_w f_v \tag{3-53}$$

式中　　$h_w$、$t_w$——腹板高度和厚度；

　　　　$f_v$——钢材抗剪强度设计值。

结构以形成机构作为极限状态来进行设计，还有两个条件，就是不致因板件局部屈曲或构件弯扭屈曲而提前丧失承载能力。防止板件在结构成为机构之前局部屈曲需要对它的宽厚比严格限制。塑性设计截面板件的宽厚比应符合下列规定：工形截面梁翼缘悬伸宽厚比不超过 $9\sqrt{235/f_y}$，腹板高厚比不超过 $65\sqrt{235/f_y}$，箱形截面梁翼缘在两腹板间的宽厚比不超过 $25\sqrt{235/f_y}$，腹板和工形梁相同。

防止构件在出现机构前弯扭屈曲要靠适当布置侧向支承，在构件出现塑性铰的截面处（如连续梁中间支座处）必须设置侧向支承。该支承点与其相邻支承点间构件的长细比 $\lambda_y$，应符合现行《钢结构设计标准》GB 50017 的规定，这里从略。

## 3.6 拉弯、压弯构件的应用和强度计算

### 3.6.1 拉弯、压弯构件的应用

图 3-39（a）所示有偏心拉力作用的构件和图 3-39（b）有横向荷载作用的拉杆都是拉弯构件。钢屋架的下弦杆一般属于轴拉杆，但如果下弦杆的节点之间存在横向荷载就属于拉弯构件。

对于拉弯构件，如果所承受的弯矩不大，而主要承受轴拉力时，它的截面形式和一般轴拉杆一样。当拉弯构件要承受较大的弯矩时，应该采用在弯矩作用平面内有较大抗弯刚度的截面。

在拉力和弯矩的共同作用下，截面出现塑性铰是拉弯构件承载能力的极限。但是对于格构式拉弯构件或者冷弯薄壁型钢拉弯构件，截面边缘的纤维开始屈服就基本上达到了承载能力的极限。对于轴线拉力很小而弯矩却很大的拉弯构件，截面一侧出现的压应力可能导致其发生类似受弯构件一样的弯扭失稳破坏。拉弯构件受压部分的板件也存在局部屈曲的可能性。不过通常这两种可能性都不大。图 3-40（a）中承受偏心压力作用的构件，图 3-40（b）中有横向荷载作用的压杆以及图 3-40（c）在构件的端部作用有弯矩的压杆，都属于压弯构件。厂房的框架柱，多、高层建筑的框架柱和海洋平台的立柱等都属于压弯构件。

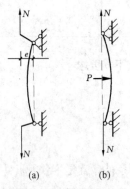

图 3-39　拉弯构件

（a）有偏心拉力作用的构件；
（b）有横向荷载作用的拉杆

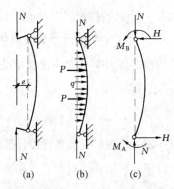

图 3-40　压弯构件

（a）承受偏心压力作用的构件；（b）有横向荷载作用的压杆；（c）在构件端部作用有弯矩的压杆

对于承受弯矩很小而轴压力很大的压弯构件，其截面形式和一般轴压构件相同，见图 3-1。当构件承受的弯矩相对很大时，除了采用截面高度较大的双轴对称截面外，有时还采用如图 3-41 所示的单轴对称截面，以便获得较好的经济效果。图 3-41 中的单轴对称截面有实腹式和格构式两种，都是在受压较大一侧分布着更多的材料。为了更有效地利用材料，

构件截面沿杆轴线可以变化，如工业厂房中的阶形柱（图 3-42a）、楔形柱（图3-42b)等。

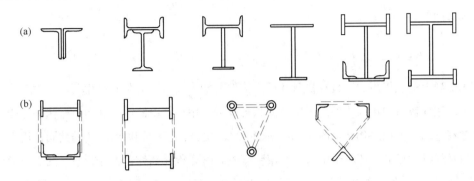

图 3-41　压弯构件的单轴对称截面

（a）实腹式截面；（b）格构式截面

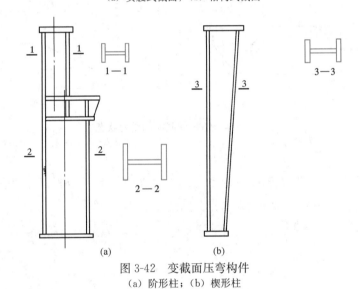

图 3-42　变截面压弯构件

（a）阶形柱；（b）楔形柱

　　压弯构件整体破坏的形式有三种。一种是因为杆端弯矩很大出现塑性铰而发生强度破坏，杆截面局部有较大削弱时也可能产生强度破坏，另外两种都是失稳破坏。对于在一个对称轴的平面内作用有弯矩的压弯构件，如果在非弯矩作用的方向有足够支承能阻止构件发生侧向位移和扭转，就只会在弯矩作用的平面内发生弯曲失稳破坏，构件的变形形式没有改变，仍为弯矩作用平面内的弯曲变形。如果压弯构件的侧向缺乏足够支承，也有可能发生弯扭失稳破坏。此时，除在弯矩作用平面存在弯曲变形外，垂直于弯矩作用的方向会突然产生弯曲变形，同时截面绕杆轴发生扭转。双向弯曲的压弯构件总是空间弯扭失稳破坏。

　　由于组成压弯构件的板件有一部分受压，和轴压构件一样，压弯构件也存在局部屈曲问题。

若构件不会发生整体和局部失稳，则拉弯和压弯构件的截面承载极限状态一致。本节只论述强度问题。

### 3.6.2 拉弯和压弯构件的强度计算

承受静力荷载作用的实腹式拉弯和压弯构件在轴力和弯矩的共同作用下，受力最不利的截面出现塑性铰时即达到构件的强度极限状态。可以用最简单的矩形截面压弯构件的受力状态来考察它的强度极限状态。图 3-43 所示矩形截面在轴压力 $N$ 和弯矩 $M$ 的共同作用下，当截面边缘纤维的压应力还小于钢材的屈服强度时，整个截面都处在弹性状态（图 3-43a）。随着 $N$ 和 $M$ 同步增加，截面受压区和受拉区先后进入塑性状态（图 3-43b、c）。最后整个截面进入塑性状态出现塑性铰，如图 3-43（d）。

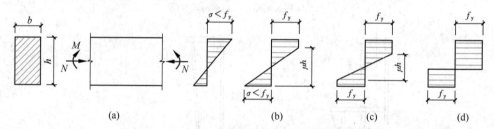

图 3-43　压弯构件截面的受力状态
（a）弹性状态；（b）受压区进入塑性；（c）受压区和受拉区均进入塑性；（d）整个截面进入塑性状态

构件截面出现塑性铰时，轴压力 $N$ 和弯矩 $M$ 的相关关系可以根据力的平衡条件得到。按图 3-44 所示应力分布图，轴压力和弯矩分别是

$$N = \int_A \sigma \mathrm{d}A = 2by_0 f_y = 2\frac{y_0}{h}bh f_y \tag{3-54}$$

$$M = \int_A \sigma y \mathrm{d}A = \frac{bf_y}{4}(h^2 - 4y_0^2) = \frac{bh^2}{4}f_y\left(1 - 4\frac{y_0^2}{h^2}\right) \tag{3-55}$$

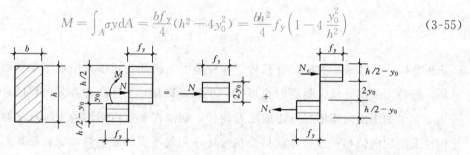

图 3-44　截面出现塑性铰时的应力分布

当只有轴压力而无弯矩作用时，截面所能承受的最大压力为全截面屈服的压力 $N_p = Af_y = bhf_y$；当只有弯矩而无轴压力作用时，截面所能承受的最大弯矩为全截面的塑性铰弯矩 $M_p = W_p f_y = \dfrac{bh^2}{4}f_y$。把它们分别代入式（3-54）和式（3-55）后再从两式中消去 $y_0$ 合并成一个式子，可以得到 $N$ 和 $M$ 的相关关系式

$$\left(\frac{N}{N_\mathrm{p}}\right)^2+\frac{M}{M_\mathrm{p}}=1 \tag{3-56}$$

可以把式（3-56）画成如图 3-45 所示的 $N/N_\mathrm{p}$ 和 $M/M_\mathrm{p}$ 的无量纲化相关曲线。对于工字形截面压弯构件，也可以用相同的方法得到截面出现塑性铰时 $N/N_\mathrm{p}$ 和 $M/M_\mathrm{p}$ 的相关关系式，从而画出它们的相关曲线。因工字形截面翼缘和腹板尺寸的多样化，相关曲线在一定的范围内变动，图 3-45 中的阴影区画出了常用的工字形截面绕强轴和弱轴弯曲相关曲线的变动范围。

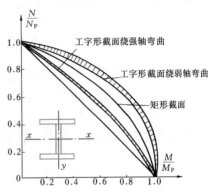

图 3-45　压弯构件强度计算相关曲线

对于弯矩沿纵轴变化而最大弯矩发生在构件端部的压弯构件，以及在构件的某些部位存在截面削弱时，非常有可能在这些部位出现塑性铰而导致强度破坏。

计算压弯（拉弯）构件的强度时，根据不同情况，可以采用三种不同的强度计算准则：

（1）边缘纤维屈服准则：采用这个准则时，当构件受力最大截面边缘处的最大应力达到屈服时，即认为构件达到了强度极限。按此准则，构件始终在弹性阶段工作。GB 50017 标准对需要计算疲劳的构件和部分格构式构件的强度计算采用这一准则，GB 50018 规范也采用这一准则。

（2）全截面屈服准则：这一准则以构件最大受力截面形成塑性铰为强度极限。

塑性设计的工形截面梁，计算公式是

当 $\dfrac{N}{A_\mathrm{n}f} > 0.13$ 时

$$M_\mathrm{x}\leqslant 1.15\left(1-\frac{N}{A_\mathrm{n}f}\right)W_\mathrm{pnx}f \tag{3-57}$$

式中 $M$ 和 $W$ 的下角标 $x$ 表示弯曲轴为强轴。

当 $\dfrac{N}{A_\mathrm{n}f}\leqslant 0.13$ 时，忽略 $N$ 的影响，公式简化为

$$M\leqslant W_\mathrm{pnx}f \tag{3-58}$$

为了避免正常使用阶段变形过大，可把以上两式的 $W_\mathrm{pnx}$ 改为 $\gamma_\mathrm{x}W_\mathrm{nx}$。不过把两种极限状态混合在一个表达式中，概念不很清晰。

（3）部分发展塑性准则：这一准则以构件最大受力截面的部分受压区和受拉区进入塑性为强度极限，截面塑性发展深度将根据具体情况给予规定。为了避免构件形成塑性铰时过大的非弹性变形，GB 50017 标准规定一般构件以这一准则作为强度极限。为了计算简便并偏

于安全，强度计算可用直线式相关关系，并和受弯构件的强度计算一样，用 $\gamma_x W_{nx}$ 和 $\gamma_y W_{ny}$ 分别代替截面对两个主轴的塑性抵抗矩。单向压弯（拉弯）构件的强度计算公式为

$$\frac{N}{A_n} \pm \frac{M_x}{\gamma_x W_{nx}} \leqslant f \tag{3-59}$$

除圆管截面外，双向压弯（拉弯）构件的强度计算公式为

$$\frac{N}{A_n} \pm \frac{M_x}{\gamma_x W_{nx}} \pm \frac{M_y}{\gamma_y W_{ny}} \leqslant f \tag{3-60}$$

圆形截面双向压弯（拉弯）构件的强度应按下式计算

$$\frac{N}{A_n} + \frac{\sqrt{M_x^2 + M_y^2}}{\gamma_m W_n} \leqslant f \tag{3-61}$$

式中　$N$——同一截面处轴心力设计值；

$M_x$、$M_y$——分别为同一截面处对 $x$ 轴和 $y$ 轴的弯矩设计值；

　$\gamma_x$、$\gamma_y$——截面塑性发展系数，当截面板件宽厚比满足现行《钢结构设计标准》GB 50017 的S1～S3级要求时，可按表 3-3 取用；当截面板件宽厚比不满足 S3 级要求时取 1.0；对直接承受动荷载的构件，由于在动力作用下截面塑性开展对构件承载能力的影响研究不足，强度计算时不考虑塑性开展，取 $\gamma_x = \gamma_y = 1.0$；

　$\gamma_m$——圆形截面构件的塑性发展系数，对于实腹圆形截面取 1.2；当圆管截面满足 S1～S3级要求时取 1.15，不满足 S3 级要求时取 1.0；对直接承受动荷载的构件宜取 1.0；

$A_n$、$W_n$——分别为构件净截面面积和净截面抵抗矩（利用板件屈曲后强度的 S5 级截面压弯构件有效截面及强度计算见现行《钢结构设计标准》GB 50017）。

截面塑性发展系数 $\gamma_x$、$\gamma_y$ 值 　　　　　　　　　　　　　　　　　表 3-3

| 项次 | 截 面 形 式 | $\gamma_x$ | $\gamma_y$ |
|---|---|---|---|
| 1 | |  | 1.2 |
|  |  | 1.05 |  |
| 2 | |  | 1.05 |

续表

| 项次 | 截 面 形 式 | $\gamma_x$ | $\gamma_y$ |
|---|---|---|---|
| 3 | | $\gamma_{x1}=1.05$ $\gamma_{x2}=1.2$ | 1.2 |
| 4 | | | 1.05 |
| 5 | | 1.2 | 1.2 |
| 6 | | 1.15 | 1.15 |
| 7 | | 1.0 | 1.05 |
| 8 | | | 1.0 |
| 备注 | 当压弯构件受压翼缘的自由外伸宽度与其厚度之比大于 $13\sqrt{235/f_y}$，应取 $\gamma_x=1.0$ | | |

表3-3中有几种单轴对称截面，绕非对称轴弯曲时，与截面边缘1和2对应的地方有 $\gamma_{x1}$ 和 $\gamma_{x2}$ 两个不同的数值。对于格构式构件，当绕截面的虚轴弯曲时，将边缘纤维开始屈服看做是构件发生强度破坏的标志，所以 $\gamma$ 值取1.0。

式（3-59）和式（3-60）中弯曲正应力的一项带有正负号，计算时应使两项（或三项）应力的代数和之绝对值为最大。

【例题3-6】试设计某承受静力荷载的拉弯构件。作用于构件的轴拉力的设计值为 $N$ =1200kN，弯矩的设计值 $M$=129kN·m，见图3-46，所用钢材为Q235A，构件截面无削弱。

【解】选用轧制工字钢I45a，查附表1知截面积 $A=102\text{cm}^2$，抵抗矩 $W_x=$

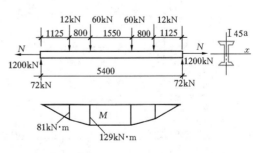

图3-46　例题3-6附图

$1430\text{cm}^3$。翼缘平均厚度 18mm＞16mm，钢材的强度设计值 $f=205\text{N/mm}^2$。由表 3-3 查得截面的塑性发展系数 $\gamma_x=1.05$。验算强度

$$\frac{N}{A_n}+\frac{M_x}{\gamma_x\times W_{nx}}=\frac{1200\times10^3}{102\times10^2}+\frac{129\times10^6}{1.05\times1430\times10^3}$$

$$=117.65+85.91=203.56<205\text{N/mm}^2$$

## 习题

3.1　简述构件截面的分类，型钢及组合截面应优先选用哪一种，为什么？

3.2　梁的强度计算有哪些内容？如何计算？

3.3　什么叫梁的内力重分布，如何进行塑性设计？

3.4　拉弯和压弯构件强度计算公式与其强度极限状态是否一致？

3.5　为什么直接承受动力荷载的实腹式拉弯和压弯构件不考虑塑性开展，承受静力荷载的同一类构件却考虑塑性开展？格构式构件考虑塑性开展吗？

3.6　截面塑性发展系数的意义是什么？试举例说明其应用条件。

3.7　一两端铰接的热轧型钢Ⅰ20a轴压柱，截面如图 3-47 所示，杆长为 6m，设计荷载 $N=450\text{kN}$，钢材为 Q235 钢，图中孔洞为虚孔。试验算该柱的强度是否满足？

3.8　一简支梁跨长为 5.5m，在梁上翼缘承受均布静力荷载作用，恒载标准值为 10.2kN/m（不包括梁自重），活载标准值为 25kN/m，假定梁的受压翼缘有可靠侧向支撑，钢材为 Q235，梁的容许挠度为 $l/250$，试选择最经济的工字形及 H 型钢梁截面，并进行比较。

3.9　图 3-48 为一两端铰接的焊接工字形等截面钢梁，钢材为 Q235。梁上作用有两个集中荷载 $P=300\text{kN}$（设计值），集中力沿梁跨度方向的支承长度为 100mm。试对此梁进行强度验算并指明计算位置。

3.10　一焊接工字形截面简支梁，跨中承受集中荷载 $P=1500\text{kN}$（不包含自重），钢材为 Q235，梁的跨度及几何尺寸如图 3-49 所示。试按强度要求确定梁截面。

3.11　某两端铰接的拉弯构件，截面为Ⅰ45a轧制工字形钢，钢材为 Q235。作用力如图 3-50 所示，截面无削弱，要求确定构件所能承受的最大轴心拉力。

图 3-47　习题 3.7 附图

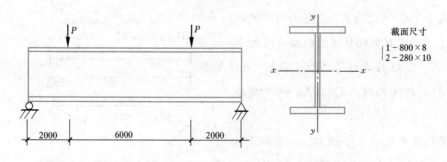

图 3-48　习题 3.9 附图

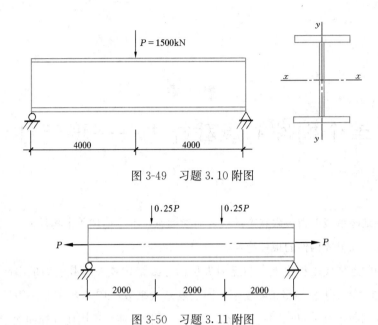

图 3-49　习题 3.10 附图

图 3-50　习题 3.11 附图

第 4 章

# 单个构件的承载能力——稳定性

失稳是钢结构承载能力极限状态的重要力学性态，本章论述单个构件的稳定问题，包括构件的整体稳定和组成构件的板件稳定。

在钢结构的近现代工程史上，不乏因失稳而导致结构丧失承载能力的事故。择其要者有：1907 年加拿大一大桥因缀条刚度不足而引发坠毁事故；1957 年苏联一锻压车间因拉杆和压杆装配颠倒而导致 $1200m^2$ 屋盖塌落；1978 年美国一体育馆因压杆屈曲而造成空间网架坠塌事故；1990 年我国一会议室因腹杆平面外失稳而诱发轻型钢屋架垮塌事故。这些事故都造成很大的经济损失，其中一些还造成严重的人身伤亡。

## 4.1 稳定问题的一般特点

### 4.1.1 压杆失稳的实质和二阶分析

轴压构件（简称压杆）失稳表现为由挺直的位形转变为显著弯曲（或扭转），以致无法继续承载。现在考察图 4-1 (a) 所示的等截面悬臂构件，弯矩和曲率的关系式为

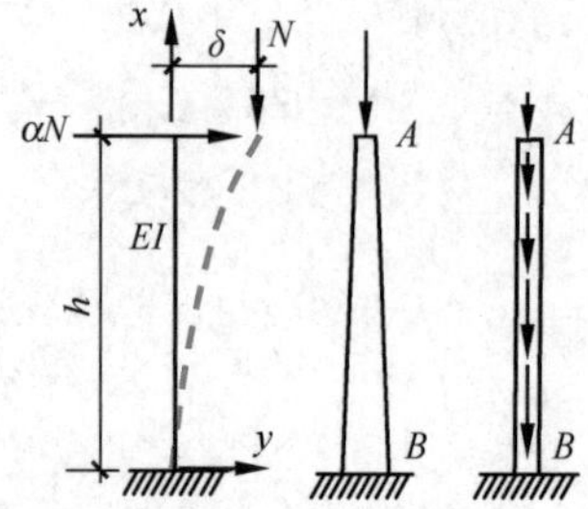

$$\frac{1}{\rho} = y'' = -\frac{M}{EI} \tag{4-1}$$

式中 $\rho$、$M$、$E$ 和 $I$ 分别表示构件轴线的曲率半径、弯矩、弹性模量和截面惯性矩。承受轴压力 $N$ 的构件，当出现一个水平干扰力 $\alpha N$ 时（如图 4-1a 所示），我们可依是否考虑变形对平衡方程的影响而分别写出弯矩的两种表达式

$$M_1 = \alpha N (h - x) \tag{4-2a}$$

$$M_2 = \alpha N (h - x) + N (\delta - y) \tag{4-2b}$$

图 4-1 悬臂构件
(a) 等截面；(b) 变截面；
(c) 变轴力

其中 $M_1$ 是不考虑变形影响而计算的弯矩，称为一阶弯矩；$M_2$ 是在变形后的位形上计算弯

矩的，称为二阶弯矩。将式（4-2）代入式（4-1）分别得

$$EIy'' = \alpha N (h-x) \tag{4-3a}$$

$$EIy'' = \alpha N (h-x) + N (\delta - y) \tag{4-3b}$$

在分析中取上列第一个方程称为一阶分析，取第二个方程称为二阶分析。将上列二式积分，利用边界条件 $y(0) = y'(0) = 0$ 和 $y(h) = \delta$ 分别得到

$$\delta_1 = \frac{\alpha N h^3}{3EI} \tag{4-4a}$$

$$\delta_2 = \frac{\alpha N h^3}{3EI} \frac{3 (\tan kh - kh)}{(kh)^3} \tag{4-4b}$$

其中 $k^2 = N/EI$。由式（4-4b）不难看出，当 $kh$ 趋于 $\pi/2$ 时有

$$\lim_{kh \to \pi/2} \frac{\tan kh - kh}{(kh)^3} = \infty \tag{4-5}$$

此时 $\delta_2$ 趋于无穷大，即 $kh = \pi/2$ 是构件失稳的临界条件，从而得到临界荷载

$$N_{cr} = \frac{\pi^2 EI}{4h^2} \tag{4-6}$$

显然，此临界荷载只有通过二阶分析才能解得。当 $N \to N_{cr}$ 时，式（4-4b）中的二阶位移 $\delta_2 \to \infty$，这个事实表明，在达到临界荷载时，构件因刚度退化为零，而无法保持稳定平衡。从这个意义上讲，失稳的过程本质上是压力使构件弯曲刚度减小，直至消失的过程。这是稳定分析中的一个重要概念。从这里可以清晰地体会到：失稳是构件的整体行为，它的性质和个别截面强度破坏完全不同。图 4-1（b）、（c）分别表示变截面悬臂构件和变轴力悬臂构件。当计算构件强度时，变截面构件需计算最弱截面 $A$；变轴力构件则要计算压力最大的截面 $B$。但是计算这两构件的稳定时不能仅仅涉及某一个截面，而是需要针对整个构件进行二阶分析来求解临界荷载。

稳定性能取决于整体刚度的另一个表现是，当构件端部有少量孔洞使截面削弱时，由于对整体刚度影响不大，稳定计算时可以忽略削弱的影响。

由式（4-4b）中的二阶位移表达式不难看出，位移与外力之间的线性关系不复存在，因此普遍存在的迭加原理在稳定分析中已不再适用。

### 4.1.2 稳定极限承载能力

实际结构总是存在缺陷的，这些缺陷通常可以分为几何缺陷和力学缺陷两大类，已经在第 1 章 1.2.2 节中提到过。杆件的初始弯曲、初始偏心以及板件的初始不平整等都属于几何缺陷；力学缺陷一般表现为初始应力和力学参数（如弹性模量、强度极限等）的不均匀性。对稳定承载能力而言，残余应力是影响最大的力学缺陷。作为一种初始应力，残余应力在构件截面上是自相平衡的，它并不影响截面强度。但是它的存在使构件截面的一部分提前

进入屈服，从而导致该区域的刚度提前消失，由此造成稳定承载能力的降低。所有的几何缺陷实质上亦是以附加应力的形式促使刚度提前消失而降低稳定承载能力的。缺陷的存在还使得结构的失稳一般都呈弹塑性状态，而非简单的弹性稳定问题。

综上所述，实际结构稳定承载能力的确定，应该计及几何缺陷和力学缺陷，对整体结构作弹塑性二阶（材料非线性和几何非线性）分析。简言之，实际结构稳定承载能力的确定是一个计及缺陷的非线性问题。一般而言，这种非线性问题只能以数值方法（如数值积分法、有限单元法等）进行求解。历史上曾经发展了一些简化方法来处理理想直杆的非弹性稳定问题，其中最著名的是切线模量理论和折算模量理论。

（1）切线模量理论。认为在非弹性应力状态屈曲时，杆件的屈曲荷载会略有增加，整个截面处于加载状态，应当取应力-应变关系曲线上相应应力点的切线斜率 $E_t$（称为切线模量）代替线弹性模量 $E$。如是，图 4-1（a）所示轴压悬臂杆的非弹性临界力为

$$N_t = \frac{\pi^2 E_t I}{4h^2} \tag{4-7}$$

（2）折算模量理论（亦称双模量理论）。认为荷载达到临界值后杆件发生弯曲失稳时临界荷载不变，这将导致截面上一部分加载，而另一部分卸载。加载区服从切线模量 $E_t$，而卸载区应当采用弹性模量 $E$，整个截面的非弹性状态以折算模量 $E_r$ 反映。如是，图 4-1（a）所示轴压悬臂杆的非弹性临界力为

$$N_r = \frac{\pi^2 E_r I}{4h^2}, E_r = \frac{E_t I_1 + E I_2}{I} \tag{4-8}$$

式中  $I_1$、$I_2$——分别为截面的加载区和卸载区对中性轴的惯性矩。

试验研究表明，临界力都达不到 $N_r$，而和 $N_t$ 比较接近。原因在于：失稳的瞬间既有弯曲应力又有轴压力增量，因而并不出现卸载应力反向，整个截面仍然处在非弹性加载状态，并应以切线模量描述。

### 4.1.3 失稳的类别

传统上，将失稳粗略地分为两类：分支点失稳和极值点失稳。分支点失稳的特征是：在临界状态时，结构从初始的平衡位形突变到与其临近的另一平衡位形，表现出平衡位形的分岔现象（图 4-2a）。在轴压力作用下的完善直杆以及在中面受压的完善平板的失稳都属于这一类型，它可以是弹性屈曲，也可以是非弹性屈曲。没有平衡位形分岔，临界状态表现为结构不能再承受

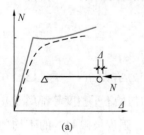
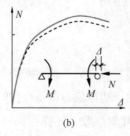

图 4-2  两类失稳模式

（a）分支点失稳；（b）极值点失稳

荷载增量是极值点失稳的特征，由建筑钢材做成的压弯构件，在经历足够的塑性发展过程后常呈极值点式的非弹性失稳（图 4-2b）。

　　并非所有的结构在屈曲时都立即丧失承载能力，因此，如果着眼于研究结构的极限承载能力，可依屈曲后性能分为如下三类。

　　（1）稳定分岔屈曲。分岔屈曲后，结构还可承受荷载增量。换言之，变形的进一步增大，要求荷载增加。轴线压力作用下的杆以及中面受压的平板都具有这种特征（见图4-3a），尤其是平板，具有相当可观的屈曲后强度可供工程设计利用。

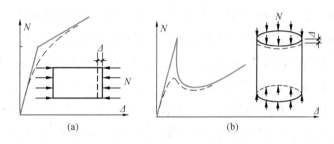

图 4-3　两种分岔屈曲

（a）稳定分岔屈曲；（b）不稳定分岔屈曲

　　（2）不稳定分岔屈曲。分岔屈曲后，结构只能在比临界荷载低的荷载下才能维持平衡位形。承受轴向荷载的圆柱壳（见图 4-3b），承受均匀外压的球壳都呈不稳定分岔屈曲形式。长细比不大的圆管压杆与圆柱壳很相似，薄壁方管压杆亦有可能表现为不稳定分岔屈曲。

　　（3）跃越屈曲。结构以大幅度的变形从一个平衡位形跳到另一个平衡位形。铰接坦拱（见图 4-4）和油罐的扁球壳顶盖都属于这种失稳情形。在发生跃越后，荷载一般还可以显著增加，但是其位形由上凸变成下凹，不满足正常使用要求。

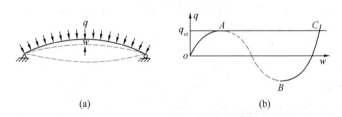

图 4-4　越跃屈曲

（a）铰接坦拱；（b）荷载-挠度曲线

　　在图 4-3 中实线表示完善结构的结果，而虚线给出的是结构有几何缺陷时的结果，缺陷的存在使得这些结构不再呈分岔失稳形式。但是缺陷的存在并不改变它们屈曲后的性态：在稳定分岔屈曲中极限荷载仍然高于临界荷载；而在不稳定分岔屈曲中，缺陷导致极限荷载大幅度跌落。由此可见，不稳定分岔屈曲的结构对缺陷特别敏感，无视缺陷对承载力的影响将对设计造成严重的不安全后果。

### 4.1.4　稳定问题的多样性、整体性和相关性

失稳现象具有多样性。弯曲屈曲是轴压构件的常见形式，但并非是其唯一的失稳形式。轴压构件亦可呈扭转屈曲，甚或弯扭屈曲的失稳形式。另一方面，不仅轴压构件，受弯构件和压弯构件以及它们的受压板件都需要考虑稳定问题，与轴压构件相连接传递其压力的节点板亦然。总之，结构的所有受压部位在设计中都存在处理稳定的问题。

整体性是稳定问题的另一特点。构件作为结构的组成单元，其稳定性不能就其本身去孤立地分析，而应当考虑相邻构件对它的约束作用。这种约束作用显然要从结构的整体分析来确定。稳定问题的整体性不仅表现为构件之间的相互约束作用，也存在于围护结构与承重结构之间的相互约束作用中，只不过在通常的平面结构（框架和桁架）的分析中被忽略了。

单轴对称截面的轴压构件在其对称平面外失稳时，总表现为弯曲和扭转的相关屈曲。这种不同失稳模式的耦合作用表明稳定具有相关性。这种相关性还表现在局部和整体屈曲中。局部屈曲一般并不立刻导致整体构件丧失承载能力，但它对整体稳定临界力却有影响。这种相关性对于存在缺陷的构件尤其显得复杂。格构式受压构件也有局部和整体稳定的相关性。组成构件的诸板件之间发生局部屈曲时的相互约束，有时亦称为相关性。

鉴于局部屈曲制约受弯构件和压弯构件的承载力和截面转动能力，可将这些构件的截面按受力和变形要求划分为五个等级，并规定各个等级的板件宽（高）厚比限值。其中 S1 级为用于塑性设计的构件，其截面不仅能够达到全塑性，而且塑性铰截面有一定转动能力；S2级截面为能达到全塑性但转动能力有限的截面；S3 级截面满足式（3-10）的要求，只是出现部分塑性；S4 级满足边缘屈服的要求，即式（3-10）中取 $\gamma_x = 1.0$；S5 级则在边缘屈服前即已出现局部屈曲。发展塑性的截面对板件宽厚比要求极为严格，S1 级的翼缘宽厚比限值为 $9\varepsilon_k$，而不发展塑性的 S4 级的翼缘宽厚比限值为 $15\varepsilon_k$，其中 $\varepsilon_k = (235/f_y)^{1/2}$ 称为钢号修正系数，$f_y$ 以 "N/mm²" 计之。

## 4.2　轴压构件的整体稳定性

轴压构件按屈曲形态分为弯曲屈曲、扭转屈曲和弯扭屈曲三种类型。对于双轴对称截面轴压构件，截面的剪心和形心重合，可能发生绕截面形心主轴的弯曲屈曲，如图 4-5（a）所示；也可能发生绕剪心轴的扭转屈曲，如图 4-5（b）所示，弯曲和扭转不会耦合；对单轴对称截面构件，绕截面非对称轴会发生弯曲屈曲，绕截面对称轴则发生弯扭屈曲，如图 4-5（c）所示；对于没有对称轴的截面，则只会发生弯扭屈曲。

本章 4.2.1~4.2.5 节先讲述轴压构件的弯曲屈曲承载力的影响因素和计算方法，4.2.6

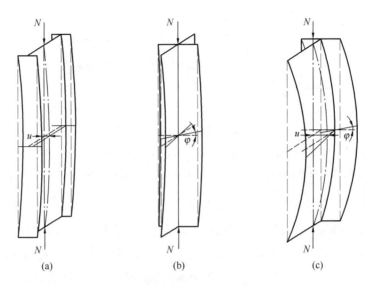

图 4-5 轴压构件的屈曲形态

(a) 弯曲屈曲;(b) 扭转屈曲;(c) 弯扭屈曲

节再讲述扭转屈曲和弯扭屈曲的计算方法。

影响轴压构件弯曲屈曲性能的主要因素有截面的纵向残余应力,构件的初弯曲,荷载作用点的初偏心以及构件的端部约束条件等。

## 4.2.1 纵向残余应力对轴压构件弯曲屈曲性能的影响

### 1. 残余应力的测量和分布

残余应力对构件来说是存在于截面内自相平衡的初始应力。来源于焊接的残余应力是钢结构的一种主要残余应力。它的起因是:在施焊过程中,焊缝及其近旁金属的热膨胀受到温度较低部分的约束而不能充分发展,焊后降温过程中高温部分的收缩再次受到制约而留下很高的拉应力。距焊缝较远的区域相应存在压应力。具体分析见第 7 章 7.5 节。除焊接以外,还有一些其他因素使构件产生残余应力,主要是:(1) 型钢在轧制后不同部位冷却不均匀;(2) 构件经冷校正后有塑性变形;(3) 板边缘经火焰切割后和焊接有类似的效应。构件中残余应力的分布和数值可以通过先将短柱锯割成条以释放应力,然后就每条在应力释放后出现的应变直接计算确定。残余应力的分布和数值不仅与构件的加工条件有关,而且还受截面的形状和尺寸的很大影响。

图 4-6 是用锯割法测量短柱残余应力的顺序。先在如图 4-6 (a) 所示短柱的中部划锯割线并记上标孔;在量得标距的尺寸 $l_i$ 以后从短柱中将这一部分锯割下来并划上分割线,如图 4-6 (b);最后锯割成条,如图 4-6 (c);由每条上标距尺寸的变化 $\Delta l_i$,利用材料的应力应变关系就可以计算出残余应力的数值为 $\sigma_i = E \Delta l_i / l_i$。图 4-6 (d) 是实测得到的残余应力,拉应力标以"+"号,压应力标以"-"号。

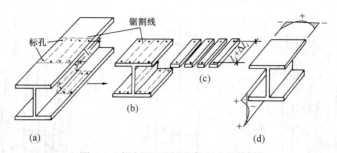

图 4-6　锯割法测定残余应力的顺序

（a）划锯割线、标记标孔；（b）测量标距、切割短柱；（c）锯割成条，测标距变化；（d）残余应力

　　为了考察残余应力对压杆承载能力的影响，图 4-7 列举了几种 Q235 钢典型截面的残余应力分布，其数值都是经过实测得到数据稍作整理和概括后确定的。应力都是与杆轴线方向一致的纵向应力，压应力取负值，拉应力取正值。影响构件产生残余应力的因素是很复杂的，即使是双轴对称的工字形截面压杆，因为翼缘和腹板连接处的焊缝在焊接和冷却的过程中一般都不可能双轴对称地进行，这样实测得到的残余应力和用于计算的典型截面的残余应力不可能完全一致。它们对构件的实际承载能力会有所影响，残余应力的取值应该考虑这种因素。残余应力的简图一般用直线或不太复杂的曲线组成。图 4-7（a）是轧制普通工字钢，翼缘的厚度比腹板的厚度大很多，腹板在型钢热轧以后首先冷却，翼缘在冷却的过程中受到与其连接的腹板的牵制作用，因此翼缘产生拉应力，而腹板的中部受到压缩产生压应力。图 4-7（b）是轧制 H 型钢的残余应力，由于翼缘的尖端先冷却因此具有较高的残余压应力。图 4-7（c）是翼缘具有轧制边，或火焰切割以后又经过刨边的焊接工字形截面，其残余应力与 H 型钢类似，只是翼缘与腹板连接处的残余拉应力可能达到屈服强度。图 4-7（d）是具

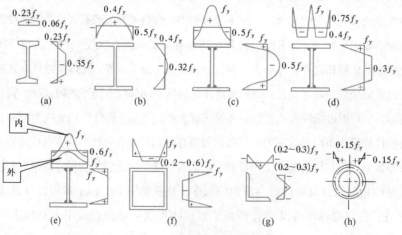

图 4-7　典型截面的残余应力

（a）轧制普通工字钢；（b）轧制 H 型钢；（c）焊接工字形截面，翼缘轧制或焰割后刨边；

（d）焊接工字形截面，翼缘火焰切割；（e）厚板焊接工字形截面；（f）焊接箱形截面；

（g）等边角钢；（h）轧制圆管

有火焰切割翼缘的焊接工字形截面，翼缘切割时的温度场和焊缝施焊时类似，因此边缘产生拉应力，翼缘与腹板连接处的残余拉应力经常达到屈服强度。图4-7（e）是用很厚的翼缘板组成的焊接工字形截面，沿翼缘的厚度残余应力也有很大变化，图中板的外表具有残余压应力，板边缘的应力很高可达屈服强度，而板的内表在与腹板连接处具有很高的残余拉应力。图4-7（f）是焊接箱形截面，在连接焊缝处具有高达屈服强度的残余拉应力，而在截面的中部残余压应力随板件的宽厚比和焊缝的大小而变化，当宽厚比放大到40时残余压应力只有$0.2f_y$左右。图4-7（g）是等边角钢的残余应力，其峰值与角钢边的长度有关。图4-7（h）是轧制钢管沿壁厚变化的残余应力，它的内表在冷却时因受到先已冷却的外表的约束故有残余拉应力，而外表具有残余压应力。不过，热轧圆管的拉压残余应力都比较小。

　　残余应力使构件的刚度降低，对压杆的承载能力有不利影响，残余应力的分布情况不同，影响的程度也不同。此外，残余应力对两端铰接的等截面挺直柱的影响和对有初弯曲柱的影响也是不同的。柱的长度不同，残余应力的影响也不相同。

　　2. 从短柱段看残余应力对压杆承载力的影响

　　下面先考虑有残余应力的短的直柱。图4-8是一个双轴对称的工字形截面。为了避免柱在全截面屈服之前发生屈曲，截取柱的长细比不大于10的一段短柱段考察其应力应变曲线，翼缘的残余应力取最便于分析的如图4-8（b）所示的三角形分布，具有相同的残余压应力和残余拉应力峰值，即$\sigma_c=\sigma_t=0.4f_y$。为了便于说明问题，对短柱段性能影响不大的腹板和其残余应力都忽略不计。短柱段的材料假定是理想的弹塑性体。在轴线压力$N$作用下，当截面的平均应力小于图4-8（c）中的$(f_y-\sigma_c)=0.6f_y$时，截面的应力应变变化呈直线关系，如图4-8（f）中的$OA$段，其弹性模量为常数$E$。当$\sigma\geqslant(f_y-\sigma_c)$时，如图4-8（d），

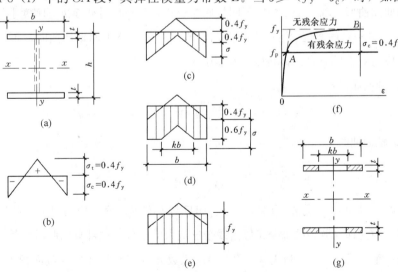

图4-8　残余应力对短柱段的影响

（a）截面简图；（b）翼缘残余应力；（c）$\sigma<0.6f_y$时的应力分布；
（d）$\sigma\geqslant0.6f_y$时的应力分布；（e）$\sigma\leqslant f_y$；（f）应力-应变曲线；（g）截面弹塑性区分布

翼缘的外侧先开始屈服，在图 4-8（f）曲线上的 $A$ 点可以看作是短柱段截面平均应力的比例极限 $f_p$。此后外力继续增加时翼缘的屈服区不断向内扩展，而弹性区如图 4-8（d）中的 $kb$ 范围不断缩小直至 $\sigma = f_y$ 时全截面都屈服，如图 4-8（e）。图 4-8（f）中的曲线 $AB$ 即为短柱段的弹塑性应力应变曲线。因为曲线 $AB$ 段增加的轴压力 $dN$ 只能由截面的弹性区面积 $A_e$ 负担，所以短柱段的切线模量 $E_t = d\sigma/d\varepsilon = (dN/A)/(dN/EA_e) = EA_e/A$。图 4-8（f）中在 $AB$ 曲线上侧由两条虚线组成的应力应变关系是属于无残余应力的短柱段。经比较后可知，残余应力使柱段受力提前进入了弹塑性受力状态，因而必将降低轴压柱的承载能力。

3. 残余应力对压杆稳定性能的影响

对于两端铰接的等截面轴压柱，当截面的平均临界应力 $\sigma < (f_y - \sigma_c)$ 时，柱在弹性阶段屈曲，其弯曲屈曲力仍由欧拉临界力确定。但是当 $\sigma > (f_y - \sigma_c)$ 时，按照切线模量理论的基本假定，认为柱屈曲时不出现卸载区，这时截面外侧的屈服区，即图 4-8（g）中的阴影部分，在不增加压应力的情况下继续发展塑性变形，而柱发生微小弯曲时只能由截面的弹性区来抵抗弯矩，它的抗弯刚度应是 $EI_e$，也就是说，有了残余应力时柱的抗弯刚度降低了。柱发生微小弯曲的力的平衡微分方程中，全截面惯性矩 $I$ 应该用弹性区截面的惯性矩 $I_e$ 来代替。这样，得到的临界力应该是

$$N_{cr} = \frac{\pi^2 EI_e}{l^2} = \frac{\pi^2 EI}{l^2} \times \frac{I_e}{I} \tag{4-9}$$

相应的临界应力是

$$\sigma_{cr} = \frac{\pi^2 E}{\lambda^2} \times \frac{I_e}{I} \tag{4-10}$$

需要注意的是，$I_e/I$ 对截面的两个主轴并不相同。仍以图 4-8（a）所示工字形截面柱为例，这种弯曲屈曲型的轴心受压柱有不同的屈曲形式，一种是对截面抗弯刚度小的弱轴，即 $y-y$ 轴，另一种是对截面抗弯刚度大的强轴，即 $x-x$ 轴。绕不同轴屈曲时，不仅临界应力不同，残余应力对临界应力的影响程度也不相同。

对 $y-y$ 轴屈曲时：

$$\sigma_{cry} = \frac{\pi^2 E}{\lambda_y^2} \times \frac{I_{ey}}{I_y} = \frac{\pi^2 E}{\lambda_y^2} \times \frac{2t(kb)^3/12}{2tb^3/12} = \frac{\pi^2 E}{\lambda_y^2} k^3 \tag{4-11}$$

对 $x-x$ 轴屈曲时：

$$\sigma_{crx} = \frac{\pi^2 E}{\lambda_x^2} \times \frac{I_{ex}}{I_x} = \frac{\pi^2 E}{\lambda_x^2} \times \frac{2t(kb)h^2/4}{2tbh^2/4} = \frac{\pi^2 E}{\lambda_x^2} k \tag{4-12}$$

由以上两式可知，$\sigma_{cry}$ 与 $k^3$ 有关，而 $\sigma_{crx}$ 却只与 $k$ 有关，残余应力对弱轴的影响比对强轴严重得多，因为远离弱轴的部分正好是残余压应力的部分，这部分屈服后对截面抗弯刚度的削弱最为严重。式（4-11）和式（4-12）中的系数 $k$ 实际上是弹性区截面积 $A_e$ 和全截面积 $A$ 的比值，$kE$ 正好是对有残余应力的短柱进行试验得到的应力应变曲线的切线模量 $E_t$。由此可知，短柱试验的切线模量并不能普遍地用于计算轴压柱的屈曲应力，因为由式（4-11）计

算 $\sigma_{cry}$ 时用的是 $k^3 E$，而由式（4-12）计算 $\sigma_{crx}$ 时用的是 $kE$。

因为系数 $k$ 是未知量，不能用式（4-11）和式（4-12）直接计算出屈曲应力。需要根据力的平衡条件再建立一个截面平均应力的计算公式。图 4-9（b）中的阴影区表示了轴压力作用时截面承受的应力，集合阴影区的力可以得到：

$$\sigma_{cr} = \frac{2bt f_y - 2kbt \times 0.5 \times 0.8k f_y}{2bt} = (1 - 0.4k^2)\, f_y \qquad (4\text{-}13)$$

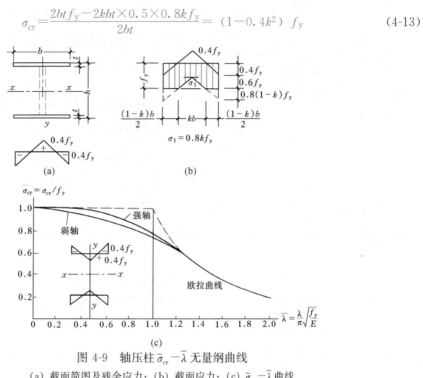

图 4-9 轴压柱 $\bar{\sigma}_{cr}-\bar{\lambda}$ 无量纲曲线

（a）截面简图及残余应力；（b）截面应力；（c）$\bar{\sigma}_{cr}-\bar{\lambda}$ 曲线

联合求解式（4-12）和式（4-13）或式（4-11）和式（4-13）就可得到与长细比 $\lambda_x$ 或 $\lambda_y$ 相对应的 $\sigma_{crx}$ 或 $\sigma_{cry}$，可以画成如图 4-9（c）所示的无量纲曲线。纵坐标是屈曲应力 $\sigma_{cr}$ 与屈服强度 $f_y$ 的比值 $\bar{\sigma}_{cr}$，横坐标是正则化长细比，是取屈曲应力为 $f_y$ 时构件的长细比 $\lambda_0$ 为基准正则化的，即 $\bar{\lambda} = \lambda/\lambda_0 = \lambda\sqrt{f_y/E}/\pi$。采用这一横坐标，曲线可以通用于不同钢号的构件，因而 $\bar{\lambda}$ 亦称通用长细比。在图中还画出了无残余应力影响的柱的稳定曲线，如虚线所示。从图 4-9（c）可知，在 $\bar{\lambda} = 1.0$ 处残余应力对挺直轴压柱的影响最大，$\bar{\sigma}_{cry}$ 降低了 $31.2\%$，而 $\bar{\sigma}_{crx}$ 只降低 $23.4\%$。

值得注意的是，图 4-8（f）的应力应变曲线既可以由计算绘出，也可以由试验绘出。通过短柱段均匀受压试验绘出 $\sigma\varepsilon$ 关系曲线可以反过来得出残余应力的峰值 $\sigma_c$，虽然得不到残余应力在杆件截面上的分布，却是了解残余应力对压杆稳定影响的重要数据。

【例题 4-1】计算两端铰接的轧制圆管轴压杆的屈曲应力。圆管直径为 $D$，管壁厚度为 $t$。管壁的残余应力见图 4-10。材料为理想的弹塑性体，$E = 206 \times 10^3\,\text{N/mm}^2$，$f_y = 235\text{N/mm}^2$。

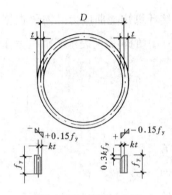

图 4-10　例题 4-1 图

【解】当杆的屈曲应力小于 $(f_y - 0.15f_y) = 0.85f_y$ 时，杆在弹性状态屈曲，弯曲屈曲应力 $\sigma_{cr} = \pi^2 E/\lambda^2$，当 $\sigma_{cr} > 0.85f_y$ 时，杆在弹塑性状态屈曲，此时截面弹性区的壁厚只有 $kt$。由于管壁厚度与管径相比小得多，截面对其形心轴的惯性矩可取 $I_x = \pi D^3 t/8$，截面弹性区的惯性矩为 $I_{ex} = \pi D^3 kt/8$。因此，在弹塑性状态

$$\sigma_{cr} = \frac{\pi^2 E}{\lambda^2} \times \frac{I_e}{I} = \frac{k\pi^2 E}{\lambda^2}$$

图 4-10 中的阴影区表示外力作用下截面承受的应力，根据力的平衡条件可以得到截面的平均应力

$$\sigma_{cr} = \frac{\pi D t f_y - \frac{1}{2}\pi D kt \times 0.3k f_y}{\pi D t} = (1 - 0.15k^2) f_y$$

由以上两式联合求解可以得到与长细比 $\lambda$ 对应的 $\sigma_{cr}$ 值，见表 4-1。由表中数值可知残余应力对轧制圆管轴心压杆承载能力的影响不大，在 $\lambda = \pi\sqrt{E/f_y} = 93$ 处，$\sigma_{cr}$ 之值降低幅度最大，但只降低 12%。

例 4.1 轧制圆管轴心压杆屈曲应力　　　　　表 4-1

| $\lambda$ | 0 | 10 | 20 | 30 | 40 | 50 | 60 | 70 | 80 | 90 | 100 | 110 |
|---|---|---|---|---|---|---|---|---|---|---|---|---|
| $\sigma_{cr}/f_y$ | 1.000 | 1.000 | 1.000 | 0.998 | 0.995 | 0.988 | 0.975 | 0.956 | 0.929 | 0.894 | 0.853 | 0.714 |

讨论：$I_x = \pi D^3 t/8$ 是近似计算公式，当 $t/D$ 大到什么程度时不再适用？

### 4.2.2　构件初弯曲对轴压构件弯曲屈曲性能的影响

实际的轴压构件不可能是完全挺直的。在加工制造和运输安装的过程中，杆件不可避免地会存在微小弯曲，弯曲的形式可能是多种多样的，对于两端铰接的压杆，以图 4-11 所示具有正弦半波图形的初弯曲最具有代表性，对压杆承载力的影响比较不利。根据已有的统计资料表明杆中点处初弯曲的挠度 $v_0$ 为杆长 $l$ 的 1/2000～1/500。

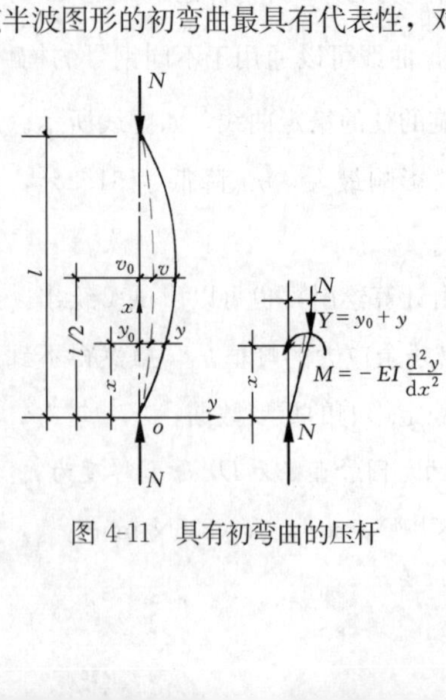

下面先考察具有初弯曲的弹性压杆的压力与挠度的关系。距杆端 $o$ 点为 $x$ 处的具有初弯曲为 $y_0 = v_0 \sin(\pi x/l)$ 的压杆，一经压力 $N$ 作用，杆就增长挠度 $y$。根据图 4-11 右侧隔离体的计算简图，可以建立已经弯曲的弹性压杆的力平衡方程。

$$EI\frac{d^2 y}{dx^2} + Ny = -Nv_0 \sin\frac{\pi x}{l} \qquad (4\text{-}14)$$

图 4-11　具有初弯曲的压杆

解此方程可以得到杆的弹性挠曲线，挠度的总

值是

$$Y = y_0 + y = \frac{v_0}{1 - N/N_E} \sin \frac{\pi x}{l} \tag{4-15}$$

其中 $N_E = \pi^2 EI/l^2$。右端的 $1/(1-N/N_E)$ 相当于 $N$ 力使挠度增大的因数，简称放大系数。杆中央的总挠度为

$$v_m = v_0 + v = \frac{v_0}{1 - N/N_E} \tag{4-16}$$

由式（4-16）可知杆的总挠度 $v_m$ 不是随着压力 $N$ 按比例增加的，当压力达到杆的欧拉值 $N_E$ 时，对于有不同初弯曲的压杆，$v_m$ 均达到无限大。图 4-12 是 $v_0 = 0.1$cm 和 0.3cm 的两种压杆的 $N/N_E - v_m$ 曲线。这两根曲线都是建立在材料是弹性体基础上的，而实际情况并不一定如此。长细比不很大的压杆，在压力尚未达到 $N_E$ 之前就会出现塑性变形，使其稳定承载能力降低。因此从曲线本身还不好判断初弯曲对压杆承载能力的影响程度。

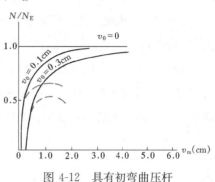

图 4-12　具有初弯曲压杆
的压力挠度曲线

如果把钢材看作理想的弹塑性体，在轴压力 $N$ 和弯矩 $Nv_0/(1-N/N_E)$ 的共同作用下截面边缘纤维开始屈服，杆即进入了弹塑性阶段，从而降低了杆的承载能力。对于无残余应力的轴心压杆，截面开始屈服的条件是

$$\frac{N}{A} + \frac{Nv_0}{W(1 - N/N_E)} = f_y \tag{4-17}$$

式中　$W$——受压最大纤维毛截面模量。

某些压杆如格构式轴心压杆和冷弯薄壁型钢轴心压杆，截面受压最大的纤维开始屈服后塑性发展的潜力不大，很快就会发生失稳破坏。所以，式（4-17）可以作为确定这类轴心压杆承载能力的准则。

热轧和焊接的实腹式轴心压杆，在杆的中央截面边缘纤维开始屈服并进入弹塑性发展阶段后，荷载还可以有一定幅度的增加，图 4-12 中的虚线部分即表示弹塑性阶段杆的压力挠度曲线。

确定有初弯曲的压杆在弹塑性阶段的承载力 $N_u$ 是比较复杂的，但是初弯曲对轴心压杆的影响还是可以从式（4-17）看出来。现行《钢结构设计标准》GB 50017 对压杆初弯曲的取值规定 $v_0$ 为杆长的 1/1000，而现行《冷弯薄壁型钢结构技术规范》GB 50018 规定为 1/750。引进符号 $\varepsilon_0 = v_0/(W/A) = v_0/\rho$，则由式（4-17）得到

$$\frac{N}{A}\left(1 + \frac{\varepsilon_0}{1 - N/N_E}\right) = f_y \tag{4-18}$$

上式中的 $\varepsilon_0$ 称为相对初弯曲，也就是杆中央截面的荷载相对初偏心率，$\rho = W/A$ 是截面

的核心距。如果 $v_0$ 取 $l/1000$，那么 $\varepsilon_0 = l/(1000\rho) = \lambda i/(1000\rho)$，$i$ 为截面的回转半径。以此代入上式得到

$$\frac{N}{A}\left(1 + \frac{\lambda}{1000} \times \frac{i}{\rho} \times \frac{1}{1 - N/N_E}\right) = f_y \tag{4-19}$$

虽然式（4-19）是按弹性材料导出的，不能全面反映有塑性发展的压杆的承载力，但它可以反映初弯曲对塑性发展潜力不大的细长杆件的承载力的影响。由此式可知，杆件愈细长，$\lambda$ 值越大而 $N_E$ 值越小，初弯曲的不利影响越大。同时不同截面形式的比值 $i/\rho$ 是不同的。$i/\rho$ 值越大，则截面边缘纤维越早屈服，初弯曲的不利影响也越大。表 4-2 列举了几种钢压杆截面的 $i/\rho$ 的近似值。由表可见，材料向弯曲轴聚集得多，则 $i/\rho$ 值大。然而，$i/\rho$ 值大的截面，表征塑性发展能力的形状系数也比较大（参见第 3 章 3.2.2 节）。从极限承载能力的观点看，差别未必悬殊。中等长细比的杆，由于残余应力的存在，初弯曲使截面更早进入塑性，对承载能力的不利影响也很显著。

截面回转半径与核心距的比值 表 4-2

| 截面形式 | ○ | □ | 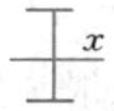 ⊥x |  ⊢y | 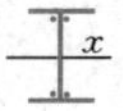 ⊥x | 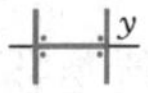 ⊢y |
|---|---|---|---|---|---|---|
| $i/\rho$ | 1.41 | 1.22 | 1.25 | 2.50 | 1.16 | 2.10 |
| 截面形式 | 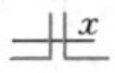 ⊢x |  ⊢y | 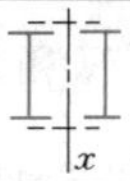 ‖x | ⊘ | ▨ | 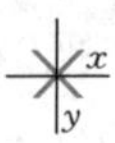 ✳x y |
| $i/\rho$ | 2.30 | 2.25 | 1.14 | 2.00 | 1.73 | 1.73 |

以欧拉力和正则化长细比代入式（4-18）后，可以解出截面的边缘纤维开始屈服时平均应力与屈服强度 $f_y$ 的比值

$$\bar{\sigma} = \frac{N}{Af_y} = \frac{1}{2\bar{\lambda}^2}\left[1 + \varepsilon_0 + \bar{\lambda}^2 - \sqrt{(1 + \varepsilon_0 + \bar{\lambda}^2)^2 - 4\bar{\lambda}^2}\right] \tag{4-20}$$

### 4.2.3 构件初偏心对轴压构件弯曲屈曲性能的影响

由于构造上的原因和构件截面尺寸的变异，作用在杆端的轴压力实际上不可避免地会偏离截面的形心而形成初偏心 $e_0$。根据过去的研究资料，可以取 $e_0/\rho = 0.05$ 的相对初偏心率来考虑对轴心压杆的影响。

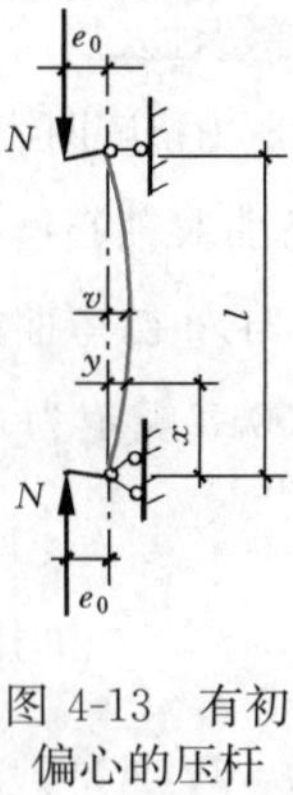

图 4-13 是有初偏心压杆的计算简图，在弹性工作阶段，力的平衡微分方程是

$$EI\frac{\mathrm{d}^2 y}{\mathrm{d}x^2} + Ny = -Ne_0 \tag{4-21}$$

由式（4-21）可以得到杆轴的挠曲线为

图 4-13 有初偏心的压杆

$$y = e_0\left(\cos kx + \frac{1 - \cos kl}{\sin kl}\sin kx - 1\right) \tag{4-22}$$

式中　　$k^2 = N/EI$。

杆中央的最大挠度为

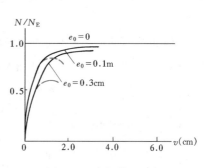

$$v = e_0 \left( \sec \frac{\pi}{2} \sqrt{\frac{N}{N_E}} - 1 \right) \qquad (4\text{-}23)$$

由式（4-23）可知，挠度 $v$ 也不是随着压力 $N$ 成比例增加的。和初弯曲一样，当压力达到欧拉值 $N_E$ 时，有着不同初偏心的轴心压杆挠度 $v$ 均达到无限大。图 4-14 是 $e_0 = 0.1$cm 和 $0.3$cm 的两种轴心压杆的 $N/N_E - v$ 曲线，图中虚线表示杆的弹塑性阶段压力挠曲线。初偏心对压杆的影响本质上和初弯曲是相同的，但影响的程度有差别。因为初偏心的数值很小，除了对短杆稍有影响外，对长杆的影响远不如初弯曲大。

图 4-14　有初偏心压杆
的压力挠度曲线

### 4.2.4　杆端约束对轴压构件整体稳定性的影响

在实际结构中两端铰接的压杆很少。压杆当与其他构件相连接而端部受到约束时，可以根据杆端的约束条件用等效的计算长度 $l_0$ 来代替杆的几何长度 $l$，即取 $l_0 = \mu l$，从而把它简化为两端铰接的杆。这里 $\mu$ 称为计算长度系数，相应的杆件临界力是 $N_{cr} = \pi^2 EI/(\mu l)^2$。表 4-3 列举了几种具有理想端部条件的压杆计算长度系数 $\mu$。考虑到理想条件难于从构造上完全实现，表中还给出了用于实际设计的建议值。不过这些建议值比较粗糙。端部铰接的杆经常因连接构造而存在的约束所带来的有利影响表中数值没有考虑，而刚性的固定端，因实际上很难达到完全没有转动，所以 $\mu$ 的值有所增大。

轴心受压柱计算长度系数 $\mu$　　　　　　　　　　　　　　表 4-3

| 图中虚线表示柱的屈曲形式 | | | | | | |
|---|---|---|---|---|---|---|
| $\mu$ 的理论值 | 0.50 | 0.70 | 1.0 | 1.0 | 2.0 | 2.0 |
| $\mu$ 的建议值 | 0.65 | 0.80 | 1.0 | 1.2 | 2.1 | 2.0 |
| 端部条件符号 | 无转动、无侧移　自由转动，无侧移 | | | 无转动，自由侧移　自由移动，自由侧移 | | |

整体结构中的杆件，如节点刚接的桁架中的压杆，稳定问题需要通过整体分析来解决。实用的计算方法则是把单个杆件分离出来，考虑杆端所受到的约束，找出计算长度。这个问题将在第 5 章论述。

### 4.2.5 轴压构件弯曲屈曲稳定性计算

#### 1. 轴压柱的实际承载力

理想的挺直的轴压柱不论发生弹性弯曲屈曲（如图 4-15 中的曲线 $a$，屈曲力为欧拉临界力 $N_E$），或弹塑性弯曲屈曲（如图 4-15 中的曲线 $b$，屈曲力为切线模量屈曲力 $N_{crt}$），都属

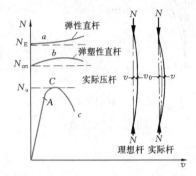

图 4-15　压杆的压力挠度曲线

于分岔屈曲。但是实际的轴压柱不可避免地都存在几何缺陷和残余应力，同时柱的材料还可能不均匀。所以实际的轴压柱一经压力作用就产生微小挠度。图 4-15 中的曲线 $c$ 是具有矢高为 $v_0$ 的初弯曲的轴压柱的压力挠度曲线。在曲线的 $A$ 点表示柱中央截面的边缘纤维开始屈服，然后柱进入弹塑性发展阶段，到达曲线的 $C$ 点时柱的抵抗能力开始小于外力的作用。因此在曲线的 $C$ 点之前柱能维持稳定平衡状态，而在 $C$ 点之后柱不再能维持稳定平衡，曲线的最高点 $C$ 标志柱已达到了极限承载力。

因此，有初弯曲的轴压柱，其弯曲失稳属于极值点失稳问题。这种失稳形式既不同于理想直杆的分岔屈曲，也有别于以截面边缘纤维屈服为准则的压杆稳定计算。柱的极限承载力以符号 $N_u$ 表示，其数值取决于柱的长度和初弯曲、柱的截面形状和尺寸以及残余应力的分布与峰值。它和压弯构件一样可用数值积分法确定（见本章 4.5.1 节）。

按照概率统计理论，影响柱承载力的几个不利因素，其最大值同时出现于一根柱子的可能性是极小的。理论分析表明，考虑初弯曲和残余应力两个最主要的不利因素比较合理，初偏心不必另行考虑。现行《钢结构设计标准》GB 50017 取初弯曲的矢高为柱长度的千分之一，而残余应力则根据柱的加工条件确定。图 4-16 是翼缘经火焰切割后再刨边的焊接工字形截面轴心受压柱承载力曲线，纵坐标是柱的截面平均应力 $\sigma_u$ 与屈服强度 $f_y$ 的比值，可以用符号 $\varphi$ 表示，称为压杆稳定系数，横坐标为柱的正则化长细比。为了比较，在图中画出了有初弯曲与不计初弯

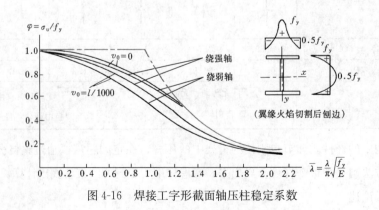

图 4-16　焊接工字形截面轴压柱稳定系数

曲的两组柱曲线。从图 4-16 可知,初弯曲对绕弱轴屈曲的影响比对绕强轴屈曲的影响大。此外,$v_0 = 0$ 的曲线在弹塑性阶段比 $\varphi = 1$ 的水平线下降较多表明,残余应力对轴压柱承载力的影响则远比初弯曲的影响大。

现行《钢结构设计标准》GB 50017 规定轴压柱应按下式计算整体稳定

$$N/(\varphi A f) \leqslant 1.0 \tag{4-24}$$

式中　$N$——轴压构件的压力设计值;

　　　$A$——构件的毛截面面积;

　　　$\varphi$——轴压构件的稳定系数,见附表 17;

　　　$f$——钢材的抗压强度设计值,见附表 11。

2. 现行《钢结构设计标准》GB 50017 的轴压构件稳定系数

在钢结构中轴压构件的类型很多,当构件的长细比相同时,其承载力往往有很大差别。可以根据设计中经常采用柱的不同截面形式和不同的加工条件,画出考虑初弯曲和残余应力影响的一系列柱的曲线,即无量纲化的 $\varphi - \bar{\lambda}$ 曲线。在图 4-17 中以两条虚线标示这一系列柱曲线变动范围的上限和下限。实际轴心受压柱的稳定系数基本上都在这两条虚线之间。由于不同条件柱的 $\varphi$ 值差别很大,以 $\bar{\lambda} = 1.0$ 时的 $\varphi$ 值为例,上限值竟可达下限值的 1.4 倍,因此,只用一根柱曲线来设计各种不同的钢柱不是经济合理的。过去的钢结构设计规范曾采用过单一的柱曲线。经过数理统计分析认为,把诸多柱曲线划分为四类比较经济合理。图 4-17 中 a、b、c、d 四条柱曲线各自代表一组截面柱的 $\varphi$ 系数的平均值。现行《钢结构设计标准》GB 50017 的 a、b、c、d 四类截面的轴压构件的稳定系数见附表 17。

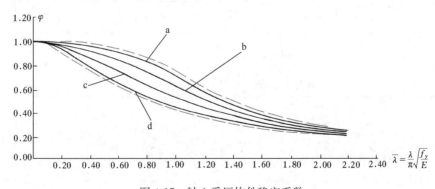

图 4-17　轴心受压构件稳定系数

读者可以根据残余应力的分布及其峰值与初弯曲的影响来理解各种截面的归属。结合前面图 4-7 中几种典型截面的残余应力分布和表 4-2 中的比值 $i/\rho$ 可知,a 类属于截面外侧残余压应力的峰值较小而 $i/\rho$ 值也较小的轧制圆管和宽高比小于等于 0.8 且绕强轴屈曲的轧制工字钢;c 类属于残余压应力峰值较大而 $i/\rho$ 值也较大的截面,如翼缘为轧制边或剪切边的绕弱轴屈曲的焊接工字形截面。大量截面介于 a 与 c 两类之间,属于 b 类,如翼缘为火焰切割边的焊接工字形截面，因为在翼缘的外侧具有较高的残余拉应力。它对压杆承载力的影响较为有利，所以绕强轴和弱轴屈曲都属于 b 类。属于 b 类的截面很多，约占钢结构中轴心压杆的 75%。单轴对称截面，如槽形和 T 形截面绕对称轴屈曲时属于弯扭屈曲问题，其屈曲应力较弯曲屈曲为小，《钢结构设计规范》GBJ 17—88 把它们都列为 c 类截面。但是，分析表明这样处理并不妥善。因此现行《钢结构设计标准》GB 50017 规定这类问题需要通过换算长细比转换为弯曲屈曲。这样在表 4-4（a）中 T 形截面和 H 形截面同样分类。翼缘板的厚度等于和大于 40mm 的焊接工字形截面，当翼缘为轧制或剪切边时，因残余应力沿板的厚度有很大变化，其外侧残余压应力的峰值可能达到屈服强度，以致稳定承载力相对较低，绕强轴和弱轴分别列为 c 类截面和 d 类截面，它们常用于高层钢结构中用特厚钢板制作的柱。现行《钢结构设计标准》GB 50017 中各种截面的分类见表 4-4（a）和表 4-4（b）。值得注意的是，在表 4-4（a）中有两类截面对不同强度等级的钢材采用不同的类别，二者都属于热轧截面。这类截面的残余压应力峰值 $\sigma_{rc}$ 不随钢材屈服强度 $f_y$ 变化。因此，对高强度钢材来说 $\sigma_{rc}/f_y$ 相对较小，$\varphi$ 系数相应提高。

轴压构件的截面分类（板厚 $t<40$mm）　　　　表 4-4（a）

| 截面形式 | | 对 $x$ 轴 | 对 $y$ 轴 |
|---|---|---|---|
| 轧制 | | a 类 | a 类 |
| 轧制 | $b/h\leqslant0.8$ | a 类 | b 类 |
| | $b/h>0.8$ | a* 类 | b* 类 |
| 轧制等边角钢 | | a* 类 | a* 类 |
| 焊接，翼缘为焰切边 | 焊接 | b 类 | b 类 |
| 轧制 | | b 类 | b 类 |
| 轧制，焊接（板件宽厚比>20） | 轧制或焊接 | b 类 | b 类 |

续表

| 截　面　形　式 | | 对 $x$ 轴 | 对 $y$ 轴 |
|---|---|---|---|
| 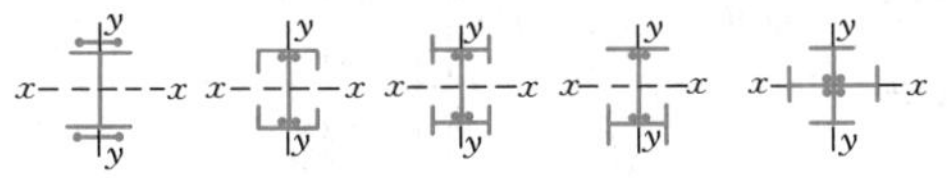 焊接 | 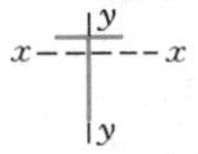 轧制截面和翼缘为<br>焰切边的焊接截面 | b 类 | b 类 |
| 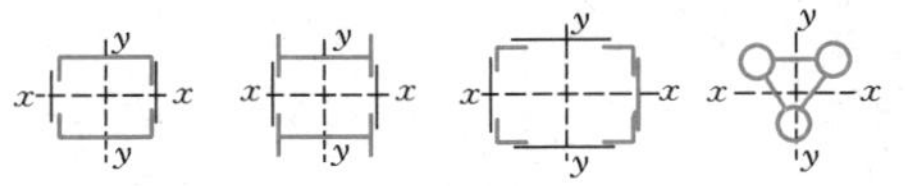 格构式 | 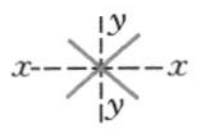 焊接，板件边缘焰切 | | |
| 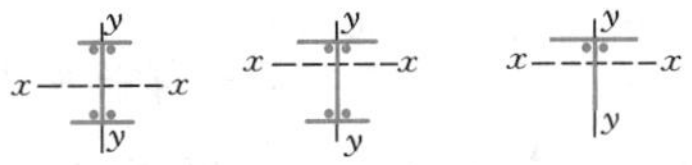 焊接，翼缘为轧制或剪切边 | | b 类 | c 类 |
| 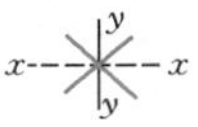 焊接，板件边缘轧制或剪切 | 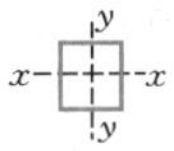 焊接，板件宽厚比≤20 | c 类 | c 类 |

注：1. a* 类含义为 Q235 钢取 b 类，Q355、Q390、Q420 和 Q460 取 a 类；b* 类含义为 Q235 取 c 类，Q355、Q390、Q420 和 Q460 取 b 类；

2. 无对称轴且剪心和形心不重合的截面，其截面分类可按有对称轴的类似截面确定，如：不等边角钢采用等边角钢的类别；当无可类似截面时，可取 c 类。

轴压构件的截面分类（板厚 $t \geqslant 40$mm）　　　　　　　　表 4-4（b）

| 截　面　形　式 | | | 对 $x$ 轴 | 对 $y$ 轴 |
|---|---|---|---|---|
| 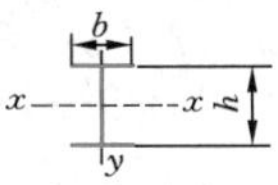 | 轧制工字形或<br>H 形截面 | $t < 80$mm | b 类 | c 类 |
| | | $t \geqslant 80$mm | c 类 | d 类 |
| 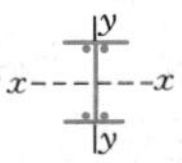 | 焊接工形截面 | 翼缘为焰切边 | b 类 | b 类 |
| | | 翼缘为轧制或剪切边 | c 类 | d 类 |
| 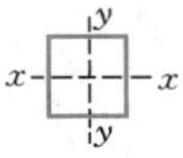 | 焊接箱形截面 | 板件宽厚比>20 | b 类 | b 类 |
| | | 板件宽厚比≤20 | c 类 | c 类 |

【例题 4-2】验算如图 4-18（a）所示结构中两端铰接的轴压柱 AB 的整体稳定。柱所承受的压力设计值 $N = 1000$kN，柱的长度为 4.2m。在柱截面的强轴平面内有支撑系统以阻止柱的中点在 ABCD 的平面内产生侧向位移，见图 4-18（a）。柱截面为焊接工字形，具有轧制

边翼缘，其尺寸为翼缘 2－10×220，腹板 1－6×200，见图 4-17（b）。柱由 Q235 钢制作。

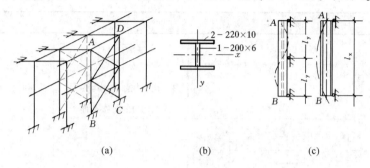

图 4-18　例 4-2 轴压柱 $AB$

(a) 柱的支撑布置；(b) 柱截面；(c) 柱计算长度

【解】已知 $N=1000\text{kN}$，由支撑体系知对截面强轴弯曲的计算长度 $l_{ox}=420\text{cm}$，对弱轴的计算长度 $l_{oy}=0.5\times420=210\text{cm}$（图 4-18c）。抗压强度设计值 $f=215\text{N/mm}^2$。

（1）计算截面特性

毛截面面积　$A=2\times22\times1+20\times0.6=56\text{cm}^2$

截面惯性矩　$I_x=0.6\times20^3/12+2\times22\times10.5^2=5251\text{cm}^4$

$I_y=2\times22^3/12=1775\text{cm}^4$

截面回转半径　$i_x=(I_x/A)^{1/2}=(5251/56)^{1/2}=9.68\text{cm}$

$i_y=(I_y/A)^{1/2}=(1775/56)^{1/2}=5.63\text{cm}$

（2）柱的长细比

$$\lambda_x=l_x/i_x=420/9.68=43.4$$
$$\lambda_y=l_y/i_y=210/5.63=37.3$$

（3）整体稳定验算

从截面分类表 4-4 可知，此柱对截面的强轴屈曲时属于 b 类截面，由附表 17（b）得到 $\varphi_x=0.885$，对弱轴屈曲时属于 c 类截面，由附表 17（c）得到 $\varphi_y=0.856$。

$$N/(\varphi A f)=1000\times10^3/(0.856\times56\times10^2\times215)=0.97<1.0$$

经验算截面后可知，此柱满足整体稳定要求。同时 $\varphi_x$ 和 $\varphi_y$ 值比较接近，说明材料在截面上的分布比较合理。对具有 $\varphi_x=\varphi_y$ 的构件，可以称为对两个主轴等稳定的轴心压杆，这种杆的材料消耗最少。

3. 压杆稳定系数的表达式

前文已经指出，确定轴压柱的实际承载力需要考虑初弯曲和残余应力，由数值积分法进行计算。算得极限承载力 $N_u$ 和相应的应力 $\sigma_u$ 后，即可确定稳定系数 $\varphi=\sigma_u/f_y$ 并绘出图 4-17 所示的几种代表性的 $\varphi\text{-}\bar{\lambda}$ 曲线。现行《钢结构设计标准》GB 50017 的四条曲线可以用同一组表达式来描述，即

$$\varphi = \begin{cases} 1 - \alpha_1 \bar{\lambda}^2 & (\bar{\lambda} \leqslant 0.215) \quad (4\text{-}25a) \\ \dfrac{1}{2\bar{\lambda}^2}\left[\alpha_2 + \alpha_3\bar{\lambda} + \bar{\lambda}^2 - \sqrt{(\alpha_2 + \alpha_3\bar{\lambda} + \bar{\lambda}^2)^2 - 4\bar{\lambda}^2}\right] & (\bar{\lambda} > 0.215) \quad (4\text{-}25b) \end{cases}$$

式中 $\alpha_1$、$\alpha_2$、$\alpha_3$ 为系数，对 a、b、c、d 四类截面各不相同，详见现行《钢结构设计标准》GB 50017 附表。式（4-25b）和式（4-20）在形式上十分相似，可以看作是对式（4-20）的改造，即把边缘屈服的公式改造为稳定公式。式（4-25b）的 $\alpha_2 + \alpha_3\bar{\lambda}$ 相当于式（4-20）的 $1 + \varepsilon_0$。令二者相等，则有 $\varepsilon_0 = \alpha_3\bar{\lambda} - (1 - \alpha_2)$。这就是说，$\alpha_3\bar{\lambda} - (1 - \alpha_2)$ 相当于综合缺陷参数，对 b 类截面此值是 $0.3\bar{\lambda} - 0.035$。

【例题 4-3】由型钢 HM350×250 制作的轴压柱截面，钢材为 Q235 钢。如果采取综合考虑初弯曲和残余应力的等效缺陷 $\varepsilon_{0x}$ 为 $l/500\rho_x$。试按式（4-20）对强轴计算稳定系数 $\varphi_x$，并与附表 17（b）中 b 类截面的 $\varphi$ 值作比较。

【解】由附表 5 查得 HM350×250 对强轴的有关截面特性数据：

$$A = 99.53\text{cm}^2, I_x = 21200\text{cm}^4, i_x = 14.6\text{cm}, W_x = 1250\text{cm}^3$$

由此得 $\rho_x = W_x/A = 1250/99.53 = 12.56\text{cm}, i_x/\rho_x = 14.6/12.56 = 1.162$（和表 4-2 的 1.16 很接近）

$$\varepsilon_{0x} = l/(500\rho_x) = \lambda_x i_x/(500\rho_x) = 0.0023\lambda_x$$

Q235 钢杆件的正则化长细比为 $\bar{\lambda} = \lambda/93$，$\varepsilon_{0x}$ 可改写为 $\varepsilon_{0x} = 0.214\bar{\lambda}_x$。将 $\varepsilon_{0x}$ 之值代入式（4-20）后得到的与长细比 $\lambda_x$ 相对应的 $\varphi_x$ 值见表 4-5。与现行《钢结构设计标准》GB 50017 的 $\varphi$ 值比较可知，按式（4-20）算得的比现行《钢结构设计标准》GB 50017 b 类截面的 $\varphi_x$ 值略高（$\lambda = 20$ 的情况除外）。偏高的原因是所取 $\varepsilon_{0x}$ 比标准 b 类截面的 $0.3\bar{\lambda} - 0.035$ 偏低。

若钢材为 Q460 钢，则所给 $\varepsilon_{0x} = 0.0023\lambda_x = 0.153\bar{\lambda}$，偏低更多。

讨论：热轧型钢残余应力和钢材屈服强度无关，$\varepsilon_0$ 可以和 $\lambda$ 而不是 $\bar{\lambda}$ 挂钩，但焊接截面则不行，$\varepsilon_0$ 应和 $\bar{\lambda}$ 挂钩。

例题 4-3 轴心受压柱的 $\varphi_x$ 值      表 4-5

| $\lambda_x$ | 0 | 20 | 40 | 60 | 80 | 100 | 120 | 140 | 160 | 180 | 200 |
|---|---|---|---|---|---|---|---|---|---|---|---|
| 式（4-20） $\varphi_x$ | 1.0 | 0.954 | 0.901 | 0.826 | 0.718 | 0.584 | 0.459 | 0.361 | 0.287 | 0.239 | 0.192 |
| b 曲线 $\varphi_x$ | 1.0 | 0.970 | 0.899 | 0.807 | 0.688 | 0.555 | 0.437 | 0.345 | 0.276 | 0.225 | 0.186 |

### 4.2.6 轴压构件的扭转屈曲和弯扭屈曲

4.2.1~4.2.5 节只涉及了轴压构件的弯曲屈曲（图 4-5a），本节分析扭转屈曲（图 4-5b）和弯扭屈曲问题（图 4-5c）。

1. 扭转屈曲

根据弹性稳定理论，两端铰支且翘曲无约束的杆件，其扭转屈曲临界力可由下式计算

$$N_z = \frac{1}{i_0^2}\left(GI_t + \frac{\pi^2 EI_\omega}{l^2}\right) \tag{4-26}$$

式中，$i_0$ 是截面关于剪心的极回转半径，其余符号的意义同第 3 章 3.2.3 节。需要指出，这里的铰支座应能保证杆端不发生扭转，否则临界力将低于式（4-26）算得的值。引进如下定义的扭转屈曲换算长细比 $\lambda_z$

$$N_z = \frac{\pi^2 EA}{\lambda_z^2} = \frac{1}{i_0^2}\left(GI_t + \frac{\pi^2 EI_\omega}{l^2}\right) \tag{4-27}$$

代入 $G = 0.5E/(1+v) = E/2.6$ 则有

$$\lambda_z^2 = i_0^2 A\left(\frac{I_t}{25.7} + \frac{I_\omega}{l^2}\right)^{-1} \tag{4-28}$$

对热轧型钢和钢板焊接而成的截面来说，由于板件厚度比较大，因而自由扭转刚度 $GI_t$ 也比较大，失稳通常几乎都是以弯曲形式发生的。具体地说，工字形和 H 形截面无论是热轧或是焊接，都是绕弱轴弯曲屈曲的临界力 $N_{Ey}$ 低于扭转屈曲临界力 $N_z$。

对于如图 4-19 所示的十字形截面而言，因其没有强、弱轴之分，并且扇性惯性矩为零，因而

$$\lambda_z^2 = 25.7 \times \frac{Ai_0^2}{I_t} = 25.7 \times \frac{I_p}{I_t} = 25.7 \times \frac{2t(2b)^3/12}{4bt^3/3} = 25.7 \times \left(\frac{b}{t}\right)^2 \tag{4-29}$$

于是

$$\lambda_z = 5.07b/t \tag{4-30}$$

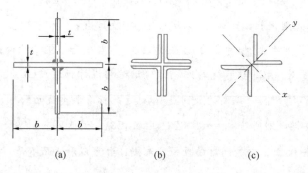

图 4-19　十字形截面

（a）焊接；（b）四角钢；（c）双角钢

此时，$N_z = GI_t/i_0^2$ 和杆长度 $l$ 无关，有可能在 $l$ 较小时 $N_z$ 低于弯曲屈曲临界力。然而这时 $N_z$ 和板件局部屈曲临界力相等，只要局部稳定有保证，也就不会出现扭转失稳问题，亦即：对于双轴对称十字形截面，其 $\lambda_x$ 或 $\lambda_y$ 不宜小于 $5.07b/t$（其中 $b/t$ 为悬伸板件宽厚比）。

2. 弯扭屈曲

单轴对称截面轴压构件绕对称轴失稳时必然呈弯扭屈曲，可以从图 4-20（b）中获得解释。当 T 形截面绕通过腹板轴线的对称轴弯曲时，截面上必然有剪力 $V$。此力通过形心 $c$ 而和剪切中心 $s$ 相距 $e_0$，从而产生绕 $s$ 点的扭转。实际上除了绕垂直于对称轴的主轴外，绕其他轴屈曲时都要伴随扭转变形。如图 4-20（c）所示的单个卷边角钢，如果绕平行于边的轴

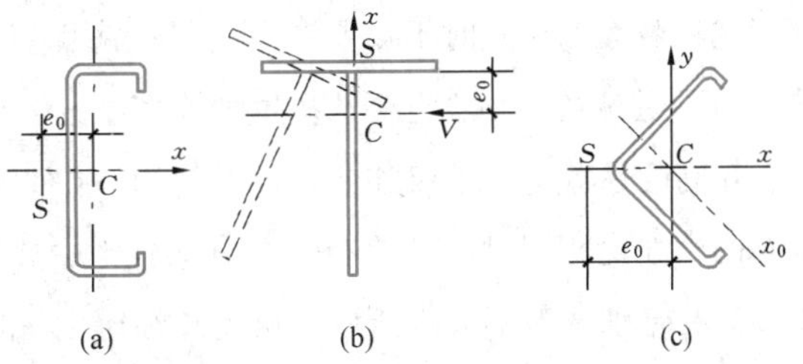

$x_0$ 屈曲，也是既弯又扭。设 $x$ 轴为对称轴，根据弹性稳定理论，两端铰支开口截面和压构件的弯扭屈曲临界力 $N_{xz}$，可由下式计算

$$i_0^2(N_{Ex} - N_{xz})(N_z - N_{xz}) - N_{xz}^2 e_0^2 = 0$$

(4-31)

图 4-20　单轴对称截面

(a) 卷边槽钢；(b) T 形；(c) 卷边角钢

式中，$N_{Ex}$ 为关于对称轴 $x$ 的欧拉临界力，其他符号的意义同前。算得的 $N_{xz}$ 属于弹性理想直杆，不能直接用于设计。为此引进如下定义的弯扭屈曲换算长细比 $\lambda_{xz}$

$$N_{xz} = \frac{\pi^2 EA}{\lambda_{xz}^2}$$

(4-32)

代入式（4-31），得

$$\lambda_{xz}^2 = \frac{1}{2}(\lambda_x^2 + \lambda_z^2) + \frac{1}{2}\sqrt{(\lambda_x^2 + \lambda_z^2)^2 - 4\left(1 - \frac{e_0^2}{i_0^2}\right)\lambda_x^2\lambda_z^2}$$

(4-33)

　　虽然由式（4-32）得出的 $\lambda_{xz}$ 是按弹性构件算得的，但是由 $\lambda_{xz}$ 查现行《钢结构设计标准》GB 50017 表格得出的系数 $\varphi$ 则考虑了非弹性和初始缺陷。因此，对于单轴对称截面绕对称轴的整体稳定性校核，要由式（4-33）计算换算长细比 $\lambda_{xz}$，然后由换算长细比求得相应的系数 $\varphi$，再由式（4-24）进行整体稳定性校核。

　　单轴对称截面轴心压杆在绕对称轴屈曲时，出现既弯又扭的情况，此力比单纯弯曲的 $N_{Ey}$ 和单纯扭转的 $N_z$ 都低，所以 T 形截面轴心压杆当弯扭屈曲而失稳时，稳定性较差。截面无对称轴的构件总是发生弯扭屈曲，其临界荷载总是既低于相应的弯曲屈曲临界荷载，又低于扭转屈曲临界荷载。由以上分析不难理解没有对称轴的截面比单轴对称截面的性能更差，稳定计算更加复杂，因而较少用作压杆。

　　现行《钢结构设计标准》GB 50017 给出了单角钢和双角钢截面换算长细比的简化计算公式，可以用于设计工作，将在教材下册结合桁架设计介绍。

## 4.3　实腹式柱和格构式柱的截面选择计算

### 4.3.1　实腹式柱的截面选择计算

**1. 实腹式轴心压杆的截面形式**

实腹式轴心压杆常用的截面形式有如图 3-1 所示的型钢和组合截面两种。

选择截面的形式时不仅要考虑用料经济而且还要尽可能构造简便，制造省工和便于运输。为了用料经济一般也要选择壁薄而宽敞的截面。这样的截面有较大的回转半径，使构件具有较高的承载力。不仅如此，还要使构件在两个方向的稳定系数接近相同。当构件在两个方向的长细比相同时，虽然有可能在表 4-4 中属于不同的类别而它们的稳定系数不一定相同，但其差别一般不大。所以，可用长细比 $\lambda_x$ 和 $\lambda_y$ 相等作为考虑等稳定的方法，这样选择截面形状时还要和构件的计算长度 $l_{0x}$ 和 $l_{0y}$ 联系起来。

单角钢截面适用于塔架、桅杆结构和起重机臂杆，轻便桁架也可用单角钢做成。双角钢便于在不同情况下组成接近于等稳定的压杆截面，常用于由节点板连接杆件的平面桁架。

热轧普通工字钢虽然有制造省工的优点，但因为两个主轴方向的回转半径差别较大，而且腹板又较厚，很不经济。因此，很少用于单根压杆。轧制 H 型钢的宽度与高度相同者对强轴的回转半径约为弱轴回转半径的二倍，对于在中点有侧向支撑的独立支柱最为适宜。

焊接工字形截面可以利用自动焊做成一系列定型尺寸的截面，其腹板按局部稳定的要求可做得很薄以节省钢材，应用十分广泛。为使翼缘与腹板便于焊接，截面的高度和宽度做得大致相同。工字形截面的回转半径与截面轮廓尺寸的近似关系是 $i_x = 0.43h$，$i_y = 0.24b$。所以，只有两个主轴方向的计算长度相差一倍时，才有可能达到等稳定的要求。

十字形截面在两个主轴方向的回转半径是相同的，对于重型中心受压柱，当两个方向的计算长度相同时，这种截面较为有利。

圆管截面轴心压杆的承载力较高，但是轧制钢管过去取材不易，应用不多。现在情况有所改变。焊接圆管压杆用于海洋平台结构，因其腐蚀面小又可做成封闭构件，且风载系数小，比较经济合理。

方管或由钢板焊成的箱形截面，因其承载能力和刚度都较大，虽然和其他构件连接构造相对复杂些，但可用作轻型或高大的承重支柱。

在轻型钢结构中，可以灵活地应用各种冷弯薄壁型钢截面组成的压杆，从而获得经济效果。冷弯薄壁方管是轻钢屋架中常用的一种截面形式。

2. 实腹式轴心压杆的计算步骤

在确定了钢材的标号、压力设计值、计算长度以及截面形式以后，可按照下列步骤设计截面尺寸。

(1) 先假定杆的长细比，根据以往的设计经验，对于荷载小于 1500kN，计算长度为 5~6m 的压杆，可假定 $\lambda = 80~100$，荷载为 3000~3500kN 的压杆，可假定 $\lambda = 60~70$。再根据截面形式和加工条件由表 4-4 知截面分类，而后从附表 17 查出相应的稳定系数 $\varphi$，并算出对应于假定长细比的回转半径 $i = l_0 / \lambda$。

(2) 按照整体稳定的要求算出所需要的截面积 $A = N / (\varphi f)$，同时利用附表 14 中截面回转半径和其轮廓尺寸的近似关系，$i_x = \alpha_1 h$ 和 $i_y = \alpha_2 b$ 确定截面的高度 $h$ 和宽度 $b$，并根据等稳条件，便于加工和板件稳定的要求确定截面各部分的尺寸。现行《钢结构设计标准》GB 50017 把轴压构件板件宽厚比限值和构件的长细比 $\lambda$ 挂钩，H 形截面的翼缘悬伸宽厚比不超过 $(10+0.1\lambda)\varepsilon_k$，腹板宽厚比不超过 $(25+0.5\lambda)\varepsilon_k$，详见 4.6.1 节。

截面各部分的尺寸也可以参考已有的设计资料确定，不一定从假定杆的长细比开始。

（3）先算出截面特性，再按式（4-24）验算杆的整体稳定。如有不合适的地方，对截面尺寸加以调整并重新计算截面特性，应使 $N/(\varphi A f)\leqslant 1$。

（4）当截面有较大削弱时，还应验算净截面的强度。

（5）对于内力较小的压杆，如果按照整体稳定的要求选择截面的尺寸，会出现截面过小致使构件过于细长，刚度不足使杆件容易在运输安装过程中和使用期间遭受意外碰撞时弯曲，不仅有碍观瞻，也影响构件的承载能力。为此，现行《钢结构设计标准》GB 50017 规定对柱和主要压杆，其容许长细比为 $[\lambda]=150$，对次要构件如支撑等则取 $[\lambda]=200$。遇到内力很小的压杆，截面尺寸应该用容许长细比来确定，使它具有足够大的回转半径以满足刚度要求。

【例题 4-4】选择 Q235 钢的热轧普通工字钢。此工字钢用于上下端均为铰接的带支撑的支柱。支柱长度为 9m，如图 4-21 所示在两个三分点处均有侧向支撑，以阻止柱在弱轴方向过早失稳。构件承受的最大设计压力 $N=250\mathrm{kN}$，容许长细比取 $[\lambda]=150$。

【解】已知 $l_x=9\mathrm{m}$，$l_y=3\mathrm{m}$，$f=215\mathrm{N/mm^2}$（假定板件厚度不超过 16mm）。

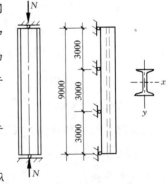

图 4-21 例题 4-4 附图

（1）由于作用于支柱的压力很小，可以先假定长细比 $\lambda=150$。由附表 17（a）和附表 17（b）分别查得绕截面强轴（a 类截面）和弱轴（b 类截面）的稳定系数 $\varphi_x=0.339$ 和 $\varphi_y=0.308$。支柱所需要的截面积 $A=N/(\varphi f)=250\times10^3/(0.308\times215)=3775\mathrm{mm^2}=37.8\mathrm{cm^2}$。

截面所需要的回转半径 $i_x=l_x/\lambda=900/150=6\mathrm{cm}$，$i_y=l_y/\lambda=300/150=2.0\mathrm{cm}$。

（2）确定工字钢的型号

与上述截面特性比较接近的型钢是 I 20a，从附表 1 查得 $A=35.5\mathrm{cm^2}$，$i_x=8.15\mathrm{cm}$，$i_y=2.12\mathrm{cm}$，翼缘平均厚度 11.4mm<16mm。

（3）验算支柱的整体稳定和刚度

先计算长细比，得到 $\lambda_x=900/8.15=110.4$，$\lambda_y=300/2.12=141.5$。

由附表 17（a）和附表 17（b）分别查得 $\varphi_x=0.559$，$\varphi_y=0.339$，比较这两个值后取 $\varphi_{min}=0.339$。

$$N/(\varphi A f)=250\times10^3/(0.339\times35.5\times100\times215)=0.97<1$$

截面符合对柱的整体稳定和容许长细比的要求。因为轧制型钢的翼缘和腹板的宽厚比一般都较小，都能满足局部稳定要求，不必验算。

讨论：虽然绕弱轴失稳的计算长度只有绕强轴失稳的 1/3，稳定承载力仍然低得较多，可见这种老旧的型钢不是压杆的理想材料。

【例题 4-5】图 4-22 所示一根上端铰接，下端固定的轴心受压柱，承受的压力设计值为 $N=900$kN，柱的长度为 5.25m，钢材标号为 Q235。要求选择柱的截面。如果柱的长度改为 7m，试算出原截面能承受多大设计力。

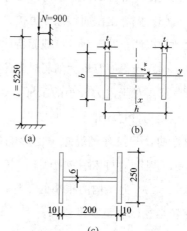

图 4-22　例题 4-5 附图

(a) 柱计算简图；(b) 截面参数；

(c) 截面尺寸

【解】由前面的表 4-3 可以得到柱的计算长度系数 $\mu=0.8$。这样 $l_x=l_y=0.8\times5.25=4.2$m，因荷载不大，选截面时取 $f=215$N/mm$^2$。

采用由三块板焊成的工字形组合截面，翼缘系轧制边，容许长细比 $[\lambda]=150$。

(1) 假定长细比 $\lambda=80$，截面绕 $x$ 和 $y$ 轴由表 4-4 知分别属于 b 类和 c 类截面，由附表 17 (b) 和附表 17 (c) 分别查得 $\varphi_x=0.688$ 和 $\varphi_y=0.578$。所需的截面积为 $A=N/(\varphi f)$ $=900\times10^3/(0.578\times215)=7242$mm$^2=72.42$cm$^2$，所需的回转半径 $i=l_0/\lambda=420/80=5.25$cm。

(2) 确定截面尺寸

利用附表 14 中的近似关系可以得到 $\alpha_1=0.43$，$\alpha_2=0.24$。$h=i/\alpha_1=5.25/0.43=12.2$cm，$b=i/\alpha_2=5.25/0.24=21.9$cm。

先确定截面的宽度，取 22cm，截面的高度按照构造要求选得和宽度应大致相同，因此取 $h=22$cm。

翼缘截面采用 $10\times220$ 的钢板，其面积为 $22\times2=44$cm$^2$。

腹板所需面积应为 $A-44=72.42-44=28.42$cm$^2$。这样腹板的厚度为 $28.42/(22-2)=1.421$cm，比翼缘的厚度大得多，说明假定的长细比偏大，材料过分集中在弱轴附近，不是经济合理的截面，应把截面放宽些。翼缘宽度用 25cm，厚度用 1.0cm，腹板的高度仍取 20cm，但厚度取 $t_w=0.6$cm，截面尺寸见图 4-22 (c)。

(3) 计算截面特性

$A=2\times25\times1+20\times0.6=62$cm$^2$

$I_x=0.6\times20^3/12+50\times10.5^2=5913$cm$^4$，$i_x=(I_x/A)^{1/2}=(5913/62)^{1/2}=9.77$cm

$I_y=2\times1\times25^3/12=2604$cm$^4$，$i_y=(I_y/A)^{1/2}=(2604/62)^{1/2}=6.48$cm

$\lambda_x=420/9.77=43.0$，$\lambda_y=420/6.48=64.8$

(4) 验算柱的整体稳定、刚度和局部稳定查附表 17 (b) 与附表 17 (c) 得到 $\varphi_x = 0.887$，$\varphi_y = 0.677$。

$$N/(\varphi A f) = 900 \times 10^3 / (0.677 \times 62 \times 100 \times 215) = 0.997 < 1$$

$$\lambda_y = 64.8 < [\lambda]$$

翼缘的宽厚比　$b_1/t = 122/10 = 12.2 < 10 + 0.1 \times 64.8 = 16.48$

腹板的高厚比　$h_0/t_w = 200/6 = 33.3 < 25 + 0.5 \times 64.8 = 57.4$

说明所选截面对整体稳定、刚度和局部稳定都满足要求。局部稳定要求的板件宽厚比按式 (4-106) 和式 (4-108) 计算。

(5) 确定柱的长度为 7m 的设计力

$l_{0x} = 0.8 \times 700 = 560 \text{cm}$，$\lambda_x = 560/9.77 = 57.3$，查附表 17 (b)，得到 $\varphi_x = 0.821$

$l_{0y} = l_{0x} = 560 \text{cm}$，$\lambda_y = 560/6.48 = 86.4$，查附表 17 (c)，得到 $\varphi_y = 0.538$

设计力　$N = \varphi A f = 0.538 \times 62 \times 100 \times 215 = 717154 \text{N} = 717.2 \text{kN}$

柱的长度为原长度的 1.33 倍，承载能力降低了 $(0.677 - 0.538) \times 100/0.677 = 20.84\%$。由于有残余应力和初弯曲的影响，柱在弹塑性阶段屈曲，承载能力的降低不遵循弹性稳定规律，即不与柱长度的平方成反比，不是降低 $(5.6^2 - 4.2^2) \times 100/5.6^2 = 43.75\%$。

### 4.3.2　格构式柱的截面选择计算

1. 格构式压杆的组成

格构式压杆通常由两个肢件组成，如图 4-23 (a)、(b) 和 (c) 以及图 4-24 (a)、(b) 和 (c)。肢件为槽钢、工字钢或 H 型钢，用缀材把它们连成整体。对于十分强大的柱，肢件有时用焊接组合工字形截面。槽钢肢件的翼缘向内者比较普遍，因为这样可以有一个如图 4-23 (a) 所示平整的外表，而且与图4-23 (b) 所示肢件翼缘向外的比较，在轮廓尺寸相同的情况下，前者可以得到较大的截面惯性矩。

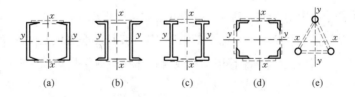

图 4-23　截面形式

(a)、(b)、(c) 双肢柱；(d) 四肢柱；(e) 三肢柱

缀材有缀条和缀板两种。缀条用斜杆组成，如图 4-24 (a)，也可以用斜杆和横杆共同组成，如图 4-24 (b)，一般用单角钢作缀条。缀板用钢板组成，如图 4-24 (c)。

对于长度较大而受力不大的压杆，肢件可以由四个角钢组成如图 4-23 (d)，四周均用缀材连接。由三个肢件组成的格构柱如图 4-23 (e)，有时用于桅杆等结构。

在构件的截面上与肢件的腹板相交的轴线称为实轴，如图 4-23（a）、（b）和（c）中的 $y$ 轴，与缀材平面相垂直的轴线称为虚轴，如图 4-23（a）、（b）和（c）中的 $x$ 轴。图 4-23（d）和（e）中的 $x$ 轴与 $y$ 轴都是虚轴。

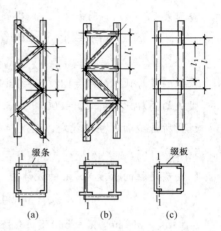

图 4-24　格构柱组成

（a）、（b）缀条柱；（c）缀板柱

2. 剪切变形对虚轴稳定性的影响

实腹式压杆无论因丧失整体稳定而产生弯曲变形或存在初始弯曲，构件中横向剪力总是很小的。实腹式压杆的抗剪刚度又比较大，因此横向剪力对构件产生的附加变形很微小，对构件临界力的降低不到 1%，可以忽略不计。当格构式轴心受压杆绕实轴发生弯曲失稳时情况和实腹式压杆一样。但是当绕虚轴发生弯曲失稳时，因为剪力要由比较柔弱的缀材负担或是柱肢也参与负担，剪切变形较大，导致构件产生较大的附加侧向变形，它对构件临界力的降低是不能忽略的。经理论分析，用换算长细比 $\lambda_{0x}$ 来代替对 $x$ 轴的长细比 $\lambda_x$，就可以确定考虑剪切变形影响的格构式轴心压杆的临界力。因此，换算长细比的实质是反映构件弯曲刚度的弱化。按照现行《钢结构设计标准》GB 50017，双肢格构式构件对虚轴的换算长细比的计算公式是

缀条构件

$$\lambda_{0x} = \sqrt{\lambda_x^2 + 27A/A_{1x}} \tag{4-34}$$

缀板构件

$$\lambda_{0x} = \sqrt{\lambda_x^2 + \lambda_1^2} \tag{4-35}$$

式中　$\lambda_x$——整个构件对虚轴的长细比；

　　　$A$——整个构件的横截面的毛面积；

　　$A_{1x}$——构件截面中垂直于 $x$ 轴各斜缀条的毛截面面积之和；

　　　$\lambda_1$——单肢对最小刚度轴 1-1 轴的长细比，其计算长度取缀板之间的净距离，如图 4-24（c）中之 $l_1$（当缀板用螺栓或铆钉连接时取缀板边缘螺栓中心线之间的距离）。

由四肢或三肢组成的格构式压杆，其对虚轴的换算长细比见现行《钢结构设计标准》GB 50017 的有关条文。

3. 杆件的截面选择

格构柱对实轴的稳定和实腹式压杆那样计算，即可确定肢件截面的尺寸。肢件之间的距离应由实轴和虚轴等稳定条件来决定。

等稳条件是 $\lambda_{0x} = \lambda_y$，以此关系式代入式（4-34）或式（4-35）可以得到对虚轴的长细比是

$$\lambda_x = \sqrt{\lambda_{0x}^2 - 27A/A_{1x}} = \sqrt{\lambda_y^2 - 27A/A_{1x}} \tag{4-36}$$

或

$$\lambda_x = \sqrt{\lambda_{0x}^2 - \lambda_1^2} = \sqrt{\lambda_y^2 - \lambda_1^2} \tag{4-37}$$

算出需要的 $\lambda_x$ 和 $i_x = l_{0x}/\lambda_x$ 以后，可以利用附表 14 中截面回转半径与轮廓尺寸的近似关系确定单肢之间的距离。

对于缀条式压杆，按式（4-36）计算时要预先给定缀条的截面尺寸。因为杆件的几何缺陷可能使一个单肢的受力大于另一个单肢，因此单肢的长细比应不超过杆件两个方向较大长细比的 0.7 倍，对虚轴取换算长细比这样分肢的稳定可以得到保证。如果单肢是组合截面，还应保证板件的稳定性。

对于缀板式压杆，按式（4-37）计算时先要假定单肢的长细比 $\lambda_1$，为了防止单肢过于细长而先于整个杆件失稳，要求单肢的长细比 $\lambda_1$ 不应大于 $40\varepsilon_k$，且不大于杆件较大长细比的 0.5 倍（当 $\lambda_{max} < 50$ 时取 $\lambda_{max} = 50$）。

**4. 格构式压杆的剪力**

当格构式压杆绕虚轴弯曲时，因变形而产生剪力。如图 4-25（a）所示两端铰接的压杆，其初始挠曲线为 $y_0 = v_0 \sin(\pi x/l)$，则任意截面处的总挠度由式（4-15）得到，即

$$Y = y_0 + y = \frac{v_0}{1 - N/N_E} \sin\frac{\pi x}{l}$$

在杆的任意截面的弯矩

$$M = N(y_0 + y) = \frac{N v_0}{1 - N/N_E} \sin\frac{\pi x}{l}$$

任意截面的剪力

$$V = \frac{\mathrm{d}M}{\mathrm{d}x} = \frac{N\pi v_0}{l(1 - N/N_E)} \cos\frac{\pi x}{l} \tag{4-38}$$

在杆的两端的最大剪力

$$V = \frac{N\pi v_0}{l(1 - N/N_E)} \tag{4-39}$$

此式可写成

$$V = \frac{N\pi v_0/l}{1 - \varphi\bar{\lambda}^2} \tag{4-40a}$$

式中 $\bar{\lambda}$ 为杆件的正则化长细比。考虑到其他缺陷的影响，$v_0/l$ 一般取为 1/500。但是对长细比 $\lambda$ 小于 75 的杆件，初偏心的不利效应不能忽视，改取 $v_0/l = 1/750 + 0.05/\lambda$。在 $\lambda = 40 \sim 150$ 范围内，把 $v_0/l$ 数值代入式（4-40a），可以得到

$$V = Af/85 \tag{4-40b}$$

设计缀材及其连接时认为剪力沿杆全长不变化，如图 4-25（c）所示。

**5. 缀材设计**

对于缀条柱，将缀条看作平行弦桁架的腹杆进行计算。如图 4-26（a）所示，缀条的内力 $N_t$ 为

$$N_t = V_b/(n\cos\alpha) \tag{4-41}$$

式中　$V_b$——分配到一个缀材面的剪力。图 4-26（a）和（b）中每根柱子都有两个缀材面，因此 $V_b$ 为 $V/2$；

$n$——承受剪力 $V_b$ 的斜缀条数，图 4-26（a）为单缀条体系，$n=1$；而图 4-26（b）为双缀条超静定体系，通常简单地认为每根缀条负担剪力 $V_b$ 之半，取 $n=2$；

$\alpha$——缀条夹角，在 $30°\sim60°$ 之间采用。

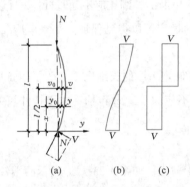
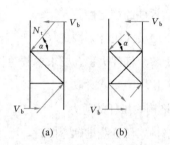

图 4-25　轴心压杆剪力　　　　图 4-26　缀条计算简图

（a）计算简图；（b）剪力分布；（c）简化剪力　（a）单缀条体系；（b）双缀条体系

斜缀条常采用单角钢。由于剪力的方向取决于杆的初弯曲，可以向左也可以向右。因此缀条可能承受拉力也可承受压力。缀条截面应按轴心压杆设计。由于角钢只有一个边和构件的肢件连接，实质上是偏心受力。然而计算时可以简化为轴压构件，只是把长细比适度放大，取为下列换算长细比 $\lambda_e$，并以 $\lambda_e$ 直接查取 $\varphi$ 系数。

$$\lambda_e = \begin{cases} 80 + 0.65\lambda_u & (20 \leqslant \lambda_u \leqslant 80) & (4\text{-}42a) \\ 52 + \lambda_u & (80 < \lambda_u \leqslant 160) & (4\text{-}42b) \\ 20 + 1.2\lambda_u & (160 < \lambda_u) & (4\text{-}42c) \end{cases}$$

式中 $\lambda_u = l/(i_u\varepsilon_k)$，$i_u$ 为角钢绕平行轴的回转半径。式（4-42）适用于单系缀条，双系缀条的计算参照现行《钢结构设计标准》GB 50017 的规定进行。

横缀条主要用于减小肢件的计算长度，其截面尺寸与斜缀条相同，也可按容许长细比确定，取较小的截面。

对于缀板柱，先按单肢的长细比 $\lambda_1$ 及其回转半径 $i_1$ 确定缀板之间的净距离 $l_1$，即 $l_1 = \lambda_1 i_1$。

为了满足一定的刚度，缀板的尺寸应足够大，现行《钢结构设计标准》GB 50017 规定在构件同一截面处缀板的线刚度之和不得小于柱分肢的线刚度的 6 倍。缀板的宽度确定以后，就可以得到缀板轴线之间的距离 $l$。在满足缀板刚度要求的前提下，可以假定缀板和肢件组成多层刚架，缀板的内力就根据图 4-27 (b) 所示的计算简图确定。在图中的反弯点处弯矩为零，只承受剪力。如果一个缀板面分担的剪力为 $V_b$，缀板所受的内力为

剪力 $\qquad T = V_b l/a \qquad$ (4-43)

弯矩(与肢件连接处)

$$M = V_b l/2 \qquad (4\text{-}44)$$

缀板用角焊缝与肢件相连接，搭接的长度一般为 20～30mm。角焊缝承受剪力 $T$ 和弯矩 $M$ 的共同作用。如果验算角焊缝后确

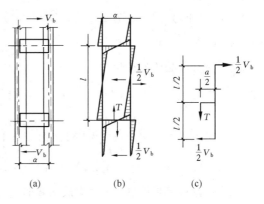

图 4-27 缀板计算简图

(a) 受力图；(b) 内力图；(c) 缀板受力

认符合了强度要求就不必再验算缀板的强度，因为角焊缝的强度设计值不如钢材。

为了保证杆件的截面形状不变和增加杆件的刚度，应该设置如图 4-28 所示的横隔，它们之间的中距不应大于杆件截面较大宽度的 9 倍，也不应大于 8m，且每个运送单元的端部应设置横隔。横隔可由钢板或角钢组成，如图 4-28 (a) 和图 4-28 (b) 所示。

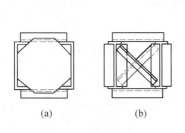

图 4-28 横隔构造

(a) 钢板隔板；(b) 角钢隔板

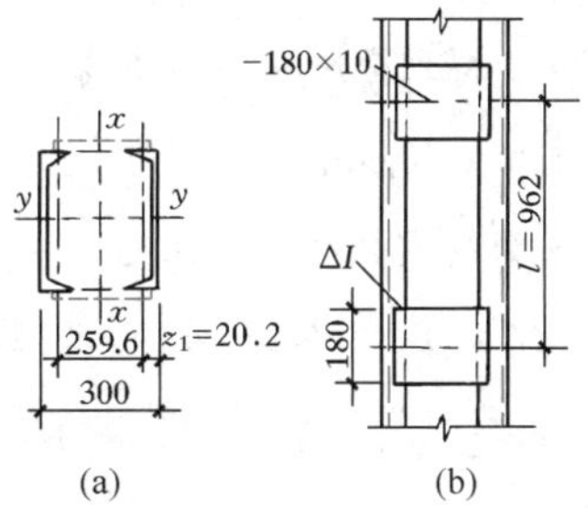

图 4-29 例题 4-6 附图

(a) 柱截面；(b) 柱身构造

【例题 4-6】试设计某支承工作平台的轴心受压柱。柱身为由两个槽钢组成的缀板柱。钢材为 Q235。柱高 7.2m，两端铰接，由平台传给柱的轴压力设计值为 1450kN。

【解】柱的计算长度在两个主轴方向均为 7.2m。

(1) 对实轴计算，选择截面

设 $\lambda_y = 70$，按 b 类截面由附表 17 (b) 查得 $\varphi_y = 0.751$，所需截面积为

$$A = \frac{N}{\varphi_y f} = \frac{1450 \times 10^3}{0.751 \times 215 \times 100} = 89.8 \text{cm}^2$$

所需回转半径

$$i_y = l_{0y}/\lambda_y = 720/70 = 10.29 \text{cm}$$

由型钢表选择槽钢 2 ⌷ 28b，$A = 2 \times 45.6 = 91.2 \text{cm}^2$，$i_y = 10.6 \text{cm}$，自重对应的重力为

716N/m，总重力为 $716 \times 7.2 = 5155N$，外加缀板和柱头柱脚等构造用钢，柱重力设计值按照 10kN 计算。

对实轴验算整体稳定和刚度

$$\lambda_y = 720/10.6 = 67.9，查附表 17（b），\varphi_y = 0.763$$

$$\frac{N}{\varphi_y A f} = \frac{1460 \times 10^3}{0.763 \times 91.2 \times 100 \times 215} = 0.98 < 1.0$$

$$\lambda_y < [\lambda] = 150$$

（2）对虚轴根据等稳条件决定肢间距离

槽钢的翼缘向内伸如图 4-29（a）。假定肢件绕本身轴的长细比 $\lambda_1 = 0.5\lambda_y = 0.5 \times 67.9 = 34$，由式（4-37）可以得到 $\lambda_x = (\lambda_y^2 - \lambda_1^2)^{1/2} = (67.9^2 - 34^2)^{1/2} = 58.8$

所需回转半径为 $i_x = l_{0x}/\lambda_x = 720/58.8 = 12.24cm$

由附表 14 查得这种截面对 $x$ 轴回转半径的近似值为 $i_x = 0.44b$，这样 $b = 12.24/0.44 = 27.8cm$，取整数 30cm。

验算对虚轴的整体稳定

由附表 2 得到分肢槽钢对本身轴的惯性矩，回转半径和形心距分别是 $I_1 = 242cm^4$，$i_1 = 2.3cm$ 和 $z_1 = 2.02cm$。

整个截面绕虚轴的惯性矩为

$$I_x = 2 \times (242 + 45.6 \times 12.98^2) = 15849cm^4$$

$$i_x = \sqrt{I_x/A} = \sqrt{15849/(45.6 \times 2)} = 13.2cm，\lambda_x = 720/13.2 = 54.5$$

换算长细比

$$\lambda_{0x} = \sqrt{\lambda_x^2 + \lambda_1^2} = \sqrt{54.5^2 + 34^2} = 64.2 < [\lambda] = 150$$

仍按 b 类截面查附表 17（b），$\varphi_x = 0.785$

$$\frac{N}{\varphi_x A f} = \frac{1460 \times 10^3}{0.785 \times 91.2 \times 100 \times 215} = 0.95 < 1.0$$

（3）缀板设计

缀板间净距离为 $l_1 = \lambda_1 i_1 = 34 \times 2.3 = 78.2cm$

缀板宽度用肢间距的 2/3，即 $b_p = 2 \times 25.96/3 = 17.3cm$，取 18cm，厚度用肢间距的 $l/40$，$\delta_p = 25.96/40 = 0.65$，取 1.0cm。

缀板轴线间距离 $l = l_1 + b_p = 78.2 + 18 = 96.2cm$

柱分肢的线刚度为 $I_1/l = 242/96.2 = 2.52$

两块缀板线刚度之和为 $2 \times (1/12) \times 1 \times 18^3/25.96 = 37.44$

比值 37.44/2.52 = 14.86 > 6，可见缀板的刚度是足够的。

## 4.4　受弯构件的弯扭失稳

### 4.4.1　梁丧失整体稳定的现象

在一个主平面内弯曲的梁，其截面常设计得窄而高，这样可以更有效地发挥材料的作用。如图 4-30 所示的工字形截面钢梁，在梁的两端作用有弯矩 $M_x$，$M_x$ 为绕梁惯性矩较大主轴即 $x$ 轴（强轴）的弯矩。当 $M_x$ 较小时，梁仅在弯矩作用平面内（$yOz$ 平面）弯曲，但当 $M_x$ 逐渐增加，达到某一数值时，梁将突然发生侧向弯曲（绕弱轴的弯曲）和扭转，并丧失继续承载的能力。这种现象常称为梁的弯曲扭转屈曲（弯扭屈曲）或梁丧失整体稳定。失稳的起因是上翼缘在压力作用下类似一根轴心压杆，在达到临界状态时出现侧向弯曲。腹板和下翼缘对此虽有一点约束作用，最终还是被带动一起位移，形成整个截面侧弯加扭转。有

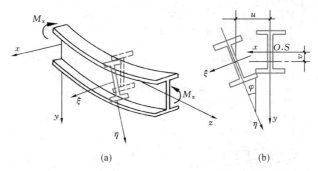

图 4-30　梁丧失整体稳定现象

（a）梁的失稳变形；（b）截面侧移和扭转

横向荷载作用的梁（图 4-31），当荷载 $P$ 增大到某一数值时，同样会丧失整体稳定。这种使梁丧失整体稳定的弯矩或荷载称为临界弯矩或临界荷载。横向荷载的临界值和它沿梁高的作用位置有关。荷载作用在上翼缘时，如图 4-31（a）所示，在梁产生微小侧向位移和扭转的情

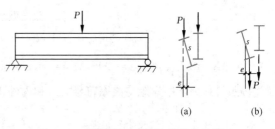

图 4-31　荷载位置对梁整体稳定的影响

（a）在梁上翼缘；（b）在梁下翼缘

况下，荷载 $P$ 将产生绕剪力中心的附加扭矩 $Pe$，并对梁侧向弯曲和扭转起促进作用，使梁加速丧失整体稳定。反之，当荷载 $P$ 作用在梁的下翼缘时（图 4-31b），它将产生反方向的附加扭矩 $Pe$，有利于阻止梁的侧向弯曲扭转，延缓梁丧失整体稳定。显然，后者的临界荷

载（或临界弯矩）将高于前者。

### 4.4.2 梁的临界荷载

为了说明临界弯矩或临界荷载的求法，下面就图 4-32 所示在均匀弯矩（纯弯曲）作用下的简支梁进行分析。这里所说的简支是指梁的两端在 $xOz$ 平面和 $yOz$ 平面内能够自由转动，但梁端截面不能绕 $z$ 轴扭转。依梁到达临界状态发生微小侧向弯曲和扭转的情况来建立平衡关系。图 4-32 中取 $Oxyz$ 为固定坐标，截面发生位移后的移动坐标相应取为 $O'\xi\eta\zeta$。假定截面剪力中心 $S$（对此双轴对称截面，其剪力中心 $S$ 与形心 $O$ 相重合）沿 $x$、$y$ 轴方向的位移分别为 $u$、$v$，沿坐标轴的正向为正。截面的扭转角为 $\varphi$，右手螺旋方向旋转为正。在小变形情况下，$xOz$ 和 $yOz$ 平面内的曲率分别取为 $u''$ 和 $v''$，并且认为在 $\xi O'\zeta$ 和 $\eta O'\zeta$ 平面内的曲率分别与之相等。在角度关系方面可以近似取用 $\sin\theta \approx \theta \approx u'$，$\sin\varphi \approx \varphi$，$\cos\theta \approx 1$ 和 $\cos\varphi \approx 1$。根据上述近似关系，依图 4-32（c）可以得到：

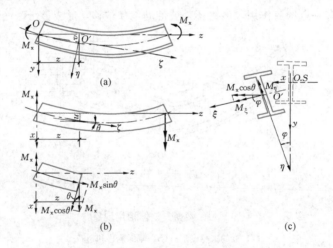

图 4-32　梁的微小变形状态

（a）竖向变形；（b）侧向变形；（c）截面侧移和扭转

$$M_\xi = M_x\cos\theta\cos\varphi \approx M_x, \quad M_\eta = M_x\cos\theta\sin\varphi \approx M_x\varphi, \quad M_\zeta = M_x\sin\theta \approx M_x u'$$

按照材料力学中弯矩与曲率符号关系和内外扭矩间的平衡关系，可以写出如下的三个微分方程

$$EI_x v'' = -M_x \tag{4-45}$$

$$EI_y u'' = -M_x\varphi \tag{4-46}$$

$$GI_t\varphi' - EI_\omega\varphi''' = M_x u' \tag{4-47}$$

式（4-45）是截面绕 $x$ 轴的弯曲方程，解决的是梁弯矩作用平面内的强度问题，与梁的弯扭屈曲无关。式（4-46）与式（4-47）分别是截面绕 $y$ 轴的弯曲方程和绕 $z$ 轴的扭转方程，

二者是耦联方程，求解该联立方程组即得梁的临界荷载。对于简支梁，边界条件为

$$当\ z=0\ 或\ z=l\ 时，u=\varphi=u''=\varphi''=0 \tag{4-48}$$

联合求解式（4-46）与式（4-47），可得弯矩 $M_x$，此值即为梁的临界弯矩 $M_{cr}$

$$M_{cr} = \frac{\pi}{l}\sqrt{EI_yGI_t}\sqrt{1+\frac{\pi^2EI_\omega}{l^2GI_t}} \tag{4-49}$$

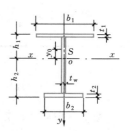

图 4-33　单轴对称截面

式（4-49）是根据双轴对称工字形截面简支梁在两端作用有相等反向弯矩（纯弯曲）时所导得的临界弯矩。由式可见，临界弯矩值和梁的侧向弯曲刚度、扭转刚度以及翘曲刚度都有关系，也和梁的跨长有关。因此，这种失稳现象也属于梁的整体性问题。

放宽梁的受压上翼缘，有利于梁的整体稳定性。这种单轴对称截面简支梁（图 4-33）在不同荷载作用下的一般情况，依弹性稳定理论可导得其临界弯矩的通用公式

$$M_{cr} = C_1\frac{\pi^2EI_y}{l^2}\left[C_2a+C_3\beta_y+\sqrt{(C_2a+C_3\beta_y)^2+\frac{I_\omega}{I_y}\left(1+\frac{l^2GI_t}{\pi^2EI_\omega}\right)}\right] \tag{4-50}$$

式中

$$\beta_y = \frac{1}{2I_x}\int_A y(x^2+y^2)\mathrm{d}A - y_0 \tag{4-51}$$

为单轴对称截面的一种几何特性，当为双轴对称时，$\beta_y=0$；

$y_0=-(I_1h_1-I_2h_2)/I_y$——剪力中心的纵坐标，得正值时，剪力中心在形心之下，得负值时，在形心之上；

$a$——荷载在截面上的作用点与剪力中心之间的距离，当荷载作用点在剪力中心以下时，取正值，反之取为负值；

$I_1$ 和 $I_2$——分别为受压翼缘和受拉翼缘对腹板轴线（$y$ 轴）的惯性矩，$I_1=t_1b_1^3/12,\ I_2=t_2b_2^3/12$；

$h_1$ 和 $h_2$——分别为受压翼缘和受拉翼缘形心至整个截面形心的距离；

$C_1$、$C_2$ 和 $C_3$——依荷载类型而定的系数，其值如表 4-6 所示。

其中 $C_1$ 是针对弯矩分布做出调整的主要系数：纯弯曲梁的弯矩在全跨保持常量，是基准情况，$C_1=1$；满跨均布荷载的弯矩图中央向两端缓慢减少，$C_1$ 略大于 1；跨度中央集中荷载的弯矩图呈三角形，弯矩变化较快，$C_1$ 更大些。系数 $C_2$ 和 $C_3$ 则分别针对荷载作用高低位置的影响和截面非对称的影响作出调整。

式（4-50）和表 4-6 都以上翼缘不设侧向支撑的简支梁为对象。当设有支撑时，式（4-50）的 $l$ 应为侧向支承点的距离（图 4-34a 的 $l_1$），系数 $C_1$、$C_2$ 和 $C_3$ 的取值应针对梁段的

弯矩分布和梁段间相互约束的情况确定。

系数 $C_1$，$C_2$ 和 $C_3$ 表 4-6

| 荷 载 情 况 | 系 数 | | |
|---|---|---|---|
| | $C_1$ | $C_2$ | $C_3$ |
| 跨度中点集中荷载 | 1.35 | 0.55 | 0.40 |
| 满跨均布荷载 | 1.13 | 0.47 | 0.53 |
| 纯弯曲 | 1.00 | — | 1.00 |

### 4.4.3 受弯构件整体稳定计算

对于双轴对称工字形截面简支梁，在纯弯曲作用下，式（4-50）与式（4-49）相同，可以改写为

$$M_{cr} = \frac{\pi^2 E I_y}{l^2} \sqrt{\frac{I_\omega}{I_y} + \frac{l^2 G I_t}{\pi^2 E I_y}} \tag{4-52}$$

为了简化计算，在现行《钢结构设计标准》GB 50017 中引用

$$I_t = \frac{1.25}{3} \sum b_i t_i^3 = \frac{1}{3} A t_1^2 \frac{1.25 \sum b_i t_i^3}{A t_1^2} \approx \frac{1}{3} A t_1^2$$

$$I_\omega = \frac{I_y h^2}{4}$$

式中　$A$——梁的毛截面面积；

　　　$t_1$——梁受压翼缘板的厚度；

　　　$h$——梁截面的全高度。

将 $E = 206 \times 10^3 \, \text{N/mm}^2$ 及 $E/G = 2.6$ 代入 $M_{cr}$ 表达式（4-52），可以得到临界弯矩（单位：N·mm）为

$$M_{cr} = \frac{10.17 \times 10^5}{\lambda_y^2} Ah \sqrt{1 + \left(\frac{\lambda_y t_1}{4.4 h}\right)^2}$$

式中有关截面尺寸均以"mm"计。

临界应力因此为

$$\sigma_{cr} = \frac{M_{cr}}{W_x} = \frac{10.17 \times 10^5}{\lambda_y^2 W_x} Ah \sqrt{1 + \left(\frac{\lambda_y t_1}{4.4 h}\right)^2}$$

式中　$W_x$——按受压翼缘确定的毛截面模量。

若保证梁不丧失整体稳定，应使梁受压翼缘的最大应力小于临界应力 $\sigma_{cr}$ 除以抗力分项系数 $\gamma_R$，即

$$\frac{M_x}{W_x} \leqslant \frac{\sigma_{cr}}{\gamma_R} \tag{4-53}$$

取梁的整体稳定系数 $\varphi_b$ 为

$$\varphi_b = \frac{\sigma_{cr}}{f_y} \qquad (4\text{-}54)$$

将 $\varphi_b$ 代入式（4-53），得到

$$\frac{M_x}{W_x} \leqslant \frac{\varphi_b f_y}{\gamma_R} = \varphi_b f$$

亦即

$$\frac{M_x}{\varphi_b W_x f} \leqslant 1.0 \qquad (4\text{-}55)$$

此即为现行《钢结构设计标准》GB 50017 中梁的整体稳定计算公式。

将 $\sigma_{cr}$ 的表达式代入式（4-54），且取 $f_y = 235\text{N/mm}^2$，则得到稳定系数的近似值为

$$\varphi_b = \frac{4320}{\lambda_y^2} \frac{Ah}{W_x} \sqrt{1 + \left(\frac{\lambda_y t_1}{4.4h}\right)^2}$$

对于屈服强度 $f_y$ 异于 $235\text{N/mm}^2$ 的钢材，引用钢号修正系数 $\varepsilon_k$，上式显然应写为

$$\varphi_b = \frac{4320}{\lambda_y^2} \frac{Ah}{W_x} \sqrt{1 + \left(\frac{\lambda_y t_1}{4.4h}\right)^2} \varepsilon_k^2$$

当梁上承受横向荷载时，临界弯矩的理论值应按式（4-50）计算，原则上可按上述讨论计算相应的稳定系数 $\varphi_b$，但这样计算颇繁。通过选取一些常用截面尺寸，进行数据分析，得出了不同荷载作用下的稳定系数与纯弯曲作用下稳定系数的比值为 $\beta_b$。同时为了能够应用于单轴对称焊接工字形截面简支梁的一般情况，梁整体稳定系数 $\varphi_b$ 的计算公式可以写为如下更一般的形式

$$\varphi_b = \beta_b \frac{4320}{\lambda_y^2} \frac{Ah}{W_x} \left[ \sqrt{1 + \left(\frac{\lambda_y t_1}{4.4h}\right)^2} + \eta_b \right] \varepsilon_k^2 \qquad (4\text{-}56)$$

式中　$\beta_b$——梁整体稳定的等效弯矩系数，参见附表15；

　　　$\eta_b$——截面不对称影响系数：双轴对称截面取 $\eta_b = 0$；加强受压翼缘的工字形截面取 $\eta_b = 0.8(2\alpha_b - 1)$；加强受拉翼缘的工字形截面取 $\eta_b = 2\alpha_b - 1$；$\alpha_b = I_1/(I_1 + I_2)$，$I_1$ 和 $I_2$ 分别为受压翼缘和受拉翼缘对 $y$ 轴的惯性矩（参见图 4-33）。

由上述关系可见，对加强受压翼缘的工字形截面，$\eta_b$ 为正值，将使根据式（4-56）算得的整体稳定系数 $\varphi_b$ 加大；反之，对加强受拉翼缘的工字形截面，$\eta_b$ 为负值，将使整体稳定系数 $\varphi_b$ 降低。显然，采用加强受压翼缘的工字形截面更有利于提高梁的整体稳定性。

上述公式都是按照弹性工作阶段导出的。对于钢梁，当考虑残余应力影响时，可取比例极限 $f_p = 0.6 f_y$。因此，当 $\sigma_{cr} > 0.6 f_y$，即当算得的稳定系数 $\varphi_b > 0.6$ 时，梁已进入了弹塑性工作阶段，其临界弯矩有明显的降低。此时，应按下式对稳定系数进行修正

$$\varphi_b' = 1.07 - 0.282/\varphi_b \leqslant 1.0 \qquad (4\text{-}57)$$

进而用修正所得系数 $\varphi_b'$ 代替式（4-55）中的 $\varphi_b$ 值做整体稳定计算。

对于轧制普通工字钢简支梁的整体稳定系数 $\varphi_b$，可由附表 16 直接查得，当查得的 $\varphi_b$ 值大于 0.6 时，同样应按式（4-57）进行修正。

对于均匀弯曲（纯弯曲）作用的构件，当 $\lambda_y \leqslant 120\varepsilon_k$ 时，其整体稳定系数 $\varphi_b$ 可按下列近似公式计算。

（1）工字形截面

双轴对称时：

$$\varphi_b = 1.07 - \frac{\lambda_y^2}{44000\varepsilon_k^2} \leqslant 1.0 \tag{4-58a}$$

单轴对称时：

$$\varphi_b = 1.07 - \frac{W_x}{(2\alpha_b + 0.1)Ah} \times \frac{\lambda_y^2}{14000\varepsilon_k^2} \leqslant 1.0 \tag{4-58b}$$

（2）T 形截面（弯矩作用在对称轴平面，绕 $x$ 轴）

1）弯矩使翼缘受压时：

双角钢组成的 T 形截面

$$\varphi_b = 1 - 0.0017\lambda_y/\varepsilon_k \leqslant 1.0 \tag{4-59a}$$

剖分 T 形钢板组成的 T 形截面

$$\varphi_b = 1 - 0.0022\lambda_y/\varepsilon_k \leqslant 1.0 \tag{4-59b}$$

2）弯矩使翼缘受拉且腹板宽厚比不大于 $18\varepsilon_k$ 时：

$$\varphi_b = 1 - 0.0005\lambda_y/\varepsilon_k \leqslant 1.0 \tag{4-60}$$

式（4-58）～式（4-60）中的 $\varphi_b$ 值已经考虑了非弹性屈曲问题，因此当算得的 $\varphi_b$ 值大于 0.6 时不需要再换算成 $\varphi_b'$ 值。

在工程设计中，梁的整体稳定常由铺板或支撑来保证，需要验算的情况并不很多。式（4-58）～式（4-60）主要用于压弯构件在弯矩作用平面外的稳定性计算，可使压弯构件的验算简单一些。

在两个主平面内均受弯的 H 型钢或工字形截面构件，其绕强轴和弱轴的弯矩为 $M_x$ 和 $M_y$ 时，整体稳定性应按下式计算

$$\frac{M_x}{\varphi_b W_x f} + \frac{M_y}{\gamma_y W_y f} \leqslant 1 \tag{4-61}$$

式中　$W_x$、$W_y$——按受压最大纤维确定的对强轴和弱轴的毛截面模量；

$\varphi_b$——绕强轴弯曲确定的梁整体稳定系数。

需指出，式（4-61）系一经验公式。构造公式时引入参数 $\gamma_y$ 以适当降低绕弱轴弯曲的影响，并非绕弱轴弯曲出现塑性之意。如前述，梁的整体稳定性属于构件的整体力学性能，$M_x$ 和 $M_y$ 显然不能像强度计算那样在同一截面取值。很难提出一般性的 $M_y$ 取值截面位置，比较简单的办法是取梁跨度中央 $l/3$ 范围内 $M_y$ 的最大值。

### 4.4.4 整体稳定性的保证

保证简支梁整体稳定的措施之一，是按式（4-55）进行计算，并采用梁端不能扭转的构造措施。在实际工程中，梁上翼缘常设有支撑体系，以减小其截面尺寸。图4-34（a）就是常见的设置侧向支撑的梁，在计算式（4-50）的 $M_{cr}$ 时，式（4-50）的跨长 $l$ 应改取侧向支承点之间距离 $l_1$，设置侧向支撑后梁端截面扭转自然得到防止。不设支撑的梁，为了防止梁端截面扭转，可以把上翼缘和支座结构相连接（图4-34b）。高度不大的梁也可以靠在支点截面处设置的支承加劲肋来防止梁端扭转。符合下列任一情况的梁，不会丧失整体稳定，无须进行计算。

（1）有铺板（各种钢筋混凝土板和钢板）密铺在梁的受压翼缘上并与其牢固相连接，能阻止梁受压翼缘的侧向位移时；

（2）箱形截面简支梁（图4-35），其截面尺寸满足 $h/b_0 \leqslant 6$，且 $l_1/b_0$ 不超过 $95\varepsilon_k^2$ 时。一般箱形截面梁都符合这些要求。

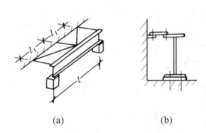

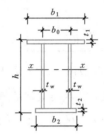

图4-34　设有侧向支撑的梁和
上翼缘有侧向支承点的梁
（a）侧向支撑；（b）上翼缘有侧向支承点

图4-35　箱形截面梁

### 4.4.5 按稳定条件选择梁截面

工形截面简支梁当上翼缘有刚性铺板，或是节间长度 $l_1$ 小于 $8b\varepsilon_k$（焊接梁）或 $10b\varepsilon_k$（型钢梁）时，整体稳定不成问题。3.4.1节初选截面的计算公式完全适用。当不设刚性铺板和支撑或支撑节间长度较大时，式（3-45）中的 $W_x$ 应改按下式计算：

$$W_x = \frac{M_x}{f\varphi_b}$$

在初选截面时系数 $\varphi_b$ 可取为：

不设支撑的梁：$\varphi_b = 0.5 \sim 0.7$

设置支撑的梁：$\varphi_b = 0.9$ 左右

但是由于所取 $\varphi_b$ 系数未必和选出的截面相协调，所选截面时常需要调整。

此外，按稳定要求选择梁截面，绕 $x$ 轴的截面模量 $W_x$ 并不是唯一需要考虑的因素。对于承受纯弯曲的双轴对称简支梁，注意 $I_\omega = I_y h^2 / 4$（参见式3-30），其弹性临界弯矩的计算

公式（4-49）可改写为

$$M_{cr} = \frac{\pi^2 EI_y h}{2l^2} \sqrt{1 + \frac{4l^2 GI_t}{\pi^2 h^2 EI_y}}$$

此式的根号部分略大于 1，变化不是很大。因此，同一跨度的梁，$M_{cr}$ 主要取决于 $I_y h$。在表 4-7 中列出高度均为 400mm 的三种工字钢和 H 型钢，分别属于现行国家标准《热轧型钢》GB/T 706、《热轧 H 型钢和剖分 T 型钢》GB/T 11263 和行业标准《结构用高频焊接薄壁 H 型钢》JG/T 137。三种截面虽然高度相同，截面模量相差也不多，但宽度却出入较大，因而弱轴惯性矩差别很大，导致参数 $I_y h$ 相差颇多。同时三者的壁厚也出入较大，以致焊接薄壁 H 型钢虽然 $I_y h$ 值最大，截面积 $A$ 却最小，即用钢量最少。

三类型钢的性能比较    表 4-7

| 类别 | 截面尺寸（mm） | | | | $A$ (cm²) | $W_x$ (cm³) | $I_y$ (cm⁴) | $I_y h$ (cm⁵) (×10⁴) | $W_x/A$ (cm) | $I_y h /A$ (cm³) (×10²) | $\dfrac{B-t_w}{2t_f}$ | $\dfrac{H-2t_f}{t_w}$ |
|---|---|---|---|---|---|---|---|---|---|---|---|---|
| | $H$ | $B$ | $t_w$ | $t_f$ | | | | | | | | |
| 热轧普通工字钢 | 400 | 142 | 10.5 | 16.5 | 86.1 | 1090 | 660 | 2.53 | 12.7 | 2.94 | 4.0 | 35.0 |
| 热轧 H 型钢 | 400 | 200 | 8 | 13 | 84.1 | 1170 | 1740 | 6.73 | 14.1 | 8.00 | 7.4 | 46.8 |
| 焊接薄壁 H 型钢 | 400 | 250 | 6 | 10 | 72.8 | 1088 | 2604 | 10.16 | 14.9 | 13.95 | 12.2 | 63.3 |

从表 4-7 所列数值，可以看出焊接薄壁型钢的优越性，无论是截面强度控制设计，还是整体稳定控制设计，这类型钢都是最省料的，在整体稳定方面尤其突出。从失稳机理上看，梁的失稳表现为突发横向弯曲和扭转变形，参数 $I_y h$ 的增大导致整体稳定性提升，本是题中应有之义。普通工字钢的翼缘变厚度，材料向形心集中，十分不利于受弯构件抵抗弯曲与扭转。

使用薄壁型钢需要注意满足局部稳定要求。对于工形和 H 形截面的 S3 级梁，宽厚比限值是：翼缘 $13\varepsilon_k$，腹板 $93\varepsilon_k$，亦即对 Q235、Q355 和 Q460 三种钢材限值分别为：

翼缘  13.0  10.7  9.30

腹板  93.0  74.8  66.5

表 4-7 所列薄壁 H 型钢，当用 Q235 钢时完全满足局部稳定要求。但是若钢材为 Q355 或更高强度等级的钢，翼缘宽厚比即满足不了 S3 级截面的要求（仍可满足 S4 级截面的要求）。

【例题 4-7】设例题 3-3 中的平台板不能保证次梁的整体稳定，试按梁的整体稳定条件重新选择其次梁截面。

【解】设采用的普通工字钢型号在 I22～I40 之间，均布荷载作用在上翼缘，梁的自由长度 $l_1 = 6$m，由附表 16 查得 $\varphi_b = 0.6$，所需毛截面模量

$$W_x = \frac{M_x}{\varphi_b f} = \frac{137700 \times 10^2}{0.6 \times 215 \times 10^2} = 1068 \text{ cm}^3$$

选用 I40b，$W_x = 1140\text{cm}^3$，翼缘平均厚度 $t_f = 16.5\text{mm}$，质量为 73.8kg/m，自重为 723N/m，则

$$M_x = 137700 + 1.3 \times 723 \times 6^2/8 = 141930\text{N} \cdot \text{m}$$

$$\sigma = \frac{M_x}{\varphi_b f} = \frac{141930 \times 10^3}{0.6 \times 1140 \times 10^3} = 207.5 \text{ N/mm}^2 ，略大于 205\text{N/mm}^2。$$

由于超出甚微，且 $t_t$ 仅比 16mm 大 0.5mm，可以不加大截面。

如果选用焊接薄壁 H 型钢 LH430×200×6×10，相应参数（见现行《结构用高频焊接薄壁 H 型钢》JG/T 137）及计算结果为

$h=43\text{cm}$，$b=20\text{cm}$，$t_f=1\text{cm}$，$A=64.6\text{cm}^2$，$i_y=4.544\text{cm}$，$W_x=980.9\text{cm}^3$，质量为 50.7kg/m，自重 497N/m

$$M_x = 137700 + 1.3 \times 497 \times 6^2/8 = 140608\text{N} \cdot \text{m}$$

$\lambda_y = l/i_y = 600/4.544 = 132$，$\xi = lt_f/(bh) = 600 \times 1/(20 \times 42) = 0.698 < 2.0$，故 $\beta_b = 0.69 + 0.13\xi = 0.781$

$$\varphi_b = 0.781 \times \frac{4320 \times 64.6 \times 43}{132^2 \times 980.9} \sqrt{1 + \left(\frac{132 \times 1}{4.4 \times 43}\right)^2} = 0.669$$

$$\frac{M_x}{\varphi_b W_x f} = \frac{140608 \times 10^3}{0.669 \times 980.9 \times 215 \times 10^3} = 0.997 \text{ N/mm}^2$$

由以上计算可见，若依整体稳定条件选择截面，采用普通工字钢则截面需要增大较多，钢材用量约增加 (73.8−52.7) /52.7=40.04%。而采用焊接薄壁 H 型钢，则钢材用量还会减少。当然，将平台板设计为刚性，并使之与梁有可靠的连接，以提高梁的整体稳定性，亦不失为可行选项。

# 4.5  压弯构件的面内和面外稳定性及截面选择计算

## 4.5.1  压弯构件在弯矩作用平面内的稳定性

### 1. 压弯构件在弯矩作用平面内的失稳现象

对于抵抗弯扭变形能力很强的压弯构件，或者在构件的侧向有足够多的支承以阻止其发生弯扭变形的压弯构件，在轴线压力 $N$ 和弯矩 $M$ 的共同作用下，可能在弯矩作用的平面内发生整体的弯曲失稳。发生这种弯曲失稳的压弯构件，其承载能力可以用图 4-36 来说明。在图 4-36 右侧所示作用着轴线压力 $N$ 和端弯矩 $M$ 的压弯构件，其受力条件相当于偏心距为 $e=M/N$ 的偏心压杆。随着压力 $N$ 的增加，构件中点的挠度 $v$ 非线性地增加。如果是完全弹性的构件，压力-挠度曲线为图 4-36 中 $a$ 曲线，它以水平线 $N=N_E$ 为渐近线，$N_E$ 为构件的

欧拉临界力。这就是说，$N$ 的临界值和轴压杆完全相同，即等于欧拉临界力 $N_E$。然而结构用钢材是弹塑性体，构件到达压力-挠度曲线的 $A$ 点时截面边缘纤维开始屈服，此后由于构件的塑性发展，压力增加时挠度比弹性阶段增加得快，形成曲线 $ABC$。在曲线的上升段 $AB$，挠度是随着压力的增加而增加的，压弯构件处在稳定平衡状态。但是到达曲线的最高点 $B$ 时，构件的抵抗能力开始小于外力的作用，出现了曲线的下降段 $BC$。挠度继续增加，为了维持构件的平衡状态必须不断降低作用于端部的压力，因而构件处在不稳定平衡状态。压力挠度曲线的 $B$ 点表示了压弯构件的承载能力达到了极限，从而开始丧失整体稳定，它具有极值点失稳的物理现象。

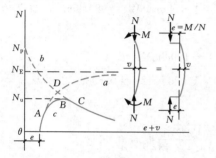

图 4-36 压弯构件的 $N$-$v$ 曲线

压弯构件失稳时先在受压最大的一侧发展塑性，有时在另一侧的受拉区后来也会发展塑性，塑性发展的程度取决于截面的形状和尺寸、构件的长度和初始缺陷，其中残余应力的存在会使构件的截面提前屈服，从而降低其稳定承载能力。图 4-36 中的曲线 $ABC$ 是考虑了构件的初弯曲和残余应力的实际压弯构件的压力挠度曲线 $c$，曲线的 $C$ 点表示构件的截面出现了塑性铰，而表示构件达到极限承载力 $N_u$ 的 $B$ 点却在塑性铰之前。在图 4-36 中同时画出了另外一根曲线，即构件的中央截面出现塑性铰的压力挠度曲线 $b$，它和曲线 $a$ 的交点为 $D$。构件极限承载力的 $B$ 点位于 $D$ 点之下，这是因为经过 $A$ 点之后出现部分塑性的缘故。

压弯构件在弯矩作用平面内失稳可以简称为面内失稳。

2. 实腹式压弯构件在弯矩作用平面内的承载能力

图 4-37（a）所示同时承受轴线压力 $N$ 和端弯矩 $M$ 的构件，在平面内失稳时塑性区的分布有图 4-37（b）和（c）两种可能情况：只在弯曲受压的一侧出现塑性和在两侧同时出现塑性。很明显，在出现塑性的范围内，弯曲刚度不仅不再保持为弹性变形时的常值 $EI$，并且随塑性在杆截面上发展的深度而变化，这种变化使用于计算弹性压弯构件的解析方法不再适用。

计算实腹式压弯构件平面内稳定承载力通常有两种方法，即近似方法和数值积分法。近似方法的主要简化手段是给定杆件在 $M$ 和 $N$ 作用下的挠曲线函数。经验表明，对于弹塑性

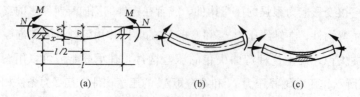

图 4-37 矩形截面压弯构件面内失稳时的塑性区

(a) 变形图；(b) 仅弯曲受压侧进入塑性；(c) 两侧均进入塑性

的压弯杆，可以把挠曲线近似地取为正弦曲线的半个波段，即 $y = v\sin(\pi x/l)$。已知挠曲线函数后，构件任一截面的弯矩 $M+Ny$ 都可以和中央挠度 $v$ 联系起来，这样从中央截面的平衡条件就能找出压力 $N$ 和挠度 $v$ 的关系，并由极值条件 $\mathrm{d}N/\mathrm{d}v = 0$ 得出构件的承载力 $N_u$。以矩形截面的杆为例，假定材料为理想的弹塑性体，在构件的一侧出现塑性区（图4-38b）和两侧同时出现塑性区（图4-38d）时，$N_u$ 可分别由以下两式计算

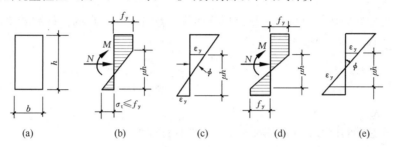

图 4-38　压弯构件失稳时中央截面的应力和应变

(a) 矩形截面；(b) 仅单侧发展塑性时的应力图；(c) 图（b）相应的应变图；

(d) 两侧塑性时的应力图；(e) 图（d）相应的应变图

$$N_u = \frac{\pi^2 EI}{l^2}\left[1 - \frac{M}{3M_y(1 - N_u/N_p)}\right]^3 \tag{4-62}$$

$$N_u = \frac{\pi^2 EI}{l^2}\left[1 - \left(\frac{N_u}{N_p}\right)^2 - \frac{2}{3}\times\frac{M}{M_y}\right]^{3/2} \tag{4-63}$$

在以上两式中 $N_p = Af_y$，$M_y = Wf_y$。这两个公式都可以概括为

$$N_u = \frac{\pi^2 EI}{l^2}\mu^3 \tag{4-64}$$

式中 $\mu$ 的实质为截面弹性核高度与截面高度之比（图4-38b、d）。

式（4-62）和式（4-63）的右端都含有 $N_u$，因此即使是像矩形这样简单的截面，构件在失稳时的 $N$ 和 $M$ 的相关关系已经颇为复杂，截面为 H 形或其他组合截面时，这一关系将更加复杂。近似法的一个主要缺点是很难具体分析残余应力对压弯构件承载力的影响，因而不具有实际应用价值。

数值积分法不假定杆件挠曲线的形式，而是在计算的过程中确定。计算时把杆沿轴线划分为足够多的小段，并以每段中点的曲率代表该段的曲率。为了确定截面上各点的应力并计及残余应力的影响，需要把杆件的截面分成众多的单元。在每一小段的中央截面上，每一单元的应变为

$$\varepsilon_i = \varepsilon_0 + \phi y_i + \frac{\sigma_{ri}}{E} \tag{4-65}$$

式中　$\varepsilon_0$——截面形心处的应变；

$\phi$——该段中点的曲率；

$\sigma_{ri}$——已知的残余应力。

假定材料为理想的弹塑性体，单元的应力为

$$\sigma_i = E\varepsilon_i \leqslant f_y \tag{4-66}$$

在图 4-39 中轴力 $N_i$ 和偏心距 $e$ 已知的情况下，根据截面上内外力的平衡和弯矩平衡条件，可以由迭代试算得出 $\varepsilon_0$ 和 $\phi$。

假定杆件左端的转角为 $\theta_0$，用数值积分逐段计算各段分界点的位移和转角，第一段末端的计算公式是

$$y_1 = v_0 + \theta_0 l_1 - \frac{1}{2}\phi l_1^2 \tag{4-67}$$

$$\theta_1 = \theta_0 - \phi l_1 \tag{4-68}$$

式中　$v_0$——左端的位移，对于端部有支承点的杆件应为零；

$l_1$——第一段的长度。

逐段推算到构件的右端，应该得到右端支承点的位移为零。如果此处的位移不为零，则需调整前面所假定的 $\theta_0$，重新从头计算，直到最后误差在容许的范围内为止。对于图 4-39 所示的对称情况，可用跨度中央的倾角 $\theta_i = 0$ 为条件，代替右端位移为零的条件，以减少计算工作量。这样就可算得和 $N_i$ 对应的跨中挠度 $v_i$。改变 $N_i$ 值作多次计算，即可得出图 4-39(b) 的 $N$-$v$ 曲线。曲线的极值点 $B$ 给出了构件的极限承载力 $N_u$。

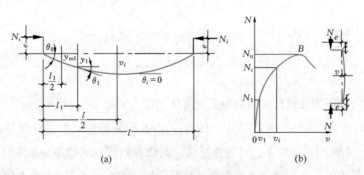

图 4-39　压弯构件的压力挠度曲线

(a) 构件变形图；(b) $N$-$v$ 曲线

数值积分法比不考虑残余应力的近似法精确，并且还具有可以考虑初始弯曲和能够用于不同荷载条件与不同支承条件的优点，所以得到普遍应用。

3. 实腹式压弯构件在弯矩作用平面内稳定计算的实用计算公式

压弯构件和轴压构件一样存在有残余应力和初弯曲。确定它们的极限承载力时，这些缺陷的取值也是一样的。因确定压弯构件的承载力时要考虑残余应力和初弯曲的影响，再加上不同的截面形状和尺寸等因素，不论用解析式近似法或数值积分法，计算过程都是很繁复的。这样两种方法都不能直接用于设计构件。

实用计算公式可以脱胎于弹性压弯构件边缘屈服为准则的相关公式。对图 4-38 所示的构件，公式是

$$\sigma = \frac{N}{A} + \frac{M_x + N e_0}{W_x \, (1 - N / N_E)} \leqslant f_y \tag{4-69}$$

此式和式（4-17）形式上相同，只不过第二项分子增加了弯矩项 $M_x$。式中 $N$ 和 $M_x$ 分别是轴线压力和端弯矩，$e_0$ 是构件各项缺陷的等效偏心距离。当 $M=0$ 时，构件转化为有初始缺陷 $e_0$ 的轴线受压构件，其承载力为 $N_0 = A f_y \varphi_x$，此时可以由式（4-69）算得

$$e_0 = \frac{(A f_y - N_0)(N_E - N_0)}{N_0 N_E} \times \frac{W_x}{A} = \left( \frac{1}{\varphi_x} - 1 \right) \left( 1 - \frac{N_0}{N_E} \right) \frac{W_x}{A} \tag{4-70}$$

将 $e_0$ 代入式（4-69），并近似地认为 $N_0 = N$，则有

$$\frac{N}{\varphi_x A} + \frac{M_x}{W_x \, (1 - N / N_E)} = f_y \tag{4-71}$$

然而没有弯矩时的压杆承载力 $N_0$ 并不等于有弯矩时的极限压力 $N$，而且杆件愈细长，则误差愈大。为此将公式修正为

$$\frac{N}{\varphi_x A} + \frac{M_x}{W_x \, (1 - \varphi_x N / N_E)} \leqslant f_y \tag{4-72}$$

冷弯薄壁型钢的压弯构件由于板件厚度小，失稳时塑性发展有限，稳定计算即以式（4-72）为基础，只是计入抗力分项系数 $\gamma_R$，把 $f_y$ 换成 $f = f_y / \gamma_R$，并把 $N_E$ 换成 $N_E' = \pi^2 E A / (\gamma_R \lambda^2)$。

热轧型钢和焊接的实腹式压弯构件，需要考虑失稳时截面出现部分塑性，为此引进塑性发展系数 $\gamma_x$，并把放大系数中的 $\varphi_x$ 改为 0.8，$\gamma_R$ 取 1.1，即采用下式计算弯矩作用平面内的稳定

$$\frac{N}{\varphi_x A f} + \frac{M_x}{\gamma_x W_x \, (1 - 0.8 N / N_{Ex}') f} \leqslant 1 \tag{4-73}$$

但是由热轧型材组成的格构式压弯构件绕虚轴的稳定计算采用和冷弯薄壁型钢类似的方法。

以上讨论的压弯构件，弯矩沿杆长不变，属于最简单的典型情况。实际工程中的压弯构件，或是作用于两端的弯矩不相等，或因中间承受横向力而产生弯矩。这些情况都使弯矩沿杆长变化。如果按式（4-73）计算构件的承载力，并以最大弯矩 $M_{max}$ 为 $M_x$，将得出过于保守的结果。因此，对式（4-73）引进等效系数 $\beta_{mx}$ 并把公式改写为

$$\frac{N}{\varphi_x A f} + \frac{\beta_{mx} M_x}{\gamma_x W_{1x} \, (1 - 0.8 N / N_{Ex}') f} \leqslant 1 \tag{4-74}$$

上式中 $W_x$ 改写为 $W_{1x}$ 是为了适用于绕弯曲轴非对称的截面。

等效弯矩系数 $\beta_m$ 的本意是使非均匀弯矩对构件稳定的效应和等效的均匀弯矩相同。但是为了简化，在具体操作时按二阶弯矩最大值相等来处理。图 4-40（a）所示的压弯构件在

跨中横向集中荷载 $Q$ 作用下的一阶最大弯矩为 $M_{\max}$。由于轴压力 $N$ 的作用，二阶最大弯矩为 $M_{\mathrm{IImax}}$。图 4-40（b）表示同一构件，承受相同的轴压力 $N$，一阶弯矩图为均匀弯矩 $M_e$，当其二阶最大弯矩 $M_{\mathrm{IIe}}$ 与 $M_{\mathrm{IImax}}$ 相同时，$M_e$ 即为等效弯矩，而 $\beta_m$ 就是等效弯矩系数，由式（4-75）计算。表 4-8 给出三种情况等效弯矩系数的理论计算结果和简化公式。

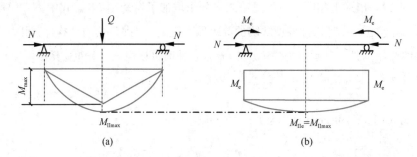

图 4-40　等效弯矩系数

（a）跨中集中荷载作用；（b）等效弯矩

压弯构件面内稳定计算的等效弯矩系数　　　　　　　　　表 4-8

| 荷载作用简图 | $\beta_m$ 的理论值 | $\beta_m$ 的简化公式 | 现行《钢结构设计标准》 GB 50017 公式 |
|---|---|---|---|
| *（跨中集中荷载 Q）* | $\dfrac{1-0.18n}{1+0.23n}$ | $1-0.36n$ | $1-0.36\,N/N_{cr}$ |
| *（均布荷载 q）* | $\dfrac{1-0.03n}{1+0.23n}$ | $1-0.18n$ | $1-0.18\,N/N_{cr}$ |
| *（端弯矩 $M_2$、$M_1$，$\|M_1\|>\|M_2\|$）* | $\sqrt{\dfrac{1-2m\cos kl+m^2}{2\,(1-\cos kl\,)}}$ | $0.6+0.4m$ | $0.6+0.4m$ |

注：$n=N/N_E$，$m=M_2/M_1$，$k=\sqrt{N/EI}$

$$\beta_m = M_e/M_{\max} \tag{4-75}$$

当构件兼承端弯矩和横向荷载产生的弯矩时，式（4-74）的 $\beta_{mx}M_x$ 取为两种弯矩等效后的代数和，即

$$\beta_{mx}M_x = \beta_{mqx}M_{qx} + \beta_{m1x}M_1$$

式中 $M_{qx}$ 为横向荷载在简支梁上产生的最大弯矩，$M_1$ 为端弯矩之绝对值较大者。二者所乘的系数 $\beta_{mqx}$ 和 $\beta_{m1x}$ 为各自的等效弯矩系数。

由式（4-74）得到的工字形截面压弯构件的 $N/N_p$ 或 $M/M_y$ 相关曲线见图4-41。由图可知，在构件常用的范围内，式（4-74）与理论值的符合程度较好。

对于单轴对称截面的压弯构件。当弯矩作用于对称轴的平面内且使较大翼缘受压时，构

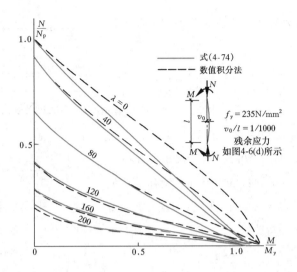

图 4-41　工字形截面压弯构件 $N/N_p$ 与 $M/M_y$ 的相关曲线

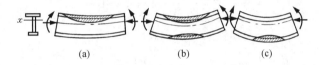

图 4-42　单轴对称工字形截面压弯构件失稳时的塑性区

(a) 仅弯曲受压侧出现塑性；(b) 两侧出现塑性；(c) 仅弯曲受拉侧出现塑性

件失稳时截面的塑性区可能存在如图 4-42 所示 (a)、(b) 与 (c) 三种情况，前两种和前面已论述过的双轴对称截面相同，用式 (4-74) 计算即可。第三种情况出现在弯矩的效应较大时，构件只在受拉一侧出现塑性，而塑性区的发展也能导致构件失稳。对于表 3-3 项次 3 和 4 的构件，除按式 (4-74) 进行平面内稳定的计算外，还应按下式作补充计算：

$$\left| \frac{N}{Af} - \frac{\beta_{mx} M_x}{\gamma_x W_{2x} f (1 - 1.25 N/N'_E)} \right| \leqslant 1 \tag{4-76}$$

式中　$W_{2x}$——较小翼缘最外纤维的毛截面模量。

【例题 4-8】某 10 号工字钢制作的压弯构件，两端铰接，长度 3.3m，在长度的三分点处各有一个侧向支承以保证构件不发生弯扭屈曲。钢材为 Q235 钢。验算如图 4-43 (a)、(b) 和 (c) 所示三种受力情况构件的承载力。构件除承受相同的轴压力设计值 $N = 16$kN 外，作用的弯矩设计值分别为：(a) 在左端腹板的平面内作用着弯矩 $M_x = 10$kN·m；(b) 在两端同时作用着数量相等并产生同向曲率的弯矩 $M_x = 10$kN·m；(c) 在构件的两端同时作用着数量相等但产生反向曲率的弯矩 $M_x = 10$kN·m。

【解】截面特性由附表 1 查得 $A = 14.3$cm²，$W_x = 49$cm³，$i_x = 4.14$cm，$t = 7.6$mm。钢材的强度设计值 $f = 215$N/mm²。

（a）因截面的最大弯矩发生在构件的端部，先验算构件的强度

$$\frac{N}{A_n}+\frac{M_x}{\gamma_x W_{nx}}=\frac{16\times10^3}{14.3\times10^2}+\frac{10\times10^6}{1.05\times49\times10^3}$$

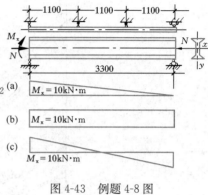

$$=11.19+194.36=205.55<215\text{N/mm}^2$$

再验算构件在弯矩作用平面内的稳定性。由图
4-43（a）知，$M_2=0$，$M_1=10$kN·m，由表 4-8 知等
效弯矩系数 $\beta_{mx}=0.6+0.4M_2/M_1=0.6$。构件绕强轴
弯曲的长细比 $\lambda_x=l_{0x}/i_x=330/4.14=80$，按 a 类截面
查附表 17（a），$\varphi_x=0.783$。

图 4-43　例题 4-8 图

（a）仅一端承受弯矩；（b）均匀弯矩；

（c）两端异向弯矩

$$N'_{Ex}=\frac{\pi^2 E}{1.1\lambda_x^2}A$$

$$=\frac{\pi^2\times206\times10^3}{1.1\times80^2}\times14.3\times10^2$$

$$=413\times10^3\text{N}=413\text{kN}$$

$$\frac{N}{\varphi_x Af}+\frac{\beta_{mx}M_x}{\gamma_x W_x(1-0.8N/N'_{Ex})f}=\frac{16\times10^3}{0.783\times14.3\times10^2\times215}$$

$$+\frac{0.6\times10\times10^6}{1.05\times49\times10^3(1-0.8\times16/413)\times215}$$

$$=0.0665+0.560=0.626<1.0$$

（b）当两端弯矩相同时，只需验算构件的整体稳定，$\beta_{mx}=1.0$

$$\frac{N}{\varphi_x Af}+\frac{\beta_{mx}M_x}{\gamma_x W_x(1-0.8N/N'_{Ex})f}=0.0665+0.933=0.999<1.0$$

（c）当两端弯矩相等相反时，构件端部与（a）的情况相同，构件的强度验算不再重复。
构件的整体稳定验算

$$\beta_{mx}=0.6+0.4\left(\frac{-10}{10}\right)=0.2$$

$$\frac{N}{\varphi_x Af}+\frac{\beta_{mx}M_x}{\gamma_x W_x(1-0.8N/N'_{Ex})f}=0.0665+0.1866=0.253<1.0$$

对以上三种受力情况的压弯构件，虽作用着的轴压力和最大弯矩值都是相同的，但因弯
矩在整个构件上的分布不同，承载能力就有区别。第二种情况由稳定承载能力控制构件的截
面设计，强度不必计算，而其他两种情况则由构件端部截面的强度控制承载力。

至于两个侧向支承是否足够防止出平面弯扭屈曲，需要按下节的公式核算。

## 4.5.2　压弯构件在弯矩作用平面外的稳定性

开口截面压弯构件的抗扭刚度和弯矩作用平面外的抗弯刚度通常都不大，当侧向没有足

够支承以阻止其产生侧向位移和扭转时，构件可能因弯扭屈曲而破坏。下面先分析压弯构件的弹性弯扭屈曲。

1. 双轴对称工字形截面压弯构件的弹性弯扭屈曲临界力

图 4-44（a）是两端铰接并在端部作用着轴压力 $N$ 和弯矩 $M$ 的双轴对称工字形截面压弯构件。当弯矩作用在抗弯刚度较大的 $yOz$ 平面内时，在距端部为 $z$ 的截面绕 $x$ 轴的弯矩为 $M_x = M + Nv$，但因截面对强轴的惯性矩 $I_x$ 比对弱轴的惯性矩 $I_y$ 大很多，分析构件的弯扭屈曲时，因挠度 $v$ 不大，可把附加弯矩 $Nv$ 忽略不计，这样 $M_x = M$。如果构件发生如图 4-44 所示的侧向位移 $u$，会产生一个分量 $M_{T2}$，见图 4-44（c），$M_{T2} = M\sin\theta = Mu'$，和第 4.4.2 节梁侧弯时出现的扭矩相同，它使构件绕纵轴产生扭转。由于存在轴压力 $N$ 使构件的实际抗扭刚度由 $GI_t$ 降为 $GI_t - Ni_0^2$。绕 $z$ 轴的扭矩平衡方程由式（4-47）变为

$$EI_\omega\varphi''' - (GI_t - Ni_0^2)\varphi' + Mu' = 0 \tag{4-77}$$

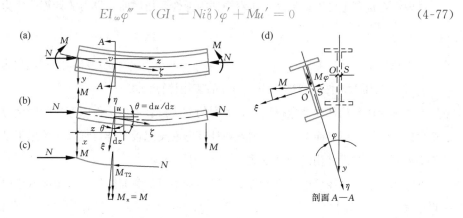

图 4-44　双轴对称工字形截面压弯构件弯扭屈曲

（a）竖向变形；（b）侧向变形；（c）侧向内力；（d）剖面 A-A

构件绕 $y$ 轴的弯曲平衡关系，由轴压力 $N$ 对侧向位移产生的附加弯矩 $Nu$，也比梁的平衡方程式（4-46）多增一项，即

$$EI_y u'' + Nu + M\varphi = 0 \tag{4-78}$$

以上两式需要联合求解。对于两端铰接的压弯构件，中点处的侧移和转角分别为 $u_m$ 和 $\varphi_m$，变形曲线取为 $u = u_m\sin(\pi z/l)$ 和 $\varphi = \varphi_m\sin(\pi z/l)$，符合下列边界条件：在 $z=0$ 和 $z=l$ 处，$u = \varphi = u'' = \varphi'' = 0$。类似于式（4-31），可得到弯扭屈曲的临界力 $N_{cr}$ 的计算方程

$$(N_{Ey} - N_{cr})(N_\omega - N_{cr}) - M^2/i_0^2 = 0 \tag{4-79}$$

其解为

$$N_{cr} = \frac{1}{2}\left[(N_{Ey} + N_\omega) - \sqrt{(N_{Ey} - N_\omega)^2 + 4M^2/i_0^2}\right] \tag{4-80}$$

如果构件的端弯矩 $M=0$，由式（4-79）可以得到轴心受压构件的临界力 $N_{cr} = N_{Ey}$ 或

$N_{cr} = N_{\omega}$。这里的 $N_{Ey}$ 是绕截面弱轴弯曲屈曲的临界力,即 $N_{Ey} = \pi^2 EI_y / l_y^2$,$N_{\omega}$ 是绕截面纵轴扭转屈曲的临界力,其值和式(4-26)的 $N_z$ 相同,即

$$N_{\omega} = \left( GI_t + \frac{\pi^2 EI_{\omega}}{l_{\omega}^2} \right) \Big/ i_0^2$$

式中 $l_y$,$l_{\omega}$ 分别是构件的侧向弯曲自由长度和扭转自由长度,对于两端铰接的杆 $l_y = l_{\omega} = l$。

如果在压弯构件发生弯扭屈曲时部分材料已经屈服,建立平衡方程时应该将构件的截面抗弯刚度 $EI_x$、$EI_y$,翘曲刚度 $EI_{\omega}$ 和自由扭转刚度 $GI_t$ 作适当改变,这时求解弹塑性弯扭屈曲承载力的过程比较复杂。

2. 单轴对称工字形截面压弯构件的弹性弯扭屈曲临界力

单轴对称工字形截面的形心 $O$ 和剪心 $S$ 不重合,它们之间的距离为 $a$,即图 4-33 中的 $y_0$。由弹性稳定理论可以得到这类压弯构件的弹性弯扭屈曲临界力的计算公式为

$$(N_{Ey} - N_{cr})[N_{\omega} - (N_{cr} + 2\beta_y M / i_0^2)] - (M - N_{cr}a)^2 / i_0^2 = 0 \tag{4-81}$$

式中 $\beta_y$ 的定义见式(4-51),$i_0^2 = (I_x + I_y)/A + a^2$。当 $\beta_y = a = 0$ 时,此式退化为式(4-79)。

3. 实腹式压弯构件在弯矩作用平面外的实用计算公式

上述确定压弯构件弹性弯扭屈曲临界力的方法没有考虑构件内存在的残余应力和因之可能产生的非弹性变形,而考虑这些因素的计算方法又比较复杂,难以直接用于设计计算。因此,需要研究可供设计用的计算方法。

在 4.4.2 节中已经讨论了受纯弯矩作用的双轴对称截面构件,其弹性弯扭屈曲的临界弯矩可由式(4-49)给出。

$$M_{cr} = \frac{\pi}{l} \sqrt{EI_y GI_t} \sqrt{1 + \frac{\pi^2 EI_{\omega}}{l^2 GI_t}} \tag{4-49}$$

$$= i_0 \sqrt{\frac{\pi^2 EI_y}{l^2} \left( GI_t + \frac{\pi^2 EI_{\omega}}{l^2} \right) \Big/ i_0^2}$$

以 $N_{Ey}$ 和 $N_{\omega}$ 值代入上式后得

$$M_{cr} = i_0 \sqrt{N_{Ey} N_{\omega}} \tag{4-82}$$

在式(4-79)中将轴压力 $N_{cr}$ 改用符号 $N$,并且注意到式(4-82)所具有的 $M_{cr}$、$N_{Ey}$ 和 $N_{\omega}$ 之间的关系,则经过移项后,可写成 $N/N_{Ey}$ 和 $M/M_{cr}$ 之间的相关关系式

$$\frac{N}{N_{Ey}} + \frac{M^2}{M_{cr}^2(1 - N/N_{\omega})} = 1 \tag{4-83}$$

把上式画成如图 4-45 所示的 $N/N_{Ey}$ 和 $M/M_{cr}$ 的相关曲线,可见曲线受比值 $N_{\omega}/N_{Ey}$ 的影响很大。$N_{\omega}/N_{Ey}$ 愈大,压弯构件弯扭屈曲的承载能力愈高。当 $N_{\omega} = N_{Ey}$ 时,相关曲线变为直线式:

$$N/N_{Ey} + M/M_{cr} = 1 \tag{4-84}$$

普通工字形截面压弯构件的 $N_{\omega}$ 均大于 $N_{Ey}$,其相关曲线均在直线之上,只有开口的冷

弯薄壁型钢构件的相关曲线有时因 $N_\omega < N_{Ey}$ 而在直线之下。

对于单轴对称截面压弯构件的 $N/N_{Ey}$ 和 $M/M_{cr}$ 的相关关系式更复杂一些，但如果在式（4-84）中以 $N_{Ey}$ 表示单轴对称截面轴心压杆的弯扭屈曲临界力，则式（4-84）仍然可以代表这种压弯构件的相关关系。

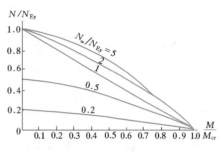

图 4-45　$N/N_{Ey}$ 和 $M/M_{cr}$ 的相关曲线

虽然式（4-84）来源于弹性杆的弯扭屈曲，但经计算可知，此式也可用于弹塑性压弯构件的弯扭屈曲计算。现行《钢结构设计标准》GB 50017 采用了式（4-84）作为设计压弯构件的依据。

在式（4-84）中 $N_{Ey}$ 用 $\varphi_y A f_y$，$M_{cr}$ 用 $\varphi_b W_{1x} f_y$ 代入后，引进抗力分项系数和非均匀弯矩作用的等效弯矩系数 $\beta_{tx}$，则压弯构件在弯矩作用平面外的计算公式应该是：

$$\frac{N}{\varphi_y A f} + \frac{\beta_{tx} M_x}{\varphi_b W_{1x} f} \leqslant 1 \tag{4-85}$$

式中 $\varphi_b$ 为受弯构件整体稳定系数，可按 4.4.3 节方法计算。对于工字形截面和 T 形截面的非悬臂构件，可按该节的式（4-58）～式（4-60）计算。等效弯矩系数 $\beta_{tx}$ 显然与构件平面外支承及内力状况相关。平面外两相邻支承间的构件段内仅存在端弯矩作用时可取 $\beta_{tx} = 0.65 + 0.35 M_2/M_1$；平面外两相邻支承间的构件段内横向荷载和端弯矩使构件产生反向曲率时 $\beta_{tx} = 0.85$；其余情形均可偏于安全的取 $\beta_{tx} = 1.0$。

对于闭口截面，式（4-85）左端第二项应乘以截面影响系数 $\eta = 0.7$，$\varphi_b$ 则取为 1.0。现行《钢结构设计标准》GB 50017 规定压弯构件平面外稳定按下式计算：

$$\frac{N}{\varphi_y A_f} + \eta \frac{\beta_{tx} M_x}{\varphi_b W_{1xf}} \leqslant 1 \tag{4-86}$$

式（4-86）中，$\eta$ 对于除闭口截面外的其他截面取 1.0。

【例题 4-9】某两端铰接的构件，长度为 6m，截面为焊接薄壁 H 型钢 LH450×250×6×10，材料为 Q235 钢，构件在最大刚度平面内承受偏心压力 $N$，偏心距为 4cm。试用式（4-86）确定该构件的压力设计值。

【解】LH450×250×6×10 的相关参数：截面积 $A = 75.8 \text{cm}^2$，关于强轴的截面模量 $W_{1x} = 1252 \text{cm}^3$，关于弱轴的回转半径 $i_y = 5.86 \text{cm}$，故长细比 $\lambda_y = l_y/i_y = 600/5.86 = 102.4$。按照 b 类截面查附表 17（b）得 $\varphi_y = 0.540$。按式（4-58a），整体稳定系数 $\varphi_b$ 为

$$\varphi_b = 1.07 - 102.4^2/44000 = 0.83$$

取 $\beta_{tx} = 1.0$，$\eta = 1.0$，根据式（4-86），有（$e$ 为偏心距）

$$N \leqslant f \Big/ \Big(\frac{1}{\varphi_y A} + \frac{e}{\varphi_b W_{1x}}\Big) = 215 \Big/ \Big(\frac{1}{0.54 \times 75.8 \times 10^2} + \frac{40}{0.83 \times 1252 \times 10^3}\Big)$$

$$=\frac{215 \times 10^4}{2.44+0.385}=761061.9\text{N}=761\text{kN}$$

【例题 4-10】 如图 4-46 所示 Q235 钢焊接工字形截面压弯构件，翼缘为火焰切割边，承受的轴压力设计值为 800kN，在构件的中央有一横向集中荷载 160kN。构件的两端铰接并在中央有一侧向支承点。要求验算构件的整体稳定。

【解】 先计算截面特性

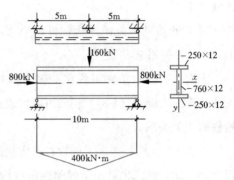

图 4-46 例题 4-10 图

$$A=2 \times 25 \times 1.2+76 \times 1.2=151\text{cm}^2$$

$$I_x=2 \times 25 \times 1.2 \times 38.6^2+1.2 \times 76^3/12$$
$$=89393+43898=133296\text{cm}^4$$

$$i_x=\sqrt{I_x/A}=\sqrt{133296/151}=29.71\text{cm}$$

$$W_x=2I_x/h=133296/39.2=3400\text{cm}^3$$

$$I_y=2 \times 1.2 \times 25^3/12=3125\text{cm}^4$$

$$i_y=\sqrt{I_y/A}=\sqrt{3125/151}=4.55\text{cm}$$

(1) 核算构件在弯矩作用平面内的稳定

$\lambda_x=l_x/i_x=1000/29.71=33.7$，按 b 类截面查附表 17 (b)，$\varphi_x=0.923$

$$N'_{Ex}=\frac{\pi^2 E}{1.1\lambda_x^2}A=\frac{\pi^2 \times 206 \times 10^3}{1.1 \times 33.7^2} \times 151 \times 10^2=24575000\text{N}=24575\text{kN}$$

因跨中有一个集中荷载，等效弯矩系数 $\beta_{mx}=1-0.36\dfrac{N}{N_{Ex}}=1-0.36 \times \dfrac{800}{24575 \times 1.1}$

$=0.99$

$$\frac{N}{\varphi_x Af}+\frac{\beta_{mx}M_x}{\gamma_x W_x(1-0.8N/N'_{Ex})f}$$

$$=\frac{800 \times 10^3}{0.923 \times 151 \times 10^2 \times 215}$$

$$+\frac{0.99 \times 400 \times 10^6}{1.05 \times 3400 \times 10^3(1-0.8 \times 800/24575) \times 215}$$

$$=0.27+0.53=0.8<1.0$$

(2) 核算构件在弯矩作用平面外的稳定

$\lambda_y=l_y/i_y=500/4.55=110$，也按 b 类截面查附表 17 (b)，$\varphi_y=0.493$。

在侧向支承点范围内，由弯矩图知杆段一端的弯矩 400kN·m，另一端为零，故有 $\beta_{tx}=0.65$，$\eta=1.0$。

$\lambda_y=110<120\varepsilon_k=120$，故 $\varphi_b=1.07-\dfrac{\lambda_y^2}{44000\varepsilon_k^2}=1.07-\dfrac{110^2}{44000}=0.795$

$$\frac{N}{\varphi_y A f} + \eta \frac{\beta_{tx} M_x}{\varphi_b W_x f} = \frac{800 \times 10^3}{0.493 \times 151 \times 10^2 \times 215} + 1.0 \times \frac{0.65 \times 400 \times 10^6}{0.795 \times 3400 \times 10^3 \times 215}$$

$$= 0.50 + 0.45 = 0.95 < 1.0$$

由 $0.8 < 0.95$ 可见，虽然在杆的中央设置一侧向支承点，但杆的弯扭失稳承载力仍低于平面内弯曲失稳承载力。

### 4.5.3　格构式压弯构件的设计

格构式压弯构件广泛用于厂房的框架柱和巨大的独立支柱。根据作用于构件的弯矩和压力以及使用要求，压弯构件可以设计成具有双轴对称或单轴对称的截面。截面在弯矩作用平面内的宽度较大，因此，在构件肢件间常常用缀条而不用缀板连接。缀材的设计要求和构造方法与格构式轴压构件在原则上是相同的。

1. 在弯矩作用平面内格构式压弯构件的受力性能和计算

当弯矩作用在和构件的缀材面相垂直的主平面内时，如图 4-47(b)，构件绕实轴产生弯曲失稳，它的受力性能和实腹式压弯构件完全相同。因此，和实腹式压弯构件一样用式（4-74）验算在弯矩作用平面内的稳定。

当弯矩作用在与缀材面平行的主平面内，构件绕虚轴产生弯曲失稳。对于如图 4-47(c)所示的截面，受压最大一侧肢件（槽钢）的腹板屈服时构件即丧失整体稳定。对于如图 4-47(d)所示的截面，受压最大一侧的肢件（工字形截面或 H 型钢）翼缘的外伸部分会开展一部分塑性而后才失稳。

格构式压弯构件对虚轴的弯曲失稳采用以截面边缘纤维开始屈服作为设计准则来构造计算公式，即对式（4-71）引进抗力分项系数和等效弯矩系数

$$\frac{N}{\varphi_x A f} + \frac{\beta_{mx} M_x}{W_{1x}(1 - N/N'_{Ex})f} \leqslant 1.0 \tag{4-87}$$

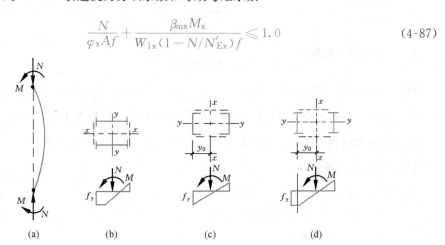

图 4-47　格构式压弯构件计算简图

(a) 压弯构件；(b) 弯矩绕实轴作用；(c) 弯矩绕虚轴作用，槽钢肢件；(d) 弯矩绕虚轴作用，工字形截面或 H 型钢

$W_{1x} = I_x/y_0$ 需区别对待：当距 $x$ 轴最远的纤维属于肢件的腹板时，如图4-47（c）所示截面，$y_0$ 为由 $x$ 轴到压力较大分肢腹板边缘的距离；当距 $x$ 轴最远的纤维属于肢件翼缘的外伸部分时，如图 4-47（d）所示截面，$y_0$ 为由 $x$ 轴到压力较大分肢轴线的距离。$\varphi_x$ 是由构件绕虚轴的换算长细比 $\lambda_{0x}$ 确定的 b 类截面轴心压杆稳定系数。

2. 单肢计算

当弯矩绕虚轴作用时，如图 4-47（c）和（d），除用式（4-87）计算弯矩作用平面内的整体稳定外，还要把构件看作一个平行弦桁架，对单肢像桁架的弦杆一样验算其稳定性。分肢的轴压力按图 4-48 所示计算简图确定。

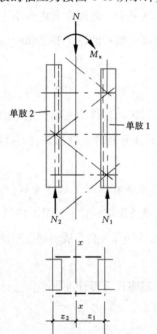

图 4-48 单肢计算简图

单肢 1　　　　$N_1 = M_x/a + Nz_2/a$　　　　　（4-88）

单肢 2　　　　$N_2 = N - N_1$　　　　　　　　（4-89）

缀条式压弯构件的单肢按轴心受压构件计算，单肢的计算长度在缀材平面内取缀条体系的节间长度，而平面外的则取侧向支承点之间的距离。

3. 构件在弯矩作用平面外的稳定性

对于弯矩绕虚轴作用的压弯构件，由于组成压弯构件的两个肢件在弯矩作用平面外的稳定都已经在计算单肢时得到保证，不必再计算整个构件在平面外的稳定性。

如果弯矩绕实轴作用，如图 4-47（b），其弯矩作用平面外的稳定性和实腹式闭合箱形截面压弯构件一样，按式（4-86）验算，式中 $x$，$y$ 互换，且系数 $\varphi_x$ 应按换算长细比 $\lambda_{0x}$ 确定。

4. 缀材计算

构件式压弯构件的缀材应按构件的实际剪力和按式（4-40）所得的剪力取两者中较大值计算，计算方法和格构式轴心受压构件缀材的计算相同。

【例题 4-11】图 4-49 表示一根上端自由，下端固定的压弯构件，长度为 5m，作用的轴压力为 500kN，弯矩为 $M_x$。截面由两个 25a 的工字钢组成，缀条用 L50×5，在侧向构件的上端和下端均为铰接不动点，钢材为 Q235 钢。要求确定构件所能承受的弯矩 $M_x$ 的设计值。

【解】（1）先对虚轴计算确定 $M_x$

截面特性：$A = 2 \times 48.5 = 97\text{cm}^2$，$I_{x1} = 280\text{cm}^4$

$$I_x = 2(280 + 48.5 \times 20^2)$$

$$= 39360\text{cm}^4$$

$$i_x = (39360/97)^{1/2}$$

$$= 20.14\text{cm}$$

由表 4-3 查得此独立柱绕虚轴的计算长度系数 $\mu=2.1$。长细比 $\lambda_x=l_x/i_x=2.1\times 500/20.14=52.1$。缀条的截面积 $A_1=4.8\text{cm}^2$，换算长细比 $\lambda_{0x}=(\lambda_x^2+27A/2A_1)^{1/2}=(52.1^2+27\times 97/9.6)^{1/2}=54.7$，按 b 类截面查附表 17（b），$\varphi_x=0.834$。

$$W_{1x}=I_x/y_0=39360/20=1968\text{cm}^3$$

在弯矩作用平面内的稳定，悬臂柱的等效弯矩系数 $\beta_{mx}=1.0$，参数

$$N'_{Ex}=\frac{\pi^2 E}{1.1\lambda_{0x}^2}A=\frac{\pi^2\times 206\times 10^3}{1.1\times 54.7^2}\times 97\times 10^2$$

$$=5992\times 10^3\text{N}=5992\text{kN}$$

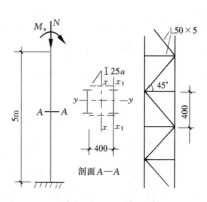

图 4-49 例题 4-11

对虚轴的整体稳定

$$\frac{500\times 10^3}{0.834\times 97\times 10^2\times 215}+\frac{M_x\times 10^6}{1968\times 10^3\times (1-500/5992)\times 215}=1.0$$

得到 $\qquad 61.8+0.51M_x/(1-0.0834)=215, M_x=275.3\text{kN}\cdot\text{m}$

（2）对单肢计算确定 $M_x$

右肢的轴线压力最大 $\qquad N_1=N/2+M_x/a=500/2+M_x\times 100/40=250+2.5M_x$

$$i_{x1}=2.4\text{cm}, \quad l_{x1}=40\text{cm}, \quad \lambda_{x1}=40/2.4=16.7$$

$$i_y=10.18\text{cm}, \quad l_{y1}=500\text{cm}, \quad \lambda_{y1}=500/10.18=49.1$$

按 a 类截面查附表 17（a），$\varphi_{y1}=0.919$

单肢稳定计算 $\qquad N_1/A_1\varphi_{y1}=f$

$\qquad (250+2.5M_x)\times 10^3/(0.919\times 48.5\times 10^2)=215$，得到 $M_x=283.3\text{kN}\cdot\text{m}$

经比较可知，此压弯构件所能承受的弯矩设计值为 275.3kN·m，而且整体稳定与分肢稳定的承载力基本一致。

# 4.6 板件的稳定和屈曲后强度的利用

## 4.6.1 轴心受压构件的板件稳定

### 1. 均匀受压板件的屈曲现象

轴压构件不仅有丧失整体稳定的可能性，而且也有丧失局部稳定的可能性。组成构件的板件，如工字形截面构件的翼缘和腹板，它们的厚度与板其他两个尺寸相比很小。在均匀压

力的作用下，当压力到达某一数值时，板件不能继续维持平面平衡状态而产生凸曲现象，见图 4-50。因为板件只是构件的一部分，所以把这种屈曲现象称为丧失局部稳定。丧失局部稳定的构件还可能继续维持着整体稳定的平衡状态，但部分板件屈曲会降低构件的刚度并影响其承载力。

图 4-50　轴压构件翼缘的凸曲现象

2. 均匀受压板件的屈曲应力

图 4-51(a)、(b)分别画出了一根双轴对称工字形截面轴压柱的腹板和一块翼缘在均匀压应力作用下板件屈曲后的变形状态。当板端的压应力到达其临界值时，图 4-51(a) 所示的腹板由屈曲前的平面状态变形为曲面状态，板的中轴线 AG 由直线变为曲线 ABCDEFG。变形后的板件形成两个向前的凸曲面和一个向后的凹曲面。这种腹板在纵向出现 ABC、CDE 和 EFG 三个屈曲半波。对于更长的板件，屈曲可能使它出现 m 个半波。在板件的横向每个波段都只出现一个半波。对于如图 4-51 (b) 所示的翼缘，它的支承边是直线 OP，如果这是简支边，在板件屈曲以后在纵向只会出现一个半波；如果支承边有一定约束作用，也可能会出现多个半波。实际上，组成压杆的板件在屈曲时有相关性，使临界应力和屈曲波长与单板有所不同。

（1）板件的弹性屈曲应力

在图 4-52 中虚线表示一块四边简支的均匀受压平板的屈曲变形。在弹性状态屈曲时，单位宽度板的力平衡方程是

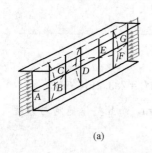
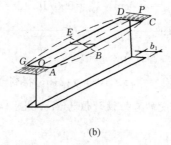
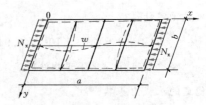

图 4-51　压杆板件的屈曲变形
(a) 腹板；(b) 翼缘

图 4-52　四边简支的均匀受压板屈曲

$$D\left(\frac{\partial^4 w}{\partial x^4}+2\frac{\partial^4 w}{\partial x^2 \partial y^2}+\frac{\partial^4 w}{\partial y^4}\right)+N_x\frac{\partial^2 w}{\partial x^2}=0 \tag{4-90}$$

式中　$w$——板件屈曲以后任一点的挠度；

$N_x$——单位宽度板所承受的压力；

$D$——板的柱面刚度，$D=Et^3/[12(1-\nu^2)]$，其中 $t$ 是板的厚度，$\nu$ 是钢材的泊松比。

对于四边简支的板，其边界条件是板边缘的挠度和弯矩均为零，板的挠度可以用下列二

重三角级数表示。

$$w=\sum_{m=1}^{\infty}\sum_{n=1}^{\infty}A_{mn}\sin\frac{m\pi x}{a}\sin\frac{n\pi y}{b}\tag{4-91}$$

把式（4-91）代入式（4-90）后可以得到板的屈曲力为

$$N_{crx}=\pi^{2}D\left(\frac{m}{a}+\frac{a}{m}\times\frac{n^{2}}{b^{2}}\right)^{2}\tag{4-92}$$

式中　$a$、$b$——受压方向板的长度和板的宽度；

　　　　$m$、$n$——板屈曲后纵向和横向的半波数。

当 $n=1$ 时，可以得到 $N_{crx}$ 的最小值。用 $n=1$ 代入式（4-92）后把它写成 $N_{crx}$ 的下列两种表达式，每一种表达式都有其特定的物理意义

$$N_{crx}=\frac{\pi^{2}D}{a^{2}}\left(m+\frac{1}{m}\times\frac{a^{2}}{b^{2}}\right)^{2}\tag{4-93}$$

$$N_{crx}=\frac{\pi^{2}D}{b^{2}}\left(m\frac{b}{a}+\frac{a}{mb}\right)^{2}=K\frac{\pi^{2}D}{b^{2}}\tag{4-94}$$

把式（4-93）右边的平方展开后由三项组成，前一项和推导两端铰接的轴心压杆的临界力时所得到的结果是一致的。而后两项则表示板的两侧边支承对板变形的约束作用提高了板的临界力。比值 $b/a$ 越小，则侧边支承的约束作用越大，$N_{crx}$ 提高得也越多。

式（4-94）中的系数 $K$ 称为板的屈曲系数（或凸曲系数）。$K=(mb/a+a/mb)^{2}$，可以按照 $m=1$、2、3 和 4 等画成一组如图 4-53 所示的曲线。各条曲线都在 $a/b=m$ 为整数值处出现最低点。$K$ 的最小值是 $K_{\min}=4$。几条曲线的较低部分组成了图中的实线，表示在 $a/b=1$ 以后屈曲系数虽略有变化，但变化的幅度不大。通常板的长度 $a$ 比宽度 $b$ 大得多，因此可以认为当 $a/b>1$ 以后 $K$ 值为一常数 4。所以一般情况减小板的长度并不能提高板的临界力，这和轴压杆件是不同的。但是，如果减小板的宽度则能十分明显地提高板的临界力。

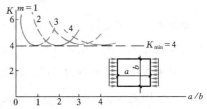

图 4-53　四边简支均匀受压板的屈曲系数

从式（4-94）可以得到板的弹性屈曲应力为

$$\sigma_{crx}=\frac{N_{crx}}{t}=\frac{K\pi^{2}E}{12(1-\nu^{2})}\left(\frac{t}{b}\right)^{2}\tag{4-95}$$

这个公式虽然是根据四边简支的板得到的，但是对于其他支承条件的板，用相同的方法也可以得到和式（4-95）相同的表达式，只是屈曲系数 $K$ 不相同。对于工字形截面的翼缘，与作用压力平行的外侧即图 4-51(b) 中 $AC$ 边为自由边，而其他三条边 $OP$、$OA$ 和 $PC$ 看作为简支边时屈曲系数为

$$K=(0.425+b_{1}^{2}/a^{2})\tag{4-96}$$

式中 $b_1$ 是板的外伸宽度，通常翼缘板的长度 $a$ 比它的外伸宽度 $b_1$ 大很多倍，因此可取最小

值 $K_{min}=0.425$。

轴压构件总是由几块板件连接而成的。这样，板件与板件之间常常不能像简支板那样可以自由转动而是强者对弱者起约束作用。这种受到约束的板边缘称为弹性嵌固边缘。弹性嵌固板的屈曲应力比简支板高。可以用大于 1 的弹性嵌固系数 $\chi$ 对式（4-95）进行修正。这样板的弹性屈曲应力是

$$\sigma_{crx}=\frac{\chi K \pi^2 E}{12 \ (1-\nu^2)}\left(\frac{t}{b}\right)^2 \tag{4-97}$$

弹性嵌固的程度取决于相互连接的板件的刚度。对于图 4-51 中工字形截面的压杆，一个翼缘的面积可能接近于腹板面积的 2 倍，翼缘的厚度比腹板大得多，而宽度又小得多，因此常常是翼缘对腹板有嵌固作用，计算腹板的屈曲应力时考虑了残余应力的影响后可用大于

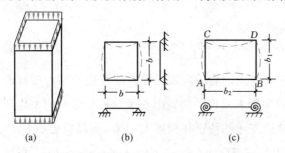

图 4-54 管截面构件中板边缘的支承条件

(a) 管截面构件；(b) 方管截面；(c) 矩形管截面

1.0 的嵌固系数 $\chi$。相反，对腹板起嵌固作用的翼缘因提前屈曲而需要小于 1.0 的嵌固系数。图 4-54(a) 为均匀受压的方管或矩形管，管的壁厚是相同的。由于图 4-54(a) 所示方管在均匀受压时四块板的屈曲条件都是相同的。因此，板件之间并无约束作用，板的边缘都是简支的。图 4-54(c) 所示矩形管则有所不同，矩形板的两块宽板 $AB$ 和 $CD$，其厚度与宽度之比为 $t/b_2$，而两块窄板 $AC$ 与 $BD$，其厚度与宽度之比为 $t/b_1$。按式（4-95）所得，宽板的屈曲应力低于窄板。但是窄板对宽板屈曲有一定约束作用，宽板两边可以看作是弹性嵌固边，使板的屈曲应力有所提高，可以引进大于 1.0 的嵌固系数 $\chi$。窄板和宽板同时屈曲，它的约束作用为 $\chi \ (b_1/b_2)^2$。

(2) 板件的弹塑性屈曲应力

处理板件的非弹性屈曲可以不具体分析残余应力的效应，只是把钢材的比例极限作为进入非弹性状态的判据。板件受力方向的变形应遵循切线模量 $E_t$ 的变化规律，而 $E_t=\eta E$。但是，在与压应力相垂直的方向，材料的弹性性质没有变化，因此仍用弹性模量 $E$。这样，在弹塑性状态受力的板是属于正交异性板，它的屈曲应力可以用下式确定

$$\sigma_{crx}=\frac{\chi \sqrt{\eta} K \pi^2 E}{12 \ (1-\nu^2)}\left(\frac{t}{b}\right)^2 \tag{4-98}$$

利用一系列对轴心压杆的试验资料可以概括出弹性模量修正系数 $\eta$

$$\eta = 0.1013\lambda^2 (1-0.0248\lambda^2 f_y/E) f_y/E \leqslant 1.0 \tag{4-99}$$

式中 $\lambda$——压杆的长细比。

3. 板件的宽厚比

　　对于板件的宽厚比有两种考虑方法。一种是不允许板件的屈曲先于构件的整体屈曲，并以此来限制板件的宽厚比，传统的热轧型钢和焊接构件就是按这种思路进行设计的。另一种是允许板件先屈曲。虽然板件屈曲会降低构件的承载能力，但由于构件的截面较宽，整体刚度好，从节省钢材来说反而合算，冷弯薄壁型钢结构是利用板件屈曲后强度的先行者。目前这种技术已经推广到大型焊接构件，如大尺寸的焊接组合工字形截面的腹板和大尺寸箱形截面的壁板，也允许其先有局部屈曲。本节介绍的板件宽厚比限值是基于局部屈曲不先于整体屈曲的原则。

　　不失一般性，引入具有应力量纲的参数 $\vartheta$，则板件的屈曲应力可表达为

$$\sigma_{crx} = \vartheta(t/b)^2 \tag{4-100}$$

依据式（4-95）、式（4-97）和式（4-98）有：

$$\vartheta = \begin{cases} \dfrac{K\pi^2 E}{12(1-\nu^2)} & \text{（简支弹性屈曲）} \tag{4-101a} \\[3mm] \dfrac{\chi K\pi^2 E}{12(1-\nu^2)} & \text{（嵌固弹性屈曲）} \tag{4-101b} \\[3mm] \dfrac{\chi\sqrt{\eta}K\pi^2 E}{12(1-\nu^2)} & \text{（嵌固弹塑性屈曲）} \tag{4-101c} \end{cases}$$

如果记构件的屈曲应力为 $\sigma_{cr}$，这种准则的数学表达式为

$$\sigma_{crx} = \vartheta(t/b)^2 \geqslant \sigma_{cr} \tag{4-102}$$

亦即

$$b/t \leqslant \sqrt{\vartheta/\sigma_{cr}} \tag{4-103}$$

　　由式（4-103）确定的板件宽厚比因此统称宽厚比限值。

　　（1）翼缘的宽厚比

　　记 $b_1$ 为翼缘的外伸宽度，$t$ 为其厚度（参见图 4-55）。在弹性工作范围内且构件和板件都不考虑缺陷的影响，则 $\sigma_{cr} = \pi^2 E/\lambda^2$，将式（4-101a）代入式（4-103），其中 $K$ 系数取最低值 0.425，$\nu = 0.3$，则有：

$$b_1/t = 0.2\lambda \tag{4-104}$$

对于常用的杆，当 $\lambda = 75$ 时，由上式得到 $b_1/t = 15$。但是实际上轴心压杆是在弹塑性阶段屈曲的，因此最好取式（4-101c）的参数 $\vartheta$ 计算之

$$\frac{b_1}{t} = \sqrt{\frac{\vartheta}{\varphi_{\min} f_y}} = \sqrt{\frac{\vartheta}{235\varphi_{\min}}}\varepsilon_k \tag{4-105}$$

考虑到翼缘的受力状况，嵌固系数取 $\chi = 1$；再以式（4-99）中之 $\eta$ 值和现行《钢结构设计标准》GB 50017 中 b 类截面的 $\varphi$ 值代入上式后可以得到如图 4-56 中虚线所示的 $b_1/t$ 与 $\lambda$ 的关系曲线。为使用方便可以用三段直线代替，如图中实线所示。现行《钢结构设计标准》GB 50017 采用

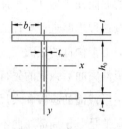

图 4-55　板件尺寸

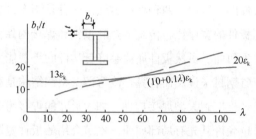

图 4-56　翼缘板的宽厚比

$$\frac{b_1}{t} \leqslant (10 + 0.1\lambda)\varepsilon_k \qquad (4\text{-}106)$$

式中 $\lambda$ 取构件两个方向长细比的较大者，而当 $\lambda < 30$ 时，取 $\lambda = 30$；当 $\lambda > 100$ 时，取 $\lambda = 100$。$f_y$ 应以 "N/mm²" 计。

（2）腹板的高厚比

记 $h_0$ 为腹板的净高度，$t_w$ 为其厚度（参见图 4-55）。将腹板作为两对边简支，另两对边嵌固的板件处理，并取

$$\vartheta = \frac{1.3 \times 4\sqrt{\eta}\pi^2 E}{12(1 - \nu^2)} \qquad (4\text{-}107)$$

代入式（4-105）（当然，在该式中 $b_1/t$ 要以 $h_0/t_w$ 代之），由此得到的 $h_0/t_w$ 与 $\lambda$ 的关系曲线见图 4-57 中的虚线，现行《钢结构设计标准》GB 50017 采用了下列直线式

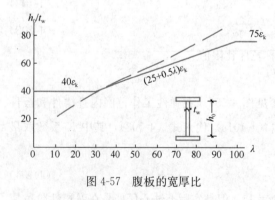

图 4-57　腹板的宽厚比

$$\frac{h_0}{t_w} \leqslant (25 + 0.5\lambda)\varepsilon_k \qquad (4\text{-}108)$$

式中，$\lambda$ 取构件中长细比之较大者，而当 $\lambda < 30$ 时，取 $\lambda = 30$；当 $\lambda > 100$ 时，取 $\lambda = 100$。

双腹壁箱形截面的腹板高度比限值为 $h_0/t_w \leqslant 40\varepsilon_k$，不与构件的长细比发生关系，源于板件局部屈曲应力等于材料屈服强度的准则。类似式（4-105）的推导，这种准则的一般表达式不难得到

$$\frac{h_0}{t_w} \leqslant \sqrt{\frac{\vartheta}{235}}\varepsilon_k \qquad (4\text{-}109)$$

对于双腹壁箱形截面，式（4-109）的 $\vartheta$ 取

$$\vartheta = \frac{4\sqrt{\eta}\pi^2 E}{12(1 - \nu^2)}$$

取 $f_y = 235$，$\lambda = 50$ 代入式（4-109），即可得高厚比限值 $40.5\varepsilon_k$。可见对于 $\lambda > 50$ 的构件此

值偏严，可乘以 $\varphi^{-1/2}$ 放宽。如果构件截面未用足，还可进一步放宽。现行《钢结构设计标准》GB 50017 要求以

$$b/t \leqslant 40\varepsilon_k \tag{4-110}$$

为箱形截面壁板的宽厚比限值，其中 $b$ 指壁板的净宽度；设置纵向加劲肋时，则为壁板与加劲肋之间的净宽度。

（3）T 形截面杆的腹板

现行《钢结构设计标准》GB 50017 规定的腹板高厚比限值为

热轧剖分 T 型钢　　　　　　$h_0/t_w \leqslant (15+0.2\lambda)\varepsilon_k$

焊接 T 型钢　　　　　　　$h_0/t_w \leqslant (13+0.17\lambda)\varepsilon_k$

此项限值考虑了翼缘对腹板的约束作用和腹板局部屈曲与杆件整体屈曲之间的关系。

（4）圆管的径厚比

在海洋和化工结构中圆管的径厚比也是根据管壁的局部屈曲不大于构件的整体屈曲确定的。对于无缺陷的圆管，在均匀的轴压力作用下，管壁弹性屈曲应力的理论值是

$$\sigma_{crb} = 1.21Et/D$$

式中　　$D$——管径；

　　　　$t$——壁厚。

但是圆管具有本章 4.1.3 节所述圆柱壳的特点，管壁的缺陷如局部凹凸对屈曲应力的影响很大，管壁越薄而管长度越小，这种影响越大。根据理论分析和试验研究，因径厚比 $D/t$ 不同，弹性屈曲应力要乘以折减系数 $0.3\sim0.6$，而且一般圆管都按在弹塑性状态下工作设计。因此，要求圆管的径厚比不大于由下式算出的比值

$$D/t = 23500/f_y = 100\varepsilon_k^2 \tag{4-111}$$

式中的 $f_y$ 以"N/mm²"计。圆管径厚比限值和钢材屈服强度成反比，而不是像板件那样和 $f_y$ 的平方根成反比，比较式（4-111）和式（4-105），就不难了解其原因。

由式（4-105）可见，在既定的钢材牌号和构件长细比的条件下，系数 $\eta$ 为常数，板件宽厚比 $b_1/t$（或 $h_0/t_w$）与 $\sqrt{\varphi_{min}f_y}$ 成反比。如果在现实设计中轴心受压构件承载力富余较多时，亦即轴力设计值 $N$ 比 $\varphi Af$ 小得较多时，其板件宽厚比可适当放宽。这就是现行《钢结构设计标准》GB 50017 规定可将上述的板件宽厚比限值乘以放大系数 $\sqrt{\varphi fA/N}$ 的渊源。

板件宽厚比超过上述限值时，可采用纵向加劲肋加强。当然亦可考虑利用其屈曲后强度进行设计计算（参见 4.6.4 节）。

## 4.6.2　受弯构件的板件稳定

设计焊接钢梁时，为了获得经济的截面尺寸，常常采用宽而薄的翼缘板和高而薄的腹

板。梁的受压翼缘和轴压杆的翼缘类似，在荷载作用下有可能出现图 4-51（b）所示局部屈曲。梁中段的腹板承受较大的纵向压应力，梁端部的腹板承受剪力引起的斜向压应力，也都有可能出现局部屈曲。板件丧失局部稳定会对梁的承载能力有所影响。为此，不同截面等级的受弯构件有不同的板件宽厚比限值。

1. 翼缘板的局部稳定

梁的翼缘板远离截面的形心，强度一般能够得到比较充分的利用。同时，翼缘板发生局部屈曲，会很快导致梁丧失继续承载的能力。因此，常采用限制翼缘宽厚比的办法，亦即保证必要的厚度的办法，来防止其局部失稳。

梁的受压翼缘与压杆的翼缘相似，可视为三边简支、一边自由的薄板，在两短边（简支边）的均匀压力下工作。在临界应力公式（4-98）中取 $K=0.425$ 和 $\sigma_{cr}=0.95f_y$，可以得到比压杆翼缘略大的 $b_1/t=15$（$b_1$ 是翼缘外伸宽度，见图 4-55）。翼缘的平均应力为 $0.95f_y$，大体上相当于边缘屈服，因而属于 S4 级截面，引进钢号修正系数后，翼缘外伸宽厚比限值是

$$\frac{b_1}{t} \leqslant 15\varepsilon_k \qquad (4\text{-}112)$$

当超静定梁采用塑性设计方法，即允许截面上出现塑性铰并要求有一定转动能力时，翼缘的应变发展较大，甚至达到应变硬化的程度，对其翼缘的宽厚比要求就十分严格，相应的 S1 级翼缘宽厚比限值是

$$\frac{b_1}{t} \leqslant 9\varepsilon_k \qquad (4\text{-}113)$$

当简支梁截面允许出现部分塑性，即在式（3-10）和式（3-11）中取 $\gamma_x=1.05$ 时，翼缘外伸宽厚比也应比式（4-112）严格，即要求满足 S3 级限值：

$$\frac{b_1}{t} \leqslant 13\varepsilon_k \qquad (4\text{-}114)$$

2. 腹板在不同受力状态下的临界应力

为了提高梁腹板的局部屈曲荷载，常采用构造措施，亦即如图 4-58 所示设置加劲肋来予以加强。加劲肋主要可以分为横向、纵向、短加劲肋和支承加劲肋等几种，设计中按照不同情况采用。如果不设置加劲肋，腹板厚度必须用得较大，而大部分应力很低，常不够经济。

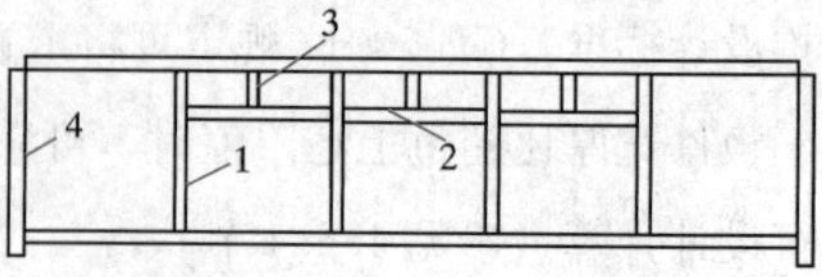

腹板在放置加劲肋以后，被划分为不同的区格。对于简支梁的腹板，根据弯矩和剪力的分布情况，靠近梁端部的区格主要受有剪应力的作用，而在跨中附近的区格则主要受到正应力的作用，其他区格则常受到正应力和剪应力的联合作用。对于受有集

图 4-58　梁的加劲肋示例

1—横向加劲肋；2—纵向加劲肋；
3—短加劲肋；4—支承加劲肋

中荷载作用的区段，则还承受局部压应力的作用。

下面首先分析几种单一应力作用时板区格的临界应力，然后再考虑其共同作用。

（1）在纯弯曲作用下

根据4.6.1节所引用过的弹性薄板稳定理论，对于如图4-59所示纯弯曲作用下的四边支承板，其临界应力仍可与在前述均匀受压板的临界应力采用相同的公式（4-95）表示，仅仅屈曲系数 $K$ 的取值不同

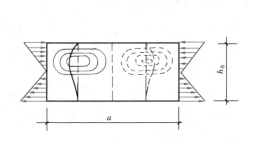

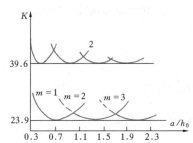

图4-59  板的纯弯屈曲                    图4-60  板的纯弯屈曲系数

$$\sigma_{\mathrm{cr}} = \frac{K\pi^2 E}{12\ (1-\nu^2)}\left(\frac{t_{\mathrm{w}}}{h_0}\right)^2 \tag{4-115}$$

式中  $K$——与板的支承条件有关的屈曲系数；

   $t_{\mathrm{w}}$——腹板厚度；

   $h_0$——腹板计算高度，对热轧型钢不包括向翼缘过渡的圆弧部分。

对于四边简支的板，以边缘压应力 $\sigma$ 为准，理论分析得到 $K_{\min}=23.9$，对于加荷边为简支，其余两边为固定时的四边支承板，$K_{\min}=39.6$，依边长比 $a/h_0$ 的不同，上述两种情况的 $K$ 值变化曲线如图4-60所示。显然，当非加荷两边为弹性固定时，其 $K$ 值应介于上述两曲线之间。

若以 $\nu=0.3$ 及 $E=206\times10^3\,\mathrm{N/mm^2}$ 代入式（4-115）可以得到

腹板简支于翼缘时：

$$\sigma_{\mathrm{cr}} = 445\left(\frac{100t_{\mathrm{w}}}{h_0}\right)^2 \tag{4-116}$$

腹板固定于翼缘时：

$$\sigma_{\mathrm{cr}} = 737\left(\frac{100t_{\mathrm{w}}}{h_0}\right)^2 \tag{4-117}$$

实际上，梁腹板和受拉翼缘相连接的边缘转动受到很大约束，基本上属于完全固定。受压翼缘对腹板的约束作用则除与受压翼缘本身的刚度有关外，还和是否连有能阻止它扭转的构件有关。当连有刚性铺板或焊有钢轨时，上翼缘不能扭转，腹板上边缘近于固定，无刚性构件连接时则介于固定和铰支之间。翼缘对腹板的约束作用由嵌固系数来考虑，亦即把四边简支板的临界应力乘以 $\chi$。现行《钢结构设计标准》GB 50017 对翼缘扭转受到约束和未受约

束两种情况分别取 $\chi=1.66$ 和 $1.0$，前者相当于上下两边固定，临界应力由式（4-117）给出；后者由式（4-116）给出。

若取 $\sigma_{cr} \geqslant f_y$，以保证腹板在边缘屈服前不致发生屈曲，则分别得到

$$\frac{h_0}{t_w} \leqslant 177\varepsilon_k \quad 和 \quad \frac{h_0}{t_w} \leqslant 138\varepsilon_k \tag{4-118}$$

亦即满足式（4-118）时，在纯弯曲作用下，腹板不会丧失稳定。

现行《钢结构设计标准》GB 50017 取国际上通行的正则化高厚比

$$\lambda_b = \sqrt{f_y/\sigma_{cr}} \tag{4-119}$$

作为参数来计算临界应力。在上式中代入式（4-117）和式（4-116）的临界应力，可得如下的正则化高厚比

受压翼缘扭转受到约束时：

$$\lambda_b = \frac{h_0/t_w}{177\varepsilon_k} \tag{4-120}$$

受压翼缘扭转未受约束时：

$$\lambda_b = \frac{h_0/t_w}{138\varepsilon_k} \tag{4-121}$$

当梁中和轴不在腹板高度中央时，上两式中的 $h_0$ 用腹板受压区高度 $h_c$ 的 2 倍代替。

弹性临界应力由下式表达：

$$\sigma_{cr} = f_y/\lambda_b^2 \tag{4-122}$$

现行《钢结构设计标准》GB 50017 用 $1.1f$ 代替 $f_y$，弹性临界应力的计算公式是

$$\sigma_{cr} = 1.1f/\lambda_b^2 \tag{4-123}$$

此式未引进抗力分项系数，原因是：（1）弹性临界应力应取决于弹性模量 $E$，它的变异性不如屈服强度大；（2）板件在弹性范围屈曲后，还有承载潜力。

由于钢材是弹塑性体，现行《钢结构设计标准》GB 50017 给出的临界应力公式共有三个，分别适用于塑性、弹塑性、弹性范围。式（4-123）即为其中第三个公式。第一个公式是

$$\sigma_{cr} = f \tag{4-124}$$

适用于 $\lambda_b \leqslant 0.85$，对于理想的弹塑性板，$\lambda_b = 1.0$ 才是临界应力由塑性转入弹性的分界点。考虑到存在有残余应力和几何缺陷，把塑性范围缩小到 $\lambda_b \leqslant 0.85$，弹性范围则推迟到 $\lambda_b = 1.25$ 开始。$0.85 < \lambda_b \leqslant 1.25$ 属于弹塑性过渡范围，临界应力由下列直线式表达（图 4-61）：

$$\sigma_{cr} = [1 - 0.75(\lambda_b - 0.85)]f \tag{4-125}$$

在梁整体稳定的计算中，弹性界限为 $0.6f_y$。如果以此为界，则弹性范围 $\lambda_b$ 起始于 $(1/0.6)^{1/2} = 1.29$。鉴于残余应力对腹板局部稳定的影响不如对整体失稳大，现行《钢结构设计标准》GB 50017 取 1.25。图 4-61 的实线表示三个计算公式，虚线则属于理想弹塑性板。

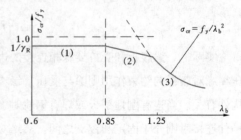

图 4-61 临界应力的三个公式

（2）在纯剪切作用下

取如图 4-62 所示的梁腹板区格，假定其在纯剪切作用下工作，剪切临界应力的形式仍可表示为与正应力作用下相似的形式：

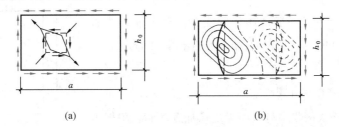

图 4-62　板的纯剪屈曲

（a）受力图；（b）屈曲变形

$$\tau_{cr} = \frac{\chi K \pi^2 E}{12\ (1-\nu^2)} \left(\frac{t_w}{h_0}\right)^2 \tag{4-126}$$

对于四边简支板，屈曲系数 $K$ 可以近似取用

$$K = 4.0 + 5.34 \left(\frac{h_0}{a}\right)^2 \quad (a/h_0 \leqslant 1) \tag{4-127}$$

和

$$K = 5.34 + 4.0 \left(\frac{h_0}{a}\right)^2 \quad (a/h_0 > 1) \tag{4-128}$$

考虑到简支梁最大剪力出现在梁端，该处翼缘板应力很小，可对腹板起约束作用，取嵌固系数 $\chi = 1.23$，和弯曲应力类似，现行《钢结构设计标准》GB 50017 规定 $\tau_{cr}$ 由三个式子计算，分别用于塑性、弹塑性和弹性范围，即

$$\tau_{cr} = \begin{cases} f_v & (\lambda_s \leqslant 0.8) & (4\text{-}129a) \\ [1 - 0.59(\lambda_s - 0.8)]f_v & (0.8 < \lambda_s \leqslant 1.2) & (4\text{-}129b) \\ 1.1 f_v / \lambda_s^2 & (\lambda_s > 1.2) & (4\text{-}129c) \end{cases}$$

$\lambda_s$ 为用于受剪腹板的正则化高厚比，由下式计算

$$\lambda_s = \frac{h_0/t_w}{41\sqrt{4 + 5.34(h_0/a)^2}} \times \frac{1}{\varepsilon_k} \quad (a/h_0 \leqslant 1.0) \tag{4-130}$$

$$\lambda_s = \frac{h_0/t_w}{41\sqrt{5.34 + 4(h_0/a)^2}} \times \frac{1}{\varepsilon_k} \quad (a/h_0 > 1.0) \tag{4-131}$$

通常认为钢材剪切比例极限等于 $0.8 f_{vy}$，引进几何缺陷影响系数 0.9，则弹性范围起始于 $[1/(0.8 \times 0.9)]^{1/2} \approx 1.2$。

当腹板不设加劲肋时，$K = 5.34$。若要求 $\tau_{cr} = f_v$，则 $\lambda_s$ 不应超过 0.8。由上式可得高厚比限值

$$\frac{h_0}{t_w} = 0.8 \times 41 \sqrt{5.34}\varepsilon_k = 75.8\varepsilon_k$$

考虑到区格平均剪应力一般低于 $f_v$，现行《钢结构设计标准》GB 50017 规定的限值为 $80\varepsilon_k$。

式（4-130）和式（4-131）是以翼缘对腹板提供约束，即取 $\chi=1.23$ 建立的，一般适用于简支梁。对于框架梁而言，式（4-130）和式（4-131）右端分母的系数 41 宜取为 37 计算。

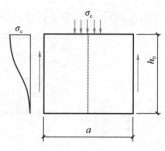

图 4-63 板在横向压力作用下的屈曲

（3）在横向压力作用下

当梁上有比较大的集中荷载而无支承加劲肋时，腹板边缘将承受如图 4-63 所示的局部压应力作用，板可能因此而产生屈曲。其临界应力的形式仍可表示为

$$\sigma_{c,cr}=\frac{\chi K \pi^2 E}{12\ (1-\nu^2)}\left(\frac{t_w}{h_0}\right)^2 \tag{4-132}$$

根据理论分析，对于四边简支板，其屈曲系数 $K$ 可以近似表示为

$$K=\left(4.5\frac{h_0}{a}+7.4\right)\frac{h_0}{a}\qquad\left(0.5\leqslant\frac{a}{h_0}\leqslant1.5\right) \tag{4-133}$$

$$K=\left(11-0.9\frac{h_0}{a}\right)\frac{h_0}{a}\qquad\left(1.5<\frac{a}{h_0}\leqslant2.0\right) \tag{4-134}$$

对于组合梁中的腹板，考虑到翼缘对腹板的约束作用，可以取嵌固系数 $\chi$ 为

$$\chi=1.81-0.255h_0/a \tag{4-135}$$

屈曲系数和嵌固系数的乘积可以简化为

$$\chi K=\begin{cases}10.9+13.4\ (1.83-a/h_0)^3 & (0.5\leqslant a/h_0\leqslant1.5) & \text{(4-136a)}\\ 18.9-5a/h_0 & (1.5<a/h_0\leqslant2.0) & \text{(4-136b)}\end{cases}$$

把 $\chi K$ 值代入式（4-132）即可计算集中荷载作用下的临界应力，现行《钢结构设计标准》GB 50017 也给出了适用于不同范围的三个临界应力计算公式

$$\sigma_{c,cr}=\begin{cases}f & (\lambda_c\leqslant0.9) & \text{(4-137a)}\\ [1-0.79(\lambda_c-0.9)]f & (0.9<\lambda_c\leqslant1.2) & \text{(4-137b)}\\ 1.1f/\lambda_c^2 & (\lambda_c>1.2) & \text{(4-137c)}\end{cases}$$

相应的通用高厚比由下式给出

$$\lambda_c=\begin{cases}\dfrac{h_0/t_w}{28\sqrt{10.9+13.4(1.83-a/h_0)^3}\varepsilon_k} & (0.5\leqslant a/h_0\leqslant1.5) & \text{(4-138a)}\\[4mm] \dfrac{h_0/t_w}{28\ \sqrt{18.9-5a/h_0}\varepsilon_k} & (1.5<a/h_0\leqslant2.0) & \text{(4-138b)}\end{cases}$$

梁腹板的上述三种应力常同时出现在同一区格，因此必须考虑它们对腹板屈曲的联合效应。联合作用下的临界条件一般用相关公式来表达，将在下面结合加劲肋配置来阐述。

3. 腹板加劲肋的设计

在焊接梁的设计中，为了避免过于纤薄的腹板可能导致的焊接翘曲，一般宜将腹板高厚比控制在如下范围

$$\frac{h_0}{t_w} \leqslant 250 \qquad (4\text{-}139)$$

腹板的局部稳定计算可按是否利用腹板屈曲后强度而划分为两类。承受静力荷载的受弯构件宜在腹板的局部稳定计算中利用腹板屈曲后强度，以达到充分发挥材料抗力的目的，其计算方法见4.6.4节，而直接承受动力荷载的吊车梁与其他需要计算疲劳的构件通常在腹板的局部稳定计算中不考虑腹板屈曲后强度。高而薄的腹板常采用配置加劲肋的方法（图4-64）来保证局部稳定。下面将分别论述在不考虑腹板屈曲后强度时，受弯构件腹板加劲肋的配置、计算和有关构造问题。

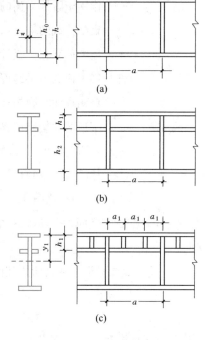

图 4-64　腹板加劲肋布置
（a）仅设横肋；（b）设置横肋、纵肋；
（c）另配短肋

（1）腹板加劲肋的配置

1）对于 $h_0/t_w \leqslant 80\varepsilon_k$ 的梁，无局部压应力($\sigma_c = 0$)时，一般可不配置加劲肋。如果有局部压应力（$\sigma_c \neq 0$），腹板的受力状态比较复杂，现行《钢结构设计标准》GB 50017 规定宜按构造要求在腹板上配置横向加劲肋，加劲肋的间距 $a$ 应满足 $0.5h_0 \leqslant a \leqslant 2h_0$（图4-64a）。

2）对于 $h_0/t_w > 80\varepsilon_k$ 的梁，一般应配置横向加劲肋并按本节的要求计算局部稳定。

3）梁的受压翼缘扭转未受到约束且腹板高厚比 $h_0/t_w > 150\varepsilon_k$ 者，受压翼缘扭转虽受到约束但 $h_0/t_w > 170\varepsilon_k$ 者，以及仅配置横向加劲肋还不足以满足腹板的局部稳定要求时，均应在弯曲应力较大区段的腹板受压区配置纵向加劲肋（图4-64b）。必要时，尚宜在受压区配置短加劲肋（图4-64c），并均应按规定计算。

4）在梁的支座处和上翼缘受有较大固定集中荷载处，宜设置支承加劲肋。

对于按塑性设计方法设计的超静定梁，为了保证塑性变形的充分发展，在形成塑性铰的截面，其腹板的高厚比应满足 $h_0/t_w \leqslant 65\varepsilon_k$（S1 级），比一般梁更为严格。

（2）腹板加劲肋配置的计算

配置腹板加劲肋时，一般需先进行加劲肋的布置，然后进行验算，并做必要的调整。局部稳定的验算以相关方程来表达。

1) 仅配置有横向加劲肋的腹板（图 4-64a），其各区格应满足下列条件：

$$\left(\frac{\sigma}{\sigma_{cr}}\right)^2 + \frac{\sigma_c}{\sigma_{c,cr}} + \left(\frac{\tau}{\tau_{cr}}\right)^2 \leqslant 1 \tag{4-140}$$

式中　　　　$\sigma$——所计算腹板区格内，由平均弯矩产生的腹板计算高度边缘的弯曲压应力，$\sigma = Mh_c/I$，$h_c$ 为腹板弯曲受压区高度，对双轴对称截面，$h_c = h_0/2$；

$\tau$——所计算腹板区格内，由平均剪力产生的腹板平均剪应力，$\tau = V/(h_w t_w)$；

$\sigma_c$——所计算腹板区格内，腹板边缘的局部压应力，$\sigma_c = \psi F/(t_w l_z)$；

$F$——作用于腹板平面的集中荷载设计值，对动力荷载应考虑动力系数；

$\psi$——集中荷载的增大系数，一般取 $\psi = 1.0$，重级工作制吊车梁取 $\psi = 1.35$；

$l_z$——集中荷载在腹板计算高度边缘的假定分布长度，可取 $l_z = a + 5h_y + 2h_R$；

$a$——集中荷载沿梁跨度方向的支承长度，钢轨上的轮压可取 50mm；

$h_y$——自梁顶面至腹板计算高度上边缘的距离，焊接梁取上翼缘厚度，轧制工字形截面梁则取梁顶面到腹板过渡完成点的距离；

$h_R$——轨道的高度，无轨道则取 0；

$\sigma_{cr}$、$\tau_{cr}$ 和 $\sigma_{c,cr}$——相应应力单独作用下的屈曲应力，分别按式(4-123)~式(4-125)、式(4-129a)~式(4-129c)和式(4-137a)~式(4-137c)计算。

2) 同时配置有横向加劲肋和纵向加劲肋的腹板（图 4-64b、c），其各区格的局部稳定应满足：

（a）受压翼缘与纵向加劲肋之间的区格

$$\frac{\sigma}{\sigma_{cr1}} + \left(\frac{\sigma_c}{\sigma_{c,cr1}}\right)^2 + \left(\frac{\tau}{\tau_{cr1}}\right)^2 \leqslant 1 \tag{4-141}$$

式中 $\sigma_{cr1}$、$\tau_{cr1}$ 和 $\sigma_{c,cr1}$ 分别如下计算。

（ⅰ）$\sigma_{cr1}$ 按式(4-123)~式(4-125)计算，但式中的 $\lambda_b$ 改用下列 $\lambda_{b1}$ 代替

梁受压翼缘扭转受到约束时：　　　　$\lambda_{b1} = \dfrac{h_1/t_w}{75\varepsilon_k}$ \qquad (4-142)

梁受压翼缘扭转未受到约束时：　　　　$\lambda_{b1} = \dfrac{h_1/t_w}{64\varepsilon_k}$ \qquad (4-143)

（ⅱ）$\tau_{cr1}$ 按式(4-129a)~式(4-129c)计算，但式中的 $h_0$ 改用 $h_1$。

（ⅲ）$\sigma_{c,cr1}$ 亦按式(4-123)~式(4-125)计算，但式中的 $\lambda_b$ 改用下列 $\lambda_{c1}$ 代替

梁受压翼缘扭转受到约束时：　　　　$\lambda_{c1} = \dfrac{h_1/t_w}{56\varepsilon_k}$ \qquad (4-144)

梁受压翼缘扭转未受到约束时：　　　　$\lambda_{c1} = \dfrac{h_1/t_w}{40\varepsilon_k}$ \qquad (4-145)

（b）受拉翼缘与纵向加劲肋之间的区格

$$\left(\frac{\sigma_2}{\sigma_{cr2}}\right)^2 + \frac{\sigma_{c2}}{\sigma_{c,cr2}} + \left(\frac{\tau}{\tau_{cr2}}\right)^2 \leqslant 1 \tag{4-146}$$

式中　$\sigma_2$——所计算区格内由弯矩产生的腹板在纵向加劲肋处压应力的平均值；

　　　$\sigma_{c2}$——腹板在纵向加劲肋处的横向压应力，取为 $0.3\sigma_c$。

（ⅰ）$\sigma_{cr2}$ 按式(4-123)～式(4-125)计算，但式中的 $\lambda_b$ 改用下列 $\lambda_{b2}$ 代替

$$\lambda_{b2} = \frac{h_2/t_w}{194\varepsilon_k} \tag{4-147}$$

（ⅱ）$\tau_{cr2}$ 按式（4-129a）～式（4-129c）计算，但式中的 $h_0$ 改用 $h_2(h_2 = h_0 - h_1)$。

（ⅲ）$\sigma_{c,cr2}$ 按式（4-137a）～式（4-137c）计算，但式中的 $h_0$ 改用 $h_2$。当 $a/h_2 > 2$ 时，取 $a/h_2 = 2$。

3）在受压翼缘与纵向加劲肋之间配置有短加劲肋的区格，其局部稳定应按现行《钢结构设计标准》GB 50017 的规定计算。

（3）腹板加劲肋的构造要求

加劲肋常在腹板两侧成对配置（图 4-65a），对于仅受静荷载作用或受动荷载作用较小的梁腹板，为了节省钢材和减轻制造工作量，其横向和纵向加劲肋亦可考虑单侧配置（图 4-65b）。

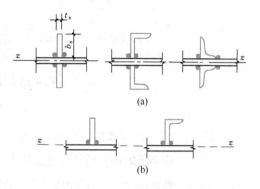

图 4-65　加劲肋形式

(a) 双侧布置；(b) 单侧布置

加劲肋可以用钢板或型钢做成，焊接梁一般常用钢板。

为保证梁腹板的局部稳定，加劲肋应具有一定的刚度，为此要求：

1）在腹板两侧成对配置的钢板横向加劲肋，其截面尺寸按下列经验公式确定

外伸宽度：　　　　　　　　　　$b_s \geqslant h_0/30 + 40$（mm）　　　　　　　　　　（4-148）

厚度：　　　　　　　　　　　　$t_s \geqslant b_s/15$　　　　　　　　　　　　　　　（4-149）

对于端部不承受集中力压力的加强肋，厚度可放宽为 $b_s/19$。

2）仅在腹板一侧配置的钢板横向加劲肋，其外伸宽度应大于按式（4-148）算得的 1.2 倍，厚度应不小于其外伸宽度的 1/15 和 1/19。

3）在同时用横向加劲肋和纵向加劲肋加强的腹板中，应在其相交处将纵向加劲肋断开，横向加劲肋保持连续（图 4-66）。此时横向加劲肋对纵肋起支承作用，截面尺寸除应满足上述要求外，其绕 $z$ 轴（图 4-65）的惯性矩还应满足：

$$I_z \geqslant 3h_0 t_w^3 \tag{4-150}$$

纵向加劲肋截面绕 $y$ 轴（图 4-66b）的惯性矩应满足下列公式的要求：

$$I_y \geqslant 1.5 h_0 t_w^3 \quad (a/h_0 \leqslant 0.85) \tag{4-151}$$

$$I_y \geqslant (2.5 - 0.45 a/h_0)(a/h_0)^2 h_0 t_w^3 \quad (a/h_0 > 0.85) \tag{4-152}$$

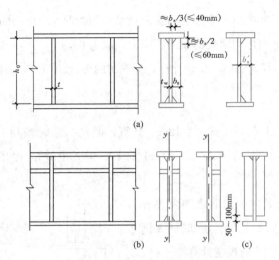

图 4-66　加劲肋构造

（a）加劲肋构造；（b）$y$ 轴；（c）加劲肋下端断开

4）当配置有短加劲肋时，其短加劲肋的外伸宽度应取为横向加劲肋外伸宽度的 0.7～1.0 倍，厚度不应小于短加劲肋外伸宽度的 1/15。

5）用型钢做成的加劲肋，其截面相应的惯性矩不得小于上述对于钢板加劲肋惯性矩的要求。

为了减少焊接应力，避免焊缝的过分集中，横向加劲肋的端部应切去宽约 $b_s/3$（但不大于 40mm），高约 $b_s/2$（但不大于 60mm）的斜角（图 4-66a），以使梁的翼缘焊缝连续通过。在纵向加劲肋与横向加劲肋相交处，应将纵向加劲肋两端切去相应的斜角，使横向加劲肋与腹板连接的焊缝连续通过。

吊车梁横向加劲肋的上端应与上翼缘刨平顶紧，当为焊接吊车梁时，尚宜焊接。中间横向加劲肋的下端一般在距受拉翼缘 50～100mm 处断开（图 4-66c），不应与受拉翼缘焊接，以改善梁的抗疲劳性能。

（4）支承加劲肋的计算

支承加劲肋是指承受固定集中荷载或梁支座反力的横向加劲肋，这种加劲肋应在腹板两侧成对配置（图 4-67），其截面常较一般中间横向加劲肋的截面为大，并需要进行计算。

1）支承加劲肋的稳定性计算

支承加劲肋按承受固定集中荷载或梁支座反力的轴心受压构件，计算其在腹板平面外的稳定性。此受压构件的截面面积 $A$ 包括加劲肋和加劲肋每侧 $15t_w$ 范围内的腹板面积，计算长度偏于安全地取为 $h_0$。图 4-67（b）的支承加劲肋为 T 形截面杆，其荷载作用在截面剪心，面外屈曲时并不扭转，在验算稳定时无须考虑扭转效应。

2）承压强度计算

梁支承加劲肋的端部应按所承受的固定集中荷载或支座反力计算，当加劲肋的端部刨平

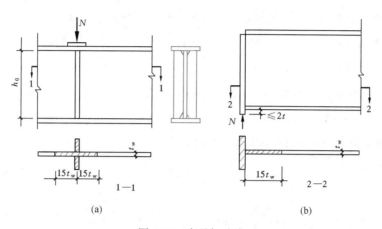

图 4-67 支承加劲肋

(a) 中间加劲肋计算截面；(b) 端加劲肋计算截面

顶紧时，应用下式计算其端面承压应力：

$$\sigma = N/A_b \leqslant f_{ce} \tag{4-153}$$

式中 $f_{ce}$——钢材端面承压的强度设计值；

$A_b$——支承加劲肋与翼缘板或柱顶相接触的面积。

对于图 4-67（b）所示的突缘支座，若应用式（4-153）按端面承压验算，必须保证支承加劲肋向下的伸出长度不大于 $2t$。

【例题 4-12】考察例题 3-4 中主梁 $B$ 的板件稳定性。

【解】此梁在计算强度时取 $\gamma_x = 1.05$，板件宽厚比应满足 S3 级截面要求。梁翼缘的宽厚比

$$\frac{b_1}{t} = \frac{(280-8)/2}{14}$$
$$= \frac{136}{14} = 9.71 < 13\varepsilon_k$$

梁的腹板高厚比

$$80\varepsilon_k < \frac{h_0}{t_w} = \frac{100}{0.8} = 125 < 150\varepsilon_k$$

应按照计算配置横向加劲肋。

考虑到在次梁处应配置横向加劲肋，故取横向加劲肋的间距为 $a = 150\mathrm{cm} < 2h_0 = 200\mathrm{cm}$（如图 4-68 所示）。加劲肋如此布置后，各区格就可作为无局部压应力的情形计算。

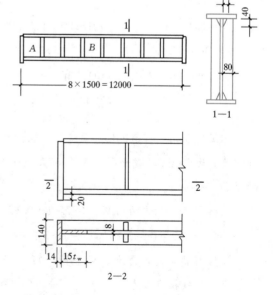

图 4-68 加劲肋布置和构造

引用例题 3-4 中的相关数据，腹板区格 $A$ 的局部稳定验算如下。

区格 $A$ 左端的内力为　$V_l=386.61-93.8=292.81\text{kN}$，$M_l=0\text{kN}\cdot\text{m}$

区格 $A$ 右端的内力　$V_\text{r}=292.81-1.463\times1.5\times1.3=289.96\text{kN}$

$$M_\text{r}=292.81\times1.5-1.463\times1.5^2\times1.3/2=437.08\text{kN}\cdot\text{m}$$

近似取校核应力为　$\sigma=M_\text{r}/W=437.08\times10^6/(5218\times10^3)=83.76\text{N/mm}^2$

$$\tau=V_l/(h_0t_\text{w})=292.81\times10^3/(8\times1000)=36.60\text{N/mm}^2$$

设次梁不能有效约束主梁受压翼缘的扭转，则

$$\lambda_\text{b}=\frac{1000/8}{138}=0.91>0.85,\sigma_\text{cr}=[1-0.75\times(0.91-0.85)]f=205\text{N/mm}^2$$

$$\lambda_\text{s}=\frac{1000/8}{41\sqrt{5.34+4\times(1000/1500)^2}}=1.1\left(\frac{a}{h_0}=\frac{1500}{1000}=1.5>1.0\right)$$

$$\tau_\text{cr}=[1-0.59(\lambda_\text{s}-0.8)]f_\text{v}=[1-0.59\times(1.1-0.8)]\times125=102.8\text{N/mm}^2$$

将上列数据代入式(4-140)，有

$$\left(\frac{83.76}{205}\right)^2+\left(\frac{36.60}{102.8}\right)^2=0.294<1.0$$

同理可作跨中腹板区格 $B$ 的局部稳定验算如下。

区格 $B$ 左端的内力　$V_l=386.61-93.8-187.6-1.463\times4.5\times1.3=96.65\text{kN}$

$M_l=(386.61-93.8)\times4.5-187.6\times1.5-1.463\times4.5^2\times1.3/2=1016.99\text{kN}\cdot\text{m}$

区格 $B$ 右端的内力为　　$V_\text{r}\approx V_l$，$M_\text{r}=1159.83\text{kN}\cdot\text{m}$

近似取校核应力为

$$\sigma=(M_\text{r}+M_l)/2W=(1016.99+1159.83)\times10^6/(2\times5218\times10^3)=208.58\text{N/mm}^2$$

$$\tau=(V_l+V_\text{r})V_l/(2h_0t_\text{w})=96.65\times10^3/(8\times1000)=12.08\text{N/mm}^2$$

将上列数据代入式(4-140)，有

$$\left(\frac{208.58}{205}\right)^2+\left(\frac{12.08}{102.8}\right)^2=1.049>1.0$$

不满足要求，可通过增加翼缘厚度的方式增大截面模量从而降低腹板边缘正应力。取翼缘厚度 $t_\text{f}$ 为 16mm，截面模量 $W=5773.5\text{cm}^3$，梁自重为 1566N/m，再次按上述方法进行验算。

区格 $B$ 左端的内力为 $V_l=387.41-93.8-187.6-1.463\times4.5\times1.3=97.45\text{kN}$

$M_l=(387.41-93.8)\times4.5-187.6\times1.5-1.463\times4.5^2\times1.3/2=1020.59\text{kN}\cdot\text{m}$

区格 $B$ 右端的内力为　　$V_\text{r}\approx V_l$，$M_\text{r}=1164.63\text{kN}\cdot\text{m}$

近似取校核应力为

$$\sigma=(M_\text{r}+M_l)/2W=(1020.59+1164.63)\times10^6/(2\times5773.5\times10^3)=189.25\text{N/mm}^2$$

$$\tau=(V_l+V_\text{r})V_l/(2h_0t_\text{w})=97.45\times10^3/(8\times1000)=12.18\text{N/mm}^2$$

将上列数据代入式(4-140)，有

$$\left(\frac{189.25}{205}\right)^2 + \left(\frac{12.18}{102.8}\right)^2 = 0.866 < 1.0$$

支承加劲肋设计：

梁的两端采用图 4-67(b)所示突缘式支座。根据梁端截面尺寸(翼缘厚度取 16mm)，选用支承加劲肋的截面为—140×14，伸出翼缘下面 20mm，小于 $2t=32$mm。

稳定性计算：此题的支座反力 $N$ 为 387.41kN，计算用截面面积为

$$A=14\times1.4+15\times0.8\times0.8=19.6+9.6=29.2\text{cm}^2$$

绕腹板中线的截面惯性矩为

$$I=1.4\times14^3/12+15\times0.8\times0.8^3/12=320.1+0.512\approx321\text{cm}^4$$

说明部分腹板绕本身轴线的截面惯性矩很小，可以忽略不计。

回转半径为

$$i=\sqrt{\frac{321}{29.2}}=3.32\text{cm}$$

$$\lambda=100/3.32=30.1$$

截面应属 c 类，依据附表 17(c)查得稳定系数 $\varphi=0.901$

$$\frac{N}{\varphi A f}=\frac{387.41\times10^3}{0.901\times29.2\times10^2\times215}=0.684<1.0$$

承压强度计算：承压面积 $A_b=19.6\text{cm}^2$

钢材端面承压强度设计值为 $f_{cc}=320\text{N/mm}^2$

$$\sigma=N/A_b=387.41\times10^3/(19.6\times10^2)=197.7\text{N/mm}^2<f_{cc}$$

从以上计算看，支承加劲肋的截面用的偏大一些，但考虑到支承加劲肋截面稍大，更有利于增强梁的支座处截面刚度，不再减小截面。

### 4.6.3 压弯构件的板件稳定

1. 腹板的稳定

压弯构件的腹板处于剪应力和非均匀压应力联合作用下 (图 4-69 所示)，其弹性屈曲条件用以下公式表示比较合适

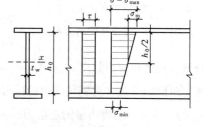

图 4-69 压弯构件腹板受力状态

$$\left[1-\left(\frac{\alpha_0}{2}\right)^5\right]\frac{\sigma}{\sigma_0}+\left(\frac{\alpha_0}{2}\right)^5\left(\frac{\sigma}{\sigma_0}\right)^2+\left(\frac{\tau}{\tau_0}\right)^2=1$$

(4-154)

式中 $\tau$、$\sigma$——分别是压弯构件在剪力作用下腹板的平均剪应力和在弯矩与轴力的共同作用下腹板边缘的最大压应力；

$\alpha_0$——与腹板两侧边缘的正应力（以压应力为正计之）$\sigma_{max}$ 和 $\sigma_{min}$ 有关的应力梯

度，即

$$\alpha_0 = (\sigma_{\max} - \sigma_{\min}) / \sigma_{\max}$$

$\tau_0$——腹板仅受剪应力作用时的屈曲剪应力。对于柱腹板可在式（4-128）中取 $a/h_0$ =3 计算（$K_\tau = 5.784$），亦即

$$\tau_0 = 5.784 \times \frac{\pi^2 E t_{\mathrm{w}}^2}{12 \ (1 - \nu^2) \ h_0^2} \tag{4-155}$$

$\sigma_0$——腹板仅受弯矩和轴线压力联合作用时的屈曲应力，即

$$\sigma_0 = K_\sigma \frac{\pi^2 E t_{\mathrm{w}}^2}{12 \ (1 - \nu^2) \ h_0^2} \tag{4-156}$$

弹性屈曲系数 $K_\sigma$ 取决于应力梯度 $\alpha_0$，其值见表 4-9。

在非均匀压应力和剪应力联合作用下腹板的弹性屈曲系数　　　　　表 4-9

| $\alpha_0$ | 0 | 0.2 | 0.4 | 0.6 | 0.8 | 1.0 | 1.2 | 1.4 | 1.6 | 1.8 | 2.0 |
|---|---|---|---|---|---|---|---|---|---|---|---|
| $K_\sigma$ ($\tau=0$) | 4.000 | 4.443 | 4.992 | 5.689 | 6.595 | 7.812 | 9.503 | 11.868 | 15.183 | 19.524 | 23.922 |
| $K_{\mathrm{e}}$ ($\tau=0.3\sigma_{\mathrm{m}}$) | 4.000 | 4.435 | 4.970 | 5.640 | 6.469 | 7.507 | 8.815 | 10.393 | 12.150 | 13.800 | 15.012 |

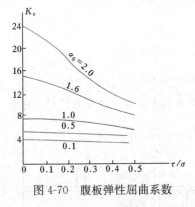

图 4-70　腹板弹性屈曲系数

一般压弯构件的剪应力对腹板屈曲的影响较小。因此，可以寻求比式（4-154）简便的方法来计算腹板的局部屈曲。对于一定的 $\alpha_0$，$K_\sigma$ 为已知，$K_\tau$ 取常数 5.784，则以不同的剪应力 $\tau$ 代入式（4-154），可以得到剪应力和压应力联合作用下的弹性屈曲应力 $\sigma_{\mathrm{cr}}$，并用下式表示

$$\sigma_{\mathrm{cr}} = K_{\mathrm{e}} \frac{\pi^2 E t_{\mathrm{w}}^2}{12 \ (1 - \nu^2) \ h_0^2} \tag{4-157}$$

式中 $K_{\mathrm{e}}$ 为与比值 $\tau/\sigma$ 及 $\alpha_0$ 有关的弹性屈曲系数，见图 4-70。从图可知，剪应力的存在降低了腹板的屈曲应力，其降低的程度与应力梯度 $\alpha_0$ 有关，当 $\alpha_0 = 2$ 即纯弯曲时影响最大，而 $\alpha_0$ 接近于零（即均匀受压）时影响甚微。对钢结构中的压弯构件，经分析，对厂房柱一类构件可取 $\tau$ 为弯曲压应力 $\sigma_{\mathrm{m}}$ 的 0.3 倍，与板边缘的正应力的关系是 $\tau/\sigma = 0.15\alpha_0$。这时，由式（4-154）和式（4-157）即可得到弹性屈曲系数 $K_{\mathrm{e}}$，也见表 4-9。

由式（4-157）得到的屈曲应力只适用于弹性状态屈曲的板。对于在弯矩作用平面内失稳的压弯构件，截面一般都不同程度地开展了塑性。需要根据板的塑性屈曲理论确定腹板的塑性屈曲系数 $K_{\mathrm{p}}$，用以代替式（4-157）中的 $K_{\mathrm{e}}$。塑性屈曲系数 $K_{\mathrm{p}}$ 的确定比较复杂，这里不作介绍。一旦确定了 $K_{\mathrm{p}}$，腹板高厚比的容许值可由 $\sigma_{\mathrm{cr}} = f_{\mathrm{y}}$ 确定。

经过计算分析可得 $h_0/t_{\mathrm{w}}$ 限值与 $\alpha_0$ 之间的关系曲线如图 4-71 中的虚线。在计算时假定

了腹板塑性区的深度为其高度的四分之一,即属于 S3 级板件。现行《钢结构设计标准》GB 50017 对 S3 级的压弯构件腹板采用了下列宽厚比限值

$$\frac{h_0}{t_w} \leqslant (40 + 18\alpha_0^{1.5})\varepsilon_k \tag{4-158}$$

对于 $\varepsilon_k = 1$ 的 Q235 钢构件,此式为图 4-71 的实曲线。考虑缺陷的影响它比理论曲线略低,并在 $\alpha_0 = 0$ 时和轴压构件相衔接。

对实腹式压弯构件要求不出现局部稳定时,现行《钢结构设计标准》GB 50017 规定腹板应满足 S4 级板件要求

$$h_0/t_w \leqslant (45 + 25\alpha_0^{1.66})\varepsilon_k$$

在宽度很大的实腹式柱中腹板的高厚比也可以超过 S4 级板件所规定的值。这时应采取腹板的有效截面进行构件的整体稳定验算,详见 4.6.4 节之 4。

对于十分宽大的实腹柱,也可以在腹板中央设置纵向加劲肋以减少腹板的计算高度 $h_0$。为了防止构件变形,应设置如图 4-72(a)所示横隔。每个运送单元不应少于两个横隔,且横隔间距不大于 8m。

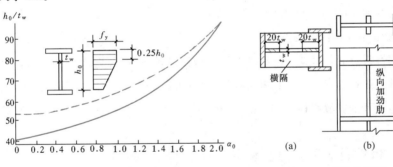

图 4-71 腹板的容许高厚比　　图 4-72 宽柱的腹板
　　　　　　　　　　　　　　　　(a)横隔;(b)纵向加劲肋

2. 翼缘的稳定

根据受压最大的翼缘和构件等稳定的原则,压弯构件的翼缘一般都在弹塑性状态屈曲。翼缘宽厚比的容许值可以按照式(4-98)确定。

$$\frac{b_1}{t} = \sqrt[4]{\eta}\sqrt{\frac{0.425\pi^2 E}{12(1-\nu^2)\,\sigma_{cr}}} \tag{4-159}$$

对于 S3 级构件(计算强度和稳定性时取 $\gamma_x = 1.05$),现行《钢结构设计标准》GB 50017 要求 $b_1/t \leqslant 13\varepsilon_k$;对于 S4 级构件($\gamma_x = 1.0$)则取 $b_1/t \leqslant 15\varepsilon_k$。

【例题 4-13】 验算例题 4-10 中压弯构件的板件宽厚比是否在规范容许范围之内。

【解】 截面特性:$A = 151\text{cm}^2$,$I_x = 133296\text{cm}^4$。长细比 $\lambda_x = 33.7$,轴线压力 $N = 800\text{kN}$,在构件中央截面有最大弯矩 $M = 400\text{kN} \cdot \text{m}$。

(1)检验翼缘的宽厚比

例题 4-10 在计算构件稳定时采用 $\gamma_x = 1.05$,表明截面属于 S3 级。从弯矩作用平面内的

稳定计算看，应力远没有用足，板件宽厚比应该可以放宽到 S4
级，实际 $b_1/t = 119/12 = 9.92 < 11$，达到了 S2 级要求。

（2）检验腹板的高厚比

先计算腹板边缘的应力，以压应力为正值，拉应力为负值。

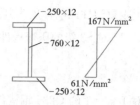

图 4-73　例题 4-13 图

在腹板的上边缘

$$\sigma_{max} = \frac{N}{A} + \frac{My_1}{I_x} = \frac{800 \times 10^3}{151 \times 10^2} + \frac{400 \times 10^6 \times 380}{133296 \times 10^4} = 53 + 114 = 167 \text{N/mm}^2$$

在腹板的下边缘（见图 4-73）

$$\sigma_{min} = N/A - My_1/I_x = 53 - 114 = -61 \text{N/mm}^2$$

应力梯度

$$\alpha_0 = (\sigma_{max} - \sigma_{min})/\sigma_{max} = [167 - (-61)]/167 = 1.365$$

S3 级截面的腹板宽厚比限值为

$$\frac{h_0}{t_w} = (40 + 18 \times 1.365^{1.5})\varepsilon_k = 68.7$$

截面实际的高厚比 $76/1.2 = 63.3 < 68.7$，满足要求。

3. 塑性设计中框架柱的板件

当采用塑性设计时，框架柱的板件宽厚比应该满足 S1 级压弯构件的要求，以保证在塑性发展时板件不失稳。现行《钢结构设计标准》GB 50017 对工形截面柱的翼缘板的规定和受弯构件塑性设计的梁翼缘板相同，即 $b_1/t \leqslant 9\varepsilon_k$。对腹板则为 $h_0/t_w \leqslant (33 + 13\alpha_0^{1.3})\varepsilon_k$。

### 4.6.4　板件屈曲后的强度利用

在 4.6.1 节中对均匀受压的板件曾要求其在构件发生整体失稳之前不致凸曲，板件的容许宽厚比是根据板件与构件等稳准则确定的。但实际上，宽厚比超限的板件，在凸曲以后仍能继续承担更大的压力，亦即具有屈曲后强度。

1. 板件屈曲后的强度

在研究板件屈曲后强度之前，先考察一下图 4-74 所示由具有截面相同纵横板条连接而成的平面结构。此结构的周边支承具有很大弯曲刚度但能平移，开始时纵向板条均匀承受着纵向压力，即 $N_1 = N_2 = N_3$，而横向力 $H_1 = H_2 = H_3 = 0$。但是当 $N_1$、$N_2$ 和 $N_3$ 到达临界值 $N_{cr}$ 以后纵向板条开始屈曲，在结构中部垂直于板条初始平面的最大变位是 $w_{11}$。由于纵横板条结构是一个整体，在纵向板条屈曲时横向板条也被带动并产生拉力，牵制了纵向板条变位的扩展。这种牵制

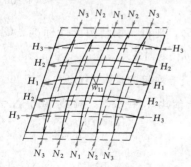

图 4-74　平面结构受压屈曲

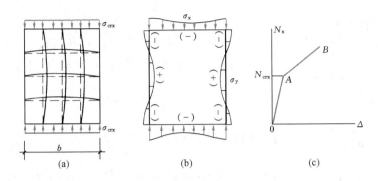

图 4-75　板件屈曲后强度

(a) 变形图；(b) 应力图；(c) $N_x$-$\Delta$ 曲线

作用对靠近侧边的纵向板条的影响最大。牵制作用提高了纵向板条的承载力，但是纵向力不再均匀而是 $N_1 < N_2 < N_3$。这种现象可以用来说明承受均匀压力的四边简支的薄板的屈曲后强度。当板的纵向压应力达到如图 4-75 (a) 所示的屈曲应力 $\sigma_{crx}$ 后，薄板就开始凸曲，板的中部产生横向薄膜张力，张力的作用增强了板的抗弯刚度。当外力继续增加时，板的侧边部分还可承受超过屈曲应力的压力直至板的侧边部分的应力 $\sigma_x$ 达到屈服强度，而板的中部在凸曲以后应力不但不再增加，反而略有降低，板的应力分布由均匀变为不均匀，如图 4-75 (b) 所示。除纵向应力 $\sigma_x$ 外，在横向也不同程度地产生应力 $\sigma_y$。这种板件的承载能力是以侧边处的应力达到屈服强度为极限的。如果画出板端的压力 $N_x$ 和板端压缩量 $\Delta$ 的关系曲线如图 4-75 (c)，可以看到板达到临界力 $N_{crx}$ 以后荷载的提高。宽厚比小的板，屈曲应力 $\sigma_{crx}$ 接近于屈服强度 $f_y$，屈曲后强度提高不明显，而宽厚比大的板，$\sigma_{crx}$ 比 $f_y$ 小得多，屈曲后强度的潜力较大。

2. 板件的有效宽厚比

美国在 20 世纪的 30 年代开始用大挠度理论研究了板件屈曲后的强度问题，在一系列试验研究以及理论分析的基础上提出了用有效宽度的方法来计算受压薄板的极限承载能力。它的基本思想是认为板件在达到极限承载能力时压力 $N_u$ 完全由侧边部分的有效宽度范围内的板来负担，这部分的应力全部达到屈服强度 $f_y$。对于如图 4-75 (a) 所示有两个简支侧边的薄板，可以近似地看作两边各有宽度为 $b_e/2$ 的那部分有效，而中间部分从受力上看认为完全不起作用。以 $\sigma_u$ 表示板件达到极限承载能力 $N_u$ 时的全截面的平均应力，于是有效宽度 $b_e$ 和板的宽度之间的关系是

$$b_e f_y = b\sigma_u \quad 或者 \quad b_e = b\sigma_u / f_y \tag{4-160}$$

图 4-76 说明确定板的有效宽度的方法过程。图 4-76 (b) 是板屈曲后的极限状态，图 4-76 (c) 是对应于计算公式(4-160)的应力分布。

国际上通行的方式是以式 (4-119) 的方式引入正则化宽厚比

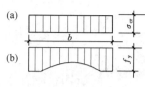

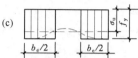

图 4-76　板件屈曲

后的有效宽度

(a) 屈曲时；(b) 极限值；

(c) 等代值

$$\bar{\lambda} = \sqrt{f_y/\sigma_{cr}}$$

来计算有效宽度。如美国 AISI 规范和欧盟 EC3 规范都规定 $\bar{\lambda}$ $\leqslant 0.673$ 时板件全部有效，$\bar{\lambda} > 0.673$ 时，有效宽度系数为

$$\frac{b_e}{b} = \frac{1}{\bar{\lambda}}\left(1 - \frac{0.22}{\bar{\lambda}}\right) \tag{4-161}$$

对于单向均匀受压的四边简支板，$\bar{\lambda} = \dfrac{b/t}{28.1\sqrt{K\varepsilon_k}} = \dfrac{b/t}{56.2\varepsilon_k}$，当 $\bar{\lambda} = 0.673$ 时，$b/t = 37.8\varepsilon_k$。现行《钢结构设计标准》GB 50017 规定：$b/t > 42\varepsilon_k$ 时，取有效截面系数 $\rho = (1 - 0.19/\bar{\lambda})/\bar{\lambda}$。更一般的有效截面系数表达式参见式（4-174）。借助有效截面系数 $\rho$ 可计算压杆的有效截面 $A_e$ 如下：

正方箱形截面压杆 $\qquad A_e = \rho A$

H 形截面压杆 $\qquad A_e = \rho A_w + 2A_f$

式中 $A$、$A_w$ 和 $A_f$ 分别代表截面毛截面面积、H 形截面的腹板面积和翼缘面积。

现行《冷弯薄壁型钢结构技术规范》GB 50018 对板件有效宽度比的规定，以同时适用于各类支承条件的形式给出，是其优点和独特之处。对于单向均匀受压的四边支承板，有效宽厚比的计算公式是

$$\frac{b_e}{t} = \begin{cases} b/t & (b/t \leqslant 18\rho) \\ \left(\sqrt{\dfrac{21.8\rho}{b/t}} - 0.1\right)\dfrac{b}{t} & (18\rho < b/t \leqslant 38\rho) \\ 25\rho & (b/t > 38\rho) \end{cases} \tag{4-162}$$

式中　$\rho$ 是计算系数，$\rho = (K/\varphi)^{1/2}\varepsilon_k$；$\varphi$ 为压杆的稳定系数；$K$ 为板件凸曲系数，四边简支板 $K = 4$，纵向支承边受到约束时，则应乘以约束系数 $\chi$，即取 $4\chi$。上列三个公式中第一个表示板件全部有效；对于短柱段（$\varphi = 1.0$），当 $\chi = 1$ 时，全部有效范围为 $b/t \leqslant 36\varepsilon_k$ 和欧盟规定很接近。第三个公式表示板件宽厚比达到一定程度后，有效宽度增长很慢，可以用常数表达。

【例题 4-14】一根两端铰接的长度为 6.6m 的轴心受压柱，如图 4-77 所示，承受的压力设计值为 450kN，要求选用适当焊接正方形箱形截面，材料用 Q235 钢。

【解】已知柱的计算长度 $l_{ox} = l_{oy} = 660$cm，强度设计值 $f = 215\text{N/mm}^2$。

(1) 试选□160×6，截面特性 $A = 3696\text{mm}^2$，$i = 62.9$mm。

柱的长细比 $\lambda = 660/6.29 = 104.9$，按 b 类查附表有 $\varphi = 0.523$。

管壁的宽厚比 $b/t = (160 - 12)/6 = 24.6 < 40$，知柱的全截面有效。

故

$$\frac{N}{\varphi A f} = \frac{450 \times 10^3}{0.523 \times 3696 \times 215} = 1.1 > 1.0$$

不符合整体稳定要求，需修改截面。

（2）改选□220×4，$A = 3456\text{mm}^2$，$i = 88.2\text{mm}$，$\lambda = 660/8.82 = 74.8$，按 b 类查附表有 $\varphi = 0.721$。

$b/t = (220-8)/4 = 53 > 40$，有效截面系数计算如下

$$\bar{\lambda} = \frac{212/4}{56.2} = 0.94 \quad \rho = \frac{1}{0.94}\left(1 - \frac{0.19}{0.94}\right) = 0.85$$

有效截面积 $A_e = 0.85A = 2937.6\text{mm}^2$，故

$$\frac{N}{\varphi A_e f} = \frac{450 \times 10^3}{0.721 \times 2937.6 \times 215} = 0.988 < 1.0$$

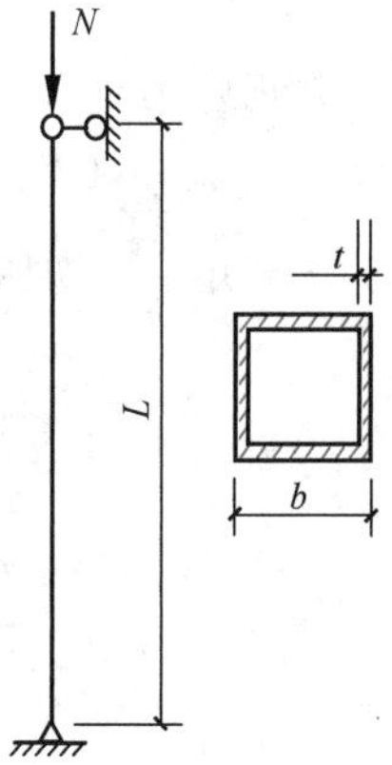

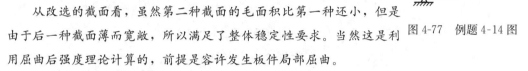

从改选的截面看，虽然第二种截面的毛面积比第一种还小，但是由于后一种截面薄而宽敞，所以满足了整体稳定性要求。当然这是利用屈曲后强度理论计算的，前提是容许发生板件局部屈曲。

图 4-77　例题 4-14 图

3. 受弯构件腹板屈曲后的性能

钢梁腹板一般都用得比较薄，并以加劲肋加强，而翼缘板相对来说用得较厚。对于这样的梁腹板，只要荷载不是多次循环作用的，无论在剪应力或弯曲应力作用下屈曲，梁都还有继续承载的潜力，即有屈曲后强度可资利用。如果梁承受多次循环荷载，则腹板反复屈曲可能造成疲劳破损，这时应该把腹板屈曲看作承载力的极限状态。

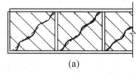

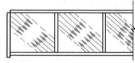

图 4-78　腹板的张力

场作用

（a）腹板变形；（b）张力场

梁腹板在剪力作用下发生屈曲后，继续增加荷载时，将产生如图 4-78（a）所示的波浪形变形。板在沿波的方向几乎不能抵抗压力作用，但在波的棱线方向却可以承受很大的拉力，与翼缘和加劲肋共同形成一种类似桁架的作用（图 4-78b）。在上下翼缘和加劲肋之间的腹板区段类似于桁架的一个节间，而腹板相当于桁架节间中的斜拉杆，加劲肋则相当于桁架的竖压杆，这样的腹板仍可有较大的屈曲后强度，不过承受荷载的机制和屈曲前不同。

梁腹板在剪力作用下的极限承载力曾经是国际上研究的热门课题。许多学者先后提出过不同的计算理论和公式。现行《钢结构设计标准》GB 50017 采用简化的计算方法：引用式（4-130）和式（4-131）中定义的正则化高厚比 $\lambda_s$，梁腹板抗剪承载力设计值 $V_u$ 由下列公式计算

$$\left. \begin{array}{ll} V_u = h_w t_w f_v & (\lambda_s \leqslant 0.8) \\ V_u = h_w t_w f_v [1 - 0.5(\lambda_s - 0.8)] & (0.8 < \lambda_s \leqslant 1.2) \\ V_u = h_w t_w f_v / \lambda_s^{1.2} & (\lambda_s > 1.2) \end{array} \right\} \quad (4\text{-}163)$$

当梁仅设置支座加劲肋时，由于 $a/h_0 \gg 1$，$\lambda_s$ 简化为

$$\lambda_s = \frac{h_0/t_w}{37 \sqrt{5.34\varepsilon_k}} = \frac{h_0/t_w}{85\varepsilon_k} \tag{4-164}$$

在正应力作用下，梁腹板屈曲后的性能与剪切作用下的情况有所不同。例如，图4-79(a)所示受纯弯曲作用下的腹板区段，腹板发生屈曲时的临界应力 $\sigma_{cr}$ 小于钢材的屈服点 $f_y$。当弯矩继续增加时，由于腹板已经屈曲成波形，部分截面无力承受增大的压力。因此，

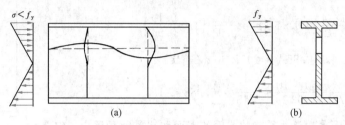

图 4-79　正应力作用下的屈曲后性能

(a) 屈曲变形；(b) 有效截面

截面的应力增加是非线性的。考虑腹板屈曲后的强度，计算梁截面的极限弯矩时，一种实用的分析方法是取如图4-79（b）所示的截面，认为受压区部分腹板退出工作，不起受力作用，且将受压区以及受拉区的应力均视为直线分布，当梁受压翼缘的最外纤维应力到达 $f_y$ 时，梁截面到达极限状态。这种方法本质上属于按梁腹板的有效高度进行计算。现行《钢结构设计标准》GB 50017 给出的梁腹板屈曲后的受弯承载力设计值 $M_{eu}$ 的下列计算公式，就是基于这种概念而进一步简化的近似计算公式

$$M_{eu} = \gamma_x \alpha_e W_x f \tag{4-165}$$

$$\alpha_e = 1 - \frac{(1-\rho)\, h_c^3 t_w}{2I_x} \tag{4-166}$$

式中　$\alpha_e$——梁截面模量考虑腹板有效高度的折减系数；

$I_x$——按梁截面全部有效算得的绕 $x$ 轴的惯性矩；

$h_c$——按梁截面全部有效算得的腹板受压区高度；

$\gamma_x$——梁截面塑性发展系数；

$\rho$——腹板受压区有效高度系数，按下列公式计算：

$$\left. \begin{array}{ll} \rho = 1.0 & (\lambda_b \leqslant 0.85) \\ \rho = 1 - 0.82\,(\lambda_b - 0.85) & (0.85 < \lambda_b \leqslant 1.25) \\ \rho = \dfrac{1}{\lambda_b}\left(1 - \dfrac{0.2}{\lambda_b}\right) & (\lambda_b > 1.25) \end{array} \right\} \tag{4-167}$$

其中，$\lambda_b$ 是式（4-120）和式（4-121）中定义的正则化高厚比。

一般情况下，梁腹板既承受剪应力，又承受正应力。研究表明，当边缘正应力达到屈服

点时，工字形截面焊接梁的腹板还可承受剪力 $0.6V_u$。弯剪联合作用下的屈曲后强度与此类似，在剪力不超过 $0.5V_u$ 时，腹板抗弯屈曲后强度不下降。有鉴于此，现行《钢结构设计标准》GB 50017 将工字形截面焊接梁屈曲后承载力表达为如下相关方程

$$\left(\frac{V}{0.5V_u}-1\right)^2+\frac{M-M_f}{M_{eu}-M_f}\leqslant 1 \tag{4-168}$$

式中　　　$M$、$V$——梁同一截面上同时产生的弯矩和剪力设计值；

　　　　　　　但是，当 $V<0.5V_u$ 时，取 $V=0.5V_u$；当 $M<M_f$ 时，取 $M=M_f$；

　　　　　$M_f$——梁两翼缘所承担的弯矩设计值，$M_f=(A_{f1}h_1^2/h_2+A_{f2}h_2)f$；

　　　$A_{f1}$、$h_1$——较大翼缘的截面积及其形心至中和轴的距离；

　　　$A_{f2}$、$h_2$——较小翼缘的截面积及其形心至中和轴的距离；

　　$M_{eu}$、$V_u$——梁抗弯和抗剪设计值，按式（4-165）和式（4-163）计算。

　　如果仅设置支承加劲肋不能满足式（4-168）时，应在腹板两侧成对设置横向加劲肋以减小区格的长度。横向加劲肋的间距通常取（1～2）$h_0$。这时，横向加劲肋的截面尺寸除了要满足 4.6.2 节对腹板加劲肋的构造要求外，还需考虑拉力场竖向分力对其的作用。现行《钢结构设计标准》GB 50017 要求将中间横向加劲肋当作轴心受压构件，按以下轴心力计算其在腹板平面外的稳定性

$$N_s=V_u-\tau_{cr}h_wt_w \tag{4-169}$$

当加劲肋还承受集中的横向荷载 $F$ 时，$N_s$ 还应加上 $F$。

　　对于支座加劲肋，当和它相邻的板幅利用屈曲后强度时，则必须考虑拉力场水平分力的影响，按压弯构件计算其在腹板平面外的稳定。因此，现行《钢结构设计标准》GB 50017 规定：当 $\lambda_s\geqslant 0.8$ 时，支座加劲肋除承受梁的支座反力外尚应承受如下的水平力 $H$，按压弯构件计算其在腹板平面外的稳定

$$H=N_s\sqrt{1+(a/h_0)^2}=(V_u-\tau_{cr}h_wt_w)\sqrt{1+(a/h_0)^2} \tag{4-170}$$

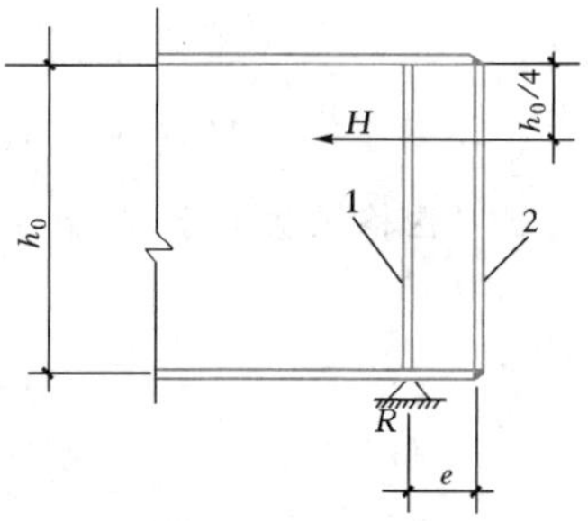

图 4-80　梁端支座加劲肋构造

　　水平力 $H$ 的作用点在距腹板计算高度上边缘 $h_0/4$ 处。此压弯构件的计算长度亦近似地取为 $h_0$。当支座加劲肋采用图 4-80 的构造形式时，加劲肋 1 可当作承受支座反力 $R$ 的轴心压杆计算，封头肋板 2 的截面积则应控制不小于

$$A_c=\frac{3h_0H}{16ef} \tag{4-171}$$

【例题 4-15】将例题 3-4 中主梁 B 的腹板尺寸改为－1000×6，翼缘改为－300×14，试以考虑腹板屈曲后强度的计算方法校核其腹板强度。

【解】设仅在次梁所在位置配置加劲肋（如图 4-81 所示），即比例题 4-12 少设 4 道加劲肋。

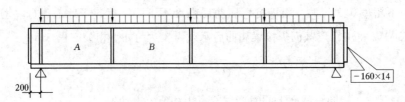

图 4-81　例题 4-15 附图

（1）设次梁和铺板可有效地约束主梁的受压翼缘，引用例题 3-4 中的数据，有关参数可计算如下

$$I_x = 6 \times 1000^3/12 + 2 \times 14 \times 300 \times 507^2 = 2659211600 \text{mm}^4$$

$$W_x = 2659211600/514 = 5173563.4 \text{mm}^3$$

$$M_f = 2A_f h_1 f = 2 \times 14 \times 300 \times 507 \times 215 = 915.6 \text{kN} \cdot \text{m}$$

$$\gamma = 1.05, \ \lambda_b = 2h_c/(177t_w) = 2 \times 500/(177 \times 6) = 0.94$$

$$\rho = 1 - 0.82 \times (0.94 - 0.85) = 0.93$$

$$\alpha_e = 1 - (1 - 0.93) \times 500^3 \times 6/(2 \times 2659211600) = 0.99$$

$$M_{eu} = \gamma \alpha_e W_x f = 1.05 \times 0.99 \times 5173563.4 \times 215 = 1156.3 \text{kN} \cdot \text{m}$$

$$a/h_0 = 3 > 1.0, \ k_s = 5.34 + 4(h_0/a)^2 = 5.784$$

$$\lambda_s = h_0/(41t_w k_s^{1/2}) = 1000/(41 \times 6 \times 5.784^{1/2}) = 1.69$$

$$V_u = h_w t_w f_v/\lambda_s^{1.2} = 1000 \times 6 \times 125/1.69^{1.2} = 400.0 \text{kN}$$

（2）区格 A 左截面

$$M = 0, \ V = 386.61 - 93.8 = 292.81 \text{kN}$$

$$\left(\frac{292.81}{0.5 \times 400.0} - 1\right)^2 = 0.215 < 1$$

（3）区格 A 右截面

$$M = 292.81 \times 3 - 1.463 \times 3^2 \times 1.3/2 = 864.61 \text{kN} \cdot \text{m} < M_f$$

$$V = 292.81 - 1.463 \times 3 \times 1.3 = 287.10 \text{kN}$$

$$\left(\frac{287.1}{0.5 \times 400.0} - 1\right)^2 = 0.190 < 1$$

（4）区格 B 右截面

$$M_r = 1159.83 \text{kN} \cdot \text{m}, \ V_r = 96.65 \text{kN} < 0.5 V_u$$

$(1159.83 - 915.6)/(1156.3 - 915.6) = 1.015$，略大于 1.0，可不做修改。

（5）由于 $\lambda_s = 1.69 > 0.8$，支座加劲肋需考虑水平力 $H$ 的影响。

$$\lambda_s = 1.69 > 1.2, \ \tau_{cr} = 1.1 f_v/\lambda_s^2 = 1.1 \times 125/1.69^2 = 48.1 \text{N/mm}^2$$

$$H = (400.0 \times 10^3 - 48.1 \times 1000 \times 6)(1 + 3^2)^{1/2} = 352278 \text{N}$$

支座加劲肋采用图 4-81 所示的构造，按式（4-171），封头肋板所需截面积为：

$$A_c = \frac{3 \times 1000 \times 352278}{16 \times 200 \times 215} = 1536.1 mm^2 < 14 \times 160 = 2240 mm^2$$

### 4. 压弯构件腹板屈曲后性能

现行《钢结构设计标准》GB 50017 要求以 S4 级控制压弯构件的板件宽厚比。当板件宽厚比不满足要求时，可设置加劲肋来达到减小板件宽厚比的目的。采用纵向加劲肋时，其外伸宽度不应小于板件厚度 $t$ 的 10 倍，厚度不宜小于 $0.75t$。

当然，如果允许，亦可在不满足 S4 级板件宽厚比要求时，利用其屈曲后强度进行设计。此时需要考虑有效截面的形心偏离毛截面形心而产生的附加弯矩。对于工字形和箱形截面的压弯构件，其稳定性校核依下式进行。

平面内稳定性：

$$\frac{N}{\varphi_x A_e f} + \frac{\beta_{mx} M_x + Ne}{\gamma_x W_{e1x} (1 - 0.8 N/ N'_{Ex}) f} \leqslant 1.0 \tag{4-172}$$

平面外稳定性：

$$\frac{N}{\varphi_y A_e f} + \eta \frac{\beta_{tx} M_x + Ne}{\varphi_b W_{e1x} f} \leqslant 1.0 \tag{4-173}$$

式中　$e$——有效截面形心至原截面形心的距离；

$W_{e1x}$——有效截面对较大受压纤维的毛截面模量。

有效截面相关几何参数的计算同样是建立在板件有效宽度的基础上的。对于工字形、H形和箱形截面构件，腹板受压区的有效宽度 $h_e$ 可确定如下

$$h_e = \rho h_c \tag{4-174a}$$

$$\rho = \begin{cases} 1.0 & (\lambda_p \leqslant 0.75) \\ \dfrac{1}{\lambda_p} \left(1 - \dfrac{0.19}{\lambda_p}\right) & (\lambda_p > 0.75) \end{cases} \tag{4-174b}$$

$$\lambda_p = \frac{h_w/ t_w}{28.1 \varepsilon_k \sqrt{K_\sigma}} \tag{4-174c}$$

$$K_\sigma = \frac{16}{2 - \alpha_0 + \sqrt{(2 - \alpha_0)^2 + 0.112 \alpha_0^2}} \tag{4-174d}$$

式（4-174b）和均匀受压板件相同，只是在计算 $\lambda_p$ 时所取 $K_\sigma$ 不同。上式中 $h_c$ 为腹板受压区宽度，当腹板全部受压时，$h_c = h_w$。腹板有效宽度 $h_e$ 在截面上的分布根据是否全截面受压进而分别确定如下：

腹板全截面受压（$\alpha_0 \leqslant 1$，参见图 4-82a）：

$$h_{e1} = 2h_e/(4 + \alpha_0), h_{e2} = h_e - h_{e1} \tag{4-175a}$$

腹板截面部分受拉（$\alpha_0 > 1$，参见图 4-82b）：

$$h_{e1} = 0.4 h_e, \ h_{e2} = 0.6 h_e \tag{4-175b}$$

依照如此分布的有效宽度，即可完成与有效截面的相关的参数 $A_e$ 和 $W_{e1x}$ 的计算。

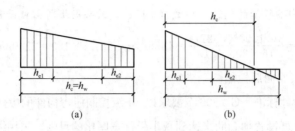

图 4-82　有效宽度的分布

（a）全截面受压；（b）部分截面受拉

## 习题

4.1　有哪些因素影响轴心受压杆件的稳定系数 $\varphi$？

4.2　轴心受压构件与压弯构件的腹板局部稳定设计原则是什么？

4.3　影响梁整体稳定性的因素有哪些？提高梁稳定性的措施有哪些？

4.4　梁不需要计算整体稳定的情况有哪些？

4.5　简述压弯构件失稳的形式及计算的方法。

4.6　简述压弯构件中等效弯矩系数 $\beta_{mx}$ 的意义。

4.7　试按切线模量理论画出压杆的临界应力和长细比的关系曲线。杆件由屈服强度 $f_y = 235\text{N}/\text{mm}^2$ 的钢材制成，材料的应力应变曲线近似地由图 4-83 所示的三段直线组成，假定不计残余应力。$E = 206 \times 10^3 \text{N}/\text{mm}^2$（由于材料的应力应变曲线是分段变化的，而每段的变形模量是常数，所以画出的 $\sigma_{cr} - \lambda$ 曲线将是不连续的）。

4.8　某焊接工字形截面挺直的压杆，截面尺寸和残余应力见图 4-84 所示，钢材为理想的弹塑性体，屈服强度为 $f_y = 235\text{N}/\text{mm}^2$，弹性模量为 $E = 206 \times 10^3 \text{N}/\text{mm}^2$，试画出 $\overline{\sigma}_{cry} - \overline{\lambda}_y$ 无量纲关系曲线，计算时不计腹板面积。

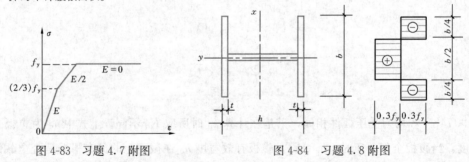

图 4-83　习题 4.7 附图　　　　　　图 4-84　习题 4.8 附图

4.9　要求按照等稳定条件确定焊接工字形截面压杆腹板的高厚比。钢材为 Q235，杆件长细比为 $\lambda = 100$，按表 4-4 选取，翼缘边缘有火焰切割和轧制边两种。试对比分析计算结果。

4.10　验算图 4-85 所示焊接工字形截面轴心受压构件的稳定性。钢材为 Q235，翼缘为火焰切割边，沿两个主轴平面的支撑条件及截面尺寸如图 4-85 所示。已知构件承受的轴心压力为 $N = 1500\text{kN}$。

4.11　一两端铰接焊接工字形截面压杆，翼缘为火焰切割边，截面如图 4-86 所示，杆长为 12m，设计荷载 $N = 450\text{kN}$，钢材为 Q235，试验算该柱的整体稳定及板件的局部稳定性是否满足？

4.12　某两端铰接压杆的截面如图 4-87 所示，柱高为 6m，承受轴心力设计荷载值 $N = 6000\text{kN}$（包括柱身等构造自重），钢材为 Q235B，试验算该柱的整体稳定性是否满足？

4.13　如图 4-88 所示一轴心受压缀条柱，两端铰接，柱高为 7m。承受轴力设计荷载值 $N = 1300$kN，钢材为 Q235。已知截面采用 2 [28a，单个槽钢的几何性质：$A = 40$cm$^2$，$i_y = 10.9$cm，$i_{x1} = 2.33$cm，$I_{x1} = 218$cm$^4$，$y_0 = 2.1$cm，缀条采用 L45×5，每个角钢的截面积：$A_1 = 4.29$cm$^2$。试验算该柱的整体稳定性是否满足？

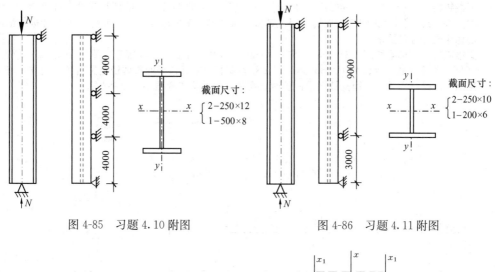

图 4-85　习题 4.10 附图　　　　　　　图 4-86　习题 4.11 附图

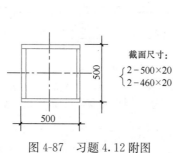

图 4-87　习题 4.12 附图　　　图 4-88　习题 4.13 附图

4.14　某两端铰接的压杆，截面由剖分 T 型钢 250×300×11×15 组成，钢材为 Q235，杆长 6m，承受的轴压力 $N = 1000$kN。试验算该柱的整体稳定性是否满足？

4.15　某压弯格构式缀条柱如图 4-89 所示，两端铰接，柱高为 8m。承受压力设计荷载值 $N = 600$kN，弯矩 $M = 100$kN·m，缀条采用单角钢 L45×5，倾角为 45°，钢材为 Q235，试验算该柱的整体稳

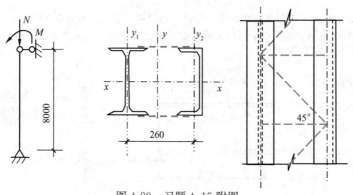

图 4-89　习题 4.15 附图

定性是否满足？

已知：Ⅰ22a　$A=42cm^2$，$I_x=3400cm^4$，$I_{y1}=225cm^4$；

[22a　$A=31.8cm^2$，$I_x=2394cm^4$，$I_{y2}=158cm^4$；

L45×5　$A_1=4.29cm^2$。

4.16　两端铰接的焊接工字形截面轴压构件，截面分别采用如图 4-90 所示的两种尺寸。柱高 10m，钢材为 Q235，翼缘为火焰切割以后又经过焊接，试计算：①柱所能承受的轴心压力？②板件的局部稳定是否满足要求？

4.17　焊接简支工字形梁如图 4-91 所示，跨度为 12m，跨中 6m 处梁上翼缘有简支侧向支撑，材料为 Q355。集中荷载设计值为 $P=330kN$，间接动力荷载，验算该梁的整体稳定是否满足要求。施工期间，当梁已安装就位而支撑还未设置时，所能承受的集中荷载下降到多少？

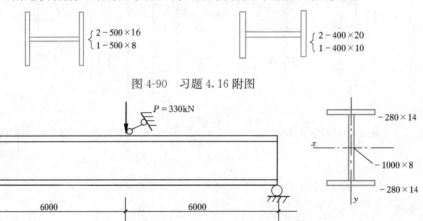

图 4-90　习题 4.16 附图

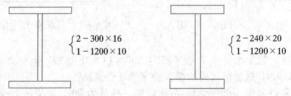

图 4-91　习题 4.17 附图

4.18　如图 4-92 所示两焊接工字形简支梁截面，其截面积大小相同，跨度均为 12m，跨间无侧向支承点，均布荷载大小亦相同，均作用于梁的上翼缘，钢材为 Q235，试比较说明何者稳定性更好，并分析其原因。

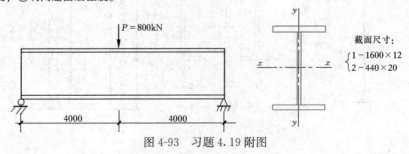

图 4-92　习题 4.18 附图

4.19　一跨中受集中荷载工字形截面简支梁，钢材为 Q235B，设计荷载为 $P=800kN$，梁的跨度及几何尺寸如图 4-93 所示。试按以下两种要求布置梁腹板加劲肋，确定加劲肋间距。①不利用屈曲后强度；②利用屈曲后强度。

$P=800kN$

截面尺寸：
$\begin{cases} 1-1600\times12 \\ 2-440\times20 \end{cases}$

4000　4000

图 4-93　习题 4.19 附图

4.20　如图 4-94 所示为 Q235 钢焰切边工字形截面柱，两端铰接，截面无削弱，承受轴心压力的设计值 $N=900\text{kN}$，跨中集中力设计值为 $F=100\text{kN}$。(1) 验算平面内稳定性；(2) 根据平面外稳定性不低于平面内的原则确定此柱需要几道侧向支撑杆。

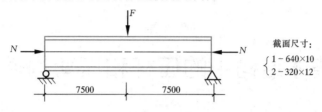

截面尺寸:
$$\begin{cases} 1-640\times10 \\ 2-320\times12 \end{cases}$$

图 4-94　习题 4.20 附图

4.21　两端铰支的焊接工字形截面轴心受压柱承受两根梁，梁支座反力作用于柱翼缘上，其设计值为 $R=1000\text{kN}$ 或 $300\text{kN}$。柱长 6.5m，钢材为 Q235，截面尺寸如图 4-95 所示，翼缘边缘剪切而成，试验算此柱的稳定性。

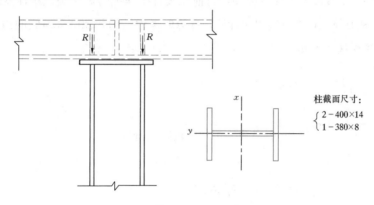

柱截面尺寸:
$$\begin{cases} 2-400\times14 \\ 1-380\times8 \end{cases}$$

图 4-95　习题 4.21 附图

第 5 章

# 整体结构中的压杆和压弯构件

在第 4 章中曾经指出，结构和构件丧失稳定属于整体性问题，需要通过整体分析来确定它们的临界条件。不过，为了计算简便，目前在设计工作中的做法是把所计算的受压构件（或压弯构件）从整体结构中分离出来计算，计算时考虑结构其他部分对它的约束作用，并用计算长度来体现这种约束。

## 5.1 桁架中压杆的计算长度

### 5.1.1 弦杆和单系腹杆的计算长度

计算长度的概念来源于理想轴心压杆的弹性分析。它把端部有约束的压杆化作等效的两端铰接的杆，已在 4.2.4 节论述过。在桁架中，杆端约束来自刚性连接的其他杆件；如果把桁架节点看做理想铰接，在某一压杆（如图 5-1b 所示上弦杆）屈曲而发生杆端转动时并不牵扯其他杆件。但实际桁架不论是有节点板的双角钢桁架还是没有节点板的方管或圆管桁架，节点都接近刚性连接。因此，上弦杆屈曲时将带动其他杆件一起变形，如图 5-1（a）右侧所示。同时这些被迫随同变形的杆件要对发生屈曲的杆件施加反作用，即对它提供约束，使临界状态推迟。不同的杆件提供的约束程度不同。最突出的差别来自杆件的轴力性质。拉力具有使杆件拉直的特性，而压力则趋向使杆件弯曲。因此，拉杆提供的约束比压杆大得多，并且拉力越大，约束作用也越大。反之，承受较大压力的杆件提供的约束几乎微不足道。第二个因素是杆件线刚度的大小，起约束作用杆件的线刚度相对比较大。最后一个因素是和所分析的杆直接刚性相连的杆件作用大，较远的杆件作用小，常常忽略不计。

根据上述原则，在桁架平面内，弦杆、支座斜杆及支座竖杆的计算长度取 $l_{ox}=l$，$l$ 为杆件的节间长度，角标 $x$ 代表杆件截面垂直于桁架平面的轴，见图 5-1（d）。如此取 $l_{ox}$ 的数值是因为支座斜杆、支座竖杆两端所连拉杆甚少，而受压弦杆不仅两端所连拉杆较少且其自身线刚度大，腹杆难于约束它的变形。桁架的中间腹杆在上弦节点处所连拉杆少，该处可视

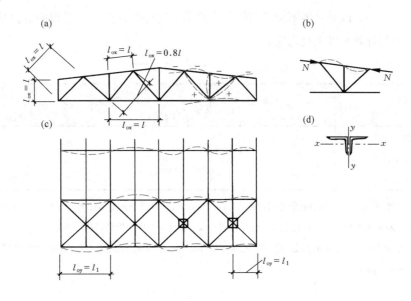

图 5-1 屋架杆件的计算长度

为铰接。在下弦节点所连拉杆较多且受拉下弦杆的线刚度大，该处嵌固作用比较大，根据一般尺寸分析偏于安全地取 $l_{ox}=0.8l$。

在桁架平面外，计算长度用 $l_{oy}$ 代表。确定 $l_{oy}$ 时，在弦杆保持稳定的条件下，所有腹杆的两端都认为是不动铰。节点板对于腹杆发生屋架平面外的变形（即垂直屋架平面的变形）来说抗弯刚度很小，相当于板铰，所以全部腹杆取 $l_{oy}=l$。认为腹杆端部在平面外的计算中属于不动铰，显然是以弦杆在屋架平面外不发生移动为前提的。受压弦杆在节点处通常有刚性屋面板或者连于支撑的檩条（或系杆），常可做到出平面无移动。但受拉弦杆的条件则不同，除了少量系杆外只能依靠本身的抗弯刚度，因此受拉弦杆在屋架平面外的刚度应该大些，其系杆间距不应过大。6.2 节给出这类拉杆面外长细比的具体限值。单角钢腹杆及双角钢十字形放置的腹杆，因为绕最小主轴弯曲时杆轴处于斜平面内，其端部所受嵌固作用介于屋架平面内外的两种情况之间，取计算长度为 $0.9l$。弦杆在屋架平面外的计算长度取侧向固定点间的距离 $l_1$，而不考虑相连接的水平支撑杆件及系杆等提供的约束作用，因为这些杆件本身线刚度小，与屋架的连接也较弱。上弦的 $l_1$ 在有檩时为水平支撑桁架的节间长度（图 5-1c 左部），当檩条在支撑斜杆交叉处进行连接时（图 5-1c 右部）取该长度之半。在无檩屋盖中，侧向固定点间距似应取一块大型屋面板两纵肋的间距，但考虑到大型板与屋架上弦杆的焊点质量不易得到保证，故取 $l_1$ 等于两块板宽。GB 50017 标准规定的弦杆及腹杆计算长度汇总示于表 5-1。

方管和圆管桁架弦杆在桁架平面内的计算长度取 $0.9l$，桁架平面外和一般桁架相同。支座斜杆、支座竖杆和其他腹杆都和表 5-1 相同，但不存在斜平面问题。立体桁架杆件的端部约束比平面桁架强，故对立体桁架的弦杆与平面桁架杆件的计算长度系数的取值稍有区分，其平面内、外的计算长度系数均取 $0.9l$。

桁架弦杆和单系腹杆的计算长度 表 5-1

| 弯曲方向 | 弦 杆 | 腹 杆 | |
| --- | --- | --- | --- |
| | | 支座斜杆和支座竖杆 | 其他腹杆 |
| 在桁架平面内 | $l$ | $l$ | $0.8l$ |
| 在桁架平面外 | $l_1$ | $l$ | $l$ |
| 在斜平面 | — | $l$ | $0.9l$ |

注：1. $l$—杆件的几何长度（节点中心间的距离），$l_1$—桁架弦杆及再分式主斜杆侧向支承点之间的距离；

　　2. 无节点板的腹杆，其计算长度在任何平面内均取等于几何长度（钢管结构除外）；

　　3. 斜平面系指与桁架平面斜交的平面，适用于构件截面两主轴均不在桁架平面内的单角钢腹杆和双角钢十字形截面腹杆。

### 5.1.2 变轴力杆件的计算长度

受压弦杆的侧向支承点间距离 $l_1$，时常为弦杆节间长度的 2 倍（图 5-2a），而弦杆两节间的轴线压力可能不相等（设 $N_1 > N_2$）。由于杆截面没有变化，受力小的杆段相对比受力大的杆段刚强，用 $N_1$ 验算弦杆平面外稳定时如用 $l_1$ 为计算长度显然过于保守。此时应按下式确定平面外的计算长度。

$$l_0 = l_1 \left( 0.75 + 0.25 \frac{N_2}{N_1} \right) \qquad (5\text{-}1)$$

但所得 $l_0$ 不得小于 $0.5l_1$。

式中　$N_1$——较大压力；

　　　$N_2$——较小压力，计算时压力取正号，拉力取负号。

$N_2 < N_1$ 表明杆件没有满载，相应的计算长度应该小于其几何长度。由此可见，计算长度不仅取决于相邻杆件的约束作用，也和杆件自身受力情况有关。

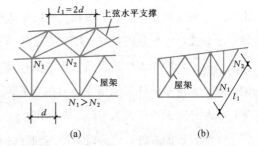

图 5-2　变内力杆件的计算长度

(a) 弦杆；(b) 再分式腹杆

再分式腹杆的受压主斜杆在桁架平面外的计算长度（图 5-2b），也应按式（5-1）确定。平面内的计算长度则取节点间的距离。

杆件内轴力变化对杆的稳定性和计算长度的影响可以用图 5-3 所示的不同受力情况的三个简支压杆来进一步说明。三个杆的 $AB$ 段轴力均为 $N$，但 $BC$ 段内力不同，分别计算三个压杆的临界力和计算长度，有

压杆（a）：$N_{cr} = \dfrac{\pi^2 EI}{l^2}$，　　　　$l_0 = l$

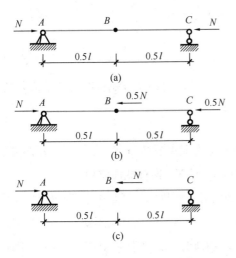

图 5-3　变轴力压杆的临界力

（a）压杆 $a$；（b）压杆 $b$；（c）压杆 $c$

压杆（b）：$N_{cr} = \dfrac{\pi^2 EI}{(0.87l)^2}$，　　$l_0 = 0.87l$

压杆（c）：$N_{cr} = \dfrac{\pi^2 EI}{(0.73l)^2}$，　　$l_0 = 0.73l$

可以看到，虽然三个杆的端部约束和最大轴力都相等，但内力变化程度不同，满载的压杆（a）的临界力最小、计算长度最大，而 $BC$ 段轴力为零的压杆（c）的临界力最大、计算长度最小。造成这一现象的原因是轴压力可使杆件的弯曲刚度减小，当 $BC$ 段内轴力相对小时，其弯曲刚度较大，就可为 $AB$ 段的变形提供更大的约束，使得杆件的临界力增大。

### 5.1.3　交叉腹杆的计算长度

如图 5-4 所示，斜杆的几何长度为 $l$，在交叉点处有两种可能的构造方式：一是两杆均不断开；二是一杆不断开，另一杆断开而用节点板拼接。无论是否有斜杆断开，两斜杆总是在交叉点相互连接的。

在桁架平面内，无论另一杆件为拉杆或压杆，认为两杆可互为支承点，但并不提供转动约束。所以在桁架平面内，压杆的计算长度都取节点与交叉点之间的距离，即取 $l_{ox} = 0.5l$。

在桁架平面外，相交的拉杆可以作为压杆的平面外支承点，而压杆除非受力较小且又不断开，否则不能起支点作用。因此杆件计算长度的确定既与相交杆件受拉或受压有关，也与轴力大小及杆件断开情况有关。现行《钢结构设计标准》GB 50017 对交叉腹杆中压杆的计算长度给出下列计算公式。

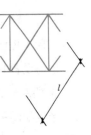

图 5-4　交叉腹杆的计算长度

1）相交另一杆受压，两杆截面相同并在交叉点均不中断

$$l_0 = l\sqrt{\frac{1}{2}\left(1 + \frac{N_0}{N}\right)} \tag{5-2}$$

2）相交另一杆受压，此另一杆在交叉点中断但以节点板搭接

$$l_0 = l\sqrt{1 + \frac{\pi^2}{12}\frac{N_0}{N}} \tag{5-3}$$

3）相交另一杆受拉，两杆截面相同并在交叉点均不中断

$$l_0 = l\sqrt{\frac{1}{2}\left(1 - \frac{3}{4}\frac{N_0}{N}\right)} \geqslant 0.5l \tag{5-4}$$

4）相交另一杆受拉，此拉杆在交叉点中断但以节点板搭接

$$l_0 = l\sqrt{1 - \frac{3}{4}\frac{N_0}{N}} \geqslant 0.5l \qquad (5-5)$$

当此拉杆连续而压杆在交叉点中断但以节点板搭接，若 $N_0 \geqslant N$ 或拉杆在桁架平面外的抗弯刚度 $EI_y \geqslant \frac{3N_0 l^2}{4\pi^2}\left(\frac{N}{N_0} - 1\right)$ 时，取 $l_0 = 0.5l$。

在以上公式中，$l$ 为节点之间的距离（交叉点不作为节点看待）；$N$ 为所计算杆内力；$N_0$ 为相交另一杆内力，均取绝对值。两杆均受压时，$N_0 \leqslant N$，两杆截面应相同。

由公式可见，当另一杆受拉，且两杆拉、压力相同时，不论此拉杆是否中断，压杆的计算长度都是 $0.5l$。当另一杆受压时，情况大不相同。若两杆压力相同且均不断开，计算长度为 $l$，若另一杆断开，则压杆的计算长度将大于 $l$，表明所计算的压杆要对相连的断开压杆提供支持（即使后者的压力较小）。

## 5.2　框架稳定和框架柱计算长度

### 5.2.1　框架的有侧移失稳和无侧移失稳

为了便于理解框架的稳定问题，先来考察一个完全对称的单层单跨刚架，如图 5-5(a) 所示。因为设置有强劲的交叉支撑，所以柱顶侧移完全受到阻止。在两个柱头处分别有集中荷载 $P$ 沿柱的形心轴线作用，且柱没有初弯曲。当荷载 $P$ 不断增加并达到屈曲荷载 $P_{cr}$ 时，刚架将产生如图中虚线所示的弯曲变形，此时，整个刚架将达到稳定承载能力的极限状态。

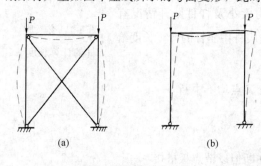

若除去交叉支撑，如图 5-5(b) 所示，刚架失稳时因柱顶可以移动，将产生有侧向位移的反对称弯曲变形，如图中虚线所示。

上例中，图 5-5(a) 称之为无侧移失稳，图 5-5(b) 称之为有侧移失稳。分析结果表明，在其他条件不变时，一般刚架的有侧移屈曲荷载要远小于无侧移的屈曲荷载。如果图 5-5(a) 的支撑不够强劲，不能满足现行《钢结构设计标准》GB 50017 规定的侧移刚

图 5-5　单跨对称框架

(a) 无侧移失稳；(b) 有侧移失稳

度要求时，则为弱支撑刚架。它的稳定特性介于无侧移和有侧移刚架之间。

对一般框架而言，框架柱的临界荷载不仅和失稳形式有关，还和框架横梁的刚度及柱脚与

基础的连接型式有关。这里列举一些简单的例子，并利用第 4 章所述概念，对以上结论予以论证。

图 5-6 中，有两榀框架均为无侧移框架（图 5-6a、c），两柱的几何高度、截面尺寸相同，且柱脚均为刚接，区别仅在于横梁刚度其一为无穷大（图 5-6a），另一为零（图 5-6c）。根据已学知识，可将框架柱的计算简图分别简化为图 5-6(b) 及图 5-6(d) 的形式。可知，其对应的欧拉临界力分别为 $N_{cr}=\dfrac{\pi^2 EI}{(0.5H)^2}$ 和 $N_{cr}=\dfrac{\pi^2 EI}{(0.7H)^2}$。通常横梁具有有限刚度，则框架的临界荷载在两者之间。

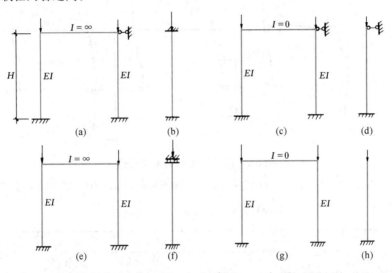

图 5-6　简单框架柱的计算长度

（a）框架一；（b）简图一；（c）框架二；（d）简图二；（e）框架三；（f）简图三；（g）框架四；（h）简图四

若将图 5-6（a）、（c）中柱顶的水平支承杆去掉，其他条件不变，见图 5-6（e）、（f）、（g）、（h），则对应的柱欧拉临界力分别为 $N_{cr}=\dfrac{\pi^2 EI}{H^2}$ 和 $N_{cr}=\dfrac{\pi^2 EI}{(2H)^2}$。

若将图 5-6（a）、（c）中的柱脚变为铰接，其他条件不变（图略），则对应的柱欧拉临界力分别为 $N_{cr}=\dfrac{\pi^2 EI}{(0.7H)^2}$ 和 $N_{cr}=\dfrac{\pi^2 EI}{H^2}$。

## 5.2.2　单层多跨等截面框架柱的计算长度

设计工作所用的单层框架柱计算长度，是以荷载集中于柱顶的对称单跨等截面框架为依据的。当框架顶部有支承时，框架失稳呈对称形式。节点 $B$ 与 $C$ 的转角大小相等但方向相反（图 5-7a）。横梁对柱的约束作用取决于横梁的线刚度 $I_0/L$ 和柱的线刚度 $I/H$ 的比值 $K_0$，即 $K_0=\dfrac{I_0 H}{IL}$。柱的计算长度 $H_0=\mu H$。计算长度系数 $\mu$ 根据弹性屈曲理论算得，由表

5-2 给出。表中还列出了柱与基础铰接的计算长度系数。对于无侧移框架，系数 $\mu$ 在很有限的范围内变动：柱脚固接者 $0.5\sim0.7$，柱脚铰接者 $0.7\sim1.0$ 之间。

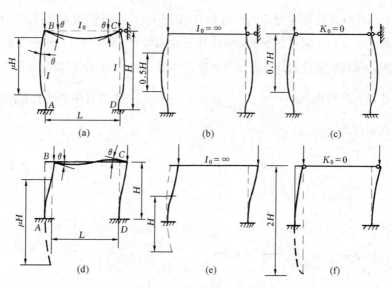

图 5-7　单层单跨框架失稳形式

(a)无侧移失稳一；(b)无侧移失稳二；(c)无侧移失稳三；(d)有侧移失稳一；(e)有侧移失稳二；(f)有侧移失稳三

单层等截面框架柱的计算长度系数　　　　　　　表 5-2

| 框架类型 | 柱与基础连接方式 | | 线刚度比值 $K_0$ 或 $K_1$ | | | | | | | 近似计算公式 |
|---|---|---|---|---|---|---|---|---|---|---|
| | | | $\geqslant20$ | 10 | 5 | 1.0 | 0.5 | 0.1 | 0 | |
| 无侧移 | 刚性固接 | 理论 | 0.500 | 0.524 | 0.546 | 0.626 | 0.656 | 0.689 | 0.700 | $\mu=\dfrac{K_0+2.188}{2K_0+3.125}$ |
| | | 实用 | 0.549 | 0.549 | 0.570 | 0.654 | 0.685 | 0.721 | 0.732 | $\mu=\dfrac{7.8K_0+17}{14.8K_0+23}$ |
| | 铰接 | | 0.700 | 0.732 | 0.760 | 0.875 | 0.922 | 0.981 | 1.000 | $\mu=\dfrac{1.4K_0+3}{2K_0+3}$ |
| 有侧移 | 刚性固接 | 理论 | 1.000 | 1.020 | 1.030 | 1.160 | 1.280 | 1.670 | 2.000 | $\mu=\sqrt{\dfrac{K_0+0.532}{K_0+0.133}}$ |
| | | 实用 | 1.030 | 1.030 | 1.050 | 1.170 | 1.300 | 1.700 | 2.030 | $\mu=\sqrt{\dfrac{79K_0+44.6}{76K_0+10}}$ |
| | 铰接 | | 2.000 | 2.030 | 2.070 | 2.330 | 2.640 | 4.440 | $\infty$ | $\mu=2\sqrt{1+0.38/K_0}$ |

当线刚度的比值 $K_0>20$ 时，可认为横梁的惯性矩为无限大。当横梁与柱铰接时，则取线刚度比值 $K_0$ 为零。计算长度的物理意义是屈曲变形曲线上反弯点（或铰接节点）之间的距离，见图 5-7(b) 和 (c)。

实际上很多单层单跨框架因无法设置侧向支承结构，其失稳形式是有侧移的，见图 5-7(d)、(e) 和 (f)，失稳时按弹性屈曲理论算得的计算长度系数 $\mu$ 也由表 5-2 给出。柱脚刚接框架柱的 $\mu$ 系数在 1 和 2 之间变化，其物理意义见图 5-7(e) 和 (f)。柱脚铰接框架柱的 $\mu$

值变动范围很大，从 2～∞。$\mu=\infty$ 说明框架不能保持稳定。

　　考虑到柱与基础的刚性连接很难做到完全嵌固，因此和表 4-3 的单根柱类似，需要把这类柱的 $\mu$ 系数适当放大，现行《钢结构设计标准》GB 50017 把刚接基础看作是 $K_0=10$ 的节点，所给出的实用系数也列于表 5-2。由表可见，无侧移柱的 $\mu$ 系数放大很多。为计算方便，也可把表 5-2 中的 $\mu$ 值归纳出具有足够精确度的实用计算公式。这些近似计算公式列于表 5-2 的最后一栏。现行《冷弯薄壁型钢结构技术规范》GB 50018 规定，当刚架柱采用板式刚接柱脚时，$\mu$ 系数应乘以放大系数 1.2。这和表 4-3 有类似之处。该标准同时规定，当采用板式铰接柱脚时，考虑到柱脚实际上能够提供一定的转动约束，$\mu$ 系数应乘以折减系数 0.85。

　　实际工程中的框架未必像典型框架那样，结构和荷载都对称，并且框架只承受位于柱顶的集中重力荷载，横梁中没有轴力。当这些条件发生变化时，表 5-2 的计算长度系数就不能精确反映框架的稳定承载力。这里举一个简单的例子。图 5-8 给出承受不同荷载的铰支 Γ 形框架。框架的梁和柱具有相同的长度 $l$ 和弯曲刚度 $EI$，框架（a）只在柱顶承受重力荷载 $P$，框架（b）则除重力荷载 $P$ 外还承受水平荷载 $P$。框架梁柱的线刚度比为 $K_0=1$，由表 5-2 查得计算长度系数为 $\mu=0.875$，相应的临界荷载为 $P_{cr}=12.89EI/l^2$。此框架和表 5-2 所依据的对称框架的组成并不相同，横梁的右端为铰接，而不是和另一根柱刚性连接。因此，这

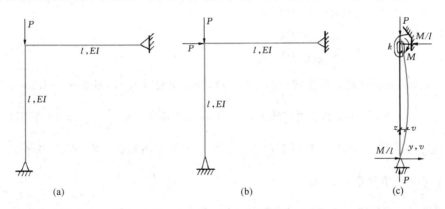

图 5-8　Γ 形框架

(a) 受荷方式一；(b) 受荷方式二；(c) 计算简图

样算得的临界荷载必然有误差。框架（a）的临界荷载，可以把柱分离出来求解。在这个最简单的框架中，只有一根横梁对柱提供约束，约束作用相当于在柱顶设置一根水平支承杆和一个转动弹簧，弹簧的转动刚度为 $K=3EI/l$。这样，框架稳定问题就转化为图 5-8（a）左侧的单柱稳定问题。柱顶除荷载 $P$ 外，在屈曲发生时还有弯矩 $M$，柱脚则相应出现水平反力 $M/l$。此时任意截面弯矩 $M$ 平衡方程是

$$-EI\frac{\mathrm{d}^2v}{\mathrm{d}z^2}-Pv+\frac{Mz}{l}=0$$

或 
$$v'' + k^2 v = \frac{M}{EI}\frac{z}{l}, \quad k^2 = P/EI$$

方程的解为 
$$v = A\sin kz + B\cos kz + \frac{M}{P}\frac{z}{l}$$

在柱两端即 $z=0$ 和 $z=l$ 处均有 $v=0$，代入上式可得

$$B=0 \text{ 和 } A = -\frac{M}{P}\frac{1}{\sin kl}$$

柱端转角为 
$$v'(l) = \frac{M}{P}\left(\frac{1}{l} - \frac{k}{\tan kl}\right)$$

此角按弹簧刚度计算为 
$$\theta = -\frac{M}{(3EI/l)}$$

令此二式相等可导出临界条件 $\tan kl = \dfrac{3kl}{(kl)^2 + 3}$

上式的解为 $kl = 3.725$，$P$ 的临界值为 $P_{cr} = \dfrac{(kl)^2 EI}{l^2} = \dfrac{13.9EI}{l^2}$。$(13.9-12.89)/13.9$
$=0.07$，即查表得出的结果有 7% 的误差。框架（b）的横梁和柱承受同样的轴压力，二者相互没有约束，临界荷载应为 $\pi^2 EI/l^2$，查表所得的 $\dfrac{12.89EI}{l^2}$ 偏大 30%。

现行《钢结构设计标准》GB 50017 对不同于典型对称框架的情况规定有修正的方法。一种情况是当与柱相连的梁远端为铰接或嵌固时的修正。修正方法是对横梁线刚度乘以下列系数。

无侧移框架 　　梁远端铰接：1.5

　　　　　　　　梁远端嵌固：2.0

有侧移框架 　　梁远端铰接：0.5

　　　　　　　　梁远端嵌固：2/3

图 5-8（a）的框架柱，所连接的梁远端铰接，$K_0$ 应乘以 1.5，亦即 $K_0=1.5$，相应的 $\mu$ 系数由表 5-2 在 $K_0$ 等于 1 和 5 之间插入，得到 $\mu=0.86$，$P_{cr}=\dfrac{\pi^2 EI}{(0.86l)^2}$，但若用现行《钢结构设计标准》GB 50017 表 E.0.1 在 $K_0$ 等于 1 和 2 之间插入，则有 $\mu=0.848$，$P_{cr}=\dfrac{13.7EI}{l^2}$，和理论值只差 1.4%。

需要进行修正的第二种情况是横梁有轴压力 $N_b$ 使其刚度下降。此时需要把梁线刚度乘以下列折减系数：

无侧移框架　横梁远端与柱刚接和远端铰支时　　$\alpha_N = 1 - N_b/N_{Eb}$

　　　　　　横梁远端嵌固时　　　　　　　　　$\alpha_N = 1 - N_b/(2N_{Eb})$

有侧移框架　横梁远端与柱刚接　　　　　　　　$\alpha_N = 1 - N_b/(4N_{Eb})$

　　　　　　横梁远端转动不受约束时　　　　　$\alpha_N = 1 - N_b/N_{Eb}$

　　　　　　横梁远端不能转动时　　　　　　　$\alpha_N = 1 - N_b/(2N_{Eb})$

式中　$N_{Eb} = \dfrac{\pi^2 EI}{l^2}$

图 5-8（b）的情况，$\alpha_N = 1 - N_b/N_{Eb}$。由于可以判断 $N_b = N_{Eb}$，系数 $\alpha_N = 0$ 表明梁不对柱提供约束。

对于单层多跨等截面柱框架，计算稳定的传统方法认为诸柱是同时失稳的，没有互相支持作用，从而可以对每根柱分别确定其 $\mu$ 系数。但是，各柱同时失稳的条件非常苛刻，实际情况很难出现，失稳时框架柱之间往往存在相互支持作用，影响计算长度。对于这一问题，5.3 节将做进一步阐释。对于无侧移框架，还近似假定失稳时横梁两端的转角 $\theta$ 相等但方向相反，见图 5-7（a）。对于有侧移框架，假定失稳时横梁两端的转角 $\theta$ 相等而方向也相同，见图 5-7（d）。柱的计算长度系数 $\mu$ 取决于与柱相邻的两根横梁的线刚度之和 $I_1/l_1 + I_2/l_2$ 与柱的线刚度 $I/H$ 的比值 $K_1$，即 $K_1 = (I_1/l_1 + I_2/l_2)/I/H$。系数 $\mu$ 仍由表 5-2 给出。和单跨框架一样，当横梁有较大轴压力及远端铰支或嵌固时，其线刚度需要修正。

### 5.2.3　多层多跨等截面框架柱的计算长度

对于多层多跨框架，其失稳形式也分为无侧移与有侧移两种情况。计算的基本假定与单层多跨框架类同，见图 5-9（a）、（b）。柱的计算长度系数 $\mu$ 和横梁的约束作用有直接关系，它取决于在该柱上端节点处相交的横梁线刚度之和与柱线刚度之和的比值 $K_1$，同时还取决于该柱下端节点处相交的横梁线刚度之和与柱线刚度之和的比值 $K_2$，系数 $\mu$ 之值见附表 18-1（无侧移）和附表 18-2（有侧移）。

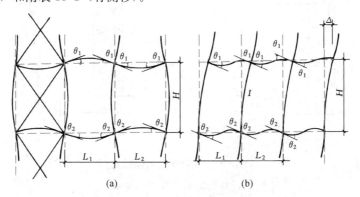

图 5-9　多层多跨框架失稳形式

（a）无侧移失稳；（b）有侧移失稳

对有侧移框架柱的计算长度系数，也可按下列简化公式计算

$$\mu = \sqrt{\frac{7.5K_1K_2 + 4(K_1 + K_2) + 1.52}{7.5K_1K_2 + K_1 + K_2}} \tag{5-6}$$

按此式计算时，系数 $K_1$、$K_2$ 需要按附录 8 附表 18-2 的注进行必要的修正。

对于无侧移框架柱的计算长度系数，也可按下列简化公式计算

$$\mu = \sqrt{\frac{(1 + 0.41\,K_1)(1 + 0.41\,K_2)}{(1 + 0.82\,K_1)(1 + 0.82\,K_2)}} \tag{5-7}$$

系数 $K_1$、$K_2$ 需要按附录 8 附表 18-1 的注进行必要的修正。

### 5.2.4　变截面阶形柱的计算长度

厂房柱考虑承受吊车荷载作用时，从经济角度常采用阶形柱。除少数厂房因有重负载的双层吊车需采用双阶柱外，一般采用单阶柱。柱的计算长度是分段确定的，但它们的计算长度系数之间有内在关系。根据柱的上端与横梁的连接是属于铰接还是刚接的条件，分为图 5-10（a）与（b）两种失稳形式。由于柱的上端在框架平面内无法设置阻止框架侧移的支承，阶形柱的计算长度按有侧移失稳的条件确定。上下段柱的计算长度分别是

$$H_{01}=\mu_1 H_1$$
$$H_{02}=\mu_2 H_2$$

当柱的上端与横梁铰接时，下段柱的计算长度系数按图 5-10（a）所示计算简图把柱看做悬臂构件，按下列两个参数查附表 19-1 确定：$K_1=\dfrac{I_1 H_2}{I_2 H_1}$（柱上下段的线刚度之比），$\eta_1=\dfrac{H_1}{H_2}\sqrt{\dfrac{N_1 I_2}{N_2 I_1}}$。在计算参数 $\eta_1$ 时上段柱的压力 $N_1$ 和下段柱的压力 $N_2$ 都用该段柱可能承受的最大轴向压力。

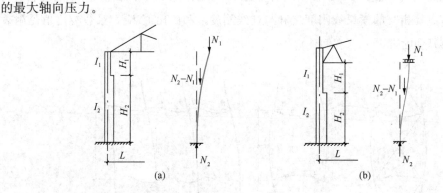

图 5-10　单阶柱的失稳形式

（a）柱顶铰接；（b）柱顶刚接

上段柱的计算长度系数为 $\mu_1=\mu_2/\eta_1$。

当柱的上端与横梁刚接时，横梁刚度的大小对框架屈曲有一定影响，但当横梁的线刚度与上段柱的线刚度之比值大于 1.0 时，横梁刚度的大小对框架屈曲的影响差别不大。这时下段柱的计算长度系数 $\mu_2$ 可直接按照图 5-10（b）所示计算简图把柱看作上端可以滑动而不能转动的构件，按参数和查附表 19-2 确定，而上段柱的计算长度系数仍为 $\mu_1=\mu_2/\eta_1$。

当厂房的柱列很多时，同一框架中负荷较小的相邻柱会给所计算的负荷较大的柱提供侧移约束。相邻框架也会因整个厂房结构的空间作用而提供约束，所以设计标准还根据各种类型厂房的不同特点（主要是有关空间作用的特点），对柱的计算长度作不同程度折减，从而

获得经济效益。折减系数为 $0.7\sim0.9$，具体应用时可查设计标准的有关规定。

上述计算长度系数都是根据弹性框架屈曲理论得到的。单层框架在弹塑性状态失稳时，按弹性框架得到的 $\mu$ 值常常偏于安全，特别是当作为横梁的屋架按弹性工作设计而柱却允许出现一定塑性而降低了柱的刚度时，线刚度的比值 $K_1$ 有所提高。

### 5.2.5　在框架平面外柱的计算长度

柱在框架平面外的计算长度取决于支撑构件的布置。支撑结构使柱在框架平面外得到支承点。柱在框架平面外失稳时，支承点可以看作变形曲线的反弯点，并取计算长度等于支承点之间的距离。如图 5-11 所示单层框架柱，在平面外的计算长度，上下段是不同的，上段为 $H_1$，下段为 $H_2$。实际上两段之间存在约束关系，使弱者的屈曲延迟，不过通常在设计中没有考虑。

有了计算长度以后框架柱即可根据其受力条件按压弯构件设计。

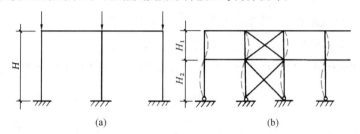

图 5-11　框架柱在弯矩作用平面外的计算长度

（a）框架平面；（b）支撑布置

## 5.3　有侧移框架的整层稳定

### 5.3.1　柱间相互作用和计算长度

在 5.2 节计算有侧移框架的计算长度系数时假定了各柱是同时达到失稳条件的，即失稳时柱与柱之间没有相互作用，所以每根柱的计算长度可以独立计算。但实际框架中各柱的刚度、荷载以及端部约束等条件很难完全相同，总是存在刚度较小的"弱柱"和刚度较大的"强柱"，当弱柱的刚度被压力削弱为零而产生倾覆的趋势时，它并不会立刻失稳，同一层的强柱仍具有额外的刚度为其提供侧向支持，因而还能继续承载，只有当所有柱都丧失刚度时，框架的失稳才会发生。这种有侧移失稳是框架整层的失稳（图 5-12），框架中的任何一个柱都不会先于整层发生有侧移模式的失稳。

整层失稳时，柱间相互作用会使"弱柱"的临界力增大、计算长度减小；对于"强柱"，该作用则会使其临界力将降低、计算长度增大。对于多跨框架，考虑这一效应的柱的有侧移

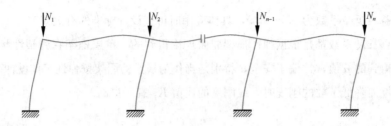

图 5-12 有侧移框架的整层失稳

计算长度系数计算公式为

$$\mu_i = \sqrt{\frac{N_{Ei}}{N_i} \cdot \frac{1.2 \sum N_i/h_i + \sum N_j/h_j}{K}} \tag{5-8}$$

式中　　$N_{Ei}$——第 $i$ 个框架柱的欧拉临界力，$N_{Ei} = \pi^2 EI_i/h_i^2$；

　　$N_i$、$N_j$——分别为第 $i$ 个框架柱和第 $j$ 个摇摆柱的轴压力；

　　$h_i$、$h_j$——分别为第 $i$ 个框架柱和第 $j$ 个摇摆柱的高度；

　　$K$——不考虑轴压力作用的框架的抗侧移刚度。

如果没有摇摆柱并且所有柱的柱高均相等，那么上式（5-8）可简化为

$$\mu_i = \sqrt{\frac{N_{Ei}}{N_i} \cdot \frac{1.2 \sum N_i}{Kh}} \tag{5-9}$$

【例题 5-1】计算图 5-13 所示框架中各柱的计算长度系数，已知框架的初始抗侧移刚度 $K = 1.327 \pi^2 EI/h^3$，梁柱的截面模量均为 $EI$，柱底刚接，$l = 2h$。

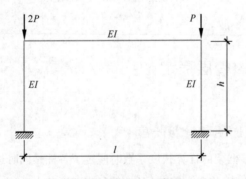

图 5-13 例题 5-1 附图

【解】（1）左右两柱柱顶节点的线刚度比值均为 0.5，柱底固接，查表 5-2 可得两柱的计算长度系数均为 1.300。

（2）用式（5-6）计算。柱顶节点 $K_1 = 0.5$，柱底刚接可取 $K_2 = 10$，代入公式可得两柱的计算长度系数均为

$$\mu = \sqrt{\frac{7.5K_1K_2 + 4(K_1 + K_2) + 1.52}{7.5K_1K_2 + K_1 + K_2}} = \sqrt{\frac{81.02}{48}} = 1.299$$

（3）用式（5-9）计算。两柱的欧拉临界力均为 $N_E = \pi^2 EI/h^2$，代入公式可得

左柱：　　　$\mu = \sqrt{\dfrac{\pi^2 EI/h^2}{2P} \cdot \dfrac{1.2 \times 3P}{h \times 1.327\pi^2 EI/h^3}} = 1.165$

右柱：　　　$\mu = \sqrt{\dfrac{\pi^2 EI/h^2}{P} \cdot \dfrac{1.2 \times 3P}{h \times 1.327\pi^2 EI/h^3}} = 1.647$

　　表 5-2 与式（5-6）都未考虑柱间的相互支持作用，求解过程与柱所受轴力大小无关，因此左右柱并无区别，两个方法的结果相同。式（5-9）的计算结果则差别很大，左柱的计算长度系数显著小于右柱，这是由于左柱受到的轴压力大，与右柱相比是"弱柱"，其刚度最先被压力削弱为 0，但此时右柱仍有富余的刚度为其提供支撑，因而左柱可继续承担更大的荷载，它的计算长度减小而右柱的计算长度增大。

　　柱间的相互支持作用也并非一定会出现，当框架内各柱的 $H\sqrt{N/EI}$ 值均相等时，可近似认为各柱的刚度会同时被削弱为 0，那么框架中就不存在所谓的"弱柱"和"强柱"，柱间相互支持作用也就不再会出现。柱间相互支持作用得以发生的另一个前提是柱与柱之间存在较强的联系，支撑力可以被有效传递。通常情况下框架的钢梁和楼板可以起到有效的联系作用，但在某些情况下，如钢梁本身存在较大的轴力且截面较弱，就有可能先发生失稳，此时柱间的支持作用就无法实现了。

　　柱间相互支持作用存在上限，"强柱"不能无限提高"弱柱"的稳定承载力。如果弱柱的刚度过小，它的无侧移失稳就有可能先于框架的整层失稳发生，那么它的稳定承载力就是无侧移失稳的临界力。因此，式（5-8）和式（5-9）存在下限值，即柱的无侧移计算长度系数，实际应用时下限值可取 1.0。

　　深度思考：为什么框架内各柱的 $H\sqrt{N/EI}$ 值均相等时，可近似认为各柱的刚度会同时被削弱为 0？

### 5.3.2　强支撑与弱支撑

　　在框架中布置支撑可使结构的抗侧移刚度增大，从而提高有侧移失稳的临界力，临界力增量与支撑所提供的刚度成正比。当支撑刚度足够大时，框架柱的失稳模式将从有侧移转变为无侧移。要使失稳模式发生转变，支撑系统的侧倾刚度（产生单位倾斜角的水平力）至少等于两种失稳模式临界荷载的差值，即

$$S_b \geqslant \sum N_{bi} - \sum N_{0i} \tag{5-10}$$

式中　$\sum N_{bi}$、$\sum N_{0i}$——分别为框架各柱用无侧移和有侧移框架柱计算长度算得的轴压杆稳定承载力之和；

　　　　　　　$S_b$——支撑系统的侧倾刚度（$S_b = K_b h$，等于抗侧移刚度与层高的乘积）。

　　以上式为基础，《钢结构设计规范》GB 50017—2003 规范增加了系数用以考虑各种缺陷

和不确定性因素的影响，以及两种失稳方式的 $P-\delta$ 效应的区别，形成以下判定公式

$$S_b \geqslant 3(1.2\sum N_{bi} - \sum N_{0i}) \tag{5-11}$$

现行《钢结构设计标准》GB 50017—2017 对系数做了调整，将判定公式改为

$$S_b \geqslant 4.4\left[\left(1+\frac{100}{f_y}\right)\sum N_{bi} - \sum N_{0i}\right] \tag{5-12}$$

当支撑系统的侧倾刚度不能满足以上要求时，为弱支撑结构，此时框架柱的计算长度系数介于有侧移模式和无侧移模式之间。实际工程中很少设计成弱支撑框架。

### 5.3.3 带摇摆柱框架的稳定

工程中的框架多种多样，并非都是横梁端部和柱刚接。有时，为了把抗侧力的任务集中在一部分结构，可以把少数柱做成摇摆柱。对于抗侧移要求不高的框架，则可以简化梁柱连接的构造，做成半刚性连接的框架。

图 5-14 给出两种带有摇摆柱的框架，都是有侧移失稳的框架。其中框架（a）的右侧柱上、下端铰接，完全没有抗侧移的能力，框架（b）的中柱也是如此，这些柱称为摇摆柱，和横梁刚性连接的柱则称为框架柱。当框架在柱顶荷载作用下有侧移失稳时，摇摆柱不能和框架柱一起抵抗侧移的发生，但是它们所承受的荷载却有使侧移增大的趋势，这个趋势需由框架柱来抵抗。因此，框架（a）的三根框架柱的计算长度系数应按整层稳定的概念计算。或者，在按两跨框架得出计算长度系数 $\mu$ 后，再乘以增大系数

$$\eta = \sqrt{1+\frac{\sum(N_l/H_l)}{\sum(N_f/H_f)}} \tag{5-13}$$

式中　$\sum(N_f/H_f)$——各框架柱轴力和高度比值之和；

$\sum(N_l/H_l)$——各摇摆柱轴力和高度比值之和。

摇摆柱的计算长度取其几何长度，即 $\mu=1$。

框架（b）的两根边柱，则先按跨度为 $2l$ 的单跨框架（$l$ 为斜梁长度）求得计算长度系数 $\mu$，再乘以上述增大系数。

深度思考：摇摆柱顶底铰接，顶部连接和柱脚构造简单而省工省料，柱的计算长度又不因柱顶侧移而增大，节省钢材。与此同时，框架柱的负担加重，要多用材料。权衡得失，何时宜用摇摆柱？图 5-14(a)、(b) 分别适用于什么情况？

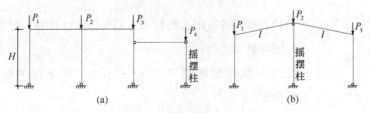

图 5-14　带有摇摆柱的框架

【例题 5-2】图 5-15 表示一铰接柱脚的双跨等截面柱框架。要求确定边柱和中柱在框架平面内的计算长度。

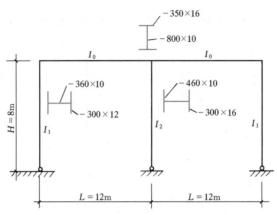

图 5-15 例题 5-2 附图

【解】先计算框架中诸构件的截面惯性矩。

横梁：$I_0 = 1 \times 80^3 / 12 + 2 \times 35 \times 1.6 \times 40.8^2 = 229100 \text{cm}^4$

边柱：$I_1 = 1 \times 36^3 / 12 + 2 \times 30 \times 1.2 \times 18.6^2 = 28800 \text{cm}^4$

中柱：$I_2 = 1 \times 46^3 / 12 + 2 \times 30 \times 1.6 \times 23.8^2 = 62500 \text{cm}^4$

再计算横梁的线刚度与边柱的线刚度比值，$K_0 = \dfrac{I_0 H}{I_1 l} = \dfrac{229100 \times 8}{28800 \times 12} = 5.3$

图 5-15 是一个有侧移框架，柱的下端与柱铰接，上端与横梁刚接，查表 5-2 得边柱的计算长度系数：$\mu = 2.07 - \dfrac{5.3 - 5}{10 - 5} \times (2.07 - 2.03) = 2.068$。

用近似公式计算 $\mu = 2\sqrt{1 + 0.38/5.3} = 2.07$

两个横梁的线刚度之和与中柱的线刚度比值

$$K_1 = \frac{2I_0 H}{I_2 l} = \frac{2 \times 229100 \times 8}{62500 \times 12} = 4.9$$

查表 5-2 得中柱的计算长度系数：$\mu = 2.07 + \dfrac{5 - 4.9}{5 - 1} \times (2.33 - 2.07) = 2.0765$。

用近似公式计算 $\mu = 2\sqrt{1 + 0.38/4.9} = 2.0761$

两种方法计算结果是一致的。同时边柱和中柱的 $\mu$ 系数接近相等。

当框架中柱承受荷载 $2P$ 而两根边柱各承受 $P$ 时，边柱和中柱的 $H_i \sqrt{N_i / EI_i}$ 分别是 $H\sqrt{\dfrac{P}{EV}}\sqrt{\dfrac{1}{28800}}$ 和 $H\sqrt{\dfrac{P}{EV}}\sqrt{\dfrac{2}{62500}}$，二者较为接近。表明各柱之间的相互支撑作用不大，查得的 $\mu$ 系数无须修正。但是，如果中柱荷载为 $4P$，两边柱仍为 $P$，则中柱将趋于先失稳而受到两根边柱的支持。此时，用式（5-9）计算将得到更精确的结果。

【例题 5-3】 图 5-16 为一带摇摆柱的框架。左侧的铰接柱脚双跨等截面柱框架与例题 5-2 完全相同，各柱柱顶的受力如图 5-16 所示。试确定三根框架柱平面内的计算长度。

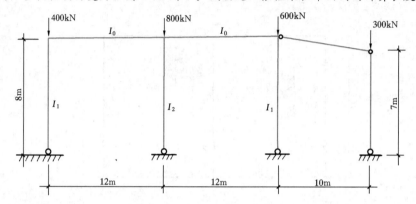

图 5-16　例题 5-3 附图

【解】 计算长度增大系数：

$$\eta=\sqrt{1+\frac{\sum\ (N_l/H_l)}{\sum\ (N_f/H_f)}}=\sqrt{1+\frac{300/7}{400/8+800/8+600/8}}=1.091$$

框架边柱计算长度系数：$\mu=2.068\times1.091=2.256$

框架中柱计算长度系数：$\mu=2.0765\times1.091=2.2566$

## 习题

5.1　桁架平面内和平面外的计算长度根据什么原则确定？

5.2　图 5-17 所示桁架受压杆件 AB 和 BC 的平面外计算长度如何确定？

5.3　影响等截面框架柱计算长度的主要因素有哪些？

5.4　什么是框架的有侧移失稳和无侧移失稳？

5.5　框架柱的计算长度系数由弹性稳定理论得出，它是否同样适用于进入弹塑性范围工作的框架柱？为什么？

5.6　什么是摇摆柱？它对框架柱的稳定承载力有何影响？

5.7　图 5-18 所示超静定桁架承受竖向荷载 P，因竖杆压缩而在两斜杆中产生压力 250kN。桁架的水平荷载则使两斜杆分别产生拉力和压力 150kN。试确定下列两种情况斜杆在桁架平面外的计算长度。
1）两斜杆在交叉点均不中断；
2）一根斜杆在交叉点中断并用节点板搭接（先选择哪一根杆中断，然后确定连续杆的计算长度）。

5.8　确定图 5-19 所示两种无侧移框架的柱计算长度，各杆惯性矩相同。

5.9　确定图 5-20 所示两种有侧移框架的柱计算长度，各杆惯性矩相同。

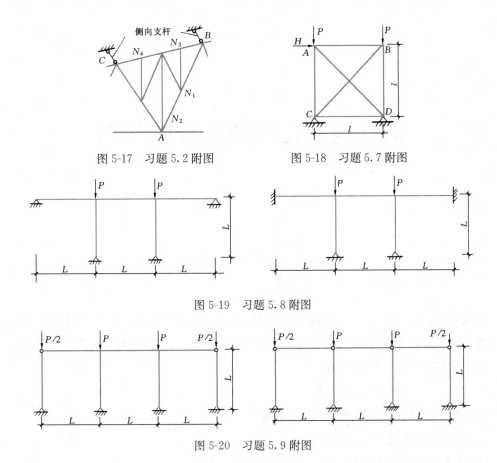

图 5-17 习题 5.2 附图          图 5-18 习题 5.7 附图

图 5-19 习题 5.8 附图

图 5-20 习题 5.9 附图

第 6 章

# 钢结构的正常使用极限状态

## 6.1 正常使用极限状态的特点

正常使用极限状态对应于结构或构件达到正常使用或耐久性能的某项规定限值。现行国家标准《建筑结构可靠性设计统一标准》GB 50068 规定，当结构或构件出现下列状态之一时，即认为超过了正常使用极限状态：

1）影响正常使用或外观的变形；

2）影响正常使用或耐久性能的局部破坏（包括裂缝）；

3）影响正常使用或耐久性能的振动；

4）影响正常使用或耐久性能的其他特定状态。

正常使用极限状态可以理解为适用性极限状态，常见的适用性问题有以下七类：

1）由荷载、温度变化、潮湿、收缩和徐变引起的非结构构件的局部损坏（如顶棚、隔墙、墙、窗）；

2）荷载产生的挠度妨碍家具或设备（如电梯）的正常功能；

3）明显的挠度使居住者感到不安；

4）由剧烈的自然现象（如飓风、龙卷风）造成的非结构构件彻底损坏；

5）结构因时效和服役而退化（如地下停车场结构因防水层破坏而受损）；

6）建筑物因活荷载、风荷载或地震造成的运动，导致居住者身体或心理上不舒适感；

7）使用荷载下的连续变形（如高强度螺栓滑移）。

长期以来，正常使用极限状态不如承载极限状态那样受到重视，认为只不过是适当限制一下挠度和侧移。随着结构材料强度的提高和构件的轻型化（包括围护结构和非承重构件），情况已经有所改变，研究工作日趋活跃，包括分析正常使用极限状态的可靠指标取值问题。不过我国的设计标准和规程中仍然只有变形和振动限制两个方面。

## 6.2 拉杆、压杆的刚度要求

按照结构的使用要求，钢结构的拉杆和压杆不应过分柔弱而应该具有必要的刚度，保证构件不产生过大的变形。这种变形可能因其自重而产生，也可能在运输或安装构件的过程中产生。压杆还可能因存在初始弯曲而在压力作用下变形逐渐增大。承受轴线拉力或压力的构件其刚度用长细比控制，即

$$\lambda_{\max} = (l/i)_{\max} \leqslant [\lambda] \tag{6-1}$$

式中　$\lambda_{\max}$——杆件的最大长细比；

　　　$l$——杆件长度；

　　　$i$——截面回转半径；

　　　$[\lambda]$——容许长细比。

上式中的杆件长度，对拉杆来说必然是它的几何长度，即两端点之间距离。但对压杆却不十分明确。长期以来都习惯于取计算长度，即几何长度乘以计算长度系数 $\mu$。然而，$\mu$ 系数是稳定分析得出的杆件特性。控制长细比的目的主要是避免构件柔度太大，在本身重力作用下产生过大的挠度和运输安装过程中造成弯曲。因此，从正常使用角度考察，没有必要引进这一系数。这就是说，压杆的 $l$ 也取其几何长度。容许长细比 $[\lambda]$ 通常由有关规范给出。一般而言，压杆由于对几何缺陷的影响较为敏感，所以对它的长细比要求较拉杆严格得多。承受静力荷载的拉杆，可仅限制其在竖向平面内的长细比，以防止在自重作用下显著下垂。而承受直接动力荷载的拉杆因刚度过弱时会产生剧烈晃动，故其容许长细比比承受静力荷载的拉杆要小，并且两个方向同样对待。对于张紧的圆钢拉杆，因变形极微，所以不再限制长细比。表6-1、表6-2分别给出了现行《钢结构设计标准》GB 50017对各种拉杆、压杆的容许长细比。然而工程结构是复杂的整体。桁架的受拉弦杆还对受压腹杆的下端起面外支点的作用。为此，这类弦杆必须具有足够大的面外弯曲刚度，要求面外长细比不超过250。不过此项限值并不属于正常使用极限状态。

拉杆的容许长细比　　　　　　　　　表 6-1

| 构件名称 | 承受静力荷载或间接动力荷载的结构 | | | 直接承受动力荷载的结构 |
| --- | --- | --- | --- | --- |
| | 一般建筑结构 | 对腹杆提供面外支点的弦杆 | 有重级工作制起重机的厂房 | |
| 桁架构件 | 350 | 250 | 250 | 250 |
| 吊车梁或吊车桁架以下柱间支撑 | 300 | — | 200 | — |

| 构件名称 | 承受静力荷载或间接动力荷载的结构 | | | 直接承受动力荷载的结构 |
|---|---|---|---|---|
| | 一般建筑结构 | 对腹杆提供面外支点的弦杆 | 有重级工作制起重机的厂房 | |
| 其他拉杆、支撑、系杆等（张紧的圆钢除外） | 400 | — | 350 | — |

注：1. 除对腹杆提供面外支点的弦杆外，承受静力荷载的结构受拉构件，可仅计算竖向平面内的长细比；

2. 计算单角钢受拉构件的长细比时，应采用角钢的最小回转半径，但计算在交叉点相互连接的交叉杆件平面外的长细比时，可采用与角钢肢边平行轴的回转半径；

3. 中、重级工作制吊车桁架下弦杆的长细比不宜超过 200；

4. 在设有夹钳或刚性料耙等硬钩起重机的厂房中，支撑的长细比不宜超过 300；

5. 受拉构件在永久荷载与风荷载组合作用下受压时，其长细比不宜超过 250；

6. 跨度等于或大于 60m 的桁架，其受拉弦杆和腹杆的长细比不宜超过 300（承受静力荷载或间接承受动力荷载）或 250（直接承受动力荷载）；

7. 柱间支撑按拉杆设计时，竖向荷载作用下柱子的轴力应按无支撑时考虑。

压杆的容许长细比　　　　　　　　　　　　　表 6-2

| 构　件　名　称 | 容许长细比 |
|---|---|
| 柱、桁架和天窗架中的压杆 | 150 |
| 柱的缀条、吊车梁或吊车桁架以下的柱间支撑 | 150 |
| 支撑（吊车梁或吊车桁架以下的柱间支撑除外） | 200 |
| 用以减小受压构件计算长度的杆件 | 200 |

注：1. 当杆件内力设计值不大于承载能力的 50% 时，容许长细比值可取 200；

2. 在直接或间接承受动力荷载的结构中，单角钢受压构件长细比的计算方法与表 6-1 注 2 相同；

3. 跨度等于或大于 60m 的桁架，其受压弦杆、端压杆和直接承受动力荷载的受压腹杆的长细比不宜大于 120；

4. 验算容许长细比时，可不考虑扭转效应。

【例题 6-1】如图 6-1 所示为一单跨等截面柱框架，框架尺寸以及梁柱截面如图所示。已知柱由 Q235 钢制作，为焊接截面，具有轧制边翼缘，左、右柱顶分别承受 800kN 和 1300kN 的竖向荷载，试验算框架柱的平面内稳定性和刚度。

【解】（1）计算截面特性

柱：$A = 2 \times 30 \times 1.2 + 36 \times 1 = 108 \text{cm}^2$

$I_x = 2 \times 30 \times 1.2^3/12 + 2 \times 1.2 \times 30 \times 18.6^2 + 1 \times 36^3/12 = 28805.76 \text{cm}^4$

$I_y = 2 \times 1.2 \times 30^3/12 + 36 \times 1^3/12 = 5403 \text{cm}^4$

$i_x = \sqrt{\dfrac{I_y}{A}} = \sqrt{\dfrac{28805.8}{108}} = 16.33 \text{cm}$

$i_y = \sqrt{\dfrac{I_y}{A}} = \sqrt{\dfrac{5403}{108}} = 7.07 \text{cm}$

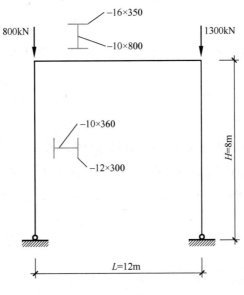

$$\text{图 6-1 \quad 例题 6-1 附图}$$

梁：$A = 2 \times 35 \times 1.6 + 80 \times 1 = 192 \text{cm}^2$

$I_x = 2 \times 35 \times 1.6^3/12 + 2 \times 1.6 \times 35 \times 40.8^2 + 1 \times 80^3/12 = 229130.24 \text{cm}^4$

（2）计算柱的计算长度系数

梁柱线刚度比 $K_0 = \dfrac{229130.24 \times 800}{1200 \times 28805.76} = 5.30$

代入表 5-2 的近似公式得 $\mu = 2 \sqrt{1 + 0.38/K_0} = 2 \sqrt{1 + 0.38/5.30} = 2.07$

（3）柱的长细比 $\lambda_x = \mu l/i_x = 2.07 \times 800/16.33 = 101.4$

（4）验算柱的整体稳定

从截面分类表 4-4 可知，此柱对截面的强轴屈曲时属于 b 类截面，由附表 17（b）得到 $\varphi_x = 0.546$。查附表 11 可知柱的抗压强度设计值为 $f = 215 \text{N/mm}^2$。左右梁柱的稳定系数相同但右柱荷载更大，验算右柱：

$$\frac{N}{\varphi A f} = \frac{1300 \times 10^3}{0.546 \times 108 \times 10^2 \times 215} = 1.03 > 1.0$$

整体稳定不满足要求。

（5）验算局部稳定

翼缘的外伸宽度为 $b_1 = 14.5 \text{cm}$，其宽厚比为

$$\frac{b_1}{t} = \frac{14.5}{1.2} = 12 < (10 + 0.1\lambda)\varepsilon_k = (10 + 0.1 \times 101.4) \times \sqrt{\frac{235}{235}} = 20.14$$

腹板的高厚比为

$$\frac{h_0}{t_w} = \frac{36}{1.0} = 36 < (25 + 0.5\lambda)\varepsilon_k = (25 + 0.5 \times 101.4) \times \sqrt{\frac{235}{235}} = 75.7$$

局部稳定满足要求。

（6）验算刚度

杆件的刚度用长细比控制，应由几何长度计算。柱截面绕弱轴的回转半径小、长细比大，用其验算：

$$\lambda_{max} = (l/i)_{max} = 800/7.07 = 113.2 < [150]$$

刚度满足要求。

截面满足局部稳定和刚度要求，但不满足整体稳定要求。

讨论：以上计算没有考虑柱间相互作用，若考虑该作用，柱的整体稳定能否满足要求？原因是什么。（已知框架的抗侧刚度为 $K = 5.48EI_x/H^3$，$E$ 为弹性模量取 $206000\text{N/mm}^2$）

## 6.3 受弯构件的变形限制

梁和承受横向荷载的桁架从总体受力上讲都属于受弯构件，受弯构件的正常使用极限状态是指其出现过大的弯曲变形，通常称受弯构件在使用阶段出现的弯曲变形为挠度，为了满足正常使用的要求，设计时必须保证梁和桁架的挠度不超过规范所规定的容许挠度，即：

$$v \leqslant [v] \tag{6-2}$$

式中　$v$——受弯构件在标准荷载作用下所产生的最大挠度或跨中挠度，简支梁的几种常用挠度计算公式如表 6-3 所示；

　　　$[v]$——有关规范给出的受弯构件的挠度限值，称为容许挠度。

表 6-4 是从现行《钢结构设计标准》GB 50017 中摘录的一部分受弯构件的容许挠度。

简支梁的最大挠度计算公式　　　　　　　　　　　　　　　　表 6-3

| 荷载情况 | | | | |
|---|---|---|---|---|
| 计算公式 | $\dfrac{5}{384} \cdot \dfrac{ql^4}{EI}$ | $\dfrac{1}{48} \cdot \dfrac{Fl^3}{EI}$ | $\dfrac{23}{1296} \cdot \dfrac{Fl^3}{EI}$ | $\dfrac{19}{1152} \cdot \dfrac{Fl^3}{EI}$ |

受弯构件的挠度容许值　　　　　　　　　　　　　　　　　　表 6-4

| 项次 | 构　件　类　别 | 挠度容许值 | |
|---|---|---|---|
| | | $[v_T]$ | $[v_Q]$ |
| 1 | 吊车梁和吊车桁架（按自重和起重量最大的一台吊车计算挠度）<br>（1）手动起重机和单梁起重机（含悬挂起重机）<br>（2）轻级工作制桥式起重机<br>（3）中级工作制桥式起重机<br>（4）重级工作制桥式起重机 | $l/500$<br>$l/750$<br>$l/900$<br>$l/1000$ | —<br>—<br>—<br>— |

续表

| 项次 | 构　件　类　别 | 挠度容许值 | |
|---|---|---|---|
| | | $[v_T]$ | $[v_Q]$ |
| 2 | 手动或电动葫芦的轨道梁 | $l/400$ | — |
| 3 | 有重轨（重量等于或大于 38kg/m）轨道的工作平台梁 | $l/600$ | — |
| | 有轻轨（重量等于或小于 24kg/m）轨道的工作平台梁 | $l/400$ | — |
| 4 | 楼（屋）盖梁或桁架、工作平台梁（第 3 项除外）和平台板 | | |
| | （1）主梁或桁架（包括设有悬挂起重设备的梁和桁架） | $l/400$ | $l/500$ |
| | （2）仅支承压型金属板屋面和冷弯型钢檩条 | $l/180$ | — |
| | （3）除支承压型金属板屋面和冷弯型钢檩条外，尚有吊顶 | $l/240$ | — |
| | （4）抹灰顶棚的次梁 | $l/250$ | $l/350$ |
| | （5）除（1）～（4）款外的其他梁（包括楼梯梁） | $l/250$ | $l/300$ |
| | （6）屋盖檩条 | | |
| | 支承压型金属板屋面者 | $l/150$ | — |
| | 支承其他屋面材料者 | $l/200$ | — |
| | 有吊顶 | $l/240$ | — |
| | （7）平台板 | $l/150$ | — |
| 5 | 墙架构件（风荷载不考虑阵风系数） | | |
| | （1）支柱（水平方向） | — | $l/400$ |
| | （2）抗风桁架（作为连续支柱的支承时，水平位移） | — | $l/1000$ |
| | （3）砌体墙的横梁（水平方向） | — | $l/300$ |
| | （4）支承压型金属板的横梁（水平方向） | — | $l/100$ |
| | （5）支承其他墙面材料的横梁（水平方向） | — | $l/200$ |
| | （6）带有玻璃窗的横梁（竖直和水平方向） | $l/200$ | $l/200$ |

注：1. $l$ 为受弯构件的跨度（对悬臂梁和伸臂梁为悬臂长度的 2 倍）；

　　2. $[v_T]$ 为永久和可变荷载标准值产生的挠度（如有起拱应减去拱度）的容许值；$[v_Q]$ 为可变荷载标准值产生的挠度的容许值；

　　3. 当吊车梁或吊车桁架跨度大于 12m 时，其挠度容许值 $[v_T]$ 应乘以 0.9 的系数；

　　4. 当墙面采用延性材料或与结构采用柔性连接时，墙架构件的支柱水平位移容许值可采用 $l/300$，抗风桁架（作为连续支柱的支承时）水平位移容许值可采用 $l/800$。

　　现行《钢结构设计标准》GB 50017 关于挠度限值的规定有两个特点，其一是把表格放在附录中，并在正文中规定："当有实践经验或有特殊要求时可根据不影响正常使用和观感的原则进行适当的调整"。这里的原因是，从适用状态过渡到不符合要求的状态，界限不十分明晰，而是存在一个范围。其二是对楼盖梁给出两个挠度容许值。其中 $[v_T]$ 是全部荷载值产生的挠度（如起拱应减去拱度）的容许值；$[v_Q]$ 是可变荷载标准值产生的挠度的容许值。前者主要反映观感，后者主要反映使用条件。梁的刚度由挠度来控制，其长细比不做任何规定。

## 6.4 钢结构的变形限制

单层钢结构的横向框架其柱脚可与基础刚接或铰接，而柱顶与屋架的连接一般都用刚接。钢框架的变形限制主要是在风荷载标准值作用下的柱顶侧移。

表 6-5 是对单层钢框架、排架以及门式刚架柱顶位移的容许变形限值。

风荷载作用下柱顶水平位移容许值　　　　　　　　　　表 6-5

| 结构体系 | 吊车情况 | | 柱顶水平位移 |
|---|---|---|---|
| 排架、框架 | 无桥式起重机 | | $H/150$ |
| | 有桥式起重机 | | $H/400$ |
| 门式刚架 | 无桥式起重机 | 当采用轻型钢墙板时 | $H/60$ |
| | | 当采用砌体墙时 | $H/240$ |
| | 有桥式起重机 | 当吊车有驾驶室时 | $H/400$ |
| | | 当吊车由地面操作时 | $H/180$ |

注：1. $H$ 为柱高度；

2. 围护结构采用轻型钢墙板的排架、框架，柱顶水平位移可适当放宽；

3. 无桥式起重机的排架、框架，当围护结构采用砌体墙时，柱顶水平位移不应大于 $H/240$；当围护结构采用轻型钢板墙且房屋高度不超过 18m 时，柱顶位移可放宽至 $H/60$。

对设有 A7、A8 级吊车的厂房柱和设有中级和重级工作制吊车的露天栈桥柱，则还要限制吊车梁或吊车桁架的顶面标高处的柱位移。由一台最大吊车水平荷载（按荷载规范取值）所产生的计算变形值，不宜超过表 6-6 所列的容许值。

吊车水平荷载作用下柱水平位移（计算值）容许值　　　　　　　表 6-6

| 项次 | 位移的种类 | 按平面结构图形计算 | 按空间结构图形计算 |
|---|---|---|---|
| 1 | 厂房柱的横向位移 | $H_c/1250$ | $H_c/2000$ |
| 2 | 露天栈桥柱的横向位移 | $H_c/2500$ | |
| 3 | 厂房和露天栈桥柱的纵向位移 | $H_c/4000$ | |

注：1. $H_c$ 为基础顶面至吊车梁或吊车桁架的顶面的高度；

2. 计算厂房或露天栈桥柱的纵向位移时，可假定吊车的纵向水平制动力分配在温度区段内所有的柱间支撑或纵向框架上；

3. 在设有 A8 级吊车的厂房中，厂房柱的水平位移（计算值）容许值宜减小 10%；

4. 在设有 A6 级吊车的厂房柱的纵向位移宜符合表中的要求。

多层及高层钢结构的变形通过各层的层间位移角来控制。在多遇地震作用下多层和高层钢结构的弹性层间位移角不宜超过 1/250。风荷载标准值作用下，高层建筑钢结构的弹性层间位移角不宜超过 1/250；有桥式起重机的多层钢结构的弹性层间位移角不宜超过 1/400；无桥式起重机的多层钢结构的弹性层间位移角不宜超过表 6-7 的容许值。

风荷载作用下层间位移角容许值　　　　　　　　表 6-7

| 结构体系 | | | 层间位移角 |
|---|---|---|---|
| 框架、框架-支撑 | | | 1/250 |
| 框-排架 | 侧向框-排架 | | 1/250 |
| | 竖向框-排架 | 排架 | 1/150 |
| | | 框架 | 1/250 |

注：1. 对室内装修要求较高的建筑，层间位移角宜适当减小；无墙壁的建筑，层间位移角可适当放宽；

　　2. 当围护结构可适应较大变形时，层间位移角可适当放宽。

地震区建造的多高层钢结构在罕遇地震作用下，结构薄弱层的弹塑性层间位移不得超过层高的 1/50，此值允许塑性在结构中有一定程度的发展，但保证不致倒塌。

框架柱是最典型的压弯构件，它的刚度要求由正常使用极限状态的变形来控制，和梁一样，不需要对其长细比进行控制。但对于有抗震要求的多高层钢结构，由于竖向地震对柱的稳定性影响很大，控制框架柱的长细比是保证结构抗震性能的一项重要抗震构造措施。

## 6.5　振动的限制

房屋结构的振动有楼板的竖向振动，地震引起的结构物的水平和竖向振动，高层结构在风荷载作用下也会产生振动。地震引起的振动以及风振对结构强度和稳定的影响在承载能力极限状态的有关计算中予以考虑。在正常使用状态下，需要避免风振加速度引起的人员不舒适感。高楼顶部的加速度需要针对顺风向和横风向分别计算，二者的限值都是

公寓：$0.20 \text{m/s}^2$

公共建筑：$0.28 \text{m/s}^2$

楼板的振动可以由人群的活动产生，也可以由坐落在楼板上的机械设备产生。后者应该在设计或选用设备时采用适当的隔振措施加以解决，这里只讨论前一因素。

楼板的振动采用限制其自振频率和振动加速度峰值的办法来控制。压型钢板组合楼板按下式计算的自振频率不宜低于 15Hz。

$$f = 1/(0.18\sqrt{w}) \tag{6-3}$$

式中　　$w$——永久荷载产生的挠度（cm）。

## 习题

6.1 结构或构件的正常使用极限状态有哪些内容？

6.2 拉杆和压杆的刚度如何验算？为什么压杆比拉杆的限值要严格？

6.3 梁和桁架的刚度如何验算？荷载如何取值？

# 第 7 章

# 钢结构的连接和节点构造

## 7.1　钢结构对连接的要求及连接方法

　　钢结构是由钢板、型钢通过必要的连接组成构件，各构件再通过一定的安装连接而形成整体结构。连接部分应有足够的承载力、刚度及延性。被连接构件间应保持正确的相互位置，以满足传力和使用要求。连接的加工和安装比较复杂、费工，因此选定合适的连接方案和节点构造是钢结构设计中重要的环节。连接设计不合理会影响结构的造价、安全和寿命。

　　设计时应根据连接节点的位置及其所要求的强度和刚度，合理地确定连接方式及节点的细部构造和计算方法，并应注意以下几点：

　　(1) 连接的设计应与结构内力分析时的假定相一致；

　　(2) 结构的荷载，内力组合应能提供连接的最不利受力工况；

　　(3) 连接的构造应传力直接，各零件受力明确，并尽可能避免严重的应力集中；

　　(4) 连接的计算模型应能考虑刚度不同的零件间的变形协调；

　　(5) 构件相互连接的节点应尽可能避免偏心，不能完全避免时应考虑偏心的影响；

　　(6) 避免在结构内产生过大的残余应力，尤其是约束造成的残余应力，避免焊缝过度密集；

　　(7) 厚钢板沿厚度方向受力容易出现层间撕裂，节点设计时应予以充分注意；

　　(8) 连接的构造应便于制作、安装，综合造价低。

　　钢结构的连接方法可分为焊接、铆接、普通螺栓连接和高强度螺栓连接 (图 7-1)。铆钉和螺栓统一称为紧固件。

　　焊缝连接是钢结构最主要的连接方法，其优点是构造简单、不削弱构件截面、节约钢材、加工方便、易于采用自动化操作、连接的密封性好、刚度大。缺点是焊接残余应力和残余变形对结构有不利影响，焊接结构的低温冷脆问题也比较突出。目前除少数直接承受动载

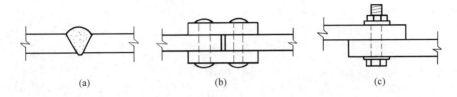

图 7-1　钢结构的连接方法

(a) 焊缝连接；(b) 铆钉连接；(c) 螺栓连接

结构的某些连接，如重级工作制吊车梁和柱及制动梁的相互连接、桁架式桥梁的节点连接，从使用情况看不宜采用焊接外，焊接可广泛用于工业与民用建筑钢结构和桥梁钢结构。

　　铆钉连接的优点是塑性和韧性较好，传力可靠，质量易于检查，适用于直接承受动载结构的连接。缺点是构造复杂，用钢量多，目前已很少采用。

　　普通螺栓连接的优点是施工简单、拆装方便。缺点是用钢量多。适用于安装连接和需要经常拆装的结构。普通螺栓又分为 C 级螺栓和 A 级、B 级螺栓。C 级螺栓一般用 Q235 钢（螺栓的性能等级为 4.6 级或 4.8 级）制成。A、B 级螺栓一般用 45 号钢和 35 号钢（螺栓的性能等级为 8.8 级或 5.6 级）制成。A、B 两级的区别只是尺寸不同，其中 A 级包括 $d \leqslant 24mm$，且 $L \leqslant 150mm$ 的螺栓，B 级包括 $d >$ 24mm 或 $L > 150mm$ 的螺栓，$d$ 为螺杆直径，$L$ 为螺杆长度。C 级螺栓加工粗糙，尺寸不够准确，只要求 II 类孔，成本低，C 级螺栓的孔径较螺栓直径大 1.0～1.5mm。由于螺栓杆与螺孔之间存在着较大的间隙，传递剪力时，连接较早产生滑移（图 7-2），但传递拉力的性能仍较好，所以 C 级螺栓广泛用于承受拉力的安装连接，不重要的

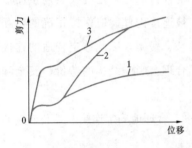

图 7-2　抗剪螺栓剪力
—位移曲线

1—普通螺栓；2—不加预拉力高强度
螺栓；3—加预拉力高强度螺栓

连接或用作安装时的临时固定。A、B 级螺栓需要机械加工，尺寸准确，要求 I 类孔，栓径和孔径的公称尺寸相同，容许偏差为 0.2～0.5mm 间隙。这种螺栓连接传递剪力的性能较好，变形很小，但制造和安装比较复杂，价格昂贵，目前在钢结构中很少采用。

　　I 类孔的精度要求为连接板组装时，孔口精确对准，孔壁平滑，孔轴线与板面垂直。质量达不到 I 类孔要求的都为 II 类孔。

　　高强度螺栓连接和普通螺栓连接的主要区别是：普通螺栓扭紧螺帽时螺栓产生的预拉力很小，由板面挤压力产生的摩擦力可以忽略不计。普通螺栓连接抗剪时是依靠孔壁承压和栓杆抗剪来传力。高强度螺栓除了其材料强度高之外，施工时还给螺栓杆施加很大的预拉力，使被连接构件的接触面之间产生挤压力，因此板面之间垂直于螺栓杆方向受剪时有很大的摩擦力。依靠接触面间的摩擦力来阻止其相互滑移，以达到传递外力的目的，因而变形较小

（图 7-2 中 3）。高强度螺栓抗剪连接分为摩擦型连接和承压型连接。前者以滑移作为承载能力的极限状态，后者的承载能力极限状态和普通螺栓连接相同，但以滑移作为正常使用极限状态。高强度螺栓的另一个特点是不能多次重复使用。尤其是 10.9 级螺栓，拆卸后即不能再用。

高强度螺栓摩擦型连接只利用摩擦传力这一工作阶段，具有连接紧密、受力良好、耐疲劳、可拆换、安装简单以及动力荷载作用下不易松动等优点，目前在桥梁、工业与民用建筑结构中得到广泛应用。尤其在栓焊桁架桥、重级工作制厂房的吊车梁系统和重要建筑物的支撑连接中已被证明具有明显的优越性。高强度螺栓承压型连接，起初由摩擦传力，后期则依靠栓杆抗剪和承压传力，它的承载能力比摩擦型的高，可以节约钢材，也具有连接紧密、可拆换、安装简单等优点。但这种连接在摩擦力被克服后的剪切变形较大，设计标准规定高强度螺栓承压型连接不得用于直接承受动力荷载的结构。据国外新的报道，具有三个或更多螺栓的连接中，由于制孔的位置偏差，部分螺栓在承受荷载前已经和孔壁接触，受力后不会出现滑移，因此，承压型连接的应用呈日渐推广之势。

## 7.2　焊接连接的特性

### 7.2.1　常用焊接方法

钢结构中一般采用的焊接方法有电弧焊、电渣焊、气体保护焊和电阻焊等。

电弧焊的质量比较可靠，是钢结构最常用的焊接方法。电弧焊可分为手工电弧焊和自动埋弧焊。手工电弧焊（图 7-3）是通电后在涂有焊药的焊条与焊件间产生电弧，由电弧提供热源，使焊条熔化，滴落在焊件上被电弧所吹成的小凹槽熔池中，并与焊件熔化部分结成焊缝。由焊条药皮形成的熔渣和气体覆盖熔池，防止空气中的氧、氮等有害气体与熔化的液体金属接触而形成脆性易裂的化合物。焊缝质量随焊工的技术水平而变化。手工电弧焊焊条应与焊件金属强度相适应，对 Q235 钢焊件用 E43 系列型焊条，Q355 和 Q390 钢焊件用 E50 或 E55 系列型焊条，Q420 和 Q460 钢焊件用 E55 或 E60 系列型焊条。对不同钢种的钢材连接时，宜用与低强度钢材相适应的焊条。

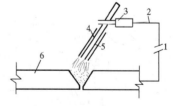

图 7-3　手工电弧焊

1—电源；2—导线；3—夹具；

4—焊条；5—药皮；6—焊件

自动埋弧焊（图 7-4）是将光焊丝埋在焊剂层下，通电后，由于电弧的作用使焊丝和焊剂熔化。熔化后的焊剂浮在熔化金属表面保护熔化金属，使之不与外界空气接触，有时焊剂还可供给焊缝必要的合金元素，以改善焊缝质量。自动焊的电流大、热量集中而熔深大，并且焊缝质量均匀，塑性好，冲击韧性高。自动埋弧焊所采用的焊丝和焊剂要保证其熔敷金属的抗拉强度不低于相应手工焊焊条的数值，对 Q235 钢焊件，可采用 F4××-H08A、F48××-H08MnA 焊丝；对 Q355、Q390 钢焊件，可采用 F5××-H08MnA、F5××-H10Mn2、F48××-H08MnA、F48××-H10Mn2、F48××-H10Mn2A 焊丝。对 Q420 钢焊件可采用 F55××-H10Mn2A 和 F55××-H08MnMoA 焊丝。对 Q460 钢焊件可采用 F55××-H08MnMoA 和 F55××-H08Mn2MoVA。焊丝牌号中的×对应焊材标准中的相应规定。

电渣焊（图 7-5）是利用电流通过熔渣所产生的电阻来熔化金属，焊丝作为电极伸入并穿过渣池，使渣池产生电阻热将焊件金属及焊丝熔化，沉积于熔池中，形成焊缝。电渣焊一般在立焊位置进行，目前多用熔嘴电渣焊，以管状焊条作为熔嘴，焊丝从管内递进。熔嘴周围有均匀涂层，厚 1.5～3.0mm，管材用 15 号或 20 号冷拔无缝钢管。填充丝在焊接 Q235 钢时用 H08MnA，焊接 Q355 钢时用 H08MnMoA。

气体保护焊是用焊枪中喷出的惰性气体代替焊剂，焊丝可自动送入，如 $CO_2$ 气体保护焊是以 $CO_2$ 作为保护气体，使熔化的金属不与空气接触，电弧加热集中，熔化深度大，焊接速度快，焊缝强度高，塑性好。$CO_2$ 气体保护焊采用高锰、高硅型焊丝，具有较强的抗锈蚀能力，焊缝不易产生气孔，适用于低碳钢、低合金钢的焊接。气体保护焊既可用手工操作，也可进行自动焊接。气体保护焊在操作时应采取避风措施，否则容易出现焊坑、气孔等缺陷。

电阻焊（图 7-6）是利用电流通过焊件接触点表面的电阻所产生的热量来熔化金属，再通过压力使其焊合。在一般钢结构中电阻焊只适用于板叠厚度不大于 12mm 的焊接。对冷弯薄壁型钢构件，电阻焊可用来缀合壁厚不超过 3.5mm 的构件，如将两个冷弯槽钢或 C 形钢组合为 I 形截面构件。

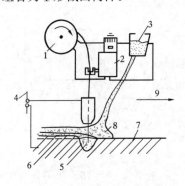

图 7-4　自动埋弧焊

1—焊丝转盘；2—转动焊丝的电动机；

3—焊剂漏斗；4—电源；5—熔化的

焊剂；6—焊缝金属；7—焊件；

8—焊剂；9—移动方向

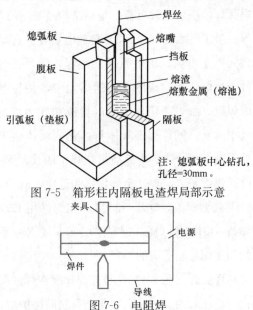

注：熄弧板中心钻孔，
孔径=30mm。

图 7-5　箱形柱内隔板电渣焊局部示意

图 7-6　电阻焊

## 7.2.2　焊缝连接的优缺点

焊缝连接与螺栓连接、铆钉连接相比有下列优点：

（1）不需要在钢材上打孔钻眼，既省工，又不减损钢材截面，使材料可以充分利用；

（2）任何形状的构件都可以直接相连，不需要辅助零件，构造简单；

（3）焊缝连接的密封性好，结构刚度大。

但是焊缝连接也存在下列缺点：

（1）施焊的高温作用形成焊缝附近的热影响区，使钢材的金属组织和力学性能发生变化，材质变脆；

（2）焊接残余应力使焊接结构发生脆性破坏的可能性增大，残余变形使焊件尺寸和形状发生变化，矫正费工；

（3）焊接对结构整体性不利的一面是，局部裂缝一经发生便容易扩展到整体；焊接结构低温冷脆问题比较突出。

## 7.2.3　焊缝缺陷和焊缝质量等级

焊缝中可能存在裂纹、气孔、烧穿和未焊透等缺陷。

裂纹（图 7-7 中 a、b）是焊缝连接中最危险的缺陷。按产生的时间不同，可分为热裂纹和冷裂纹，前者是在焊接时产生的，后者是在焊缝冷却过程中产生的。产生裂纹的原因很多，如钢材的化学成分不当，未采用合适的电流、弧长、施焊速度、焊条和施焊次序等。如果采用合理的施焊次序，可以减少焊接应力，避免出现裂纹；进行预热，缓慢冷却或焊后热处理，可以减少裂纹形成。

气孔（图 7-7c）是由空气侵入或受潮的药皮熔化时产生气体而形成的，也可能是焊件金属上的油、锈、垢物等引起的。气孔在焊缝内或均匀分布，或存在于焊缝某一部位，如焊趾或焊跟处。

焊缝的其他缺陷有烧穿（图 7-7d）、夹渣（图 7-7e）、未焊透（图 7-7f、g、h）、咬边（图 7-7i）、焊瘤（图 7-7j）等。

焊缝的缺陷将削弱焊缝的受力面积，而且在缺陷处形成应力集中，裂缝往往先从那里开始，并扩展开裂，成为连接破坏的根源，对结构很为不利。因此，焊缝质量检查极为重要。现行国家标准《钢结构工程施工质量验收标准》GB 50205 规定，焊缝质量检查标准分为三级，其中第三级只要求通过外观检查，即检查焊缝实际尺寸是否符合设计要求和有无看得见的裂纹、咬边等缺陷。对于重要结构或要求焊缝金属强度等于被焊金属强度的对接焊缝，必须进行一级或二级质量检验，即在外观检查的基础上再做无损检验。其中二级要求用超声波检验每条焊缝的 20% 长度，一级要求用超声波检验每条焊缝全部长度，以便揭示焊缝内部

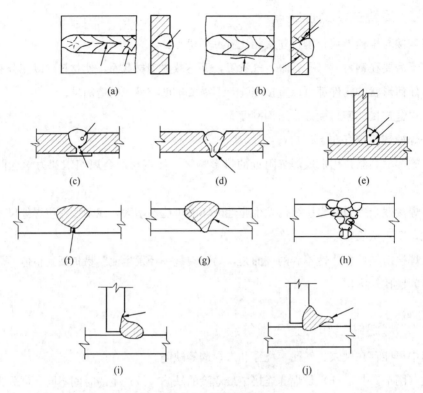

图 7-7 焊缝缺陷

(a) 热裂纹分布示意；(b) 冷裂纹分布示意；(c) 气孔；(d) 烧穿；(e) 夹渣；

(f) 根部未焊透；(g) 边缘未熔合；(h) 焊缝层间未熔合；(i) 咬边；(j) 焊瘤

缺陷。对于焊缝缺陷的控制和处理，见现行国家标准《焊缝无损检测　超声检测　技术、检测等级和评定》GB/T 11345。对承受动载的重要构件焊缝，还可增加射线探伤。

现行《钢结构设计标准》GB 50017 对焊缝质量等级的规定是：

（1）承受动荷载且需疲劳验算的构件焊缝质量要求：

① 作用力垂直于焊缝长度方向的横向对接焊缝或 T 形对接与角接组合焊缝，受拉时应为一级，受压时不应低于二级；

② 作用力平行于焊缝长度方向的纵向对接焊缝不应低于二级。

（2）不需要疲劳验算的构件中，凡要求与母材等强的对接焊缝受拉时不应低于二级，受压时不宜低于二级。

（3）工作环境温度等于或低于−20℃的地区，构件对接焊缝的质量不得低于二级。

焊缝质量与施焊条件有关，对于施焊条件较差的高空安装焊缝，其强度设计值应乘以折减系数 0.9。

### 7.2.4　焊缝连接形式及焊缝形式

连接形式：

　　焊缝连接形式按被连接构件间的相对位置分为平接、搭接、T 形连接和角接四种。这些连接所采用的焊缝形式主要有对接焊缝和角焊缝。

　　图 7-8（a）所示为用对接焊缝的平接连接，它的特点是用料经济，传力均匀平缓，没有明显的应力集中，承受动力荷载的性能较好，当符合一、二级焊缝质量检验标准时，焊缝和被焊构件的强度相等。但是焊件边缘需要加工，对被连接两板的间隙和坡口尺寸有严格的要求。

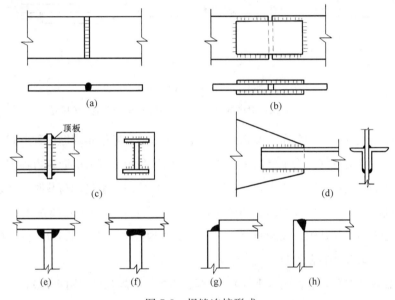

图 7-8　焊缝连接形式

（a）对接焊缝平接；（b）角焊缝和拼接板平接；（c）角焊缝和顶板平接；（d）角焊缝搭接；

（e）角焊缝 T 形连接；（f）焊透的 T 形连接；（g）角焊缝角接连接；（h）对接焊缝角接连接

　　图 7-8（b）所示为用拼接板和角焊缝的平接连接，这种连接传力不均匀、费料，但施工简便，所接两板的间隙大小无需严格控制。

　　图 7-8（c）所示为用顶板和角焊缝的平接连接，施工简便，用于受压构件较好。为了避免层间撕裂，受拉构件不宜采用。

　　图 7-8（d）所示为用角焊缝的搭接连接，这种连接传力不均匀，材料较费，但构造简单，施工方便，目前还广泛应用。

　　图 7-8（e）所示为用角焊缝的 T 形连接，构造简单，受力性能较差，应用也颇广泛。

　　图 7-8（f）所示为焊透的 T 形连接，其焊缝形式为对接与角接的组合，性能与对接焊缝相同。在重要的结构中用它来代替图 7-8（e）的连接。长期实践证明：这种要求焊透的 T 形连接焊缝，即使有未焊透现象，但因腹板边缘经过加工，焊缝收缩后使翼缘和腹板顶得十

分紧密，焊缝受力情况大为改善，一般能保证使用要求。

图 7-8（g）、（h）所示为用角焊缝和对接焊缝的角接连接。

焊缝形式：

对接焊缝按所受力的方向分为对接正焊缝和对接斜焊缝（图 7-9a、b）。角焊缝长度方向垂直于力作用方向的称为正面角焊缝，平行于力作用方向的称为侧面角焊缝，如图 7-9（c）所示。

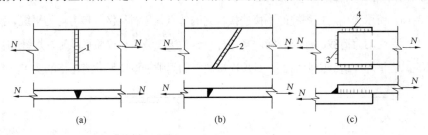

图 7-9  焊缝形式

（a）对接正焊缝；（b）对接斜焊缝；（c）角焊缝

1—对接正焊缝；2—对接斜焊缝；3—正面角焊缝；4—侧面角焊缝

按焊缝按沿长度方向的分布情况来分，有连续角焊缝和断续角焊缝两种形式（图 7-10）。连续角焊缝受力性能较好，为主要的角焊缝形式。断续角焊缝容易引起应力集中，它只用于一些次要构件的连接或次要焊缝中，重要结构中应避免采用。承受动荷载时，严禁采用断续坡口焊缝和断续角焊缝。断续焊缝的间断距离 $L$ 不宜太长，以免因距离过大使连接不易紧密，潮气易侵入而引起锈蚀。间断距离 $L$ 一般在受压构件中不应大于 $15t$，在受拉构件中不应大于 $30t$，$t$ 为较薄构件的厚度。

焊缝按施焊位置分，有俯焊（平焊）、立焊、横焊、仰焊几种（图 7-11）。

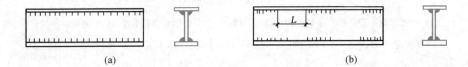

图 7-10  连续角焊缝和断续角焊缝

（a）连续角焊缝；（b）断续角焊缝

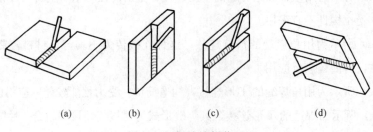

图 7-11  焊缝施焊位置

（a）俯焊；（b）立焊；（c）横焊；（d）仰焊

俯焊施焊方便，质量最易保证。立焊、横焊的质量及生产效率比俯焊的差一些。仰焊的操作条件最差，焊缝质量不易保证，应尽量避免采用。

### 7.2.5 焊缝符号

在钢结构施工图上要用焊缝符号标明焊缝形式、尺寸和辅助要求。焊缝符号由指引线和表示焊缝截面形状的基本符号组成，必要时可加上辅助符号、补充符号和焊缝尺寸符号。

指引线一般由箭头线和基准线所组成。基准线一般应与图纸的底边相平行，特殊情况也可与底边相垂直，如图 7-12 所示。

基本符号用于表示焊缝截面形状，符号的线条宜粗于指引线，常用的某些基本符号见表 7-1。

常用焊缝基本符号　表 7-1

| 名　称 | 封底焊缝 | 对接焊缝 | | | | | 角焊缝 | 塞焊缝与槽焊缝 | 点焊缝 |
|---|---|---|---|---|---|---|---|---|---|
| | | I 形焊缝 | V 形焊缝 | 单边 V 形焊缝 | 带钝边的 V 形焊缝 | 带钝边的 U 形焊缝 | | | |
| 符号 | ⌣ | ‖ | V | ⁄ | Y | Ψ | ◺ | ⊓ | ○ |

注：单边 V 形与角焊缝的竖边画在符号的左边。

辅助符号用于表示焊缝表面形状特征，如对接焊缝表面余高部分需加工使之与焊件表面齐平，则需在基本符号上加一短划，此短划即为辅助符号，见表 7-2。

焊缝符号中的辅助符号和补充符号　表 7-2

| | 名称 | 焊缝示意图 | 符号 | 示　例 |
|---|---|---|---|---|
| 辅助符号 | 平面符号 | 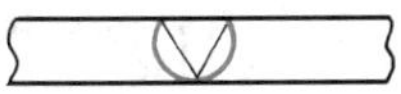 | — | 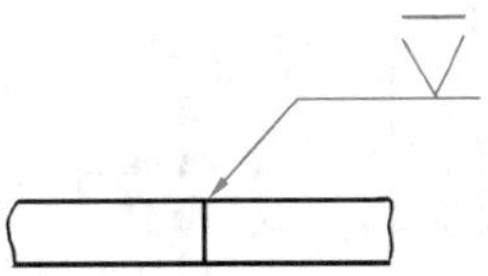 |
| | 凹面符号 | 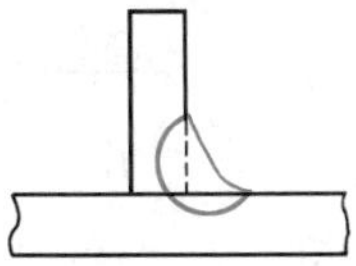 | ⌣ | 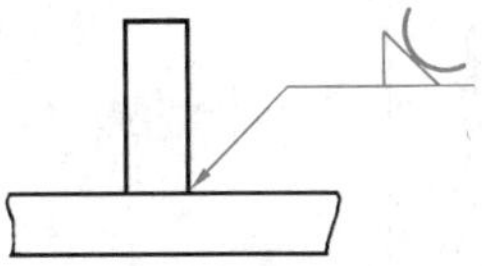 |

续表

| 名称 | 焊缝示意图 | 符号 | 示 例 |
|---|---|---|---|
| 三面围焊符号 | 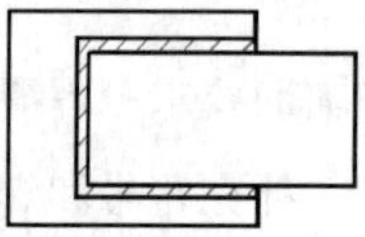 | ⊏ | 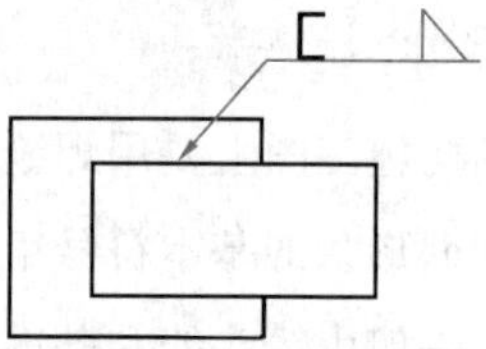 |
| 周边围焊符号 | 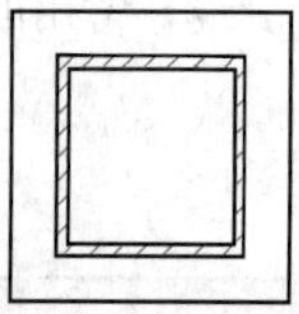 | ◯ | 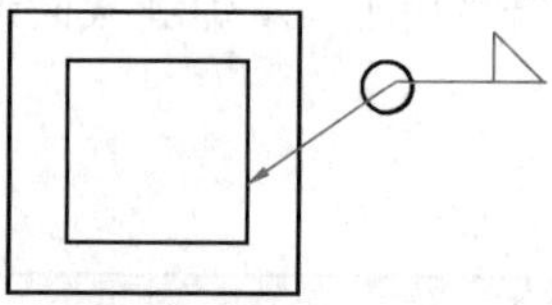 |
| 现场焊符号 | |  🚩 | 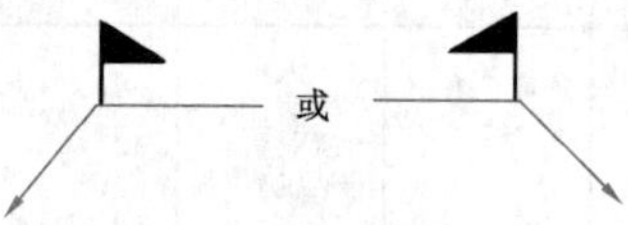 或 |
| 焊缝底部有垫板的符号 | 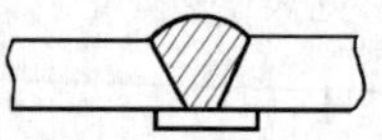 |  ▭ | 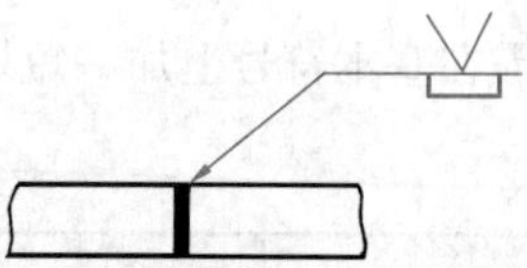 |
| 相同焊缝符号 | 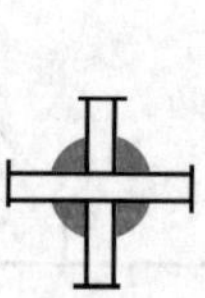 | ⌒ | 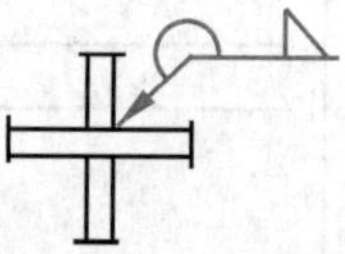 |
| 尾部符号 | | ⟨ | |

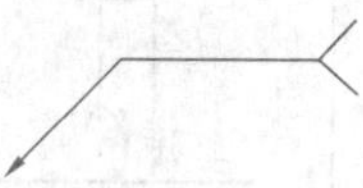

(左侧跨行标题：补充符号)

注：1. 现场焊的旗尖指向基准线的尾部；
　　2. 尾部符号用以标注需说明的焊接工艺方法和相同焊缝数量符号。

　　补充符号是为了补充说明焊缝的某些特征而采用的符号，如带有垫板，三面或四面围焊及工地施焊等。钢结构中常用的辅助符号和补充符号摘录于表 7-2。

　　对于单面焊缝，当引出线的箭头指向对应焊缝所在的一面时，应将焊缝符号和尺寸标注在基准线的上方；当箭头指向对应焊缝所在的另一面时，应将焊缝符号和尺寸标注在基准线的下方（图 7-12）。

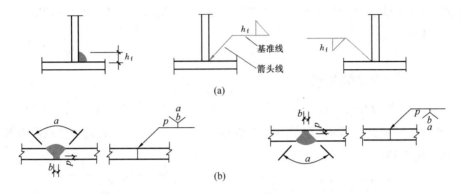

图 7-12　单面焊缝的标注方法

（a）标注示例一；（b）标注示例二

　　双面焊缝应在基准线的上、下方都标注符号和尺寸。上方表示箭头一面的焊缝符号和尺寸，下方表示另一面的焊缝符号和尺寸；当两面焊缝的尺寸相同时，只需在基准线上方标注焊缝尺寸（图 7-13）。

　　当焊缝分布比较复杂或用上述标注方法不能表达清楚时，在标注焊缝符号的同时，可在图形上加栅线表示（图 7-14）。

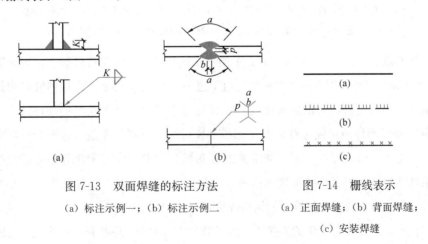

图 7-13　双面焊缝的标注方法　　　　　　图 7-14　栅线表示

（a）标注示例一；（b）标注示例二　　　（a）正面焊缝；（b）背面焊缝；

　　　　　　　　　　　　　　　　　　　　　　　（c）安装焊缝

## 7.3 对接焊缝的构造和计算

本章 7.1 节和 7.2 节讨论过焊缝连接的优、缺点。构造要求的目的在于保证焊接的优点能正常发挥，同时缺点的效应尽量避免或减轻。适宜的构造方案和正确的计算相结合，方能得到优质的钢结构。

### 7.3.1 对接焊缝的构造要求

对接焊缝按坡口形式分为 I 形缝、V 形缝、带钝边单边 V 形缝、带钝边 V 形缝（也叫 Y 形缝）、带钝边 U 形缝、带钝边双单边 V 形缝和双 Y 形缝等，后二者过去分别称为 K 形缝和 X 形缝（图 7-15）。

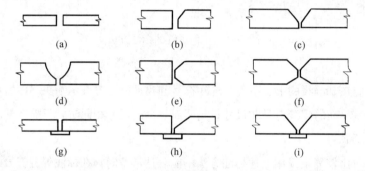

图 7-15　对接焊缝坡口形式

(a) I 形缝；(b) 带钝边单边 V 形缝；(c) Y 形缝；(d) 带钝边 U 形缝；(e) K 形缝；

(f) X 形缝；(g) 加垫板的 I 形；(h) 带钝边单边 V 形；(i) 带钝边 Y 形缝

当焊件厚度 $t$ 很小（$t \leqslant 10\text{mm}$）时，采用不切坡口的 I 形缝就可以焊透。当厚度稍大时（$t=10\sim20\text{mm}$）需要采用有斜坡口的带钝边单边 V 形缝或 Y 形缝，以便斜坡口和焊缝跟部共同形成一个焊条能够运转的施焊空间，使焊缝易于焊透。对于较厚的焊件（$t>20\text{mm}$），应采用带钝边 U 形缝或带钝边双单边 V 形缝（K 形缝）及双 Y 形缝（X 形缝）以减小焊材的消耗量和施工工时。对于 Y 形缝和带钝边 U 形缝的跟部还需要清除焊根并进行补焊。对于没有条件清根和补焊者，要事先加垫板（图 7-15 中 g、h、i），以保证焊透。关于坡口的形式与尺寸可参看现行国家标准《钢结构焊接规范》GB 50661。

在钢板宽度或厚度有变化的连接中，为了减少应力集中，应从板的一侧或两侧做成坡度不大于 1：2.5(承受静力荷载者)或 1：4(需要计算疲劳者)的斜坡(图 7-16)，形成平缓过渡。如板厚相差不大于 4mm 时，可不做斜坡(图 7-16d)。焊缝的计算厚度取较薄板的厚度。

对接焊缝的起弧和落弧点，常因不能熔透而出现焊口，形成类裂纹和应力集中。为消除焊口影响，焊接时可将焊缝的起点和终点延伸至引弧板（图 7-17）上，焊后将引弧板切除，并用砂轮将表面磨平。

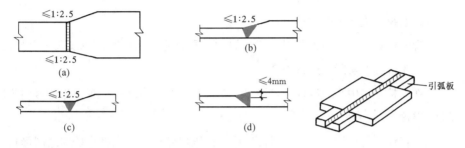

图 7-16　承受静力荷载的不同宽度或厚度的钢板拼接

（a）钢板宽度不同；（b）、（c）钢板厚度不同；（d）不做斜坡

图 7-17　引弧板

对于焊透的 T 形连接焊缝（对接与角接组合焊缝），其构造要求如图 7-18 所示。T 形接头的全焊透坡口焊缝应采用角焊缝加强，加强焊脚尺寸应不大于接头较薄板件厚度的 1/2，但最大值不应超过 10mm。

钢板拼接采用对接焊缝时，纵横两方向的对接焊缝可采用十字形交叉或 T 形交叉。当为 T 形交叉时，交叉点间的距离不得小于 200mm，且拼接料的长度和宽度不应小于 300mm（图 7-19）。

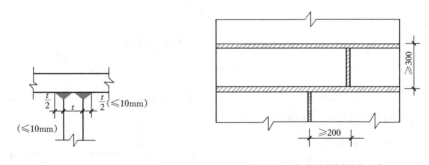

图 7-18　焊透的 T 形连接焊缝

图 7-19　钢板拼接焊缝示意

在直接承受动载的结构中，为提高疲劳强度，应将对接焊缝的表面磨平，打磨方向应与应力方向平行。垂直于受力方向的焊缝应采用焊透的对接焊缝，不应采用部分焊透的对接焊缝。

## 7.3.2　对接焊缝的计算

对接焊缝的应力分布基本上与焊件原来的情况相同，可用计算焊件的方法进行计算。对于重要的构件，按一、二级标准检验焊缝质量，焊缝和构件等强，不必另行计算。

（1）在对接和 T 形连接中，垂直于轴拉力或轴压力的对接焊缝或对接角接组合焊缝，应按式（7-1）计算。

$$\sigma=\frac{N}{l_{\mathrm{w}}t}\leqslant f_{\mathrm{t}}^{\mathrm{w}}\ \text{或}\ f_{\mathrm{c}}^{\mathrm{w}} \tag{7-1}$$

式中　$N$——轴心拉力或压力的设计值；

　　　$l_{\mathrm{w}}$——焊缝计算长度，当采用引弧板施焊时，取焊缝实际长度；当未采用引弧板时，每条焊缝取实际长度减去 $2t$；

　　　$t$——在对接连接中为连接件的较小厚度，不考虑焊缝的余高；在 T 形连接中为腹板厚度；

　$f_{\mathrm{t}}^{\mathrm{w}}$、$f_{\mathrm{c}}^{\mathrm{w}}$——对接焊缝的抗拉、抗压强度设计值，抗压焊缝和一、二级抗拉焊缝同母材，三级抗拉焊缝为母材的 $85\%$，可由附表 12 查得。

　　当正缝连接的强度低于焊件的强度时，为了提高连接的承载能力，可改用斜缝（图 7-20b），但用斜缝时焊件较费材料。规范规定当斜缝和作用力间夹角 $\theta$ 符合 $\tan\theta\leqslant1.5$ 时，可不计算焊缝强度。这一夹角限值是否恰当，读者可加以检验。

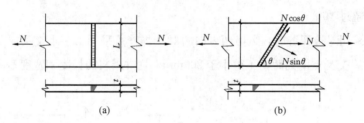

图 7-20　轴力作用下对接焊缝连接

（a）正缝；（b）斜缝

（2）受弯受剪的对接焊缝计算。

矩形截面的对接焊缝，其正应力与剪应力的分布分别为三角形与抛物线形（图 7-21），应分别计算正应力和剪应力。

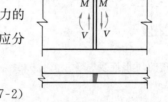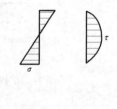

$$\sigma=\frac{M}{W_{\mathrm{w}}}\leqslant f_{\mathrm{t}}^{\mathrm{w}} \tag{7-2}$$

图 7-21　受弯受剪的对接连接

$$\tau=\frac{VS_{\mathrm{w}}}{I_{\mathrm{w}}t}\leqslant f_{\mathrm{v}}^{\mathrm{w}} \tag{7-3}$$

式中　$W_{\mathrm{w}}$——焊缝截面的截面模量；

　　　$I_{\mathrm{w}}$——焊缝截面对其中和轴的惯性矩；

　　　$S_{\mathrm{w}}$——焊缝截面在计算剪应力处以上部分对中和轴的面积矩；

　　　$f_{\mathrm{v}}^{\mathrm{w}}$——对接焊缝的抗剪强度设计值，由附表 12 查得。

工形、箱形、T 形等构件，在腹板与翼缘交接处（图 7-22）焊缝截面同时受有较大的正

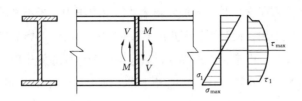

图 7-22　受弯、剪的工形截面对接焊缝

应力 $\sigma_1$ 和较大的剪应力 $\tau_1$。对此类截面构件，除应分别验算焊缝截面最大正应力和剪应力外，还应按下式验算折算应力

$$\sqrt{\sigma_1^2 + 3\tau_1^2} \leqslant 1.1 f_t^{\mathrm{w}} \tag{7-4}$$

式中　$\sigma_1$、$\tau_1$——验算点处（腹板与翼缘交接点）焊缝截面正应力和剪应力。

此式和式（3-31）一致。当焊缝质量为一、二级时可不必计算。

（3）轴力、弯矩、剪力共同作用时，对接焊缝的最大正应力应为轴力和弯矩引起的应力之和，剪应力按式（7-3）验算，折算应力仍按式（7-4）验算。

### 7.3.3　部分焊透的对接焊缝

在钢结构设计中，有时遇到板件较厚，而板件间连接受力较小时，可以采用部分焊透的对接焊缝（图 7-23），例如当用四块较厚的钢板焊成箱形截面轴压柱时，由于焊缝主要起联系作用，就可以用部分焊透的坡口焊缝（图 7-23f）。在此情况下，用焊透的坡口焊缝并非必要，而采用角焊缝则外形不平整，都不如采用部分焊透的坡口焊缝为好。

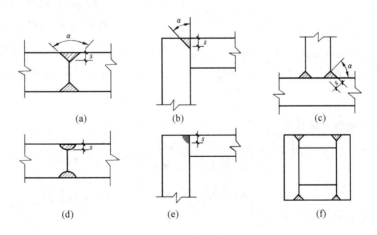

图 7-23　部分焊透的对接焊缝

(a)、(b)、(c) V 形坡口；(d) U 形坡口；(e) J 形坡口；

(f) 焊缝只起联系作用的坡口焊缝

当垂直于焊缝长度方向受力时，因部分焊透处的应力集中带来不利的影响，对于直接承受动力荷载的连接不宜采用；但当平行于焊缝长度方向受力时，其影响较小可以采用。

部分焊透的对接焊缝，由于它们未焊透，只起类似于角焊缝的作用，设计中应按角焊缝的公式（7-7）、式（7-10）和式（7-11）进行计算，取 $\beta_f=1.0$，仅在垂直于焊缝长度的压力作用下，可取 $\beta_f=1.22$。其有效厚度则取为

V 形坡口，当 $\alpha \geqslant 60°$ 时，$h_e=s$

当 $\alpha<60°$ 时，$h_e=0.75s$

单边 V 形和 K 形坡口（图 7-23b、c），$\alpha=45°\pm5°$，$h_e=s-3$

U 形、J 形坡口，$h_e=s$

有效厚度 $h_e$ 不得小于 $1.5\sqrt{t}$，$t$ 为坡口所在焊件的较大厚度（单位 mm）。

其中，$s$ 为坡口跟部至焊缝表面（不考虑余高）的最短距离，$\alpha$ 为 V 形坡口的夹角。

当熔合线处截面边长等于或接近于最短距离 $s$ 时（图 7-23 中 b、c、e），其抗剪强度设计值应按角焊缝的强度设计值乘以 0.9 采用。

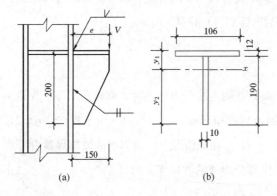

图 7-24　例题 7-1 图

（a）T 形牛腿对接焊缝连接；（b）焊缝有效截面

（如钢材设计强度修改，例题计算作相应修改）

【例题 7-1】计算图 7-24 所示对接焊缝，已知牛腿翼缘宽度为 130mm，厚度为 12mm，腹板高 200mm，厚 10mm。牛腿承受竖向力设计值 $V=150kN$，$e=150mm$，钢材为 Q355，焊条为 E50 型，施焊时无引弧板，焊缝质量标准为三级。

【解】因施焊时无引弧板，翼缘焊缝的计算长度为 106mm，腹板焊缝的计算长度为 190mm。焊缝的有效截面如图 7-24（b）所示。

焊缝有效截面形心轴计算

$$y_1=\frac{10.6\times1.2\times0.6+19.0\times1.0\times10.7}{10.6\times1.2+19.0\times1.0}=6.65\text{cm}$$

$$y_2=19.0+1.2-6.65=13.55\text{cm}$$

焊缝有效截面惯性矩

$$I_x=\frac{1}{12}\times19.0^3+19.0\times1\times4.05^2+\frac{10.6}{12}\times1.2^3+10.6\times1.2\times6.05^2=1350.34\text{cm}^4$$

$V$ 力在焊缝形心处产生剪力 $V=150kN$ 和弯矩 $M=V\cdot e=150\times0.15=22.5kN\cdot m$，验算翼缘上边缘处焊缝拉应力

$$\sigma_t = \frac{M \cdot y_1}{I_x} = \frac{22.5 \times 66.5 \times 10^6}{1350.34 \times 10^4} = 110.8\text{N/mm}^2 < f_t^w = 260\text{N/mm}^2$$

验算腹板下端焊缝压应力

$$\sigma_c = \frac{M \cdot y_2}{I_x} = \frac{22.5 \times 135.5 \times 10^6}{1350.34 \times 10^4} = 225.78\text{N/mm}^2 < f_c^w = 305\text{N/mm}^2$$

为简化计算，可认为剪力由腹板焊缝单独承担，剪应力按均匀分布考虑

$$\tau = \frac{V}{A_w} = \frac{150 \times 10^3}{190 \times 10} = 78.95\text{N/mm}^2$$

腹板下端点正应力、剪应力均较大，故需验算腹板下端点的折算应力

$$\sigma = \sqrt{225.78^2 + 3 \times 78.95^2} = 263.96\text{N/mm}^2 < 1.1 f_t^w = 1.1 \times 260 = 286\text{N/mm}^2$$

焊缝强度满足要求。

## 7.4　角焊缝的构造和计算

### 7.4.1　角焊缝的构造和强度

**1. 角焊缝的应力分布**

角焊缝两焊脚边的夹角 $\alpha$ 一般为 $90°$（直角角焊缝）（图 7-25a、b、c、d）。夹角 $\alpha > 135°$ 或 $< 60°$ 的斜角角焊缝（图 7-25e、f、g），除钢管结构外，不宜用作受力焊缝。各种角焊缝的焊脚尺寸 $h_f$ 均示于图 7-25。图 7-25（b）的不等边焊缝以较小焊脚尺寸为 $h_f$。

侧面角焊缝主要承受剪力作用。在弹性阶段，应力沿焊缝长度方向分布不均匀，两端大而中间小（图 7-26a）。图 7-26（b）表示焊缝越长剪应力分布越不均匀。但由于侧面角焊缝

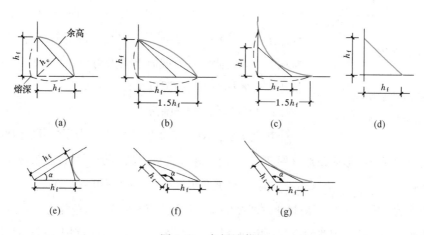

图 7-25　角焊缝截面

(a) 直角角焊缝一；(b) 直角角焊缝二；(c) 直角角焊缝三；(d) 直角角焊缝四；

(e) 斜角角焊缝一；(f) 斜角角焊缝二；(g) 斜角角焊缝三

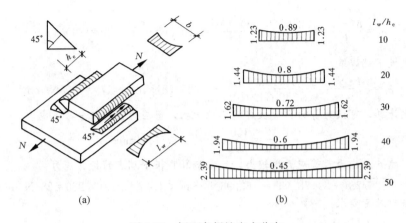

图 7-26　侧面角焊缝应力分布

（a）焊缝应力分布；（b）焊缝越长剪应力分布越不均匀

的塑性较好，两端出现塑性变形，产生应力重分布，在规范规定长度范围内，应力分布可趋于均匀。不难理解，在图 7-26（a）所示连接范围内，板的应力分布也是不均匀的。

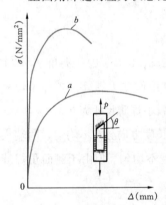

图 7-27　角焊缝应力—位移曲线

$a$— 侧面角焊缝（$\theta = 90°$）；

$b$— 正面角焊缝（$\theta = 0°$）

正面角焊缝的应力状态比侧面角焊缝复杂，其破坏强度比侧面角焊缝的要高，但塑性变形要差一些（图 7-27）。在外力作用下，由于力线弯折，产生较大的应力集中，焊缝跟部应力集中最为严重（图 7-28b），故破坏总是首先在跟部出现裂缝，然后扩展至整个截面。正面角焊缝焊脚截面 $AB$ 和 $BC$ 上都有正应力和剪应力（图 7-28b），且分布不均匀，但沿焊缝长度的应力分布则比较均匀，两端的应力略比中间的低（图 7-28a）。

等边角焊缝的最小截面和两边焊脚成 $\alpha/2$ 角（直角角焊缝为 45°），称为有效截面（图 7-33 中 $BDEF$）或计算截面，不计入余高和熔深。实验证明，多数角焊缝破坏都发生在这一截面。计算时假定有效截面上应力均匀分布，并且不分抗拉、抗压或抗剪都采用同一强度设计值 $f_f^w$。

**2. 角焊缝的尺寸限制**

在直接承受动力荷载的结构中，为了减缓应力集中，角焊缝表面应做成直线形或凹形（图 7-25d、c）。焊缝直角边的比例：对正面角焊缝宜为 1：1.5，见图 7-25（b）（长边顺内力方向），侧面角焊缝可为 1：1（图 7-25a）。

角焊缝的焊脚尺寸 $h_f$ 不应过小（图 7-29），以保证焊缝的最小承载能力，并防止焊缝因冷却过快而产生裂纹。焊缝的冷却速度和焊件的厚度有关，焊件越厚则焊缝冷却越快。在焊件刚度较大的情况下，焊缝也容易产生裂纹。因此，设计标准规定：角焊缝的焊脚尺寸 $h_f$ 不得小于 $1.5\sqrt{t}$，$t$ 为较厚焊件厚度（单位取"mm"）；对自动焊，最小焊脚尺寸可减小

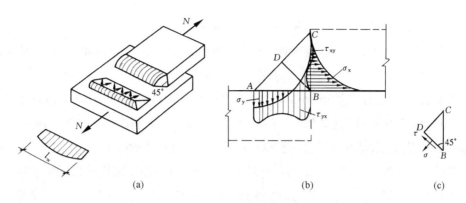

图 7-28　正面角焊缝应力分布

（a）应力分布一；（b）应力分布二；（c）应力分布三

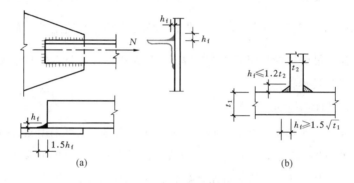

图 7-29　角焊缝焊脚尺寸

（a）要求一；（b）要求二

1mm；对 T 形连接的单面角焊缝，应增加 1mm；当焊件厚度小于 4mm 时，则取与焊件厚度相同。承受动荷载时，不得采用焊脚尺寸小于 5mm 的角焊缝。

角焊缝的焊脚尺寸 $h_f$ 如果太大，则焊缝收缩时将产生较大的焊接变形，且热影响区扩大，容易产生脆裂，较薄焊件容易烧穿。因此，设计标准规定：角焊缝的焊脚尺寸不宜大于较薄焊件厚度的 1.2 倍（图 7-30a）（钢管结构除外）。但板件（厚度为 $t$）的边缘焊缝最大 $h_f$，尚应符合下列要求：

（1）当 $t \leqslant 6mm$ 时，$h_f \leqslant t$（图 7-30c）；

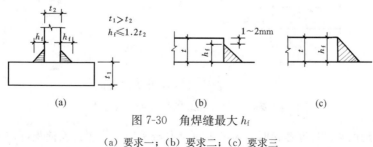

图 7-30　角焊缝最大 $h_f$

（a）要求一；（b）要求二；（c）要求三

(2) 当 $t > 6mm$ 时，$h_f = t - (1 \sim 2)mm$（图 7-30b）。

当两焊件厚度相差悬殊，用等焊脚尺寸无法满足最大、最小焊缝厚度要求时，可用不等焊脚尺寸，按满足图 7-29（b）所示要求采用。

角焊缝长度 $l_w$ 也有最大和最小的限制：焊缝的厚度大而长度过小时，会使焊件局部加热严重，且起落弧坑相距太近，加上一些可能产生的缺陷，使焊缝不够可靠。因此，侧面角焊缝或正面角焊缝的计算长度不得小于 $8h_f$ 和 40mm。另外，如图 7-26 所示：侧面角焊缝的应力沿其长度分布并不均匀，两端大，中间小；它的长度与厚度之比越大，其差别也就越大；当此比值过大时，焊缝端部应力就会达到极值而破坏，而中部焊缝还未充分发挥其承载能力。这种现象对承受动力荷载的构件尤为不利。因此，侧面角焊缝的计算长度不宜大于 $60h_f$。角焊缝的搭接接头中，当侧面角焊缝计算长度 $l_w$ 超过 $60h_f$ 时，焊缝的承载力设计值应乘以折减系数 $\alpha_f$，$\alpha_f = 1.5 - \dfrac{l_w}{120h_f} \geqslant 0.5$。但内力若沿侧面角焊缝全长分布，其计算长度不受此限。例如，梁及柱的翼缘与腹板的连接焊缝，屋架中弦杆与节点板的连接焊缝，梁的支承加劲肋与腹板的连接焊缝。

3. 角焊缝的其他构造要求

杆件与节点板的连接焊缝（图 7-31）一般采用两面侧焊，也可采用三面围焊，对角钢杆件也可用 L 形围焊（图 7-31c），所有围焊的转角处必须连续施焊。当角焊缝的端部在构件转角处时，可连续地做长度为 $2h_f$ 的绕角焊（图 7-31c），以免起落弧缺陷发生在应力集中较大的转角处，从而改善连接的工作。

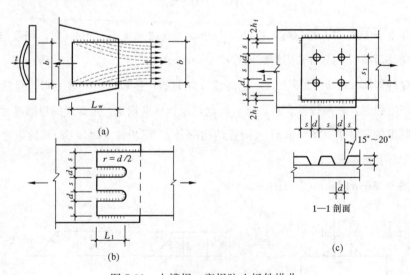

图 7-31 由槽焊、塞焊防止板件拱曲

（a）构造要求一；（b）构造要求二；（c）构造要求三

当板件仅用两条侧焊缝连接时，为了避免应力传递的过分弯折而使板件应力过分不均，

宜使 $l_w \geqslant b$(图 7-31a),同时为了避免因焊缝横向收缩时引起板件拱曲太大(图 7-31a),宜使 $b \leqslant 16t$($t > 12mm$ 时) 或 190mm($t \leqslant 12mm$ 时),$t$ 为较薄焊件厚度。当 $b$ 不满足此规定时,应加正面角焊缝,或加槽焊(图 7-31b)或塞焊(图 7-31c)。塞焊和槽焊焊缝的尺寸、间距、焊缝高度应符合下列规定:

(1) 塞焊焊缝的最小中心间隔应为孔径的 4 倍,槽焊焊缝的纵向最小间距应为槽孔长度的 2 倍,垂直于槽孔长度方向的两排槽孔最小间距应为槽孔宽度的 4 倍。

(2) 塞焊孔的最小直径不应小于开孔板厚度加 8mm,最大直径应为最小直径加 3mm 和开孔板厚度的 2.25 倍两值中较大者。槽孔长度不应超过开孔件厚度的 10 倍,最小及最大槽宽规定应与塞焊孔的最小及最大孔径规定相同。

(3) 塞焊和槽焊的焊缝高度应符合下列规定:

1) 当母材厚度不大于 16mm 时,应与母材厚度相同;

2) 当母材厚度大于 16mm 时,不应小于母材厚度的一半和 16mm 两值中较大者。

(4) 承受动荷载不需要进行疲劳验算的构件采用塞焊、槽焊时,在垂直于应力方向上,孔或槽的边缘到构件边缘的距离不应小于构件厚度的 5 倍,且不应小于孔或槽宽度的 2 倍。

搭接连接不能只用一条正面角焊缝传力(图 7-32a),并且搭接长度不得小于焊件较小厚度的 5 倍,同时不得小于 25mm。

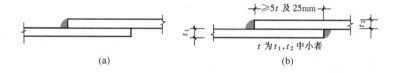

(a)                    (b)

图 7-32 搭接连接要求

(a) 错误搭接;(b) 正确搭接

### 7.4.2 角焊缝计算的基本公式

图 7-33 (a) 所示角焊缝连接,在三向轴力作用下,角焊缝所受之力如图 7-33 (b) 所示,在有效截面 $BDEF$ 上的应力可用 $\sigma_\perp$、$\tau_\perp$、$\tau_{/\!/}$ 表示,其中 $\sigma_\perp$、$\tau_\perp$ 为垂直于焊缝长度方

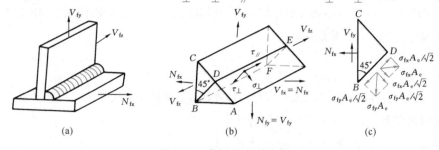

(a)               (b)               (c)

图 7-33 角焊缝应力分析

(a) 应力分析一;(b) 应力分析二;(c) 应力分析三

向的正应力和剪应力，$\tau_{/\!/}$ 为平行于焊缝长度方向的剪应力。实验证明，角焊缝在复杂应力作用下的强度条件可和母材一样用下式表示

$$\sqrt{\sigma_{\perp}^2 + 3(\tau_{\perp}^2 + \tau_{/\!/}^2)} \leqslant \sqrt{3} f_f^w \tag{7-5}$$

式中，$f_f^w$ 是角焊缝的强度设计值，把它看作是剪切强度，因而乘以 $\sqrt{3}$。

为了便于计算角焊缝，将图 7-33（b）所示的有效截面 $BDEF$ 上的正应力 $\sigma_{\perp}$ 和剪应力 $\tau_{\perp}$ 改用两个垂直于焊脚 $CB$ 和 $BA$ 并在有效截面上分布的应力 $\sigma_{fx}$ 和 $\sigma_{fy}$ 表示，同时剪应力 $\tau_{/\!/}$ 的符号改用 $\tau_{fz}$ 表示。计算时不考虑诸力的偏心作用，并且认为有效截面上的诸应力都是均匀分布的。有效截面积为 $A_e$。在图 7-33（b）和（$c$）中，$N_{fx} = \sigma_{fx} A_e$，$V_{fy} = \sigma_{fy} A_e$，$V_{fz} = \tau_{fz} A_e$。根据平衡条件

$$\sigma_{\perp} A_e = N_{fx}/\sqrt{2} + N_{fy}/\sqrt{2} = \sigma_{fx} A_e/\sqrt{2} + \sigma_{fy} A_e/\sqrt{2}$$

这样，$\sigma_{\perp} = \sigma_{fx}/\sqrt{2} + \sigma_{fy}/\sqrt{2}$

而 $\tau_{\perp} = \sigma_{fy}/\sqrt{2} - \sigma_{fx}/\sqrt{2}$，$\tau_{/\!/} = \tau_{fz}$，把 $\sigma_{\perp}$、$\tau_{\perp}$ 和 $\tau_{/\!/}$ 代入式（7-5）可以得到

$$\sqrt{(\sigma_{fz}/\sqrt{2} + \sigma_{fy}/\sqrt{2})^2 + 3[(\sigma_{fy}/\sqrt{2} - \sigma_{fx}/\sqrt{2})^2 + \tau_{fz}^2]} \leqslant \sqrt{3} f_f^w$$

化简得

$$\sqrt{\frac{2}{3}(\sigma_{fx}^2 + \sigma_{fy}^2 - \sigma_{fx}\sigma_{fy}) + \tau_{fz}^2} \leqslant f_f^w \tag{7-6}$$

当 $\sigma_{fx} = \sigma_{fy} = 0$ 时，即只有平行于焊缝长度方向的轴心力作用，为侧面角焊缝受力情况。去掉轴脚标 $z$，其设计公式为

$$\tau_f = N/(h_e \sum l_w) \leqslant f_f^w \tag{7-7}$$

当 $\sigma_{fy}$（或 $\sigma_{fx}$）$= \tau_{fz} = 0$ 时，即只有垂直于焊缝长度方向的轴心力作用，为正面角焊缝受力情况。去掉轴脚标 $x$（或 $y$），其设计公式为

$$\sigma_f = N/(h_e \sum l_w) \leqslant 1.22 f_f^w \tag{7-8}$$

亦即正面角焊缝的承载能力高于侧面角焊缝，这是两者受力性能不同所决定的。

当 $\sigma_{fy}$（或 $\sigma_{fx}$）$= 0$ 时，即具有平行和垂直于焊缝长度的轴心力同时作用于焊缝的情况，同理去掉轴脚标 $x$（或 $y$）、$z$，其设计公式为

$$\sqrt{(\sigma_f/1.22)^2 + \tau_f^2} \leqslant f_f^w \tag{7-9}$$

当作用力不与焊缝长度平行或垂直时，有效截面上的应力可分解为平行和垂直于焊缝长度方向的两种应力，然后按式（7-9）进行计算。

若用 $\beta_f$ 代 1.22，则式（7-8）和式（7-9）为

$$\sigma_f = N/(h_e \sum l_w) \leqslant \beta_f f_f^w \tag{7-10}$$

和
$$\sqrt{(\sigma_{\mathrm{f}}/\beta_{\mathrm{f}})^2 + \tau_{\mathrm{f}}^2} \leqslant f_{\mathrm{f}}^{\mathrm{w}} \tag{7-11}$$

式（7-7）、式（7-10）、式（7-11）就是角焊缝的基本设计公式。

式中　$\beta_{\mathrm{f}}$——正面角焊缝的强度设计值增大系数，对承受静力荷载和间接承受动力荷载的直角角焊缝取 $\beta_{\mathrm{f}}=1.22$；对直接承受动力荷载的直角角焊缝，鉴于正面角焊缝的刚度较大，变形能力低，把它和侧面角焊缝一样看待取 $\beta_{\mathrm{f}}=1.0$；对斜角角焊缝，不论静力荷载或动力荷载，一律取 $\beta_{\mathrm{f}}=1.0$；

　　　　$h_{\mathrm{e}}$——角焊缝的有效厚度，对于直角角焊缝，当两焊件间隙 $b\leqslant1.5\mathrm{mm}$ 时，$h_{\mathrm{e}}=0.7h_{\mathrm{f}}$，$1.5\mathrm{mm}<b\leqslant5\mathrm{mm}$ 时，$h_{\mathrm{e}}=0.7(h_{\mathrm{f}}-b)$，其中 $h_{\mathrm{f}}$ 为较小焊脚尺寸；对于斜角角焊缝，当 $60°\leqslant\alpha\leqslant135°$ 且焊件间隙不超过 $1.5\mathrm{mm}$ 时，$h_{\mathrm{e}}=h_{\mathrm{f}}\cos\dfrac{\alpha}{2}$（图7-25e、f、g），其中，$\alpha$ 为两焊脚边的夹角，当间隙大于 $1.5\mathrm{mm}$ 时，$h_{\mathrm{f}}$ 需要折减，详见 GB 50017 标准；

　　　　$\sum l_{\mathrm{w}}$——两焊件间角焊缝计算长度总和，每条焊缝取实际长度减去 $2h_{\mathrm{f}}$，以考虑扣除施焊时起弧落弧处形成的弧坑缺陷，对圆孔或槽孔内的焊缝，取有效厚度中心线实际长度。

圆钢与平板、圆钢与圆钢之间的焊缝(图 7-34)，其有效厚度 $h_{\mathrm{e}}$ 可按下式计算

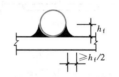

　　圆钢与平板：$h_{\mathrm{e}}=0.7h_{\mathrm{f}}$

　　圆钢与圆钢：$h_{\mathrm{e}}=0.1(d_1+2d_2)-a$

式中　$d_1$、$d_2$——大、小圆钢直径(mm)；

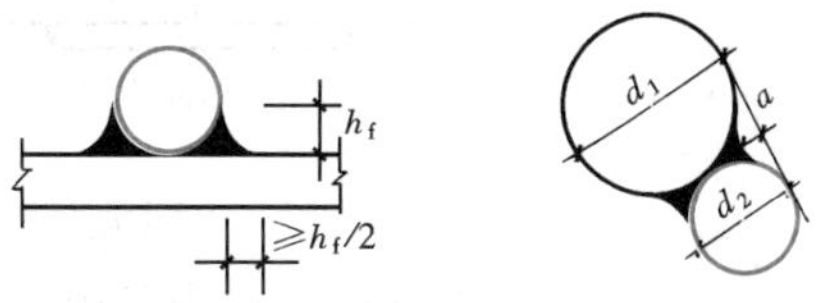

图 7-34　圆钢与平板、圆钢与圆钢间焊缝

　　　　$a$——焊缝表面至两个圆钢公切线距离。

### 7.4.3　常用连接方式的角焊缝计算

1. 受轴心力焊件的拼接板连接

当焊件受轴心力，且轴力通过连接焊缝群形心时，焊缝有效截面上的应力可认为是均匀分布的。用拼接板将两焊件连成整体，需要计算拼接板和连接一侧（左侧或右侧）角焊缝的强度。

（1）图 7-35（a）所示为矩形拼接板，侧面角焊缝连接。此时，外力与焊缝长度方向平行，可按式（7-7）计算

$$\tau_{\mathrm{f}} = \frac{N}{h_{\mathrm{e}}\sum l_{\mathrm{w}}} \leqslant f_{\mathrm{f}}^{\mathrm{w}} \tag{7-7}$$

式中　$h_{\mathrm{e}}$——角焊缝的有效厚度；

　　　　$\sum l_{\mathrm{w}}$——连接一侧角焊缝的计算长度之和；

　　　　$f_{\mathrm{f}}^{\mathrm{w}}$——角焊缝的强度设计值，见附表 12。$f_{\mathrm{f}}^{\mathrm{w}}$ 的取值由焊条型号决定。E43 型焊条熔

敷金属抗拉强度的最小值为 $420\mathrm{N/mm^2}$（$43\mathrm{kgf/mm^2}$）。相应的抗剪强度为此值的 $0.58$ 倍。由于以极限强度而不是屈服强度为准，抗力分项系数应取大一些，如取 $1.45$，则有 $0.58f_\mathrm{u}/1.45=0.4f_\mathrm{u}$。现行《钢结构设计标准》GB 50017 对 E43 型（配合 Q235 钢）取 $0.38f_\mathrm{u}$，其他型号则取 $0.41f_\mathrm{u}$。

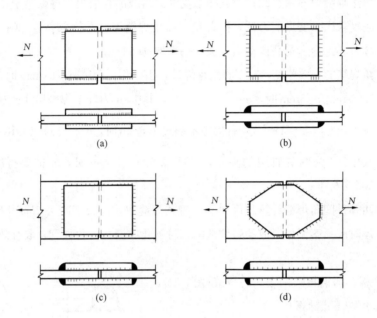

图 7-35 轴心力作用下角焊缝连接

（a）矩形拼接板侧焊缝连接；（b）矩形拼接板正面角焊缝连接；

（c）矩形拼接板三面围焊连接；（d）菱形拼接板围焊连接

（2）图 7-35（b）所示为矩形拼接板，正面角焊缝连接。此时，外力与焊缝长度方向垂直，可按式（7-10）计算

$$\sigma_\mathrm{f} = \frac{N}{h_\mathrm{e}\sum l_\mathrm{w}} \leqslant \beta_\mathrm{f} f_\mathrm{f}^\mathrm{w} \tag{7-10}$$

（3）图 7-35（c）所示为矩形拼接板，三面围焊。可先按式（7-10）计算正面角焊缝所承担的内力 $N_1$，再由 $N-N_1$ 按式（7-7）计算侧面角焊缝。

如三面围焊受直接动载，由于 $\beta_\mathrm{f}=1.0$，则按轴力由连接一侧角焊缝有效截面面积平均承担计算

$$\frac{N}{h_\mathrm{e}\sum l_\mathrm{w}} \leqslant f_\mathrm{f}^\mathrm{w} \tag{7-12}$$

式中 $\sum l_\mathrm{w}$——连接一侧所有焊缝的计算长度之和。

（4）为使传力线平缓过渡，减小矩形拼接板转角处的应力集中，可改用菱形拼接板（图 7-35d）。菱形拼接板正面角焊缝长度较小，为使计算简化，可忽略正面角焊缝及斜焊缝

的 $\beta_f$ 增大系数，不论何种荷载均按式（7-12）计算。

2. 受轴心力角钢的连接

（1）当用侧面角焊缝连接角钢时，虽然轴心力通过角钢截面形心，但肢背焊缝和肢尖焊缝到形心的距离 $e_1 \neq e_2$（图 7-36a），受力大小不等。设肢背焊缝受力为 $N_1$，肢尖焊缝受力为 $N_2$，由平衡条件得

$$N_1 = \frac{e_2}{e_1 + e_2} N = K_1 N \tag{7-13}$$

$$N_2 = \frac{e_1}{e_1 + e_2} N = K_2 N \tag{7-14}$$

式中　$K_1$、$K_2$ ——角钢肢背、肢尖焊缝内力分配系数，见表 7-3。

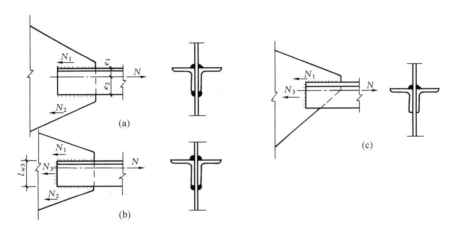

图 7-36　角钢角焊缝受力分配

（a）两面侧焊；（b）三面围焊；（c）L 形围焊

按式（7-7）验算肢背、肢尖焊缝强度

$$\frac{N_1}{h_{e1} \sum l_{w1}} \leqslant f_f^w, \qquad \frac{N_2}{h_{e2} \sum l_{w2}} \leqslant f_f^w$$

式中　$h_{e1}$、$h_{e2}$ ——分别为肢背、肢尖焊缝有效厚度；

　　　$\sum l_{w1}$、$\sum l_{w2}$ ——分别为肢背、肢尖焊缝计算长度之和。

角钢角焊缝的内力分配系数　　　　　　　　　　　　　　　　表 7-3

| 连接情况 | 连接形式 | 分配系数 | |
|---|---|---|---|
| | | $K_1$ | $K_2$ |
| 等肢角钢—肢连接 | | 0.7 | 0.3 |

| 连接情况 | 连接形式 | 分配系数 | |
|---|---|---|---|
| | | $K_1$ | $K_2$ |
| 不等肢角钢短肢连接 | | 0.75 | 0.25 |
| 不等肢角钢长肢连接 | | 0.65 | 0.35 |

（2）当采用三面围焊（图 7-36b）时，可选定正面角焊缝的焊脚尺寸 $h_f$，并算出它所能承担的内力

$$N_3 = 0.7 h_f \sum l_{w3} \beta_f f_f^w$$

再通过平衡关系，可以解得

$$N_1 = e_2 N/(e_1 + e_2) - N_3/2 = K_1 N - N_3/2 \tag{7-15a}$$

$$N_2 = e_1 N/(e_1 + e_2) - N_3/2 = K_2 N - N_3/2 \tag{7-15b}$$

对于 L 形的角焊缝（图 7-36c），同理求得 $N_3$ 后，可得

$$N_1 = N - N_3 \tag{7-16}$$

根据上述方法求得 $N_1$、$N_2$ 以后，再按式（7-7）计算侧面角焊缝。

### 3. 弯矩作用下角焊缝计算

当力矩作用平面与焊缝群所在平面垂直时，焊缝受弯（图 7-37）。弯矩在焊缝有效截面上产生和焊缝长度方向垂直的应力 $\sigma_f$，此弯曲应力呈三角形分布，边缘应力最大，图 7-37（b）给出焊缝有效截面，计算公式为

$$\sigma_f = \frac{M}{W_w} \leqslant \beta_f f_f^w \tag{7-17}$$

式中　$W_w$——角焊缝有效截面的截面模量。

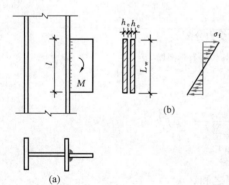

图 7-37　弯矩作用时角焊缝应力
(a) 弯矩作用角焊缝；(b) 角焊缝应力

### 4. 扭矩作用下角焊缝计算

（1）焊缝群受扭

当力矩作用平面与焊缝所在平面平行时，焊缝群受扭（图 7-38）。计算时采取下述假定：被连接件在扭矩作用下绕焊缝有效截面的形心 $O$ 旋转，焊缝有效截面上任一点的应力方向垂直于该点与形心 $O$ 的连线，应力大小与其到形心距离 $r$ 成正比。按上述假定，焊缝有效截面上距形心最远点应力最大，为

$$\tau_A = \frac{T \cdot r}{J} \tag{7-18}$$

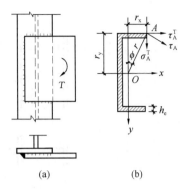

式中　$J = I_x + I_y$ ——焊缝有效截面（图 7-38b）绕形心 $O$ 的极惯性矩，$I_x$、$I_y$ 分别为焊缝有效截面绕 $x$、$y$ 轴的惯性矩；

　　　　$r$ ——距形心最远点到形心的距离；

　　　　$T$ ——扭矩设计值。

式（7-18）给出的应力与焊缝长度方向呈斜角，记为 $\tau_A$ 只是权宜之计，将它分解到 $x$ 轴方向（沿焊缝长度方向）和 $y$ 轴方向（垂直焊缝长度方向）的分应力为

图 7-38　扭矩作用时角焊缝应力

(a) 扭矩作用角焊缝；(b) 角焊缝应力

$$\tau_A^T = \tau_A \cdot \cos\phi = \frac{T \cdot r_y}{J}, \quad \sigma_A^T = \tau_A \sin\phi = \frac{T \cdot r_x}{J}$$

$r_x$、$r_y$ 如图 7-38(b) 所示。将 $\tau_f = \tau_A^T$，$\sigma_f = \sigma_A^T$ 代入式（7-11），得设计公式为

$$\sqrt{\left(\frac{\sigma_A^T}{\beta_f}\right)^2 + (\tau_A^T)^2} \leqslant f_f^w \tag{7-19}$$

（2）环焊缝受扭（图 7-39）

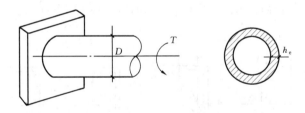

图 7-39　环形焊缝受扭

扭矩作用下环形角焊缝有效截面只有剪应力沿切线方向（环向）作用，计算公式为

$$\tau_f = \frac{TD}{2J} \leqslant f_f^w \tag{7-20}$$

式中　$J$ ——焊缝环形有效截面极惯性矩，焊缝有效厚度 $h_e < 0.1D$ 时，$J \approx 0.25\pi h_e D^3$；

　　　　$D$ ——可近似地取为管的外径。

5. 弯矩、剪力、轴力共同作用下角焊缝计算

将连接（图 7-40）所受水平力 $N$、垂直力 $V$ 平移到焊缝群形心，得到一弯矩 $M = V \cdot e$，剪力 $V$ 和轴力 $N$。弯矩作用下，焊缝有效截面上的应力为三角形分布，方向与焊缝长度方向垂直。剪力 $V$ 在焊缝有效截面上产生沿焊缝长度方向均匀分布的应力。$N$ 力产生垂直于焊缝长度方向均匀分布的应力。三种应力状态叠加后，危险点 $A$ 的受力状态如图 7-40 所示。

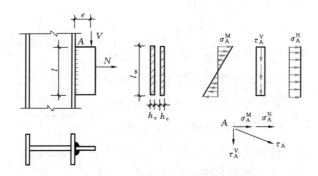

图 7-40　受弯、受剪、受轴心力的角焊缝应力

$$\sigma_A^M = \frac{M}{W_w}; \quad \tau_A^V = \frac{V}{h_e \sum l_w}; \quad \sigma_A^N = \frac{N}{h_e \sum l_w}$$

在式（7-11）中代入 $\sigma_f = \sigma_A^M + \sigma_A^N$ 和 $\tau_f = \tau_A^V$，焊缝计算公式为

$$\sqrt{\left(\frac{\sigma_A^M + \sigma_A^N}{\beta_f}\right)^2 + (\tau_A^V)^2} \leqslant f_f^w \tag{7-21}$$

6. 扭矩、剪力、轴力共同作用下角焊缝计算

计算步骤如下。

（1）确定焊缝有效截面，求出焊缝有效截面的形心 $O$（图 7-41）；

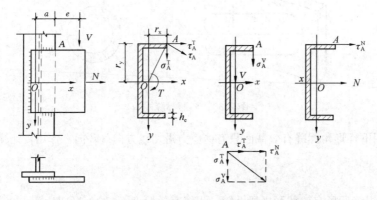

图 7-41　受扭、受剪、受轴心力的角焊缝应力

（2）将连接所受外力平移到形心 $O$，得一扭矩 $T = V(a+e)$，剪力 $V$，轴力 $N$；

（3）判断危险点，计算 $T$、$V$、$N$ 单独作用下危险点 $A$ 的应力

$$\sigma_A^V = \frac{V}{h_e \sum l_w}; \quad \tau_A^N = \frac{N}{h_e \sum l_w}; \quad \tau_A^T = \frac{T \cdot r_y}{J}; \quad \sigma_A^T = \frac{T \cdot r_x}{J}$$

（4）验算危险点焊缝强度

$$\sqrt{\left(\frac{\sigma_A^T + \sigma_A^V}{\beta_f}\right)^2 + (\tau_A^T + \tau_A^N)^2} \leqslant f_f^w \tag{7-22}$$

7. 塞焊计算（图 7-42）

塞焊设计公式为

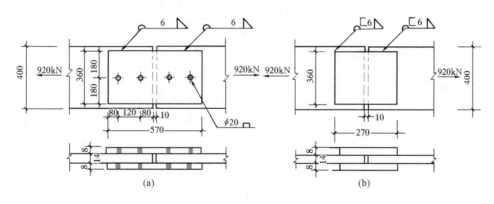

$$\frac{4N}{n\pi d^2} \leqslant f_{\mathrm{f}}^{\mathrm{w}} \qquad (7\text{-}23)$$

式中　$f_{\mathrm{f}}^{\mathrm{w}}$——角焊缝强度设计值；

　　　　$n$——塞焊点数；

　　　　$d$——孔径。

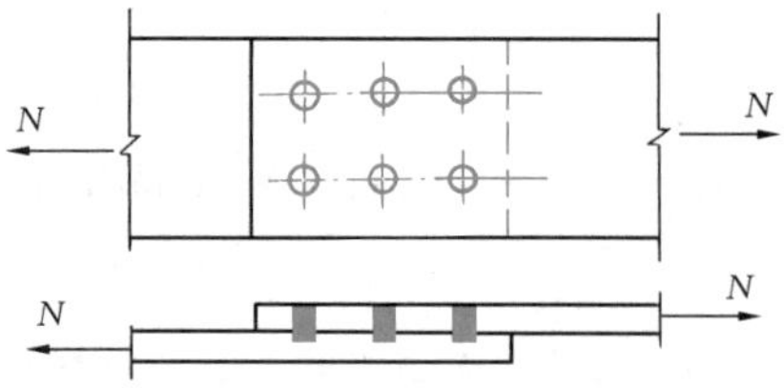

图 7-42　塞焊

纵观上述角焊缝的各种受力情况，凡承受弯矩和扭矩作用者，都是只有一点应力最大（受扭环形焊缝除外）。这种计算方法属于传统的弹性设计方法，焊缝并未达到承载能力的极限状态。如果允许利用塑性性能，焊缝还有承受更大荷载的潜力。

【例题 7-2】图 7-43 所示用拼接板的角焊缝连接，主板截面为 14mm×400mm，承受轴心力设计值 $N = 920\,\mathrm{kN}$（静力荷载），钢材为 Q235，采用 E43 系列型焊条，手工焊。试按图 7-43 (a)用侧面角焊缝；图 7-43 (b) 用三面围焊，设计拼接板尺寸。

图 7-43　例题 7-2 附图

(a) 侧面角焊缝；(b) 三面围焊

【解】(1) 拼接板截面选择：根据拼接板和主板承载能力相等原则，拼接板钢材亦采用 Q235，两块拼接板截面面积之和应不小于主板截面面积。考虑拼接板要侧面施焊，取拼接板宽度为 360mm（主板和拼接板宽度差略大于 $2h_{\mathrm{f}}$）。

拼接板厚度 $t_1 = 40 \times 1.4/(2 \times 36) = 0.78\mathrm{cm}$，取 8mm，故每块拼接板截面为 8mm×360mm。

(2) 焊缝计算：直角角焊缝的强度设计值 $f_{\mathrm{f}}^{\mathrm{w}}$ 为 160N/mm$^2$。设 $h_{\mathrm{f}} = 6\,\mathrm{mm}\,(<t=8\mathrm{mm})$

(a) 采用侧面角焊缝时：因 $b > 190\,\mathrm{mm}$ 连接每一侧加直径为 20mm 的塞焊点 2 个，其设计强度与角焊缝相同，塞焊点承担力

$$N' = 4 \times \frac{\pi d^2}{4} f_{\mathrm{f}}^{\mathrm{w}} = 4 \times \frac{3.1416 \times 2^2}{4} \times 10^2 \times 160 = 201062\mathrm{N} \approx 201\mathrm{kN}$$

侧面角焊缝的实际长度为

$$l_{\mathrm{w}} = (N - N')/(4 \times 0.7 h_{\mathrm{f}} f_{\mathrm{f}}^{\mathrm{w}}) + 1.2 = (920 - 201)/(4 \times 0.7$$

$$\times 0.6 \times 16.0) + 1.2 = 27.95\mathrm{cm}, \text{取 } 28\mathrm{cm}$$

被拼接两板间留出缝隙 10mm，拼接板长度（图 7-43a）为

$$l = 2l_{\mathrm{w}} + 1 = 28 \times 2 + 1 = 57\mathrm{cm}$$

（b）采用三面围焊时：正面角焊缝承担力为

$$N'' = 0.7 h_{\mathrm{f}} \sum l_{\mathrm{w}}' \beta_{\mathrm{f}} f_{\mathrm{f}}^{\mathrm{w}} = 0.7 \times 0.6 \times 2 \times 36 \times 1.22 \times 160$$

$$\times 10^2 = 590285 \text{ N} \approx 590\mathrm{kN}$$

侧面角焊缝的实际长度为

$$l_{\mathrm{w}}' = (N - N'')/(4 \times 0.7 h_{\mathrm{f}} f_{\mathrm{f}}^{\mathrm{w}}) + 0.6 = (920 - 590)/(4 \times 0.7$$

$$\times 0.6 \times 16.0) + 0.6 = 12.9 \text{ cm}, \text{取 } 13\mathrm{cm}$$

拼接板长度（图 7-43b）为

$$l = 2l_{\mathrm{w}}' + 1 = 2 \times 13 + 1 = 27\mathrm{cm}$$

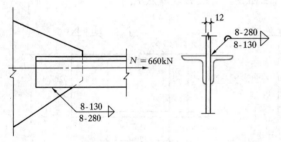

图 7-44　例题 7-3 附图

由此可见，三面围焊方案拼接板尺寸较小，从受力情况看也优于侧焊加塞焊。

【例题 7-3】在图 7-44 所示角钢和节点板采用两边侧焊缝的连接中，$N = 660\mathrm{kN}$（静力荷载，设计值），角钢为 $2\mathrm{L}110 \times 10$，节点板厚度 $t_1 = 12\mathrm{mm}$，钢材为 Q235，焊条为 E43 系列型，手工焊。试确定所需角焊缝的焊脚尺寸 $h_{\mathrm{f}}$ 和实际长度。

【解】角焊缝的强度设计值 $f_{\mathrm{f}}^{\mathrm{w}}$ 为 160N/mm²

最小 $h_{\mathrm{f}}$：$h_{\mathrm{f}} \geqslant 1.5\sqrt{t} = 1.5\sqrt{12} = 5.2$ mm

角钢肢尖处最大 $h_{\mathrm{f}}$：$h_{\mathrm{f}} \leqslant t - (1 \sim 2)\mathrm{mm} = 10 - (1 \sim 2) = 9 \sim 8\mathrm{mm}$

角钢肢背处最大 $h_{\mathrm{f}}$：$h_{\mathrm{f}} \leqslant 1.2t = 1.2 \times 10 = 12\mathrm{mm}$

角钢肢尖和肢背都取 $h_{\mathrm{f}} = 8\mathrm{mm}$

焊缝受力

$$N_1 = K_1 N = 660 \times 0.7 = 462\mathrm{kN}$$

$$N_2 = K_2 N = 660 \times 0.3 = 198\mathrm{kN}$$

所需焊缝长度

$$l_{\mathrm{w1}} = \frac{N_1}{2h_{\mathrm{e}} f_{\mathrm{f}}^{\mathrm{w}}} = \frac{462 \times 10^3}{2 \times 0.7 \times 0.8 \times 160 \times 10^2} = 25.78\mathrm{cm}$$

$$l_{\mathrm{w2}} = \frac{N_2}{2h_{\mathrm{e}} f_{\mathrm{f}}^{\mathrm{w}}} = \frac{198 \times 10^3}{2 \times 0.7 \times 0.8 \times 160 \times 10^2} = 11\mathrm{cm}$$

侧焊缝的实际长度

$$l_1 = l_{w1} + 1.6 = 25.78 + 1.6 = 27.38 \text{cm,取 28cm}$$

$$l_2 = l_{w2} + 1.6 = 11 + 1.6 = 12.6 \text{cm,取 13cm}$$

肢尖焊缝也可改用 6-160。

【例题 7-4】设有牛腿与钢柱连接,牛腿尺寸及作用力的设计值(静力荷载)如图 7-45 所示。钢材为 Q235,采用 E43 系列型焊条,手工焊,试验算角焊缝。

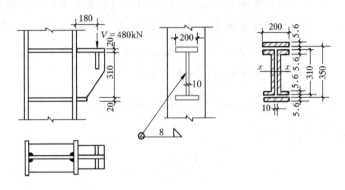

图 7-45　例题 7-4 附图

【解】设焊缝为周边围焊,转角处连续施焊,没有起弧落弧所引起的焊口缺陷,且假定剪力仅由牛腿腹板焊缝承受。取焊脚 $h_f = 8\text{mm}$,并对工字形翼缘端部绕转部分焊缝忽略不计。

腹板上竖向焊缝有效截面面积为

$$A_w = 0.7 \times 0.8 \times 31 \times 2 = 34.72 \text{cm}^2$$

全部焊缝对 $x$ 轴的惯性矩为

$$I_w = 2 \times 0.7 \times 0.8 \times 20 \times 17.78^2 + 4 \times 0.7 \times 0.8 \times (9.5 - 0.56)$$

$$\times 15.22^2 + 0.7 \times 0.8 \times 31^3 \times 2/12 = 14501 \text{ cm}^4$$

焊缝最外边缘的截面模量为

$$W_{w1} = 14501/18.06 = 802.93 \text{cm}^3$$

翼缘和腹板连接处的截面模量为

$$W_{w2} = 14501/15.5 = 935.55 \text{cm}^3$$

在弯矩 $M = 480 \times 0.18 = 86.4 \text{ kN} \cdot \text{m}$ 作用下角焊缝最大应力为

$$\sigma_{f1} = M/W_{w1} = 86.4 \times 10^3/802.93 = 107.61 \text{ N/mm}^2$$

$$< \beta_f f_f^w = 1.22 \times 160 = 195.2 \text{N/mm}^2$$

牛腿翼缘和腹板交接处有弯矩引起的应力 $\sigma_2^M$ 和剪力引起的应力 $\tau_2^V$ 共同作用

$$\sigma_2^M = M/W_{w2} = 86.4 \times 10^3/935.55 = 92.36 \text{N/mm}^2$$

$$\tau_2^{\mathrm{V}} = V/A_{\mathrm{w}} = 480 \times 10/34.72 = 138.25 \mathrm{N/mm^2}$$

$$\therefore \sqrt{\left(\frac{\sigma_2^{\mathrm{M}}}{\beta_{\mathrm{f}}}\right)^2 + (\tau_2^{\mathrm{V}})^2} = \sqrt{\left(\frac{92.36}{1.22}\right)^2 + 138.25^2}$$

$$= 157.62 \mathrm{N/mm^2} < f_{\mathrm{f}}^{\mathrm{w}} = 160 \mathrm{N/mm^2}$$

以上计算是按照传统方法进行的。现在对它提出质疑和讨论。对剪力 $V$ 的效应采用了受弯构件的计算方法，全部由腹板焊缝承担，所得剪应力还和弯矩引起的应力相组合，却未像梁腹板边缘验算折算应力那样将强度设计值提高 10%，显得比较保守。焊缝的任务是将牛腿端截面的内力传到柱上。一种可行的计算方法是认为翼缘焊缝和腹板焊缝分别负责传递弯矩和剪力，在弯矩作用下，翼缘承担的拉力或压力为

$$N_{\mathrm{f}} = \frac{480 \times 18}{33} = 261.8 \mathrm{kN}$$

要求翼缘焊缝的焊脚不小于

$$h_{\mathrm{f1}} = \frac{261.8}{0.7 \times 38 \times 16 \times 1.22} = 0.5 \mathrm{cm}$$

腹板焊缝的焊脚不应小于

$$h_{\mathrm{f2}} = \frac{480}{2 \times 0.7 \times 31 \times 16} = 0.69 \mathrm{cm}$$

全部焊缝可统一取

$$h_{\mathrm{f}} = 7 \mathrm{mm}$$

**【例题 7-5】** 图 7-46（a）所示一钢管柱，外径 $D = 203 \mathrm{mm}$，壁厚 $t = 6 \mathrm{mm}$，与底板用周边角焊缝相连接，$h_{\mathrm{f}} = 7 \mathrm{mm}$。静载设计值：轴心压力 $N = 300 \mathrm{kN}$，弯矩 $M = 16 \mathrm{kN \cdot m}$，剪力 $V = 10 \mathrm{kN}$。钢材为 Q235，手工焊，E43 型焊条。试验算此焊缝强度。

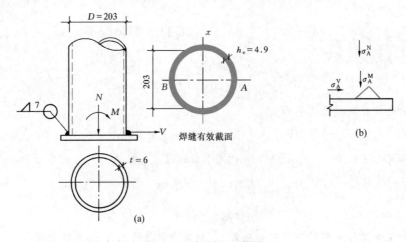

图 7-46　例题 7-5 附图

【解】(1) 焊缝有效截面几何特性

面积　$A_w \approx \pi(D+h_e)h_e = 3.14 \times (20.3+0.49) \times 0.49 = 32\text{cm}^2$

绕 $x$ 轴惯性矩

$$I_{wx} \approx \frac{\pi}{64}\big[(D+2h_e)^4 - D^4\big] = \frac{3.14}{64} \times \big[(20.3+2\times0.49)^4 - 20.3^4\big] = 1729 \text{ cm}^4$$

(2) 危险点应力计算，$M$ 作用下 $A$ 点压应力最大

$$\sigma_A^M = \frac{M}{I_{wx}}\Big(\frac{D}{2}+h_e\Big) = \frac{16\times10^3\times(10.15+0.49)}{1729} = 98.5\text{N/mm}^2$$

$N$ 作用下，压应力均匀分布

$$\sigma_A^N = \frac{N}{A_w} = \frac{300\times10}{32} = 93.8 \text{ N/mm}^2$$

$V$ 作用下，假定应力均匀分布

$$\sigma_A^V = \frac{V}{A_w} = \frac{10\times10}{32} = 3.1 \text{ N/mm}^2$$

(3) $A$ 点强度验算：角焊缝危险点 $A$ 有垂直于两个焊脚方向的应力（图 7-46b），需采用式 (7-6) 验算焊缝强度，式中

$$\sigma_{fx} = \sigma_A^N + \sigma_A^M, \quad \sigma_{fy} = \sigma_A^V, \quad \tau_{fz} = 0$$

$$\sqrt{\frac{2}{3}\big[(\sigma_A^N+\sigma_A^M)^2 + \sigma_A^{V^2} - (\sigma_A^N+\sigma_A^M)\sigma_A^V\big]} = \sqrt{\frac{2}{3}\times(192.3^2+3.1^2-192.3\times3.1)}$$

$$= 155.8\text{N/mm}^2 < f_f^w = 160\text{N/mm}^2$$

【例题 7-6】图 7-47 所示为一支托板与柱搭接连接，$l_1=300\text{mm}$，$l_2=400\text{mm}$，作用力的设计值 $V=200\text{kN}$，钢材为 Q235B，焊条 E43 系列型，手工焊，作用力距柱边缘的距离为 $e=300\text{mm}$，设支托板厚度为 12mm，试设计角焊缝。

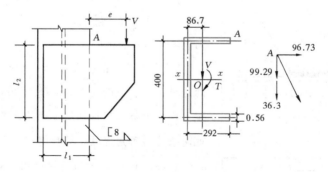

图 7-47　例题 7-6 附图

【解】设三边的焊脚尺寸 $h_f$ 相同，取 $h_f=8\text{mm}$，并近似地按支托与柱的搭接长度来计算角焊缝的有效截面。因水平焊缝和竖向焊缝在转角处连续施焊，在计算焊缝长度时，仅在水平焊缝端部减去 $h_f$，竖焊缝则不减少。

计算角焊缝有效截面的形心位置

$$\overline{x} = 2 \times 0.7 \times 0.8 \times \frac{29.2^2}{2} / [0.7 \times 0.8 \times (2 \times 29.2 + 40)] = 8.67\text{cm}$$

计算角焊缝有效截面的惯性矩

$$I_{wx} = 0.7 \times 0.8 \times (40^3/12 + 2 \times 29.2 \times 20^2) = 16068\text{cm}^4$$

$$I_{wy} = 0.7 \times 0.8 \times [40 \times 8.67^2 + 2 \times 29.2^3/12 + 2 \times 29.2 \times (29.2/2 - 8.67)^2]$$
$$= 5158\text{cm}^4$$

$$J = I_{wx} + I_{wy} = 16068 + 5158 = 21226\text{cm}^4$$

扭矩 $\quad T = V(e + l_1 - \overline{x}) = 200 \times (30 + 30 - 8.67) = 10266\text{kN} \cdot \text{cm}$

角焊缝有效截面上 $A$ 点应力为

$$\tau_A^T = \frac{Tr_y}{J} = \frac{10266 \times 10^4 \times 200}{21226 \times 10^4} = 96.73\text{N/mm}^2$$

$$\sigma_A^T = \frac{Tr_x}{J} = \frac{10266 \times 10^4 \times (292 - 86.7)}{21226 \times 10^4} = 99.29\text{N/mm}^2$$

$$\sigma_A^V = \frac{V}{A_w} = \frac{200 \times 10^3}{0.7 \times 0.8 \times (40 + 29.2 \times 2) \times 10^2} = 36.3\text{N/mm}^2$$

$$\sqrt{\left(\frac{\sigma_A^T + \sigma_A^V}{\beta_f}\right)^2 + (\tau_A^T)^2} = \sqrt{\left(\frac{99.29 + 36.3}{1.22}\right)^2 + 96.73^2}$$
$$= 147.3\text{N/mm}^2 < f_f^w = 160\text{N/mm}^2$$

此题计算说明焊缝两个端点（$A$ 点和右下端点）的应力控制了焊缝强度。除两个端点外，焊缝其他各点的应力都低于角焊缝的强度设计值 $f_f^w$，计算方法偏保守。请读者自行分析，是否还有其他算法。

此题如果只焊两条带拐角的水平焊缝，应如何计算？是否可以把扭矩化为一对水平力偶，其结果如何？读者不妨一试。

【例题 7-7】图 7-48 所示一方管与工字钢翼缘板的连接，方管截面为 150mm×150mm×6mm，Q235B 钢。围焊中沿工字钢轴线方向为两条直角角焊缝，其他两条为斜角角焊缝，根部间隙小于 1.5mm，其夹角 $\alpha$ 各为 $120°$ 和 $60°$。直角角焊缝的焊脚尺寸 $h_f = 5$mm，手工焊，E43 型焊条。试按焊缝强度求此方管斜杆所能承受的最大静载拉力设计值 $N$。

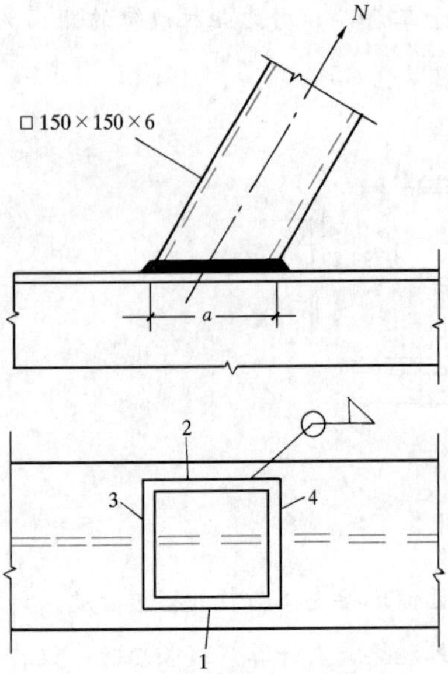

【解】（1）直角角焊缝 1 和 2 所能承受的力 $N_1$ 和 $N_2$。

图 7-48　例题 7-7 附图

方管斜截面边长 $a = 150/\sin60° = 173.2\text{mm}$，考虑方管圆角的影响，近似取每条焊缝的计算长度 $l_w = 0.95a = 164.5\text{mm}$。

在 $N_1$ 力作用下，焊缝 1 的应力为

$$\sigma_f = \frac{N_1 \sin60°}{0.7h_f l_w} = \frac{0.866N_1}{0.7 \times 5 \times 164.5} = 1.504 \times 10^{-3} N_1 \ (\text{N/mm}^2)$$

$$\tau_f = \frac{N_1 \cos60°}{0.7h_f l_w} = \frac{0.5N_1}{0.7 \times 5 \times 164.5} = 0.868 \times 10^{-3} N_1 \ (\text{N/mm}^2)$$

在 $\sigma_f$ 和 $\tau_f$ 共同作用处，焊缝 1 应满足强度要求

$$\sqrt{\left(\frac{\sigma_f}{\beta_f}\right)^2 + \tau_f^2} = N_1 \times 10^{-3} \sqrt{\left(\frac{1.504}{1.22}\right)^2 + 0.868^2} \leqslant f_f^w = 160\text{N/mm}^2$$

解得
$$N_1 = N_2 = 106.1\text{kN}$$

（2）斜角角焊缝 3 和 4 所能承受的力 $N_3$ 和 $N_4$。

$$l_w = 0.95 \times 150 = 142.5 \text{ mm}, \ h_f = 5/\sin60° = 5.8\text{mm}$$

角焊缝 3 为正面斜角角焊缝，$\alpha = 120°$，根部间隙不超过 1.5mm。

$$h_e = h_f \cos60° = 5.8 \times 0.5 = 2.9 \text{ mm}, \ \beta_f = 1.0。$$

由 $N_3/h_e l_w \leqslant f_f^w$，得 $N_3 = h_e l_w f_f^w = 2.9 \times 142.5 \times 160 \times 10^{-3} = 66.1\text{kN}$

角焊缝 4 为正面斜角角焊缝，$\alpha = 60°$，则

$$h_e = h_f \cos30° = 5.8 \times 0.866 = 5.0\text{mm}$$

$$N_4 = h_e l_w f_f^w = 5.0 \times 142.5 \times 160 \times 10^{-3} = 114\text{kN}$$

（3）整个围焊可承受的拉力设计值为

$$N = N_1 + N_2 + N_3 + N_4 = 106.1 \times 2 + 66.1 + 114$$
$$= 392.3\text{kN}$$

【例题 7-8】箱形截面压弯柱尺寸如图7-49所示，构件最大实际剪力设计值为600kN，采用单面 V 形坡口部分焊透对接焊缝相连，坡口角 $\alpha = 45°$，钢材为 Q235B，手工焊，E43 型焊条，试确定 $s$ 值，并验算焊缝强度。

【解】当熔合线处焊缝截面边长等于最短距离 $s$ 时，抗剪强度设计值应按角焊缝强度设计值乘以 0.9 系数，本例题中单边 V 形坡口属这一情况，$f_f^w = 0.9 \times 160 = 144 \text{ N/mm}^2$。

柱子板件之间焊缝需承担剪力，对压弯构件计算此焊缝强度的剪力 $V$ 应取构件的实际最大剪力和 $V_1 = \dfrac{Af}{85}$ 中的较大值。查附表 11 和附表 10，对 Q235 钢，50mm

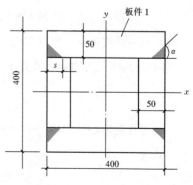

图 7-49 例题 7-8 附图

厚钢板，$f=200\text{N/mm}^2$。

柱截面面积 $A=40\times40-30\times30=700\text{ cm}^2$

$$V_1=\frac{Af}{85}=\frac{700\times10^2\times200}{85\times10^3}=164.7\text{kN}<600\text{kN}$$

焊缝强度按构件实际最大剪力 $V=600\text{kN}$ 计算。

部分焊透的对接焊缝最小有效厚度为 $h_{emin}=1.5\sqrt{t}=1.5\sqrt{50}=10.6\text{mm}$，$\alpha=45°$ 的单边 V 形坡口 $h_e=s-3$，则 $s=10.6+3=13.6$ mm，采用 $s=15\text{mm}$，$h_e=15-3=12\text{mm}$。

柱截面惯性矩　$I_x=\frac{1}{12}\times(40^4-30^4)=145833\text{cm}^4$

板件 1 对 $x$ 轴的面积矩　$S_x=40\times5\times17.5=3500\text{cm}^3$

焊缝强度验算

$$\frac{VS_x}{2h_eI_x}=\frac{600\times10^3\times3500\times10^3}{2\times12\times145833\times10^4}=60\text{N/mm}^2<f_f^w=160\text{N/mm}^2$$

### 7.4.4　喇叭形焊缝的计算

喇叭形焊缝可分为单边喇叭形焊缝（图 7-50）和喇叭形焊缝（图 7-51）。单边喇叭形焊缝的焊脚尺寸 $h_f$ 不得小于被连接板件的厚度。

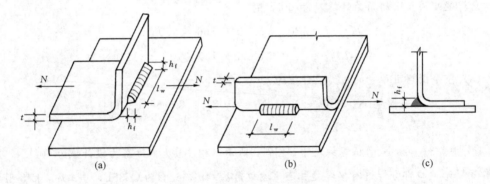

图 7-50　单边喇叭形焊缝

(a) 作用力垂直于焊缝轴线方向；(b) 作用力平行于焊缝轴线方向；(c) 焊脚尺寸

（1）当连接板的最小厚度不大于 4mm 时，喇叭形焊缝的强度应符合下列规定。

当通过焊缝形心的作用力垂直于焊缝轴线方向时（图 7-50a），焊缝的抗剪强度计算公式为

$$\tau=\frac{N}{tl_w}\leqslant0.8f \qquad (7-24)$$

当通过焊缝形心的作用力平行于焊缝轴线方向时（图 7-50b 和图7-51），焊缝的抗剪强度计算公式为

$$\tau=\frac{N}{tl_w}\leqslant0.7f \qquad (7-25)$$

式中　$N$——轴心拉力或轴心压力设计值；

　　　$t$——被连接板件的最小厚度；

　　　$l_w$——焊缝的有效长度；

　　　$f$——被连接板件钢材的抗拉强度设计值。

（2）当连接板的最小厚度大于 4mm 时，纵向受剪的喇叭形焊缝除按式(7-25)计算其抗剪强度外，尚应按下式进行验算。

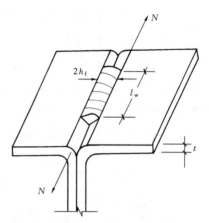

图 7-51　纵向受剪的喇叭形焊缝

$$\tau = \frac{N}{h_f l_w} \leqslant 0.7 f_f^w \qquad (7-26)$$

式中　$h_f$——焊脚尺寸，如图 7-50（c）和图 7-51 所示；

　　　$f_f^w$——角焊缝的强度设计值。

在组合结构中，组合件间的喇叭形焊缝可采用断续焊缝。断续焊缝的长度和间距限制和角焊缝相同。

### 7.4.5　电阻点焊

电阻点焊可用于冷弯薄壁型钢构件的缀合或组合连接，每个焊点的抗剪承载力设计值按表 7-4 采用。

电阻点焊的抗剪承载力设计值　　　　　　　　　　　　　　　　表 7-4

| 相焊板件中外层较薄板件的厚度 $t$（mm） | 每个焊点的抗剪承载力设计值 $N_V^S$（kN） | 相焊板件中外层较薄板件的厚度 $t$（mm） | 每个焊点的抗剪承载力设计值 $N_V^S$（kN） |
| --- | --- | --- | --- |
| 0.4 | 0.6 | 2.0 | 5.9 |
| 0.6 | 1.1 | 2.5 | 8.0 |
| 0.8 | 1.7 | 3.0 | 10.2 |
| 1.0 | 2.3 | 3.5 | 12.6 |
| 1.5 | 4.0 | | |

## 7.5　焊接热效应

钢构件的焊接热效应包括残余应力、残余变形和热影响区的钢材组织变化。

### 7.5.1　焊接残余应力的分类和产生的原因

（1）纵向焊接残余应力：焊接过程是一个不均匀加热和冷却的过程。施焊时，焊件上产生不均匀的温度场，焊缝及附近温度最高，达 1600℃ 以上，其邻近区域温度则急剧下降

（图 7-52）。不均匀的温度场要求产生不均匀的膨胀，高温处的钢材膨胀最大，由于受到两侧温度较低，膨胀较小钢材的限制，产生了热状态塑性压缩。焊缝冷却时，被塑性压缩的焊缝区趋向于缩得比原始长度稍短，这种缩短变形受到两侧钢材的限制，使焊缝区产生纵向拉应力。在低碳钢和低合金钢中，这种拉应力经常达到钢材的屈服强度。焊接残余应力是一种没有荷载作用下的内应力，因此会在焊件内部自相平衡。这就必然在距焊缝稍远区段内产生压应力（图 7-52c）。用三块板焊成的工字形截面，焊接残余应力如图 7-52（d）所示。

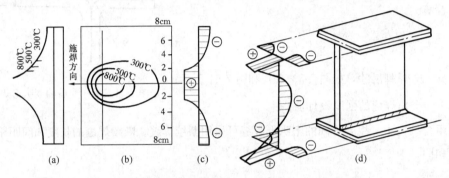

图 7-52　施焊时焊缝及附近的温度场和焊接残余应力

（a）、（b）施焊时焊缝及附近的温度场；（c）钢板上纵向焊接残余应力；
（d）焊接工字形截面翼缘上和腹板上纵向焊接残余应力

（2）横向残余应力：横向残余应力产生的原因有二，一是由于焊缝纵向收缩，两块钢板趋向于形成反方向的弯曲变形，但实际上焊缝将两块钢板连成整体，不能分开，于是在焊缝中部产生横向拉应力，而在两端产生横向压应力（图 7-53a、b）。二是焊缝在施焊过程中，

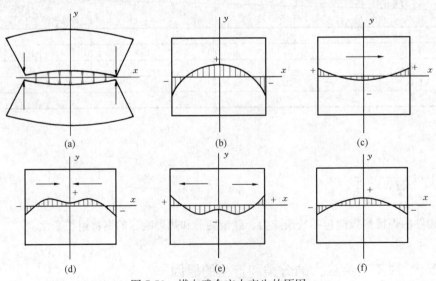

图 7-53　横向残余应力产生的原因

（a）由于焊缝纵向收缩产生的变形趋势；（b）由于焊缝纵向收缩产生的横向残余应力；（c）、（d）、（e）由于不同的施焊方向，横向收缩产生的横向残余应力；（f）焊缝的横向残余应力，即（b）、（c）应力合成的结果

先后冷却的时间不同，先焊的焊缝已经凝固，且具有一定的强度，会阻止后焊焊缝在横向的自由膨胀，使其发生横向的塑性压缩变形。当焊缝冷却时，后焊焊缝的收缩受到已凝固的焊缝限制而产生横向拉应力，同时在先焊部分的焊缝内产生横向压应力。横向收缩引起的横向应力与施焊方向和顺序有关（图 7-53c、d、e）。焊缝的横向残余应力是上述两种原因产生的应力合成的结果，如图 7-53（f）就是图 7-53（b）和图 7-53（c）应力合成的结果。

　　（3）沿焊缝厚度方向的残余应力：在厚钢板的连接中，焊缝需要多层施焊。因此，除有纵向和横向焊接残余应力 $\sigma_x$、$\sigma_y$ 外，还存在着沿钢板厚度方向的焊接残余应力 $\sigma_z$（图 7-54）。这三种应力形成比较严重的同号三轴应力，大大降低结构连接的塑性。

　　（4）约束状态下产生的焊接应力：实际焊接接头中，有的焊件并不能自由伸缩，如图 7-55（a）所示焊接，施焊时焊缝及其附近高温钢板的横向膨胀受到阻碍而产生横向塑性压缩。焊缝冷却后，由于收缩受到约束，便产生了约束应力，图 7-55

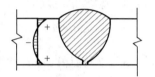

图 7-54　厚度方向的焊接应力

（b）、（c）表示这种接头中残余应力分布特点：$e\text{-}f$ 截面上有约束，截面全部是受拉的，如果沿此截面切开，大部分应力得到释放，才呈自相平衡的残余应力分布。当钢板两边的嵌固程度越大，两边约束点间的距离越短时，产生的约束应力也就越大。因此，设计接头及考虑焊缝的施焊次序时，要尽可能使焊件能够自由伸缩，以便减少约束应力。

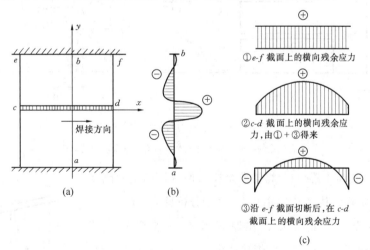

图 7-55　约束焊接接头中的残余应力分布

（a）受约束的焊接接头；（b）a-b 截面上的纵向残余应力；（c）横向残余应力分布，其中图②为图①与图③相加

## 7.5.2　焊接残余应力的影响

　　（1）对结构静力强度的影响：对于具有一定塑性的材料，在静力荷载作用下，焊接残余

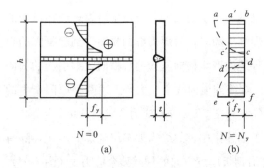

图 7-56　残余应力对静力强度的影响

(a) $N=0$ 时纵向残余应力 $\sigma_r$ 分布；

(b) $N=N_y$ 时的应力分布

应力是不会影响结构强度的。例如图 7-56 (a) 给出了外荷载 $N=0$ 时纵向残余应力 $\sigma_r$ 的分布情况。当施加轴心拉力时，板中残余应力已达屈服强度 $f_y$ 的塑性区域内的应力不再增大，力 $N$ 就仅由弹性区域承担，焊缝两侧受压区的应力由原来的受压逐渐变为受拉，最后应力也达到 $f_y$。如图 7-56 (b) 所示，板所承担的外力 $N=N_y=(abca+efde)t$，由于焊接残余应力在焊件内是自相平衡的内力，残余压应力的合力必然等于残余拉应力的合力，即面积 $(aa'c'+ee'd')$ 与面积 $c'cdd'$ 相等，故面积 $(abca+efde)$ 与面积 $hf_y$ 相等。所以有残余应力焊件的承载能力和没有残余应力者完全相同，可见残余应力不影响结构的静力强度。

(2) 对结构刚度的影响：焊接残余应力会降低结构的刚度。例如有残余应力的轴心受拉杆件（图 7-57），当加载时，图 7-57 (a) 中中部塑性区 $a$ 逐渐加宽，而两侧的弹性区 $m$ 逐渐减小。由于 $m<h$，所以有残余应力时对应于拉力增量 $\Delta N$ 的拉应变 $\Delta\varepsilon=\Delta N/(mtE)$ 必然大于无残余应力时的拉应变 $\Delta\varepsilon'=\Delta N/(htE)$，即残余应力使构件的变形增大，刚度降低。

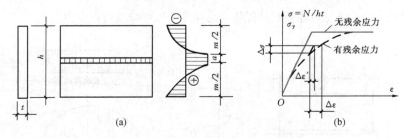

图 7-57　有残余应力时的应力与应变

(a) 有残余应力时的应力分布；(b) 有无残余应力的对比

(3) 对压杆稳定的影响：焊接残余应力使压杆的挠曲刚度减小，从而必定降低其稳定承载能力。详细分析见第 4 章。

(4) 对低温冷脆的影响：在厚板和有三轴交叉焊缝（图 7-58）的情况下，将产生三轴焊接残余应力，阻碍塑性变形，在低温下使裂纹容易发生和发展，加速构件的脆性破坏。

(5) 对疲劳强度的影响：焊接残余应力对疲劳强度有不利的影响，原因就在于焊缝及其近旁的高额残余拉应力。如果对焊缝及近旁金属的表面进行锤击，使之趋于横向扩张，但被下层材料阻止而产生残余压应力，那么疲劳强度会有所提高。

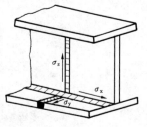

图 7-58　三轴焊接残余应力

### 7.5.3　焊接残余变形

焊接的不均匀加热和高温区的热态塑性压缩使构件冷却后产生一些残余变形，如纵向缩短、横向缩短、弯曲变形、角变形和扭曲变形等（图 7-59）。这些变形如果超出验收规范的规定，必须加以矫正，使其不致影响构件的使用和承载能力。

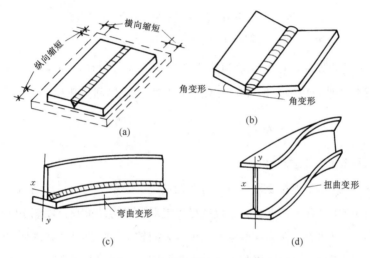

图 7-59　焊接变形的基本形式

（a）纵向缩短和横向缩短；（b）角变形；（c）弯曲变形；（d）扭转变形

### 7.5.4　减少焊接残余应力和焊接残余变形的方法

（1）采用合理的施焊次序：例如钢板对接时采用分段退焊，厚焊缝采用分层焊，工字形截面按对角跳焊等（图 7-60）。

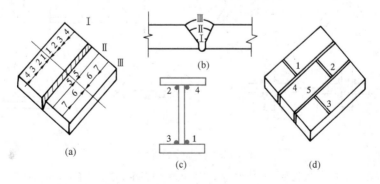

图 7-60　合理的施焊次序

（a）分段退焊；（b）沿厚度分层焊；（c）对接跳焊；（d）钢板分块拼接

（2）施焊前给构件一个和焊接变形相反的预变形，使构件在焊接后产生的焊接变形与之正好抵消（图 7-61a、b）。

234

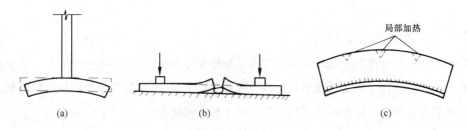

图 7-61　反变形及局部加热

(a) 反变形一；(b) 反变形二；(c) 局部加热

（3）对于小尺寸焊件，在施焊前预热或施焊后回火（加热至 600℃左右，然后缓慢冷却），可以消除焊接残余应力。也可用机械方法或氧-乙炔局部加热反弯（图 7-61c）以消除焊接变形。

### 7.5.5　合理的焊缝设计

为了减小焊接应力与焊接变形，设计时在构造上要采用一些措施。例如

（1）焊接的位置要合理，焊缝的布置应尽可能对称于构件重心，以减小焊接变形。

（2）焊缝尺寸要适当，在容许范围内，可以采用较小的焊脚尺寸，并加大焊缝长度，使需要的焊缝总面积不变，以免因焊脚尺寸过大而引起过大的焊接残余应力。焊缝过厚还可能引起施焊时烧穿、过热等现象。

（3）焊缝不宜过分集中，图 7-62（a）中 $a_2$ 比 $a_1$ 好。

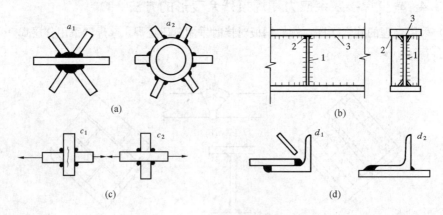

图 7-62　合理的焊缝设计

(a) 焊缝不宜过分集中；(b) 避免三向焊缝相交；(c) 垂直于板面传递拉力不合理；(d) 焊条是否易于到达

（4）应尽量避免三向焊缝相交，为此可使次要焊缝中断，主要焊缝连续通过（图 7-62b）。

（5）要考虑钢板的分层问题。本章第 7.2.4 节已经提到过垂直于板面传递拉力是不合理的，图 7-62（c）中 $c_2$ 比 $c_1$ 好。

此外，为了保证焊接结构的质量，还应注意以下问题：

（1）要考虑施焊时，焊条是否易于到达。图 7-62 （d）中 $d_1$ 的右侧焊缝很难焊好，而 $d_2$ 则较易焊好。

（2）焊缝连接构造要尽可能避免仰焊。

### 7.5.6　焊接热影响区

焊弧的热量使主体金属有一小部分熔化。临近熔化区受到高温影响的部分，称为热影响区，区内按照受热温度分为几个性能不同的部分。温度达到 1100℃ 以上的部分是过热区（图 7-63），它的晶粒粗大，强度和硬度提高，塑性和韧性降低，属于焊接连接的薄弱部位。温度在 900～1100℃ 之间的部分是正火区，也称重结晶区，它的晶粒细小而均匀，塑性和韧性较高，是性能最佳的区域。温度在 723～900℃ 的部分是部分重结晶区，晶粒有粗有细，力学性能也不均匀。温度低于 723℃ 的部分，钢材组织没有变化。热影响区的宽度不大，手工焊时不超过 6mm，自动焊则只有 2.5～3mm。低碳钢和碳当量不高的低合金钢的淬硬性很弱，因此，当热影响区没有宏观缺陷时，一般钢结构很少在热影响区开裂。当碳当量较高时，需要从焊接工艺措施着手来避免连接的脆裂。

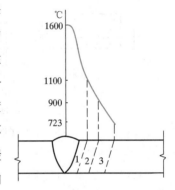

图 7-63　焊接热影响区
1—过热区；2—正火区；
3—部分重结晶区

## 7.6　普通螺栓连接的构造和计算

### 7.6.1　螺栓的排列和构造要求

螺栓在构件上的排列可以是并列或错列（图 7-64），排列时应考虑下列要求：

（1）受力要求：为避免钢板端部不被剪断（参看图 7-68d），螺栓的端距不应小于 $2d_0$，$d_0$ 为螺栓孔径。对于受拉构件，各排螺栓的线距（图 7-64a）不应过小，否则螺栓周围应力集中相互影响较大，且对钢板的截面削弱过多，从而降低其承载能力。对于受压构件，沿作用力方向的栓距不宜过大，否则在被连接的板件间容易发生凸曲现象。对铆钉排列的要求与螺栓类同。

（2）构造要求：若栓距及线距过大，则构件接触面不够紧密，潮气易于侵入缝隙而发生锈蚀。

（3）施工要求：要保证有一定的空间，便于转动螺栓扳手。

根据以上要求，规范规定钢板上螺栓的最大和最小间距如图 7-64 及表 7-5 所示。角钢、普通工字钢、槽钢上螺栓的线距应满足图 7-64、图 7-65 及表7-6～表 7-8 的要求。H 型钢腹

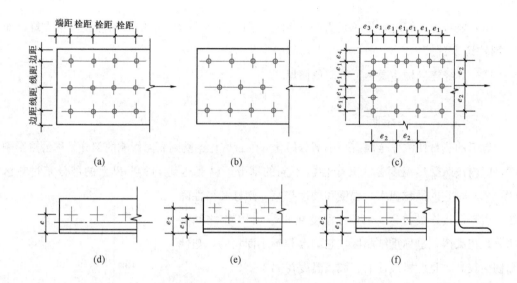

图 7-64　钢板和角钢上的螺栓排列

（a）、（d）并列；（b）、（e）错列；（c）、（f）容许距离

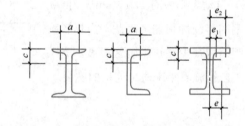

图 7-65　型钢的螺栓排列

板上的 $c$ 值可参照普通工字钢，翼缘上 $e$ 值或 $e_1$、$e_2$ 值可根据外伸宽度参照角钢。

螺栓和铆钉的最大、最小容许距离　　　　　　表 7-5

| 名　　称 | 位　置　和　方　向 | | | 最大容许间距<br>（取两者的较小值） | 最小容许<br>间距 |
|---|---|---|---|---|---|
| 中心间距 | 外排（垂直内力方向或顺内力方向） | | | $8d_0$ 或 $12t$ | $3d_0$ |
| | 中间排 | 垂直内力方向 | | $16d_0$ 或 $24t$ | |
| | | 顺内力方向 | 构件受压力 | $12d_0$ 或 $18t$ | |
| | | | 构件受拉力 | $16d_0$ 或 $24t$ | |
| 中心至构件<br>边缘距离 | 顺内力方向 | | | $4d_0$ 或 $8t$ | $2d_0$ |
| | 垂直内力方向 | 剪切边或手工切割边 | | | $1.5d_0$ |
| | | 轧制边、自动<br>气割或锯割边 | 高强度螺栓 | | |
| | | | 其他螺栓或铆钉 | | $1.2d_0$ |

注：1. $d_0$ 为螺栓或铆钉的孔径，对槽孔为短向尺寸，$t$ 为外层较薄板件的厚度；

　　2. 钢板边缘与刚性构件（如角钢、槽钢等）相连的高强度螺栓的最大间距，可按中间排的数值采用。

角钢上螺栓或铆钉线距表（mm）　　　　　　表 7-6

| 单行排列 | 角钢肢宽 | 40 | 45 | 50 | 56 | 63 | 70 | 75 | 80 | 90 | 100 | 110 | 125 |
|---|---|---|---|---|---|---|---|---|---|---|---|---|---|
| | 线距 $e$ | 25 | 25 | 30 | 30 | 35 | 40 | 40 | 45 | 50 | 55 | 60 | 70 |
| | 钉孔最大直径 | 11.5 | 13.5 | 13.5 | 15.5 | 17.5 | 20 | 22 | 22 | 24 | 24 | 26 | 26 |

| 双行错排 | 角钢肢宽 | 125 | | 140 | | 160 | | 180 | | 200 | 双行并列 | 角钢肢宽 | 160 | 180 | 200 |
|---|---|---|---|---|---|---|---|---|---|---|---|---|---|---|---|
| | $e_1$ | 55 | | 60 | | 70 | | 70 | | 80 | | $e_1$ | 60 | 70 | 80 |
| | $e_2$ | 90 | | 100 | | 120 | | 140 | | 160 | | $e_2$ | 130 | 140 | 160 |
| | 钉孔最大直径 | 24 | | 24 | | 26 | | 26 | | 26 | | 钉孔最大直径 | 24 | 24 | 26 |

工字钢和槽钢腹板上的螺栓线距表（mm）　　　　　　表 7-7

| 工字钢型号 | 12 | 14 | 16 | 18 | 20 | 22 | 25 | 28 | 32 | 36 | 40 | 45 | 50 | 56 | 63 |
|---|---|---|---|---|---|---|---|---|---|---|---|---|---|---|---|
| 线距 $c_{min}$ | 40 | 45 | 45 | 45 | 50 | 50 | 55 | 60 | 60 | 65 | 70 | 75 | 75 | 75 | 75 |
| 槽钢型号 | 12 | 14 | 16 | 18 | 20 | 22 | 25 | 28 | 32 | 36 | 40 | — | — | — | — |
| 线距 $c_{min}$ | 40 | 45 | 50 | 50 | 55 | 55 | 55 | 60 | 65 | 70 | 75 | — | — | — | — |

工字钢和槽钢翼缘上的螺栓线距表（mm）　　　　　　表 7-8

| 工字钢型号 | 12 | 14 | 16 | 18 | 20 | 22 | 25 | 28 | 32 | 36 | 40 | 45 | 50 | 56 | 63 |
|---|---|---|---|---|---|---|---|---|---|---|---|---|---|---|---|
| 线距 $a_{min}$ | 40 | 40 | 50 | 55 | 60 | 65 | 65 | 70 | 75 | 80 | 80 | 85 | 90 | 95 | 95 |
| 槽钢型号 | 12 | 14 | 16 | 18 | 20 | 22 | 25 | 28 | 32 | 36 | 40 | — | — | — | — |
| 线距 $a_{min}$ | 30 | 35 | 35 | 40 | 40 | 45 | 45 | 45 | 50 | 56 | 60 | — | — | — | — |

在钢结构施工图上螺栓及栓孔的表示方法如表 7-9 所示。

孔 、 螺 栓 图 例　　　　　　表 7-9

| 序号 | 名称 | 图例 | 说　明 |
|---|---|---|---|
| 1 | 永久螺栓 | | |
| 2 | 安装螺栓 | | |
| 3 | 高强度螺栓 | | 1. 细"+"线表示定位线<br>2. 必须标注孔、螺栓直径 |
| 4 | 螺栓圆孔 | | |
| 5 | 长圆形螺栓孔 | | |

## 7.6.2　普通螺栓连接受剪、受拉时的工作性能

普通螺栓连接按螺栓传力方式，可分为抗剪螺栓和抗拉螺栓连接。图 7-66 中螺栓 1 为抗剪螺栓，依靠螺栓杆的承压和抗剪来传力。螺栓 2 在下面设有支托的情况为抗拉螺栓。如

238

果不设支托，则螺栓 2 兼承拉力和剪力。GB 50017 标准规定，C 级螺栓只能在次要连接和临时性连接中用来抗剪。因此，即使有传力承托，在一般正规连接中螺栓 1 应该用焊缝或高强度螺栓代替。只承受拉力的螺栓 2，则可以用 C 级螺栓。

1. 抗剪螺栓连接

抗剪螺栓连接在受力以后，首先由构件间的摩擦力抵抗外力。不过摩擦力很小，构件间不久就出现滑移，螺栓杆和螺栓孔壁发生接触，使螺栓杆受剪，同时螺栓杆和孔壁间互相接触挤压（图 7-67）。

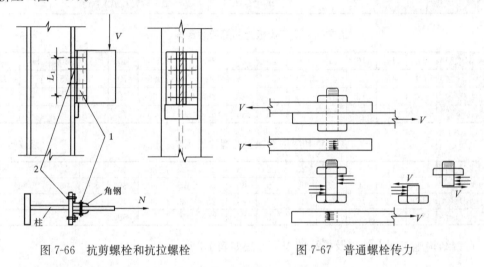

图 7-66　抗剪螺栓和抗拉螺栓　　　　　图 7-67　普通螺栓传力

图 7-68 表示螺栓连接有五种可能破坏模式。其中对螺栓杆被剪断、孔壁挤压以及板被

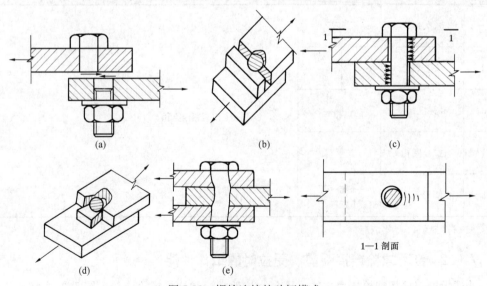

图 7-68　螺栓连接的破坏模式
（a）螺栓杆剪断；（b）钢板被拉断；（c）孔壁挤压；（d）钢板剪断；（e）螺栓弯曲

拉断，要进行计算。而对于钢板剪断和螺栓
杆弯曲破坏两种形式，可以通过构造措施加
以解决，一是限制端距 $e_3 \geqslant 2d_0$，以避免板因
受螺栓杆挤压而被剪断（图 7-68d）；二是限
制板叠厚度不超过 $5d$，以避免螺杆弯曲过大
（图 7-68e）而影响承载能力。

　　当连接处于弹性阶段时，螺栓群中各螺
栓受力不相等，两端大而中间小（图 7-69b），
超过弹性阶段出现塑性变形后，因内力重分
布使各螺栓受力趋于均匀（图 7-69c）。但当
构件的节点处或拼接缝的一侧螺栓很多，且
沿受力方向的连接长度 $l_1$ 过大时，端部的螺

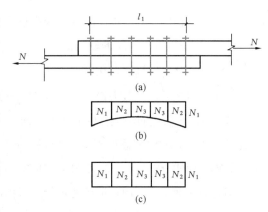

图 7-69　螺栓受剪力状态

(a) 受剪螺栓；(b) 弹性阶段受力状态；

(c) 塑性阶段受力状态

栓会因受力过大而首先破坏，随后依次向内发展逐个破坏（即所谓解纽扣现象）。因此设计
标准规定当 $l_1 > 15d_0$ 时，应将螺栓的承载力乘以折减系数 $\beta = 1.1 - \dfrac{l_1}{150d_0}$，当 $l_1 > 60d_0$ 时，
折减系数为 0.7，$d_0$ 为螺栓孔径。这样，在设计时，当外力通过螺栓群中心时，可认为所有
螺栓受力相同。

　　一个抗剪螺栓的设计承载能力按下面两式计算。

　　抗剪承载力设计值

$$N_{\mathrm{v}}^{\mathrm{b}} = n_{\mathrm{v}} \frac{\pi d^2}{4} f_{\mathrm{v}}^{\mathrm{b}} \tag{7-27}$$

　　承压承载力设计值

$$N_{\mathrm{c}}^{\mathrm{b}} = d \sum t f_{\mathrm{c}}^{\mathrm{b}} \tag{7-28}$$

式中　$n_{\mathrm{v}}$——螺栓受剪面数（图 7-70），单剪 $n_{\mathrm{v}} = 1$，双剪 $n_{\mathrm{v}} = 2$，四剪面 $n_{\mathrm{v}} = 4$ 等；

　　　　$d$——螺栓杆直径，对铆接取孔径 $d_0$；

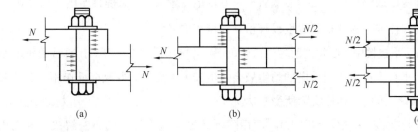

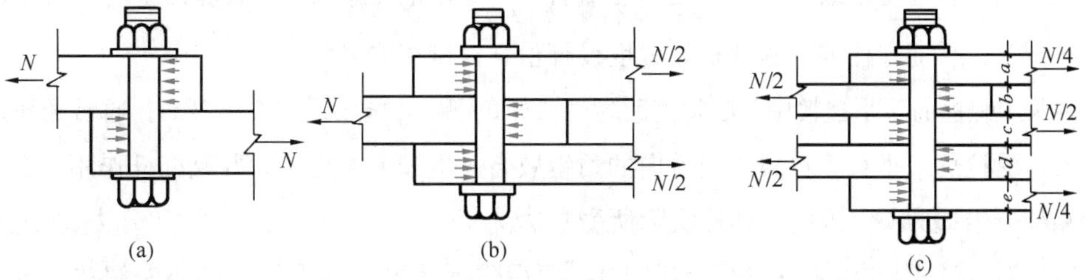

图 7-70　抗剪螺栓连接

(a) 单剪；(b) 双剪；(c) 四剪面

$\Sigma t$——在同一方向承压的构件较小总厚度，如图 7-70 中，对于四剪面 $\Sigma t$ 取（$a+c+e$）或（$b+d$）的较小值；

$f_v^b$、$f_c^b$——螺栓的抗剪、孔壁承压强度设计值，对铆接取 $f_v^r$、$f_c^r$。

一个抗剪螺栓的承载力设计值应取 $N_v^b$ 和 $N_c^b$ 的较小值 $N_{min}^b$。

式（7-27）假定同一螺杆中的各剪切面受力均等，式（7-28）假定同一受力方向各板件的孔壁承压应力相同，适用于图 7-70 的工况。对于较复杂的螺栓连接工况，应具体分析，不宜简单套用式（7-27）、式（7-28）。如图 7-71 所示的多层板抗剪螺栓连接，虽有 4 个剪切面，但各剪切面受力不同，请读者自行分析提出计算方法。

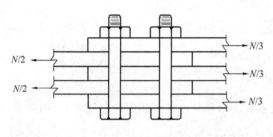

图 7-71　多层板抗剪螺栓连接

在下列情况的连接中，螺栓或铆钉的数目应予增加：

（1）一个构件借助填板或其他中间板与另一构件连接的螺栓（摩擦型连接的高强度螺栓除外）或铆钉数目，应按计算增加 10%。

（2）当采用搭接或拼接板的单面连接传递轴心力，因偏心引起连接部位发生弯曲时，螺栓（摩擦型连接的高强度螺栓除外）数目，应按计算增加 10%。

（3）在构件的端部连接中，当利用短角钢连接型钢（角钢或槽钢）的外伸肢以缩短连接长度时，在短角钢两肢中的一肢上，所用的螺栓或铆钉数目应按计算增加 50%。

2. 抗拉螺栓连接

在抗拉螺栓连接（图 7-72）中，外力趋向于将被连接构件拉开，而使螺栓受拉，最后螺栓杆会被拉断。

一个抗拉螺栓的承载力设计值按下式计算

$$N_t^b = \frac{\pi d_e^2}{4} f_t^b \tag{7-29}$$

式中　$d_e$——普通螺栓或锚栓螺纹处的有效直径，其取值见附表 7，对铆钉连接取孔径 $d_0$；

$f_t^b$——普通螺栓或锚栓的抗拉强度设计值，对铆接取 $f_t^r$。

在采用螺栓的 T 形连接中，必须借助附件（如角钢）才能实现（图 7-72a）。通常角钢的刚度不大，受拉后，垂直于拉力作用方向的角钢肢会发生较大的变形，并起杠杆作用，在该肢外侧端部产生撬力 $Q$。因此，螺栓实际所受拉力为 $P_f = N + Q$，由于确定 $Q$ 力比较复杂，在计算中对普通螺栓连接，一般不计 $Q$ 力，而用降低螺栓强度设计值的方法解决，规范规定的普通螺栓抗拉强度设计值 $f_t^b$ 是取同样钢号钢材抗拉强度设计值 $f$ 的 0.8 倍（即 $f_t^b = 0.8f$），以考虑 $Q$ 力的影响。

如果在构造上采取一些措施加强角钢刚度,可使其不致产生 $Q$ 力,或产生 $Q$ 力甚小,例如在角钢两肢间设置加劲肋(图 7-72b),就是增大刚度的一种有效办法。

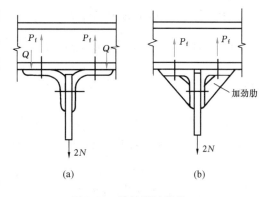

图 7-72　抗拉螺栓连接

(a) 借助角钢的 T 形连接;(b) 角钢两肢间设置加劲肋

### 7.6.3　螺栓群的计算

1. 螺栓群在轴心力作用下的抗剪计算

当外力通过螺栓群形心时,假定诸螺栓平均分担剪力,图 7-73(a)中接头一侧所需要的螺栓数目为

$$n = N / N_{\min}^{\mathrm{b}} \tag{7-30}$$

式中　$N$——作用于螺栓群的轴心力设计值。

螺栓连接中,力的传递可由图 7-73 说明:左边板件所承担 $N$ 力,通过左边螺栓传至两块拼接板,再由两块拼接板通过右边螺栓(在图中未画出)传至右边板件,这样左右板件内力平衡。在力的传递过程中,各部分承力情况如图 7-73(c)所示,板件在截面 1-1 处承受全部 $N$ 力,在截面 1-1 和 2-2 之间则只承受2$N$/3,因为 $N$/3 已经通过第 1 列螺栓传给拼接板。

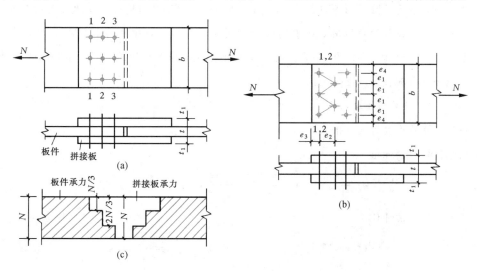

图 7-73　力的传递及净截面面积计算

(a) 接头一侧所需螺栓;(b) 净截面;(c) 各部分承力情况

由于螺栓孔削弱了板件的截面,为防止板件在净截面上被拉断,需要验算净截面的强度。

$$\sigma = \frac{N}{A_{\mathrm{n}}} \leqslant 0.7 f_{\mathrm{u}} \tag{7-31}$$

式中　$A_{\mathrm{n}}$——净截面面积,其计算方法分析如下。

图 7-73（a）所示的并列螺栓排列，以左半部分来看：截面 1-1、2-2、3-3 的净截面面积均相同。但对于板件来说，根据传力情况，截面 1-1 受力为 $N$，截面 2-2 受力为 $N - \dfrac{n_1}{n}N$，截面 3-3 受力为 $N - \dfrac{n_1+n_2}{n}N$，截面 1-1 受力最大。其净截面面积为

$$A_n = t(b - n_1 d_0) \tag{7-32}$$

对于拼接板来说，截面 3-3 受力最大，其净截面面积为

$$A_n = 2t_1(b - n_3 d_0) \tag{7-33}$$

式中　　$n$——左半部分螺栓总数；

$n_1$、$n_2$、$n_3$——分别为截面 1-1、2-2、3-3 上螺栓数；

$d_0$——螺栓孔径。

图 7-73（b）所示的错列螺栓排列，对于板件不仅需要考虑沿截面 1-1（正交截面）破坏的可能，此时按式（7-32）计算净截面面积，还需要考虑沿截面 2-2（折线截面）破坏的可能。此时

$$A_n = t\left[2e_4 + (n_2-1)\sqrt{e_1^2 + e_2^2} - n_2 d_0\right] \tag{7-34}$$

式中　$n_2$——折线截面 2-2 上的螺栓数。

计算拼接板的净截面面积时，其方法相同。不过计算的部位应在拼接板受力最大处。

【例题 7-9】设计两角钢用 C 级普通螺栓的拼接，已知角钢型号为 L90×6，所承受的轴心拉力的设计值为 $N = 175$ kN，采用的拼接角钢型号与构件的相同，钢材为 Q235，螺栓直径 $d = 20$ mm，孔径 $d_0 = 21.5$mm。

【解】（1）计算螺栓数：

一个螺栓的承载力设计值为

抗剪承载力设计值

$$N_v^b = n_v \frac{\pi d^2}{4} f_v^b = 1 \times \frac{3.1416 \times 2^2}{4} \times 140 \times \frac{1}{10} = 43.98 \text{kN}$$

承压承载力设计值

$$N_c^b = d\sum t f_c^b = 2 \times 0.6 \times 305 \times \frac{1}{10} = 36.6 \text{kN}$$

连接一边所需螺栓数

$$n = N/N_{min}^b = 175/36.6 = 4.8$$

取 5 个，连接构造如图 7-74（a）所示。

（2）构件净截面强度验算

角钢的毛截面面积为 $A = 10.6 \text{cm}^2$；将角钢按中线展开，如图 7-74（b）所示。截面 1-1（正交截面）净面积为

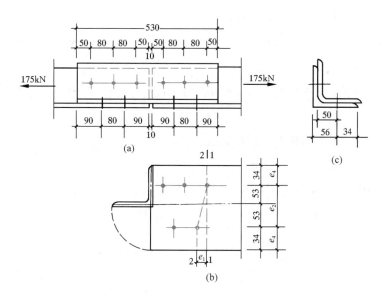

图 7-74　例题 7-9 附图

$$A'_n = A - n_1 d_0 t = 10.6 - 1 \times 2.15 \times 0.6 = 9.31 \text{cm}^2$$

截面 2-2（折线截面）净面积为

$$A''_n = t[2e_4 + (n_2 - 1)\sqrt{e_1^2 + e_2^2} - n_2 d_0]$$
$$= 0.6 \times [2 \times 3.4 + (2-1)\sqrt{4^2 + 10.6^2} - 2 \times 2.15]$$
$$= 8.3 \text{cm}^2$$

故角钢的净截面应力为

$$\sigma = N/A_n = 175 \times 10/8.3 = 211 \text{N/mm}^2 < f = 215 \text{N/mm}^2$$

螺栓线距对拼接角钢按表 7-6 取为 50，构件的螺栓线距相应为 56，边距则为 34。后者超过表 7-5 规定的最小边距 $1.2d_0 = 25.8$mm。

2. 螺栓群在扭矩作用下的抗剪计算

承受扭矩的螺栓连接，一般都是先布置好螺栓，再计算受力最大螺栓所承受的剪力，并与一个抗剪螺栓的承载力设计值 $N_{\min}^b$ 进行比较。计算时假定：（1）被连接构件是刚性的，而螺栓则是弹性的；（2）各螺栓绕螺栓群形心 $O$ 旋转（图 7-75），其受力大小与其至螺栓群形心的距离成正比，

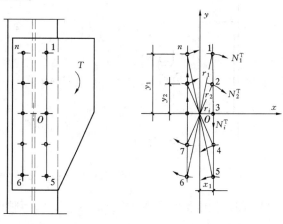

图 7-75　螺栓群受扭矩计算

力的方向与其和螺栓群形心的连线相垂直。

图 7-75 所示连接，螺栓群承受扭矩 $T$，而使每个螺栓受剪。设各螺栓至其形心的距离分别为 $r_1$、$r_2$、$r_3$……$r_n$，所承受的剪力分别为 $N_1^T$、$N_2^T$、$N_3^T$……$N_n^T$。

由力的平衡条件：各螺栓的剪力对螺栓群形心 $O$ 的力矩总和应等于外扭矩 $T$，故有

$$T = N_1^T r_1 + N_2^T r_2 + N_3^T r_3 + \cdots + N_n^T r_n \tag{a}$$

由于螺栓受力大小与其距 $O$ 点的距离成正比，于是

$$N_1^T / r_1 = N_2^T / r_2 = N_3^T / r_3 = \cdots = N_n^T / r_n \tag{b}$$

因而　　$N_2^T = N_1^T r_2 / r_1, N_3^T = N_1^T r_3 / r_1 \cdots N_n^T = N_1^T r_n / r_1$

将式（b）代入式（a）得

$$T = \frac{N_1^T}{r_1}(r_1^2 + r_2^2 + r_3^2 + \cdots + r_n^2) = \frac{N_1^T}{r_1} \sum r_i^2$$

$$N_1^T = Tr_1 / \sum r_i^2 = Tr_1 / (\sum x_i^2 + \sum y_i^2) \tag{7-35}$$

为了计算简便，当螺栓布置成狭长带时，例如 $y_1 > 3x_1$ 时，$r_1$ 趋近于 $y_1$，$\sum x_i^2$ 与 $\sum y_i^2$ 比较可忽略不计。因此，式（7-35）可简化为

$$N_1^T = Ty_1 / \sum y_i^2 \tag{7-36}$$

设计时，受力最大的一个螺栓所承受的设计剪力 $N_1^T$ 应不大于螺栓的抗剪承载力设计值 $N_{min}^b$，即

$$N_1^T \leqslant N_{min}^b \tag{7-37}$$

3. 螺栓群在扭矩、剪力、轴力共同作用下的抗剪计算

图 7-76 所示的螺栓群、承受扭矩 $T$、剪力 $V$、轴心力 $N$ 的共同作用。设计时，通常先布置好螺栓，再进行验算。计算步骤如下：

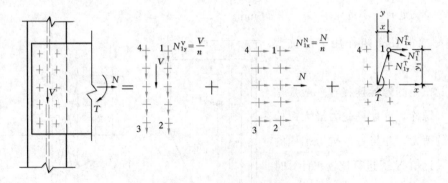

图 7-76　螺栓群受扭、受剪、受轴心力的计算

（1）将连接所受外力向螺栓群形心平移，得到扭矩、剪力、轴力；

（2）判断危险螺栓；

（3）计算危险螺栓在各力单独作用下的剪力；

（4）将危险螺栓的各剪力分量按矢量合成，验算危险螺栓。

在扭矩 $T$ 作用下，螺栓 1、2、3、4 受力最大，为 $N_1^{\mathrm{T}}$，其在 $x$、$y$ 两个方向的分力为

$$N_{1x}^{\mathrm{T}} = N_1^{\mathrm{T}} \frac{y_1}{r_1} = Ty_1/(\textstyle\sum x_i^2 + \sum y_i^2)$$

$$N_{1y}^{\mathrm{T}} = N_1^{\mathrm{T}} \frac{x_1}{r_1} = Tx_1/(\textstyle\sum x_i^2 + \sum y_i^2)$$

在剪力 $V$ 和轴心力 $N$ 作用下，螺栓均匀受力，每个螺栓受力为

$$N_{1y}^{\mathrm{V}} = V/n$$

$$N_{1x}^{\mathrm{N}} = N/n$$

以上各力对螺栓来说都是剪力，故受力最大螺栓 1 承受的合力 $N_1$，应满足下式

$$N_1 = \sqrt{(N_{1x}^{\mathrm{T}} + N_{1x}^{\mathrm{N}})^2 + (N_{1y}^{\mathrm{T}} + N_{1y}^{\mathrm{V}})^2} \leqslant N_{\min}^{\mathrm{b}} \tag{7-38}$$

**【例题 7-10】** 试设计图 7-77 所示钢板的对接接头，钢板为 $18\mathrm{mm} \times 600\mathrm{mm}$，钢材 Q235，承受设计值扭矩 $T = 48\mathrm{kN \cdot m}$，剪力 $V = 250\mathrm{kN}$，轴心力 $N = 320\mathrm{kN}$，采用 C 级螺栓，螺栓直径 $d = 20\mathrm{mm}$，孔径 $d_0 = 21.5\mathrm{mm}$。

**【解】**（1）确定拼接板尺寸

采用两块 $10\mathrm{mm} \times 600\mathrm{mm}$ 的拼接板，其截面面积为 $60 \times 1 \times 2 = 120\mathrm{cm}^2$，大于被拼接钢板的截面面积 $60 \times 1.8 = 108\mathrm{cm}^2$

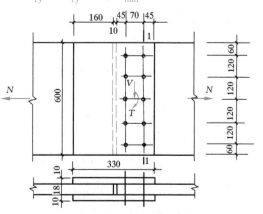

图 7-77　例题 7-10 附图

（2）螺栓计算

先布置好螺栓（见图 7-77），再进行验算。布置时可在容许的螺栓距离范围内，螺栓间水平距离取较小值，以减小拼接板的长度；竖向距离取较大值，以避免截面削弱过多。

一个抗剪螺栓的承载力设计值为

$$N_{\mathrm{v}}^{\mathrm{b}} = n_{\mathrm{v}} \frac{\pi d^2}{4} f_{\mathrm{v}}^{\mathrm{b}} = 2 \times \frac{3.1416 \times 2^2}{4} \times 140 \times \frac{1}{10} = 87.96\mathrm{kN}$$

$$N_{\mathrm{c}}^{\mathrm{b}} = d \textstyle\sum t \cdot f_{\mathrm{c}}^{\mathrm{b}} = 2 \times 1.8 \times 305 \times \frac{1}{10} = 109.8\mathrm{kN}$$

$$N_{\min}^{\mathrm{b}} = 87.96\mathrm{kN}$$

螺栓受力计算，扭矩作用时，最外螺栓承受剪力最大，为

$$N_{1x}^{\mathrm{T}} = Ty_1/(\textstyle\sum x_i^2 + \sum y_i^2) = 48 \times 24 \times 10^2/[10 \times 3.5^2 + 4 \times (12^2 + 24^2)]$$

$$= 48 \times 24 \times 10^2/3002.5 = 38.37\mathrm{kN}$$

$$N_{1y}^T = Tx_1/(\sum x_i^2 + \sum y_i^2) = 48 \times 3.5 \times 10^2/3002.5 = 5.6\text{kN}$$

剪力和轴心力作用时，每个螺栓承受剪力分别为

$$N_{1y}^V = V/n = 250/10 = 25\text{kN}$$

$$N_{1x}^N = N/n = 320/10 = 32\text{kN}$$

$$N_1 = \sqrt{(N_{1x}^T + N_{1x}^N)^2 + (N_{1y}^T + N_{1y}^V)^2}$$

$$= \sqrt{(38.37 + 32)^2 + (5.6 + 25)^2}$$

$$= 76.74\text{kN} < N_{\min}^b$$

（3）钢板净截面强度验算

钢板截面 1-1 面积最小，而受力较大，应校核这一截面强度。其几何参数为

$$A_n = t(b - n_1 d_0) = 1.8 \times (60 - 5 \times 2.15) = 88.65\text{cm}^2$$

$$I = tb^3/12 = 1.8 \times 60^3/12 = 32400\text{cm}^4$$

$$I_n = 32400 - 1.8 \times 2.15 \times (12^2 + 24^2) \times 2 = 26827\text{cm}^4$$

$$W_n = I_n/30 = 26827/30 = 894.23\text{cm}^3$$

$$S = \frac{tb}{2} \times \frac{b}{4} = 1.8 \times 60^2/8 = 810\text{cm}^3$$

钢板截面最外边缘正应力

$$\sigma = T/W_n + N/A_n = 48 \times 10^3/894.23 + 320 \times 10/88.65$$

$$= 89.77\text{N/mm}^2 < f = 205\text{N/mm}^2 \quad (\text{板厚 18mm} > 16\text{mm})$$

钢板截面靠近形心处的剪应力

$$\tau = \frac{VS}{It} = 250 \times 810 \times 10/(32400 \times 1.8) = 34.72\text{N/mm}^2$$

$$< f_v = 120\text{N/mm}^2$$

钢板截面靠近形心处的折算应力

$$\sigma_z = \sqrt{\sigma^2 + 3\tau^2} = \sqrt{(320 \times 10/88.65)^2 + 3 \times 34.72^2}$$

$$= 70.14\text{N/mm}^2 < 1.1f = 1.1 \times 205 = 225.5\text{N/mm}^2$$

4. 螺栓群在轴心力作用下抗拉计算

当设计拉力 $N$ 通过螺栓群形心时，所需要的螺栓数目为

$$n = N/N_t^b \tag{7-39}$$

5. 螺栓群在弯矩作用下的抗拉计算

普通 C 级螺栓群在图 7-78（a）所示弯矩 $M$ 作用下，上部螺栓受拉。与螺栓群拉力相平衡的压力产生于牛腿和柱的接触面上，精确确定中和轴位置的计算比较复杂。通常近似地假

定在最下边一排螺栓轴线上（图 7-78b），并且忽略压力所提供的力矩（因力臂很小）。

因此

$$M = m(N_1^M y_1 + N_2^M y_2 + \cdots + N_n^M y_n)$$

从而可得螺栓最大内力

$$N_1^M = My_1/(m \sum y_i^2) \leqslant N_t^b \qquad (7\text{-}40)$$

式中 $m$——螺栓排列的纵列数，在图 7-78 中 $m=2$。

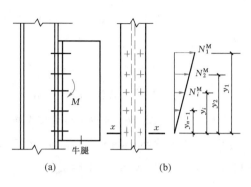

图 7-78 弯矩作用下抗拉螺栓计算

(a) 螺栓群受弯矩；(b) 中和轴位置

6. 螺栓群同时承受剪力和拉力的计算

图 7-79 所示连接，螺栓群承受剪力和拉力，这种连接可以有两种算法。

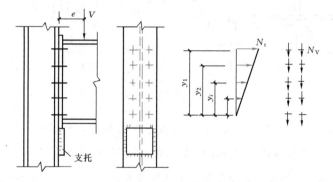

图 7-79 螺栓群同时承受剪力和拉力

（1）假定支托仅在安装横梁时起临时支承作用，剪力 $V$ 不通过支托传递。此时螺栓承受弯矩 $M = Ve$ 和剪力 $V$。在弯矩作用下，按式（7-40）求得

$$N_t = N_1^M = My_1/(m \sum y_i^2)$$

在剪力作用下，螺栓受力为

$$N_v = V/n$$

螺栓在拉力和剪力共同作用下，应满足相关公式

$$\sqrt{\left(\frac{N_v}{N_v^b}\right)^2 + \left(\frac{N_t}{N_t^b}\right)^2} \leqslant 1 \qquad (7\text{-}41)$$

满足式（7-41）时，说明螺栓不会因受拉和受剪破坏，但当板较薄时，可能承压破坏，故还要满足下式

$$N_v \leqslant N_c^b \qquad (7\text{-}42)$$

式中 $N_v$、$N_t$——一个螺栓所承受的剪力和拉力；

$N_v^b$、$N_c^b$、$N_t^b$——一个螺栓的抗剪、承压和抗拉承载力设计值。

（2）假定剪力 $V$ 由支托承受，弯矩 $M = Ve$ 由螺栓承受，并按式（7-40）计算。支托和柱翼缘用角焊缝连接，按下式计算

$$\tau_f = \alpha V / (h_e \sum l_w) \leqslant f_f^w \tag{7-43}$$

式中　$\alpha$——考虑 $V$ 力对焊缝的偏心影响，其值取 $1.25 \sim 1.35$。

【例题 7-11】图 7-80 所示梁用普通 C 级螺栓与柱翼缘连接，连接承受设计值剪力 $V = 258kN$，弯矩 $M = 38.7kN \cdot m$，梁端竖板下设支托。钢材为 Q235，螺栓直径 20mm，焊条 E43 系列型，手工焊，设计此连接。

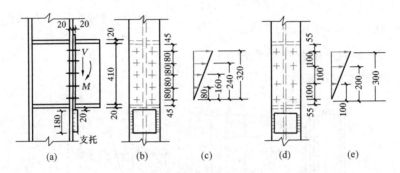

图 7-80　例题 7-11 附图

【解】（1）假定支托为可拆卸的，且只在安装时起作用，则螺栓同时承受拉力和剪力。设螺栓群绕最下一排螺栓旋转，螺栓排列及弯矩作用下螺栓受力分布如图 7-80（b）、（c）所示。剪力由 10 个螺栓平均分担。由附表 7 知螺栓的有效面积 $A_e = 2.45cm^2$。

一个螺栓的承载力设计值为

$$N_v^b = n_v \frac{\pi d^2}{4} f_v^b = 1 \times \frac{3.1416 \times 2^2}{4} \times 140 \times \frac{1}{10} = 43.98kN$$

$$N_c^b = d \sum t \cdot f_c^b = 2 \times 2 \times 305 \times \frac{1}{10} = 122kN$$

$$N_t^b = A_e \cdot f_t^b = 2.45 \times 170 \times \frac{1}{10} = 41.65kN$$

作用于一个螺栓的最大拉力按式（7-40）计算

$$N_t = M y_1 / (m \sum y_i^2) = 38.7 \times 32 \times 10^2 / [2 \times (8^2 + 16^2 + 24^2 + 32^2)]$$

$$= 32.25kN$$

作用于一个螺栓的剪力

$$N_v = V / n = 258 / 10 = 25.8kN < N_c^b = 122kN$$

剪力和拉力共同作用下

$$\sqrt{\left(\frac{N_v}{N_v^b}\right)^2 + \left(\frac{N_t}{N_t^b}\right)^2} = \sqrt{\left(\frac{25.8}{43.98}\right)^2 + \left(\frac{32.25}{41.65}\right)^2} = 0.97 < 1$$

（2）假定支托为永久性的，剪力 $V$ 由支托承受，螺栓只承受弯矩 $M$，故螺栓数可减少一些，其排列及螺栓受力分布如图 7-80（d）、(e) 所示。由式（7-40）可得

$$N_t = My_1/(m \sum y_i^2) = 38.7 \times 30 \times 10^2/[2 \times (10^2 + 20^2 + 30^2)]$$

$$= 41.46 \text{kN} < N_t^b = 41.65 \text{kN}$$

支托和柱翼缘的连接焊缝计算：用侧面角焊缝，$h_f$ 取 10mm。

$$\tau_f = \alpha V/(h_e \sum l_w) = 1.35 \times 258 \times 10/[2 \times 0.7 \times 1 \times (18 - 2)]$$

$$= 155.49 \text{N/mm}^2 < f_f^w = 160 \text{N/mm}^2$$

通过本例题计算结果的比较可见，利用支托承受剪力的方案具有螺栓数目少的优点。即使是可拆卸的结构，用传力支托也是适宜的。支托还可加快安装工作。

## 7.7　高强度螺栓连接的性能和计算

### 7.7.1　高强度螺栓连接的性能

高强度螺栓的性能等级有 10.9 级（20MnTiB 钢和 35VB 钢）和 8.8 级（20MnTiB 钢、40Cr 钢、45 号钢和 35VB 钢等）。45 号钢已经使用多年，但其淬透性不够理想，且因含碳量高而抵抗应力腐蚀断裂（即延迟断裂）的性能较差，只能用于直径不大于 20mm 的高强度螺栓。级别划分的小数点前数字是螺栓热处理后的最低抗拉强度，小数点后数字是屈强比（屈服强度 $f_y$ 与抗拉强度 $f_u$ 的比值），如 8.8 级钢材的最低抗拉强度是 800N/mm²，屈服强度是 $0.8 \times 800 = 640$N/mm²。高强度螺栓所用的螺帽和垫圈采用 45 号钢或 35 号钢制成。高强度螺栓孔应采用钻成孔，孔型尺寸可按表 7-10 采用。高强度螺栓承压型连接采用标准孔，摩擦型连接可采用标准孔、大圆孔和槽孔。采用扩大孔连接时，同一连接面只能在盖板和芯板其中之一的板上采用大圆孔或槽孔，其余仍采用标准孔。高强度螺栓摩擦型连接盖板按大圆孔、槽孔制孔时，应增大垫圈厚度或采用连续型垫板，其孔径与标准垫圈相同，厚度对 M24 及以下的螺栓，不宜小于 8mm；对 M24 以上的螺栓，不宜小于 10mm。

高强度螺栓摩擦型连接的孔型尺寸匹配（mm）　　　　　　　　表 7-10

| 螺栓公称直径 | | | M12 | M16 | M20 | M22 | M24 | M27 | M30 |
|---|---|---|---|---|---|---|---|---|---|
| 孔型 | 标准孔 | 直径 | 13.5 | 17.5 | 22 | 24 | 26 | 30 | 33 |
| | 大圆孔 | 直径 | 16 | 20 | 24 | 28 | 30 | 35 | 38 |
| | 槽孔 | 短向 | 13.5 | 17.5 | 22 | 24 | 26 | 30 | 33 |
| | | 长向 | 22 | 30 | 37 | 40 | 45 | 50 | 55 |

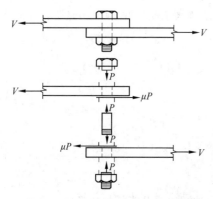

图 7-81　高强螺栓摩擦型连接传力

本章第 7.1 节已经提到过高强度螺栓连接从受力特征分为高强度螺栓摩擦型连接、高强度螺栓承压型连接和承受拉力的高强度螺栓连接。

高强度螺栓摩擦型连接单纯依靠被连接构件间的摩擦阻力传递剪力（图 7-81），以剪力等于滑移力为承载能力的极限状态。

高强度螺栓承压型连接的传力特征是剪力超过摩擦力时，构件间发生相互滑移，螺栓杆身与孔壁接触，开始受剪并和孔壁承压。与此同时，摩擦力随外力继续增大而逐渐减弱，到连接接近破坏时，剪力全由杆身承担。因此高强度螺栓承压型连接以螺栓或钢板破坏为承载能力的极限状态，和普通螺栓相同。另一方面，《钢结构高强度螺栓连接技术规程》JGJ 82—2011 规定：承压型连接还以连接件间发生滑移为正常使用极限状态，但现行《钢结构设计标准》GB 50017 无此规定。

承受拉力的高强度螺栓连接，由于预拉力作用，板件间在承受荷载前已经有较大的挤压力，拉力作用首先要抵消这种挤压力。在挤压力完全消失后，高强度螺栓的受拉力情况就和普通螺栓受拉相同。不过这种连接的变形要小得多。当拉力小于挤压力时，构件未被拉开，可以减少锈蚀危害，改善连接的疲劳性能。单纯受拉的高强度螺栓，本质上和摩擦型或承压型没有关联，但现行《钢结构设计标准》GB 50017 仍然把它分别列入这两种连接类型之中，并且采用不同的计算方法。不过二者的抗拉强度实际上是等价的，表明两类划分没有必要。《钢结构高强度螺栓连接技术规程》JGJ 82—2011 规定受拉连接中的高强度螺栓以螺栓或连接件达到抗拉强度为承载能力的极限状态，同时以连接件之间产生分离为正常使用极限状态，更为合理。

高强度螺栓连接中板件间的挤压力和摩擦力对外力的传递有很大影响。栓杆预拉力，连接表面的抗滑移系数和钢材种类都直接影响到高强度螺栓连接的承载力。

1. 高强度螺栓的预拉力

高强度螺栓的预拉力是通过扭紧螺帽实现的。一般采用扭矩法、转角法或扭掉螺栓梅花头来控制预拉力。

扭矩法：采用可直接显示扭矩的特制扳手，根据事先测定的扭矩和螺栓拉力之间的关系式 (7-44) 施加扭矩，并计入必要的超张拉值。此法往往由于螺纹条件、螺帽下的表面情况，以及润滑情况等因素的变化，使扭矩和拉力间的关系变化幅度较大，扭矩 $T$ 用下式求得

$$T = KdP \tag{7-44}$$

式中　$K$——扭矩系数，要事先由试验测定；

　　　$d$——螺栓直径；

$P$——设计时规定的螺栓预拉力。

转角法：分初拧和终拧两步。初拧是先用普通扳手使被连接构件相互紧密贴合，终拧就是以初拧的贴紧位置为起点，根据按螺栓直径和板叠厚度所确定的终拧角度，用强有力的扳手旋转螺母，拧至预定角度值时，螺栓的拉力即达到了所需要的预拉力数值。

扭剪法：扭剪型高强度螺栓的受力特征与一般高强度螺栓相同，只是施加预拉力的方法为用拧断螺栓梅花头切口处截面（图 7-82 直径 $d_0$ 处）来控制预拉力数值。这种螺栓施加预拉力简单、准确。

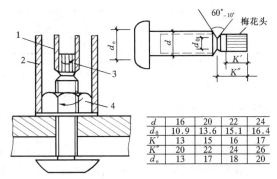

| $d$ | 16 | 20 | 22 | 24 |
|---|---|---|---|---|
| $d_0$ | 10.9 | 13.6 | 15.1 | 16.4 |
| $K'$ | 13 | 15 | 16 | 17 |
| $K''$ | 20 | 22 | 24 | 26 |
| $d_e$ | 13 | 17 | 18 | 20 |

图 7-82　扭剪型高强度螺栓

1—内套筒；2—外套筒；3—紧固反扭矩；4—紧固扭矩

高强度螺栓的设计预拉力值由材料强度和螺栓有效截面确定，并且考虑了(1) 在扭紧螺栓时扭矩使螺栓产生的剪应力将降低螺栓的承拉能力，故对材料抗拉强度除以系数 1.2；（2）施工时为补偿预拉力的松弛要对螺栓超张拉 $5\% \sim 10\%$，故乘以系数 0.9；（3）材料抗力的变异等影响，乘以系数 0.9。

由于以抗拉强度为准，再引进一个附加安全系数 0.9。这样，预拉力设计值由下式计算

$$P = 0.9 \times 0.9 \times 0.9 f_u A_e / 1.2 = 0.608 f_u A_e \tag{7-45}$$

式中　$f_u$——高强度螺栓的抗拉强度；

$A_e$——高强度螺栓的有效截面面积，见附表 7。

根据热处理后螺栓的最低 $f_u$ 值，对 10.9 级取 $1040\text{N}/\text{mm}^2$，8.8 级取 $830\text{N}/\text{mm}^2$，按式 (7-45) 计算预拉力值 $P$，并且取 5kN 倍数，即得表 7-11 所示数值。此表即为 GB 50017 标准的规定。然而，扭紧螺栓时产生的扭矩在安装结束后会逐渐消失，并且在螺栓受力至连接件分开时不复存在。式（7-45）的系数 0.608 今后可考虑提高到 0.70。

高强度螺栓的设计预拉力 $P$ 值（kN）　　　　表 7-11

| 螺栓的强度等级 | 螺栓的公称直径（mm） | | | | | |
|---|---|---|---|---|---|---|
| | M16 | M20 | M22 | M24 | M27 | M30 |
| 8.8 级 | 80 | 125 | 150 | 175 | 230 | 280 |
| 10.9 级 | 100 | 155 | 190 | 225 | 290 | 355 |

2. 高强度螺栓连接的摩擦面抗滑移系数

高强度螺栓摩擦型连接完全依靠被连接构件间的摩擦阻力传力，而摩擦阻力的大小除了螺栓的预拉力外，与被连构件材料及其接触面的表面处理所确定的摩擦面抗滑移系数 $\mu$ 有关。规范规定的摩擦面抗滑移系数 $\mu$ 值如表 7-12。承压型连接的板件接触面只要求清除油污

及浮锈。

当连接面有涂层时，抗滑移系数随涂层而异。采用醇氧铁红和环氧富锌时取 0.15；采用无机富锌时取 0.35；采用防滑防锈硅酸锌漆时取 0.45。

摩擦面的抗滑移系数 $\mu$ 值       表 7-12

| 连接处构件接触面的处理方法 | 构件的钢材牌号 | | |
|---|---|---|---|
| | Q235 钢 | Q355 钢或 Q390 钢 | Q420 钢或 Q460 钢 |
| 喷硬质石英砂或铸钢棱角砂 | 0.45 | 0.45 | 0.45 |
| 抛丸（喷砂） | 0.40 | 0.40 | 0.40 |
| 钢丝刷清除浮锈或未经处理的干净轧制面 | 0.30 | 0.35 | — |

**3. 高强度螺栓的排列**

高强度螺栓的排列和普通螺栓相同，应符合图 7-64、图 7-65、表 7-5～表 7-8 的要求。亦考虑沿受力方向的连接长度 $l_1 > 15d_0$ 时对设计承载力的不利影响。

### 7.7.2 高强度螺栓的受剪承载力设计值

（1）高强度螺栓摩擦型连接：高强度螺栓摩擦型连接承受剪力时的设计准则是外力不得超过摩擦阻力。每个螺栓的摩擦阻力应该是 $n_f \mu P$，但是考虑到整个连接中各个螺栓受力未必均匀，乘以系数 $\alpha_R$，还应考虑螺孔形状对摩擦力的减弱，故一个高强度螺栓的受剪承载力设计值为

$$N_v^b = \alpha_R k n_f \mu P \qquad\qquad (7\text{-}46)$$

式中   $n_f$—— 一个螺栓的传力摩擦面数目；

   $\mu$——摩擦面的抗滑移系数，见表 7-12；

   $P$——高强度螺栓预拉力，见表 7-11；

   $\alpha_R$——抗力分项系数的倒数，一般取 0.9，最小板厚 $t \leqslant 6\text{mm}$ 的冷弯薄壁型钢结构取 0.8；

   $k$——孔型系数，标准孔取 1.0；大圆孔取 0.85；内力与槽孔长向垂直时取 0.7；内力与槽孔长向平行时取 0.6。

（2）高强度螺栓承压型连接：为了充分利用高强螺栓的潜力，高强度螺栓承压型连接受剪时的极限承载力由杆身抗剪和孔壁承压决定，摩擦力只起延缓滑动的作用。计算方法和普通螺栓相同。承载力设计值仍按式（7-27）和式（7-28）计算，只是 $f_v^b$、$f_c^b$ 用承压型高强度螺栓的强度设计值，见附表 13。高强螺栓受剪承载力设计值应按螺纹处的有效截面积进行计算。

在同一连接中，高强度螺栓承压型连接不宜与焊接共用。因刚度较大的焊缝会对连接滑

移产生约束，使二者变形不协调，不能协同工作。

### 7.7.3　高强度螺栓群的抗剪计算

1. 轴力作用时

（1）螺栓数：高强度螺栓连接所需螺栓数目仍按式（7-30）计算，其中 $N^b_{\min}$ 对摩擦型为按式（7-46）算得的 $N^b_v$ 值，对承压型计算 $N^b_{\min}$ 时用高强度螺栓的 $f^b_v$、$f^b_c$。

（2）构件净截面强度验算：对承压型连接，构件净截面强度验算和普通螺栓连接的相同。对摩擦型连接，要考虑由于摩擦阻力作用，一部分剪力由孔前接触面传递（图 7-83）。按照规范规定，孔前传力占螺栓传力的 50%。这样截面 1—1 处净截面传力为

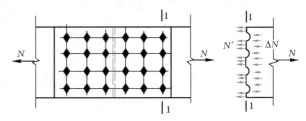

图 7-83　高强度摩擦型螺栓连接孔前传力

$$N' = N\left(1 - \frac{0.5n_1}{n}\right) \tag{7-47}$$

式中　$n_1$——计算截面上的螺栓数；

　　　$n$——连接一侧的螺栓总数。

有了 $N'$ 后，构件净截面强度仍按式（7-31）进行验算。

2. 扭矩作用时

扭矩、剪力、轴心力共同作用时抗剪高强度螺栓所受剪力的计算方法与普通螺栓相同，单个螺栓所受剪力应不超过高强度螺栓的抗剪承载力设计值。

【例题 7-12】设计用高强度螺栓的双拼接板拼接。承受轴心拉力设计值 $N=1450$kN（标准值 1050kN），钢板截面为 20mm×340mm，钢材为 Q355，采用 8.8 级的 M22 高强度螺栓，标准孔，连接处构件接触面喷硬质石英砂处理。

【解】（1）采用高强度螺栓摩擦型连接时：一个螺栓的受剪承载力设计值

$$N^b_v = \alpha_R k n_f \mu P = 1 \times 0.9 \times 2 \times 0.45 \times 150 = 121.5\text{kN}$$

所需螺栓数为

$$n = N/N^b_v = 1450/121.5 = 11.9$$

用 12 个，螺栓排列如图 7-84（a）所示。

构件净截面强度验算：钢板的截面 1—1 最危险。

$$N' = N\left(1 - \frac{0.5n_1}{n}\right) = 1450 \times \left(1 - \frac{0.5 \times 4}{12}\right) = 1208\text{kN}$$

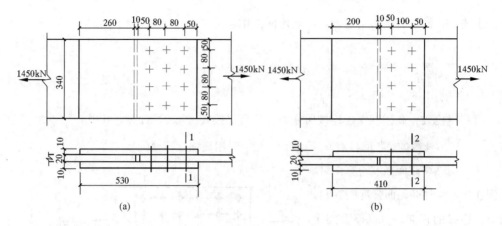

图 7-84　例题 7-12 附图

$$A_n = t(b - n_1 d_0) = 2.0 \times (34 - 4 \times 2.4) = 48.8 \text{cm}^2$$

$$\sigma = \frac{N'}{A_n} = \frac{1208}{48.8} \times 10 = 247.6 \text{ N/mm}^2 < f = 295 \text{N/mm}^2$$

（2）采用高强度螺栓承压型连接时：一个抗剪螺栓的设计承载力

$$N_v^b = n_v \frac{\pi d^2}{4} f_v^b = 2 \times \frac{3.1416 \times 2.2^2}{4} \times 250 \times \frac{1}{10} = 190 \text{kN}$$

$$N_c^b = d \sum t \cdot f_c^b = 2.2 \times 2 \times 590 \times \frac{1}{10} = 259.6 \text{kN}$$

所需螺栓数为

$$n = N/N_{min}^b = 1450/190 = 7.63，用 8 个$$

螺栓排列如图 7-84（b）所示。

构件净截面强度验算：钢板的截面 2—2 最危险

$$A_n = t(b - n_1 d_0) = 2.0 \times (34 - 4 \times 2.35) = 49.2 \text{cm}^2$$

$$\sigma = N/A_n = 1450 \times 10/49.2 = 294.7 \text{N/mm}^2 < 295 \text{N/mm}^2$$

按照现行《钢结构设计标准》GB 50017 的规定，8 个螺栓满足要求，但若按照《钢结构高强度螺栓连接技术规程》JGJ 82—2011 规程的规定进行正常使用极限状态计算，8 个螺栓还不敷用。

### 7.7.4　高强度螺栓的抗拉连接

1. 高强度螺栓的抗拉连接性能

图 7-85 所示连接，螺栓分别受拉、受剪或同时受剪受拉。下面针对图 7-85（a）进行分析。高强度螺栓在外力作用前，已经有很高的预拉力 $P$，它和构件与 T 形件翼缘接触面的挤压力 $C$ 相平衡，即 $C = P$，如图 7-86 所示。

对于刚度很大的 T 形件翼缘，受力后变形小。在外力 $N_t$ 作用后，使螺栓拉力由 $P$ 增加

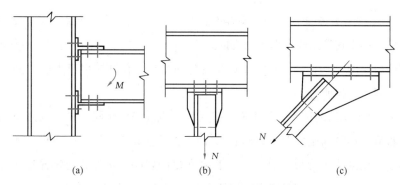

图 7-85  高强度螺栓承受拉力的连接

(a) 连接一；(b) 连接二；(c) 连接三

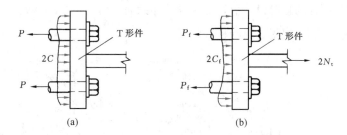

图 7-86  高强度螺栓受拉

(a) 挤压力 $C$；(b) 挤压力减为 $C_f$

至 $P_f$，而板件间的挤压力却由 $C$ 减为 $C_f$，于是有 $P_f = N_t + C_f$（图7-86）。若螺栓和被连构件保持弹性性能，板叠厚度为 $\delta$，则外力和它们的变形关系为

$$(P_f - P)\delta/EA_b = \Delta_b$$

$$(C - C_f)\delta/EA_p = \Delta_p$$

且在外力作用下，螺栓杆的伸长量应等于构件压缩的恢复量，即 $\Delta_b = \Delta_p$，则

$$(P_f - P)/A_b = (C - C_f)/A_p$$

将 $C = P, P_f = N_t + C_f$ 代入得

$$P_f = P + N_t/(A_p/A_b + 1) \tag{7-48}$$

式中    $A_b$——螺栓杆截面面积；

$A_p$——构件挤压面面积。

通常螺栓孔周围的挤压面积比螺栓杆截面面积大得多，一般在 10 倍以上，可以取为 $A_p/A_b = 10$。当 $C_f=0$，即挤压力消失时，$P_f = N_t$。代入式（7-48）得

$$P_f = 1.1P$$

可见，当外力 $N_t$ 使挤压力完全消失时，螺栓杆的拉力增量最多为其预拉力的 10%。这样的拉力增量对螺栓的工作影响不大。

图 7-87（a）表示抗拉高强度螺栓的拉力 $P_f$ 随外力 $N_t$ 的变化情况，预加拉力的高强度

螺栓沿折线 $ABC$ 变化，未加预拉力的螺栓沿直线 $OBC$ 变化。到达 $B$ 点后，两者都沿 $BC$ 变化，直至破坏。如果连接刚度大而不出现撬力，即以 $B$ 点作为正常使用的极限状态。

对于刚度较小的 T 形件翼缘，受拉后呈现弯曲变形，在其端部产生撬力 $Q$，使 T 形件起杠杆作用，降低抗拉能力。

由图 7-87（b）所给的试验曲线可知，$C$ 点和 $C'$ 点纵坐标相同，亦即撬力 $Q$ 对螺栓破坏拉力值没有影响，却降低外力 $N_t$ 的极限值（由 $C$ 点横坐标 $N_u$ 降为 $C'$ 点横坐标 $N'_u$），而且螺栓拉力的增量比刚性 T 形板时要大。关于撬力 $Q$ 的影响，正如普通螺栓连接抗拉设计强度采用 $f_t^b = 0.8f$ 一样，对高强度螺栓抗拉承载力设计值限制在 $0.8P$ 以内。国外规范规定要计算撬力 $Q$ 并和外力相加作为螺栓的设计拉力，不降低螺栓的强度设计值。如果不计算撬力 $Q$，又不降低螺栓的强度设计值，则应设置加劲肋（图 7-72），或增大 T 形件翼缘厚度（不小于 2 倍螺栓直径），以提高翼缘板的刚度。

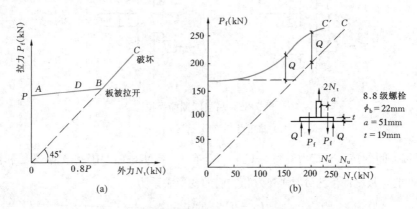

图 7-87　高强度螺栓拉力变化

（a）无撬力时的试验曲线；（b）有撬力时的试验曲线

2. 高强度螺栓抗拉连接计算

图 7-85（b）所示连接，在外拉力 $N$（设计值）作用下，高强度螺栓受拉。按照现行《钢结构设计标准》GB 50017，摩擦型连接中一个抗拉高强度螺栓的承载力设计值为

$$N_t^b = 0.8P \tag{7-49}$$

而在承压型连接中，单个高强度螺栓的承载力设计值 $N_t^b$ 的计算方法与普通螺栓相同，但式（7-29）中要代入高强度螺栓的抗拉强度设计值为 $f_t^b$。

连接需要的螺栓数

$$n = N/N_t^b \tag{7-50}$$

图 7-88 所示连接，在弯矩 $M$ 作用下，当受力最大的高强度螺栓的拉力没有达到图 7-87（a）的 $B$ 点时，被连接构件的接触面一直保持紧密贴合。传统的计算方法把中和轴定在截面高度中央，如图 7-88（b）所示。中和轴以上两排螺栓受拉，中和轴以下是受压区，也认

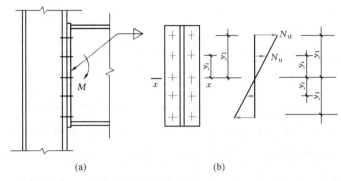

图 7-88　高强度螺栓受弯连接

(a) 受弯连接；(b) 中和轴位置

为只有两排螺栓受力，从而推出计算公式。这样做法显然不符合实际情况。受压区应该是端板和柱翼缘的接触面，其面积之大和受拉的 4 枚螺栓不相匹配，中和轴势必向下移。移至最下面一排螺栓的轴线时，轴线下面还有相当大的接触面，其压力足以和上面的螺栓拉力相平衡。因此，螺栓拉力分布可以采用图 7-78（b）的模式，并按式（7-40）计算最上排螺栓的拉力 $N_1^M$。当拉力满足式（7-51a）时，端板与翼缘的接触面肯定不会拉开。

$$N_1^M \leqslant 0.8P \tag{7-51a}$$

连接件接触面拉开，属于正常使用极限状态。对于承载能力极限状态，式（7-51a）应改为

$$N_1^M \leqslant 0.8N_u^b/\gamma_R^b \tag{7-51b}$$

现行《钢结构设计标准》GB 50017 基于摩擦型和承压型连接的分类，把式（7-51a）作为摩擦型连接的承载能力极限状态，是十分保守的做法。该标准虽然把式（7-51a）作为承压型连接的抗拉螺栓的计算公式，但采用的抗力分项系数高达 1.65，使单个螺栓的抗拉承载力设计值为

$$N_u/\gamma_R^b = \frac{A_e f_u^b}{1.65} = 0.606A_e f_u^b$$

此值和式（7-45）给出的预拉力 P 相同。这就是说，现行《钢结构设计标准》GB 50017 虽然把抗拉螺栓连接也分为摩擦型和承压型，但二者的承载力设计值相同，表明并无实质性的差别。

这本规范对抗拉螺栓的承载力一律限值不超过 $0.8P$，其系数 0.8 是为了考虑撬力的影响。撇开撬力这一因素，实质上是以预拉力 P 为限值，低于图 7-87 的 B 点。真实的承载力极限应该是图中的 C 点。以 C 点为限值，取抗力分项系数为 $1.1 \times 1.3 = 1.43$，则螺栓抗拉承载力设计值应为

$$\frac{A_e f_u^b}{1.43} = 0.7A_e f_u^b$$

抗拉螺栓连接中的撬力随连接板件（端板或 T 形件的翼缘板）的厚度变化。统一采用 0.8 系数使计算简便，但精度受到影响。更合理的方法是把撬力计入螺栓拉力之中，并把系数 0.8 删除。《钢结构高强度螺栓连接技术规程》JGJ 82—2011 规程的条文中有 T 形连接

件螺栓撬力的计算公式，由于该条文有值得商榷之处，这里不做介绍。

### 7.7.5 同时承受剪力和拉力的高强度螺栓连接计算

图 7-79 的连接，当采用高强度螺栓时，若支托仅作安装之用，则螺栓同时承受剪力和拉力。图 7-85（c）所示的连接，高强度螺栓也承受剪力和拉力共同作用。

（1）以摩擦形式传递剪力的连接，随着外力的增大，板件间的挤压力由 $P$ 减至 $P-N_t$。每个螺栓的抗滑移承载力也随之减小。另外，由试验知，抗滑移系数也随板件间挤压力的减小而降低。考虑这些影响，对同时承受剪力和拉力的高强度螺栓摩擦型连接，每个螺栓的承载力按下式计算，抗滑移系数 $\mu$ 仍用原值。

$$\frac{N_v}{N_v^b}+\frac{N_t}{N_t^b}\leqslant 1 \tag{7-52}$$

式中　$N_v$、$N_t$——一个高强度螺栓所承受的剪力和拉力；

　　　$N_v^b$、$N_t^b$——单个高强度螺栓的受剪、受拉承载力设计值。

（2）以承压形式传递剪力的连接，应满足式（7-41）和式（7-53），即

$$\sqrt{\left(\frac{N_v}{N_v^b}\right)^2+\left(\frac{N_t}{N_t^b}\right)^2}\leqslant 1 \tag{7-41}$$

$$N_v\leqslant N_c^b/1.2 \tag{7-53}$$

式中　$N_v^b$、$N_t^b$、$N_c^b$——单个高强度螺栓的抗剪、抗拉、承压承载力设计值；

　　　1.2——折减系数。高强度螺栓承压型连接在加预拉力后，板的孔前有较高的三向应力，使板的局部挤压强度大大提高，因之 $N_c^b$ 比普通螺栓的高。但当施加外拉力后，板件间的挤压力随外拉力增大而减小，螺栓的 $N_c^b$ 也随之降低，且随外力而变化。为计算简便，取用定值 1.2 考虑其影响。

【例题 7-13】设计牛腿与柱的连接。采用 10.9 级高强度螺栓，螺栓直径 M20，标准孔，构件接触面用喷铸钢棱角砂处理，结构钢材为 Q355，作用力设计值如图 7-89 所示。

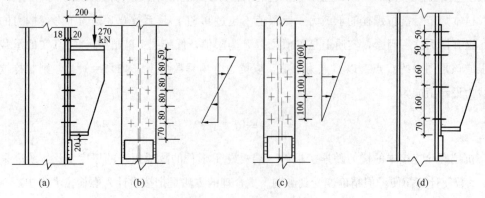

图 7-89　例题 7-13 附图

【解】（1）按接触面不被拉开、中和轴位于螺栓群形心计算（现行《钢结构设计标准》GB 50017 的摩擦型连接）

螺栓布置如图 7-89（b）所示，连接中受力最大螺栓承受的拉力及剪力为

$$N_t = N_1^M = \frac{My_1}{m \sum y_i^2} = \frac{270 \times 20 \times 16}{2 \times (2 \times 8^2 + 2 \times 16^2)} = 67.5\text{kN}$$

$$N_v = \frac{N}{n} = \frac{270}{10} = 27\text{kN}$$

单个高强度螺栓受剪、受拉承载力设计值为

$$N_v^b = \alpha_R k n_f \mu P = 1 \times 0.9 \times 1 \times 0.45 \times 155 = 62.775\text{kN}$$

$$N_t^b = 0.8P = 0.8 \times 155 = 124\text{kN}$$

拉剪共同作用下，受力最大螺栓的承载力验算

$$\frac{N_v}{N_v^b} + \frac{N_t}{N_t^b} = \frac{27}{62.775} + \frac{67.5}{124} = 0.974 < 1$$

（2）按接触面上端允许拉开、中和轴位于下排螺栓的轴线计算（现行《钢结构设计标准》GB 50017 的承压型连接）

减少螺栓数量，改为图 7-89（c）所示布置方案，计算如下：

连接处受力最大螺栓所承受的拉力

$$N_t = N_1^M = \frac{My_1}{m \sum y_i^2} = \frac{270 \times 20 \times 30}{2 \times (10^2 + 20^2 + 30^2)} = 57.86\text{kN}$$

螺栓承受的剪力

$$N_v = N/n = 270/8 = 33.75\text{kN}$$

一个螺栓的抗剪、承压和抗拉承载力分别为

$$N_v^b = \pi \times 1^2 \times 31 = 97.39\text{kN}$$

$$N_c^b = 1.8 \times 2 \times 59 = 212.4\text{kN}$$

$$N_t^b = 2.448 \times 50 = 122.4\text{kN}$$

受力最大的螺栓在剪力和拉力共同作用下的验算

$$\sqrt{\left(\frac{33.75}{97.39}\right)^2 + \left(\frac{57.86}{122.4}\right)^2} = 0.59 < 1$$

剪力验算 $\qquad 33.75 < 212.4/1.2 = 177\text{kN}$

富余较多，可考虑改用 8.8 级螺栓。

第二种计算方法少用两个螺栓，适用于不承受动力荷载的一般结构。然而图 7-89（c）的螺栓拉力的合力位置较低，和牛腿与端板之间的焊缝拉力的合力不在同一高度。为了消除这种不协调，最好将螺栓改成按图 7-89（d）的布置，上面 4 个螺栓承受拉力 $M/h$，$h$ 为牛腿上下翼缘中心距离。剪力 $V$ 或是由下边 4 个螺栓承受，或是由 8 个螺栓共同分担。

## 7.8　焊接梁翼缘焊缝的计算

由三块钢板焊接而成的工字形截面梁，通过连接焊缝保证截面的整体工作。为了了解焊缝的受力性能，可取如图 7-90（a）所示三块叠放的受弯板材为例进行说明。如果三块板材之间的接触面上无摩擦力存在或克服摩擦力之后，则在横向荷载作用下各板将分别产生如图 7-90（b）所示的变形，各板之间产生相互错动。若保证各板的整体工作，不产生相互错动，则如图 7-90（c）所示，必须在板与板间加上焊缝等适当的连接材料，用来承担各板之间所产生的剪力作用。这种剪力作用是由于弯矩沿梁长的变化而产生的。

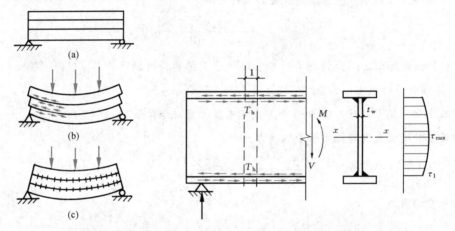

图 7-90　叠放板材的弯曲变形　　　　图 7-91　翼缘焊缝所受剪力

（a）三块板材叠放受弯；（b）板材间错动；

（c）板材间无错动

工字形截面梁弯曲剪应力在腹板上成抛物线状分布（图 7-91），腹板边缘（与翼缘交点）的剪应力为

$$\tau_1 = \frac{VS_1}{I_x t_w} \tag{7-54}$$

式中　$V$——所计算截面处梁的剪力；

　　　$I_x$——所计算截面处梁截面对 $x$ 轴的惯性矩；

　　　$S_1$——上翼缘板（或下翼缘板）对梁截面中和轴的面积矩。

根据剪应力互等定理，焊接工字钢（图 7-91）翼缘与腹板接触面间沿梁轴单位长度上的水平剪力 $T_h$ 为

$$T_h = \frac{VS_1}{I_x t_w} t_w \times 1 = \frac{VS_1}{I_x} \tag{7-55}$$

为了保证翼缘板和腹板的整体工作，应使两条角焊缝的剪应力 $\tau_f$ 不超过角焊缝的强度设计值 $f_f^w$，即

$$\tau_f = \frac{T_h}{2h_e \times 1} = \frac{VS_1}{1.4h_f I_x} \leqslant f_f^w \tag{7-56}$$

依之可得焊脚尺寸为

$$h_f \geqslant \frac{VS_1}{1.4 f_f^w I_x} \tag{7-57}$$

具有双层翼缘板的梁，当计算外层翼缘板与内层翼缘板之间的连接焊缝时，如图 7-92 所示，式（7-57）中的 $S_1$ 应取外层翼缘板对梁中和轴的面积矩；计算内层翼缘板与腹板之间的连接焊缝时，则 $S_1$ 应取内外两层翼缘板面积对梁中和轴的面积矩之和。

当梁的翼缘上承受有移动集中荷载或承受有固定集中荷载而未设置支承加劲肋时，则翼缘与腹板间的连接焊缝不仅承受有上述由于梁弯曲而产生的水平剪力 $T_h$ 的作用（图 7-93），同时还承受有集中压力 $F$ 所产生的垂直剪力 $T_v$ 的作用。单位长度上的垂直剪力可依下式计算得到：

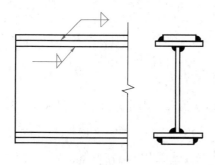

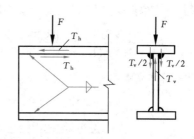

图 7-92　双层翼缘板梁的连接焊缝　　　　图 7-93　双向剪力作用下的翼缘焊缝

$$T_v = \sigma_c t_w \times 1 = \frac{\psi F}{t_w l_z} t_w \times 1 = \frac{\psi F}{l_z} \tag{7-58}$$

式中有关符号参照式（3-37）取用。

在 $T_v$ 作用下，两条焊缝相当于正面角焊缝，其应力为

$$\sigma_f = \frac{T_v}{2h_e \times 1} = \frac{\psi F}{1.4h_f l_z} \tag{7-59}$$

因此，在 $T_h$ 和 $T_v$ 共同作用下，应满足

$$\sqrt{\left(\frac{\sigma_f}{\beta_f}\right)^2 + \tau_f^2} \leqslant f_f^w \tag{7-60}$$

将式（7-56）和式（7-59）代入上式，整理可得

$$h_f \geqslant \frac{1}{1.4 f_f^w}\sqrt{\left(\frac{\psi F}{\beta_f l_z}\right)^2 + \left(\frac{VS_1}{I_x}\right)^2} \tag{7-61}$$

设计时可首先假定一焊脚尺寸 $h_f$，然后进行验算。

**【例题 7-14】** 计算焊接梁的翼缘连接焊缝，钢材为 Q235B，采用 E43 型焊条（图 7-94）。

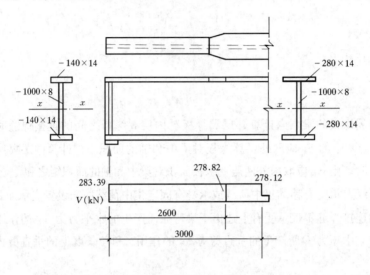

图 7-94  例题 7-14 附图

**【解】** 首先依梁端剪力计算，该处剪力最大。依式（7-57）可以计算所需焊缝的焊脚尺寸为

$$h_f \geqslant \frac{VS_1}{1.4 f_f^w I_x} = \frac{283.39 \times 10^3 \times 14 \times 1.4 \times 50.7 \times 10^3}{1.4 \times 160 \times 167430 \times 10^4} = 0.75 \text{mm}$$

其次，再依变截面处剪力计算，该处的 $S_1$ 比梁端大，其剪力为 278.82kN。由式（7-57）算得

$$h_f \geqslant \frac{278.82 \times 10^3 \times 28 \times 1.4 \times 50.7 \times 10^3}{1.4 \times 160 \times 268193 \times 10^4} = 0.92 \text{mm}$$

需要焊缝厚度很小，按照规范规定的构造要求，应满足

$$h_f \geqslant 1.5\sqrt{t} = 1.5 \sqrt{14} = 5.6 \text{mm}$$

且不大于较薄焊件厚度的 1.2 倍，现取用 $h_f = 6$mm，沿梁全长满焊。

# 7.9  构件的拼接

## 7.9.1  等截面拉、压杆拼接

拼接构造不仅要保证断开截面的强度不低于构件主体，还要保证构件的整体刚度不降低。具体体现在构件的变形曲线在断开截面处不出现转折，始终保持连续性。这项原则普遍适用于其他各类构件的拼接。

等截面轴心受力构件在制造工厂完成的拼接可以采用直接对焊（图 7-95a）或拼接板加角焊缝（图 7-95b）。如果焊缝质量达到一、二级质量标准，无论受拉、受压都可直接对焊，否则受拉要采用拼接板加角焊缝。采用后一方案时，构件的翼缘和腹板都应有各自的拼接板和焊缝，使传力尽量直接、均匀，避免应力过分集中。确定腹板拼接板宽度时，要留够施焊纵焊缝时操作焊条所需的空间，图 7-95（b）中 $\alpha$ 角不应小于 30°。

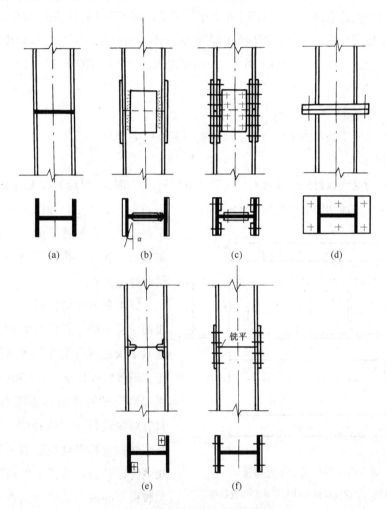

图 7-95　等截面拉压杆拼接

（a）直接对焊；（b）拼接板加角焊缝；（c）拼接板加高强度螺栓；

（d）端板加高强度螺栓；（e）压杆焊接；（f）压杆接触面刨平顶紧

对于工地拼接，拉杆可以用拼接板加高强度螺栓（图 7-95c）或端板加高强度螺栓（图 7-95d），压杆可以采用焊接（图 7-95e）。用焊接时，上段构件要事先在工厂做好坡口，下段（或上、下两段）带有定位零件（如角钢），保证施焊时位置正确。受压构件还可以通过上、下段接触面刨平顶紧直接承压传力（图 7-95f），同时辅以少量焊缝和螺栓，使不能错动。这种方案适用于板件很厚的重型柱，要求接触面平整，并和轴线垂直。因此，制造时必须保证应有的精度。接触面只能传递压力，若构件有可能出现拉力和剪力，它们要靠焊缝或螺栓及拼接板来传递，需加以计算。

拉压杆的拼接宜按等强度原则来计算，亦即拼接材料和连接件都能传递断开截面的最大内力，如翼缘的拼接板及其焊缝（或螺栓）能传递 $N=A_n f$，即翼缘净截面面积乘以强度设计值。压杆的拼接还应注意，不致因连接变形降低构件刚度造成容易屈曲的弱点。用高强度螺栓时宜用摩擦型连接。主要依靠接触面直接承压传力的拼接，接头宜尽量接近杆的支承点，其距离不超过杆件计算长度的 20%，以免因截面转动而对杆的承载能力产生较大影响。

### 7.9.2 梁的拼接

梁的拼接依施工条件的不同分为工厂拼接和工地拼接。

**1. 工厂拼接**

工厂拼接为受到钢材规格或现有钢材尺寸限制而做的拼接。翼缘和腹板的工厂拼接位置最好错开，并应与加劲肋和连接次梁的位置错开，以避免焊缝集中，如图 7-96 所示。在工厂制造时，常先将梁的翼缘板和腹板分别接长，然后再拼装成整体，可以减少梁的焊接应力。

翼缘和腹板的拼接焊缝一般都采用正面对接焊缝，在施焊时用引弧板，因此对于满足现行国家标准《钢结构工程施工质量验收标准》GB 50205 中一、二级焊缝质量的焊缝都不需要进行验算。只有对仅进行外观检查的三级焊缝，因其焊缝的抗拉强度设计值小于钢材的抗拉强度设计值，需要分别验算受拉翼缘和腹板上的最大拉应力是否小于焊缝的抗拉强度设计值。当焊缝的强度不足时，可以采用斜焊缝（图 7-96b）。如斜焊缝与受力方向的夹角 $\theta$ 满足 $\tan\theta \leqslant 1.5$ 时，可以不必验算。但斜焊缝连接比较费料费工，特别是对于宽的腹板最好不用。必要时，可以考虑将拼接的截面位置调整到弯曲正应力较小处来解决。

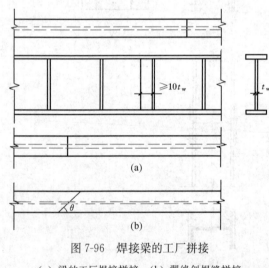

图 7-96 焊接梁的工厂拼接

(a) 梁的工厂焊接拼接；(b) 翼缘斜焊缝拼接

**2. 工地拼接**

工地拼接是受到运输或安装条件限制而做的拼接。此时需将梁在工厂分成几段制作，然后再运往工地。对于仅受到运输条件限制的梁段，可以在工地地面上拼装，焊接成整体，然后吊装；而对于受到吊装能力限制而分成的梁段，则必须分段吊装，在高空进行拼接和焊接。

工地拼接一般应使翼缘和腹板在同一截面或接近于同一截面处断开，以便于分段运输。图 7-97（a）所示为断在同一截面的方式，梁段比较整齐，运输方便。为了便于焊接，将上下翼缘板均切割成向上的 V 形坡口。为了使翼缘板在焊接过程中有一定范围的伸缩余地，以减少焊接残余应力，可将翼缘板在靠近拼接截面处的焊缝预先留出约 500mm 的长度在工厂不焊，按照图 7-97（a）中所示序号最后焊接。

图 7-97（b）所示为将梁的上下翼缘板和腹板的拼接位置适当错开的方式，可以避免焊缝集中在同一截面。这种梁段有悬出的翼缘板，运输过程中必须注意防止碰撞损坏。

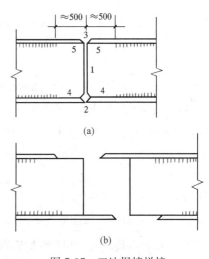

图 7-97 工地焊接拼接

（a）同一截面拼接；（b）错开拼接位置

对于铆接梁和较重要的或受动力荷载作用的焊接大型梁，其工地拼接常采用高强度螺栓连接。

图 7-98（a）所示为采用高强度螺栓连接的焊接梁工地拼接。在拼接处同时有弯矩和剪力的作用。设计时必须使拼接板和高强度螺栓都具有足够的强度，满足承载力要求，并保证梁的整体性。

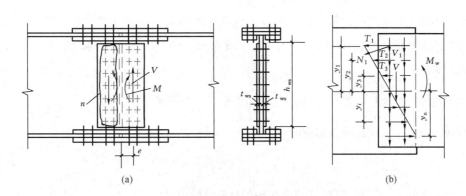

图 7-98 工地高强度螺栓拼接

（a）梁高强度螺栓拼接；（b）腹板螺栓受力

梁翼缘板的拼接，通常应按照等强度原则进行设计，即应使拼接板的净截面面积不小于翼缘板的净截面面积。高强度螺栓的数量应按翼缘板净截面面积 $A_n$ 所能承受的轴向力 $N = A_n f$ 计算，$f$ 为钢材的强度设计值。

腹板的拼接常首先进行螺栓布置，然后验算。布置螺栓时应注意满足螺栓排列的容许距离要求。

计算时，梁拼接截面处的剪力 $V$ 视为全部由腹板承担，并假定作用在螺栓群的形心处，

由各螺栓平均分担。即每个高强度螺栓所受的垂直力为

$$V_1 = \frac{V}{n} \tag{7-62}$$

式中　$n$——腹板拼接缝一侧的高强度螺栓总数。

拼接截面处的弯矩按等强的原则为 $M = W_n f$，由梁翼缘和腹板共同分担，可按它们的毛截面惯性矩比值分配，腹板分担的弯矩为

$$M_w = \frac{I_w}{I} M \tag{7-63}$$

式中　$I$——梁的毛截面惯性矩；

　　$I_w$——腹板的毛截面惯性矩。

由于在腹板拼接缝一侧的螺栓群常排列得高而窄，可以近似地认为在 $M_w$ 作用下，各螺栓只承受水平方向力的作用，距螺栓群形心最远的螺栓受力最大。如图 7-98（b）所示，受力最大螺栓所受的水平力为

$$T_1 = \frac{M_w y_1}{\sum y_i^2} \tag{7-64}$$

式中　$T_1$—— 一个螺栓所承担的最大水平力；

　　$y_i$——各螺栓到螺栓群中心的 $y$ 方向距离（图 7-98b 中所示应为 $i = 1, 2, \cdots, n$，$n$ 为拼接缝一侧的螺栓总数）。

如果不在弯矩最大的截面拼接，可以按该截面的内力作拼接计算，此时式（7-63）的 $M$ 是截面弯矩设计值，而式（7-64）的 $M_w$ 应该改为 $M_w + Ve$，$e$ 是腹板螺栓群中心到拼接缝中线的距离。

为使腹板上的螺栓和翼缘上的螺栓受力协调，$T_1$ 应不超过 $\frac{y_1}{h/2} N_v^b$。

腹板上受力最大的高强度螺栓所受的合力应满足

$$N_1 = \sqrt{T_1^2 + V_1^2} \leqslant N_v^b \tag{7-65}$$

式中　$N_v^b$—— 一个高强度螺栓摩擦型连接的抗剪承载力设计值。

腹板拼接板的强度可近似地按下式验算：

$$\sigma = \frac{M_w}{W_{ws}} \leqslant f \tag{7-66}$$

式中　$W_{ws}$——腹板拼接板的净截面抵抗矩（图 7-98）。

【例题 7-15】图 7-99（a）所示焊接工字梁，在跨中断开，假定该截面设计内力已知为 $M = 920$kN·m，$V = 88$kN，钢材为 Q235，采用高强度螺栓摩擦型连接，螺栓为 8.8 级，M20，标准孔。构件表面喷硬质石英砂处理，要求进行其工地拼接设计。

【解】翼缘板拼接：

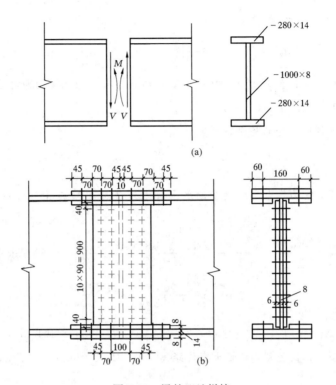

图 7-99  梁的工地拼接

螺栓孔径取为 21.5mm，翼缘板的净截面面积为

$$A_n = (28 - 2 \times 2.15) \times 1.4 = 33.18 \text{cm}^2$$

翼缘板所能承受的轴向力设计值为

$$N = A_n f = 33.18 \times 10^2 \times 215 \times 10^{-3} = 713.37 \text{kN}$$

一个高强度螺栓的抗剪承载力设计值为

$$N_v^b = \alpha_R k n_f \mu P = 1 \times 0.9 \times 2 \times 0.45 \times 125 = 101.3 \text{kN}$$

需要螺栓数目为

$$n = \frac{713.37}{101.3} = 7.04 \text{ 个，取用 8 个}$$

翼缘拼接板的截面采用

$$1 - 8 \times 280 \times 610 \text{ 和 } 2 - 8 \times 120 \times 610$$

腹板拼接

梁的毛截面惯性矩为

$$I = \frac{0.8 \times 100^3}{12} + 2 \times 28 \times 1.4 \times \left(\frac{100 + 1.4}{2}\right)^2 = 66667 + 201526 = 268193 \text{cm}^4$$

腹板的毛截面惯性矩为

$$I_w = 66667 \text{cm}^4$$

腹板所分担的弯矩为

$$M_{\mathrm{w}} = \frac{I_{\mathrm{w}}}{I}M = \frac{66667}{268193} \times 920 = 228.7\mathrm{kN \cdot m}$$

初步选用腹板拼接板为 $2-6\times330\times980$，在腹板拼接缝每侧排两列螺栓，共采用 22 个高强度螺栓，排列如图 7-99（b）所示。

每个高强度螺栓所承受的竖向剪力为

$$V_1 = \frac{V}{n} = \frac{88}{22} = 4\mathrm{kN}$$

在弯矩作用下，受力最大螺栓所受的水平剪力为（因为 $M$ 是梁弯矩最大值，$M_{\mathrm{w}}$ 不必加 $V \cdot e$）

$$T_1 = \frac{M_{\mathrm{w}}y_1}{\sum y_i^2} = \frac{228.7 \times 10^2 \times 45}{4 \times (45^2 + 36^2 + 27^2 + 18^2 + 9^2)} = 57.75\mathrm{kN}$$

$$< 101.3 \times \frac{90}{102.8} = 88.7\mathrm{kN}$$

$$N_1 = \sqrt{T_1^2 + V_1^2} = \sqrt{57.75^2 + 4^2} = 57.89\mathrm{kN} < 101.3\mathrm{kN}$$

说明螺栓数量偏多，但因受到螺栓最大容许距离 $12t = 12\times8 = 96\mathrm{mm}$ 的限制，故螺栓数量不再减少。

净截面强度验算：

近似一些，将受压与受拉侧翼缘孔眼面积同样扣除，则其净截面仍为双轴对称截面，可使计算更为简便。

孔眼面积的惯性矩（计算中忽略各孔眼对本身形心轴的惯性矩）为

$$I_{\mathrm{h}} = 4 \times 1.4 \times 2.15 \times \frac{101.4^2}{4} + 2 \times 0.8 \times 2.15 \times (45^2 + 36^2 + 27^2 + 18^2 + 9^2)$$

$$= 30948.7 + 15325.2 \approx 46274\mathrm{cm}^4$$

梁的净截面惯性矩为

$$I_{\mathrm{n}} = I - I_{\mathrm{h}} = 268193 - 46274 = 221919\mathrm{cm}^4$$

$$W_{\mathrm{nx}} = \frac{221919}{51.4} = 4317\mathrm{cm}^3$$

$$\sigma = \frac{920 \times 10^6}{4317 \times 10^3} = 213\mathrm{N/mm}^2 < 215\mathrm{N/mm}^2$$

在以上验算中，为简化计算且稍偏于安全，均未考虑孔前传力影响。

腹板拼接板验算：

$$I_{\mathrm{ws}} = 2 \times \frac{0.6 \times 98^3}{12} - 4 \times 0.6 \times 2.15 \times (45^2 + 36^2 + 27^2 + 18^2 + 9^2)$$

$$= 94119.2 - 22987.8 \approx 71131\mathrm{cm}^4$$

$$W_{\text{ws}} = \frac{71131}{49} = 1451.6 \text{cm}^3$$

$$\sigma = \frac{228.7 \times 10^6}{1451.6 \times 10^3} = 157.6 \text{N/mm}^2 < 215 \text{N/mm}^2$$

## 7.10　梁与梁的连接

主次梁相互连接的构造与次梁的计算简图有关。次梁可以简支于主梁，也可以在和主梁连接处做成连续的。就主次梁相对位置的不同，连接构造可以区分为叠接和侧面连接。

### 7.10.1　次梁为简支梁

（1）叠接：次梁直接放在主梁上（图 7-100），用螺栓或焊缝固定其相互位置，不需计算。为避免主梁腹板局部压力过大，在主梁相应位置应设支承加劲肋。叠接构造简单、安装方便。缺点是主次梁所占净空大，不宜用于楼层梁系。

（2）侧面连接：图 7-101 为几种典型的主次梁简支连接，其中前三个图的次梁都是只连腹板，不连翼缘。不同的是有的用连接角钢，有的用连接板或利用主梁加劲肋。图 7-101（b）的连接板较宽，使次梁不必切除部分翼缘。图 7-101（d）在次梁下面设有承托角钢，可便于安装。承托虽然能够传递次梁的全部支座压力，但为了提供扭转约束，次梁腹板上部还需要有连接角钢，可只在一侧设置。图 7-101

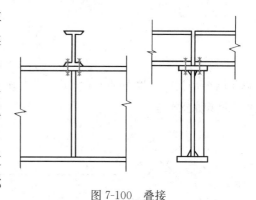

图 7-100　叠接

（c）需将次梁上下翼缘的一侧局部切除。考虑到连接处有一定的约束作用，并非理想铰接，可将次梁反力 $R$ 加大 $20\% \sim 30\%$ 进行连接计算。当用螺栓连接不能满足需要时，图 7-101（e）采用工地焊缝连接，此时螺栓只起临时固定作用。图 7-101（a）的主次梁用短角钢螺栓连接，需将次梁上翼缘局部切除，次梁腹板每侧各放一个短角钢，其中一侧的短角钢应预先固定在主梁腹板上，以便利次梁就位。当计算次梁与短角钢之间的连接螺栓 $B$ 时，可将短角钢视为与次梁一体。因此螺栓 $B$ 应承担次梁支座反力 $R$ 和力矩 $M=Re$ 的共同作用，而短角钢与主梁腹板间的连接螺栓 $A$ 则只承担次梁反力 $R$ 的作用。也可以反过来看作短角钢与主梁成为一体，则螺栓 $B$ 只承受反力 $R$ 的作用，而螺栓 $A$ 应承受 $R$ 和 $M=Re$ 的共同作用。此时螺栓 $A$ 既受拉又受剪。若采用图 7-101（e）所示焊缝连接，其计算方法与上面相似，即焊缝①和焊缝②也应分别承担 $R$ 或 $R$ 和 $M=Re$ 的共同作用。图 7-101（a）的次梁还需验算腹

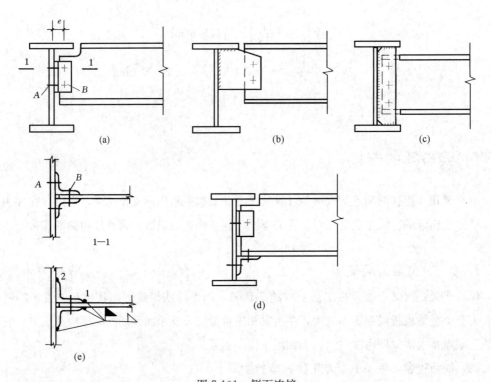

图 7-101　侧面连接

（a）形式一；（b）形式二；（c）形式三；（d）形式四；（e）形式五

板在拉剪联合作用下破坏的可能性。适用于各类连接节点中板件在拉剪联合作用下（图 7-102）的强度验算公式是

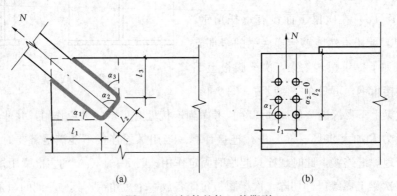

图 7-102　板件的拉、剪撕裂

（a）焊缝连接；（b）螺栓（铆钉）连接

$$\frac{N}{\sum(\eta_i A_i)} \leqslant f \tag{7-67}$$

$$\eta_i = \frac{1}{\sqrt{1+2\cos^2\alpha_i}} \tag{7-68}$$

式中　　$N$——作用于板件的拉力；

　　　$A_i = t l_i$——第 $i$ 段破坏面的截面积，当为螺栓（铆钉）连接时取净截面面积；

　　　　$t$——板件的厚度；

　　　　$l_i$——第 $i$ 破坏段的长度，应取板件中最危险的破坏线的长度（图 7-102a 中的 $l_1$、

　　　　　　$l_2$ 和 $l_3$）；

　　　　$\eta_i$——第 $i$ 段的拉剪折算系数；

　　　　$\alpha_i$——第 $i$ 段破坏线与拉力轴线的夹角。

此式用于图 7-102 （b) 的梁腹板时有 $\alpha_1 = 90°$，$\alpha_2 = 0°$。

### 7.10.2　次梁为连续梁

（1）叠接：次梁连续通过，不在主梁上断开。当次梁需要拼接时，拼接位置可设在弯矩较小处。主梁和次梁之间可用螺栓或焊缝固定它们之间的相互位置。

（2）侧面连接：连续连接的要领是将次梁支座压力传给主梁，而次梁端弯矩则传给邻跨次梁，相互平衡。图 7-103 （a)、（c) 为螺栓连接构造，次梁上下翼缘设连接板使翼缘的力能直接传递。图 7-103 （a) 所示为次梁的腹板连接在主梁的加劲肋上，下翼缘的连接板分成四块，焊在主梁腹板的两侧，或是做成连续板，在主梁腹板上开孔穿过去。图 7-103 （c) 所

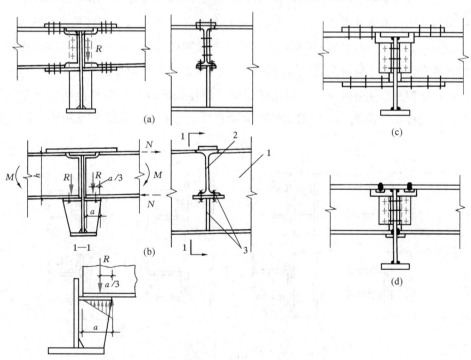

图 7-103　侧面刚性连接

（a）形式一；（b）形式二；（c）形式三；（d）形式四

1—主梁；2—次梁；3—支托

示为次梁的腹板与主梁用短角钢相连，下翼缘的连接板只有两块。图 7-103（b）的焊接方案则是次梁支承在主梁的支托上。次梁的上翼缘设置连接板，下翼缘的连接板由支托平板代替，通过平板与主梁间焊缝传力。计算时，次梁支座的弯矩可用力偶 $N=M/h$ 来代替。次梁上下翼缘与连接板的焊缝应满足传递 $N$ 力的要求。次梁支座压力 $R$ 通过承压传给支托，再由焊缝传给主梁。竖向压力 $R$ 在支托上的作用位置可视为距支托肋板外边缘为 $a/3$ 处。图 7-103（d）的连接构造两翼缘都用对接焊缝来实现传力，次梁翼缘要开剖口，梁端切割要求很精确。施焊时下面要设小垫板，以保证焊缝焊透。显然，这一方案最节约材料：不仅不用拼接板，而且次梁受拉翼缘未被螺栓孔削弱。然而，它也是施工难度最大、最不易保证质量的方案。采用螺栓连接的两种方案施工较为简单，但要多消耗材料，其主梁腹板开孔也颇费工。施工条件是影响结构方案选择的一项重要依据。为此，连续次梁在工程中用的不多。

## 7.11 梁与柱的连接

梁柱连接按转动刚度的不同可分为柔性连接（铰接）、刚接、半刚接三类。连接的转动刚度和连接的构造方式有直接关系。图 7-104 给出了八种不同的连接构造，它们的 $M$-$\theta$ 关系示于图 7-105，其中用两段 T 形钢连接的⑤转动刚度最大，可以认为是刚性连接。用端板的连接有①和②，刚度次之。梁上下翼缘用角钢或角钢和钢板连于柱者有⑥和⑧，刚度再次之，这四种连接可认为是半刚性的。但②的连接端板足够厚时，可以作为刚性连接。仅将梁腹板用单角钢③，用双角钢④或端板⑦连于柱的，转动刚度很小，属于柔性连接。

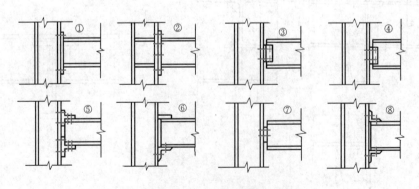

图 7-104　梁柱连接

梁柱连接的实际 $M$-$\theta$ 曲线应与结构整体分析和构件计算中的假定相一致。$M$-$\theta$ 关系曲线给出连接的抗弯能力、转动刚度和转动延性三个主要参数。设计者不仅要掌握连接的承载

力，还要了解它的变形性能，主要是图 7-105 中 $M$-$\theta$
曲线所显示的转动刚度和延性。不仅柔性连接应该具
有很好的转动能力，刚性连接框架的抗震设计也要求
在出现塑性铰后具有一定的转动延性。

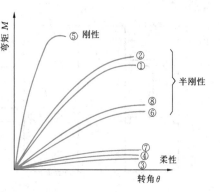

图 7-105　梁柱连接的 $M$-$\theta$ 曲线

### 7.11.1　多层框架的刚性连接

梁柱刚性连接可以做成完全焊接的（图 7-106a）、
栓接的（图 7-106b）及栓焊混合连接（图 7-106c、
d）。完全焊接时，梁翼缘用剖口焊缝连于柱翼缘。为
保证焊透，施焊时梁翼缘下面需设小衬板，衬板反面与柱翼缘相接处宜用角焊缝补焊。为施
焊方便梁腹板还要切去两角。全焊连接构造简单，但安装精度及焊缝质量要求很高。同时这
种构造使柱翼缘在其厚度方向受拉，如果不用厚度方向 性能钢板，有可能造成层间撕裂。

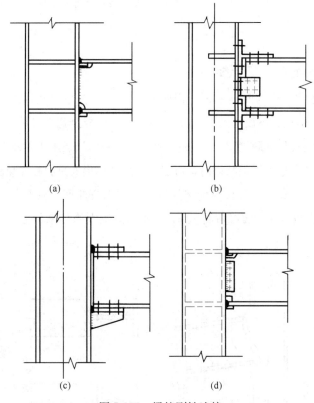

图 7-106　梁柱刚性连接

（a）全焊接；（b）全栓接；（c）栓焊混合一；（d）栓焊混合二

刚性连接的计算，除梁翼缘和腹板都直接焊于柱者外，经常让梁翼缘的连接传递全部弯
矩，腹板的连接件只传递剪力。也可由支托传递剪力（图 7-106c）。图 7-106（b）所示的栓

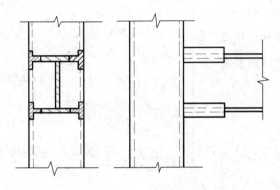

图 7-107　冷弯方管柱和梁的刚性连接

接刚性连接采用了两块 T 形短段传递梁端弯矩，腹板上的角钢传递剪力。

四块板焊成的箱形截面柱和梁的连接可以采用和图 7-106（a）类似的全焊连接。柱内宜在梁上下翼缘平面设置横隔板（图 7-106d），构件制作时，横隔板可以和柱的三块壁板先焊起来，和第四块壁板的连接只能用熔化嘴电渣焊来解决。

当柱为冷弯方管时，梁也可以直接焊于柱壁，但梁宽通常比柱宽度小（图 7-107），在不用加劲板（柱横隔板）的情况下，梁端弯矩会使柱壁板受弯而产生较大变形，满足不了刚性连接的要求。对冷弯方管柱，设置内横隔很不方便，可采用从外部加劲的做法，在梁端两侧焊上短 T 形钢或短角钢，使其宽度与柱宽相同，这样梁端弯矩可以有很大一部分直接传到与梁腹板平行的柱壁，使与梁相连的柱壁变形大为减小。

## 7.11.2　无加劲肋柱节点的计算

设计梁和柱的刚性和半刚性连接时，需要解决柱是否应设加劲肋及如何设置的问题。图 7-106 给出三种不同情况：不设加劲肋（图 7-106c）、在腹板全宽上设加劲肋（图 7-106a）和在腹板部分宽度上设置加劲肋（图 7-106b）。后一种加劲肋只适用于单侧有梁相连的柱。

不设加劲肋的柱在达到极限状态时，可能出现的破坏形式是腹板在梁翼缘传来的压力作用下屈服或屈曲，以及翼缘在梁翼缘传来的拉力作用下弯曲而出现塑性铰或连接焊缝被拉开。图 7-108 表示腹板压屈和翼缘弯曲的情况。此外，梁翼缘传来的力还使腹板受剪，这些都需要验算。

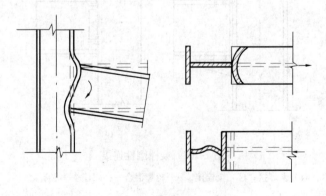

图 7-108　无加劲肋柱节点域的极限状态

梁受压翼缘传来的力是否足以使柱腹板屈服,要在柱腹板与翼缘连接焊缝(或轧制 H 型钢圆角)的边缘处计算。当梁翼缘与柱翼缘采用坡口焊缝对接时,柱腹板承压的有效宽度为

$$b_{\mathrm{e}} = t_{\mathrm{b}} + 5(t_{\mathrm{c}} + r_{\mathrm{c}}) \tag{7-69}$$

式中符号见图 7-109(a)。

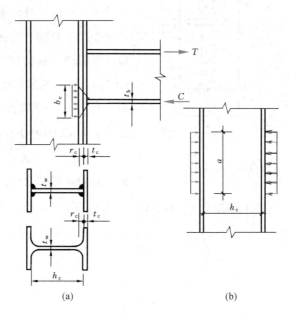

图 7-109  柱腹板受压区计算

(a)符号图;(b)应力分布图

如果只考虑 C 力的作用(图 7-109a),按照等强条件,可以得出柱腹板的厚度为

$$t_{\mathrm{w}} \geqslant \frac{A_{\mathrm{fc}} f_{\mathrm{b}}}{b_{\mathrm{e}} f_{\mathrm{c}}} \tag{7-70}$$

式中 $A_{\mathrm{fc}}$——梁受压翼缘的截面积;

$f_{\mathrm{b}}$——梁钢材抗拉、抗压强度设计值;

$f_{\mathrm{c}}$——柱钢材抗压强度设计值。

当柱宽度较大时,柱腹板受压区可能在边缘未屈服前屈曲,此时临界应力可按单向受压四边简支板计算。计算时偏于安全地取板长度 $a=\infty$(图 7-109b),则临界应力为

$$\sigma_{\mathrm{cr}} = \frac{\pi^2 E}{12(1-\mu^2)}\left(\frac{t_{\mathrm{w}}}{h_{\mathrm{c}}}\right)^2$$

式中 $h_{\mathrm{c}}$、$t_{\mathrm{w}}$——分别为柱腹板的宽度和厚度。

令 $\sigma_{\mathrm{cr}}$ 等于 Q235 钢的屈服点,可得出不至在屈服前屈曲的宽厚比 $h_{\mathrm{c}}/t_{\mathrm{w}} \leqslant 28$。现行《钢结构设计标准》GB 50017 规定采用下列公式计算

$$h_c/t_w \leqslant 30\sqrt{\frac{235}{f_y}} \tag{7-71}$$

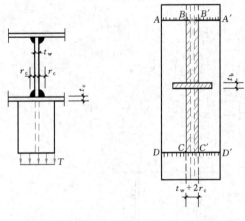

图 7-110　柱受拉区计算

如果柱腹板受压区的计算结果不会出现屈服，那么受拉区自然也不会屈服。因此，柱受拉区只需验算翼缘及其焊缝。

柱翼缘在梁翼缘传来的拉力作用下有如两块承受线荷载的三边嵌固板，其纵向嵌固边位于角焊缝（或圆角）边缘。单块板 $AB$-$CD$（图 7-110）所能承受的拉力可以近似地取为 $3.5t_c^2f_y$，两嵌固边之间的部分（即 $CC'$ 范围内）可以认为受拉屈服，即承受拉力 $(t_w+2r_c)\,t_b f_y$。引进抗力分项系数并考虑翼缘板中间和两侧部分抗拉刚度不同，难以充分发挥共同工作，再引进折减系数 $0.8$，则梁翼缘传来的拉力应满足下式

$$T \leqslant 0.8f_c \times [7t_c^2 + t_b\,(t_w+2r_c)]$$

经简化得出

$$t_c \geqslant 0.4\sqrt{\frac{T}{f_c}}$$

若采取等强原则，$T=f_b A_{ft}$，则得

$$t_c \geqslant 0.4\sqrt{\frac{A_{ft}f_b}{f_c}} \tag{7-72}$$

如果以上关于压力或拉力作用的计算不能满足，就需要对柱腹板设置横向加劲肋。加劲肋既加强腹板也加强翼缘。

柱翼缘在梁受拉翼缘的拉力作用下会产生弯曲变形，已在图 7-108 中示出：在和腹板相连接处没有变形，而在翼缘两边变形最大。这样，连接柱翼缘和梁受拉翼缘的焊缝就沿其长度受力不均匀，中间部分应力最大，越靠近边缘应力越小。拉力 $T$ 增大到一定程度时焊缝中间部分会被拉裂。考虑应力的不均匀性，计算焊缝时应该用下列有效长度代替实际长度

$$l_e = 2t_{wc} + \chi t_{fc} \tag{7-73}$$

式中　$t_{wc}$、$t_{fc}$——分别为柱腹板厚度和翼缘厚度；

　　　　$\chi$——系数，对 Q235 钢和 Q355 钢分别取 7 和 5。

柱翼缘和梁受压翼缘的连接焊缝也同样受力不均匀，不过不会在压力作用下断裂。计算

这类焊缝也用式（7-73）确定其有效长度，只是 χ 系数要比受拉焊缝大，对 Q235 钢和 Q345 钢分别取 10 和 7。

现行《钢结构设计标准》GB 50017 规定：垂直于杆件轴向设置的连接板（或梁的翼缘）与工字形、H 形或未设水平加劲肋的其他截面杆件翼缘焊接相连，形成 T 形接合时，其母材和焊缝都应按有效宽度进行强度计算。

（1）被连杆为工字形或 H 形截面时有效宽度应按下式计算（图 7-111a）

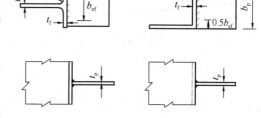

$$b_{ef} = t_w + 2s + 5kt_f \qquad (7\text{-}74)$$

$$k = \frac{t_f}{t_p} \cdot \frac{f_{y,c}}{f_{y,p}} \leqslant 1$$

式中　$b_{ef}$——T 形结合的有效宽度；

　　　$f_{y,c}$——被连接杆件翼缘钢材的屈服强度；

　　　$f_{y,p}$——连接板钢材的屈服强度；

　　　$t_w$——被连接杆件的腹板厚度；

　　　$t_f$——被连接杆件的翼缘厚度；

图 7-111　未加劲 T 形连接的有效宽度

（a）被连杆件截面为工字形或 H 形；

（b）被连杆件截面为箱形或槽形

　　　$t_p$——连接板厚度；

　　　$s$——被连杆件为轧制工字形或 H 形截面时取为 $r$（圆角半径）；被连杆为焊接工字形或 H 形截面时取为焊脚尺寸 $h_f$。

（2）被连杆件截面为箱形或槽形，且其翼缘宽度与连接板件宽度相近时，有效宽度应按下式计算（图 7-111b）

$$b_{ef} = 2t_w + 5kt_f \qquad (7\text{-}75)$$

（3）有效宽度 $b_{ef}$ 尚应满足下式要求

$$b_{ef} \geqslant \frac{f_{y,p}b_p}{f_{u,p}} \qquad (7\text{-}76)$$

式中　$f_{u,p}$——连接板的极限强度；

　　　$b_p$——连接板宽度。

（4）当节点板不满足式（7-76）要求时，对被连杆件的翼缘应设置加劲。

（5）连接板与翼缘的焊缝应按能传递连接板的抗力 $b_p t_p f_{y,p}$（假定为均布应力）进行设计。

### 7.11.3　有加劲肋柱节点域计算

以柱翼缘和横向加劲肋为边界的节点腹板域所受水平剪力为（图 7-112）

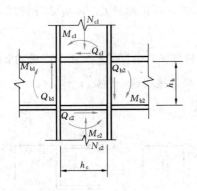

图 7-112　节点腹板域受力状态

$$V = \frac{M_{b1} + M_{b2}}{h_b} - \frac{Q_{c1} + Q_{c2}}{2} \qquad (7-77)$$

剪应力应满足

$$\tau = \frac{M_{b1} + M_{b2}}{h_b h_c t_w} - \frac{Q_{c1} + Q_{c2}}{2 h_c t_w} \leqslant f_v \qquad (7-78)$$

工程设计中为简化计算可略去式（7-78）中的

第二项，同时将节点域的抗剪强度提高到 $\frac{4}{3} f_v$，这

样节点域抗剪强度计算公式可写成

$$\frac{M_{b1} + M_{b2}}{V_p} \leqslant \frac{4}{3} f_v \qquad (7-79)$$

式中　$M_{b1}$、$M_{b2}$——分别为节点两侧梁端弯矩设计值；

　　　　$V_p$——节点域腹板的体积：

　　　　　　H 形截面柱　$V_p = h_b h_c t_w$

　　　　　　箱形截面柱　$V_p = 1.8 h_b h_c t_w$

　　　　$t_w$——柱腹板厚度；

　　　　$h_b$——梁腹板高度；

　　　　$h_c$——柱腹板高度。

　　上述分析中没有考虑节点腹板域的周边柱翼缘和加劲肋提供约束的有利影响，也没有考虑柱腹板轴压力的不利影响。

　　当柱腹板节点域不满足式（7-79）时，则需要局部加厚腹板或采用另外的措施来加强它。图 7-113 给出了两种可行的方案，其一是加设斜向加劲肋，其二是在腹板两侧或一侧焊上补强板来加厚。

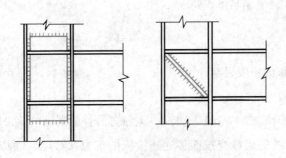

图 7-113　加劲方案

节点腹板域除应按式（7-79）验算剪切强度外，还应按下式验算局部稳定

$$t_w \geqslant \frac{h_c + h_b}{90} \qquad (7-80)$$

### 7.11.4 梁柱节点域的斜向加劲肋

梁柱刚接节点受力如图 7-114 所示。

假定梁截面弯矩由翼缘承担,上下翼缘中心的距离为 $h_{b1}$,梁翼缘的轴力为

$$T = \frac{M_b}{h_{b1}} \tag{7-81}$$

柱腹板的抗剪能力为

$$V_f = f_v t_{wc} h_c \tag{7-82}$$

令式 (7-81)、式 (7-82) 相等,可得出柱腹板所需厚度

$$t_w = \frac{M_b}{h_{b1} h_c f_v} \tag{7-83}$$

按弹性设计时,$M_b$ 为梁端设计弯矩,$f_v$ 为节点域柱腹板抗剪强度设计值,当所需的板厚 $t_w$ 大于节点域板厚时,节点域柱腹板需采取措施加强。

当采用对角加劲肋时,加劲肋轴力的水平分量为 $T_s \cos\theta$,由图 7-115 的平衡关系可得出所需对角加劲肋的截面积 $A_s$ 为

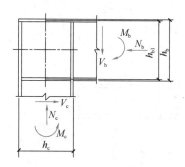

图 7-114 梁柱刚接节点受力

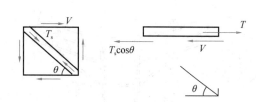

图 7-115 平衡关系

$$\frac{M_b}{h_{b1}} = T = V + T_s \cos\theta = f_v t_w h_c + A_s f_s \cos\theta \tag{7-84}$$

$$A_s = \frac{1}{\cos\theta}\left(\frac{M_b}{h_{b1} f_s} - \frac{f_v t_w h_c}{f_s}\right) \tag{7-85}$$

式中    $f_s$——斜向加劲肋抗拉压强度设计值;

       $M_b$——梁端设计弯矩。

### 7.11.5 单层框架的刚性连接

单层单跨钢框架横梁与柱的连接都是刚性的。图 7-116 给出了多种形式的梁柱刚性连接构造。图 7-116(b)、(d)、(e) 的三种构造都属于加腋节点。加腋的目的一方面是为了提高

梁端截面的抗弯能力（图 7-116b、d），另一方面是增大梁端截面螺栓连接的力臂，如图 7-116(e)所示。

单层多跨刚架边柱与梁的连接和单跨者相同，中柱上端与横梁可以刚接也可采用铰接，图 7-117 给出了中柱与横梁刚接的几种形式。

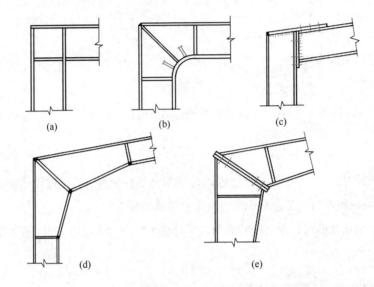

(a)　　　　　　　(b)　　　　　　　(c)

(d)　　　　　　　(e)

图 7-116　单跨单层刚架横梁与柱连接

(a) 形式一；(b) 形式二；(c) 形式三；(d) 形式四；(e) 形式五

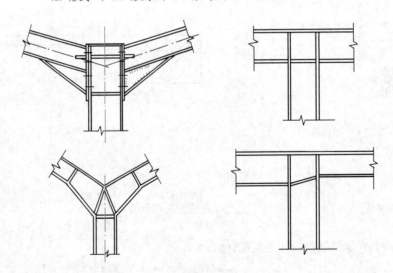

图 7-117　单层多跨刚架中柱上端节点

## 7.11.6　梁柱的柔性连接

柔性连接只能承受很小的弯矩。这种连接是为了实现简支梁的支承条件。前面已经阐明梁柱柔性连接有图 7-104 的③、④、⑦三种形式，都是只以梁腹板和柱相连。这些连接的构造、计算都和次梁与主梁的简支连接很相似，这里不再详细讨论。

本节梁柱连接节点的计算表明：设计钢结构时需要考察力的传递过程的每一环节可能产生的效应，从而进行相应的计算。这些效应既包括强度破坏和丧失稳定，也包括变形引起的受力不均匀。

## 7.12　柱脚设计

柱脚的功能是将柱子的内力可靠地传递给基础，并和基础有牢固的连接。柱脚构造应该尽可能符合结构的计算简图。在整个柱中柱脚是比较费钢材也比较费工的部分，设计时应力求简明。

柱脚的具体构造取决于柱的截面形式及柱与基础的连接方式。柱与基础的连接方式有刚接和铰接两种。刚接柱脚与混凝土基础的连接方式有支承式（也称外露式）、埋入式（也称插入式，图 7-118a）、外包式（图 7-118b）三种。铰接柱脚均为支承式。

埋入式柱脚插入钢筋混凝土基础的杯口中，然后用细石混凝土填实，通过柱身与混凝土之间的接触传力。当柱在荷载组合下出现拉力时，可采用预埋锚栓或柱翼缘设置焊钉等办法（图 7-118a）。外包式基础的传力方式与埋入式相似，因外包混凝土层较薄，需配筋加强。埋入式和外包式柱脚的计算可参照钢筋混凝土结构的有关规定，本节重点介绍支承式柱脚的构造及计算。

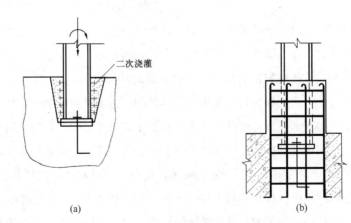

(a)　　　　　　　　　　　　(b)

图 7-118　埋入式和外包式刚接柱脚

(a) 埋入式；(b) 外包式

### 7.12.1 轴心受压柱的柱脚

**1. 柱脚的形式和构造**

轴心受压柱的柱脚可以是铰接柱脚，如图 7-119(a)、(b) 和 (c) 所示，也可以是刚接柱脚，如图 7-119 (d) 所示。

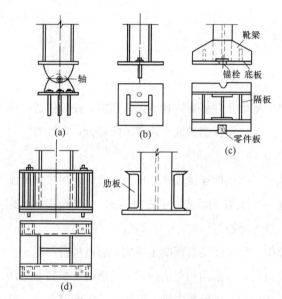

图 7-119　柱脚形式

(a) 轴承式铰接柱脚；(b) 平板式铰接柱脚一；

(c) 平板式铰接柱脚二；(d) 刚性柱脚

图 7-119(a) 是一种轴承式铰接柱脚，柱可以围绕着枢轴自由转动，其构造很符合铰接连接的计算简图。但是，这种柱脚的制造和安装都很费工，也很费钢材，只有少数大跨度结构因要求压力的作用点不允许有较大变动时才采用。图 7-119(b)、(c) 都是平板式铰接柱脚。图 7-119(b) 是一种最简单的柱脚构造，在柱的端部只焊了一块不太厚的钢板，这块板通常称为底板，用于分布柱的压力。由于柱身压力要先经过焊缝后才由底板到达基础。如果压力太大，焊缝势必很厚以至超过构造限制的焊缝高度，而且基础的压力也很不均匀，直接影响基础的承载能力，所以这种柱脚只适用于压力较小的轻型柱。对于负荷很大的柱，可将柱端铣平后直接置于底板上，此时仍应设置角焊缝，可按传递部分轴力计算角焊缝。这种构造方式虽然很简单，但是柱端的加工要在大型铣床上完成，实际上很难实现，而且还要采用很厚的底板，因此目前很少采用。最常采用的铰接柱脚是由靴梁和底板组成的柱脚，如图 7-119(c) 所示。柱身的压力通过与靴梁连接的竖向焊缝先传给靴梁，这样柱的压力就可向两侧分布开来，然后再通过与底板连接的水平焊缝经底板达到基础。当底板的平面尺寸较大时，为了提高底板的抗弯能力，可以在靴梁之间设置隔板。柱脚通过埋设在基础里的锚栓来固定。按照构造要求采用 2～4 个直径为 20～25mm 的锚栓。为了便于安装，底板上的锚栓孔径取锚栓直径的 1.5～2 倍，套在锚栓上的零件板是在柱脚安装定位以后焊上的。图 7-119(d) 是附加槽钢后使锚栓处于高位张紧的刚性柱脚，为了加强槽钢翼缘的抗弯能力，在它的下面焊以肋板。柱脚锚栓分布在底板的四周以便使柱脚不能转动。

长期以来图 7-119(b)、(c) 的构造都按铰接柱脚对待，只有图 7-119(d) 才被认为是刚接柱脚。但是近年来的试验研究表明，即使是图 7-119(b) 的平板柱脚，对柱身也有一定转动约束，在计算柱稳定承载力时可加以考虑。

**2. 柱脚的计算**

柱脚的计算包括确定底板的尺寸、靴梁的尺寸以及它们之间的连接焊缝尺寸。

（1）底板的计算

底板的平面尺寸取决于基础材料的抗压能力。计算时认为柱脚压力在底板和基础之间是均匀分布的。需要的底板面积是

$$A = N/f_{cc} \tag{7-86}$$

式中　$N$——作用于柱脚的压力设计值；

$f_{cc}$——基础材料的抗压强度设计值。

如果底板上设置锚栓，那么所需要的底板面积中还应该加进锚栓孔的面积 $A_0$。

对于有靴梁的柱脚，如图 7-120 所示，底板的宽度 $B$ 是由柱子截面的宽度或高度 $b$、靴梁板的厚度 $t$ 和底板的悬伸部分 $c$ 组成的。这样

$$B = b + 2t + 2c \tag{7-87}$$

在式中 $c$ 取 2～10cm，而且要使尺寸 $B$ 成为整数。底板的长度应该是

$$L = A/B$$

根据柱脚的构造形式，可以取得 $B$ 与 $L$ 大致相同，也可以取 $L$ 比 $B$ 大得较多，但是不允许 $L$ 大于 $B$ 的两倍，因为过分狭长的柱脚会使底板下面的压力分布很不均匀而且可能需要设置较多隔板。底板所承受的均布压力 $q = N/(B \times L - A_0)$。

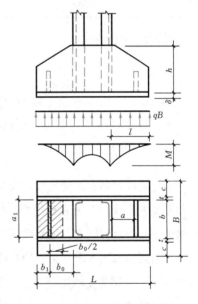

图 7-120　柱脚计算简图

底板的厚度由板的抗弯强度决定。可以将底板看作是一块支承在靴梁、隔板和柱身上的平板，它承受从下面传来的基础的均匀反力。底板划分为几个部分，有四边支承部分，如图 7-120 中的柱截面范围内的板，或者在柱身与隔板之间的部分；有三边支承部分，如图中隔板至底板自由边之间的部分；还有悬臂部分。这几部分板承受的弯矩可能很不相同，要先分别计算，然后通过比较取其中的最大弯矩来确定底板厚度。

四边支承的板为双向弯曲板，在板中央短边方向的弯矩比长边方向的为大，取宽度为 1cm 的板条作为计算单元，其弯矩为

$$M_4 = \alpha q a^2 \tag{7-88}$$

式中　$a$——四边支承板短边的长度；

$\alpha$——系数，取决于板的长边与短边的比值，见表 7-13。

四边简支板的弯矩系数 $\alpha$ 表 7-13

| $b/a$ | 1.0 | 1.1 | 1.2 | 1.3 | 1.4 | 1.5 | 1.6 | 1.7 | 1.8 | 1.9 | 2.0 | 3.0 | $\geqslant 4.0$ |
|---|---|---|---|---|---|---|---|---|---|---|---|---|---|
| $\alpha$ | 0.048 | 0.055 | 0.063 | 0.069 | 0.075 | 0.081 | 0.086 | 0.091 | 0.095 | 0.099 | 0.101 | 0.119 | 0.125 |

三边支承的板，其最大弯矩位于自由边的中央，该处的弯矩为

$$M_3 = \beta q a_1^2 \tag{7-89}$$

式中   $a_1$——自由边的长度；

     $\beta$——系数，取决于垂直于自由边的宽度 $b_1$ 和自由边 $a_1$ 的比值，见表 7-14。

三边简支，一边自由板的弯矩系数 $\beta$ 表 7-14

| $b_1/a_1$ | 0.3 | 0.4 | 0.5 | 0.6 | 0.7 | 0.8 | 0.9 | 1.0 | 1.2 | $\geqslant 1.4$ |
|---|---|---|---|---|---|---|---|---|---|---|
| $\beta$ | 0.026 | 0.042 | 0.058 | 0.072 | 0.085 | 0.092 | 0.104 | 0.111 | 0.120 | 0.125 |

悬臂板的弯矩为

$$M_1 = \frac{1}{2} q c^2 \tag{7-90}$$

经过比较，取 $M_4$、$M_3$ 和 $M_1$ 中最大者作为板承受的最大弯矩 $M_{max}$，用它来确定底板的厚度，要求 $\sigma = M_{max}/W = f$，因 $W = t^2/6$，这样

$$t = \sqrt{6M_{max}/f} \tag{7-91}$$

设计要注意到底板的尺寸，靴梁和隔板的布置应尽可能地使 $M_1$、$M_3$ 和 $M_4$ 大致接近，相差不要太悬殊，以免底板过厚。底板的厚度一般为 20～40mm，最薄也不宜小于 14mm，以保证底板有足够刚度，如果底板太薄，下面的基础反力分布可能很不均匀。

如遇到两邻边支承、另两边自由的底板，也可按式（7-89）计算其弯矩。此时 $a_1$ 取对角线长度，$b_1$ 则为支承边交点至对角线的距离（参看图 7-134）。

（2）靴梁的计算

靴梁板的厚度宜与被连接的柱子翼缘厚度大致相同。靴梁的高度由连接柱所需要的焊缝长度决定。但是每条焊缝的长度不应超过角焊缝焊脚尺寸 $h_f$ 的 60 倍，而 $h_f$ 也不应大于被连接的较薄板厚的 1.2 倍。

两块靴梁板承受的最大弯矩：

$$M = qBl^2/2 \tag{7-92}$$

两块靴梁板承受的剪力可取：

$$V = qBl \tag{7-93}$$

应根据 $M$ 和 $V$ 值验算靴梁的抗弯和抗剪强度。式（7-92）与式（7-93）中的 $l$ 为靴梁的悬臂长度。

（3）隔板计算

为了支承底板，隔板应具有一定刚度，为此其厚度不应小于隔板长度的 1/50，但可比靴梁板的厚度略小。隔板的高度取决于连接焊缝要求，其所传之力可偏于安全地取图 7-120 中阴影部分所承受的基础反力。

【例题 7-16】试设计轴压格构柱的柱脚，柱的截面尺寸如图 7-121 所示。轴心压力设计值 $N=2275\text{kN}$，柱的自重为 5kN，基础混凝土的强度等级为 C15，钢材为 Q235。焊条为 E43 系列。

【解】采用如图 7-119(c) 所示的柱脚构造。柱脚的具体构造和尺寸见图 7-121。

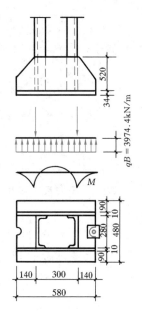

图 7-121　例题 7-16 附图

（1）底板计算

对于 C15 混凝土，考虑了局部受压的有利作用后用抗压强度设计值 $f_{cc}=8.3\text{N/mm}^2$。底板所需的净面积为

$$A=N/f_{cc}=2280\times10^3/8.3=274700\text{mm}^2=2747\text{cm}^2。$$

底板宽度 $B=b+2t+2c=28+2\times1+2\times9=48\text{cm}$

所需底板长度 $L=2747/48=57.2\text{cm}$，取 $L=58\text{cm}$，可以满足其毛面积的要求，安装孔两个，每个孔径取 40mm，但削弱面积取 40mm×40mm。

底板所承受的均布压力 $q=\dfrac{2280\times10^3}{(48\times58-2\times4\times4)\times10^2}=$

8.28N/mm$^2$ $<$ 8.3N/mm$^2$

四边支承部分板的弯矩 $b/a=30/28=1.07$，查表 7-13 得到 $\alpha=0.053$。

$$M_4=\alpha qa^2=0.053\times8.28\times280^2=34405\text{N}\cdot\text{mm}=34.405\text{N}\cdot\text{m}$$

三边支承部分板的弯矩 $b_1/a_1=14/28=0.5$，查表 7-14，得到 $\beta=0.058$。

$$M_3=\beta qa_1^2=0.053\times8.28\times280^2=37651\text{N}\cdot\text{mm}=37.651\text{N}\cdot\text{m}$$

悬臂部分板的弯矩 $M_1=\dfrac{1}{2}qc^2=\dfrac{1}{2}\times8.28\times90^2=33534\text{N}\cdot\text{mm}=33.534\text{N}\cdot\text{m}。$

经过比较知板的最大弯矩为 $M_3$，取钢材的抗弯强度设计值 $f=205\text{N/mm}^2$，得 $t=$

$\sqrt{6M_{max}/f}=\sqrt{6\times37.651\times10^3/205}=33.2\text{mm}$，用 34mm，厚度未超过 40mm，所用 $f$ 值无误。

（2）靴梁计算

靴梁与柱身连接的焊脚尺寸用 $h_f=10\text{mm}$。

靴梁高度根据焊缝长度 $l_w$ 确定。

$$l_w=\frac{N}{4\times0.7\times h_f\times f_f^w}=\frac{2280\times10^3}{4\times0.7\times10\times160}$$

$$=508.9\text{mm}=50.9\text{cm}<60h_f=60\text{cm}$$

靴梁高度取 52cm，厚度取 1.0cm。

两块靴梁板承受的线荷载为 $qB=8.28\times480=3974.4\text{N/mm}=3974.4\text{kN/m}$

承受的最大弯矩 $M=\dfrac{1}{2}qBl^2=\dfrac{1}{2}\times3974.4\times0.14^2=38.95\text{kN}\cdot\text{m}$

$$\sigma=\frac{M}{W}=\frac{6\times38.95\times10^6}{2\times1\times52^2\times10^3}=43.21\text{N/mm}^2<215\text{N/mm}^2$$

剪力 $V=qBl=3974.4\times140=556416\text{N}=556.42\text{kN}$

$$\tau=1.5\frac{V}{2h\delta}=1.5\times\frac{556.42\times10^3}{2\times52\times1\times10^2}=80.25\text{N/mm}^2<125\text{N/mm}^2$$

靴梁板与底板的连接焊缝和柱身与底板的连接焊缝传递全部柱的压力，焊缝的总长度应为

$$\sum l_{\text{w}}=2\times(58-2)+4\times(14-1)+2\times(28-1)=218\text{cm}。$$

所需的焊脚尺寸应为

$$h_{\text{f}}=\frac{N}{1.22\times0.7\sum l_{\text{w}}f_{\text{f}}^{\text{w}}}=\frac{2280\times10^3}{1.22\times0.7\times2180\times160}=7.65\text{mm} \text{ 用 8mm。}$$

柱脚与基础的连接按构造用直径为 20mm 的锚栓两个。

## 7.12.2 压弯柱的柱脚

压弯柱与基础的连接也有铰接柱脚和刚接柱脚两种类型。铰接柱脚不承受弯矩，它的构造和计算方法与轴心受压柱的柱脚基本相同。刚接柱脚因同时承受压力和弯矩，构造上要保证传力明确，柱脚与基础之间的连接要兼顾强度和刚度，并要便于制造和安装。无论铰接还是刚接，柱脚都要传递剪力。对于一般单层厂房来说，剪力通常不大，底板与基础之间的摩擦就足以胜任。

当作用于柱脚的压力和弯矩都比较小，而且在底板与基础之间只承受不均匀压力时，可采取如图 7-122(a)、(b) 所示的构造方案。图 7-122(a) 和轴心受压柱的柱脚构造类同，在锚栓连接处焊一角钢，以增强连接刚性。当弯矩作用较大而要求较高的连接刚性时，可以采取如图 7-122(b) 所示的构造，此时锚栓通过用肋加强的短槽钢将柱脚与基础牢牢固定住。在图 7-122(b) 中底板的宽度 $B$ 根据构造要求决定，要求板的悬伸部分 $C$ 不宜超过 2~3cm。决定了底板的宽度以后，可根据底板下基础的压应力不超过混凝土抗压强度设计值的要求决定底板的长度 $L$。

$$\sigma_{\max}=\frac{N}{BL}+\frac{6M}{BL^2}\leqslant f_{\text{cc}} \tag{7-94}$$

式中　$f_{\text{cc}}$——混凝土抗压强度设计值。

当作用于柱脚的压力和弯矩都比较大时，为使传到基础上的力分布开来和加强底板的抗

弯能力，可采取如图 7-122(c)、(d) 带靴梁的构造方案。因为有弯矩作用，柱身与靴梁连接的两侧焊缝的受力是不相同的，但对于像图 7-122(c) 那样的构造方案，左右两侧的焊缝应用相同的焊脚尺寸，即按受力最大的右侧焊缝确定，以便于制作。

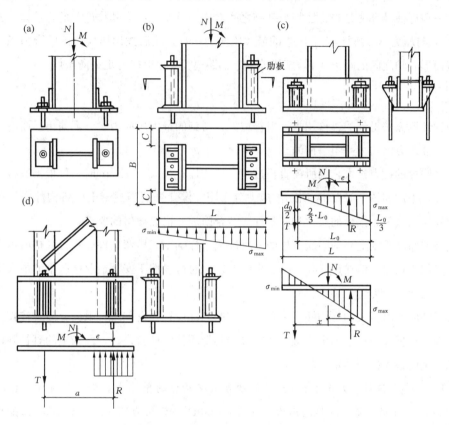

图 7-122　整体式柱脚

(a) 构造一；(b) 构造二；(c) 构造三；(d) 构造四

因为底板和基础之间不能承受拉应力，当最小应力 $\sigma_{min}$ 出现负值时，应由固定锚栓承担拉力。为保证柱脚嵌固于基础，固定锚栓的零件应有足够刚度。图 7-122(c)、(d) 分别是实腹式和格构式柱的刚性整体式柱脚。

当锚栓拉力不很大时，需要的直径不会很大，这时锚栓的拉力可根据图 7-122(c) 所示的应力分布确定。

$$T = \frac{M - Ne}{(2/3)L_0 + d_0/2} \tag{7-95}$$

式中　$e$——柱脚底板中心至受压区合力 $R$ 的距离；

$d_0$——锚栓孔直径；

$L_0$——底板边缘至锚栓孔边缘的距离。

底板的长度 $L$ 要根据最大压应力 $\sigma_{\max}$ 不大于混凝土的抗压强度设计值 $f_{cc}$ 确定。有了锚栓拉力后，就可得到底板受压区承受的总压力为 $R = N + T$。这样再根据底板下面的三角形应力分布图计算出最大压应力 $\sigma_{\max}$，使其满足混凝土的抗压强度设计值。

另一种近似计算法是先将柱脚与基础之间看作能承受压应力和拉应力的弹性体，先算出在弯矩 $M$ 与压力 $N$ 共同作用下产生的最大压应力 $\sigma_{\max}$，然后找出压应力区的合力点，该点至柱截面形心轴之间的距离为 $e$，至锚栓中心的距离为 $x$，根据力矩平衡条件

$$T = \frac{M - Ne}{x} \qquad (7\text{-}96)$$

两种计算方法得到的锚栓拉力一般都偏大，得到的最大压应力 $\sigma_{\max}$ 都偏小，而后一种计算方法在轴线方向的力是不平衡的。

如果锚栓的拉力过大，则所需直径过粗。当锚栓直径大于 60mm 时，可根据底板受力的实际情况，采用如图 7-122(d) 所示的应力分布图，像计算钢筋混凝土压弯构件中的钢筋一样确定锚栓的直径。锚栓的尺寸和其零件应符合附表 8 锚栓规格的要求。

底板的厚度原则上和轴心受压柱的柱脚底板一样确定。压弯构件底板各区格所承受的压应力虽然都不均匀，但在计算各区格底板的弯矩值时可以偏于安全地取该区格的最大压应力而不是它的平均应力。

对于肢间距离很大的格构柱，可在每个肢的端部设置独立柱脚，组成分离式柱脚。每个独立柱脚都根据分肢可能产生的最大压力按轴心受压柱的柱脚设计，而锚栓的直径则根据分肢可能产生的最大拉力确定。

【例题 7-17】设计由两个 Ⅰ25a 组成的缀条式格构柱的整体式柱脚。分肢中心之间的距离为 220mm，作用于基础连接的压力设计值为 500kN，弯矩为 130kN·m，混凝土强度等级为 C20，锚栓用 Q235 钢，焊条为 E43 型。

【解】柱脚的构造如图 7-123 所示。考虑了局部承压强度的提高后混凝土的抗压强度设计值 $f_{cc}$ 取 $11\text{N/mm}^2$。为了提高柱端的连接刚度，在两分肢的外侧用两根 20a 的短槽钢与分肢和底板用角焊缝连接起来。底板上锚栓的孔径为 $d_0 = 60\text{mm}$。

(1) 确定底板的尺寸

先确定底板的宽度 $B$，因为有两个槽钢，每个槽钢的宽度从附表 2 知为 73mm，每侧底板悬出 22mm，这样板宽 $B = 2 \times 9.5 + 25 = 44\text{cm}$。

根据基础的最大受压应力确定底板的长度 $L$，$\sigma_{\max} = \dfrac{N}{A} + \dfrac{6M}{BL^2} = f_{cc}$。

$\dfrac{500 \times 10^3}{44 \times L \times 10^2} + \dfrac{6 \times 130 \times 10^6}{44L^2 \times 10^3} = 11$，由此得到 $L = 45.6\text{cm}$，取 50cm。

先估计一下底板是否是全部受压

$\sigma_{\max} = \dfrac{500 \times 10^3}{44 \times 50 \times 10^2} + \dfrac{6 \times 130 \times 10^6}{44 \times 50^2 \times 10^3} = 2.273 + 7.091 = 9.364\text{N/mm}^2$

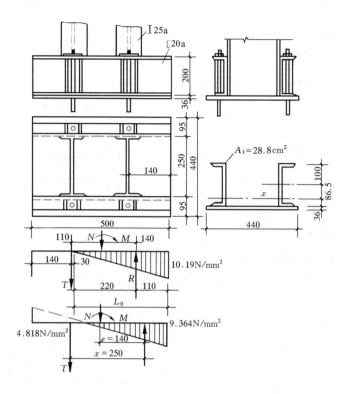

图 7-123　例题 7-17 附图

$$\sigma_{\min} = 2.273 - 7.091 = -4.818 \text{N/mm}^2$$

$\sigma_{\min}$ 为负值，说明柱脚需要用锚栓来承担拉力。

（2）确定锚栓直径

先按照式（7-95）计算锚栓的拉力

$$T = \frac{M - Ne}{(2/3) L_0 + d_0/2} = \frac{130 \times 10^2 - 500 \times 14}{(2/3) \times 33 + 6/2} = 240 \text{kN}$$

所需锚栓的净面积 $A_n = T/f_t^a = 240 \times 10^3 / 140 = 1714 \text{mm}^2 = 17.14 \text{cm}^2$

查附表 8，采用两个直径为 $d = 42$mm 的锚栓，其有效截面为 $2 \times 11.2 = 22.4 \text{cm}^2$，符合受拉要求。

基础反力 $R = N + T = 500 + 240 = 740 \text{kN}$

受压区的最大压应力 $\sigma_{\max} = \dfrac{R}{1/2 B L_0} = \dfrac{740 \times 10^3}{\dfrac{1}{2} \times 44 \times 33 \times 10^2} = 10.19 \text{N/mm}^2 < 11 \text{N/mm}^2$

如用式（7-96），对应的基础受压长度为

$$L_0 = \frac{9.364}{9.364 + 4.818} \times 50 = 33.01 \text{cm}$$

这样在本例题中用两种计算方法得到的 $L_0$ 值是相同的，因此锚栓所受的拉力也一样，但是后一种方法却得出 $\sigma_{max}=9.364\text{N/mm}^2$，显然是有出入的。

（3）底板厚度

底板的三边支承部分基础所受压应力最大，边界条件又较不利。因此这部分板所承受的弯矩最大。取 $q=10.19\text{N/mm}^2$。由 $b_1=14\text{cm}$，$a_1=25\text{cm}$，查表 7-14 得到弯矩系数 $\beta=0.066$。

$$M=\beta q a_1^2=0.066\times10.19\times250^2=42034\text{N}\cdot\text{mm}$$

钢板的强度设计值取 $f=205\text{N/mm}^2$，钢板厚度 $t=\sqrt{6M/f}=\sqrt{6\times42034/205}=35.1\text{mm}$，采用 36mm，厚度未超过 40mm。

（4）验算靴梁强度

靴梁的截面由两个槽钢和底板组成，先确定截面形心轴 $x$ 的位置，则

$$a=\frac{44\times3.6\times11.8}{2\times28.8+44\times3.6}=\frac{1869.12}{216}=8.65\text{cm}$$

截面的惯性矩 $I_x=2\times1780+2\times28.8\times8.65^2+44\times3.6\times(1.35+1.8)^2$

$$=3560+4310+1572=9442\text{cm}^4$$

靴梁承受的剪力偏于安全地取 $V=10.19\times440\times140=627704\text{N}$

靴梁承受的弯矩偏于安全地取 $M=627704\times70=43939280\text{N}\cdot\text{mm}$

靴梁的最大弯曲应力发生在截面上边缘

$$\sigma=\frac{43939280\times186.5}{9442\times10^4}=86.79\text{N/mm}^2<215\text{N/mm}^2$$

（5）焊缝计算

计算肢件与靴梁的连接焊缝，肢件承受的最大压力在右侧

$$N_1=N/2+M/22=500/2+13000/22=840.9\text{kN}$$

竖向焊缝的总长度为 $\sum l_w=4\times(200-20)=720\text{mm}$

连接焊缝所需焊脚尺寸 $h_f=\dfrac{N_1}{0.7\sum l_f f_f^w}=\dfrac{840.9\times10^3}{0.7\times720\times160}=10.43\text{mm}$，取 11mm。

槽钢与底板之间的连接焊缝承受剪力，但因剪力不大，焊脚尺寸可用 8mm。

# 7.13 桁架节点设计

钢桁架中的各杆件在节点处通常是焊在一起的。但重型桁架如栓焊桥，则在节点处用高强度螺栓连接。连接可以使用节点板（图 7-124a），也可以不使用节点板，而将腹杆直接焊

于弦杆上（图 7-124b）。节点设计的具
体任务是确定节点的构造，连接焊缝
及节点承载力的计算。使用节点板时，
尚需决定节点板的形状和尺寸。节点
的构造应传力路线明确、简捷，制作
安装方便。节点板应该只在弦杆与腹
杆之间传力，以免任务过重和厚度过
大。弦杆如果在节点处断开，应设置
拼接材料在两段弦杆间直接传力。

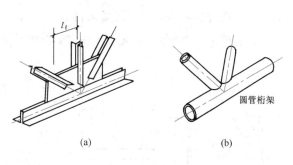

图 7-124　桁架节点

（a）使用节点板的桁架节点；（b）直接焊接桁架节点

### 7.13.1　双角钢截面杆件的节点

#### 1. 节点设计的一般原则

（1）双角钢截面杆件在节点处以节点板相连，各杆轴线汇交于节点中心。理论上各杆轴线应是型钢的形心轴线，但杆件用双角钢时，因角钢截面的形心与肢背的距离常不是整数，为制造上的方便，焊接桁架中应将此距离调整成 5mm 的倍数（小角钢除外），用螺栓连接时应该用角钢的最小线距（图 7-64 的 $e$ 或 $e_1$）来汇交。这样汇交给杆件轴线力带来的偏心很小，计算时略去不计。

（2）角钢的切断面一般应与其轴线垂直，需要斜切以便使节点紧凑时只能切肢尖（图 7-125a）。像图 7-125(b) 那样切肢背是错误的，因为不能用机械切割且布置焊缝时将很不合理。

（3）如弦杆截面需沿长度变化，截面改变点应在节点上，且应设置拼接材料。如系上弦杆，为方便安装屋面构件，应使角钢的肢背平齐。此时取两段角钢形心间的中线作为弦杆的轴线以减小偏心作用，如图 7-126 所示。如果偏心 $e$ 不超过较大杆件截面高度的 5%，可不考虑偏心对杆件产生的附加弯矩。否则应按汇交节点的各杆件线刚度分配偏心力矩，并按偏心受力构件计算各杆件的强度和稳定。

$$M_i = \frac{M \cdot K_i}{\sum K_i} \tag{7-97}$$

式中　$M = (N_1 + N_2)e$ ——偏心力矩；

$\qquad M_i$ ——分配给第 $i$ 杆的力矩；

$\qquad K_i$ ——第 $i$ 杆的线刚度 $K_i = \dfrac{EI_i}{l_i}$；

$\qquad \sum K_i$ ——汇交于节点各杆线刚度之和。

（4）为施焊方便，且避免焊缝过分密集致使材质变脆，节点板上各杆件之间焊缝的净距

不宜过小，用控制杆端间隙 $a$（图 7-126）来保证。受静载时，$a \geqslant 10 \sim 20mm$；受动载时，$a \geqslant 50mm$；但也不宜过大，因增大节点板将削弱节点的平面外刚度。

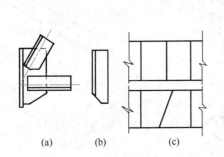

图 7-125　角钢及钢板的切割

（a）切肢尖；（b）切肢背错误；（c）钢板切割

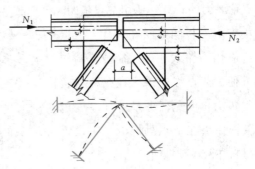

图 7-126　截面改变引起偏心的节点受力

注：弦杆拼接角钢未示出

2. 节点板设计

节点板的形状和尺寸在绘制施工图时确定。节点板的形状应简单，如矩形、梯形（图 7-125c）等，必要时也可用其他形状，但至少应有两条平行边。

节点板的受力较复杂，可依据经验初选厚度后再做相应验算。梯形屋架和平行弦屋架的节点板将腹杆的内力传给弦杆，节点板的厚度即由腹杆最大内力（一般在支座处）来决定。三角形屋架支座处的节点板要传递端节间弦杆的内力，因此节点板的厚度应由上弦杆内力来决定。此外节点板的厚度还受到焊缝的焊脚尺寸等因素的影响。一般屋架支座节点板受力大，中间节点板受力小，板厚可比支座节点板厚度减小 2mm。中间节点板厚度可参照表 7-15 选用。在一榀屋架中除支座节点板厚度可以大 2mm 外，其他节点板取相同厚度。

节点板的拉剪破坏可按 7.10.1 节中式（7-67）及式（7-98）计算

$$\frac{N}{\sum(\eta_i A_i)} \leqslant f \qquad (7\text{-}67)$$

单根腹杆的节点板则按下式计算

$$\sigma = \frac{N}{b_e \cdot t} \leqslant f \qquad (7\text{-}98)$$

式中　$b_e$——板件的有效宽度（图 7-127），当用螺栓连接时，应取净宽度（图 7-127b），图中 $\theta$ 为应力扩散角，焊接及单排螺栓时可取 $30°$，多排螺栓时可取为 $22°$；

　　　$t$——板件厚度。

根据试验研究，桁架节点板在斜腹杆压力作用下的稳定应符合下列要求：

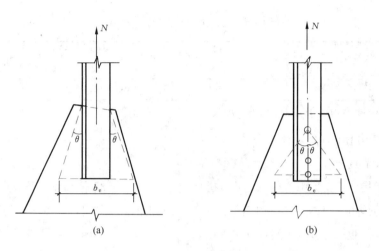

图 7-127　板件的有效宽度

（a）焊接；（b）螺栓连接

（1）对有竖腹杆的节点板（图 7-128），当 $c/t \leqslant 15\sqrt{235/f_y}$ 时，可不计算稳定。否则应按现行《钢结构设计标准》GB 50017 的规定进行稳定计算。但在任何情况下 $c/t$ 不得大于 $22\sqrt{235/f_y}$。其中 $c$ 为受压腹杆连接肢端面中点沿腹杆轴线方向至弦杆的净距离，$t$ 为节点板厚度。

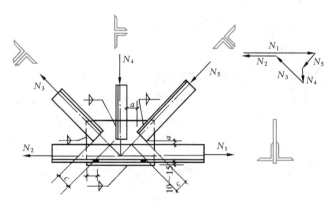

图 7-128　一般节点

（2）对无竖腹杆的节点板，当 $c/t \leqslant 10\sqrt{235/f_y}$ 时，节点板的稳定承载力可取为 $0.8b_e \cdot t \cdot f$；当 $c/t > 10\sqrt{235/f_y}$ 时，应进行稳定计算。但在任何情况下，$c/t$ 不得大于 $17.5\sqrt{235/f_y}$。

用上述方法计算桁架节点板强度及稳定时应满足下列要求

①节点板边缘与腹杆轴线之间的夹角应不小于 15°；

②斜腹杆与弦杆夹角应在 30°～60°之间；

③节点板的自由边长度 $l_f$（图 7-124a）与厚度 $t$ 之比不得大于 $60\sqrt{235/f_y}$，否则应沿自由边设加劲肋予以加强。

双角钢杆件桁架节点板厚度选用表　　　　　　　　　　表 7-15

| 桁架腹杆内力或三角形屋架弦杆端节间内力 $N$（kN） | ≤170 | 171~290 | 291~510 | 511~680 | 681~910 | 911~1290 | 1291~1770 | 1771~3090 |
|---|---|---|---|---|---|---|---|---|
| 中间节点板厚度 $t$（mm） | 6 | 8 | 10 | 12 | 14 | 16 | 18 | 20 |

注：节点板为 Q235 钢，当为其他钢号时，表中数字应乘以 $\sqrt{235/f_y}$。

3. 节点的构造与计算

（1）一般节点

一般节点指节点无集中荷载也无弦杆拼接的节点。图 7-128 是一般下弦节点。各腹杆与节点板之间的传力（即 $N_3$、$N_4$ 和 $N_5$），一般用两侧角焊缝实现，也可用 L 形围焊缝或三面围焊缝实现。腹杆与节点板间焊缝按本章 7.4.3 节受轴心力角钢的角焊缝计算。由于弦杆是连续的，本身已传递了较小的力（即 $N_2$），弦杆与节点板之间的焊缝只传递差值 $\Delta N = N_1 - N_2$，按下列公式计算其焊缝长度

肢背焊缝：　　　　　　$$l_{w1} \geqslant \frac{K_1 \Delta N}{2 \times 0.7 h_{f1} \cdot f_f^w} + 2h_{f1}$$　　　　　（7-99）

肢尖焊缝：　　　　　　$$l_{w2} \geqslant \frac{K_2 \Delta N}{2 \times 0.7 h_{f2} \cdot f_f^w} + 2h_{f2}$$　　　　　（7-100）

式中　$K_1$、$K_2$——角钢肢背、肢尖焊缝内力分配系数，见表 7-3；

　　　$h_{f1}$、$h_{f2}$——肢背、肢尖焊缝焊脚尺寸；

　　　$f_f^w$——角焊缝强度设计值。

由 $\Delta N$ 算得的焊缝长度往往很小，此时可按构造要求在节点板范围内进行满焊。节点板的尺寸应能容下各杆焊缝的长度。各杆之间应留有空隙 $a$（图 7-128），以利装配与施焊。节点板应伸出弦杆 10~15mm，以便施焊。在保证应留间隙的条件下，节点应设计紧凑。

（2）有集中荷载的节点

图 7-129 是有集中荷载的上弦节点。当采用较重的屋面板而上弦角钢较薄时，其伸出肢

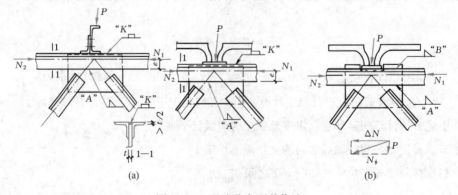

图 7-129　上弦节点两种作法

（a）节点板不伸出方案；（b）节点板部分伸出方案

容易弯曲，必要时可用水平板予以加强。为使檩条或屋面板能够放置，节点板有不伸出或部分伸出的两种作法。做法不同，节点计算方法也有所不同。

节点板不伸出的方案如图 7-129(a)。此时节点板凹进，形成槽焊缝"K"和角焊缝"A"，节点板与上弦杆之间就由这两种不同的焊缝传力。由于槽焊缝焊接质量不易保证，常假设槽焊缝"K"只传递 P 力，并近似按两条焊脚尺寸为 $h_{f1}=t/2$（其中 t 为节点板厚）的角焊缝来计算所需要的焊缝计算长度 $l_{w1}$，实际上因 P 较小所得 $l_{w1}$ 不大而总是满焊的。节点板凹进的深度应在 $t/2$ 与 $t$ 之间。"A"焊缝传递弦杆两端内力差 $\Delta N=N_1-N_2$，但因"A"焊缝与弦杆轴线相距为 e，所以"A"焊缝同时还需传递偏心力矩 $\Delta M=\Delta N\cdot e$。于是，应验算"A"焊缝两端的最大合成应力，即

$$\sqrt{\left(\frac{\sigma_f}{\beta_f}\right)^2+\tau_f^2}\leqslant f_t^w \tag{7-101}$$

式中，$\sigma_f=\dfrac{6\Delta M}{2\times 0.7h_{f2}l_{w2}^2}$，$\tau_f=\dfrac{\Delta N}{2\times 0.7h_{f2}l_{w2}}$，角标 2 指"A"焊缝。

以上算法偏于保守。在焊缝质量有保证时，可以考虑槽焊缝参与承担弦杆内力差 $\Delta N$。

节点板部分伸出方案如图 7-129(b) 所示。上面的计算中"A"焊缝的强度不足时常用伸出的方案。此时形成肢尖的"A"与肢背的"B"两条角焊缝，由这两条焊缝来传递弦杆与节点板之间的力，即 P 与 $\Delta N$ 的合力 $N_\phi$（图 7-129b）。$N_\phi$ 并不沿杆轴方向，但 P 往往较小，故 $N_\phi$ 与杆轴方向相差较小，仍可近似地按只承受轴力时肢尖与肢背的分配系数将 $N_\phi$ 分到肢尖与肢背，以设计和验算"A"及"B"焊缝。

(3) 下弦跨中拼接节点

角钢长度不足时，以及桁架分单元运输时弦杆经常要拼接。前者常为工厂拼接，拼接点可在节间也可在节点；后者为工地拼接，拼接点通常在节点。这里叙述的是工地拼接。

图 7-130 是下弦中央工地拼接节点。弦杆内力比较大，单靠节点板传力是不适宜的，并且节点在平面外的刚度将很弱，所以弦杆经常用拼接角钢来拼接。拼接角钢采用与弦杆相同的规格，并切去部分竖肢和直角边棱。切肢 $\Delta=t+h_f+5mm$ 以便施焊，其中 t 为拼接角钢肢厚，$h_f$ 为角焊缝焊脚尺寸，5mm 为余量以避开肢尖圆角；切棱是使之与弦杆贴紧(图 7-130b)。切肢切棱引起的截面削弱（一般不超过原面积的 15%）不太大，在需要时可由节点板传一部分力来补偿。也有将拼接角钢选成与弦杆同宽但肢厚稍大一点的。当为工地拼接时，为便于现场拼装，拼接节点要设置安装螺栓。同时，拼接角钢与节点板应各焊于不同的运输单元，以避免拼装中双插的困难。也有的将拼接角钢单个运输，拼装时用安装焊缝焊于两侧。

弦杆拼接节点的计算包括两部分，即弦杆自身拼接的传力焊缝（如图 7-130 中的"C"焊缝）和各杆与节点板间的传力焊缝（如图 7-130 中的"D"焊缝）。

图 7-130 中，弦杆拼接焊缝"C"应能传递两侧弦杆内力中的较小值 N，或者偏于安全

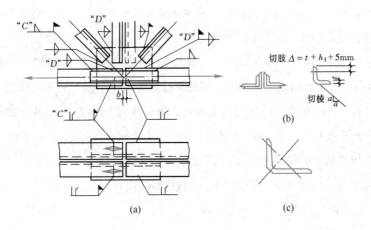

图 7-130　下弦拼接节点

(a) 下弦跨中拼接节点；(b) 切肢切棱；(c) N 由四条焊缝平分传递

地取截面承载能力 $N = f \cdot A_n$（式中 $A_n$ 为弦杆净截面，$f$ 为强度设计值）。考虑到截面形心处的力（图 7-130c）与拼接角钢两侧的焊缝近于等距，故 $N$ 力由两根拼接角钢的四条焊缝平分传递。

弦杆和拼接角钢连接一侧的焊缝长度为

$$l_1 = \frac{N}{4 \times 0.7h_f \cdot f_f^w} + 2h_f \tag{7-102}$$

拼接角钢长度为

$$L = 2l_1 + b$$

式中　$b$——间隙，一般取 10~20mm。

内力较大一侧的下弦杆与节点板之间的焊缝传递弦杆内力之差 $\Delta N$，如 $\Delta N$ 过小则取弦杆较大内力的 15%。内力较小一侧弦杆与节点板间焊缝并无传力要求，通常和传力一侧采用同样焊缝。弦杆与节点连接一侧的焊缝强度按下式计算

肢背焊缝：　　$$\frac{0.15K_1 N_{max}}{2 \times 0.7h_f l_w} \leqslant f_f^w$$

肢尖焊缝：　　$$\frac{0.15K_2 N_{max}}{2 \times 0.7h_f l_w} \leqslant f_f^w$$

（4）上弦跨中拼接节点

上弦拼接角钢的弯折角度用热弯形成（图 7-131a）。当屋面较陡需要弯折角度较大且角钢肢较宽不易弯折时，可将竖肢开口弯折后对焊（图 7-131b）。拼接角钢与弦杆间焊缝算法与下弦跨中拼接相同。计算拼接角钢长度时，屋脊节点所需间隙较大，常取 $b = 50$mm 左右。对节点板不伸出和部分伸出两种作法，弦杆与节点板间焊缝计算略有不同。弦杆与节点板间的焊缝所承受的竖向力（图7-131）应为 $P - (N_1 + N_2) \sin\alpha$。

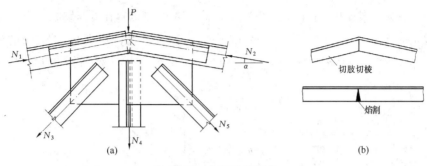

图 7-131　上弦拼接节点

（a）上弦跨中拼接节点；（b）竖肢开口弯折后对焊

（5）支座节点

屋架与柱子的连接可以设计成铰接或刚接。支承于钢筋混凝土柱的屋架一般都按铰接设计（图 7-132）。屋架与钢柱的连接可铰接也可刚接。三角形屋架端部高度小，需加隔撑才能与柱形成刚接（图 7-133），否则只能与柱形成铰接（图 7-132b）。梯形屋架和平行弦屋架的端部有足够的高度，既可与柱铰接（图 7-132），也可通过两个节点与柱相连而形成刚接（图 7-135）。铰接支座只需传递屋架竖向支座反力，而与柱刚接的屋架支座节点要能传递端部弯矩产生的水平力和竖向反力。

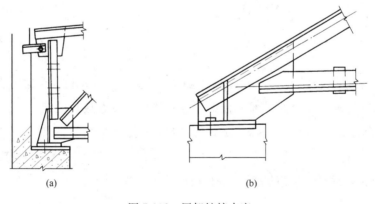

图 7-132　屋架铰接支座

（a）梯形屋架；（b）三角形屋架

图 7-134 是简支梯形屋架支座节点。在图 7-134 中，以屋架杆件合力（竖向）作用点作为底板中心，合力通过方形或矩形底板以分布力的形式传给混凝土等下部结构。为保证底板的刚度，也为传力和节点板出平面刚度的需要，应设肋板，肋板厚度的中线应与各杆件合力线重合。梯形屋架中，为了便于焊缝的施焊，下弦角钢的边缘与底板间的距离 $e$ 一般应不小于下弦伸出肢的宽度。底板固定于钢筋混凝土柱等下部结构中预埋的锚栓。为使屋架在安装时容易就位以及最终能固定牢靠，

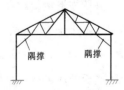

图 7-133　有隔撑的框架

底板上应有较大的锚栓孔，就位后再用垫板（图 7-134）套进锚栓并将垫板焊牢于底板。锚栓直径 $d$ 一般为 $18 \sim 26$mm（常不小于 20mm），底板上的孔为圆形或半圆带矩形的豁孔（图 7-134），后者安装方便应用较广。底板上的锚栓孔径常为 $\phi = (2 \sim 2.5)d$。垫板上的孔径 $\phi' = d + (1 \sim 2$mm$)$。

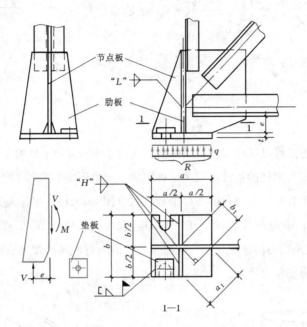

图 7-134　简支梯形屋架支座节点

简支支座中力的传递路线是：屋架杆件合力（其值与反力 $R$ 相等）加在节点板上，节点板通过"$L$"焊缝将合力的一部分传给肋板，然后，节点板与肋板一起，通过水平的"$H$"焊缝将合力传给底板。支座节点的计算，包括底板、加劲肋、"$L$"及"$H$"焊缝四个部分。

底板计算包括面积与厚度的确定。底板所需毛面积为

$$A = A_n + A_0 \tag{7-103}$$

式中　$A_n = R/f_c$——由反力 $R$ 按支座混凝土或钢筋混凝土局部承压强度算得的面积；

　　　　$A_0$——实际采用的锚栓孔面积。

采用方形底板时，边长尺寸 $a \geqslant \sqrt{A}$。当 $R$ 不大时计算出的 $a$ 值较小，构造要求底板短边尺寸不小于 200mm。底板边长应取厘米的整倍数，在图 7-134 的构造中还应使锚栓与节点板、肋板的中线之间的距离不小于底板上的锚栓孔径。

底板的厚度按均布荷载下板的抗弯计算。将基础的反力看成均布荷载 $q$（图 7-134），底板的计算原则及底板厚度的计算公式与轴心受压柱脚底板相同。例如，图 7-134 的节点板和加劲肋将底板分隔成四块两相邻边支承的板，其单位宽度的弯矩为

$$M = \beta q a_1^2 \tag{7-104}$$

式中　　$q = \dfrac{R}{A_\mathrm{n}}$——底板下的平均压应力；

　　　　$\beta$——系数，按 $b_1/a_1$ 比值由表 7-14 查得（近似采用三边简支板系数）；

　　$a_1$、$b_1$——板块对角线长度及角点到对角线的距离。

底板的厚度为 $t \geqslant \sqrt{\dfrac{6M}{f}}$。

底板不宜太薄，一般 $t \geqslant 16\mathrm{mm}$，以便使混凝土均匀受压。

水平焊缝"H"应能传递全部反力 R。"H"焊缝分布在节点板两侧及肋板（肋板断开并切角）的两侧。为计算肋板与节点板间的竖向焊缝"L"，将反力 R 按"H"焊缝的各部分长度比例划分，每块肋板应传递的力用 V 表示（图 7-134），（也可简化成 $V = \dfrac{R}{4}$），则每块肋板竖直焊缝的受力为 V 及 $M = V \cdot e$，焊缝中的最大应力按式（7-11）计算。加劲肋的高度与节点板高度一致，厚度取等于或略小于节点板的厚度。

加劲肋的强度可近似按悬臂梁验算，固端截面剪力为 V，弯矩为 $M = V \cdot e$。

图 7-135 为桁架与柱刚性连接的一种构造方式。这种连接方式的特点是：桁架端部上、下弦节点板都没有与之相垂直的端板；对于桁架跨度方向的尺寸，制造时不要求过分精确，

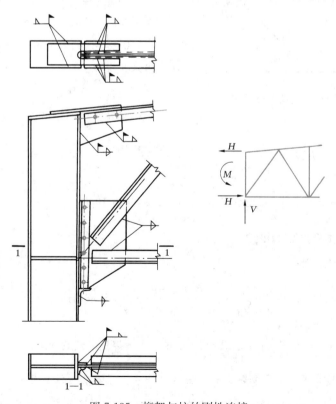

图 7-135　桁架与柱的刚性连接

因此在工地安装时能与柱较容易连接，且上弦节点的水平盖板及焊缝能传递端弯矩引起的较大的水平力。上弦的水平盖板上开有一条槽口，这样，它与柱及上弦杆肢背间的焊缝将都是俯焊缝，安装中在高空施焊时便于保证焊缝质量。不过这种连接构造当中，安装焊缝较长，对焊缝质量要求也较严。

图 7-135 所示的桁架，其主要端节点在下弦，有些文献称之为下承式。此时，下弦节点沿竖向将传递屋面荷载所产生的横梁端反力，这一点与简支屋架相同；不同的是，根据框架内力组合，焊缝还要同时传递由横梁最大端弯矩在上、下弦轴线处产生的水平力、附加竖向反力，下弦处的水平力中还要包括框架内力组合的相应水平剪力。

桁架上、下弦节点与柱之间由焊缝传力，图中的螺栓只在安装时起固定作用。

【例题 7-18】桁架各杆内力、截面及倾斜角如图 7-136 所示，下弦有拼接，节点板厚度 $t$ = 12mm，角钢及节点板钢材均为 Q235，角焊缝强度设计值 $f_f^w$ = 160N/mm$^2$，试设计此节点。

【解】下弦采用 L90×8 的拼接角钢，拼接角钢切棱并按 $\Delta = t + h_f + 5 = 8 + 5 + 5 = 18$mm 切肢。

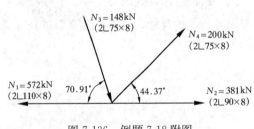

图 7-136　例题 7-18 附图

两相邻下弦角钢使肢背外表齐平以便拼接角钢能贴合（图7-137）。两角钢形心线间有间距 $e$。本题中 $e$ = 30.1 - 25.2 = 4.9mm < 0.05×110 = 5.5mm，故计算时对偏心作用不予考虑。

（1）拼接焊缝设计

拼接角钢一侧所需焊缝面积

$$h_f l_w = \frac{N_2}{4 \times 0.7 f_f^w} = \frac{381 \times 10^3}{4 \times 0.7 \times 160 \times 10^2} = 8.5\text{cm}^2$$

用 $h_f$ = 0.5cm，$l_w = \frac{8.5}{0.5} + 2 \times 0.5 = 18.0$cm，实际用 18cm。

拼接角钢长度采用 2×18+1 = 37cm。

（2）连接焊缝设计

$N_3$ 杆：肢背　$h_f l_w = \frac{0.7 N_3}{2 \times 0.7 f_f^w} = \frac{0.7 \times 148 \times 10^3}{2 \times 0.7 \times 160 \times 10^2} = 4.7\text{cm}^2$

用 $h_f$ = 0.5cm，$l_w = \frac{4.7}{0.5} + 0.5 \times 2 = 10.4$cm，实际焊缝长度用 11cm。

为能看清焊缝，图 7-137 中焊缝采用图示的符号。焊缝处所注数字如 $N_3$ 肢背的 5-110，表示 $h_f$ 为 5mm，$l_w$ 最少为 110mm，根据节点板的构造，焊缝长度可大于计算所需数值。

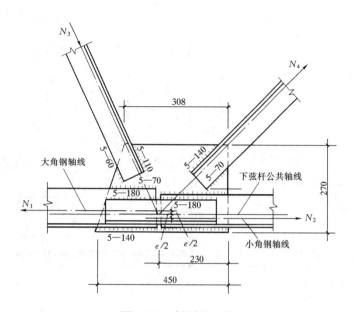

图 7-137　例题 7-18 解

$$肢尖　h_f l_w = \frac{0.3}{0.7} \times 4.7 \, \text{cm}^2 = 2.0 \, \text{cm}^2$$

用 $h_f = 0.5 \, \text{cm}$，$l_w = \dfrac{2.0}{0.5} + 0.5 \times 2 = 5.0 \, \text{cm}$，实际用 6cm。

$N_4$ 杆：同理得肢背 $h_f = 0.5 \, \text{cm}$，$l_w = 12.5 \, \text{cm}$，实际用 14cm。

$$肢尖 \ h_f = 0.5 \, \text{cm}，l_w = 5.4 \, \text{cm}，实际用 7 \text{cm}。$$

下弦：$N_1$ 杆与节点板间的焊缝面积为

$$肢背　h_f l_w = \frac{0.7(N_1 - N_2)}{2 \times 0.7 f_f^w} = \frac{0.7(572 - 381) \times 10^3}{2 \times 0.7 \times 160 \times 10^2} = 5.97 \, \text{cm}^2$$

用 $h_f = 0.5 \, \text{cm}$，$l_w = \dfrac{5.97}{0.5} + 0.5 \times 2 = 12.9 \, \text{cm}$，实际用 14cm。

$$肢尖　h_f l_w = 0.3/0.7 \times 5.97 \, \text{cm}^2 = 2.56 \, \text{cm}^2$$

用 $h_f = 0.5 \, \text{cm}$，$l_w = \dfrac{2.56}{0.5} + 0.5 \times 2 = 6.12 \, \text{cm}$，实际用 7cm。

$N_2$ 杆与节点板间理论上不传力，但按节点构造要求，采用与 $N_1$ 杆相同的焊缝。

节点板需能包容各杆所需焊缝并各边取较整齐数值（由作图量出），见图7-137，节点板尺寸确定后，有些焊缝应延长满焊。

（3）节点板强度及稳定验算

$N_3$ 力作用下强度：由作图量出 $b_e \approx 180 \text{mm}$，见图 7-138，则

$$\sigma = \frac{148 \times 10^3}{180 \times 12} = 68.5 \, \text{N/mm}^2 < f = 215 \, \text{N/mm}^2$$

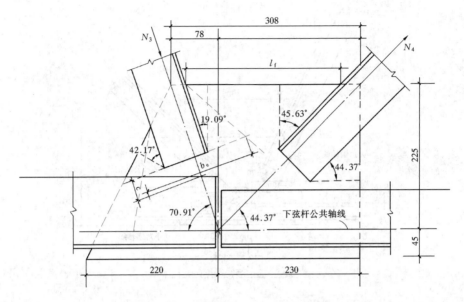

图 7-138　例题 7-18 节点板验算

$N_4$ 拉力作用下节点板拉剪

$$\alpha_1 = 45.63°, \quad \alpha_2 = 90°, \quad \alpha_3 = 44.37°$$

$$l_1 \approx 97.5\text{mm}, \quad l_2 = 75\text{mm}, \quad l_3 \approx 80\text{mm}$$

$$\eta_1 = 0.711, \quad \eta_2 = 1.0, \quad \eta_3 = 0.703$$

$$\frac{200 \times 10^3}{(0.711 \times 97.5 + 75 + 0.703 \times 80) \times 12} = 83.10\text{N/mm}^2 < f = 215\text{N/mm}^2$$

对无竖腹杆的节点板，$c/t \leqslant 10\sqrt{235/f_y}$ 时，节点板的稳定承载力为

$$0.8b_e t f = 0.8 \times 180 \times 12 \times 215 \times 10^{-3} = 371.5\text{kN} > N_3 = 148\text{kN}$$

节点板的自由边长度 $\dfrac{l_f}{t} < 60$，满足要求。

## 7.13.2　T型钢弦杆桁架节点

图 7-139 是平行弦屋架的上下弦节点，弦杆为轧制 T 型钢或剖分 T 型钢，腹杆为双角钢。只有一根腹杆时可省去节点板，腹杆直接焊在 T 型钢的腹板上。有两根斜腹杆时，节点板用对接焊缝焊在 T 型钢的腹板上。所以，这种屋架节点构造的特点是节点板比较小，也比较省工。节点板的对接焊缝一般采用单面 V 形坡口焊缝。先焊开坡口一面，再从另一面补焊焊缝根部。腹杆的两个角钢沿杆轴方向端部有错位，如图中的 $a_1$、$a_2$ 及 $a_3$，这是为了使角钢能同时焊于节点板及 T 型钢弦杆的腹板上。这样，在节点板与 T 型钢腹板尚未连接时能将屋架组装到一起，同时让开坡口焊缝的凸起余高。补焊根部时，只焊没有腹杆的空余部分，有腹杆的部分在焊开坡口面时已成为永久性衬垫板。

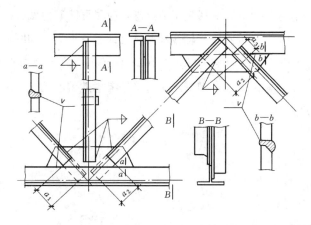

图 7-139 T型钢弦杆双角钢腹杆屋架节点

节点板与弦杆的对接焊缝按图 7-139 中所连两斜杆通过焊缝传到节点板的那部分力的合力计算。弦杆有拼接的节点包括屋脊节点，其构造方式示于图7-140。在图 7-140(b) 中节点板与弦杆间的对接焊缝应传递弦杆腹板所承担的那部分内力，而弯折的盖板和弦杆连接的焊缝则应能承受弦杆翼缘的内力。

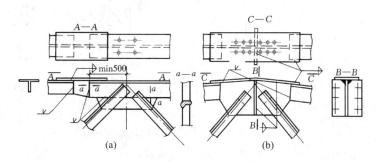

图 7-140 弦杆拼接节点

### 7.13.3 管桁架直接焊接节点

管截面的形心和剪心重合、抗扭性能好，用作屋架杆件十分合理。杆件两端封闭后抗锈蚀也比开口截面有利。圆管截面也可以采用节点板相连（图 7-141），但需要在腹杆上开口插入节点板后焊接，制作较费工。近年来数控切割机的应用使得管端相贯线切割变得十分简单，外观简洁、传力直接的焊接相贯节点在工程中得到普遍应用（图 7-142）。

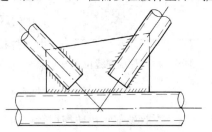

1. 直接焊接节点设计的一般原则

钢管节点设计有下列一些规定及构造要求。

图 7-141 圆管节点板相连

（1）主管与支管在连接点处，除搭接型节点外，应尽可能避免偏心。为了构造方便，避免连接处各杆件相互冲突，允许将腹杆轴线和弦杆轴线偏心汇集，如图 7-142(a)、(c)、(d) 所示。若支管与主管的连接偏心不超过式（7-105）限值时，在计算节点和受拉主管承载力时，可忽略偏心引起的弯矩的影响，但受压主管必须考虑此偏心力矩 $M = \Delta N \cdot e$（$\Delta N$ 为节点两侧主管轴力之差值）。

$$-0.55 \leqslant \left(\frac{e}{h} \text{ 或 } \frac{e}{d}\right) \leqslant 0.25 \qquad (7\text{-}105)$$

式中　$e$——偏心距，符号如图 7-142 所示；

　　　$d$——圆主管外径；

　　　$h$——连接平面内的矩形主管截面高度。

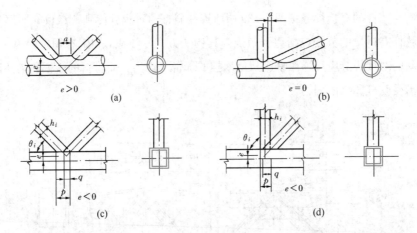

图 7-142　K 形和 N 形管节点的偏心和间隙

(a) 有间隙节点一、(b) 有间隙节点二；(c) 搭接节点一、(d) 搭接节点二

（2）主管的外部尺寸不应小于支管的外部尺寸，主管的壁厚不应小于支管壁厚，二者连接处不得将支管插入主管内。各管杆轴线之间夹角不宜小于 30°。

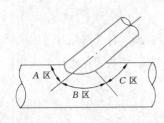

图 7-143　管端焊缝位置

（3）支管与主管之间的连接可沿全周采用角焊缝，也可部分用角焊缝（图 7-143，$C$ 区），部分用对接焊缝（图 7-143，$A$ 区和 $B$ 区），支管管壁与主管管壁之间的夹角大于或等于 120° 的区域宜用对接焊缝或带坡口的角焊缝。为避免焊接应力和焊接热影响区过大，角焊缝的焊脚尺寸 $h_f$ 不宜大于支管壁厚的 2 倍。支管与主管的连接焊缝应沿全周连续并平滑过渡。

（4）支管端部宜用数控切管机切割，支管壁厚小于 6mm 时可不切坡口。

（5）钢管端部必须完全封闭，防止潮气侵入而锈蚀。

（6）对有间隙的 K 形或 N 形节点（图 7-142a、b），支管间隙 $a$ 应不小于两支管壁厚之和。

（7）对搭接节点，当支管厚度不同时，薄壁管应搭在厚壁管上；当支管钢材强度等级不同时，低强度管应搭在高强度管上；承受轴心压力的支管宜在下方。对搭接的 K 形或 N 形节点（图 7-142c、d），其搭接率 $O_v = q/p \times 100\%$ 应满足 $25\% \leqslant O_v \leqslant 100\%$，并应确保支管搭接部分的焊缝能很好地传力。其中，$p = \dfrac{h_i}{\sin\theta_i}$，$h_i$ 和 $\theta_i$ 分别为搭在上面的支管的截面高度和倾角，$q$ 如图 7-142 所示。

2. 连接焊缝计算

管结构中支管与主管的连接焊缝一般用沿周边施焊的角焊缝（管壁夹角 $\geqslant 120°$ 者除外），并按式(7-10)计算。计算时都取 $\beta_f = 1.0$，但圆管和方管各有其计算特点。圆管节点角焊缝的有效厚度 $h_e$ 沿周长是变化的，当支管轴心受力时，平均计算厚度可取为 $0.7h_f$。焊缝的计算长度可按下列公式计算：

在圆管结构中，支管与主管焊缝计算长度按下列公式计算

$$l_w = \pi(a_0 + b_0) - d_i \tag{7-106}$$

$$a_0 = r_i / \sin\theta_i, \quad b_0 = r_i \tag{7-107}$$

式中　$a_0$——椭圆相贯线的长半轴；

　　　$b_0$——椭圆相贯线的短半轴；

　　　$r_i$——圆支管半径；

　　　$\theta_i$——支管轴线与主管轴线的交角；

　　　$d_i$——支管直径。

在矩形管结构中，有间隙的 K 形、N 形节点（图 7-144c），焊缝的计算长度取为

当 $\theta_i \geqslant 60°$ 时：

$$l_w = \frac{2h_i}{\sin\theta_i} + b_i \tag{7-108}$$

当 $\theta_i \leqslant 50°$ 时：

$$l_w = \frac{2h_i}{\sin\theta_i} + 2b_i \tag{7-109}$$

当 $50° < \theta_i < 60°$ 时，$l_w$ 按插值法确定。

对于 T 形、Y 形和 X 形节点（图 7-144a、b），焊缝计算长度取

$$l_w = \frac{2h_i}{\sin\theta_i} \tag{7-110}$$

式中　$h_i$、$b_i$——分别为支管的截面高度和宽度。

式（7-108）～式（7-110）给出的计算长度是焊缝的有效长度，取决于主管连接面的变形性态。当连接面上只有一根支管时，它的柔度较大，致使焊缝应力不均匀。两条横向焊缝

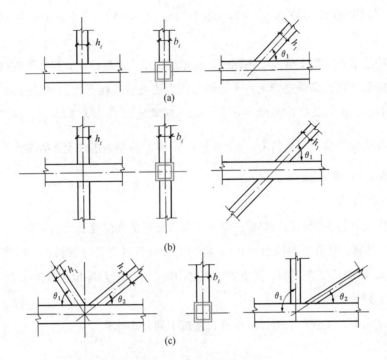

图 7-144　矩形管直接焊缝节点

(a) T形、Y形节点；(b) X形节点；(c) 有间隙的 K形、N形节点

应力很低，可以忽略不计。当连接面上有两根支管时，由于二者一拉一压相互制约，变形很小，焊缝应力分布不均匀的情况不突出，横向焊缝参与程度提高。尤其是支管倾角不超过50°时，垂直于主管的分力不大，横向焊缝可以认为全部有效。倾角大于或等于 60°时则只有一半有效。

## 7. 14　节点构造对构件承载力的影响

在钢结构设计中一般都是在确定设计方案之后按照内力分析的结果选定构件的截面尺寸，然后根据构件承载力的要求确定连接的构造和各部分尺寸。但是随着冷弯薄壁型钢的推广和钢材强度的提高，出现一种新的情况：节点连接的薄弱环节制约构件的承载力。

图 7-145 示出一根薄壁方管 Ⅰ 垂直连接于另一根截面更大的方管 Ⅱ。管 Ⅰ 所能承受的最大轴力为 $N_d$。当管 Ⅱ 的壁板宽厚比较大时，顶面有可能在 $N < N_d$ 时，就出现图中虚线所示的塑性铰线而形成机构，从而丧失继续承载的能力。还有可能出现顶面冲剪破坏。运用虚功原理和求极值的方法，可以求出塑性机构的承载能力

$$N_1 = \frac{2t_0^2 f_y}{1-\beta}\left(\frac{h_1}{b_0} + 2\sqrt{1-\beta}\right)$$

(7-111)

式中　　$\beta=b_1/b_0$；

$b_0$、$t_0$——分别为管 Ⅱ 的宽度和壁厚；

$b_1$、$h_1$——分别为管 Ⅰ 的宽度和截面高度。

　　当管 Ⅱ 承受压力时，上式的 $N_1$ 还需要乘以折减系数。

　　在 $N_1<N_d$ 时，管 Ⅰ 的承载力就因节点构造形成的薄弱环节而受到限制。

　　《钢结构设计标准》GB 50017—2017 中 $\beta\leqslant 0.85$ 的矩形管直接相焊 T 形节点仅承受轴力的支管承载力设计值即源于式（7-111），其他各种矩形管、圆管直接相焊节点承载力计算公式可参见本书下册第 2 章及《钢结构设计标准》GB 50017—2017。

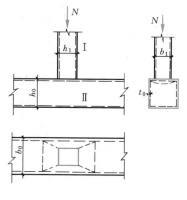

图 7-145　方管节点

　　支管端部连接焊缝的承载力，也有可能制约它的承载能力。

## 习题

7.1　简述钢结构连接的方法及特点。

7.2　受剪普通螺栓有哪几种可能的破坏形式？如何防止？

7.3　简述普通螺栓连接与高强度螺栓摩擦型连接在弯矩作用下计算的异同点？

7.4　为何要规定螺栓排列的最大和最小间距要求？

7.5　影响高强度螺栓承载力的因素有哪些？

7.6　试画出一梁与柱刚性连接的构造图，并说明其传力过程。

7.7　试画出一次梁与主梁刚性连接的构造图，并说明其传力过程。

7.8　试画出一变截面梁工地拼接的构造图。

7.9　有一焊接连接如图 7-146 所示，钢材为 Q235，焊条为 E43 系列，采用手工焊接，承受的静力荷载设计值 $N=600\mathrm{kN}$，试计算所需角焊缝的长度。

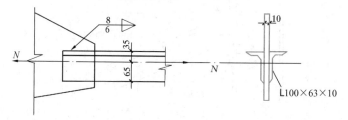

图 7-146　习题 7.9 附图

7.10　图 7-147 所示焊接连接采用三面围焊，焊脚尺寸为 6mm，钢材为 Q235B，试计算此连接所能承受最大轴心拉力 $N=$？

7.11　图 7-148 所示牛腿板承受扭矩设计值 $T=60\mathrm{kN\cdot m}$，钢材为 Q235B，焊条为 E43 系列。

　　①方案一：采用三面围焊的角焊缝与柱连接，试设计此角焊缝。

　　②方案二：采用四面围焊的角焊缝与柱连接，焊脚尺寸可以减小多少？

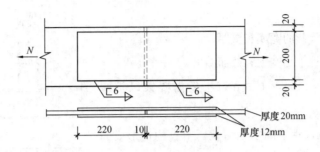

图 7-147　习题 7.10 附图

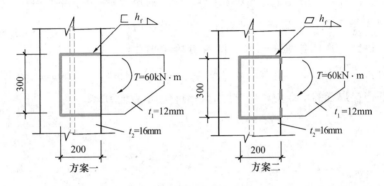

图 7-148　习题 7.11 附图

③方案二所耗焊条是否少于方案一？

7.12　图 7-149 所示连接中，2L100×80×10（长肢相并）通过 14mm 厚的连接板和 20mm 厚的端板连接于柱的翼缘，钢材用 Q235B，焊条为 E43 系列型，采用手工焊接，所承受的静力荷载设计值 $N=540kN$。

①确定角钢和连接板间的焊缝尺寸。

②取 $d_1=d_2=170mm$，确定连接板和端板间焊缝的焊脚尺寸 $h_f=?$

③改取 $d_1=150mm$，$d_2=190mm$，验算上面确定的焊脚尺寸 $h_f$ 是否满足要求？

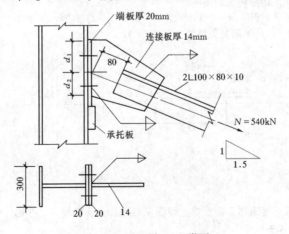

图 7-149　习题 7.12 附图

7.13　如图 7-150 所示的螺栓双盖板连接，构件钢材为 Q235，承受轴心拉力，8.8 级高强度螺栓摩擦型连接，接触面抛丸处理，螺栓直径 $d=20\text{mm}$，孔径 $d_0=21.5\text{mm}$，试计算此连接最大承载力 $N=$？

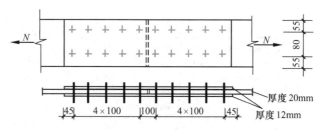

图 7-150　习题 7.13 附图

7.14　图 7-151 所示为 C 级螺栓的连接，钢材为 Q235，已知螺栓直径 $d=20\text{mm}$，$d_e=17.65\text{mm}$，$d_0=21.5\text{mm}$，承受设计荷载 $P=150\text{kN}$。

①假定支托承力，试验算此连接是否安全？

②假定支托不承力，试验算此连接是否安全？

7.15　如图 7-152 所示的连接构造，牛腿用连接角钢 2L100×20 及 M22 高强度螺栓（10.9 级）摩擦型连接和柱相连，标准孔。钢材为 Q355，接触面采用抛丸处理，承受偏心荷载设计值 $P=175\text{kN}$，试确定连接角钢两肢上所需螺栓个数？

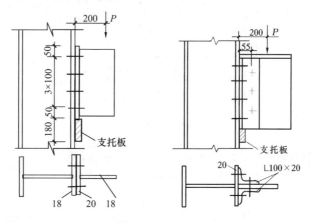

图 7-151　习题 7.14 附图　　　图 7-152　习题 7.15 附图

7.16　一普通螺栓的临时性连接如图 7-153 所示，构件钢材为 Q235，承受的轴心拉力 $N=600\text{kN}$。螺栓直径 $d=20\text{mm}$，孔径 $d_0=21.5\text{mm}$，试验算此连接是否安全？

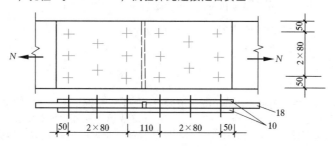

图 7-153　习题 7.16 附图

7.17　承受拉力的 Q235 钢板，尺寸为 $-20×400$，用两块 $-10×400$ 的板进行拼接，接缝每侧用 12 个普通螺栓连接，其排列如图 7-154 所示，试分析这一接头的危险截面在何处？其承载力为多少？

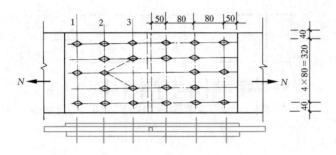

图 7-154 习题 7.17 附图

7.18 一高强度螺栓承压型连接如图 7-155 所示，构件钢材为 Q235，承受的轴心拉力 $N=200$kN，力矩 $M=50$kN·m，螺栓直径 $d=24$mm，孔径 $d_0=26$mm，试验算此连接是否安全？

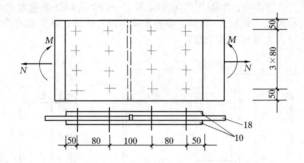

图 7-155 习题 7.18 附图

7.19 有一桁架节点焊接连接如图所示，钢材为 Q235B，焊条为 E43 系列，采用手工焊接，所承受的静力荷载设计值见图 7-156。试确定角焊缝 $A$、$B$、$C$ 的尺寸。

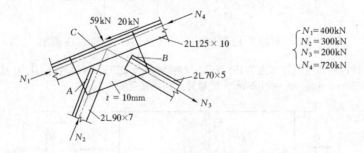

$\begin{cases} N_1=400\text{kN} \\ N_2=300\text{kN} \\ N_3=200\text{kN} \\ N_4=720\text{kN} \end{cases}$

图 7-156 习题 7.19 附图

7.20 如图 7-157 所示，由双角钢 2L100×10 组成的弦杆和节点板在工地焊接。为了拼装方便，用一个 M20 的螺栓临时连接，螺栓孔径 $d_0=22$mm，试计算此螺栓孔放在什么位置，不至于影响杆件承载力。钢材为 Q235B，焊条为 E43 型，采用手工焊接，角钢肢尖和肢背的焊脚尺寸分别为 5mm 和 10mm。

7.21 如图 7-158 所示的柱头承担突缘式梁。梁支座反力设计值为 $R=1000$kN，柱头顶板为 $-30×450×450$，腹板上焊两块加劲板，其尺寸为 $-30×210×460$。材料为 Q235 钢，试分析这一柱头构造的可行性。

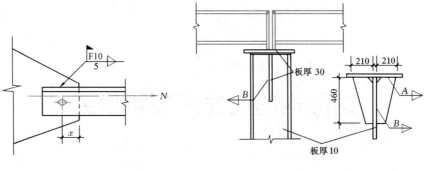

图 7-157　习题 7.20 附图　　　　　图 7-158　习题 7.21 附图

第 8 章

# 钢结构的脆性断裂和疲劳

## 8.1 钢结构脆性断裂及其防止

### 8.1.1 脆性断裂破坏

从宏观上讲，脆性破坏的主要特征表现为断裂时伸长量极其微小（例如生铁在单向拉伸断裂时为 0.5%～0.6%）。如果结构的最终破坏是由于其构件的脆性断裂导致的，那么我们称结构发生了脆性破坏。对于脆性破坏的结构，几乎观察不到构件的塑性发展，因为没有预兆，脆性破坏的后果经常是灾难性的。工程设计的任何领域，无一例外地都要力求避免结构的脆性破坏（如在钢筋混凝土结构中避免设计超筋梁），其道理就在于此。

脆性断裂破坏大致可分为如下几类：①过载断裂：由于过载，强度不足而导致的断裂。这种断裂破坏发生的速度通常极高（可高达 2100m/s），后果极其严重。在钢结构中，过载断裂只出现在高强钢丝束、钢绞线和钢丝绳等脆性材料做成的构件。②非过载断裂：塑性很好的钢构件在缺陷、低温等因素影响下突然呈脆性断裂。③应力腐蚀断裂：在腐蚀性环境中承受静力或准静力荷载作用的结构，在远低于屈服极限的应力状态下发生的断裂破坏称为应力腐蚀断裂。它是腐蚀和非过载断裂的综合结果。一般认为，强度越高则对应力腐蚀断裂越敏感。其中，尤其是含碳量高的钢材表现出对应力腐蚀断裂比较敏感。据一项 1974 年的调查报告称，我国铁路桥梁的高强度螺栓在十几年间约有五千分之一发生了应力腐蚀断裂。此后采用 20MnTiB 钢和 35VB 代替 40B 钢，情况大有改善。④疲劳断裂与腐蚀疲劳断裂：在交变荷载作用下，裂纹的失稳扩展导致的断裂破坏称为疲劳断裂。疲劳断裂有高周和低周之分。循环周数在 $10^5$ 以上者称为高周疲劳，属于钢结构中常见的情况。低周疲劳断裂前的周数只有几百或几十次，每次都有较大的非弹性应变，不在本章讨论范围之内。环境介质导致或加速疲劳裂纹的萌生和扩展称为腐蚀疲劳。⑤氢脆断裂：氢可以在冶炼和焊接过程中侵入金属造成材料韧性降低而可能导致的断裂。焊条在使用前需要烘干，就是为了防止氢脆断裂。

历史上，钢结构的非过载脆性破坏屡有发生。破坏时应力并未达到材料的抗拉强度，甚至还低于屈服点。尤其是在焊接结构大量取代铆接结构的过程中，脆断发生频率一度增高，其中不乏后果严重者。究其原因，有如下一些：

（1）焊缝缺陷的存在，使裂纹萌生的概率增大。

（2）焊接结构中数值可观的残余应力，作为初应力场，与荷载应力场的叠加可导致驱动开裂的不利应力组合。

（3）焊缝连接通常使得结构的刚度增大，结构的变形，包括塑性变形的发展受到更大的限制。尤其是三条焊缝在空间相互垂直时。

（4）焊缝连接使结构形成连续整体，没有止裂的构造措施，则可能一裂到底。

（5）对选材在防止脆性破坏中的重要性认识不足。

除此之外，对于大型复杂结构、工作条件恶劣（如海洋工程）的认识不足等都是造成脆性破坏发生的因素。

结构的脆性破坏经常在气温较低的情况下发生。处在低温的结构要选择高韧性的材质来避免脆性破坏发生。但是，如果处理不当，即便选用了高韧性材质，结构也可能发生脆性破坏。国内外的一些技术规程对处于低温的构件都有关于构造细部设计与施工的规定。

### 8.1.2 脆性断裂的防止

按照断裂力学的理论，在弹性范围内，构件不致出现非过载脆性断裂的条件是

$$K_{\mathrm{I}} = \sqrt{\pi a} \sigma \leqslant K_{\mathrm{IC}} \tag{8-1}$$

式中　$K_{\mathrm{I}}$——裂纹尖端的应力强度因子；

　　$a$——裂纹尺度；

　　$\sigma$——裂纹尖端的应力；

　　$K_{\mathrm{IC}}$——表征断裂性能的材料常数，称断裂韧性，$K_{\mathrm{IC}}$ 的测试方法见现行国家标准《金属材料平面应变断裂韧度 $K_{\mathrm{IC}}$ 试验方法》GB/T 4161。

为了防止脆性断裂，需要从三个方面着手：①正确选用钢材，使之具有足够的韧性 $K_{\mathrm{IC}}$。②尽量减小初始裂纹的尺寸，避免在构造处理中形成类似于裂纹的间隙。③注意在构造处理上缓和应力集中，以减小应力值。除此之外，结构形式也对防止脆性断裂有一定影响。

1. 钢材选择

目前工程中常用冲击韧性作为材料韧性指标，因其试样截面一律用 10mm×10mm，并不能完全反映厚板的真实韧性，但其试验简单易行，在工程界有较多的应用经验。另外，提高冲击韧性的有效措施对提高断裂韧性也同样行之有效。国家标准《碳素结构钢》GB/T 700—2006 和《低合金高强度结构钢》GB/T 1591—2018 分别保证纵向取样的夏比 V 形缺口

冲击功不低于 27J 和 34J。国家标准《建筑结构用钢板》GB/T 19879—2015 也规定不低于 34J。钢材的质量等级就是依冲击韧性的试验温度划分的。一般地，公路钢桥和吊车梁在翼缘板厚度不超过 40mm 时，可以按所处最低温度加 40℃级别要求，厚度超过 40mm 则适当降低冲击试验温度。钢材标准都未对厚板的韧性提供更高的保证。有鉴于此，设计重要的低温地区露天结构时，尽量避免用厚度大的钢板。低温地区必须用厚板时，应提高对冲击韧性的要求或进行全厚度韧性试验，如带缺口的静力拉伸试验或落锤试验，以考察其实际韧性。现行《钢结构设计标准》GB 50017 对处于低温结构的选材规定，请见第 2 章 2.5.2 节。

2. 初始裂纹

对于焊接结构来说，减小初始裂纹尺寸主要是保证焊缝质量，限制和避免焊接缺陷。焊缝表面不得有裂纹，但焊缝的咬边（图 7-7i），实际上相当于表面裂纹。现行《钢结构工程施工质量验收标准》GB 50205 规定质量等级为一级的焊缝不允许有咬边，二级和三级焊缝则咬边深度分别不超过 $0.05t$（及 0.5mm）和 $0.1t$（及 1mm），其中 $t$ 指连接处较薄的板厚。角焊缝的焊瘤（图 7-7j）也起类似于裂纹的作用。GB 50205 规定，不论焊缝质量等级为哪一级，都不允许焊瘤存在。除了表面缺陷外，内部也可能有气孔和未焊透等缺陷，亦可萌生裂纹。内部缺陷由超声波探伤法检测，按现行国家标准《焊缝无损检测 超声检测 技术、检测等级和评定》GB/T 11345 评定。质量等级一级和二级的焊缝，检验等级应为 B 级，评定等级则应分别为 Ⅱ级和Ⅲ级。质地优良的焊缝只有通过严格的质量管理和验收制度才能实现。某糖厂存放废液的焊接罐体结构，在验收合格后不久突然脆性断裂，经事后详细检查，才发现焊缝质量存在严重问题。

3. 应力

式（8-1）的应力是构件中的真实应力，不仅和荷载大小有关，也和有无应力集中，是否双轴或三轴受拉，以及约束造成的残余应力的影响有关。减缓应力集中问题将在下节结合疲劳问题论述。三轴拉伸导致材料变脆，是十分不利的应力状态，它往往由构造原因而不是三轴加载而产生。图 7-58 所示三轴交叉焊缝就是一个例子。

4. 结构形式与构造细节

在设计工作的结构选型和结构布置阶段，就应该注意防止断裂的问题。在工作环境温度不高于−30℃的地区，焊接构件宜采用实腹式构件，避免采用手工焊接的格构式构件。在工作环境温度不高于−20℃的地区，承重构件的连接宜采用螺栓，即便是临时安装连接亦应避免采用焊接连接。由于赘余构件的断裂一般不会导致整体结构的失效，因此超静定结构对于减少断裂的不良后果一般是有利的。当然，要同时考虑由于地基不均匀沉陷、超静定结构等可能会导致严重不利的内力重分布等问题。静定结构采用多路径传递荷载亦有异曲同工的作用，比如用一根独立的简支受弯构件作为跨越结构是单路径结构，而以横向构件相连的数根并联构件作为跨越结构就是多路径结构。对于多路径结构，并联构件中的任一个发生断裂，一般都不会立即引发整体结构的坍塌。这是因为在正确设计和正常使用的情况下，断裂发生后的重分布内力一般达不到足以使结构整体坍塌的程度，澳大利亚 Kings 桥的垮塌就是一个例证。该桥由四根梁构成，在一次暴风中其中一根遭到破坏，桥由剩下的三根梁几乎支持了整整一年，才在第二根梁破坏后垮塌。内力重分布是否构成严重不利状态在这里起举足轻重的作用。Pt. Pleasant 桥由两根工字梁组成，其中一根发生脆性破坏后，严重的偏心和超载立即导致另一根梁以及整座桥的破坏。

　　实际上，单路径和多路径是相对的。就整个结构而言，有单路径和多路径结构之分；就单个构件而言，同样有单路径构件和多路径构件之分；甚至就构件的各部分元件而言，亦有单路径元件和多路径元件之分。显然，就防止断裂而言，多路径组织要优于单路径组织。一个由单个角钢构成的拉杆是单路径构件，而由两个以上角钢和钢板构成的组合截面拉杆则是多路径构件。如图 8-1 所示，焊接受弯构件的受拉翼缘可以制作成单层的（图 8-1a），也可以制作成多层的（图 8-1b）。

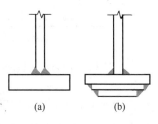

图 8-1　翼缘设计方案

(a) 单层方案；(b) 多层方案

前者的受拉翼缘是单路径元件，而后者属于多路径元件。当弯矩很大，需要选取较厚的翼缘时，从抗断裂的角度看，后者要比前者有利。这不仅是因为单层厚板翼缘脆断的可能性比多层薄板翼缘大得多，还在于前者一旦开裂，一裂到断，后者在一层板开裂后，不会波及其他板层。顺便指出，在图 8-1(b) 中，翼缘和腹板采用不焊透的焊缝连接，有利于阻止裂缝的发展。

　　但是，设置这种构造间隙并不是无条件的，因为构造间隙并不总是起有利于构件抵抗断裂的作用，只有在上述这种梁翼缘和腹板之间无垂直于间隙的拉力时才允许。否则，构造间隙的类裂纹作用十分有害。在它近旁的高度应力集中、高额的焊接残余应力，以及因热塑变形而时效硬化导致的基体金属的脆性提高，都经常扮演诱发裂纹的角色，图 8-2 就是一些典型例子。其中，图 8-2(a) 是在一渔船甲板上因阻止木地板滑动而焊有窄钢板条的情形，窄

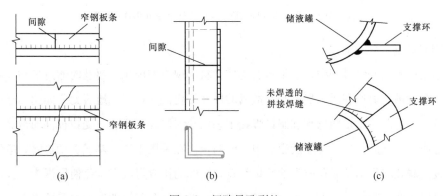

图 8-2　间隙导致裂纹

(a) 钢板条对接间隙引发开裂；(b) 受拉杆间隙处断裂；(c) 拼接焊缝处裂纹扩展

钢板条相互之间的对接处没有焊接，而只是将窄钢板条焊于甲板，对接间隙因而相当于一条预裂纹，在低温－16℃时，甲板于间隙处开裂，并向两旁扩展；图 8-2(b) 是一用拼接角钢连接的输电塔的受拉主杆，在低温－50℃时，断裂发生于间隙处（低温收缩引起的导线张力增大是断裂的外因）；图 8-2(c) 是一具有支撑环的储液罐，支撑环的拼接焊缝以及罐与支撑环的连接焊缝均未焊透，在低温－20℃时，裂纹从拼接焊缝处扩展到罐体。低温地区的结构必须避免这种留有间隙的构造设计。在板的拼接中，不宜留狭长的拼接间隙，而要采用两面剖口的对接焊缝并予以焊透。在工作环境温度不高于－20℃的

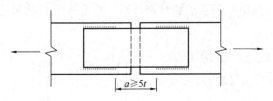

图 8-3　低温地区板的拼接构造方案

地区，构件拼接接头应采用图 8-3 所示的构造方案，使拼接件自由段的长度不小于 $5t$（$t$ 为拼接件厚度），而位于同一块桁架节点板上的腹杆与弦杆的焊缝焊趾之净距则不宜小于 $2.5t$（$t$ 为节点板厚度）。总之，一般情况下，低温地区既不应在构造上留有类似裂纹的间隙，也不应在板件对接和 T 形连接中采用不焊透的焊缝。

另外，在梁、柱等构件的端部经常要处理成如图 8-4 所示的角形连接，端竖板如果存在分层缺陷，构造不当会引起层间撕裂。因此，宜采用图 8-4(a)、(b) 的角形连接构造，而避免采用图 8-4(c)、(d) 的构造方式。

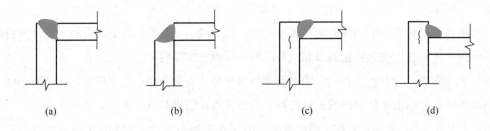

图 8-4　角形连接构造

（a）、（b）正确角形连接构造；（c）、（d）错误角形连接构造

5. 其他措施

在钢结构制造安装过程中，应尽量避免使材料出现应变硬化，要及时通过扩钻和刨边消除因冲孔和裁剪（剪切和手工气割）而造成的局部硬化区，在低温地区尤需如此，避免现场低温焊接。施焊时注意正确选择和制订焊接工艺以免因淬硬而开裂。受拉板件的钢材边缘宜为轧制边或自动气割边；对于厚度超过 10mm 的板件在采用手工气割或剪切边时，应沿全长刨边；板件制孔应采用钻成孔或先冲后扩钻孔；构件的拉应力区宜避免使用焊缝，包括临时焊缝；提倡规范文明施工，不在构件上随意起弧和砸击以避免构件表面的意外损伤。

正确使用亦在防止脆断措施之列。在使用过程中，严禁在结构上随意加焊零部件以免导

致机械损伤；除了严禁设备超载外，亦不得在结构上随意悬挂重物；严格控制设备的运行速度以减少结构的冲击荷载。除了结构正常使用的工作环境温度要符合设计要求外，在停车检修时（尤其在严寒季节）亦应注意结构的保温。

## 8.2　钢结构抗疲劳设计

### 8.2.1　疲劳破损

在第 2 章中曾经论述过，疲劳破损的过程本质上是微裂纹的萌生、缓慢扩展和最终迅速断裂的过程。金属结构本体内不可避免的微小材质缺陷（包括分层之类的轧制缺陷）本身就是微裂纹。焊接结构的焊缝缺陷（咬边、气孔、欠焊、夹渣等）都是微裂纹或极易萌生微裂纹处。从这个意义上讲，钢结构疲劳破损的过程仅包括缓慢扩展及最终断裂。

任何处于重复和交变应力场中的结构都可能发生疲劳破损。统计表明，在包括飞机、车辆等在内的金属结构中，80%～90%的破坏事故与疲劳和断裂有关。就土木工程结构而言，疲劳破损常见于桥梁和吊车梁之类的结构中。概而言之，影响构件疲劳破损的因素既有作为外因的疲劳荷载，又有作为内因的断裂韧性，还有描写缺陷处应力状态的应力集中程度。

疲劳荷载既可以是诸如吊车荷载和风振之类的明显作用，又可以像在压力容器中那样，表现为温度的周期变化。等幅交变荷载是最常见的疲劳荷载，其幅值 $\Delta P = P_{\max} - P_{\min}$ 对疲劳寿命影响明显。在保持试件其他参数不变的情况下，增加荷载幅值，试件的疲劳寿命呈减少趋势。

在同样的荷载幅值作用下，试件的疲劳寿命随初始裂纹长度的增大而减少。试验研究表明，荷载比（或应力比）$\rho\,(=P_{\min}/P_{\max})$ 只是对非焊接结构裂纹扩展速率有显著影响。

由于冶炼、轧制以及冷热加工在构件的表面或内部留下的缺陷，经常导致应力集中出现，而构件或零件间的相互连接形成的应力集中，有时更为严重。大量疲劳破坏的事故及试验研究表明，裂源总是与应力集中形影不离。应力集中系数 $\xi$ 越大（相应地，应力集中程度越高），构件的抗疲劳性能越差。

### 8.2.2　应力幅准则

如第 2 章所述，以应力幅 $\Delta\sigma$ 作为影响疲劳性能的主要因素而建立的疲劳校核准则为

$$\Delta\sigma \leqslant [\Delta\sigma] \tag{8-2}$$

容许应力幅 $[\Delta\sigma]$ 计算如下

$$[\Delta\sigma] = \left(\frac{C}{n}\right)^{1/\beta} \tag{8-3}$$

容许应力幅 $[\Delta\sigma]$ 随构件和连接的形式不同而变化很大。现行《钢结构设计标准》GB 50017 把构件和连接分为 8 个类别，借鉴国外成熟经验，可以把正应力幅分为 14 类，称为 Z1～Z14（参见表 8-1）。在影响 $[\Delta\sigma]$ 的因素中，$\beta$ 是 $\log\Delta\sigma$ 和 $\log n$ 线性关系中的斜率，对于正应力幅，此值用 $\beta_z$ 表示，它随类别而变化不大，对 Z1 和 Z2 两类取 $\beta_z=4$，其他各类取

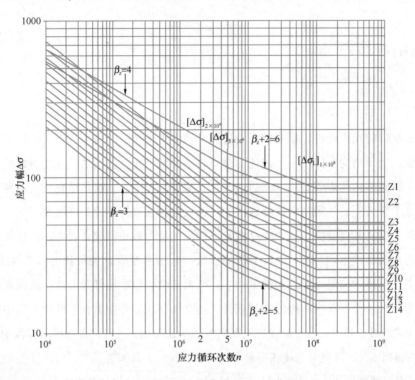

图 8-5　正应力幅疲劳的 $\Delta\sigma\text{-}n$ 曲线

$\beta_z=3$（图 8-5）。Z1 和 Z2 分别属于无连接处的母材和不因连接而产生应力集中处的母材，疲劳强度最高。$\text{Log}C$ 是 $\log\Delta\sigma-\log n$ 关系线在纵轴上的截距。参数 $C$ 随类别而变化较大，对于正应力幅，此值用 $C_z$ 表示，Z1 类 $C_z=1920\times10^{12}$，Z14 类 $C_z=0.09\times10^{12}$。这 14 类主要体现应力集中的严重程度，而应力集中既因构造方案的不同而产生差别，也因施工方案和施工质量而异。比如有横向对接焊缝的等厚度板件，当焊缝为一级且焊后加工磨平时，母材属于 Z2 类；而不加工磨平者属于 Z4 类（表 8-1c 项次 12）。当对接焊缝连接的两板厚度不同时，如果厚板在连接前以 1：4 的坡度把厚度减小到和薄板相同时可以和等厚度的连接同样对待（表 8-1c 项次 13）。但是，如果厚板不加工减薄，则连接处的母材下降为 Z8 类（表 8-1c 项次 17）。又如，有纵向对接焊缝的板，施焊时采用垫板和不采用垫板，母材所属类别不同（表 8-1b 项次 6 和 7）；而有垫板时是否有引弧板，类别又有区别（表 8-1b 项次 7）。焊有角焊缝的母材，疲劳强度一般偏低。但这里还要区分角焊缝是否传递母材所受的力。比较表 8-1(c) 中项次 29 和 32 可见，角焊缝不传递母材所受的力时，母材属于 Z8 类；而母材的力

经过角焊缝传递时，属于 Z13 类，差别较大。传力的横向角焊缝造成的应力集中十分严重。

正应力幅作用下的参数 $\beta_z$ 和 $C_z$ 列于表 8-2，表中还给出 14 类构件和连接的容许正应力幅 $[\Delta\sigma]_{2\times10^6}$ 和 $[\Delta\sigma]_{5\times10^6}$ 以及疲劳截止限 $[\Delta\sigma_L]_{1\times10^8}$。对于常幅疲劳的构件和连接，可以先考察应力幅 $\Delta\sigma$ 是否满足下列关系式

$$\Delta\sigma \leqslant [\Delta\sigma_L]_{1\times10^8} \tag{8-4}$$

如果上式不满足，再按式（8-5）计算

$$\Delta\sigma \leqslant [\Delta\sigma] \tag{8-5}$$

当 $n \leqslant 5\times10^6$ 时：

$$[\Delta\sigma] = \left(\frac{C_z}{n}\right)^{1/\beta_z} \tag{8-6a}$$

当 $5\times10^6 < n \leqslant 1\times10^8$ 时：

$$[\Delta\sigma] = \left[([\Delta\sigma]_{5\times10^6})\frac{C_z}{n}\right]^{1/(\beta_z+2)} \tag{8-6b}$$

当 $n > 1\times10^8$ 时：

$$[\Delta\sigma] = [\Delta\sigma_L]_{1\times10^8} \tag{8-6c}$$

非焊接的构件和连接分类          表 8-1(a)

| 项次 | 构造细节 | 说　　明 | 类别 |
|---|---|---|---|
| 1 | | • 无连接处的母材<br>轧制型钢 | Z1 |
| 2 | | • 无连接处的母材<br>钢板<br>（1）两边为轧制边或刨边<br>（2）两侧为自动、半自动切割边（切割质量标准应符合现行国家标准《钢结构工程施工质量验收标准》GB 50205） | Z1<br>Z2 |
| 3 | | • 连系螺栓和虚孔处的母材应力以净截面面积计算 | Z4 |
| 4 | | • 螺栓连接处的母材<br>高强度螺栓摩擦型连接应力以毛截面面积计算；其他螺栓连接应力以净截面面积计算<br>• 铆钉连接处的母材<br>连接应力以净截面面积计算 | Z2<br><br>Z4 |

| 项次 | 构造细节 | 说　明 | 类别 |
|---|---|---|---|
| 5 | | • 受拉螺栓的螺纹处母材<br>　连接板件应有足够的刚度，保证不产生撬力。否则受拉正应力应考虑撬力及其他因素产生的全部附加应力<br>　对于直径大于 30mm 螺栓，需要考虑尺寸效应对容许应力幅进行修正，修正系数 $\gamma_t$：<br>$$\gamma_t = \left(\frac{30}{d}\right)^{0.25}$$<br>　$d$——螺栓直径，单位为"mm" | Z11 |

纵向传力焊缝的构件和连接分类　　　　　　　　　　表 8-1(b)

| 项次 | 构造细节 | 说　明 | 类别 |
|---|---|---|---|
| 6 | | • 无垫板的纵向对接焊缝附近的母材<br>　焊缝符合二级焊缝标准 | Z2 |
| 7 | | • 有连续垫板的纵向自动对接焊缝附近的母材<br>（1）无起弧、灭弧<br>（2）有起弧、灭弧 | Z4<br>Z5 |
| 8 | | • 翼缘连接焊缝附近的母材<br>　翼缘板与腹板的连接焊缝<br>　自动焊，二级 T 形对接与角接组合焊缝<br>　自动焊，角焊缝，外观质量标准符合二级<br>　手工焊，角焊缝，外观质量标准符合二级<br>　双层翼缘板之间的连接焊缝<br>　自动焊，角焊缝，外观质量标准符合二级<br>　手工焊，角焊缝，外观质量标准符合二级 | Z2<br>Z4<br>Z5<br><br>Z4<br>Z5 |
| 9 | | • 仅单侧施焊的手工或自动对接焊缝附近的母材，焊缝符合二级焊缝标准，翼缘与腹板很好贴合 | Z5 |
| 10 | | • 开工艺孔处焊缝符合二级焊缝标准的对接焊缝、焊缝外观质量符合二级焊缝标准的角焊缝等附近的母材 | Z8 |

| 项次 | 构造细节 | 说　明 | 类别 |
|---|---|---|---|
| 11 | | • 节点板搭接的两侧面角焊缝端部的母材 | Z10 |
| | | • 节点板搭接的三面围焊时两侧角焊缝端部的母材 | Z8 |
| | | • 三面围焊或两侧面角焊缝的节点板母材（节点板计算宽度按应力扩散角 $\theta=30°$ 考虑） | Z8 |

横向传力焊缝的构件和连接分类　　　　　　　　　　表 8-1(c)

| 项次 | 构造细节 | 说　明 | 类别 |
|---|---|---|---|
| 12 | | • 横向对接焊缝附近的母材，轧制梁对接焊缝附近的母材 | |
| | | 符合现行国家标准《钢结构工程施工质量验收标准》GB 50205 的一级焊缝，且经加工、磨平 | Z2 |
| | | 符合现行国家标准《钢结构工程施工质量验收标准》GB 50205 的一级焊缝 | Z4 |
| 13 | 坡度 $\leqslant 1/4$ | • 不同厚度（或宽度）横向对接焊缝附近的母材 | |
| | | 符合现行国家标准《钢结构工程施工质量验收标准》GB 50205 的一级焊缝，且经加工、磨平 | Z2 |
| | | 符合现行国家标准《钢结构工程施工质量验收标准》GB 50205 的一级焊缝 | Z4 |
| 14 | | • 有工艺孔的轧制梁对接焊缝附近的母材，焊缝加工成平滑过渡并符合一级焊缝标准 | Z6 |
| 15 | $d$ | • 带垫板的横向对接焊缝附近的母材 | |
| | | 垫板端部超出母板距离 $d$ | |
| | | $d\geqslant 10\text{mm}$ | Z8 |
| | | $d<10\text{mm}$ | Z11 |
| 16 | | • 节点板搭接的端面角焊缝的母材 | Z7 |

| 项次 | 构造细节 | 说　明 | 类别 |
|---|---|---|---|
| 17 | $t_1 \leqslant t_2$　坡度 $\leqslant 1/2$ | • 不同厚度直接横向对接焊缝附近的母材，焊缝等级为一级，无偏心 | Z8 |
| 18 | | • 翼缘盖板中断处的母材（板端有横向端焊缝） | Z8 |
| 19 | | • 十字形连接、T形连接<br>（1）K形坡口、T形对接与角接组合焊缝处的母材，十字形连接两侧轴线偏离距离小于 $0.15t$，焊缝为二级，焊趾角 $\alpha \leqslant 45°$<br>（2）角焊缝处的母材，十字形连接两侧轴线偏离距离小于 $0.15t$ | Z6<br><br>Z8 |
| 20 | | • 法兰焊缝连接附近的母材<br>（1）采用对接焊缝，焊缝为一级<br>（2）采用角焊缝 | Z8<br>Z13 |

非传力焊缝的构件和连接分类　　　　　　　　　　　　表 8-1(d)

| 项次 | 构造细节 | 说　明 | 类别 |
|---|---|---|---|
| 21 | | • 横向加劲肋端部附近的母材<br>肋端焊缝不断弧（采用回焊）<br>肋端焊缝断弧 | <br>Z5<br>Z6 |
| 22 | | • 横向焊接附件附近的母材<br>（1）$t \leqslant 50$mm<br>（2）$50 < t \leqslant 80$mm<br>$t$ 为焊接附件的板厚 | <br>Z7<br>Z8 |

续表

| 项次 | 构造细节 | 说　明 | 类别 |
|---|---|---|---|
| 23 | | • 矩形节点板焊接于构件翼缘或腹板处的母材（节点板焊缝方向的长度 $L>150\text{mm}$） | Z8 |
| 24 | | • 带圆弧的梯形节点板用对接焊缝焊于梁翼缘、腹板以及桁架构件处的母材，圆弧过渡处在焊后铲平、磨光、圆滑过渡，不得有焊接起弧、灭弧缺陷 | Z6 |
| 25 | | • 焊接剪力栓钉附近的钢板母材 | Z7 |

钢管截面的构件和连接分类　　　　　　　　　　　　　表 8-1(e)

| 项次 | 构造细节 | 说　明 | 类别 |
|---|---|---|---|
| 26 | | • 钢管纵向自动焊缝的母材<br>(1) 无焊接起弧、灭弧点<br>(2) 有焊接起弧、灭弧点 | Z3<br>Z6 |
| 27 | | • 圆管端部对接焊缝附近的母材，焊缝平滑过渡并符合现行国家标准《钢结构工程施工质量验收标准》GB 50205 的一级焊缝标准，余高不大于焊缝宽度的 10%<br>(1) 圆管壁厚 $8\text{mm}<t\leqslant 12.5\text{mm}$<br>(2) 圆管壁厚 $t\leqslant 8\text{mm}$ | Z6<br>Z8 |
| 28 | | • 矩形管端部对接焊缝附近的母材，焊缝平滑过渡并符合一级焊缝标准，余高不大于焊缝宽度的 10%<br>(1) 方管壁厚 $8\text{mm}<t\leqslant 12.5\text{mm}$<br>(2) 方管壁厚 $t\leqslant 8\text{mm}$ | Z8<br>Z10 |

续表

| 项次 | 构造细节 | 说　明 | 类别 |
|---|---|---|---|
| 29 | 矩形或圆管 ≤100mm 矩形或圆管 ≤100mm | • 焊有矩形管或圆管的构件，连接角焊缝附近的母材，角焊缝为非承载焊缝，其外观质量标准符合二级，矩形管宽度或圆管直径不大于100mm | Z8 |
| 30 | | • 通过端板采用对接焊缝拼接的圆管母材，焊缝符合一级质量标准<br>（1）圆管壁厚 8mm<$t$≤12.5mm<br>（2）圆管壁厚 $t$≤8mm | Z10<br>Z11 |
| 31 | | • 通过端板采用对接焊缝拼接的矩形管母材，焊缝符合一级质量标准<br>（1）方管壁厚 8mm<$t$≤12.5mm<br>（2）方管壁厚 $t$≤8mm | Z11<br>Z12 |
| 32 | | • 通过端板采用角焊缝拼接的圆管母材，焊缝外观质量标准符合二级，管壁厚度 $t$≤8mm | Z13 |
| 33 | | • 通过端板采用角焊缝拼接的矩形管母材，焊缝外观质量标准符合二级，管壁厚度 $t$≤8mm | Z14 |
| 34 | | • 钢管端部压扁与钢板对接焊缝连接（仅适用于直径小于200mm的钢管），计算时采用钢管的应力幅 | Z8 |
| 35 | | • 钢管端部开设槽口与钢板角焊缝连接，槽口端部为圆弧，计算时采用钢管的应力幅<br>（1）倾斜角 $\alpha$≤45°<br>（2）倾斜角 $\alpha$>45° | Z8<br>Z9 |

注：箭头表示计算应力幅的位置和方向。

正应力幅的疲劳计算参数 表 8-2

| 类别 | 相关系数 | | 循环次数 $n$ 为 $2 \times 10^6$ 次的容许正应力幅 $[\Delta\sigma]_{2\times10^6}$ (N/mm²) | 循环次数 $n$ 为 $5 \times 10^6$ 次的容许正应力幅 $[\Delta\sigma]_{5\times10^6}$ (N/mm²) | 疲劳截止限 $[\Delta\sigma_L]_{1\times10^8}$ (N/mm²) |
| --- | --- | --- | --- | --- | --- |
| | $C_Z$ $(10^{12})$ | $\beta_z$ | | | |
| Z1 | 1920 | 4 | 176 | 140 | 85 |
| Z2 | 861 | 4 | 144 | 115 | 70 |
| Z3 | 3.91 | 3 | 125 | 92 | 51 |
| Z4 | 2.81 | 3 | 112 | 83 | 46 |
| Z5 | 2.00 | 3 | 100 | 74 | 41 |
| Z6 | 1.46 | 3 | 90 | 66 | 36 |
| Z7 | 1.02 | 3 | 80 | 59 | 32 |
| Z8 | 0.72 | 3 | 71 | 52 | 29 |
| Z9 | 0.50 | 3 | 63 | 46 | 25 |
| Z10 | 0.35 | 3 | 56 | 41 | 23 |
| Z11 | 0.25 | 3 | 50 | 37 | 20 |
| Z12 | 0.18 | 3 | 45 | 33 | 18 |
| Z13 | 0.13 | 3 | 40 | 29 | 16 |
| Z14 | 0.09 | 3 | 36 | 26 | 14 |

　　在实际设计工作中，有两种情况需要对式（8-4）和式（8-5）进行修正。其一是对于横向角焊缝连接和对接焊缝连接，当板厚度 $t$（以"mm"计）大于 25mm 时，需要对右端修正，亦即在这两式右端乘以折减系数

$$\gamma_t = (25/t)^{0.25} \tag{8-7a}$$

其原因是：表 8-2 的数据都是由厚度不超过 25mm 的试件试验得出的，板厚度大，焊缝缺陷等不利影响会比较大。对于螺栓轴向受拉连接，当螺栓的公称直径 $d$（以"mm"计）大于 30mm 时，则右端的折减系数为

$$\gamma_t = (30/d)^{0.25} \tag{8-7b}$$

　　其二是关于左端的修正。非焊接结构的应力幅由下式计算

$$\Delta\sigma = \sigma_{max} - 0.7\sigma_{min} \tag{8-8}$$

应力幅准则是由焊接构件或连接得来的。由于焊缝及其近旁存在高额的残余拉应力，每次应力循环下应力变化幅度都是 $\sigma_{max} - \sigma_{min}$，和最大应力值无关。非焊接结构没有焊接残应力，情况有所不同。疲劳计算和最大应力有关，并且更符合应力比准则，即最大应力应满足下列条件

$$\sigma_{max} \leqslant [\Delta\sigma_0]/(1 - K\rho)$$

式中　$\rho$——应力比，见 2.4.2 节；

　　　　$K$——小于 1 的系数；

　　$[\Delta\sigma_0]$——$\rho = 0$ 时的容许应力幅。

　　把后者等同于 $[\Delta\sigma]$，并取 $K = 0.7$，上式即转化为

$$\sigma_{max} - 0.7\sigma_{min} \leqslant [\Delta\sigma]$$

以上论述都是针对常值正应力幅这一工况的,受剪的角焊缝、受剪的普通螺栓和焊接栓钉需要验算剪应力幅作用下的疲劳强度。由于 $\mathrm{Log}\Delta\tau - \mathrm{Log}n$ 曲线以同一斜率 $\beta$ 延伸至疲劳极限 $[\Delta\tau_L]_{1\times10^8}$,因此式(8-4)和式(8-5)分别改写为

$$\Delta\tau \leqslant [\Delta\tau_L]_{1\times10^8} \tag{8-9}$$

$$\Delta\tau \leqslant (C_J/n)^{1/\beta_J} \tag{8-10}$$

受剪角焊缝的 $[\Delta\tau]_{2\times10^6}$ 和 $[\Delta\tau_L]_{1\times10^8}$ 分别为 59N/mm² 和 16N/mm²;$\beta_J = 3$,$C_J = 4.10\times10^{11}$。普通螺栓一般不用于有疲劳荷载的工况,它和焊接剪力栓钉的数据这里从略。

虽然在高额残余拉应力的区域施加的应力循环完全在压力范围内时,仍可以使疲劳裂纹扩展,但是,裂纹扩展使残余拉应力得到足够释放后,就不会再发展。因此,现行《钢结构设计标准》GB 50017 规定,在应力循环中不出现拉应力的部位可不计算疲劳。

还需要注意的是,表 8-2 容许正应力幅并不随钢材抗拉强度变化而变化,因此当疲劳计算控制设计时,高强钢材往往不能充分发挥作用。

【例题 8-1】某连接节点,如图 8-6 所示,钢材为 Q235,预期寿命为 $n = 2\times10^6$ 次,轴心受拉构件的最大拉力和最小拉力的设计值为 $F_{max} = 500\mathrm{kN}$ 和 $F_{min} = 350\mathrm{kN}$,试对该节点以常幅疲劳进行疲劳校核。

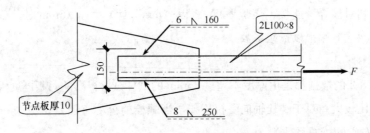

图 8-6 承受疲劳荷载的节点

【解】疲劳校核包括主体金属和焊缝两部分。

(1)主体金属的疲劳校核要针对节点板和构件分别进行。

节点板疲劳校核:

由表 8-1(b),类别为 Z8(表 8-1b 的第 11 项第三款),查表 8-2 得 $[\Delta\sigma]_{2\times10^6} = 71\mathrm{N/mm^2}$;疲劳校核截面位于距节点板边缘 160mm 处(偏于安全地假定角钢中的拉力在该处已完全传到节点板上),计及应力在节点板内的扩散(扩散角30°),则

$$\Delta\sigma = \frac{(500-350)\times10^3}{(150+2\times160\tan30°)\times10}$$

$$= 44.81\ \mathrm{N/mm^2} < [\Delta\sigma]_{2\times10^6} = 71\ \mathrm{N/mm^2} \quad (满足)$$

构件疲劳校核:

由表 8-1(b)，类别为 Z10（表 8-1b 的第 11 项第一款），查表 8-2 得 $[\Delta\sigma]_{2\times10^6}=56\text{N/mm}^2$；两角钢的截面积为 $2\times1564\text{mm}^2$，故

$$\Delta\sigma=\frac{(500-350)\times10^3}{2\times1564}=47.96\ \text{N/mm}^2<[\Delta\sigma]_{2\times10^6}=56\text{N/mm}^2\quad(满足)$$

上述 $[\Delta\sigma]_{2\times10^6}$ 亦可根据式（8-6a）进行计算。

（2）对于承受剪力的焊缝 $[\Delta\tau]_{2\times10^6}=59\text{N/mm}^2$；角钢的肢尖焊缝和肢背焊缝分别计算如下。

肢背焊缝疲劳校核：

$$\Delta\tau=\frac{0.7\times(500-350)\times10^3}{2\times0.7\times8\times(250-16)}=40.06\ \text{N/mm}^2<59\ \text{N/mm}^2\quad(满足)$$

肢尖焊缝疲劳校核：

$$\Delta\tau=\frac{0.3\times(500-350)\times10^3}{2\times0.7\times6\times(160-12)}=36.20\ \text{N/mm}^2<59\ \text{N/mm}^2\quad(满足)$$

### 8.2.3　变幅疲劳荷载

实际结构大部分承受的是变幅循环应力的作用（图 8-7 中实线），而不是常幅循环应力。比如吊车梁的受力就是变幅的，因为吊车不是每次都满载运行，吊车小车也不是总处于极限位置，此外吊车运行速度及吊车轨道偏移与维修情况也经常不同。所以每次循环的应力幅水平不是都达到最大值，实际上是时常处于欠载状态的变幅疲劳。如果按 $\sigma_{\max}$ 简化成常幅循环应力（图 8-7 中虚线）去验算则过分保守。

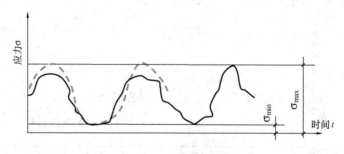

图 8-7　变幅循环应力谱

实用的方法是从随机谱中提出若干个应力谱 $\Delta\sigma_i$ 并确定和它们相对应的频数 $n_i$，然后，按照线性累积损伤准则（亦称 Miner 规则或 Palmgren - Miner 规则），找出一个等效应力幅 $\Delta\sigma_e$，用以代替式（8-4）的 $\Delta\sigma$。Miner 规则的表达式是

$$\sum\frac{n_i}{N_i}=\frac{n_1}{N_1}+\frac{n_2}{N_2}+\cdots+\frac{n_n}{N_n}=1\qquad(8\text{-}11)$$

式中 $n_i$（$i=1，2，\cdots，n$）为应力幅 $\Delta\sigma_i$ 作用的循环次数，$N_i$ 为对应于应力幅 $\Delta\sigma_i$ 的疲劳寿命，比值 $n_i/N_i$ 则为应力幅 $\Delta\sigma_i$ 所造成的损失率，当损失率之和达到 1 时构件发生疲劳破坏。

记 $\xi_i = n_i / \sum n_j$，对于确定的疲劳类别，与总循环次数 $\sum n_j$ 相应的常幅疲劳应力幅 $\Delta\sigma_e$ 称为等效应力幅，如对式（8-6a），则式（8-11）可写为

$$\sum \frac{n_i}{N_i} = \sum_i \frac{\xi_i \sum n_j}{N_i} = \sum_i \frac{\xi_i C_z / \Delta\sigma_e^{\beta_z}}{C_z / \Delta\sigma_i^{\beta_z}} = \sum_i \frac{\xi_i \Delta\sigma_i^{\beta_z}}{\Delta\sigma_e^{\beta_z}} = 1$$

亦即

$$\Delta\sigma_e = \left( \sum_i \xi_i \Delta\sigma_i^{\beta_z} \right)^{1/\beta_z} = \left[ \frac{\sum_i n_i \Delta\sigma_i^{\beta_z}}{\sum_j n_j} \right]^{1/\beta_z} \tag{8-12}$$

变幅疲劳的另一个特点是，疲劳极限比常幅疲劳低。当变幅疲劳的等效应力幅为 $\Delta\sigma_e$ 时，实际应力幅有的低于 $\Delta\sigma_e$，另有一些高于 $\Delta\sigma_e$，后面这一部分应力循环会比幅值为 $\Delta\sigma_e$ 的应力循环造成更大的损伤。因此，变幅疲劳的疲劳极限不能和幅值为 $\Delta\sigma_e$ 的常幅疲劳的疲劳极限取相同的数值。如图 8-8 所示，常幅疲劳的疲劳极限可对应于循环次数 $5 \times 10^6$，变幅疲劳则在 $n = 5 \times 10^6$ 处改变 $\mathrm{Log}\Delta\sigma - \mathrm{Log}n$ 线的斜率（$\beta_z$ 由 3 变为 5，或由 4 变为 6），直至 $n = 10^8$ 才变为水平线，即达到疲劳极限。为了适应斜率包括 $\beta_z$ 和 $\beta_z + 2$ 两段的具体情况，等效应力幅的计算公式由式（8-12）改变为下式

$$\Delta\sigma_{eq} = \left[ \frac{\sum n_i \Delta\sigma_i^{\beta_z} + (\Delta\sigma_c)^{-2} \sum n_j \Delta\sigma_j^{\beta_z+2}}{\sum n_i + \sum n_j} \right]^{1/\beta_z} \tag{8-13}$$

式中　$\Delta\sigma_c$——常幅疲劳极限（图 8-8），其值可以由表 8-2 中的 $[\Delta\sigma]_{5 \times 10^6}$ 查得；

　　$\Delta\sigma_i$、$\Delta\sigma_j$——分别为小于和大于 $\Delta\sigma_c$ 的诸应力幅；

　　$n_i$、$n_j$——分别为对应于各 $\Delta\sigma_i$ 和 $\Delta\sigma_j$ 的循环次数。

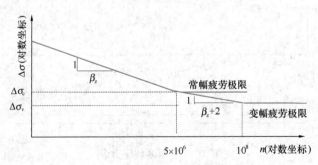

图 8-8　常幅和变幅疲劳极限

当 $\Delta\sigma_{eq}$ 小于表 8-2 中的 $[\Delta\sigma_L]_{1 \times 10^8}$ 时可不做疲劳验算，否则把 $\Delta\sigma_{eq}$ 看作常幅应力幅，按循环次数 $2 \times 10^6$ 次进行计算，此时式（8-13）中的 $\sum n_i + \sum n_j$ 可直接取 $2 \times 10^6$，则式（8-5）应改写为

$$\Delta\sigma_{eq} \leqslant [\Delta\sigma]_{2 \times 10^6} \tag{8-14}$$

必要时引进式（8-7）的系数 $\gamma_t$。

对于重级工作制吊车梁和中、重级工作制吊车桁架，现行《钢结构设计标准》GB 50017 采用欠载系数把最大应力幅进行折减，其计算公式是

$$\alpha_f \Delta\sigma \leqslant [\Delta\sigma]_{2\times10^6} \tag{8-15}$$

式中 $\Delta\sigma$ ——设计应力谱中的最大正应力幅；

$\alpha_f$ ——欠载系数，对 A4、A5 级吊车取 0.5；A6、A7 级软钩吊车取 0.8；A6、A7 和 A8 级硬钩吊车则取 1.0。

如何由真实随机应力谱来确定 $\Delta\sigma_i$ 和 $n_i$，工程上有不少简便的计数法。常用者有雨流计数法和水库计数法，它们是国际标准组织钢结构设计标准中推荐的方法。水库计数法作频谱分析的过程如图 8-9 所示。

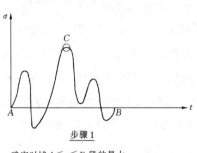

步骤 1

确定时域 $A \leqslant t \leqslant B$ 段的最大波峰应力所在点 $C$

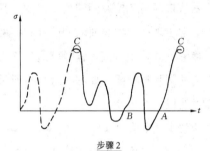

步骤 2

将时域 $A \leqslant t \leqslant C$ 段的应力历程平移到 $A \leqslant t \leqslant B$ 段的尾端

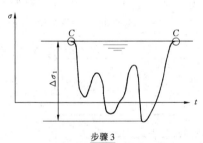

步骤 3

给形成的"水库""注水"，最大水深即 $A \leqslant t \leqslant B$ 段的最大应力幅值 $\Delta\sigma_1$

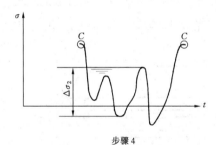

步骤 4

在最深处排水，找到与新水平面相应的最大水深，即 $A \leqslant t \leqslant B$ 段的次大应力幅值 $\Delta\sigma_2$

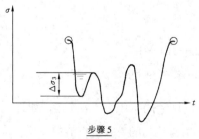

步骤 5

重复步骤 4 直到把水全部排完，就依大到小找到了 $A \leqslant t \leqslant B$ 段的所有应力幅值

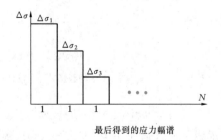

最后得到的应力幅谱

图 8-9 水库计数法

### 8.2.4 改善结构疲劳性能的措施

显然,改善结构疲劳性能应当从影响疲劳寿命的主要因素入手。钢材选用遵照现行《钢结构设计标准》GB 50017 的规定,见第 2 章 2.5.2 节。除了正确选材外,最重要的是在设计中采用合理的构造细节,减小应力集中程度,从而使结构的尺寸由静力(强度、稳定)计算而不是由疲劳计算来控制。除此之外,在施工过程中,要严格控制质量,并采用一些有效的工艺措施,减少初始裂纹的数量和尺寸。当然,无论是为降低应力幅而增大截面尺寸,还是采用高韧性材料或加强施工质量控制,都会提高造价,须权衡轻重,力求最佳。

1. 抗疲劳的构造设计

无论是从抗脆断或抗疲劳的角度出发,都要求设计者选择应力集中程度低的构造方案。应力集中通常出现在结构表面的凹凸处和截面的突变(包括孔洞造成的截面突变)处。因此在板的拼接中,能采用对接焊缝时就避免采用拼接板加角焊缝的方式。焊于构件的节点板宜有连续光滑的圆弧过渡段,如图 8-10(a) 所示,圆弧半径不小于 60mm。如果用梯形节点板加此圆弧过渡段,在表 8-1(d) 中列为 Z6 类,而没有圆弧过渡段的矩形节点板则为 Z8 类,前者的疲劳强度比后者高 27%。如果节点板与构件的连接改为高强度螺栓,则既可免除过渡段加工的麻烦,又可改善疲劳性能。摩擦型高强度螺栓的连接在表 8-1(a) 中列为 Z2 类,[$\Delta\sigma$] 比 Z8 类高一倍多,但是要注意必须针对引起应力集中的实际原因来采取对策。如图 8-10(b) 所示的圆弧过渡并不能有效地减小应力集中程度,因为在纵剖面1-1的截面突变处没有设置光滑过渡段,如果按纵剖面图上虚线所示,将厚度改成渐变,效果会显著得多。

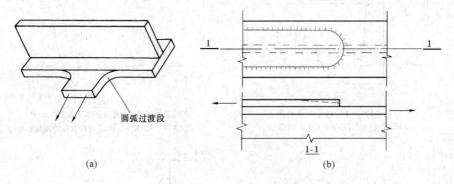

圆弧过渡段

(a)                    1-1                    (b)

图 8-10  连续光滑过渡段的设计

(a) 有效的圆弧过渡段设计;(b) 无效的圆弧过渡段设计

应力不均匀亦可由不当的细部构造所致。图 8-11 所示的梁柱焊接连接,如果在构造上设置了虚线所示的横加劲肋,那么可认为梁翼缘应力是均匀的,来进行疲劳校核。反之,构造上未设置横加劲肋时,由于柱翼缘的变形,平截面假定不再成立,不能把梁翼缘应力看作是均匀的。这种应力不均匀的情形,设计规范一般都不考虑,应当用可靠的方法(如有限单元法)确定应力分布，以应力峰值确定应力幅来进行疲劳校核。显然，为避免繁重的计算，以设置横加劲肋为好。

要尽量避免多条焊缝相互交汇而导致高额残余拉应力的情形。尤其是三条在空间相互垂直的焊缝交于一点时，将造成三轴拉应力的不利状况。为此，如图 8-12(a) 所示，在设计承受疲劳荷载的受弯构件时，常不将横向加劲肋与构件的受拉翼缘连接而是保持一段距离，一般取 50~100mm。如果是重级工作制吊车梁，则要求通过对加劲肋端部进行疲劳校核来确定这段距离。对于连接横向支撑处的横向加劲肋，可以把横向加劲肋和受拉翼缘顶紧不焊，且将加劲肋切角，保持腹板与加劲肋 50~100mm 不焊，如图 8-12(b) 所示。

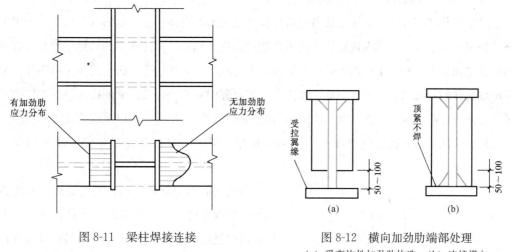

图 8-11　梁柱焊接连接　　　　　图 8-12　横向加劲肋端部处理

（a）受弯构件加劲肋构造；（b）连接横向
支撑处的加劲肋构造

应力集中不可避免时，尽可能地将其设置于低应力区亦是抗疲劳构造设计的措施之一。采用多层翼缘的变截面焊接梁时，外层翼缘切断处的应力集中总是存在的。在图 8-13 中，$A$ 是理论切断点，按静力计算要求的切断点是 $B$。从疲劳校核的角度看，如果在 $B$ 点处切断

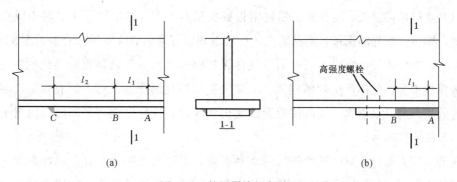

图 8-13　外层翼缘切断处理

（a）焊接连接；（b）摩擦型高强度螺栓连接

的应力幅不能满足，可以延伸长度 $l_2$ 到 $C$ 点处切断，如图 8-13(a) 所示，使得在 $C$ 点处的应力幅满足疲劳校核的条件，此举显然要比增大梁截面可取。图8-13(b)中，是将焊缝延伸到按静力计算要求的 $B$ 点后，改用摩擦型高强度螺栓来传递层间剪力的方案。摩擦型高强度螺栓抗剪连接具有较好的疲劳性能，可大大提高梁的抗疲劳能力。螺栓数量以传递翼板全部内力为原则来决定。在施工中，宜先安装高强度螺栓，然后施焊纵向角焊缝。这种尽可能由强度计算而不是由疲劳校核来控制构件尺寸的思路应该渗透在结构设计中。有的技术文件规定，焊接吊车梁的翼缘用两层钢板时，外层钢板宜沿梁通长设置，这样的规定使设计工作简化，但未免有些粗糙。好在"宜"字表示了并不是必须严格遵守。

2. 改善结构疲劳性能的工艺措施

除了冷热加工环节外，承受疲劳荷载的构件在运输、安装甚至于临时堆放的每一个施工环节都可能由于操作不当而造成构件疲劳性能的损伤。例如，构件在长途运输中如果没有正确的支垫和固定，则由于振动可以诱发裂纹；安装现场在构件的受拉区临时焊接小零件，亦会增加构件的裂纹萌发源等。因此，在整个施工过程中对承受疲劳荷载的构件做好严格的质量管理是很有意义的。另外，在承受疲劳荷载的构件加工完毕后，可以采取一些工艺措施来改善疲劳性能。这些措施包括缓和应力集中程度、消除切口以及在表层形成压缩残余应力等。

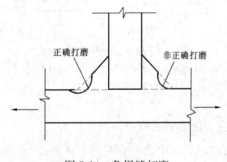

图 8-14　角焊缝打磨

焊缝表面的光滑处理经常能有效地缓和应力集中，表面光滑处理最普通的方法是打磨。打磨掉对接焊缝的余高，在焊缝内部没有显著缺陷时，可将疲劳强度由表 8-2 的 Z4 类提高到 Z2 类。打磨角焊缝焊趾，可以改善它的疲劳性能。但是必须如图 8-14 所示的正确打磨，把板磨去厚约 0.5mm 一层。这是因为焊缝的趾部经常存在咬边形成的切口，并且还有焊渣侵入。正确打磨应将这些焊接缺陷除去，这样做虽然使钢板截面稍有削弱，影响并不大。对于纵向受力角焊缝，则可打磨它的端部，使截面变化比较缓和，打磨后的表面不应存在明显的刻痕。消除切口、焊渣等焊接缺陷，还可运用气体保护钨弧使角焊缝趾部重新熔化的方法。由于钨极弧焊不会在趾部产生焊渣侵入，只要使重新熔化的深度足够，原有切口、裂缝以及侵入的焊渣都可以消除，从而使疲劳性能得到改善。这种方法在不同应力幅情况下疲劳寿命都能同样提高。

残余压应力是抑止减缓裂纹扩展的有利因素。通过工艺措施，有意识地在焊缝和近旁金属的表层形成压缩残余应力，是改善疲劳性能的一个有效手段。常用方法是锤击敲打和喷射金属丸粒。其机理是：被处理的金属表层在冲击性的敲打作用下趋于侧向扩张，但被周围的材料所约束,从而产生残余压应力。同时,敲击造成的冷工硬化也使疲劳强度提高,冲击性的敲打还使尖锐的切口得到缓减。梁的疲劳试验已经表明,这种工艺措施宜在构件安装就位后承受恒载工况下进行。否则,恒载产生的拉应力抵消残余压应力,削弱敲打效果。

## 习题

8.1　什么是疲劳断裂?

8.2　导致结构脆性破坏的主要因素有哪些? 延性材料组成的结构或构件是否会发生脆性破坏? 为什么?

8.3　疲劳断裂和脆性断裂有何异同?

8.4　影响疲劳强度的主要因素有哪些?

8.5　试推证式 (8-13)。

8.6　如图 8-15 所示的构造,截面为一热轧工字钢 Ⅰ 18,采用对焊而成。承受静态拉力荷载 $P_1 = 260\text{kN}$,对称循环的动力荷载 $P_2 = 100\text{kN}$,设循环次数为 $n = 5 \times 10^5$,钢材为 Q355 钢,试确定此构造是否安全?

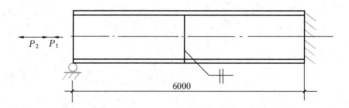

图 8-15　习题 8.6 附图

8.7　如图 8-16 所示焊接连接承受静力荷载设计值 $N = 500\text{kN}$ (拉力),动力荷载 $P_1 = 40\text{kN}$ (拉力)、$P_2 = 30\text{kN}$ (压力),设循环次数为 $n = 4 \times 10^5$,采用三面围焊,焊脚尺寸为 6mm,钢材为 Q235 钢,试验算此连接是否安全?

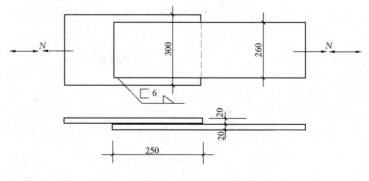

图 8-16　习题 8.7 附图

8.8 如图 8-17 所示为两种钢板承受循环拉力的方案，其循环拉力标准值在 40～220kN 之间变动，板一侧需要对接一块连接板，试计算在疲劳寿命达到 2×10⁶ 的条件下，应用哪种方案?

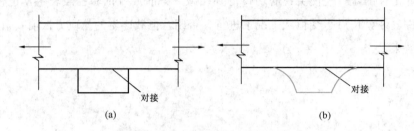

图 8-17　习题 8.8 附图
（a）方案一；（b）方案二

8.9 某吊车梁在预期寿命期间活荷载达到其标准值时频率是 30%，达到标准值的 3/4、1/2 和 1/4 的频率分别为 45%、20% 和 5%，试计算此梁等效应力幅和欠载系数。

# 第9章

# 简单钢结构设计示例

　　本章的目的在把前几章的内容串联起来，给出结构设计的概貌。具体包含两项内容：厂房屋架上的天窗架和桁架桥的桥面系。这两种简单结构实际上只是结构的一部分。不过，拿出来单独设计还不算很勉强。天窗架包括选型和决定尺寸，载荷和内力组合，杆件计算和节点设计，最后还有施工图，比较完整。桥面系由纵梁和横梁组成，都是工形截面实腹梁，结构十分单纯。由于桥梁结构设计遵循的规范不同于现行《钢结构设计标准》GB 50017，本书有关梁整体和局部稳定计算等公式不能直接应用。然而设计计算的基本原理对房屋结构和桥梁结构是一致的。原理相通，考虑问题的思路也并无差别。具体计算公式的改变并不难理解和掌握。

## 9.1　厂房的天窗结构

### 9.1.1　天窗架的形式

　　单层厂房由于采光和通风的要求，需要设置天窗。天窗架结构的常用形式有三铰拱式、三支点式和多竖杆式（图9-1）。三铰拱式由两片三角形桁架组成，两点支撑于屋架上，制作简单，便于运输组装，但安装时稳定性差，且传给屋架的荷载较大，适用于天窗跨度较小的情况。三支点式天窗架由两根竖柱和一片三角形桁架组成，整体刚度较大，适用于天窗跨度较大的情况。多竖杆式天窗架由竖向压杆、上弦杆和斜腹杆组成。与前两种天窗架相比，它与屋架的连接节点较多，现场安装工作量较大，多用于天窗高度不太大但跨度较大的情况。

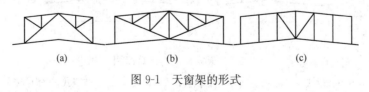

（a）　　　　　　　（b）　　　　　　　（c）

图 9-1　天窗架的形式

（a）三铰拱式；（b）三支点式；（c）多竖杆式

天窗架有时设挡风板，这里不作论述。

天窗架的跨度和高度应根据厂房的采光和通风要求确定，跨度一般为屋架跨度的 $1/3\sim$ $1/2$，高度一般为其跨度的 $1/5\sim1/2$。常用天窗架跨度为 6m、9m 和 12m。图 9-1(a) 所示天窗架适用于 6m 跨，跨度大者，对前二种形式可增加短腹杆，使上弦节间保持 1.5m，对后一种形式则是增加竖杆数。

天窗架上弦坡度和节间划分一般与其下面的支承屋架相同，天窗架上弦通常不受局部弯矩。天窗架的支点一般落在屋架的节点上。

普通天窗屋盖采用 1.5m×6.0m 预应力混凝土屋面板时，为无檩体系；轻型天窗屋盖采用压型钢板、夹芯板和发泡沫水泥复合板（太空板），可以是有檩体系或无檩体系。

### 9.1.2　天窗架的荷载和内力

作用在天窗架上的荷载有永久荷载、屋面可变荷载和风荷载。各项荷载取值遵守现行国家规范《建筑结构荷载规范》GB 50009 的相关规定。计算天窗架结构时，所有节点均可视为铰节点，因为节点刚性对杆件内力影响甚微。天窗架的侧柱及受有节间荷载的杆件，应考虑其所受弯矩。

三铰拱式天窗架为静定结构，可直接求解其内力。其余两种为超静定结构，计算内力时，可适当简化，如将主斜杆或腹杆视为柔性拉杆，不承担压力。图 9-2 中画成虚线的杆，都是在

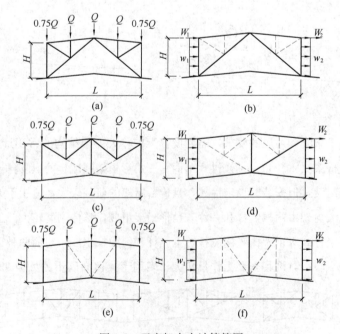

图 9-2　天窗架内力计算简图

(a) 三铰拱式，竖向荷载；(b) 三铰拱式，水平荷载；(c) 三支点式，竖向荷载；
(d) 三支点式，水平荷载；(e) 多竖杆式，竖向荷载；(f) 多竖杆式，水平荷载

所示荷载下不受力的杆。不受力的原因，对静定结构来说是没有节点荷载，如图 9-2(b) 中的短竖杆和短斜杆；对超静定结构来说则是认为杆件柔度相对较大而不承担压力，如图 9-2(c) 和图 9-2(e) 所示；而图 9-2(d) 和图 9-2(f) 则两种原因都存在。边节点竖向内力考虑挑檐而增加 $0.25Q$ 为 $0.75Q$。

天窗架上弦承受节间荷载时，局部弯矩近似取 $0.8M_0$（$M_0$ 为跨度等于节间长度的简支梁的最大弯矩）。天窗架侧柱一般按两端简支构件计算。

### 9.1.3　内力组合

结构承受的荷载不止一种，这些荷载不可能同时达到各自的最大值。因此，设计结构时需要针对可能发生的各种不利情况进行内力组合。杆件的内力组合通常考虑以下情况：

（1）可变荷载效应控制的组合

$$\gamma_G \text{ 永久荷载标准值} + \gamma_Q(\text{第一可变荷载标准值}) + \sum_{i=2}^{n} \gamma_Q \psi_{ci}(\text{其他可变荷载标准值})$$

（2）永久荷载效应控制的组合

$$1.35 \text{ 永久荷载标准值} + \sum_{i=1}^{n} \gamma_Q \psi_{ci}(\text{可变荷载标准值})$$

式中　　$\gamma_G$ ——永久荷载分项系数；

　　　　$\gamma_Q$ ——可变荷载分项系数；

　　　　$\psi_{ci}$ ——可变荷载 $Q_i$ 的组合值系数（$i=1$，2，3…），对风荷载取 0.6，雪荷载和活荷载取 0.7。

对于轻型屋面一般按第一种组合为最不利，而对于混凝土屋面，大部分杆件按第二种组合控制。天窗架侧柱一般按第一种组合控制，其第一可变荷载应为风荷载。

（3）当屋面永久荷载较小且风荷载较大时，应验算在风吸力作用下，永久荷载与风荷载组合，截面应力反号的情况，此时永久荷载的分项系数取 1.0。

需要抗震设防的结构，尚应计算地震作用效应与其他荷载效应组合。

### 9.1.4　天窗架的杆件截面选择和计算长度

天窗架杆件可采用角钢、T 型钢或钢管（圆管或方管）截面，通常和屋架保持一致。

当采用角钢时，天窗架的上弦一般采用等边角钢（或不等边角钢）组成的 T 形截面。天窗架侧柱常采用两个不等边角钢长肢相连的 T 形截面；当高度较小时，也可采用两个等边角钢组成的 T 形截面；当高度较大和风荷载较大致使弯矩较大时，可采用双槽钢或一个工字钢截面。天窗架的屋脊中央竖杆，应采用两个等边角钢组成的十字形截面。天窗架的其他竖杆和斜腹杆通常采用两个等边角钢组成的 T 形截面，对受力较小的轻型天窗架腹杆可采用单角钢。

天窗架的上弦杆件根据有无节间荷载而按压弯杆或压杆计算，侧柱按压弯构件计算，其他杆件均按轴力构件计算。

天窗架压杆的计算长度原则上和 5.1.1 节所分析的桁架杆一致。但是受压腹杆之下端连于桁架上弦杆者，在桁架平面内取其几何长度，不乘以 0.8 或 0.9。

天窗架的拉杆和压杆的长细比应分别符合表 6.1 桁架杆件和表 6.2 的规定。

## 9.1.5 节点构造

天窗架的节点构造和运送单元的划分有密切联系。凡是在制造工厂内完成的连接都采用焊接，按 7.13 节的论述进行设计。在安装工地完成的连接则宜采用螺栓连接。但是在地面拼装的连接可以采用焊接。图 9-3 给出了三铰拱式天窗架的安装节点构造。由于两个运送单元在地面先行拼装，图 9-3(a) 的脊节点采用了工地焊缝。图 9-3(b) 是脊节点的另一方案，两个单元的节点板分别焊有端板，用螺栓连接十分方便。图 9-3(c) 是天窗架和屋架的连接，也采用螺栓和端板。这里还需要分析一个问题，即脊节点处天窗架弦杆之间力的传递问题。图 9-3(a)、(b) 都没有采用图 7-131 所示的拼接角钢，而是用平盖板代替，盖板只在两弦杆伸出肢之间传力。如果弦杆的 $\varphi$ 系数大于 0.6，需要适当增加节点板厚度，以免它负担过重。

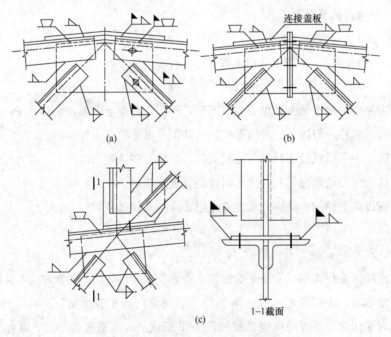

图 9-3　三铰拱式天窗架的连接节点

(a) 脊节点焊接；(b) 脊节点栓接；(c) 天窗架与屋架连接

三支点式和多竖杆式天窗架一般与屋架分别吊装，通常用水平底座及螺栓与屋架连接（图 9-4a、b）。当与屋架一起整榀吊装时，可采用如图 9-4(c)、(d) 所示的连接形式。这里屋架也分成两个运输单元，在工地地面拼装后起吊。由于屋架上弦拼接角钢已经焊在左半榀屋架上，拼装颇为费事。底座式连接和 7.13 节屋架支座节点颇为相似，但是不需把支座压力分布到较大面积，底板厚度不需要计算，可以和屋架上弦角钢同厚。

由于安放屋面构件的构造要求，天窗架侧柱轴线不能对准屋架节点中心，故一般使侧柱外边缘线交于屋架节点（图 9-4a）。

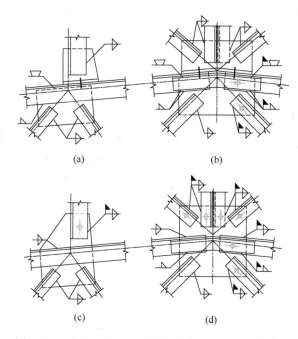

(a)　　　　　　　　(b)

(c)　　　　　　　　(d)

图 9-4　三支点式和多竖杆式天窗架与屋架的连接节点

(a) 侧柱底座，与屋架分离；(b) 脊栓底座，与屋架分离；
(c) 侧接底座，与屋架一起；(d) 脊柱底座，与屋架一起

【例题 9-1】三铰拱式天窗架。

【解】1. 设计资料

天窗架跨度 $L=6\text{m}$，高度 $H=2.05\text{m}$，（窗扇为 1.2m 的上悬玻璃窗，无挡风板），间距 6m，屋面材料为夹芯板，檩距 1.5m，屋面坡度 $1/10$（$\alpha=5.71°$）。基本风压 $w_0=0.7\text{kN/m}^2$，屋面均布活荷载 $0.50\text{kN/m}^2$，雪荷载 $0.40\text{kN/m}^2$，天窗距地面高度为 12m。钢材 Q235，焊条 E43 型。无抗震设防要求。天窗架的结构形式、几何尺寸及杆件编号见图 9-5。屋面和天窗侧面支撑保证天窗屋檐和屋脊节点为纵向不动点。作为示例，$\gamma_G$ 和 $\gamma_Q$ 分别取 1.3 和 1.5。

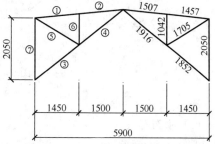

图 9-5　天窗架形式、几何尺寸及杆件编号

2. 荷载标准值

(1) 永久荷载

屋面永久荷载

| 夹芯板 | 0.20 |
| 天窗架自重（包括支撑及檩条） | 0.25 |
|  | 0.45kN/m² |

其他永久荷载

窗扇（包括横档）：0.45kN/m²

(2) 可变荷载

屋面均布活荷载 0.50kN/m²，雪荷载 0.40kN/m²，计算时取两者的较大值 0.50kN/m²。由《建筑结构荷载规范》GB 50009—2012，风荷载高度变化系数为 1.052（地面粗糙度取 B 类），风振系数取 1.0，体形系数见图 9-6，则作用于侧柱的风荷载标准值：

$$w_{k1} = \beta_z \mu_s \mu_z w_0 = 1.0 \times 0.6 \times 1.052 \times 0.7 = 0.442 \text{kN/m}^2$$

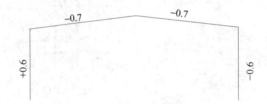

图 9-6　风荷载体形系数

垂直于屋面的风荷载标准值（吸力）：

$$w_{k2} = \beta_z \mu_s \mu_z w_0 = 1.0 \times 0.7 \times 1.052 \times 0.7 = 0.515 \text{kN/m}^2$$

3. 节点荷载设计值和杆件内力

天窗架的计算简图如图 9-7 所示，其中 0.75Q 为考虑挑檐而增加 0.25Q。

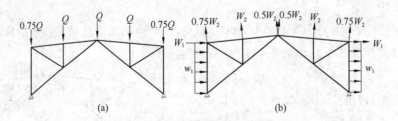

图 9-7　天窗架计算简图

(a) 竖向荷载；(b) 风荷载

(1) 永久荷载

上弦节点荷载：$Q_G = 1.3 \times 0.45 \times 6 \times 1.5 = 5.27$kN

此外，侧窗对天窗架侧柱产生的轴力为：$N'=1.3\times0.45\times6\times1.2=4.21\text{kN}$

（2）屋面活荷载

上弦节点荷载：$Q_Q=1.5\times0.50\times6\times1.5=6.75\text{kN}$

（3）风荷载

作用于侧柱的均布荷载：$w_1=1.5\times0.442\times6=3.98\text{kN/m}$

作用于侧柱顶的水平集中荷载：$W_1=\dfrac{1}{2}\times3.98\times2.05=4.08\text{kN}$

风荷载对侧柱产生的弯矩：$M=\pm\dfrac{1}{8}\times3.98\times2.05^2=\pm2.09\text{kN}\cdot\text{m}$

上弦节点荷载（吸力）：$W_2=1.5\times0.515\times(6/\cos5.71°)\times1.5=6.99\text{kN}$

天窗架杆件内力及其组合见表9-1。除腹杆⑤和侧柱有两组内力外，其他各杆都只有一组内力。

杆件内力及组合（单位：kN） 表 9-1

| 杆件名称 | 杆件编号 | 屋面永久荷载 | | 屋面活荷载设计值 | 风荷载设计值 | | | | 起控制作用的组合内力 |
|---|---|---|---|---|---|---|---|---|---|
| | | | | | 左风 | | 右风 | | |
| | | 标准值 | 设计值 | | $W_1$ | $W_2$ | $W_1$ | $W_2$ | |
| 上弦杆 | ① | −2.88 | −3.75 | −4.80 | −4.11 | 5.54 | 4.11 | 5.54 | −8.55 |
| | ② | −2.88 | −3.75 | −4.80 | −4.11 | 6.25 | 4.11 | 6.25 | −8.55 |
| 主斜杆 | ③ | −6.45 | −8.39 | −10.76 | 5.23 | 10.98 | 5.23 | 10.98 | −19.15 |
| | ④ | −2.79 | −3.63 | −4.66 | 5.23 | 4.61 | −5.23 | 4.61 | −8.29 |
| 腹杆 | ⑤ | 3.37 | 4.38 | 5.61 | 0.0 | −5.87 | 0.0 | −5.87 | 9.99 <br> −2.50* |
| | ⑥ | −4.05 | −5.27 | −6.75 | 0.0 | 7.05 | 0.0 | 7.05 | −12.02 |
| 侧柱 | ⑦ | −8.34 | −10.84 | −8.50 | −0.41 | 8.88 | 0.41 | 8.88 | −19.34 |
| | | | | | $\pm2.09\text{kN}\cdot\text{m}$ | | | | −8.32** <br> $\pm2.09\text{kN}\cdot\text{m}$ |
| 支座反力 | 水平 | 5.05 (→←) | 6.57 (→←) | 8.42 (→←) | 12.78 (←)，4.64 (→) | | | | 14.99 |
| | 竖向 | 12.35 (↑) | 16.06 (↑) | 15.19 (↑) | 18.55 (↓)，12.89 (↓) | | | | 6.20 (↓)* |

注：1. 标 * 者为风吸力设计值与屋面永久荷载标准值组合；

2. 标 ** 者为屋面永久荷载设计值＋风荷载设计值＋0.7屋面活荷载设计值；

3. 其余为屋面永久荷载设计值＋屋面活荷载设计值＋0.6风荷载设计值。

4. 杆件截面选择

节点板厚采用 6mm。

(1) 上弦杆（①、②杆）内力设计值 $N_1 = N_2 = -8.55$kN，两段相同。

计算长度 $l_{ox} = 150.7$cm，$l_{oy} = 296.4$cm

选用┳ $56 \times 5$，$A = 10.83$cm$^2$；$i_x = 1.72$cm，$i_y = 2.54$cm

$\lambda_x = 150.7/1.72 = 87.6$，$\lambda_y = 296.4/2.54 = 116.7 < 150$

$\lambda_z = 3.9b/t = 3.9 \times 56/5 = 43.7 < \lambda_y$

$$\lambda_{yz} = \lambda_y \left[ 1 + 0.16 \left( \frac{\lambda_z}{\lambda_y} \right)^2 \right] = 116.7 \left[ 1 + 0.16 \left( \frac{43.7}{116.7} \right)^2 \right] = 119.3$$

属 b 类截面，据 $\lambda_{yz} = 119.3$ 查表可得，$\varphi = 0.440$，则

$$\frac{N}{\varphi A f} = \frac{8.55 \times 10^3}{0.44 \times 10.83 \times 10^2 \times 215} = 0.09 < 1.0$$

(2) 主斜杆（③、④杆）两段压力不同，$N_3 = -19.15$kN，$N_4 = -8.29$kN。

$$l_{ox} = 191.6\text{cm}, l_{oy} = l_1 \left( 0.75 + 0.25 \frac{N_1}{N_2} \right) = 376.8 \left( 0.75 + 0.25 \frac{8.29}{19.15} \right)$$

$$= 323.4\text{cm}$$

选用┳ $56 \times 5$，$A = 10.83$cm$^2$，$i_x = 1.72$cm，$i_y = 2.54$cm

$$\lambda_x = 191.6/1.72 = 111.4, \lambda_y = 323.4/2.54 = 127.3, 376.8/2.54 = 148.3 < 150$$

$$\lambda_z = 3.9b/t = 3.9 \times 56/5 = 43.7 < \lambda_y$$

$$\lambda_{yz} = \lambda_y \left[ 1 + 0.16 \left( \frac{\lambda_z}{\lambda_y} \right)^2 \right] = 127.3 \left[ 1 + 0.16 \left( \frac{43.7}{127.3} \right)^2 \right] = 129.7$$

属 b 类截面，查表可得，$\varphi = 0.388$，则

$$\frac{N}{\varphi A f} = \frac{19.15 \times 10^3}{0.388 \times 10.83 \times 10^2 \times 215} = 0.21 < 1.0$$

(3) 腹杆（⑤、⑥杆）。

短斜杆⑤压力甚小（2.50kN），拉力小于短竖杆⑥的压力，此杆可采用和⑥相同的截面，不需计算。

短竖杆⑥的设计内力和计算长度分别为 $N_6 = -12.02$kN，$l_{ox} = l_{oy} = 104.2$cm，选用 L$45 \times 5$，$A = 4.29$cm$^2$，$i_{min} = 0.88$cm，$\lambda = 104.2/0.88 = 118.4 < 150$，单边连接的单角钢计算折减系数，$\eta = 0.6 + 0.0015\lambda = 0.6 + 0.0015 \times 118.4 = 0.778$，属 b 类截面，查表得，$\varphi = 0.444$，则

$$\frac{N}{\eta \varphi A f} = \frac{12.02 \times 10^3}{0.778 \times 0.444 \times 4.29 \times 10^2 \times 215} = 0.392 < 1.0$$

(4) 侧柱（⑦杆），两组内力分别计算。

1) $N_7 = -8.32$kN，$M = \pm 2.09$kN·m，$l_{ox} = l_{oy} = 205$cm，当采用双角钢截面时，背风面的侧柱最不利，此时肢尖受压最大。选用┳ $63 \times 5$，则

$$A=12.29\text{cm}^2,\ i_\text{x}=1.94\text{cm},\ i_\text{y}=2.82\text{cm},\ W_\text{xmax}=26.67\text{cm}^3,\ W_\text{xmin}=10.16\text{cm}^3$$

$$\lambda_\text{x}=205/1.94=105.7<150,\ \lambda_\text{y}=205/2.82=72.7$$

$$\lambda_\text{z}=3.9b/t=3.9\times63/5=49.1<\lambda_\text{y}$$

$$\lambda_\text{yz}=\lambda_\text{y}\left[1+0.16\left(\frac{\lambda_\text{z}}{\lambda_\text{y}}\right)^2\right]=72.7\left[1+0.16\left(\frac{49.1}{72.7}\right)^2\right]=78.0$$

属 b 类截面，查表得 $\varphi_\text{x}=0.519$，$\varphi_\text{yz}=0.701$，则弯矩作用平面内稳定：

$$N'_\text{EX}=\frac{\pi^2\times2.06\times10^5\times12.29\times10^2}{1.1\times105.7^2}=203.3\times10^3(\text{N})$$

$$\frac{N}{\varphi_\text{x}Af}+\frac{\beta_\text{mx}M_\text{x}}{\gamma_\text{x}W_\text{1x}\left(1-0.8\dfrac{N}{N'_\text{EX}}\right)f}$$

$$=\frac{8.32\times10^3}{0.519\times12.29\times10^2\times215}+\frac{1.0\times2.09\times10^6}{1.2\times10.16\times10^3\times\left(1-0.8\dfrac{8.32}{203.3}\right)\times215}$$

$$=0.89<1.0$$

弯矩作用平面外稳定：

采用近似公式计算受弯稳定系数 $\varphi_\text{b}=1-0.05\lambda_\text{y}/100=1-0.05\times72.7/100=0.96$

$$\frac{N}{\varphi_\text{y}Af}+\eta\frac{\beta_\text{tx}M_\text{x}}{\varphi_\text{b}W_\text{1x}f}=\frac{8.32\times10^3}{0.701\times12.29\times10^2\times215}+1.0$$

$$\times\frac{1.0\times2.09\times10^6}{0.96\times10.16\times10^3\times215}$$

$$=1.04>1.0，仅超\ 4\%$$

2）$N_7=-19.34\text{kN}$，仍按$\llcorner$$63\times5$ 计算，因压力甚小，该截面承载力富余颇多，具体计算从略。

5. 节点设计

天窗架分两个运送单元，其屋脊节点构造采用图 9-3(a) 的构造方案。同时，支座节点采用图 9-3(c) 的构造方案，安装较为简便。节点设计参照 7.13 节进行，这里只给出支座节点计算。

(1) 连接焊缝计算

1）主斜杆③杆的压力 $N_3=-19.15\text{kN}$。

$N_3$ 杆：肢背 $h_\text{f}l_\text{w}=\dfrac{0.7N_3}{2\times0.7f_\text{f}^\text{w}}$

$$=\frac{0.7\times19.15\times10^3}{2\times0.7\times160\times10^2}=0.60\text{cm}^2$$

用 $h_\text{f}=0.5\text{cm}$，所以 $l_\text{w}=\dfrac{0.60}{0.5}+2\times0.5=2.2\text{cm}$，实际应不小于 4cm。

肢尖 $h_\text{f}l_\text{w}=\dfrac{0.3N_3}{2\times0.7f_\text{f}^\text{w}}=\dfrac{0.3\times19.15\times10^3}{2\times0.7\times160\times10^2}=0.26\text{cm}^2$

用 $h_f = 0.5\text{cm}$ ，所以 $l_w = \dfrac{0.26}{0.5} + 2 \times 0.5 = 1.52\text{cm}$ ，实际应不小于 4cm。

2）侧柱⑦杆的内力 $N_7 = -19.34\text{kN}$ 。

同理可计算得出肢背 $h_f = 0.5\text{cm}$ ， $l_w = 2.2\text{cm}$ ，肢尖 $h_f = 0.5\text{cm}$ ， $l_w = 1.52\text{cm}$ ，实际应不小于 4cm。

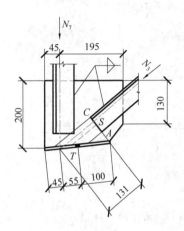

图9-8 支座节点

（2）节点板稳定验算

节点板厚度为 6mm。GB 50017 标准对节点板稳定计算的规定十分烦琐。由于天窗架杆件内力很小，这里采用简化的计算方法偏于安全地假定图 9-8 的 $N_3$ 力完全由宽度为 $\overline{AC} = 56\text{mm}$ ，平均长度为 $\overline{ST} = 96\text{mm}$ 的板块负担，其长细比为

$$\lambda = 0.8 \times \sqrt{12}\,\frac{\overline{ST}}{t} = 2.77 \times \frac{96}{6} = 44.3$$

相应的 b 类截面稳定系数为 $\varphi = 0.881$ ，该板块稳定承载力设计值为

$$56 \times 6 \times 0.881 \times 215 = 63.64\text{kN}$$

此值大于 $N_3 = 19.15\text{kN}$ ，节点板稳定没有问题。

节点板所连接的另一根⑦也是压杆。因杆端距离底板只有 $40\text{mm} = 6.7t$ ，也不会导致节点板失稳。

节点板在竖杆和主斜杆之间的自由边面对的是一受拉为主的短斜杆，无须考虑其宽厚比是否超限。

（3）支座螺栓计算

支座螺栓采用 2 个 M16 普通螺栓，$f_t^b = 170\text{MPa}$ ，$f_v^b = 140\text{MPa}$ ，$f_c^b = 305\text{MPa}$

支座水平剪力 $H = 14.99\text{kN}$ ，此时竖向反力为压力。

一个螺栓受剪承载力设计值：$N_v^b = n_v \dfrac{\pi d^2}{4} f_v^b = 1 \times \dfrac{\pi \times 16^2}{4} \times 140 = 28.15\text{kN}$

一个螺栓受压承载力设计值：$N_c^b = d\sum t f_c^b = 16 \times 6 \times 305 = 29.28\text{kN}$

一个螺栓受拉承载力设计值：$N_t^b = \dfrac{\pi d_e^2}{4} f_t^b = \dfrac{\pi \times 14.12^2}{4} \times 170 = 26.6\text{kN}$

所以：$N_{min}^b = 28.15\text{kN}$

$N_v = 14.99/2 = 7.50\text{kN} < N_{min}^b = 28.15\text{kN}$ 满足要求。

支座竖向拉力 $V = 6.20\text{kN}$ 很小，螺栓受拉剪应该没问题。

讨论：6m 跨的天窗架内力很小。除受弯的侧柱外，其他杆件截面和连接主要由长细比和构造控制。

天窗架施工详图见图 9-9。

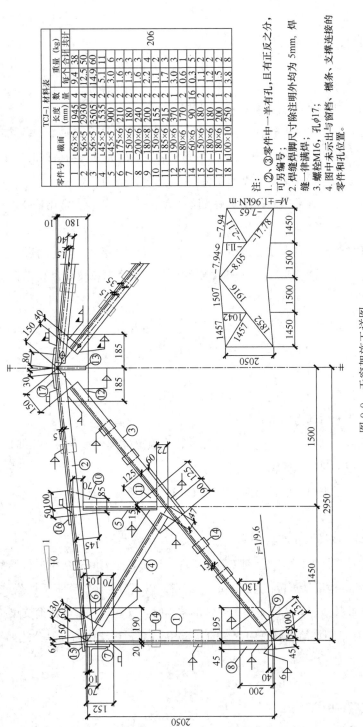

图 9-9　天窗架施工详图

| 零件号 | 截面 | 长度(mm) | 数量 | 重量(kg) |  |
|---|---|---|---|---|---|
|  |  |  |  | 每个 | 合计 共计 |
| 1 | L63×5 | 1945 | 4 | 9.4 | 38 |
| 2 | L56×5 | 2930 | 4 | 12.5 | 50 |
| 3 | L56×5 | 3305 | 4 | 14.9 | 60 |
| 4 | L45×5 | 1535 | 2 | 5.1 | 11 |
| 5 | -175×6 | 900 | 2 | 3.0 | 6 |
| 6 | -150×6 | 210 | 2 | 1.6 | 3 |
| 7 | -150×6 | 180 | 2 | 1.3 | 3 |
| 8 | -200×6 | 200 | 2 | 1.6 | 3 |
| 9 | -180×8 | 200 | 2 | 2.2 | 4 |
| 10 | -150×6 | 155 | 2 | 1.1 | 2 |
| 11 | -190×6 | 215 | 2 | 1.7 | 3 |
| 12 | -190×6 | 370 | 1 | 3.0 | 3 |
| 13 | -80×6 | 170 | 1 | 0.6 | 1 |
| 14 | -60×30 | 16 | 2 | 0.3 | 5 |
| 15 | -150×6 | 180 | 2 | 1.1 | 2 |
| 16 | -180×6 | 180 | 1 | 1.2 | 2 |
| 17 | -180×6 | 200 | 1 | 1.5 | 2 |
| 18 | L100×10 | 250 | 4 | 3.8 | 8 |
|  |  |  |  |  | 206 |

TCJ-1 材料表

注：
1. ②、③零件中一半有孔，且有正反之分，可另编号；
2. 焊缝焊脚尺寸除注明外均为 5mm，焊缝一律满焊；
3. 螺栓M16，孔φ17；
4. 图中未示出与窗档、檩条、支撑连接的零件和孔位置。

$M_f = 1.96\text{kN·m}$

## 9.2 桁架桥的桥面系设计

### 9.2.1 桁架桥的桥面系

图 1-9 所示为一下承式穿式桁架桥的结构简图。桥面系由纵梁、横梁及纵梁之间的支撑（连接系）组成。车辆等竖向荷载由桥面首先传到纵梁，纵梁通过其与横梁的连接传给横梁，横梁再进一步通过它与主桁架下弦节点的连接传给主桁架。

纵梁的跨度即为主桁架的节间长度，横梁跨度为主桁架中心距。常用铁路下承式桁架桥纵、横梁跨度分别为 8m 和 6.4m。

虽然各类结构的设计原则和方法是相通的（结构设计的一致性），但每种特定结构设计又有不同特点（结构设计的特殊性）。与房屋钢结构相比，铁路桥梁钢结构设计有下面的主要特点：

——桥梁钢结构有专用钢材，目前铁路钢桥用钢主要有：Q235qD、Q355qD/E、Q370qD/E 和 Q420qD/E（q 代表桥字，D、E 为质量等级）；

——设计采用容许应力法；

——荷载效应组合采用容许应力提高系数的方法；

——疲劳计算应考虑动力冲击系数；

——桥面系强度计算，除单独受载的情况外，当纵梁连续长度超过 80m 时，还应计算与桁架下弦共同作用引起的纵梁轴力和横梁弯矩；

——一些名词用语不同，如联结系，跨（孔）径、检算等。

### 9.2.2 桥面系的内力计算

桥面系的简化计算将纵、横梁分别按简支梁进行计算，必要时对弯矩进行调整。对纵梁来说，《铁路桥梁钢结构设计规范》TB 10091—2017（以下简称《铁路钢桥规范》）规定，当设有鱼形板、牛腿或其他能够承受支座负弯矩的结构时，支座负弯矩则按简支梁跨中弯矩的 0.6 倍计算，而跨中弯矩按简支梁跨中弯矩的 0.85 倍计算。纵梁内力计算公式如下

跨中弯矩： $$M = M_p + \eta(1+\mu)M_k \tag{9-1}$$

支座剪力： $$Q = Q_p + \eta(1+\mu)Q_k \tag{9-2}$$

式中　$M_p$——恒载跨中弯矩；

　　　$M_k$——静活载跨中弯矩，按弯矩影响线计算；

　　　$Q_p$——恒载支座剪力；

$Q_k$——静活载支座剪力，按剪力影响线计算；

$\eta$——桁架桥的活载发展均衡系数；

$1+\mu$——计算的冲击系数。

活载发展系数是考虑到车辆载重量在钢桥使用寿命期间的增大而在设计活载基础上预留的发展（增大）系数，它与设计恒载和设计活载的比例有很大关系。因此，不同构件的活载发展系数会不同。为使整桥各构件的安全度一致，则需将较弱构件的设计活载内力提高，这一提高系数即为活载发展均衡系数 $\eta$。铁路钢桥设计采取把钢材实际容许应力降低 20％作为设计容许应力来考虑活载发展，则

$$\eta_i = 1 + (\alpha_{\max} - \alpha_i)/6 \tag{9-3}$$

式中 $\eta_i$——构件 $i$ 的活载发展均衡系数；

$\alpha_i$——构件 $i$ 的恒载内力与其活载内力之比值；

$\alpha_{\max}$——所有构件的 $\alpha_i$ 之最大值。

由式（9-3）可见，恒载内力与活载内力比值最大的构件的活载发展均衡系数为1.0，其余构件的皆大于1.0。据计算，单线铁路桁架桥桥面系纵横梁的活载发展均衡系数为1.04～1.05。

作用在中间横梁上的荷载主要为纵梁传来的集中力和它的自重，其计算简图类似图 3-27。集中荷载 $D$ 为支承于横梁的左右两纵梁的支座反力之和

$$D = D_p + \eta(1+\mu)D_k \tag{9-4}$$

式中 $D_p$——纵梁双孔恒载支座反力；

$D_k$——纵梁双孔活载支座反力。

端横梁一般采用与中间横梁相同的截面，因为它只承担一边纵梁传来的支座反力，因此车辆荷载作用下不必验算其内力。但在桁架桥的安装或维修时，须通过端横梁把桁架桥顶起，因此端横梁须按起重横梁来进行验算。

### 9.2.3 纵、横梁的截面

纵梁、横梁一般均为焊接工形截面，它们的高度一般为其跨度的 1/8～1/7 和 1/6～1/4。纵、横梁的高度确定及截面初选原则与 3.4 节相同。铁路桁架桥的建筑高度为主桁架底缘到轨底之距离，常用铁路标准设计下承式桁架桥的建筑高度为 1.78m。铁路桁架桥静活荷载（即不计冲击力的活荷载）作用下梁的最大挠度与其跨度之容许比值为 1/900。8m 的纵梁的最小高度和经济高度分别约为 900mm 和 1200mm。通常纵、横梁取同样的高度或横梁取较大高度。

根据《铁路钢桥规范》，Q355q 钢材焊接梁翼缘的伸出肢宽厚比（宽度从腹板中心算起）不得超过 10。由 4.6.2 节，Q355q 钢材焊接梁受压翼缘的伸出肢宽不应大于其厚度的 12 倍。

可见，《铁路钢桥规范》规定稍微严格点。

《铁路钢桥规范》规定对 Q355q 钢梁，当腹板宽厚比小于 50 时，可不设置中间横向（竖向）加劲肋，当腹板宽厚比超过 50 但小于 140 时，应按计算设置中间横向加劲肋；当腹板宽厚比超过 140 时，除按计算设置中间横向加劲肋外，还应在距受压翼缘（1/5~1/4）倍腹板高度处设置纵向（水平）加劲肋，腹板高厚比一般不超过 250。根据 4.6.2 节，对 Q355q 钢材上述相应的腹板宽厚比界值分别为 66、140（受压翼缘扭转未受到约束时为 124）、250。显然，桥梁规范较钢结构标准在设置横向加劲肋条件上严格一些。

腹板的厚度一般为 10~12mm，翼缘板的宽度一般为（0.20~0.45）倍梁高且不超过 600mm，当采用高强度螺栓连接时，考虑到螺栓的布置，不宜小于 300mm，翼缘板的宽度一般为 250~650mm。板件的最大厚度与其应力状态、可能最低工作温度、钢材的种类及质量等级和构造细部有关。如 Q355qD 钢翼缘厚度一般不超过 35mm，宽度不超过 400mm。铁路钢桥规范规定的钢材一般最大厚度不超过 50mm。

### 9.2.4　纵、横梁的承载力验算

纵、横梁的承载力验算主要包括强度、整体和局部稳定以及疲劳验算。这几方面的验算原则和方法基本与第 3、4、8 章一致，但如 9.2.1 节所述，也有不同。除前述特点外，下面进一步阐述其他的不同点。

1. 强度验算

《铁路钢桥规范》规定，验算受压翼缘最大弯曲正应力时，梁的截面模量用毛截面模量；双向弯曲时，容许应力乘以提高系数。当剪应力分布不均匀时，容许剪应力也乘以提高系数。

2. 整体稳定验算

验算梁整体稳定性时，《铁路钢桥规范》把梁的稳定问题等效成轴压杆的稳定问题进行验算。梁在一个主平面内（绕强轴）受弯的整体稳定系数 $\varphi_2$，按换算长细比 $\lambda_e$ 查轴压杆稳定系数 $\varphi_1$ 得到；同时，弯矩取梁中部三分之一长度内的最大弯矩。对焊接梁，$\lambda_e = 1.8(l_0/i_y)(i_x/h)$，其中 $l_0$ 为梁受压翼缘在梁平面外的计算长度，$h$ 为梁截面高度，$i_x$、$i_y$ 分别为梁截面绕强轴和弱轴的回转半径。

3. 局部稳定验算

9.2.3 节已对局部稳定进行了部分阐述，这里仅就腹板加劲肋等进一步论述。仅设置横向加劲肋时，其间距为 $a \leqslant 950t_w/\sqrt{\tau}$，且不得大于 2m，其中，$t_w$ 为腹板的厚度，$\tau$ 为腹板验算段的平均剪应力，以 "MPa" 计。成对设置在腹板两侧的加劲肋刚度要求同 4.6.2 节。采用单侧加劲肋时，其绕腹板边线的惯性矩应不小于成对加劲肋对腹板中心的截面惯性矩。同时设有横向加劲肋及纵向加劲肋，则横向加劲肋刚度要求同 4.6.2 节，纵向加劲肋截面惯性矩不得小于 $h_w t_w^3[2.4(a/h_w)^2 - 0.13]$ 和 $1.5h_w t_w^3$。纵向加劲肋遇到横向加劲肋时，应在其

前后空出 70mm 左右的间隙。

4. 疲劳验算

《铁路钢桥规范》容许应力幅是以应力比为 0，循环次数为 200 万的常幅疲劳试验得到的。构件、连接细部构造共分 18 类，37 个细部构造，应用此容许应力幅时，构件、连接必须符合规定的加工质量与要求。疲劳验算的荷载不考虑活载发展系数，冲击作用采用运营动力系数 $1 + \mu_f$，而不是计算冲击系数 $1 + \mu$。纵梁的疲劳验算公式是 $\gamma_n(\sigma_{max} - \sigma_{min}) \leqslant \gamma_t[\sigma_0]$，式中 $[\sigma_0]$ 为容许应力幅；$\gamma_n$ 为损伤修正系数，对跨长 8m 的纵梁取 1.3；$\gamma_t$ 为板厚修正系数；$\sigma_{max} - \sigma_{min} = \dfrac{(M - M_p)(1 + \mu_f)}{W_x \eta (1 + \mu)}$，$M$ 和 $M_p$ 见式（9-1）。

### 9.2.5　纵梁、主桁与横梁的连接

纵梁与横梁的连接常见如图 9-10 所示的形式。单线铁路桁架桥中，常把纵、横梁做成等高（图 9-10a），这样可以简化连接。这种连接通过一对连接角钢将纵、横梁用高强度螺栓连接起来。为了改善纵梁的受力状态，常常在纵梁的上、下翼缘各设一块鱼形板，与横梁及相邻的纵梁相连，从而使纵梁有连续性。

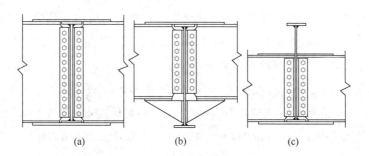

图 9-10　纵梁与横梁的连接

（a）纵、横梁等高；（b）纵、横梁不等高，上翼缘平齐；（c）纵、横梁不等高，下翼缘平齐

对于横梁跨度较大、梁较高的双线铁路桥，纵、横梁常采用不等高的形式（图 9-10b、c）。

横梁与主桁的几种常见连接如图 9-11 所示。当纵、横梁等高时，一般将横梁下翼缘与主桁下弦中心线平齐（图 9-11a）；若纵、横梁不等高，为使主桁下弦平面的支撑斜杆能够从纵梁下面通过，纵梁下翼缘应与主桁下弦中心线平齐（图 9-11b）。当连接角钢长度不足以布置计算所需要的高强度螺栓时，可在横梁的端部增设角加劲肋，以使连接角钢得以加长（图 9-11c）。

当设有承受支点弯矩的鱼形板时，连接纵横梁腹板的角钢肢上的螺栓数量应按简支反力增加 10% 计算，其原因是连续梁支座反力大于简支梁。当未设有承受支点弯矩的鱼形板时，连接于纵梁角钢之上的螺栓数量应按简支反力增加 20% 计算，连接于横梁角钢之上的螺栓

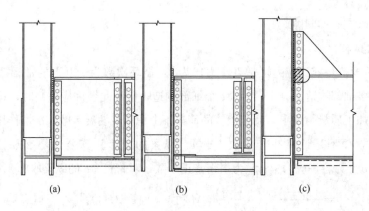

图 9-11　横梁与主桁的连接

(a) 横梁下翼缘与主桁下弦中心平齐；(b) 纵梁下翼缘与主桁下弦中心平齐；

(c) 横梁端部增设角肋

数量应按简支反力增加 40％计算。纵梁螺栓增大外力是由于支点反力对这列螺栓有偏心，而横梁螺栓增大外力则是考虑纵梁端部实际上会出现一定的弯矩（参看 7.10.1 节）。

横梁与主桁连接，通过双角钢用高强度螺栓摩擦型连接在主桁的节点板或竖杆上。当设有承受支点弯矩的结构时，连接横梁与主桁的角钢肢上螺栓数量应按简支反力增加 10％计算。当未设有承受支点弯矩的结构时，连接于横梁角钢之上的螺栓数量应按简支反力增加 10％计算，连接于主桁梁角钢之上的螺栓数量应按简支反力增加 20％计算。

【例题 9-2】一单线铁路下承式桁架桥，纵梁恒载 $p$ 取 7.37kN/m，等代均布活载 $q$ 取 75.65kN/m，跨度 $l$ 取 8m，横梁跨度取 5.75m，计算的冲击系数 $1+\mu$ 取 1.583，钢材 Q345q。纵梁的跨中最大弯矩 $M$ 为 1056.08kN·m，横梁的最大弯矩为 1503.90kN·m，纵、横梁的最大剪力 $Q$ 分别为 597.6kN 和 802.1kN，纵梁翼缘 240×16，腹板 1258×10；横梁翼缘 240×24，腹板 1242×12。纵梁毛截面面积 $A = 202.6\text{cm}^2$，毛截面惯性矩 $I_x = 477553\text{cm}^4$，毛截面模量 $W_x = 7404\text{cm}^3$，中性轴处毛截面面积矩 $S_x = 4424\text{cm}^3$；跨中上、下翼缘内侧各扣除一个节点板的螺栓孔（$d_0 = 23\text{mm}$），纵梁跨中净截面惯性矩 $I_{nx} = 447687\text{cm}^4$，净截面模量 $W_{nx} = 6941\text{cm}^3$，翼缘与腹板连接处毛截面面积矩 $S_{1x} = 2446\text{cm}^3$。

【解】1. 纵梁承载力验算

（1）强度

如图 9-12 所示为纵梁跨中及梁端截面应力分析图。

跨中截面最大弯曲拉应力：考虑设置鱼形板，则

$$\sigma_{max} = M/W_{nx} = \frac{0.85 \times 1056.08 \times 10^3 \times 10^3}{6941 \times 10^3}$$

$$= 129.4\text{MPa} \leqslant [\sigma_w] = 210\text{MPa}（满足）$$

跨中截面最大弯曲压应力小于跨中截面最大弯曲拉应力，因此也满足。

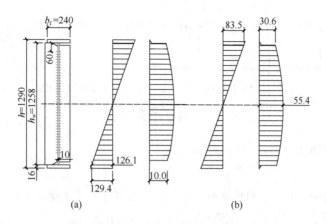

图 9-12 纵梁跨中及梁端截面应力分析

(a) 跨中截面；(b) 梁端截面

梁端最大剪应力：$\tau_{max} = QS/(It_w) = \dfrac{597.6 \times 10^3 \times 4424 \times 10^3}{477553 \times 10^4 \times 10} = 55.4\text{MPa}$

$$\tau_0 = Q/(h_w t_w) = \frac{597.6 \times 10^3}{1258 \times 10} = 47.5\text{MPa}$$

$$\tau_{max}/\tau_0 = \frac{55.4}{47.5} = 1.17 \leqslant 1.25$$

$$\tau_{max} = 55.4\text{MPa} \leqslant C_\tau[\tau] = 1 \times 120 = 120\text{MPa}\,(\text{满足})$$

跨中截面翼缘与腹板连接处的换算应力，此处剪力为 195.0kN。

正应力：$\qquad \sigma_1 \approx \dfrac{0.85 \times 1056.08 \times 10^3 \times 10^3}{6941 \times 10^3} \times \dfrac{1258}{1290} = 126.1\text{MPa}$

剪应力：$\qquad \tau_1 = \dfrac{195.0 \times 10^3 \times 2446 \times 10^3}{477553 \times 10^4 \times 10} = 10.0\text{MPa}$

因此，$\sqrt{\sigma^2 + 3\tau^2} = \sqrt{126.1^2 + 3 \times 10^2} = 127.3\text{MPa} \leqslant 1.1[\sigma] = 220\text{MPa}\,(\text{满足})$

支座处截面翼缘与腹板连接处的换算应力，与上边类似，计算从略。

(2) 整体稳定

纵梁上铺设有轨枕和轨道，可不验算其整体稳定性。

(3) 局部稳定

腹板宽厚比为 $140 > 125.8 > 50$，需设置横向加劲肋。前已给出梁端剪力为 597.6kN，跨中剪力为 195.0kN，梁端平均剪应力为

$$\tau = \frac{597.6 \times 10^3}{1258 \times 10} = 47.5\text{MPa}$$

加劲肋最大间距 $a = 950t_w/\sqrt{\tau} = 950 \times 10/\sqrt{47.5} = 1378\text{mm}$

取加劲肋间距为 1000mm，均匀两侧布置（图 9-13）。加劲肋截面取 105mm×10mm，满足宽厚比和最小宽度要求。

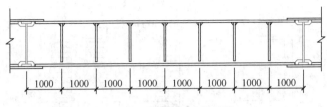

图 9-13　纵梁局部稳定计算

翼缘宽厚比 $120/16＝7.5＜10$，满足。

（4）疲劳

验算位置为跨中下翼缘支撑连接处、跨中下翼缘与腹板焊缝处、跨中腹板与横向加劲肋连接焊缝下端（距腹板下缘 80mm）。现以后者为例进行计算，其他两处情况类似，计算从略。

跨中腹板与横向加劲肋连接焊缝下端（距腹板下缘 80mm）：横向角焊缝，连接形式为 9，疲劳容许应力幅为 Ⅷ 类，$[\sigma_0]＝99.9MPa$，$1＋\mu_f＝1.375$，则疲劳验算最大弯矩为 $M_{max}＝891.11kN\cdot m$，最小弯矩为 $M_{min}＝58.96kN\cdot m$。

$\rho＝58.96/891.11＝0.066＞-1$，考虑设有鱼形板，则

$$\sigma_{max}＝\frac{0.85\times891.11\times10^6\times(1258/2-80)}{447687\times10^4}＝92.9MPa$$

$$\sigma_{min}＝\frac{0.85\times58.96\times10^6\times(1258/2-80)}{447687\times10^4}＝6.1MPa$$

$1.3\times(92.9-6.1)＝112.8MPa＞[\sigma_0]＝99.9MPa$（不满足）。

2．横梁承载力验算

（1）强度

与纵梁类似，计算从略。

（2）整体稳定

受压翼缘对弱轴的计算长度 $l_0$ 为 2000mm（图 9-14），梁高 $h$ 为 1290mm，$i_x$ 为 497.2mm，$i_y$ 为 45.8mm，毛截面模量 $W_x＝10128cm^3$。横梁的换算长细比为

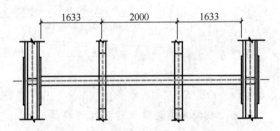

图 9-14　横梁整体稳定计算

$$\lambda_e＝1.8(l_0/i_y)(i_x/h)＝\frac{1.8\times2000\times497.2}{1290\times45.8}＝30.3$$

查得 $\varphi_2$ 为 0.9，则

$$\sigma_{max}＝M/W＝\frac{1503.9\times10^6}{10128\times10^3}＝148.5MPa\leqslant\varphi_2[\sigma]$$

$$＝0.9\times200＝180MPa（满足）$$

（3）局部稳定

腹板宽厚比为 $140＞103.5＞50$，需设置横向加劲肋。前已给出梁端剪力为 802.1kN，

跨中剪力为 0，梁端平均剪应力为

$$\tau = \frac{802.1 \times 10^3}{1242 \times 12} = 53.8 \text{MPa}$$

加劲肋最大间距 $\quad a = 950 t_{\text{w}} / \sqrt{\tau} = 950 \times 10 / \sqrt{53.8} = 1554 \text{mm}$

取加劲间距为 816mm，即在纵梁与主桁下弦之间一半处设一道，均匀两侧布置（图9-15）。加劲肋截面取 $100 \times 12$，满足宽厚比和最小宽度要求。

翼缘宽厚比 $120/16 = 5 < 10$，满足。

（4）疲劳

验算位置为横梁下翼缘与鱼形板连接焊缝

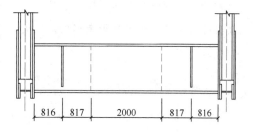

图 9-15 横梁局部稳定计算

处、横梁下翼缘与腹板焊缝处、腹板与横向加劲肋焊缝下端部（距腹板下缘 80mm）。与纵梁类似，计算从略。

3. 纵、横梁的连接验算

（1）纵、横梁的连接

计算剪力为 597.6kN，腹板连接角钢选取规范规定的最小型号 $L100 \times 100 \times 12$。螺栓选用 10.9S 级 M22 螺栓，孔径 23mm。

鱼形板：鱼形板选取与纵梁翼缘相同截面 $240 \times 16$，计算弯矩 633.65kN·m，计算疲劳时最大弯矩为 534.67kN·m，最小弯矩为 35.38kN·m。

净截面面积：$A_{\text{n}} = 240 \times 16 - 2 \times 23 \times 16 = 3104 \text{mm}^2$

所受轴力：$N = \dfrac{633.65 \times 10^3}{1290 + 16} = 485.18 \text{kN}$

一个螺栓的承载力：$N_{\text{b}} = 1 \times 0.45 \times 200/1.7 = 52.9 \text{kN}$（每个摩擦面）

所需螺栓数：$n = \dfrac{485.18}{52.9} = 9.17$，取 10 个，布 5 排，每排 2 个。由于超过 4 排，考虑各排受力不同，第一排上应按承受 $0.3N$ 验算：

$0.3N = 0.3 \times 485.18 = 145.55 \text{kN} < nm\mu_0 P = 2 \times 1 \times 0.45 \times 200 = 180 \text{kN}$（满足）

净截面应力：$\sigma = \dfrac{(485.18 - 2 \times 52.9/2) \times 10^3}{3104} = 139.3 \text{MPa} < [\sigma] = 200 \text{MPa}$（满足）

鱼形板疲劳：栓接净截面，连接形式为 4.2，疲劳容许应力幅为 Ⅱ 类，$[\sigma_0] = 130.7 \text{MPa}$。

所受轴力：$N_{\text{max}} = \dfrac{534.67 \times 10^3}{1290 + 16} = 409.40 \text{kN}$，$N_{\text{min}} = \dfrac{35.38 \times 10^3}{1290 + 16} = 27.09 \text{kN}$

净截面应力：$\sigma_{\text{max}} = \dfrac{409.40 \times 10^3}{3104} = 131.9 \text{MPa}$，$\sigma_{\text{min}} = \dfrac{27.09 \times 10^3}{3104} = 8.7 \text{MPa}$

$$1.3 \times (131.9 - 8.7) = 160.2\text{MPa} > 130.7\text{MPa(不满足)}$$

该处栓接毛截面，连接形式为 4.1，疲劳容许应力幅为Ⅵ类，$[\sigma_0] = 109.6\text{MPa}$，则

$$\frac{3104}{3840} \times 160.2 = 129.5\text{MPa} > [\sigma_0] = 109.6\text{MPa （不满足）}$$

讨论：此例纵梁截面强度富余颇多，而鱼形板疲劳计算都不满足，可见加设鱼形板形成连续梁并无好处。如果不设鱼形板，纵梁截面仍然够用，也可用 Q235q 就可满足要求。

连接角钢：

纵梁腹板上所需螺栓数：$n = \dfrac{1.1 \times 597.6}{2 \times 52.9} = 6.2$（两个摩擦面），取 7 个，布 7 排，每排 1 个。

$0.3N = 0.3 \times 657.4 = 197.2\text{kN} > nm\mu_0 P = 1 \times 2 \times 0.45 \times 200 = 180\text{kN}$，第一排螺栓无效。调整为取 8 个，布 8 排，每排 1 个，间距 130mm，端距 45mm，边距 45mm（线距 55mm），角钢长度 1000mm（图 9-16）。

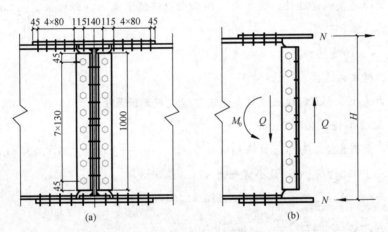

45  4×80  115 140 115  4×80  45

图 9-16　纵梁与横梁连接计算
(a) 连接构造；(b) 连接内力

横梁腹板上所需螺栓数和纵梁腹板上相同（每排两枚螺栓，一个摩擦面），实际取 8 排，每排 2 个。

(2) 横梁与主桁连接

计算剪力为 802.1kN。腹板连接角钢考虑与其他构件的配合，选取 L125×125×12。螺栓选用 10.9S 级 M22 螺栓，孔径 23mm。

横梁腹板上所需螺栓数：$n = \dfrac{1.1 \times 802.1}{2 \times 52.9} = 8.3$（两个摩擦面），取 9 个，布 9 排，每排 1 个。

$0.3N = 0.3 \times 882.31 = 264.7\text{kN} > nm\mu_0 P = 1 \times 2 \times 0.45 \times 200 = 180\text{kN}$，第一排螺栓无效。调整为取 10 个，布 10 排，每排 1 个。

主桁上所需螺栓数按 1.2×802.1kN 计算，实际布 12 排，每排 2 个。

图 9-17 给出标准设计的焊接横梁施工图。图中右半部为一般横梁，左半部则为桥跨端部的横梁。为了适应维修时把桥顶起的需要，要在放置千斤顶处设置两道横向加劲肋。

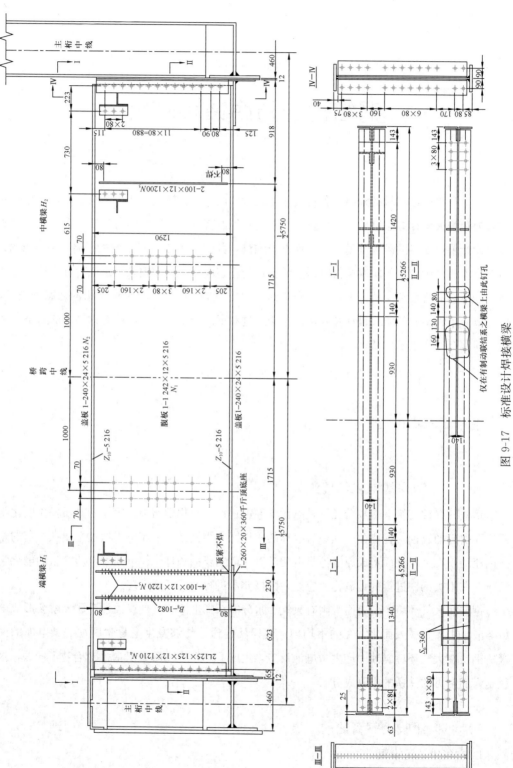

图 9-17　标准设计焊接横梁

第 10 章

# 钢结构的防腐蚀和防火

第 1 章介绍过钢材的耐腐蚀和耐火性能较差，但经过长期的实践应用与发展，钢结构的防腐蚀和防火设计方法已经较为完备。对于钢结构而言，当防腐蚀和防火设计合理时，只要按照设计单位提供的维护计划，定期检查与维修，其完全可以满足正常的设计与使用要求。还应指出的是钢结构的防腐蚀材料是否需要重新涂装应视情况而定，当定期检查防护状态合格时，不必进行重新涂装。本章重点介绍钢结构的防护，前三节介绍钢结构的防腐蚀设计，后三节介绍钢结构的防火设计及要求。希望通过本章的介绍，读者能够对钢结构的防腐蚀和防火问题有一个正确的认识。

## 10.1 钢结构的腐蚀

### 10.1.1 钢铁的电化学腐蚀

钢铁的腐蚀在绝大多数情况下是电化学腐蚀过程。电化学腐蚀是钢铁和介质发生电化学反应而引起的腐蚀，在腐蚀过程中有隔离的阴极区和阳极区，电流可以通过金属在一定的距离内流动，在金属表面形成原电池是电化学腐蚀最主要的条件。原电池发电所产生的电化学反应，在阳极钢铁进行的是氧化反应，在阴极介质进行的是还原反应。

钢铁在大气环境中，表面吸附有氧气、水分等，加上溶有其他腐蚀性介质，就会形成电解溶液，由于金属表面化学性的不均匀，这样就连通了能够发生电化学腐蚀的微电池的两极。钢铁在大气环境腐蚀中产生微电池反应，生成 $Fe_2O_3 \cdot H_2O$ 及其脱水化合物 $Fe_2O_3$，这就是人们常见的铁锈的主要成分。

### 10.1.2 影响大气腐蚀的因素

#### 1. 空气中的污染源
大气的主要成分是不变的，但是海洋大气中的盐粒子，污染的大气中含有的硫化物、氮化物、碳化物，以及尘埃等污染物，对金属在大气中的腐蚀影响很大。

二氧化硫吸附在钢铁表面，极易形成硫酸对钢铁进行腐蚀，而这种自催化式的反应不断进行就会使钢铁不断受到腐蚀。与干净大气的冷凝水相比，被 0.1％的二氧化硫所污染的空气能使钢铁的腐蚀速度增加 5 倍。

来自于沿海或海上的盐雾环境或者是含有氯化钠颗粒尘埃的大气是氯离子的主要来源，它们溶于钢铁的液膜中，而氯离子本身又有着极强的吸湿性，对钢铁会造成极大的腐蚀危害。

有些尘埃本身虽然没有腐蚀性，但是它会吸附腐蚀性介质和水汽，冷凝后就会形成电解质溶液。砂粒等固体尘埃虽然没有腐蚀性，也没有吸附性，但是，一旦沉降在钢铁表面会形成缝隙而凝聚水分，从而形成氧浓差腐蚀条件，引起缝隙腐蚀。

2. 相对湿度

空气中水分在金属表面凝聚生成的水膜和空气中氧气通过水膜进入金属表面是发生大气腐蚀的最基本的条件。相对湿度达到某一临界点时，水分在金属表面形成水膜，从而促进了电化学过程的发展，表现出腐蚀速度迅速增加。这个临界点与钢材表面状态和表面上有无吸湿物有很大关系。当空气被污染或者在沿海地区，空气中含盐分，临界湿度都很低，钢铁表面很容易形成水膜。

3. 温度

环境温度的变化影响着金属表面水汽的凝聚，也影响水膜中各种腐蚀气体和盐类的浓度，以及水膜的电阻等。当相对湿度低于金属临界相对湿度时，温度就对大气的腐蚀影响较小；当相对湿度达到金属临界相对湿度时，温度的影响就十分明显。湿热带或雨季气温高，则腐蚀严重。温度的变化还会引起结露。比如，白天温度高，空气中相对湿度较低，夜晚和清晨温度下降后，大气的水分就会在金属表面引起结露。

## 10.1.3　钢铁的耐腐蚀性

### 1. 碳素钢的耐蚀性

碳素钢的耐蚀性较差，在大气、土壤、海水和甚至中性的淡水中都不耐蚀。元素碳在钢铁中形成不溶于铁固溶体的渗碳体，钢中的碳含量增加，就会使钢的耐蚀性能降低。含有元素硫也只会使钢的耐蚀性能下降。因此，碳和硫等元素对钢的耐腐蚀稳定性有着极大的有害影响，将明显加速钢在大气中的腐蚀速度。在腐蚀环境中使用的结构钢材，应尽量选用含碳和含硫量低的钢材。

### 2. 低合金钢的耐蚀性

在钢铁中加入一定量的合金元素，如铬、镍、铜等（总含量不超过 5％），可以改善碳素钢的性能。加入稀土元素能提高耐大气腐蚀性，稀土元素与铝共存，耐久性能还能进一步提高。低合金钢的耐大气腐蚀性能要比碳钢高，一般在 1～1.5 倍，高的达 2～6 倍。

3. 耐候钢的耐蚀性

国内现行生产的耐候钢有两种类型：焊接结构用耐候钢和高耐候结构钢。焊接结构用耐候钢在提高耐蚀性的同时，还保持了它的可焊接性能。高耐候钢的耐蚀性能要强于焊接结构用耐候钢。高耐候钢按其化学成分可以分为铜磷钢和铅磷铬镍钢，在表面会形成保护层，以提高耐大气腐蚀性能。

耐候钢表面呈棕色，属于一种稳定的颜色，所以有时可以看到在桥梁、幕墙等地方都有使用，而不加任何处理。它的主要防腐蚀机理是借助其表面生成的稳定的铁锈来阻止锈蚀向内部的入侵。

4. 镀锌钢材

镀锌钢材在钢结构中的使用也很广泛，常用镀锌钢材有热镀锌钢板、镀锌钢丝和镀锌钢管等。镀锌层的防锈机理如下。

（1）形成致密的保护膜，防止环境中的腐蚀介质与钢铁表面接触。

（2）锌的阴极保护作用，这也是最主要的防锈作用。即使在锌层上出现局部的划伤，其周边的锌形成阳极游离出来，以防止腐蚀电流流入钢铁表面，从而使钢铁受到电化学保护。

现在的镀锌钢材都趋向于涂装保护，一方面可以增加它的保护性能；另一方面也是为了装饰美观的要求。镀锌钢材的使用寿命取决于腐蚀环境和锌层厚度。

5. 不锈钢

不锈钢并不是真的不会生锈，但是，其耐蚀性要远高于其他钢铁，可用于很多强腐蚀环境中。按其不同的化学成分和金相组织，不锈钢可以分为奥氏体不锈钢、铁素体不锈钢和马氏体不锈钢等。在建筑结构中常用的是奥氏体不锈钢，因为其加工性能和焊接性能良好。在大气环境中，含铬钢在13%以上即可自发钝化，而在氧化性酸和碱类中达到17%才能钝化。不锈钢在含氯离子的环境中会发生点蚀，应引起注意。

## 10.1.4 钢结构腐蚀性等级的划分和腐蚀破坏形式

目前按照国家标准《金属和合金的腐蚀 大气腐蚀性 第1部分：分类、测定和评估》GB/T 19292.1—2018和国家标准《工业建筑防腐蚀设计标准》GB/T 50046—2018，钢结构腐蚀性等级可按表10-1进行分类。

钢结构腐蚀性等级分类 表 10-1

| 腐蚀性等级 | 单位面积上质量的损失（第一年） | | | | 典型环境（仅作参考） | |
| | 低碳钢 | | 锌 | | 外 部 | 内 部 |
| | 质量损失（g/m²） | 厚度损失（μm） | 质量损失（g/m²） | 厚度损失（μm） | | |
| C1 很低 | ≤10 | ≤1.3 | ≤0.7 | ≤0.1 | | 加热的建筑物内部，空气洁净，如办公室、商店、学校和宾馆等 |

续表

| 腐蚀性等级 | 单位面积上质量的损失（第一年） | | | | 典型环境（仅作参考） | |
| | 低碳钢 | | 锌 | | | |
| | 质量损失 (g/m²) | 厚度损失 (μm) | 质量损失 (g/m²) | 厚度损失 (μm) | 外　部 | 内　部 |
|---|---|---|---|---|---|---|
| C2 低 | 10～200 | 1.3～25 | 0.7～5 | 0.1～0.7 | 大气污染较低，如低污染的乡村地区 | 未加热的建筑物内部，冷凝有可能发生，如库房、体育馆等 |
| C3 中 | 200～400 | 25～50 | 5～15 | 0.7～2.1 | 城市和工业大气，中等的二氧化硫污染，低盐度沿海区域 | 高湿度和有些污染生产场所，如食品加工厂、洗衣场、酒厂、牛奶厂等 |
| C4 高 | 400～650 | 50～80 | 15～30 | 2.1～4.2 | 高盐度的工业区和沿海区域 | 化工厂、游泳池、海船内部和船厂等 |
| C5 很高 | 650～1500 | 80～200 | 30～60 | 4.2～8.4 | 高盐度和恶劣大气的工业区域，高盐度的沿海和离岸地带 | 总是有冷凝水、高湿度、高污染的建筑物或其他地方 |

从外部环境看，城市的大气污染（汽车尾气、锅炉排放的二氧化碳等）比农村严重；工业区（尤其是化工、石油、冶金、炼焦、水泥等行业）污染比非工业区严重；沿海地区比内陆严重。内部环境主要是湿度、温度的影响和有无源于生产过程的污染。

大气腐蚀的主要破坏形式可以分为两大类，即全面腐蚀和局部腐蚀，全面腐蚀又称为均匀腐蚀，局部腐蚀则又可以分为点蚀、缝隙腐蚀、电偶腐蚀、晶间腐蚀、选择性腐蚀、应力腐蚀和腐蚀疲劳等。下面介绍几种钢结构建筑中常见的腐蚀形式。

（1）均匀腐蚀。均匀腐蚀是最常见的腐蚀形态，其特征是腐蚀分布于整个金属表面，并以相同的速度使金属整体厚度减小。均匀腐蚀造成大量金属损失，但这类腐蚀并不可怕。由于腐蚀速度均匀，可以容易地进行预测和防护，只要进行严格的工程设计和采取合理的防腐蚀措施，不会发生突然性的腐蚀事故。

（2）点蚀。点蚀是局部性腐蚀状态，可以形成大大小小的孔眼。但绝大多数情况下是相对较小的孔隙，其腐蚀深度要大于孔径，因此即使是很少的金属腐蚀也会引起设备的报废。点蚀最常见于不锈钢上。

防止点蚀的发生，主要是选用高铬量或同时含有大量钼、氮、硅等合金元素的耐海水不锈钢。要选用高纯度的不锈钢，因为钢中含硫、碳等极少，提高了耐孔蚀性能。碳钢要防止点蚀发生，方法也是提高钢的纯度。

（3）缝隙腐蚀。缝隙腐蚀是因金属与金属、金属与非金属相连接时表面存在缝隙，在有腐蚀介质存在时发生的局部腐蚀形态。具有一条缝隙是缝隙腐蚀发生的条件，缝宽必须能容纳腐蚀介质进入缝隙内，同时缝隙又必须窄到让腐蚀介质停滞在缝隙内，一般发生缝隙腐蚀最敏感的缝隙宽度在 0.025～0.1mm 范围内。

（4）应力腐蚀。应力腐蚀是指在拉伸应力和腐蚀环境介质共同作用产生的腐蚀现象。这里强调的是应力和腐蚀的共同作用。由于应力的存在，在腐蚀性不强的环境下也会出现腐蚀。一般认为发生应力腐蚀需要具备三个基本条件：敏感的材料、特定的腐蚀环境以及拉伸应力。

（5）电偶腐蚀。电偶腐蚀也称之为双金属腐蚀。许多设备都是由多种金属组合而成的，如：铝与铜、铁与锌、铜与铁等。在电解质水膜下，形成腐蚀宏电池，会加速其中负电位金属的腐蚀。

（6）腐蚀疲劳。腐蚀疲劳是指材料或构件受交变应力和腐蚀环境共同作用产生的失效。

钢材的锈蚀主要由于大气中氧、水分及其他杂质的作用引起的，如果钢材在施工时除锈、防锈技术不好，或结构在使用中防锈层失效而出现锈层，由于钢材和锈层具有不同的电位，一旦出现锈层，会加速腐蚀作用。对于已建成的钢结构根据其所处环境定期进行维护。如发现有严重的锈蚀现象，应及时测定构件的欠损值，并计算抗力下降系数，对构件或整体结构进行校核。

## 10.2 钢结构的防腐蚀方法

### 10.2.1 钢结构防腐蚀设计构造要求

钢材在干燥环境中几乎不会锈蚀，一个简单的试验可以用来证明这一点。在 1975 年，有人在第二汽车厂做过这样的试验，把钢管两端封闭住，经过两年再打开里面基本上没有锈蚀发生；另一根钢管内放水再把两端封闭，第一年锈蚀 0.000915mm，第二年锈蚀 0.000893mm。封闭住钢管两端在以钢管为主要材料的网架和网壳结构方面具有重要意义。

中等侵蚀环境中的承重结构，不宜采用拉杆式悬索结构、格构式结构及薄壁型钢构件。应该尽量采用表面积与重量比较小的管形封闭截面，以及较规则、简单，便于涂装、维修的实腹式（工字形、H 形和 T 形）截面。主梁、柱及桁架等重要构件的传力焊缝，应采用连续焊缝。角焊缝的焊脚尺寸不应小于 8mm 及所焊板件的厚度（当板件厚度小于 8mm 时）。在室外或室内湿度较大的侵蚀环境中，构件的螺栓连接处，应增设防水垫圈、防水帽或以防水油膏封闭连接处缝隙。焊条、螺栓、垫圈、节点板等连接构件的耐腐蚀性能，不应低于主材材料。螺栓直径不应小于 12mm。弹簧垫圈由于存在缝隙，水气和电解质易积留，易产生缝隙腐蚀。因此，垫圈不应采用弹簧垫圈。螺栓、螺母和垫圈应采用镀锌等方法防护，安装后再采用与主体结构相同的防腐蚀方案。

钢结构节点及连接构造应避免出现难于检查、清理和涂漆之处，以及能积留湿气和大量灰尘的死角或凹槽；闭口截面构件应沿全长和端部焊接封闭。当采用型钢组合的杆件时，型钢间的空隙宽度宜满足防护层施工、检查和维修的要求（净空不宜小于 120mm）。柱脚在地面以下的部分应采用强度等级较低的混凝土包裹（保护层厚度不应小于 50mm），并应使包裹的混凝土高出室外地面不小于 150mm，室内地面不小于 50mm，混凝土顶面应设置 3mm 钢板与钢柱焊接。当柱脚底面在地面以上时，柱脚底面应高出室外地面不小于 100mm，室内地面不小于 50mm。所埋入部分表面应做除锈处理，但是不用做涂装处理。当地下有侵蚀作用时柱脚不应埋入地下。

不同金属材料之间存在电位差，直接接触时会发生电偶腐蚀，电位低的金属会被腐蚀。因此，不同金属材料接触会加速腐蚀时，应在接触部位采用隔离措施。当腐蚀性等级为高及很高时，不易维修的重要构件宜选用耐候钢制作。

设计使用年限大于或等于 25 年的建筑物，对不易维修的结构应加强防护。对危及人身安全和维修困难的部位，以及重要的承重结构和构件应加强防护。对处于严重腐蚀的使用环境且仅靠涂装难以有效保护的主要承重钢结构构件，宜采用具有自身抗腐蚀能力的钢材或外包混凝土。当某些次要构件的设计使用年限与主体结构的设计使用年限不相同时，次要构件应便于更换。

钢结构所在室内环境的湿度不宜过高，一般控制长期环境湿度在 75% 以下。当在高湿度环境下作业时，应采取有效的通风排湿措施。网架和网壳结构的防腐蚀设计不宜考虑增加杆件的截面和厚度来增加腐蚀裕量，而只能采用其他防腐蚀手段。

钢结构防腐蚀设计应综合考虑环境中介质的腐蚀性、环境条件、施工和维修条件等因素，因地制宜，通常从下列方案中综合选择防腐蚀方案或其组合：防腐蚀涂料；各种工艺形成的锌、铝等金属保护层；阴极保护措施（原理是向被腐蚀金属结构物表面施加一个外加电流，被保护的金属结构物成为阴极，从而使得金属腐蚀发生的电子迁移得到抑制，避免或减弱腐蚀的发生）；使用耐候钢。其中最常用的是前面两种方法。

### 10.2.2　涂料防护

涂料是一种透明的或者着色的成膜材料，用以施工在被涂物表面上，保护表面免受环境影响。涂料俗称油漆，这是因为国内长久以来就使用桐油、生漆等来对钢铁和木材进行防腐蚀保护，在传统型涂料中使用原材料为亚麻油等，也使得油漆这一名称成为习惯上的称呼。但是随着合成树脂的大量使用，称其为涂料比较确切。

涂料防护是一种价格适中、施工方便、效果显著及适用性强的防腐蚀方法，在钢结构的防腐蚀中应用最为广泛。由于建筑钢结构多为室内结构，除了处在特殊的海滨或工业环境中之外，腐蚀环境一般不太恶劣时，比如，根据表 10-1 划分的 C1 或 C2 环境，用涂料进行防腐蚀，可以保持 20～30 年的防护效果。

防腐蚀涂料的成膜物质在腐蚀介质中具有化学稳定性，其标准与成膜物质的组成和化学结构有关。主要是看它在干膜条件下是否易与腐蚀介质发生反应或在介质中分解成小分子。

无论从防电化学腐蚀，还是从单纯的隔离作用考虑，防腐蚀涂料的屏蔽作用都很重要，而漆膜的屏蔽性取决于其成膜物的结构气孔和涂层针孔。

颜料和填料在涂料中起到着色作用；体质颜料则用来调节漆膜的力学性能或涂料的流动性。对于防腐蚀涂料，除了上述两种颜料外，还加有以防腐蚀为目的的颜料：一类是利用其化学性能抑制金属腐蚀的防锈颜料；另一类是片状颜料，通过物理作用提高涂层的屏蔽性。片状颜料在涂层中能屏蔽水、氧和离子等腐蚀因子透过，切断涂层中的毛细孔。互相平行交叠的鳞片在涂层中起了迷宫效应，延长腐蚀介质渗入的途径，从而提高涂层的防腐蚀能力。主要的片状颜料有云母粉、铝粉、云母氧化铁、玻璃鳞片、不锈钢鳞片等。

在进行钢结构涂装设计时，最重要的是一定要根据建筑物给定的条件，在初期设计阶段就将防腐蚀问题考虑进去。对于钢结构受到外界因素的侵蚀要充分加以考虑，还要考虑这些外界因素对建筑物的各种条件的作用有多大，比如，场地情况、房屋结构、部位、构件和空间条件等。考虑到建筑物涂装设计的给定因素后，将其等级化，然后，在这个等级范围内进行涂装设计的取舍。对于漆膜的综合耐久性能，还必须考虑到施工条件、维护管理和经济等因素。

### 10.2.3 热浸镀锌和金属热喷涂

采用热浸镀锌和热喷涂的防腐蚀效果非常好，现在有很多大型钢结构都采用了金属涂层再加涂料进行长效防腐蚀，即使在恶劣的腐蚀环境中，防腐蚀也可以达到 20～30 年，而且维修时只需要对涂料部分进行维护，而不需要对金属涂层基底进行处理。但该方法代价较高，在资金充裕的大型项目中采用较多。

将钢铁构件全部浸入熔化的锌液中，其钢铁金属表面即会产生两层锌铁合金及盖上一层厚度均匀的纯锌层，足以隔绝钢铁氧化的可能性。此种保护层异常牢固，与钢铁结成一体，故能承受冲击力而且更具耐磨蚀性。经热浸镀锌处理后的钢铁构件，防锈期长达 5～20 年或以上，同时无须经常保养和维修，一劳永逸，美观实用，安全可靠，是目前最佳的防锈及保护钢铁方法。而且钢铁构件热浸镀锌法在工程施工上有更大的优点，即镀锌加工与风雨无关，天气不佳也能照常按照施工计划进行，而不受影响。

采用热浸镀锌的构件在钢结构建筑中只是一些小部件，比如，灯杆、楼梯踏板、扶手等。大型的钢结构框架的主要防腐蚀方法还是采用金属热喷涂的方法。金属热喷涂技术一般是在基材表面喷涂一定厚度的锌、铝或其合金形成致密的粒状叠层涂层，然后用有机涂料封闭，再涂装所需的装饰面漆。

金属热喷涂用于严重的腐蚀环境下的钢结构，或者需要特别加强防护防锈的重要承重构件。钢材表面进行热喷涂锌（铝或锌-铝复合层）涂层，外加封闭涂料的方式具有双重保护作用。热喷涂工艺应符合现行《热喷涂锌及试验方法》GB 9793～GB 9794 和《热喷涂铝及试验方法》GB 9795～GB 9796。热喷涂的总厚度在 $120～105\mu m$，表面封闭涂层可以选用乙烯、聚氨酯、环氧树脂等。

金属热喷涂涂层主要用于要求 20～30 年保护寿命的钢结构，典型应用钢结构为桥梁、广播电视塔和水利设施等，为了使钢结构达到 20 年以上的寿命，喷锌涂层的最低厚度在 $150\mu m$ 左右，喷铝层在内陆无污染大气中可以降低至 $120\mu m$ 左右，其他环境中至少要求在 $150\mu m$ 以上。锌铝合金（Zn-Al 15）可以明显提高防护效果，$150\mu m$ 的厚度可以达到 35 年以上的使用寿命。

## 10.3　钢结构重防腐蚀涂料

重防腐蚀涂料是相对一般防腐蚀涂料而言的。它是指在严酷的腐蚀条件下（C3 级以上），防腐蚀效果比一般腐蚀涂料高数倍以上的防腐蚀涂料。其特点是耐强腐蚀介质性能优异，耐久性突出，使用寿命达数十年以上。

钢结构防腐蚀涂装对于涂料的要求是：

（1）适应高效率的钢结构生产能力，涂料要求干燥快；

（2）漆膜耐碰撞，适应搬运和长距离的运输，损伤小；

（3）防腐蚀性能好，无最大重涂间隔，方便工程进度上的安排；

（4）面漆要有良好的耐候性能，装饰性强。

目前常用的钢结构重防腐蚀涂料见表 10-2。

钢结构重防腐蚀涂料类别　　　　　　　　　　　　　　　表 10-2

| | |
|---|---|
| 底漆 | 改性厚膜型醇酸涂料<br>环氧磷酸锌防锈底漆<br>环氧富锌底漆<br>无机富锌底漆 |
| 中间漆 | 厚浆型环氧云铁中间漆<br>改性厚浆型环氧树脂涂料 |
| 面漆 | 丙烯酸聚氨酯面漆<br>含氟聚氨酯面漆<br>聚硅氧烷面漆 |

续表

| 厚浆型或无溶剂涂料 | 改性厚浆型环氧涂料 |
| | 低表面处理厚浆型环氧树脂涂料 |
| | 少溶剂或无溶剂玻璃鳞片涂料 |

表 10-2 中最后所列厚浆型、无溶剂涂料以及玻璃鳞片涂料等，具有通用性，在很多情况下，它可以直接作为底漆，也能用于富锌底漆上面作为中间漆使用，甚至可以当作不需要装饰性场合的面漆使用。

传统的醇酸树脂防腐蚀涂料漆膜成膜性低，防腐蚀性能一般，只能用于一般到中等的腐蚀环境中。经改性后的重防腐蚀醇酸树脂涂料体积固体成分高，无论在施工性能，还是防腐蚀性能方面都有很大的提高。

目前常用的环氧重防腐蚀涂料（环氧是指在有机物碳链中间加入氧原子）有如下几种：

（1）环氧云铁中间漆。云母氧化铁是重防腐蚀涂料中的防锈颜料，片状结构与底材平行排列可以提供更好的屏蔽效果。

（2）低表面处理改性环氧涂料。它是以碳氢树脂进行改性，具有卓越的表面润湿性和表面渗透性，优良的表面附着力和优异的耐久性。在喷砂处理受到限制的情况下，仍能保证取得好的涂装效果。

（3）快干性环氧涂料。现代的钢结构企业生产速度快，运转周期短，而一般涂料的干燥期都很长，比如，通常中的环氧涂料覆涂间隔都较长，需要 10 多个小时才能进行下道漆的覆涂。这样，钢结构除了周转周期拖长外，还占据了很大的场地，这使得后面的钢结构无法进入涂装程序。快干型环氧涂料就是为了解决这个问题而配制出来的，它可以在大多数气候条件下 3h 后就能进行覆涂，从而显著加快了钢结构预制车间生产速度。

以锌粉作为防锈颜料的富锌涂料，其中最主要的产品是环氧富锌底漆和无机富锌底漆。

（1）环氧富锌底漆

环氧富锌底漆是以锌粉为原料，环氧树脂为基料，以聚酰胺树脂或胺加成物为固化剂，为了达到最佳的防锈效果，锌粉在涂料中的含量不低于 77%，有些环氧富锌涂料中的锌粉含量达到了 80%～90%。需要注意的是：有些所谓的环氧富锌底漆，漆膜中的锌粉含量可能只有 50%左右，毫无疑问，其防腐蚀性能会受到影响。

环氧富锌不但防腐蚀性能优良，而且与钢材的附着力强，与环氧云铁中间漆和其他高性能面漆也有着很好的黏结力。

（2）无机富锌底漆

无机富锌底漆的防腐蚀性能要比环氧富锌底漆要好。然而，在多道涂层系统，这一优势并没有太大显现，因为面漆和中间层起到了很大的屏障作用。只有在漆膜局部破损时，富锌底漆才起到防锈作用。所以，除非特别要求，钢结构防腐蚀体系完全可以使用环氧富锌底漆代替无机富锌底漆。无机富锌底漆在施工时有一些特殊的要求，比如，其固化要依靠较高的相对湿度，表面多孔性要求进行雾喷技术等，而环氧富锌底漆的施工要求相比之下要简单得多。

以具有良好的耐化学性能玻璃鳞片作为主要防锈颜料的涂料，称之为玻璃鳞片涂料，主要应用于混凝土底材和钢管的内衬等的涂装。玻璃鳞片排列形成涂层内复杂曲折的渗透扩散路径使得腐蚀介质的扩散渗透路线变得相当曲折，很难渗透到基材。加上良好的耐热、耐寒性能，突出的耐磨性能和其他力学性能，配合优良性能的树脂，组成的玻璃鳞片涂料，有着优异的重防腐蚀性能。

# 10.4　钢结构的火灾危险

## 10.4.1　什么是燃烧

燃烧是指可燃物与氧化剂作用发生的放热反应，通常伴有火焰、发光和（或）发烟的现象。燃烧必须包括三个基本要素，即可燃物质、助燃物（空气、氧气或氧化剂）和火源（如高温、火星或火焰等）。

火灾经历三个主要阶段：初起阶段，火灾发展速度较慢，火势也不稳定；全面发展阶段，火苗蹿起，火势迅速扩大，可燃物全面着火，燃烧面积达到最大限度；当可燃物质减少时，就进入了熄灭阶段中，燃烧速度减慢，温度逐渐下降，火势变弱，最终熄灭。为了阻止燃烧的进行，必须切断燃烧过程中的三个要素中的任何一个，如降低温度、隔绝空气或可燃物。

目前，钢结构已在建筑工程中发挥着独特且日益重要的作用。钢结构的火灾防护也就日益突出，对高层建筑的承重钢结构必须采取防火措施，以延长其耐火极限。防火涂料又称阻燃涂料，它具有普通涂料的装饰性，更重要的是涂料本身具有的特性决定了它具有防火保护功能，因此在火灾发生时能够阻止燃烧或对燃烧的拓展有延滞作用，从而使人们有充分的时间进行灭火工作，达到保护人民生命财产安全的目的。

## 10.4.2　钢结构在火场中的行为特点

建筑用钢（Q235、Q355 钢等）在全负荷的情况下失去静态平衡稳定性的临界温度为540℃左右。钢材的力学性能随温度的不同而变化，已经在本书 2.3.3 节有所论述。

钢结构在火的作用下是不会燃烧的，但是钢材在高温火焰的直接灼烧下，强度会随着温度的上升而下降，当到达一个极限临界点时，就会显著地降低强度而失去承载力。这一临界点温度约为 550℃，大多数的标准把它定在 538℃。

钢材的屈服点在 500℃时降到常温时的 50% 左右，钢结构就会发生塑性变形而受到破坏。从高温作用来看，钢材在 15～20min 后即急剧软化，这时整个建筑物会失去稳定而导致崩溃。实际上，由于各种因素的作用，有些钢结构在烈火中一般只有 10min 的支撑能力，随即变形塌落。

钢结构的抗火性能较差，其原因主要有两个方面：一是钢材热传导系数很大，火灾下钢构件升温快；二是钢材强度随温度升高而迅速降低，致使钢结构不能承受外部荷载作用而失效破坏。无防火保护的钢结构的耐火时间通常仅为 15～20min，故极易在火灾下破坏。一旦发生这种情况，将对整个建筑物造成灾难性的后果。正因为如此，对钢结构采取有效的保护，使其避免受高温火焰的直接灼烧，从而延缓其坍塌时间，为消防救火提供宝贵的时间就显得十分重要。

### 10.4.3 钢结构的火灾事故

火灾的影响是很大的，它会造成大量的人员伤亡和财产损失，社会影响极大。

1851 年第一届万国博览会在英国伦敦召开，作为会场的水晶宫，是 19 世纪前半期的铸铁技术和建筑技术的总检阅，它使用了全面的单元部件划分。简单明确的连接细部构造，在以前的建筑中是从来没有的，这也为后来的建筑方式起到了非常深远的影响，结果是 9 万 $m^2$ 的建筑只用了 6 个月就建成。可惜这座堂皇宏大的建筑在 1936 年被烧毁。

1998 年 2 月 14 日下午位于上海市松江区仓桥镇玉树路 268 号的一家塑胶企业有限公司的钢结构配料车间发生火灾，很快钢屋架发生变形，火源处钢屋顶下垂至最低，损毁严重。

1993 年 5 月，上海某纺织厂厂房（钢屋架）发生火灾，不到半小时，部分建筑就开始倒塌，给消防队灭火带来了极大的困难。此次火灾造成直接经济损失 87 万元，而由于厂房被烧毁，因停工停产和善后处理造成的间接经济损失为 2283 万元，两者的比例为 1：26.24。

1998 年 5 月 5 日，北京某家具城大火，结构防火未达标，造成 1.3 万 $m^2$ 钢结构建筑倒塌，造成家具城、建材城建筑和参展家具全部烧毁，直接经济损失达到人民币 2087 万元。

2001 年 5 月，位于上海奉贤区大叶公路的一家木制别墅有限公司的一座全钢结构的厂房发生火灾，过火面积达 4000$m^2$，死亡 1 人，直接经济损失 79 万元人民币，由于钢结构未经任何防火处理，也未设喷淋保护，起火不久结构就坍塌。

2001 年 9 月 11 日，震惊世界的"9·11"事件 中被飞机撞毁的纽约世界贸易大楼双子楼，事后经专家分析认为，其实飞机并没有将大楼撞倒，而是由于飞机在撞到大楼的同时破坏了大楼钢结构上的防火涂层，并爆炸起火。使得钢结构暴露在熊熊烈火中，在一个多小时后，结构软化，强度丧失，终于承载不动如此沉重的重量，轰然倒下，造成几千人命丧废墟，损失多达几百亿美元。

## 10.5　钢结构的火灾防治

由于钢结构耐火能力差，在发生火灾时因高温作用下很快失效倒塌，耐火极限仅15min。若采取措施，对钢结构进行保护，使其在火灾时温度升高不超过临界温度，钢结构在火灾中就能保持稳定性。进行钢结构防火具有的意义如下：

（1）减轻钢结构在火灾中的破坏，避免钢结构在火灾中局部倒塌造成灭火及人员疏散的困难；钢结构防火保护的目的是尽可能延长钢结构到达临界温度的过程，以争取时间灭火救人。

（2）避免钢结构在火灾中整体倒塌造成人员伤亡。

（3）减少火灾后钢结构的修复费用，缩短灾后结构功能的恢复周期，减少间接经济损失。

正是由于钢结构的应用广泛和火灾危害，人们在学会使用钢结构的同时也在不断研究探求钢结构防火保护的最佳方案。

目前，钢结构的防火保护有多种方法，这些方法有被动防火法，包括：钢结构防火涂料保护、防火板保护、混凝土防火保护、结构内通水冷却、柔性卷材防火保护等，它们为钢结构提供了足够的耐火时间，从而受到人们的普遍欢迎，而以前三种方法应用较多。另一种为主动防火法，就是提高钢材自身的防火性能（如耐火钢）或设置结构喷淋。

选择钢结构的防火措施时，应考虑下列因素：

（1）钢结构所处部位，需防护的构件性质（如屋架、网架或梁、柱）；

（2）钢结构采取防护措施后结构增加的重量及占用的空间；

（3）防护材料的可靠性；

（4）施工难易程度和经济性。

对于钢结构的不同部位和各类构件，现行国家规范《建筑设计防火规范》GB 50016 给出了钢结构的设计耐火极限要求，见表 10-3。

构件的耐火极限要求（h）　　　　　　　　　　　表 10-3

| 耐火等级 耐火极限 构件名称 | 现行《建筑设计防火规范》GB 50016 所适用的建筑 | | | | | |
|---|---|---|---|---|---|---|
| | 一级 | 二级 | 三级 | | 四级 | |
| 柱、柱间支撑 | 3.00 | 2.50 | 2.00 | | 0.50 | |
| 楼面梁、桁架 | 2.00 | 1.50 | 1.00 | | 0.50 | |
| 楼板、楼面支撑 | 1.50 | 1.00 | 厂房、仓库 | 民用建筑 | 厂房、仓库 | 民用建筑 |
| | | | 0.75 | 0.50 | 0.50 | 不要求 |

| 耐火极限 / 耐火等级 / 构件名称 | 现行《建筑设计防火规范》GB 50016 所适用的建筑 | | | |
|---|---|---|---|---|
| | 一级 | 二级 | 三级 | 四级 |
| 屋顶承重构件、屋面支撑、系杆 | 1.50 | 1.00 | 厂房、仓库 / 0.50 | 民用建筑 / 不要求 | 不要求 |
| 上人平屋面板 | 1.50 | 1.00 | 不要求 | | 不要求 |
| 疏散楼梯 | 1.50 | 1.00 | 厂房、仓库 / 0.75 | 民用建筑 / 0.50 | 不要求 |

无论用混凝土，还是防火板保护钢结构，达到规定的防火要求需要相当厚的保护层，这样必然会增加构件质量和占用较多的室内空间。另外，对于轻钢结构、网架结构和异形钢结构等，采用这两种方法也不适合。在这种情况下，采用钢结构防火涂料较为合理。钢结构防火涂料施工简便，无须复杂的工具即可施工，重量轻、造价低，而且不受构件的几何形状和部位的限制。对钢结构采取的保护措施，从原理上来讲，主要可划分为截流法和疏导法两种。

### 10.5.1 截流法

截流法的原理是截断或阻滞火灾产生的热流向构件的传输，从而使构件在规定的时间内温升不超过其临界温度。其做法是在构件表面设置一层保护材料，火灾产生的高温首先传给这些保护材料，再由保护材料传给构件。由于所选材料的导热系数较小，而热容又较大，所以能很好地阻滞热流向构件的传输，从而起到保护作用。截流法又分为喷涂法、包封法、屏蔽法和水喷淋法。由上述可知，这些方法的共同特点是设法减少传到构件的热流量，因而称之为截流法。

（1）喷涂法。喷涂法是用喷涂机具将防火涂料直接喷在构件表面，形成保护层。喷涂法适用范围最为广泛，可用于任何一种钢构件的耐火保护。

（2）包封法。包封法就是在钢结构表面做耐火保护层，将构件包封起来。具体做法主要有：用现浇混凝土作耐火保护层；用砂浆或灰胶泥作耐火保护层；用矿物纤维作耐火保护层；用轻质预制板作耐火保护层。

作为钢结构直接包敷保护法的一种，防火板保护钢结构早已在建筑工程中应用。早期使用的防火保护板材主要有蛭石混凝土板、珍珠岩板、石棉水泥板和石膏板，还有的是采用预制混凝土定型套管。板材通过水泥砂浆灌缝、抹灰与钢构件固定，或以合成树脂粘结，也可采用钉子或螺栓固定。这些传统的防火板材虽能在一定程度上提高钢结构的耐火时间，但存在着明显的不足。由此，人们只好把重点投向防火涂料，板材保护法因而发展缓慢。

（3）屏蔽法。屏蔽法是把钢结构包藏在耐火材料组成的墙体或吊顶内，在钢梁、钢屋架下做耐火吊顶，火灾时可以使钢梁、钢屋架的升温大为延缓、大大提高钢结构的耐火能力，而且这种方法还能增加室内的美观，但要注意吊顶的接缝、孔洞处应严密，防止蹿火。

（4）水喷淋法。水喷淋法是在结构顶部设喷淋供水管网，火灾时，会自动启动（或手动）开始喷水，在构件表面形成一层连续流动的水膜，从而起到保护作用。

### 10.5.2　疏导法

与截流法不同，疏导法允许热量传到构件上，然后设法把热量导走或消耗掉，同样可使构件温度不至升高到临界温度，从而起到保护作用。

疏导法目前主要是充水冷却保护这一种方法，典型的案例是在美国匹兹堡 64 层的美国钢铁公司大厦上的应用，它的空心封闭截面中（主要是柱）充满水，发生火灾时构件把从火场中吸收的热量传给水，依靠水的蒸发消耗热量或通过循环把热量导走，构件温度便可保持在 100℃左右。从理论上讲，这是钢结构保护最有效的方法。该系统工作时，构件相当于盛满水被加热的容器，像烧水锅炉一样工作。只要补充水源，维持足够水位，而水的比热和汽化热又较大，构件吸收的热量将源源不断地被耗掉或导走。冷却水可由高位水箱、供水管网或消防车来补充，水蒸气由排气口排出。当柱高度过高时，可分为几个循环系统，以防止柱底水压过大，为防止锈蚀或水的结冰，水中应掺加阻锈剂和防冻剂。水冷却法既可单根柱自成系统，又可多根柱连通。前者仅依靠水的蒸发耗热，后者既能蒸发散热，还能借水的温差形成循环，把热量导向非火灾区温度较低的柱。由于这种方法对于结构设计有专门要求，目前实际应用很少。

### 10.5.3　钢结构主要的防火保护措施及作用

钢结构的防火保护可采用喷涂（抹涂）防火涂料，包覆防火板，包覆柔性毡状隔热材料，外包混凝土、金属网抹砂浆或砌筑砌体等措施之一或其中几种的组合。钢结构防火保护措施的特点和适用范围见表 10-4。

钢结构防火保护方法的特点与适用范围　　　　　　　　　　　　　　表 10-4

| 序号 | 方法 | | 特点及适用范围 | |
|---|---|---|---|---|
| 1 | 喷涂防火涂料 | 膨胀型（薄型、超薄型） | 重量轻、施工简便，适用于任何形状、任何部位的构件，应用广，但对涂敷的基底和环境条件要求严。用于室外、半室外钢结构时，应选择合适的产品 | 宜用于设计耐火极限要求低于 1.5h 的钢构件和要求外观好、有装饰要求的外露钢结构 |
| | | 非膨胀型（厚型） | | 耐久性好、防火保护效果好 |

| 序号 | 方法 | | 特点及适用范围 |
|---|---|---|---|
| 2 | 包覆防火板 | | 预制性好，完整性优，性能稳定，表面平整、光洁，装饰性好，施工不受环境条件限制，特别适用于交叉作业和不允许湿法施工的场合 |
| 3 | 包覆柔性毡状隔热材料 | | 隔热性好，施工简便，造价较高，适用于室内不易受机械伤害和免受水湿的部位 |
| 4 | 外包混凝土、砂浆或砌筑砖砌体 | | 保护层强度高、耐冲击，占用空间较大，在钢梁和斜撑上施工难度大，适用于容易受碰撞、无护面板的钢柱防火保护 |
| 5 | 复合防火保护 | 膨胀型防火涂料＋包覆防火板 | 有良好的隔热性、完整性和装饰性，适用于耐火性能要求高，并有较高装饰要求的钢柱、钢梁 |
| | | 非膨胀型防火涂料＋包覆柔性毡状隔热材料 | |

在上面讲述的各类防火方法中，采用防火涂料进行阻燃的方法被认为是有效的措施之一，钢结构防火涂料在 90％钢结构防火工程中发挥着重要的保护作用。

将防火涂料涂敷于材料表面，除具有装饰和保护作用外，由于涂料本身的不燃性和难燃性，能阻止火灾发生时火焰的蔓延和延缓火势的扩展，较好地保护了基材。钢结构防火涂料按所使用的基料的不同可分为有机防火涂料和无机防火涂料两类；按涂层厚度分为超薄型、薄涂型和厚涂型三类。薄涂型钢结构涂料涂层厚度一般为 2～7mm，有一定装饰效果，高温时涂层膨胀增厚，具有耐火隔热作用，耐火极限可达 0.5～1.5h，这种涂料又称钢结构膨胀防火涂料。厚涂型钢结构防火涂料厚度一般为 8～20mm，粒状表面，密度较小，导热系数低，耐火极限可达 0.5～3.0h，这种涂料又称钢结构防火隔热涂料。

在喷涂钢结构防火涂料时，喷涂的厚度必须达到设计值，节点部位宜适当加厚，当遇有下列情况之一时，涂层内应设置与钢结构相连的钢丝网，以确保涂层牢固。

（1）承受冲击振动的梁；

（2）设计涂层厚度大于 40mm；

（3）粘贴强度小于 0.05MPa 的涂料；

（4）腹板高度大于 1.5m 的梁。

钢结构防火涂料的防火原理有三个：一是涂层对钢基材起屏蔽作用，使钢结构不至于直接暴露在火焰高温中；二是涂层吸热后部分物质分解放出水蒸气或其他不燃气体，起到消耗热量、降低火焰温度和燃烧速度、稀释氧气的作用；三是涂层本身多孔轻质和受热后形成炭化泡沫层，阻止了热量迅速向钢基材传递，推迟了钢基材强度的降低，从而提高了钢结构的耐火极限。

1989 年 3 月，在北京国际贸易中心钢结构大楼（未竣工前）B 区宴会厅发生了一次意外火灾，堆在大厅内的 1000 多立方米的管道保温材料烧熔成团块，大火持续了近 3h，大厅现浇混凝土楼板被烧蚀 6cm 多厚，钢筋全部外露，造成 10 多万美元的直接经济损失。但是钢梁和钢柱上喷涂有钢结构防火涂料，涂层厚度 25mm，设计耐火极限 2h。虽然表面被 1000℃的高温烧成釉状，经过 3h 的大火燃烧，防火涂料颜色未变，有效地起到隔热保护作用，钢结构没有丝毫变形，避免了一次大厦可能垮塌的重大经济损失。

1993 年 11 月 8 日在安徽马鞍山体育馆动力机房发生了火灾，起火处离顶部的钢结构网架只有 2m，大火持续了 1 个多小时。由于钢结构表面覆涂了薄涂型钢结构膨胀防火涂料，在火焰的燃烧下形成炭化绝热层阻隔了火焰。降低了燃烧时的热量向钢结构底材的传递。火灾扑灭后检查，钢结构没有出现任何变形，避免了因馆顶垮塌而带来的重大损失。

## 10.6　钢构件的耐火验算与防火保护设计

当钢构件的耐火时间不能达到规定的设计耐火极限要求时，应进行防火保护设计。钢构件的耐火验算主要有承载力法和临界温度法两种方法。

### 10.6.1　承载力法

钢构件耐火验算的承载力法是在构件常温下强度和稳定性验算公式基础上，引入考虑高温对钢材力学性能影响的修正系数，而确定的承载力校核方法。因此，钢构件耐火验算承载力法的验算公式与常温下构件承载力验算公式的形式一致，仅附加考虑高温对强度、弹性模量和稳定系数等力学参数的折减效应。上述方法表明推导钢构件高温下承载力法的原理与常温下钢构件验算公式的原理相同，不同之处在于考虑了温度对钢材力学性能的影响，这样处理便于设计人员理解与应用。

钢结构构件耐火验算的承载力法需要预先确定防火保护方法，防护方法的选取可以参照表 10-4。当然也可选定为无防火保护状态；在所选定的保护状态下和给定钢构件防火层厚度的基础上，确定构件在设计耐火极限时间内的最高温度。然后按照该温度确定钢材在高温下的力学参数，采用高温下的力学参数进行构件的耐火承载力验算。国家标准《建筑钢结构防火技术规范》GB 51249—2017 给出了轴心受力钢构件、单轴受弯钢构件、拉弯钢构件、压弯钢构件等基本钢构件的耐火承载力验算公式以及温度对强度、弹性模量和稳定系数等的折减系数，该标准内容较为详尽，可供参考。

### 10.6.2　临界温度法

钢构件在特定受力状态下，随着温度不断升高发生破坏时所能承受的最高温度，可定义为钢构件的耐火临界温度。不同于承载力法在特定防护状态和特定温度下判定钢构件是否发生承载力破坏的方法，钢构件耐火临界温度法是采用温度的判定方法。各类钢构件的临界温度均是根据相应构件的耐火承载力验算公式确定的，当构件达到耐火承载力极限状态时对应的温度定义为该构件的临界温度，可见钢构件耐火临界温度法是由承载力法转变成的稳定的判定方法。

钢结构构件耐火的临界温度法需要先根据荷载类型计算构件的临界温度，用 $T_d$ 表示。钢构件的临界温度 $T_d$，应取临界温度 $T'_d$、$T''_d$ 中的较小者。临界温度 $T'_d$ 根据截面强度荷载比 $R$ 确定；临界温度 $T''_d$ 根据构件稳定荷载比 $R'$ 和构件长细比 $\lambda$ 确定。各类构件的 $R$、$R'$ 和对应的临界温度，参见国家标准《建筑钢结构防火技术规范》GB 51249—2017。

根据火灾情况确定构件在无防火保护状态下、设计耐火极限时间内的最高温度，用 $T_m$ 表示。当 $T_d > T_m$ 时，构件本身的耐火能力满足要求，可不进行防火保护措施；当 $T_d \leqslant T_m$ 时，构件需要防火保护，防火保护层的设计厚度可根据钢构件的临界温度参照国家标准《建筑钢结构防火技术规范》GB 51249—2017 确定，此处不再具体介绍。

### 10.6.3 钢构件的防火保护构造要求

钢结构的防火保护措施主要分为喷涂（抹涂）防火涂料，包覆防火板，包覆柔性毡状隔热材料，外包混凝土和复合防火保护等几种。

当钢结构采用喷涂（抹涂）防火涂料保护时，其防火保护构造宜按图 10-1 选用。同时应符合下列规定：

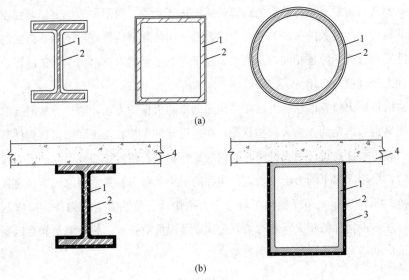

图 10-1　防火涂料保护构造图

（a）不加镀锌钢丝网；（b）加镀锌钢丝网

1—钢构件；2—防火涂料；3—锌铁丝网；4—楼板

（1）室内隐蔽构件，宜选用非膨胀型防火涂料；

（2）设计耐火极限大于 1.5h 的构件，不宜选用膨胀型防火涂料；

（3）室外、半室外钢结构采用膨胀型防火涂料时，应选用符合环境对其性能要求的产品；

（4）非膨胀型防火涂料涂层的厚度不应小于 10mm；

（5）防火涂料与防腐涂料应相容、匹配。

当钢结构采用喷涂非膨胀型防火涂料保护且有下列情况之一时，宜在涂层内设置与钢构件相连接的镀锌铁丝网或玻璃纤维布：

（1）构件承受冲击、振动荷载；

（2）防火涂料的黏结强度不大于 0.05MPa；

（3）构件的腹板高度大于 500mm 且涂层厚度不小于 30mm；

（4）构件的腹板高度大于 500mm 且涂层长期暴露在室外。

当钢结构采用包覆防火板保护时，常见钢构件的防火板保护构造宜按图 10-2 选用。同时应符合下列规定：

（1）防火板应为不燃材料，且受火时不应出现炸裂和穿透裂缝等现象；

（2）防火板的包覆应根据构件形状和所处部位进行构造设计，并应采取确保安装牢固稳定的措施；

（3）固定防火板的龙骨及胶粘剂应为不燃材料。龙骨应便于与构件及防火板连接，胶粘剂在高温下应能保持一定的强度，并应能保证防火板的包敷完整。

当钢结构采用包覆柔性毡状隔热材料保护时，其防火保护构造宜按图 10-3 选用。同时应符合下列规定：

（1）不应用于易受潮或受水的钢结构；

（2）在自重作用下，毡状材料不应发生压缩不均的现象。

当钢结构采用外包混凝土、金属网抹砂浆或砌筑砌体保护时，应符合下列规定：

（1）当采用外包混凝土时，混凝土的强度等级不宜低于 C20；其防火保护构造宜按图 10-4 选用，外包混凝土宜配构造钢筋；

（2）当采用外包金属网抹砂浆时，砂浆的强度等级不宜低于 M5；金属丝网的网格间距不宜大于 20mm，丝径不宜小于 0.6mm；砂浆最小厚度不宜小于 25mm；

（3）当采用砌筑砌体时，砌块的强度等级不宜低于 MU10。

当钢结构采用复合防火保护时，防火板宜包覆在最外侧，形成封闭完整包敷。如图 10-5（a）为 H 型钢柱的防火涂料和防火板复合保护的构造图，图 10-5（b）为 H 型钢柱的柔性毡和防火板复合保护的构造图，防火板均包覆在最外侧，形成封闭完整包敷。

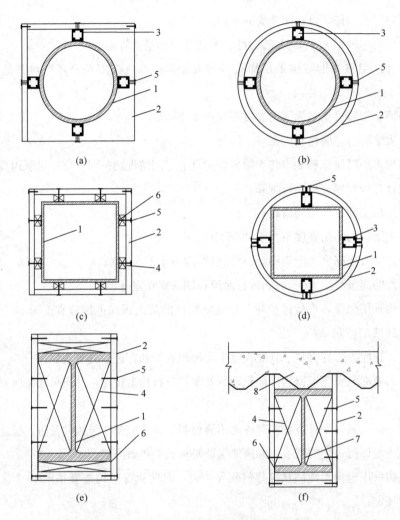

图 10-2 防火板保护钢构件的构造图

（a）圆柱包矩形防火板；（b）圆柱包圆弧形防火板；（c）箱形柱包矩形防火板；（d）箱形柱包圆弧形防火板；

（e）H 型柱包矩形防火板；（f）H 型钢梁的包矩形防火板

1—钢柱；2—防火板；3—钢龙骨；4—垫块；5—自攻螺钉（射钉）；6—高温胶粘剂；7—钢梁；8—楼板

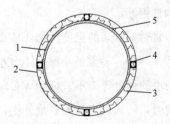

图 10-3 柔性毡状隔热材料防火保护构造图

1—钢柱；2—金属保护板；3—柔性毡状隔热材料；

4—钢龙骨；5—高温胶粘剂

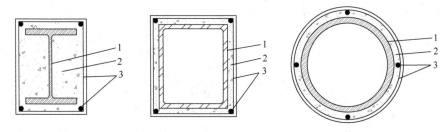

图 10-4 外包混凝土防火保护构造图

1—钢构件；2—混凝土；3—构造钢筋

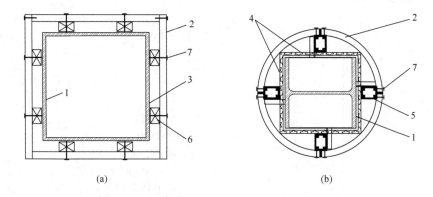

(a)                                (b)

图 10-5 H 型钢柱采用的两种复合防火保护构造图

(a) 防火涂料和防火板复合保护的构造图；(b) 柔性毡和防火板复合保护的构造图

1—钢柱；2—防火板；3—防火涂料；4—柔性毡状隔热材料；5—钢龙骨；6—垫块；

7—自攻螺钉（射钉）

## 习题

10.1 造成钢结构腐蚀的原因有哪些？

10.2 在钢结构工程中可以采用哪些方法避免或延缓腐蚀？

10.3 钢结构为什么耐热但不耐火？

10.4 提高钢结构防火能力的方法有哪些，其原理是什么？

# 附　　录

## 附录 1　型钢规格表

普通工字钢（GB/T 706—2016）　　　　　　　　　　　　　　附表 1

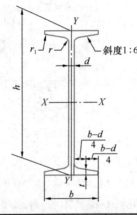

说明：

h—高度；

b—腿宽度；

d— 腰厚度；

t—腿中间厚度；

r—内圆弧半径；

$r_1$—腿端圆弧半径。

| 型号 | 截面尺寸/mm | | | | | | 截面面积/ cm² | 理论重量/ (kg/m) | 外表面积/ (m²/m) | 惯性矩/ cm⁴ | | 惯性半径/ cm | | 截面模数/ cm³ | |
|---|---|---|---|---|---|---|---|---|---|---|---|---|---|---|---|
| | h | b | d | t | r | $r_1$ | | | | $I_x$ | $I_y$ | $i_x$ | $i_y$ | $W_x$ | $W_y$ |
| 10 | 100 | 68 | 4.5 | 7.6 | 6.5 | 3.3 | 14.33 | 11.3 | 0.432 | 245 | 33.0 | 4.14 | 1.52 | 49.0 | 9.72 |
| 12 | 120 | 74 | 5.0 | 8.4 | 7.0 | 3.5 | 17.80 | 14.0 | 0.493 | 436 | 46.9 | 4.95 | 1.62 | 72.7 | 12.7 |
| 12.6 | 126 | 74 | 5.0 | 8.4 | 7.0 | 3.5 | 18.10 | 14.2 | 0.505 | 488 | 46.9 | 5.20 | 1.61 | 77.5 | 12.7 |
| 14 | 140 | 80 | 5.5 | 9.1 | 7.5 | 3.8 | 21.50 | 16.9 | 0.553 | 712 | 64.4 | 5.76 | 1.73 | 102 | 16.1 |
| 16 | 160 | 88 | 6.0 | 9.9 | 8.0 | 4.0 | 26.11 | 20.5 | 0.621 | 1130 | 93.1 | 6.58 | 1.89 | 141 | 21.2 |
| 18 | 180 | 94 | 6.5 | 10.7 | 8.5 | 4.3 | 30.74 | 24.1 | 0.681 | 1660 | 122 | 7.36 | 2.00 | 185 | 26.0 |
| 20a | 200 | 100 | 7.0 | 11.4 | 9.0 | 4.5 | 35.55 | 27.9 | 0.742 | 2370 | 158 | 8.15 | 2.12 | 237 | 31.5 |
| 20b | | 102 | 9.0 | | | | 39.55 | 31.1 | 0.746 | 2500 | 169 | 7.96 | 2.06 | 250 | 33.1 |
| 22a | 220 | 110 | 7.5 | 12.3 | 9.5 | 4.8 | 42.10 | 33.1 | 0.817 | 3400 | 225 | 8.99 | 2.31 | 309 | 40.9 |
| 22b | | 112 | 9.5 | | | | 46.50 | 36.5 | 0.821 | 3570 | 239 | 8.78 | 2.27 | 325 | 42.7 |
| 24a | 240 | 116 | 8.0 | 13.0 | 10.0 | 5.0 | 47.71 | 37.5 | 0.878 | 4570 | 280 | 9.77 | 2.42 | 381 | 48.4 |
| 24b | | 118 | 10.0 | | | | 52.51 | 41.2 | 0.882 | 4800 | 297 | 9.57 | 2.38 | 400 | 50.4 |
| 25a | 250 | 116 | 8.0 | | | | 48.51 | 38.1 | 0.898 | 5020 | 280 | 10.2 | 2.40 | 402 | 48.3 |
| 25b | | 118 | 10.0 | | | | 53.51 | 42.0 | 0.902 | 5280 | 309 | 9.94 | 2.40 | 423 | 52.4 |

续表

| 型号 | 截面尺寸/mm | | | | | | 截面面积/cm² | 理论重量/(kg/m) | 外表面积/(m²/m) | 惯性矩/cm⁴ | | 惯性半径/cm | | 截面模数/cm³ | |
|---|---|---|---|---|---|---|---|---|---|---|---|---|---|---|---|
| | $h$ | $b$ | $d$ | $t$ | $r$ | $r_1$ | | | | $I_x$ | $I_y$ | $i_x$ | $i_y$ | $W_x$ | $W_y$ |
| 27a | 270 | 122 | 8.5 | 13.7 | 10.5 | 5.3 | 54.52 | 42.8 | 0.958 | 6550 | 345 | 10.9 | 2.51 | 485 | 56.6 |
| 27b | | 124 | 10.5 | | | | 59.92 | 47.0 | 0.962 | 6870 | 366 | 10.7 | 2.47 | 509 | 58.9 |
| 28a | 280 | 122 | 8.5 | 13.7 | 10.5 | 5.3 | 55.37 | 43.5 | 0.978 | 7110 | 345 | 11.3 | 2.50 | 508 | 56.6 |
| 28b | | 124 | 10.5 | | | | 60.97 | 47.9 | 0.982 | 7480 | 379 | 11.1 | 2.49 | 534 | 61.2 |
| 30a | 300 | 126 | 9.0 | 14.4 | 11.0 | 5.5 | 61.22 | 48.1 | 1.031 | 8950 | 400 | 12.1 | 2.55 | 597 | 63.5 |
| 30b | | 128 | 11.0 | | | | 67.22 | 52.8 | 1.035 | 9400 | 422 | 11.8 | 2.50 | 627 | 65.9 |
| 30c | | 130 | 13.0 | | | | 73.22 | 57.5 | 1.039 | 9850 | 445 | 11.6 | 2.46 | 657 | 68.5 |
| 32a | 320 | 130 | 9.5 | 15.0 | 11.5 | 5.8 | 67.12 | 52.7 | 1.084 | 11100 | 460 | 12.8 | 2.62 | 692 | 70.8 |
| 32b | | 132 | 11.5 | | | | 73.52 | 57.7 | 1.088 | 11600 | 502 | 12.6 | 2.61 | 726 | 76.0 |
| 32c | | 134 | 13.5 | | | | 79.92 | 62.7 | 1.092 | 12200 | 544 | 12.3 | 2.61 | 760 | 81.2 |
| 36a | 360 | 136 | 10.0 | 15.8 | 12.0 | 6.0 | 76.44 | 60.0 | 1.185 | 15800 | 552 | 14.4 | 2.69 | 875 | 81.2 |
| 36b | | 138 | 12.0 | | | | 83.64 | 65.7 | 1.189 | 16500 | 582 | 14.1 | 2.64 | 919 | 84.3 |
| 36c | | 140 | 14.0 | | | | 90.84 | 71.3 | 1.193 | 17300 | 612 | 13.8 | 2.60 | 962 | 87.4 |
| 40a | 400 | 142 | 10.5 | 16.5 | 12.5 | 6.3 | 86.07 | 67.6 | 1.285 | 21700 | 660 | 15.9 | 2.77 | 1090 | 93.2 |
| 40b | | 144 | 12.5 | | | | 94.07 | 73.8 | 1.289 | 22800 | 692 | 15.6 | 2.71 | 1140 | 96.2 |
| 40c | | 146 | 14.5 | | | | 102.1 | 80.1 | 1.293 | 23900 | 727 | 15.2 | 2.65 | 1190 | 99.6 |
| 45a | 450 | 150 | 11.5 | 18.0 | 13.5 | 6.8 | 102.4 | 80.4 | 1.411 | 32200 | 855 | 17.7 | 2.89 | 1430 | 114 |
| 45b | | 152 | 13.5 | | | | 111.4 | 87.4 | 1.415 | 33800 | 894 | 17.4 | 2.84 | 1500 | 118 |
| 45c | | 154 | 15.5 | | | | 120.4 | 94.5 | 1.419 | 35300 | 938 | 17.1 | 2.79 | 1570 | 122 |
| 50a | 500 | 158 | 12.0 | 20.0 | 14.0 | 7.0 | 119.2 | 93.6 | 1.539 | 46500 | 1120 | 19.7 | 3.07 | 1860 | 142 |
| 50b | | 160 | 14.0 | | | | 129.2 | 101 | 1.543 | 48600 | 1170 | 19.4 | 3.01 | 1940 | 146 |
| 50c | | 162 | 16.0 | | | | 139.2 | 109 | 1.547 | 50600 | 1220 | 19.0 | 2.96 | 2080 | 151 |
| 55a | 550 | 166 | 12.5 | 21.0 | 14.5 | 7.3 | 134.1 | 105 | 1.667 | 62900 | 1370 | 21.6 | 3.19 | 2290 | 164 |
| 55b | | 168 | 14.5 | | | | 145.1 | 114 | 1.671 | 65600 | 1420 | 21.2 | 3.14 | 2390 | 170 |
| 55c | | 170 | 16.5 | | | | 156.1 | 123 | 1.675 | 68400 | 1480 | 20.9 | 3.08 | 2490 | 175 |
| 56a | 560 | 166 | 12.5 | 21.0 | 14.5 | 7.3 | 135.4 | 106 | 1.687 | 65600 | 1370 | 22.0 | 3.18 | 2340 | 165 |
| 56b | | 168 | 14.5 | | | | 146.6 | 115 | 1.691 | 68500 | 1490 | 21.6 | 3.16 | 2450 | 174 |
| 56c | | 170 | 16.5 | | | | 157.8 | 124 | 1.695 | 71400 | 1560 | 21.3 | 3.16 | 2550 | 183 |
| 63a | 630 | 176 | 13.0 | 22.0 | 15.0 | 7.5 | 154.6 | 121 | 1.862 | 93900 | 1700 | 24.5 | 3.31 | 2980 | 193 |
| 63b | | 178 | 15.0 | | | | 167.2 | 131 | 1.866 | 98100 | 1810 | 24.2 | 3.29 | 3160 | 204 |
| 63c | | 180 | 17.0 | | | | 179.8 | 141 | 1.870 | 102000 | 1920 | 23.8 | 3.27 | 3300 | 214 |

注：表中 $r$、$r_1$ 的数据用于孔型设计，不做交货条件。

普通槽钢（GB/T 706—2016） 附表 2

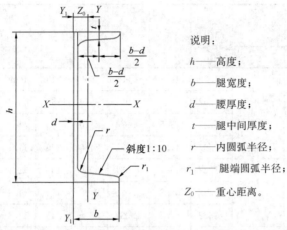

说明：

$h$——高度；

$b$——腿宽度；

$d$——腰厚度；

$t$——腿中间厚度；

$r$——内圆弧半径；

$r_1$——腿端圆弧半径；

$Z_0$——重心距离。

| 型号 | 截面尺寸/mm | | | | | | 截面面积/cm² | 理论重量/(kg/m) | 外表面积/(m²/m) | 惯性矩/cm⁴ | | | 惯性半径/cm | | 截面模数/cm³ | | 重心距离/cm |
|---|---|---|---|---|---|---|---|---|---|---|---|---|---|---|---|---|---|
| | $h$ | $b$ | $d$ | $t$ | $r$ | $r_1$ | | | | $I_x$ | $I_y$ | $I_{y1}$ | $i_x$ | $i_y$ | $W_x$ | $W_y$ | $Z_0$ |
| 5 | 50 | 37 | 4.5 | 7.0 | 7.0 | 3.5 | 6.925 | 5.44 | 0.226 | 26.0 | 8.30 | 20.9 | 1.94 | 1.10 | 10.4 | 3.55 | 1.35 |
| 6.3 | 63 | 40 | 4.8 | 7.5 | 7.5 | 3.8 | 8.446 | 6.63 | 0.262 | 50.8 | 11.9 | 28.4 | 2.45 | 1.19 | 16.1 | 4.50 | 1.36 |
| 6.5 | 65 | 40 | 4.3 | 7.5 | 7.5 | 3.8 | 8.292 | 6.51 | 0.267 | 55.2 | 12.0 | 28.3 | 2.54 | 1.19 | 17.0 | 4.59 | 1.38 |
| 8 | 80 | 43 | 5.0 | 8.0 | 8.0 | 4.0 | 10.24 | 8.04 | 0.307 | 101 | 16.6 | 37.4 | 3.15 | 1.27 | 25.3 | 5.79 | 1.43 |
| 10 | 100 | 48 | 5.3 | 8.5 | 8.5 | 4.2 | 12.74 | 10.0 | 0.365 | 198 | 25.6 | 54.9 | 3.95 | 1.41 | 39.7 | 7.80 | 1.52 |
| 12 | 120 | 53 | 5.5 | 9.0 | 9.0 | 4.5 | 15.36 | 12.1 | 0.423 | 346 | 37.4 | 77.7 | 4.75 | 1.56 | 57.7 | 10.2 | 1.62 |
| 12.6 | 126 | 53 | 5.5 | 9.0 | 9.0 | 4.5 | 15.69 | 12.3 | 0.435 | 391 | 38.0 | 77.1 | 4.95 | 1.57 | 62.1 | 10.2 | 1.59 |
| 14a | 140 | 58 | 6.0 | 9.5 | 9.5 | 4.8 | 18.51 | 14.5 | 0.480 | 564 | 53.2 | 107 | 5.52 | 1.70 | 80.5 | 13.0 | 1.71 |
| 14b | 140 | 60 | 8.0 | 9.5 | 9.5 | 4.8 | 21.31 | 16.7 | 0.484 | 609 | 61.1 | 121 | 5.35 | 1.69 | 87.1 | 14.1 | 1.67 |
| 16a | 160 | 63 | 6.5 | 10.0 | 10.0 | 5.0 | 21.95 | 17.2 | 0.538 | 866 | 73.3 | 144 | 6.28 | 1.83 | 108 | 16.3 | 1.80 |
| 16b | 160 | 65 | 8.5 | 10.0 | 10.0 | 5.0 | 25.15 | 19.8 | 0.542 | 935 | 83.4 | 161 | 6.10 | 1.82 | 117 | 17.6 | 1.75 |
| 18a | 180 | 68 | 7.0 | 10.5 | 10.5 | 5.2 | 25.69 | 20.2 | 0.596 | 1270 | 98.6 | 190 | 7.04 | 1.96 | 141 | 20.0 | 1.88 |
| 18b | 180 | 70 | 9.0 | 10.5 | 10.5 | 5.2 | 29.29 | 23.0 | 0.600 | 1370 | 111 | 210 | 6.84 | 1.95 | 152 | 21.5 | 1.84 |
| 20a | 200 | 73 | 7.0 | 11.0 | 11.0 | 5.5 | 28.83 | 22.6 | 0.654 | 1780 | 128 | 244 | 7.86 | 2.11 | 178 | 24.2 | 2.01 |
| 20b | 200 | 75 | 9.0 | 11.0 | 11.0 | 5.5 | 32.83 | 25.8 | 0.658 | 1910 | 144 | 268 | 7.64 | 2.09 | 191 | 25.9 | 1.95 |
| 22a | 220 | 77 | 7.0 | 11.5 | 11.5 | 5.8 | 31.83 | 25.0 | 0.709 | 2390 | 158 | 298 | 8.67 | 2.23 | 218 | 28.2 | 2.10 |
| 22b | 220 | 79 | 9.0 | 11.5 | 11.5 | 5.8 | 36.23 | 28.5 | 0.713 | 2570 | 176 | 326 | 8.42 | 2.21 | 234 | 30.1 | 2.03 |
| 24a | 240 | 78 | 7.0 | 12.0 | 12.0 | 6.0 | 34.21 | 26.9 | 0.752 | 3050 | 174 | 325 | 9.45 | 2.25 | 254 | 30.5 | 2.10 |
| 24b | 240 | 80 | 9.0 | 12.0 | 12.0 | 6.0 | 39.01 | 30.6 | 0.756 | 3280 | 194 | 355 | 9.17 | 2.23 | 274 | 32.5 | 2.03 |
| 24c | 240 | 82 | 11.0 | 12.0 | 12.0 | 6.0 | 43.81 | 34.4 | 0.760 | 3510 | 213 | 388 | 8.96 | 2.21 | 293 | 34.4 | 2.00 |
| 25a | 250 | 78 | 7.0 | 12.0 | 12.0 | 6.0 | 34.91 | 27.4 | 0.722 | 3370 | 176 | 322 | 9.82 | 2.24 | 270 | 30.6 | 2.07 |
| 25b | 250 | 80 | 9.0 | 12.0 | 12.0 | 6.0 | 39.91 | 31.3 | 0.776 | 3530 | 196 | 353 | 9.41 | 2.22 | 282 | 32.7 | 1.98 |
| 25c | 250 | 82 | 11.0 | 12.0 | 12.0 | 6.0 | 44.91 | 35.3 | 0.780 | 3690 | 218 | 384 | 9.07 | 2.21 | 295 | 35.9 | 1.92 |

续表

| 型号 | 截面尺寸/mm | | | | | | 截面面积/cm² | 理论重量/(kg/m) | 外表面积/(m²/m) | 惯性矩/cm⁴ | | | 惯性半径/cm | | 截面模数/cm³ | | 重心距离/cm |
|---|---|---|---|---|---|---|---|---|---|---|---|---|---|---|---|---|---|
| | $h$ | $b$ | $d$ | $t$ | $r$ | $r_1$ | | | | $I_x$ | $I_y$ | $I_{y1}$ | $i_x$ | $i_y$ | $W_x$ | $W_y$ | $Z_0$ |
| 27a | 270 | 82 | 7.5 | 12.5 | 12.5 | 6.2 | 39.27 | 30.8 | 0.826 | 4360 | 216 | 393 | 10.5 | 2.34 | 323 | 35.5 | 2.13 |
| 27b | | 84 | 9.5 | | | | 44.67 | 35.1 | 0.830 | 4690 | 239 | 428 | 10.3 | 2.31 | 347 | 37.7 | 2.06 |
| 27c | | 86 | 11.5 | | | | 50.07 | 39.3 | 0.834 | 5020 | 261 | 467 | 10.1 | 2.28 | 372 | 39.8 | 2.03 |
| 28a | 280 | 82 | 7.5 | 12.5 | 12.5 | 6.2 | 40.02 | 31.4 | 0.846 | 4760 | 218 | 388 | 10.9 | 2.33 | 340 | 35.7 | 2.10 |
| 28b | | 84 | 9.5 | | | | 45.62 | 35.8 | 0.850 | 5130 | 242 | 428 | 10.6 | 2.30 | 366 | 37.9 | 2.02 |
| 28c | | 86 | 11.5 | | | | 51.22 | 40.2 | 0.854 | 5500 | 268 | 463 | 10.4 | 2.29 | 393 | 40.3 | 1.95 |
| 30a | 300 | 85 | 7.5 | 13.5 | 13.5 | 6.8 | 43.89 | 34.5 | 0.897 | 6050 | 260 | 467 | 11.7 | 2.43 | 403 | 41.1 | 2.17 |
| 30b | | 87 | 9.5 | | | | 49.89 | 39.2 | 0.901 | 6500 | 289 | 515 | 11.4 | 2.41 | 433 | 44.0 | 2.13 |
| 30c | | 89 | 11.5 | | | | 55.89 | 43.9 | 0.905 | 6950 | 316 | 560 | 11.2 | 2.38 | 463 | 46.4 | 2.09 |
| 32a | 320 | 88 | 8.0 | 14.0 | 14.0 | 7.0 | 48.50 | 38.1 | 0.947 | 7600 | 305 | 552 | 12.5 | 2.50 | 475 | 46.5 | 2.24 |
| 32b | | 90 | 10.0 | | | | 54.90 | 43.1 | 0.951 | 8140 | 336 | 593 | 12.2 | 2.47 | 509 | 49.2 | 2.16 |
| 32c | | 92 | 12.0 | | | | 61.30 | 48.1 | 0.955 | 8690 | 374 | 643 | 11.9 | 2.47 | 543 | 52.6 | 2.09 |
| 36a | 360 | 96 | 9.0 | 16.0 | 16.0 | 8.0 | 60.89 | 47.8 | 1.053 | 11900 | 455 | 818 | 14.0 | 2.73 | 660 | 63.5 | 2.44 |
| 36b | | 98 | 11.0 | | | | 68.09 | 53.5 | 1.057 | 12700 | 497 | 880 | 13.6 | 2.70 | 703 | 66.9 | 2.37 |
| 36c | | 100 | 13.0 | | | | 75.29 | 59.1 | 1.061 | 13400 | 536 | 948 | 13.4 | 2.67 | 746 | 70.0 | 2.34 |
| 40a | 400 | 100 | 10.5 | 18.0 | 18.0 | 9.0 | 75.04 | 58.9 | 1.144 | 17600 | 592 | 1070 | 15.3 | 2.81 | 879 | 78.8 | 2.49 |
| 40b | | 102 | 12.5 | | | | 83.04 | 65.2 | 1.148 | 18600 | 640 | 1140 | 15.0 | 2.78 | 932 | 82.5 | 2.44 |
| 40c | | 104 | 14.5 | | | | 91.04 | 71.5 | 1.152 | 19700 | 688 | 1220 | 14.7 | 2.75 | 986 | 86.2 | 2.42 |

注：表中 $r$、$r_1$ 的数据用于孔型设计，不做交货条件。

等边角钢（GB/T 706—2016）　　　　　　　　　　　　附表 3

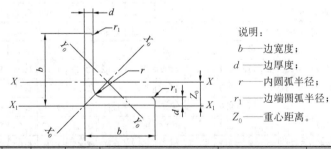

说明：
$b$——边宽度；
$d$——边厚度；
$r$——内圆弧半径；
$r_1$——边端圆弧半径；
$Z_0$——重心距离。

| 型号 | 截面尺寸/mm | | | 截面面积/cm² | 理论重量/(kg/m) | 外表面积/(m²/m) | 惯性矩/cm⁴ | | | | 惯性半径/cm | | | 截面模数/cm³ | | | 重心距离/cm |
|---|---|---|---|---|---|---|---|---|---|---|---|---|---|---|---|---|---|
| | $b$ | $d$ | $r$ | | | | $I_x$ | $I_{x1}$ | $I_{x0}$ | $I_{y0}$ | $i_x$ | $i_{x0}$ | $i_{y0}$ | $W_x$ | $W_{x0}$ | $W_{y0}$ | $Z_0$ |
| 2 | 20 | 3 | 3.5 | 1.132 | 0.89 | 0.078 | 0.40 | 0.81 | 0.63 | 0.17 | 0.59 | 0.75 | 0.39 | 0.29 | 0.45 | 0.20 | 0.60 |
| | | 4 | | 1.459 | 1.15 | 0.077 | 0.50 | 1.09 | 0.78 | 0.22 | 0.58 | 0.73 | 0.38 | 0.36 | 0.55 | 0.24 | 0.64 |
| 2.5 | 25 | 3 | | 1.432 | 1.12 | 0.098 | 0.82 | 1.57 | 1.29 | 0.34 | 0.76 | 0.95 | 0.49 | 0.46 | 0.73 | 0.33 | 0.73 |
| | | 4 | | 1.859 | 1.46 | 0.097 | 1.03 | 2.11 | 1.62 | 0.43 | 0.74 | 0.93 | 0.48 | 0.59 | 0.92 | 0.40 | 0.76 |

续表

| 型号 | 截面尺寸/mm | | | 截面面积/cm² | 理论重量/(kg/m) | 外表面积/(m²/m) | 惯性矩/cm⁴ | | | | 惯性半径/cm | | | 截面模数/cm³ | | | 重心距离/cm |
|---|---|---|---|---|---|---|---|---|---|---|---|---|---|---|---|---|---|
| | $b$ | $d$ | $r$ | | | | $I_x$ | $I_{x1}$ | $I_{x0}$ | $I_{y0}$ | $i_x$ | $i_{x0}$ | $i_{y0}$ | $W_x$ | $W_{x0}$ | $W_{y0}$ | $Z_0$ |
| 3.0 | 30 | 3 | | 1.749 | 1.37 | 0.117 | 1.46 | 2.71 | 2.31 | 0.61 | 0.91 | 1.15 | 0.59 | 0.68 | 1.09 | 0.51 | 0.85 |
| | | 4 | | 2.276 | 1.79 | 0.117 | 1.84 | 3.63 | 2.92 | 0.77 | 0.90 | 1.13 | 0.58 | 0.87 | 1.37 | 0.62 | 0.89 |
| 3.6 | 36 | 3 | 4.5 | 2.109 | 1.66 | 0.141 | 2.58 | 4.68 | 4.09 | 1.07 | 1.11 | 1.39 | 0.71 | 0.99 | 1.61 | 0.76 | 1.00 |
| | | 4 | | 2.756 | 2.16 | 0.141 | 3.29 | 6.25 | 5.22 | 1.37 | 1.09 | 1.38 | 0.70 | 1.28 | 2.05 | 0.93 | 1.04 |
| | | 5 | | 3.382 | 2.65 | 0.141 | 3.95 | 7.84 | 6.24 | 1.65 | 1.08 | 1.36 | 0.70 | 1.56 | 2.45 | 1.00 | 1.07 |
| 4 | 40 | 3 | 5 | 2.359 | 1.85 | 0.157 | 3.59 | 6.41 | 5.69 | 1.49 | 1.23 | 1.55 | 0.79 | 1.23 | 2.01 | 0.96 | 1.09 |
| | | 4 | | 3.086 | 2.42 | 0.157 | 4.60 | 8.56 | 7.29 | 1.91 | 1.22 | 1.54 | 0.79 | 1.60 | 2.58 | 1.19 | 1.13 |
| | | 5 | | 3.792 | 2.98 | 0.156 | 5.53 | 10.7 | 8.76 | 2.30 | 1.21 | 1.52 | 0.78 | 1.96 | 3.10 | 1.39 | 1.17 |
| 4.5 | 45 | 3 | 5 | 2.659 | 2.09 | 0.177 | 5.17 | 9.12 | 8.20 | 2.14 | 1.40 | 1.76 | 0.89 | 1.58 | 2.58 | 1.24 | 1.22 |
| | | 4 | | 3.486 | 2.74 | 0.177 | 6.65 | 12.2 | 10.6 | 2.75 | 1.38 | 1.74 | 0.89 | 2.05 | 3.32 | 1.54 | 1.26 |
| | | 5 | | 4.292 | 3.37 | 0.176 | 8.04 | 15.2 | 12.7 | 3.33 | 1.37 | 1.72 | 0.88 | 2.51 | 4.00 | 1.81 | 1.30 |
| | | 6 | | 5.077 | 3.99 | 0.176 | 9.33 | 18.4 | 14.8 | 3.89 | 1.36 | 1.70 | 0.80 | 2.95 | 4.64 | 2.06 | 1.33 |
| 5 | 50 | 3 | 5.5 | 2.971 | 2.33 | 0.197 | 7.18 | 12.5 | 11.4 | 2.98 | 1.55 | 1.96 | 1.00 | 1.96 | 3.22 | 1.57 | 1.34 |
| | | 4 | | 3.897 | 3.06 | 0.197 | 9.26 | 16.7 | 14.7 | 3.82 | 1.54 | 1.94 | 0.99 | 2.56 | 4.16 | 1.96 | 1.38 |
| | | 5 | | 4.803 | 3.77 | 0.196 | 11.2 | 20.9 | 17.8 | 4.64 | 1.53 | 1.92 | 0.98 | 3.13 | 5.03 | 2.31 | 1.42 |
| | | 6 | | 5.688 | 4.46 | 0.196 | 13.1 | 25.1 | 20.7 | 5.42 | 1.52 | 1.91 | 0.98 | 3.68 | 5.85 | 2.63 | 1.46 |
| 5.6 | 56 | 3 | 6 | 3.343 | 2.62 | 0.221 | 10.2 | 17.6 | 16.1 | 4.24 | 1.75 | 2.20 | 1.13 | 2.48 | 4.08 | 2.02 | 1.48 |
| | | 4 | | 4.39 | 3.45 | 0.220 | 13.2 | 23.4 | 20.9 | 5.46 | 1.73 | 2.18 | 1.11 | 3.24 | 5.28 | 2.52 | 1.53 |
| | | 5 | | 5.415 | 4.25 | 0.220 | 16.0 | 29.3 | 25.4 | 6.61 | 1.72 | 2.17 | 1.10 | 3.97 | 6.42 | 2.98 | 1.57 |
| | | 6 | | 6.42 | 5.04 | 0.220 | 18.7 | 35.3 | 29.7 | 7.73 | 1.71 | 2.15 | 1.10 | 4.68 | 7.49 | 3.40 | 1.61 |
| | | 7 | | 7.404 | 5.81 | 0.219 | 21.2 | 41.2 | 33.6 | 8.82 | 1.69 | 2.13 | 1.09 | 5.36 | 8.49 | 3.80 | 1.64 |
| | | 8 | | 8.367 | 6.57 | 0.219 | 23.6 | 47.2 | 37.4 | 9.89 | 1.68 | 2.11 | 1.09 | 6.03 | 9.44 | 4.16 | 1.68 |
| 6 | 60 | 5 | 6.5 | 5.829 | 4.58 | 0.236 | 19.9 | 36.1 | 31.6 | 8.21 | 1.85 | 2.33 | 1.19 | 4.59 | 7.44 | 3.48 | 1.67 |
| | | 6 | | 6.914 | 5.43 | 0.235 | 23.4 | 43.3 | 36.9 | 9.60 | 1.83 | 2.31 | 1.18 | 5.41 | 8.70 | 3.98 | 1.70 |
| | | 7 | | 7.977 | 6.26 | 0.235 | 26.4 | 50.7 | 41.9 | 11.0 | 1.82 | 2.29 | 1.17 | 6.21 | 9.88 | 4.45 | 1.74 |
| | | 8 | | 9.02 | 7.08 | 0.235 | 29.5 | 58.0 | 46.7 | 12.3 | 1.81 | 2.27 | 1.17 | 6.98 | 11.0 | 4.88 | 1.78 |
| 6.3 | 63 | 4 | 7 | 4.978 | 3.91 | 0.248 | 19.0 | 33.4 | 30.2 | 7.89 | 1.96 | 2.46 | 1.26 | 4.13 | 6.78 | 3.29 | 1.70 |
| | | 5 | | 6.143 | 4.82 | 0.248 | 23.2 | 41.7 | 36.8 | 9.57 | 1.94 | 2.45 | 1.25 | 5.08 | 8.25 | 3.90 | 1.74 |
| | | 6 | | 7.288 | 5.72 | 0.247 | 27.1 | 50.1 | 43.0 | 11.2 | 1.93 | 2.43 | 1.24 | 6.00 | 9.66 | 4.46 | 1.78 |
| | | 7 | | 8.412 | 6.60 | 0.247 | 30.9 | 58.6 | 49.0 | 12.8 | 1.92 | 2.41 | 1.23 | 6.88 | 11.0 | 4.98 | 1.82 |
| | | 8 | | 9.515 | 7.47 | 0.247 | 34.5 | 67.1 | 54.6 | 14.3 | 1.90 | 2.40 | 1.23 | 7.75 | 12.3 | 5.47 | 1.85 |
| | | 10 | | 11.66 | 9.15 | 0.246 | 41.1 | 84.3 | 64.9 | 17.3 | 1.88 | 2.36 | 1.22 | 9.39 | 14.6 | 6.36 | 1.93 |
| 7 | 70 | 4 | 8 | 5.570 | 4.37 | 0.275 | 26.4 | 45.7 | 41.8 | 11.0 | 2.18 | 2.74 | 1.40 | 5.14 | 8.44 | 4.17 | 1.86 |
| | | 5 | | 6.876 | 5.40 | 0.275 | 32.2 | 57.2 | 51.1 | 13.3 | 2.16 | 2.73 | 1.39 | 6.32 | 10.3 | 4.95 | 1.91 |
| | | 6 | | 8.160 | 6.41 | 0.275 | 37.8 | 68.7 | 59.9 | 15.6 | 2.15 | 2.71 | 1.38 | 7.48 | 12.1 | 5.67 | 1.95 |
| | | 7 | | 9.424 | 7.40 | 0.275 | 43.1 | 80.3 | 68.4 | 17.8 | 2.14 | 2.69 | 1.38 | 8.59 | 13.8 | 6.34 | 1.99 |
| | | 8 | | 10.67 | 8.37 | 0.274 | 48.2 | 91.9 | 76.4 | 20.0 | 2.12 | 2.68 | 1.37 | 9.68 | 15.4 | 6.98 | 2.03 |

续表

| 型号 | b | d | r | 截面面积/cm² | 理论重量/(kg/m) | 外表面积/(m²/m) | $I_x$ | $I_{x1}$ | $I_{x0}$ | $I_{y0}$ | $i_x$ | $i_{x0}$ | $i_{y0}$ | $W_x$ | $W_{x0}$ | $W_{y0}$ | $Z_0$ |
|---|---|---|---|---|---|---|---|---|---|---|---|---|---|---|---|---|---|
| 7.5 | 75 | 5 | 9 | 7.412 | 5.82 | 0.295 | 40.0 | 70.6 | 63.3 | 16.6 | 2.33 | 2.92 | 1.50 | 7.32 | 11.9 | 5.77 | 2.04 |
| | | 6 | | 8.797 | 6.91 | 0.294 | 47.0 | 84.6 | 74.4 | 19.5 | 2.31 | 2.90 | 1.49 | 8.64 | 14.0 | 6.67 | 2.07 |
| | | 7 | | 10.16 | 7.98 | 0.294 | 53.6 | 98.7 | 85.0 | 22.2 | 2.30 | 2.89 | 1.48 | 9.93 | 16.0 | 7.44 | 2.11 |
| | | 8 | | 11.50 | 9.03 | 0.294 | 60.0 | 113 | 95.1 | 24.9 | 2.28 | 2.88 | 1.47 | 11.2 | 17.9 | 8.19 | 2.15 |
| | | 9 | | 12.83 | 10.1 | 0.294 | 66.1 | 127 | 105 | 27.5 | 2.27 | 2.86 | 1.46 | 12.4 | 19.8 | 8.89 | 2.18 |
| | | 10 | | 14.13 | 11.1 | 0.293 | 72.0 | 142 | 114 | 30.1 | 2.26 | 2.84 | 1.46 | 13.6 | 21.5 | 9.56 | 2.22 |
| 8 | 80 | 5 | 9 | 7.912 | 6.21 | 0.315 | 48.8 | 85.4 | 77.3 | 20.3 | 2.48 | 3.13 | 1.60 | 8.34 | 13.7 | 6.66 | 2.15 |
| | | 6 | | 9.397 | 7.38 | 0.314 | 57.4 | 103 | 91.0 | 23.7 | 2.47 | 3.11 | 1.59 | 9.87 | 16.1 | 7.65 | 2.19 |
| | | 7 | | 10.86 | 8.53 | 0.314 | 65.6 | 120 | 104 | 27.1 | 2.46 | 3.10 | 1.58 | 11.4 | 18.4 | 8.58 | 2.23 |
| | | 8 | | 12.30 | 9.66 | 0.314 | 73.5 | 137 | 117 | 30.4 | 2.44 | 3.08 | 1.57 | 12.8 | 20.6 | 9.46 | 2.27 |
| | | 9 | | 13.73 | 10.8 | 0.314 | 81.1 | 154 | 129 | 33.6 | 2.43 | 3.06 | 1.56 | 14.3 | 22.7 | 10.3 | 2.31 |
| | | 10 | | 15.13 | 11.9 | 0.313 | 88.4 | 172 | 140 | 36.8 | 2.42 | 3.04 | 1.56 | 15.6 | 24.8 | 11.1 | 2.35 |
| 9 | 90 | 6 | 10 | 10.64 | 8.35 | 0.354 | 82.8 | 146 | 131 | 34.3 | 2.79 | 3.51 | 1.80 | 12.6 | 20.6 | 9.95 | 2.44 |
| | | 7 | | 12.30 | 9.66 | 0.354 | 94.8 | 170 | 150 | 39.2 | 2.78 | 3.50 | 1.78 | 14.5 | 23.6 | 11.2 | 2.48 |
| | | 8 | | 13.94 | 10.9 | 0.353 | 106 | 195 | 169 | 44.0 | 2.76 | 3.48 | 1.78 | 16.4 | 26.6 | 12.4 | 2.52 |
| | | 9 | | 15.57 | 12.2 | 0.353 | 118 | 219 | 187 | 48.7 | 2.75 | 3.46 | 1.77 | 18.3 | 29.4 | 13.5 | 2.56 |
| | | 10 | | 17.17 | 13.5 | 0.353 | 129 | 244 | 204 | 53.3 | 2.74 | 3.45 | 1.76 | 20.1 | 32.0 | 14.5 | 2.59 |
| | | 12 | | 20.31 | 15.9 | 0.352 | 149 | 294 | 236 | 62.2 | 2.71 | 3.41 | 1.75 | 23.6 | 37.1 | 16.5 | 2.67 |
| 10 | 100 | 6 | 12 | 11.93 | 9.37 | 0.393 | 115 | 200 | 182 | 47.9 | 3.10 | 3.90 | 2.00 | 15.7 | 25.7 | 12.7 | 2.67 |
| | | 7 | | 13.80 | 10.8 | 0.393 | 132 | 234 | 209 | 54.7 | 3.09 | 3.89 | 1.99 | 18.1 | 29.6 | 14.3 | 2.71 |
| | | 8 | | 15.64 | 12.3 | 0.393 | 148 | 267 | 235 | 61.4 | 3.08 | 3.88 | 1.98 | 20.5 | 33.2 | 15.8 | 2.76 |
| | | 9 | | 17.46 | 13.7 | 0.392 | 164 | 300 | 260 | 68.0 | 3.07 | 3.86 | 1.97 | 22.8 | 36.8 | 17.2 | 2.80 |
| | | 10 | | 19.26 | 15.1 | 0.392 | 180 | 334 | 285 | 74.4 | 3.05 | 3.84 | 1.96 | 25.1 | 40.3 | 18.5 | 2.84 |
| | | 12 | | 22.80 | 17.9 | 0.391 | 209 | 402 | 331 | 86.8 | 3.03 | 3.81 | 1.95 | 29.5 | 46.8 | 21.1 | 2.91 |
| | | 14 | | 26.26 | 20.6 | 0.391 | 237 | 471 | 374 | 99.0 | 3.00 | 3.77 | 1.94 | 33.7 | 52.9 | 23.4 | 2.99 |
| | | 16 | | 29.63 | 23.3 | 0.390 | 263 | 540 | 414 | 111 | 2.98 | 3.74 | 1.94 | 37.8 | 58.6 | 25.6 | 3.06 |
| 11 | 110 | 7 | 12 | 15.20 | 11.9 | 0.433 | 177 | 311 | 281 | 73.4 | 3.41 | 4.30 | 2.20 | 22.1 | 36.1 | 17.5 | 2.96 |
| | | 8 | | 17.24 | 13.5 | 0.433 | 199 | 355 | 316 | 82.4 | 3.40 | 4.28 | 2.19 | 25.0 | 40.7 | 19.4 | 3.01 |
| | | 10 | | 21.26 | 16.7 | 0.432 | 242 | 445 | 384 | 100 | 3.38 | 4.25 | 2.17 | 30.6 | 49.4 | 22.9 | 3.09 |
| | | 12 | | 25.20 | 19.8 | 0.431 | 283 | 535 | 448 | 117 | 3.35 | 4.22 | 2.15 | 36.1 | 57.6 | 26.2 | 3.16 |
| | | 14 | | 29.06 | 22.8 | 0.431 | 321 | 625 | 508 | 133 | 3.32 | 4.18 | 2.14 | 41.3 | 65.3 | 29.1 | 3.24 |
| 12.5 | 125 | 8 | 14 | 19.75 | 15.5 | 0.492 | 297 | 521 | 471 | 123 | 3.88 | 4.88 | 2.50 | 32.5 | 53.3 | 25.9 | 3.37 |
| | | 10 | | 24.37 | 19.1 | 0.491 | 362 | 652 | 574 | 149 | 3.85 | 4.85 | 2.48 | 40.0 | 64.9 | 30.6 | 3.45 |
| | | 12 | | 28.91 | 22.7 | 0.491 | 423 | 783 | 671 | 175 | 3.83 | 4.82 | 2.46 | 41.2 | 76.0 | 35.0 | 3.53 |
| | | 14 | | 33.37 | 26.2 | 0.490 | 482 | 916 | 764 | 200 | 3.80 | 4.78 | 2.45 | 54.2 | 86.4 | 39.1 | 3.61 |
| | | 16 | | 37.74 | 29.6 | 0.489 | 537 | 1050 | 851 | 224 | 3.77 | 4.75 | 2.43 | 60.9 | 96.3 | 43.0 | 3.68 |

续表

| 型号 | 截面尺寸/mm | | | 截面面积/cm² | 理论重量/(kg/m) | 外表面积/(m²/m) | 惯性矩/cm⁴ | | | | 惯性半径/cm | | | 截面模数/cm³ | | | 重心距离/cm |
|---|---|---|---|---|---|---|---|---|---|---|---|---|---|---|---|---|---|
| | $b$ | $d$ | $r$ | | | | $I_x$ | $I_{x1}$ | $I_{x0}$ | $I_{y0}$ | $i_x$ | $i_{x0}$ | $i_{y0}$ | $W_x$ | $W_{x0}$ | $W_{y0}$ | $Z_0$ |
| 14 | 140 | 10 | | 27.37 | 21.5 | 0.551 | 515 | 915 | 817 | 212 | 4.34 | 5.46 | 2.78 | 50.6 | 82.6 | 39.2 | 3.82 |
| | | 12 | | 32.51 | 25.5 | 0.551 | 604 | 1100 | 959 | 249 | 4.31 | 5.43 | 2.76 | 59.8 | 96.9 | 45.0 | 3.90 |
| | | 14 | | 37.57 | 29.5 | 0.550 | 689 | 1280 | 1090 | 284 | 4.28 | 5.40 | 2.75 | 68.8 | 110 | 50.5 | 3.98 |
| | | 16 | | 42.54 | 33.4 | 0.549 | 770 | 1470 | 1220 | 319 | 4.26 | 5.36 | 2.74 | 77.5 | 123 | 55.6 | 4.06 |
| 15 | 150 | 8 | 14 | 23.75 | 18.6 | 0.592 | 521 | 900 | 827 | 215 | 4.69 | 5.90 | 3.01 | 47.4 | 78.0 | 38.1 | 3.99 |
| | | 10 | | 29.37 | 23.1 | 0.591 | 638 | 1130 | 1010 | 262 | 4.66 | 5.87 | 2.99 | 58.4 | 95.5 | 45.5 | 4.08 |
| | | 12 | | 34.91 | 27.4 | 0.591 | 749 | 1350 | 1190 | 308 | 4.63 | 5.84 | 2.97 | 69.0 | 112 | 52.4 | 4.15 |
| | | 14 | | 40.37 | 31.7 | 0.590 | 856 | 1580 | 1360 | 352 | 4.60 | 5.80 | 2.95 | 79.5 | 128 | 58.8 | 4.23 |
| | | 15 | | 43.06 | 33.8 | 0.590 | 907 | 1690 | 1440 | 374 | 4.59 | 5.78 | 2.95 | 84.6 | 136 | 61.9 | 4.27 |
| | | 16 | | 45.74 | 35.9 | 0.589 | 958 | 1810 | 1520 | 395 | 4.58 | 5.77 | 2.94 | 89.6 | 143 | 64.9 | 4.31 |
| 16 | 160 | 10 | 16 | 31.50 | 24.7 | 0.630 | 780 | 1370 | 1240 | 322 | 4.98 | 6.27 | 3.20 | 66.7 | 109 | 52.8 | 4.31 |
| | | 12 | | 37.44 | 29.4 | 0.630 | 917 | 1640 | 1460 | 377 | 4.95 | 6.24 | 3.18 | 79.0 | 129 | 60.7 | 4.39 |
| | | 14 | | 43.30 | 34.0 | 0.629 | 1050 | 1910 | 1670 | 432 | 4.92 | 6.20 | 3.16 | 91.0 | 147 | 68.2 | 4.47 |
| | | 16 | | 49.07 | 38.5 | 0.629 | 1180 | 2190 | 1870 | 485 | 4.89 | 6.17 | 3.14 | 103 | 165 | 75.3 | 4.55 |
| 18 | 180 | 12 | 16 | 42.24 | 33.2 | 0.710 | 1320 | 2330 | 2100 | 543 | 5.59 | 7.05 | 3.58 | 101 | 165 | 78.4 | 4.89 |
| | | 14 | | 48.90 | 38.4 | 0.709 | 1510 | 2720 | 2410 | 622 | 5.56 | 7.02 | 3.56 | 116 | 189 | 88.4 | 4.97 |
| | | 16 | | 55.47 | 43.5 | 0.709 | 1700 | 3120 | 2700 | 699 | 5.54 | 6.98 | 3.55 | 131 | 212 | 97.8 | 5.05 |
| | | 18 | | 61.96 | 48.6 | 0.708 | 1880 | 3500 | 2990 | 762 | 5.50 | 6.94 | 3.51 | 146 | 235 | 105 | 5.13 |
| 20 | 200 | 14 | 18 | 54.64 | 42.9 | 0.788 | 2100 | 3730 | 3340 | 864 | 6.20 | 7.82 | 3.98 | 145 | 236 | 112 | 5.46 |
| | | 16 | | 62.01 | 48.7 | 0.788 | 2370 | 4270 | 3760 | 971 | 6.18 | 7.79 | 3.96 | 164 | 266 | 124 | 5.54 |
| | | 18 | | 69.30 | 54.4 | 0.787 | 2620 | 4810 | 4160 | 1080 | 6.15 | 7.75 | 3.94 | 182 | 294 | 136 | 5.62 |
| | | 20 | | 76.51 | 60.1 | 0.787 | 2870 | 5350 | 4550 | 1180 | 6.12 | 7.72 | 3.93 | 200 | 322 | 147 | 5.69 |
| | | 24 | | 90.66 | 71.2 | 0.785 | 3340 | 6460 | 5290 | 1380 | 6.07 | 7.64 | 3.90 | 236 | 374 | 167 | 5.87 |
| 22 | 220 | 16 | 21 | 68.67 | 53.9 | 0.866 | 3190 | 5680 | 5060 | 1310 | 6.81 | 8.59 | 4.37 | 200 | 326 | 154 | 6.03 |
| | | 18 | | 76.75 | 60.3 | 0.866 | 3540 | 6400 | 5620 | 1450 | 6.79 | 8.55 | 4.35 | 223 | 361 | 168 | 6.11 |
| | | 20 | | 84.76 | 66.5 | 0.865 | 3870 | 7110 | 6150 | 1590 | 6.76 | 8.52 | 4.34 | 245 | 395 | 182 | 6.18 |
| | | 22 | | 92.68 | 72.8 | 0.865 | 4200 | 7830 | 6670 | 1730 | 6.73 | 8.48 | 4.32 | 267 | 429 | 195 | 6.26 |
| | | 24 | | 100.5 | 78.9 | 0.864 | 4520 | 8550 | 7170 | 1870 | 6.71 | 8.45 | 4.31 | 289 | 461 | 208 | 6.33 |
| | | 26 | | 108.3 | 85.0 | 0.864 | 4830 | 9280 | 7690 | 2000 | 6.68 | 8.41 | 4.30 | 310 | 492 | 221 | 6.41 |
| 25 | 250 | 18 | 24 | 87.84 | 69.0 | 0.985 | 5270 | 9380 | 8370 | 2170 | 7.75 | 9.76 | 4.97 | 290 | 473 | 224 | 6.84 |
| | | 20 | | 97.05 | 76.2 | 0.984 | 5780 | 10400 | 9180 | 2380 | 7.72 | 9.73 | 4.95 | 320 | 519 | 243 | 6.92 |
| | | 22 | | 106.2 | 83.3 | 0.983 | 6280 | 11500 | 9970 | 2580 | 7.69 | 9.69 | 4.93 | 349 | 564 | 261 | 7.00 |
| | | 24 | | 115.2 | 90.4 | 0.983 | 6770 | 12500 | 10700 | 2790 | 7.67 | 9.66 | 4.92 | 378 | 608 | 278 | 7.07 |
| | | 26 | | 124.2 | 97.5 | 0.982 | 7240 | 13600 | 11500 | 2980 | 7.64 | 9.62 | 4.90 | 406 | 650 | 295 | 7.15 |
| | | 28 | | 133.0 | 104 | 0.982 | 7700 | 14600 | 12200 | 3180 | 7.61 | 9.58 | 4.89 | 433 | 691 | 311 | 7.22 |
| | | 30 | | 141.8 | 111 | 0.981 | 8160 | 15700 | 12900 | 3380 | 7.58 | 9.55 | 4.88 | 461 | 731 | 327 | 7.30 |
| | | 32 | | 150.5 | 118 | 0.981 | 8600 | 16800 | 13600 | 3570 | 7.56 | 9.51 | 4.87 | 488 | 770 | 342 | 7.37 |
| | | 35 | | 163.4 | 128 | 0.980 | 9240 | 18400 | 14600 | 3850 | 7.52 | 9.46 | 4.86 | 527 | 827 | 364 | 7.48 |

注：截面图中的 $r_1 = 1/3d$ 及表中 $r$ 的数据用于孔型设计，不做交货条件。

## 不等边角钢 (GB/T 706—2016)

附表 4

说明:
B——长边宽度;
b——短边宽度;
d——边厚度;
r——内圆弧半径;
$r_1$——边端圆弧半径;
$X_0$——重心距离;
$Y_0$——重心距离。

| 型号 | 截面尺寸/mm | | | | 截面面积/cm² | 理论重量/(kg/m) | 外表面积/(m²/m) | 惯性矩/cm⁴ | | | | | 惯性半径/cm | | | 截面模数/cm³ | | | tanα | 重心距离/cm | |
| --- | --- | --- | --- | --- | --- | --- | --- | --- | --- | --- | --- | --- | --- | --- | --- | --- | --- | --- | --- | --- | --- |
| | B | b | d | r | | | | $I_x$ | $I_{x1}$ | $I_y$ | $I_{y1}$ | $I_u$ | $i_x$ | $i_y$ | $i_u$ | $W_x$ | $W_y$ | $W_u$ | | $X_0$ | $Y_0$ |
| 2.5/1.6 | 25 | 16 | 3 | 3.5 | 1.162 | 0.91 | 0.080 | 0.70 | 1.56 | 0.22 | 0.43 | 0.14 | 0.78 | 0.44 | 0.34 | 0.43 | 0.19 | 0.16 | 0.392 | 0.42 | 0.86 |
| | | | 4 | | 1.499 | 1.18 | 0.079 | 0.88 | 2.09 | 0.27 | 0.59 | 0.17 | 0.77 | 0.43 | 0.34 | 0.55 | 0.24 | 0.20 | 0.381 | 0.46 | 0.90 |
| 3.2/2 | 32 | 20 | 3 | 3.5 | 1.492 | 1.17 | 0.102 | 1.53 | 3.27 | 0.46 | 0.82 | 0.28 | 1.01 | 0.55 | 0.43 | 0.72 | 0.30 | 0.25 | 0.382 | 0.49 | 1.08 |
| | | | 4 | | 1.939 | 1.52 | 0.101 | 1.93 | 4.37 | 0.57 | 1.12 | 0.35 | 1.00 | 0.54 | 0.42 | 0.93 | 0.39 | 0.32 | 0.374 | 0.53 | 1.12 |
| 4/2.5 | 40 | 25 | 3 | 4 | 1.890 | 1.48 | 0.127 | 3.08 | 5.39 | 0.93 | 1.59 | 0.56 | 1.28 | 0.70 | 0.54 | 1.15 | 0.49 | 0.40 | 0.385 | 0.59 | 1.32 |
| | | | 4 | | 2.467 | 1.94 | 0.127 | 3.93 | 8.53 | 1.18 | 2.14 | 0.71 | 1.36 | 0.69 | 0.54 | 1.49 | 0.63 | 0.52 | 0.381 | 0.63 | 1.37 |
| 4.5/2.8 | 45 | 28 | 3 | 5 | 2.149 | 1.69 | 0.143 | 4.45 | 9.10 | 1.34 | 2.23 | 0.80 | 1.44 | 0.79 | 0.61 | 1.47 | 0.62 | 0.51 | 0.383 | 0.64 | 1.47 |
| | | | 4 | | 2.806 | 2.20 | 0.143 | 5.69 | 12.1 | 1.70 | 3.00 | 1.02 | 1.42 | 0.78 | 0.60 | 1.91 | 0.80 | 0.66 | 0.380 | 0.68 | 1.51 |
| 5/3.2 | 50 | 32 | 3 | 5.5 | 2.431 | 1.91 | 0.161 | 6.24 | 12.5 | 2.02 | 3.31 | 1.20 | 1.60 | 0.91 | 0.70 | 1.84 | 0.82 | 0.68 | 0.404 | 0.73 | 1.60 |
| | | | 4 | | 3.177 | 2.49 | 0.160 | 8.02 | 16.7 | 2.58 | 4.45 | 1.53 | 1.59 | 0.90 | 0.69 | 2.39 | 1.06 | 0.87 | 0.402 | 0.77 | 1.65 |
| 5.6/3.6 | 56 | 36 | 3 | 6 | 2.743 | 2.15 | 0.181 | 8.88 | 17.5 | 2.92 | 4.7 | 1.73 | 1.80 | 1.03 | 0.79 | 2.32 | 1.05 | 0.87 | 0.408 | 0.80 | 1.78 |
| | | | 4 | | 3.590 | 2.82 | 0.180 | 11.5 | 23.4 | 3.76 | 6.33 | 2.23 | 1.79 | 1.02 | 0.79 | 3.03 | 1.37 | 1.13 | 0.408 | 0.85 | 1.82 |
| | | | 5 | | 4.415 | 3.47 | 0.180 | 13.9 | 29.3 | 4.49 | 7.94 | 2.67 | 1.77 | 1.01 | 0.78 | 3.71 | 1.65 | 1.36 | 0.404 | 0.88 | 1.87 |

续表

| 型号 | 截面尺寸/mm | | | | 截面面积/cm² | 理论重量/(kg/m) | 外表面积/(m²/m) | 惯性矩/cm⁴ | | | | | 惯性半径/cm | | | 截面模数/cm³ | | | tanα | 重心距离/cm | |
|---|---|---|---|---|---|---|---|---|---|---|---|---|---|---|---|---|---|---|---|---|---|
| | B | b | d | r | | | | $I_x$ | $I_{x1}$ | $I_y$ | $I_{y1}$ | $I_u$ | $i_x$ | $i_y$ | $i_u$ | $W_x$ | $W_y$ | $W_u$ | | $X_0$ | $Y_0$ |
| 6.3/4 | 63 | 40 | 4 | 7 | 4.058 | 3.19 | 0.202 | 16.5 | 33.3 | 5.23 | 8.63 | 3.12 | 2.02 | 1.14 | 0.88 | 3.87 | 1.70 | 1.40 | 0.398 | 0.92 | 2.04 |
| | | | 5 | | 4.993 | 3.92 | 0.202 | 20.0 | 41.6 | 6.31 | 10.9 | 3.76 | 2.00 | 1.12 | 0.87 | 4.74 | 2.07 | 1.71 | 0.396 | 0.95 | 2.08 |
| | | | 6 | | 5.908 | 4.64 | 0.201 | 23.4 | 50.0 | 7.29 | 13.1 | 4.34 | 1.96 | 1.11 | 0.86 | 5.59 | 2.43 | 1.99 | 0.393 | 0.99 | 2.12 |
| | | | 7 | | 6.802 | 5.34 | 0.201 | 26.5 | 58.1 | 8.24 | 15.5 | 4.97 | 1.98 | 1.10 | 0.86 | 6.40 | 2.78 | 2.29 | 0.389 | 1.03 | 2.15 |
| 7/4.5 | 70 | 45 | 4 | 7.5 | 4.553 | 3.57 | 0.226 | 23.2 | 45.9 | 7.55 | 12.3 | 4.40 | 2.26 | 1.29 | 0.98 | 4.86 | 2.17 | 1.77 | 0.410 | 1.02 | 2.24 |
| | | | 5 | | 5.609 | 4.40 | 0.225 | 28.0 | 57.1 | 9.13 | 15.4 | 5.40 | 2.23 | 1.28 | 0.98 | 5.92 | 2.65 | 2.19 | 0.407 | 1.06 | 2.28 |
| | | | 6 | | 6.644 | 5.22 | 0.225 | 32.5 | 68.4 | 10.6 | 18.6 | 6.35 | 2.21 | 1.26 | 0.98 | 6.95 | 3.12 | 2.59 | 0.404 | 1.09 | 2.32 |
| | | | 7 | | 7.658 | 6.01 | 0.225 | 37.2 | 80.0 | 12.0 | 21.8 | 7.16 | 2.20 | 1.25 | 0.97 | 8.03 | 3.57 | 2.94 | 0.402 | 1.13 | 2.36 |
| 7.5/5 | 75 | 50 | 5 | 8 | 6.126 | 4.81 | 0.245 | 34.9 | 70.0 | 12.6 | 21.0 | 7.41 | 2.39 | 1.44 | 1.10 | 6.83 | 3.30 | 2.74 | 0.435 | 1.17 | 2.40 |
| | | | 6 | | 7.260 | 5.70 | 0.245 | 41.1 | 84.3 | 14.7 | 25.4 | 8.54 | 2.38 | 1.42 | 1.08 | 8.12 | 3.88 | 3.19 | 0.435 | 1.21 | 2.44 |
| | | | 8 | | 9.467 | 7.43 | 0.244 | 52.4 | 113 | 18.5 | 34.2 | 10.9 | 2.35 | 1.40 | 1.07 | 10.5 | 4.99 | 4.10 | 0.429 | 1.29 | 2.52 |
| | | | 10 | | 11.59 | 9.10 | 0.244 | 62.7 | 141 | 22.0 | 43.4 | 13.1 | 2.33 | 1.38 | 1.06 | 12.8 | 6.04 | 4.99 | 0.423 | 1.36 | 2.60 |
| 8/5 | 80 | 50 | 5 | 8 | 6.376 | 5.00 | 0.255 | 42.0 | 85.2 | 12.8 | 21.1 | 7.66 | 2.56 | 1.42 | 1.10 | 7.78 | 3.32 | 2.74 | 0.388 | 1.14 | 2.60 |
| | | | 6 | | 7.560 | 5.93 | 0.255 | 49.5 | 103 | 15.0 | 25.4 | 8.85 | 2.56 | 1.41 | 1.08 | 9.25 | 3.91 | 3.20 | 0.387 | 1.18 | 2.65 |
| | | | 7 | | 8.724 | 6.85 | 0.255 | 56.2 | 119 | 17.0 | 29.8 | 10.2 | 2.54 | 1.39 | 1.08 | 10.6 | 4.48 | 3.70 | 0.384 | 1.21 | 2.69 |
| | | | 8 | | 9.867 | 7.75 | 0.254 | 62.8 | 136 | 18.9 | 34.3 | 11.4 | 2.52 | 1.38 | 1.07 | 11.9 | 5.03 | 4.16 | 0.381 | 1.25 | 2.73 |
| 9/5.6 | 90 | 56 | 5 | 9 | 7.212 | 5.66 | 0.287 | 60.5 | 121 | 18.3 | 29.5 | 11.0 | 2.90 | 1.59 | 1.23 | 9.92 | 4.21 | 3.49 | 0.385 | 1.25 | 2.91 |
| | | | 6 | | 8.557 | 6.72 | 0.286 | 71.0 | 146 | 21.4 | 35.6 | 12.9 | 2.88 | 1.58 | 1.23 | 11.7 | 4.96 | 4.13 | 0.384 | 1.29 | 2.95 |
| | | | 7 | | 9.881 | 7.76 | 0.286 | 81.0 | 170 | 24.4 | 41.7 | 14.7 | 2.86 | 1.57 | 1.22 | 13.5 | 5.70 | 4.72 | 0.382 | 1.33 | 3.00 |
| | | | 8 | | 11.18 | 8.78 | 0.286 | 91.0 | 194 | 27.2 | 47.9 | 16.3 | 2.85 | 1.56 | 1.21 | 15.3 | 6.41 | 5.29 | 0.380 | 1.36 | 3.04 |

续表

| 型号 | 截面尺寸/mm | | | | 截面面积/cm² | 理论重数/(kg/m) | 外表面积/(m²/m) | 惯性矩/cm⁴ | | | | | 惯性半径/cm | | | 截面模数/cm³ | | | tanα | 重心距离/cm | |
|---|---|---|---|---|---|---|---|---|---|---|---|---|---|---|---|---|---|---|---|---|---|
| | B | b | d | r | | | | $I_x$ | $I_{x1}$ | $I_y$ | $I_{y1}$ | $I_u$ | $i_x$ | $i_y$ | $i_u$ | $W_x$ | $W_y$ | $W_u$ | | $X_0$ | $Y_0$ |
| 10/6.3 | 100 | 63 | 6 | 10 | 9.618 | 7.55 | 0.320 | 99.1 | 200 | 30.9 | 50.5 | 18.4 | 3.21 | 1.79 | 1.38 | 14.6 | 6.35 | 5.25 | 0.394 | 1.43 | 3.24 |
| | | | 7 | | 11.11 | 8.72 | 0.320 | 113 | 233 | 35.3 | 59.1 | 21.0 | 3.20 | 1.78 | 1.38 | 16.9 | 7.29 | 6.02 | 0.394 | 1.47 | 3.28 |
| | | | 8 | | 12.58 | 9.88 | 0.319 | 127 | 266 | 39.4 | 67.9 | 23.5 | 3.18 | 1.77 | 1.37 | 19.1 | 8.21 | 6.78 | 0.391 | 1.50 | 3.32 |
| | | | 10 | | 15.47 | 12.1 | 0.319 | 154 | 333 | 47.1 | 85.7 | 28.3 | 3.15 | 1.74 | 1.35 | 23.3 | 9.98 | 8.24 | 0.387 | 1.58 | 3.40 |
| 10/8 | 100 | 80 | 6 | 10 | 10.64 | 8.35 | 0.354 | 107 | 200 | 61.2 | 103 | 31.7 | 3.17 | 2.40 | 1.72 | 15.2 | 10.2 | 8.37 | 0.627 | 1.97 | 2.95 |
| | | | 7 | | 12.30 | 9.66 | 0.354 | 123 | 233 | 70.1 | 120 | 36.2 | 3.16 | 2.39 | 1.72 | 17.5 | 11.7 | 9.60 | 0.626 | 2.01 | 3.00 |
| | | | 8 | | 13.94 | 10.9 | 0.353 | 138 | 267 | 78.6 | 137 | 40.6 | 3.14 | 2.37 | 1.71 | 19.8 | 13.2 | 10.8 | 0.625 | 2.05 | 3.04 |
| | | | 10 | | 17.17 | 13.5 | 0.353 | 167 | 334 | 94.7 | 172 | 49.1 | 3.12 | 2.35 | 1.69 | 24.2 | 16.1 | 13.1 | 0.622 | 2.13 | 3.12 |
| 11/7 | 110 | 70 | 6 | 10 | 10.64 | 8.35 | 0.354 | 133 | 266 | 42.9 | 69.1 | 25.4 | 3.54 | 2.01 | 1.54 | 17.9 | 7.90 | 6.53 | 0.403 | 1.57 | 3.53 |
| | | | 7 | | 12.30 | 9.66 | 0.354 | 153 | 310 | 49.0 | 80.8 | 29.0 | 3.53 | 2.00 | 1.53 | 20.6 | 9.09 | 7.50 | 0.402 | 1.61 | 3.57 |
| | | | 8 | | 13.94 | 10.9 | 0.353 | 172 | 354 | 54.9 | 92.7 | 32.5 | 3.51 | 1.98 | 1.53 | 23.3 | 10.3 | 8.45 | 0.401 | 1.65 | 3.62 |
| | | | 10 | | 17.17 | 13.5 | 0.353 | 208 | 443 | 65.9 | 117 | 39.2 | 3.48 | 1.96 | 1.51 | 28.5 | 12.5 | 10.3 | 0.397 | 1.72 | 3.70 |
| 12.5/8 | 125 | 80 | 7 | 11 | 14.10 | 11.1 | 0.403 | 228 | 455 | 74.4 | 120 | 43.8 | 4.02 | 2.30 | 1.76 | 26.9 | 12.0 | 9.92 | 0.408 | 1.80 | 4.01 |
| | | | 8 | | 15.99 | 12.6 | 0.403 | 257 | 520 | 83.5 | 138 | 49.2 | 4.01 | 2.28 | 1.75 | 30.4 | 13.6 | 11.2 | 0.407 | 1.84 | 4.06 |
| | | | 10 | | 19.71 | 15.5 | 0.402 | 312 | 650 | 101 | 173 | 59.5 | 3.98 | 2.26 | 1.74 | 37.3 | 16.6 | 13.6 | 0.404 | 1.92 | 4.14 |
| | | | 12 | | 23.35 | 18.3 | 0.402 | 364 | 780 | 117 | 210 | 69.4 | 3.95 | 2.24 | 1.72 | 44.0 | 19.4 | 16.0 | 0.400 | 2.00 | 4.22 |
| 14/9 | 140 | 90 | 8 | 12 | 18.04 | 14.2 | 0.453 | 366 | 731 | 121 | 196 | 70.8 | 4.50 | 2.59 | 1.98 | 38.5 | 17.3 | 14.3 | 0.411 | 2.04 | 4.50 |
| | | | 10 | | 22.26 | 17.5 | 0.452 | 446 | 913 | 140 | 246 | 85.8 | 4.47 | 2.56 | 1.96 | 47.3 | 21.2 | 17.5 | 0.409 | 2.12 | 4.58 |
| | | | 12 | | 26.40 | 20.7 | 0.451 | 522 | 1100 | 170 | 297 | 100 | 4.44 | 2.54 | 1.95 | 55.9 | 25.0 | 20.5 | 0.406 | 2.19 | 4.66 |
| | | | 14 | | 30.46 | 23.9 | 0.451 | 594 | 1280 | 192 | 349 | 114 | 4.42 | 2.51 | 1.94 | 64.2 | 28.5 | 23.5 | 0.403 | 2.27 | 4.74 |

386

续表

| 型号 | 截面尺寸/mm | | | | 截面面积/cm² | 理论重量/(kg/m) | 外表面积/(m²/m) | 惯性矩/cm⁴ | | | | | 惯性半径/cm | | | 截面模数/cm³ | | | tanα | 重心距离/cm | |
|---|---|---|---|---|---|---|---|---|---|---|---|---|---|---|---|---|---|---|---|---|---|
| | B | b | d | r | | | | $I_x$ | $I_{x1}$ | $I_y$ | $I_{y1}$ | $I_u$ | $i_x$ | $i_y$ | $i_u$ | $W_x$ | $W_y$ | $W_u$ | | $X_0$ | $Y_0$ |
| 15/9 | 150 | 90 | 8 | 12 | 18.84 | 14.8 | 0.473 | 442 | 898 | 123 | 196 | 74.1 | 4.84 | 2.55 | 1.98 | 43.9 | 17.5 | 14.5 | 0.364 | 1.97 | 4.92 |
| | | | 10 | | 23.26 | 18.3 | 0.472 | 539 | 1120 | 149 | 246 | 89.9 | 4.81 | 2.53 | 1.97 | 54.0 | 21.4 | 17.7 | 0.362 | 2.05 | 5.01 |
| | | | 12 | | 27.60 | 21.7 | 0.471 | 632 | 1350 | 173 | 297 | 105 | 4.79 | 2.50 | 1.95 | 63.8 | 25.1 | 20.8 | 0.359 | 2.12 | 5.09 |
| | | | 14 | | 31.86 | 25.0 | 0.471 | 721 | 1570 | 196 | 350 | 120 | 4.76 | 2.48 | 1.94 | 73.3 | 28.8 | 23.8 | 0.356 | 2.20 | 5.17 |
| | | | 15 | | 33.95 | 26.7 | 0.471 | 764 | 1680 | 207 | 376 | 127 | 4.74 | 2.47 | 1.93 | 78.0 | 30.5 | 25.3 | 0.354 | 2.24 | 5.21 |
| | | | 16 | | 36.03 | 28.3 | 0.470 | 806 | 1800 | 217 | 403 | 134 | 4.73 | 2.45 | 1.93 | 82.6 | 32.3 | 26.8 | 0.352 | 2.27 | 5.25 |
| 16/10 | 160 | 100 | 10 | 13 | 25.32 | 19.9 | 0.512 | 669 | 1360 | 205 | 337 | 122 | 5.14 | 2.85 | 2.19 | 62.1 | 26.6 | 21.9 | 0.390 | 2.28 | 5.24 |
| | | | 12 | | 30.05 | 23.6 | 0.511 | 785 | 1640 | 239 | 406 | 142 | 5.11 | 2.82 | 2.17 | 73.5 | 31.3 | 25.8 | 0.388 | 2.36 | 5.32 |
| | | | 14 | | 34.71 | 27.2 | 0.510 | 896 | 1910 | 271 | 476 | 162 | 5.08 | 2.80 | 2.16 | 84.6 | 35.8 | 29.6 | 0.385 | 2.43 | 5.40 |
| | | | 16 | | 39.28 | 30.8 | 0.510 | 1000 | 2180 | 302 | 548 | 183 | 5.05 | 2.77 | 2.16 | 95.3 | 40.2 | 33.4 | 0.382 | 2.51 | 5.48 |
| 18/11 | 180 | 110 | 10 | 14 | 28.37 | 22.3 | 0.571 | 956 | 1940 | 278 | 447 | 167 | 5.80 | 3.13 | 2.42 | 79.0 | 32.5 | 26.9 | 0.376 | 2.44 | 5.89 |
| | | | 12 | | 33.71 | 26.5 | 0.571 | 1120 | 2330 | 325 | 539 | 195 | 5.78 | 3.10 | 2.40 | 93.5 | 38.3 | 31.7 | 0.374 | 2.52 | 5.98 |
| | | | 14 | | 38.97 | 30.6 | 0.570 | 1290 | 2720 | 370 | 632 | 222 | 5.75 | 3.08 | 2.39 | 108 | 44.0 | 36.3 | 0.372 | 2.59 | 6.06 |
| | | | 16 | | 44.14 | 34.6 | 0.569 | 1440 | 3110 | 412 | 726 | 249 | 5.72 | 3.06 | 2.38 | 122 | 49.4 | 40.9 | 0.369 | 2.67 | 6.14 |
| 20/12.5 | 200 | 125 | 12 | 14 | 37.91 | 29.8 | 0.641 | 1570 | 3190 | 483 | 788 | 286 | 6.44 | 3.57 | 2.74 | 117 | 50.0 | 41.2 | 0.392 | 2.83 | 6.54 |
| | | | 14 | | 43.87 | 34.4 | 0.640 | 1800 | 3730 | 551 | 922 | 327 | 6.41 | 3.54 | 2.73 | 135 | 57.4 | 47.3 | 0.390 | 2.91 | 6.62 |
| | | | 16 | | 49.74 | 39.0 | 0.639 | 2020 | 4260 | 615 | 1060 | 366 | 6.38 | 3.52 | 2.71 | 152 | 64.9 | 53.3 | 0.388 | 2.99 | 6.70 |
| | | | 18 | | 55.53 | 43.6 | 0.639 | 2240 | 4790 | 677 | 1200 | 405 | 6.35 | 3.49 | 2.70 | 169 | 71.7 | 59.2 | 0.385 | 3.06 | 6.78 |

注：截面图中的 $r_1=1/3d$ 及表中 $r$ 的数据用于孔型设计，不做交货条件。

热轧 H 型钢（GB/T 11263—2017）　　　　　　　　附表 5

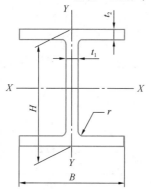

说明：
$H$——高度；
$B$——宽度；
$t_1$——腹板厚度；
$t_2$——翼缘厚度；
$r$——圆角半径。

| 类别 | 型号<br>（高度×宽度）<br>mm×mm | 截面尺寸（mm） | | | | | 截面面积<br>（cm²） | 理论重量<br>（kg/m） | 惯性矩（cm⁴） | | 惯性半径（cm） | | 截面模数（cm²） | |
|---|---|---|---|---|---|---|---|---|---|---|---|---|---|---|
| | | $H$ | $B$ | $t_1$ | $t_2$ | $r$ | | | $I_x$ | $I_y$ | $i_x$ | $i_y$ | $W_x$ | $W_y$ |
| HW | 100×100 | 100 | 100 | 6 | 8 | 8 | 21.58 | 16.9 | 378 | 134 | 4.18 | 2.48 | 75.6 | 26.7 |
| | 125×125 | 125 | 125 | 6.5 | 9 | 8 | 30.00 | 23.6 | 839 | 293 | 5.28 | 3.12 | 134 | 46.9 |
| | 150×150 | 150 | 150 | 7 | 10 | 8 | 39.64 | 31.1 | 1620 | 563 | 6.39 | 3.76 | 216 | 75.1 |
| | 175×175 | 175 | 175 | 7.5 | 11 | 13 | 51.42 | 40.4 | 2900 | 984 | 7.50 | 4.37 | 331 | 112 |
| | 200×200 | 200 | 200 | 8 | 12 | 13 | 63.53 | 49.9 | 4720 | 1600 | 8.61 | 5.02 | 472 | 160 |
| | | *200 | 204 | 12 | 12 | 13 | 71.53 | 56.2 | 4980 | 1700 | 8.34 | 4.87 | 498 | 167 |
| | 250×250 | *244 | 252 | 11 | 11 | 13 | 81.31 | 63.8 | 8700 | 2940 | 10.3 | 6.01 | 713 | 233 |
| | | 250 | 250 | 9 | 14 | 13 | 91.43 | 71.8 | 10700 | 3650 | 10.8 | 6.31 | 860 | 292 |
| | | *250 | 255 | 14 | 14 | 13 | 103.9 | 81.6 | 11400 | 3880 | 10.5 | 6.10 | 912 | 304 |
| | 300×300 | *294 | 302 | 12 | 12 | 13 | 106.3 | 83.5 | 16600 | 5510 | 12.5 | 7.20 | 1130 | 365 |
| | | 300 | 300 | 10 | 15 | 13 | 118.5 | 93.0 | 20200 | 6750 | 13.1 | 7.55 | 1350 | 450 |
| | | *300 | 305 | 15 | 15 | 13 | 133.5 | 105 | 21300 | 7100 | 12.6 | 7.29 | 1420 | 466 |
| | 350×350 | *338 | 351 | 13 | 13 | 13 | 133.3 | 105 | 27700 | 9380 | 14.4 | 8.38 | 1640 | 534 |
| | | *344 | 348 | 10 | 16 | 13 | 144.0 | 113 | 32800 | 11200 | 15.1 | 8.83 | 1910 | 646 |
| | | *344 | 354 | 16 | 16 | 13 | 164.7 | 129 | 34900 | 11800 | 14.6 | 8.48 | 2030 | 669 |
| | | 350 | 350 | 12 | 19 | 13 | 171.9 | 135 | 39800 | 13600 | 15.2 | 8.88 | 2280 | 776 |
| | | *350 | 357 | 19 | 19 | 13 | 196.4 | 154 | 42300 | 14400 | 14.7 | 8.57 | 2420 | 808 |
| | 400×400 | *388 | 402 | 15 | 15 | 22 | 178.5 | 140 | 49000 | 16300 | 16.6 | 9.54 | 2520 | 809 |
| | | *394 | 398 | 11 | 18 | 22 | 186.8 | 147 | 56100 | 18900 | 17.3 | 10.1 | 2850 | 951 |
| | | *394 | 405 | 18 | 18 | 22 | 214.4 | 168 | 59700 | 20000 | 16.7 | 9.64 | 3030 | 985 |
| | | 400 | 400 | 13 | 21 | 22 | 218.7 | 172 | 66600 | 22400 | 17.5 | 10.1 | 3330 | 1120 |
| | | *400 | 408 | 21 | 21 | 22 | 250.7 | 197 | 70900 | 23800 | 16.8 | 9.74 | 3540 | 1170 |
| | | *414 | 405 | 18 | 28 | 22 | 295.4 | 232 | 92800 | 31000 | 17.7 | 10.2 | 4480 | 1530 |
| | | *428 | 407 | 20 | 35 | 22 | 360.7 | 283 | 119000 | 39400 | 18.2 | 10.4 | 5570 | 1930 |
| | | *458 | 417 | 30 | 50 | 22 | 528.6 | 415 | 187000 | 60500 | 18.8 | 10.7 | 8170 | 2900 |
| | | *498 | 432 | 45 | 70 | 22 | 770.1 | 604 | 298000 | 94400 | 19.7 | 11.1 | 12000 | 4370 |
| | 500×500 | *492 | 465 | 15 | 20 | 22 | 258.0 | 202 | 117000 | 33500 | 21.3 | 11.4 | 4770 | 1440 |
| | | *502 | 465 | 15 | 25 | 22 | 304.5 | 239 | 146000 | 41900 | 21.9 | 11.7 | 5810 | 1800 |
| | | *502 | 470 | 20 | 25 | 22 | 329.6 | 259 | 151000 | 43300 | 21.4 | 11.5 | 6020 | 1840 |

续表

| 类别 | 型号<br>（高度×<br>宽度）<br>mm×mm | 截面尺寸（mm） | | | | | 截面<br>面积<br>（cm²） | 理论<br>重量<br>（kg/m） | 惯性矩（cm⁴） | | 惯性半径（cm） | | 截面模数<br>（cm³） | |
|---|---|---|---|---|---|---|---|---|---|---|---|---|---|---|
| | | $H$ | $B$ | $t_1$ | $t_2$ | $r$ | （cm²） | （kg/m） | $I_x$ | $I_y$ | $i_x$ | $i_y$ | $W_x$ | $W_y$ |
| HM | 150×100 | 148 | 100 | 6 | 9 | 8 | 26.34 | 20.7 | 1000 | 150 | 6.16 | 2.38 | 135 | 30.1 |
| | 200×150 | 194 | 150 | 6 | 9 | 8 | 38.10 | 29.9 | 2630 | 507 | 8.30 | 3.64 | 271 | 67.6 |
| | 250×175 | 244 | 175 | 7 | 11 | 13 | 55.49 | 43.6 | 6040 | 984 | 10.4 | 4.21 | 495 | 112 |
| | 300×200 | 294 | 200 | 8 | 12 | 13 | 71.05 | 55.8 | 11100 | 1600 | 12.5 | 4.74 | 756 | 160 |
| | | *298 | 201 | 9 | 14 | 13 | 82.03 | 64.4 | 13100 | 1900 | 12.6 | 4.80 | 878 | 189 |
| | 350×250 | 340 | 250 | 9 | 14 | 13 | 99.53 | 78.1 | 21200 | 3650 | 14.6 | 6.05 | 1250 | 292 |
| | 400×300 | 390 | 300 | 10 | 16 | 13 | 133.3 | 105 | 37900 | 7200 | 16.9 | 7.35 | 1940 | 480 |
| | 450×300 | 440 | 300 | 11 | 18 | 13 | 153.9 | 121 | 54700 | 8110 | 18.9 | 7.25 | 2490 | 540 |
| | 500×300 | *482 | 300 | 11 | 15 | 13 | 141.2 | 111 | 58300 | 6760 | 20.3 | 6.91 | 2420 | 450 |
| | | 488 | 300 | 11 | 18 | 13 | 159.2 | 125 | 68900 | 8110 | 20.8 | 7.13 | 2820 | 540 |
| | 550×300 | *544 | 300 | 11 | 15 | 13 | 148.0 | 116 | 76400 | 6760 | 22.7 | 6.75 | 2810 | 450 |
| | | *550 | 300 | 11 | 18 | 13 | 166.0 | 130 | 89800 | 8100 | 23.3 | 6.98 | 3270 | 540 |
| | 600×300 | *582 | 300 | 12 | 17 | 13 | 169.2 | 133 | 98900 | 7660 | 24.2 | 6.72 | 3400 | 511 |
| | | 588 | 300 | 12 | 20 | 13 | 187.2 | 147 | 114000 | 9010 | 24.7 | 6.93 | 3890 | 601 |
| | | *594 | 302 | 14 | 23 | 13 | 217.1 | 170 | 134000 | 10600 | 24.8 | 6.97 | 4500 | 700 |
| HN | *100×50 | 100 | 50 | 5 | 7 | 8 | 11.84 | 9.30 | 187 | 14.8 | 3.97 | 1.11 | 37.5 | 5.91 |
| | *125×60 | 125 | 60 | 6 | 8 | 8 | 16.68 | 13.1 | 409 | 29.1 | 4.95 | 1.32 | 65.4 | 9.71 |
| | 150×75 | 150 | 75 | 5 | 7 | 8 | 17.84 | 14.0 | 666 | 49.5 | 6.10 | 1.66 | 88.8 | 13.2 |
| | 175×90 | 175 | 90 | 5 | 8 | 8 | 22.89 | 18.0 | 1210 | 97.5 | 7.25 | 2.06 | 138 | 21.7 |
| | 200×100 | *198 | 99 | 4.5 | 7 | 8 | 22.68 | 17.8 | 1540 | 113 | 8.24 | 2.23 | 156 | 22.9 |
| | | 200 | 100 | 5.5 | 8 | 8 | 26.66 | 20.9 | 1810 | 134 | 8.22 | 2.23 | 181 | 26.7 |
| | 250×125 | *248 | 124 | 5 | 8 | 8 | 31.98 | 25.1 | 3450 | 255 | 10.4 | 2.82 | 278 | 41.1 |
| | | 250 | 125 | 6 | 9 | 8 | 36.96 | 29.0 | 3960 | 294 | 10.4 | 2.81 | 317 | 47.0 |
| | 300×150 | *298 | 149 | 5.5 | 8 | 13 | 40.80 | 32.0 | 6320 | 442 | 12.4 | 3.29 | 424 | 59.3 |
| | | 300 | 150 | 6.5 | 9 | 13 | 46.78 | 36.7 | 7210 | 508 | 12.4 | 3.29 | 481 | 67.7 |
| | 350×175 | *346 | 174 | 6 | 9 | 13 | 52.45 | 41.2 | 11000 | 791 | 14.5 | 3.88 | 638 | 91.0 |
| | | 350 | 175 | 7 | 11 | 13 | 62.91 | 49.4 | 13500 | 984 | 14.6 | 3.95 | 771 | 112 |
| | 400×150 | 400 | 150 | 8 | 13 | 13 | 70.37 | 55.2 | 18600 | 734 | 16.3 | 3.22 | 929 | 97.8 |
| | 400×200 | *396 | 199 | 7 | 11 | 13 | 71.41 | 56.1 | 19800 | 1450 | 16.6 | 4.50 | 999 | 145 |
| | | 400 | 200 | 8 | 13 | 13 | 83.37 | 65.4 | 23500 | 1740 | 16.8 | 4.56 | 1170 | 174 |
| | 450×150 | *446 | 150 | 7 | 12 | 13 | 66.99 | 52.6 | 22000 | 677 | 18.1 | 3.17 | 985 | 90.3 |
| | | *450 | 151 | 8 | 14 | 13 | 77.49 | 60.8 | 25700 | 806 | 18.2 | 3.22 | 1140 | 107 |

续表

| 类别 | 型号(高度×宽度) mm×mm | 截面尺寸(mm) | | | | | 截面面积(cm²) | 理论重量(kg/m) | 惯性矩(cm⁴) | | 惯性半径(cm) | | 截面模数(cm³) | |
|---|---|---|---|---|---|---|---|---|---|---|---|---|---|---|
| | | $H$ | $B$ | $t_1$ | $t_2$ | $r$ | | | $I_x$ | $I_y$ | $i_x$ | $i_y$ | $W_x$ | $W_y$ |
| HN | 450×200 | ＊446 | 199 | 8 | 12 | 13 | 82.97 | 65.1 | 28100 | 1580 | 18.4 | 4.36 | 1260 | 159 |
| | | 450 | 200 | 9 | 14 | 13 | 95.43 | 74.9 | 32900 | 1870 | 18.6 | 4.42 | 1460 | 187 |
| | 475×150 | ＊470 | 150 | 7 | 13 | 13 | 71.53 | 56.2 | 26200 | 733 | 19.1 | 3.20 | 1110 | 97.8 |
| | | ＊475 | 151.5 | 8.5 | 15.5 | 13 | 86.15 | 67.6 | 31700 | 901 | 19.2 | 3.23 | 1330 | 119 |
| | | 482 | 153.5 | 10.5 | 19 | 13 | 106.4 | 83.5 | 39600 | 1150 | 19.3 | 3.28 | 1640 | 150 |
| | 500×150 | ＊492 | 150 | 7 | 12 | 13 | 70.21 | 55.1 | 27500 | 677 | 19.8 | 3.10 | 1120 | 90.3 |
| | | ＊500 | 152 | 9 | 16 | 13 | 92.21 | 72.4 | 37000 | 940 | 20.0 | 3.19 | 1480 | 124 |
| | | 504 | 153 | 10 | 18 | 13 | 103.3 | 81.1 | 41900 | 1080 | 20.1 | 3.23 | 1660 | 141 |
| | 500×200 | ＊496 | 199 | 9 | 14 | 13 | 99.29 | 77.9 | 40800 | 1840 | 20.3 | 4.30 | 1650 | 185 |
| | | 500 | 200 | 10 | 16 | 13 | 112.3 | 88.1 | 46800 | 2140 | 20.4 | 4.36 | 1870 | 214 |
| | | ＊506 | 201 | 11 | 19 | 13 | 129.3 | 102 | 55500 | 2580 | 20.7 | 4.46 | 2190 | 257 |
| | 550×200 | ＊546 | 199 | 9 | 14 | 13 | 103.8 | 81.5 | 50800 | 1840 | 22.1 | 4.21 | 1860 | 185 |
| | | 550 | 200 | 10 | 16 | 13 | 117.3 | 92.0 | 58200 | 2140 | 22.3 | 4.27 | 2120 | 214 |
| | 600×200 | ＊596 | 199 | 10 | 15 | 13 | 117.8 | 92.4 | 66600 | 1980 | 23.8 | 4.09 | 2240 | 199 |
| | | 600 | 200 | 11 | 17 | 13 | 131.7 | 103 | 75600 | 2270 | 24.0 | 4.15 | 2520 | 227 |
| | | ＊606 | 201 | 12 | 20 | 13 | 149.8 | 118 | 88300 | 2720 | 24.3 | 4.25 | 2910 | 270 |
| | 625×200 | ＊625 | 198.5 | 13.5 | 17.5 | 13 | 150.6 | 118 | 88500 | 2300 | 24.2 | 3.90 | 2830 | 231 |
| | | 630 | 200 | 15 | 20 | 13 | 170.0 | 133 | 101000 | 2690 | 24.4 | 3.97 | 3220 | 268 |
| | | ＊638 | 202 | 17 | 24 | 13 | 198.7 | 156 | 122000 | 3320 | 24.8 | 4.09 | 3820 | 329 |
| | 650×300 | ＊646 | 299 | 12 | 18 | 18 | 183.6 | 144 | 131000 | 8030 | 26.7 | 6.61 | 4080 | 537 |
| | | ＊650 | 300 | 13 | 20 | 18 | 202.1 | 159 | 146000 | 9010 | 26.9 | 6.67 | 4500 | 601 |
| | | ＊654 | 301 | 14 | 22 | 18 | 220.6 | 173 | 161000 | 10000 | 27.4 | 6.81 | 4930 | 666 |
| | 700×300 | ＊692 | 300 | 13 | 20 | 18 | 207.5 | 163 | 168000 | 9020 | 28.5 | 6.59 | 4870 | 601 |
| | | 700 | 300 | 13 | 24 | 18 | 231.5 | 182 | 197000 | 10800 | 29.2 | 6.83 | 5640 | 721 |
| | 750×300 | ＊734 | 299 | 12 | 16 | 18 | 182.7 | 143 | 161000 | 7140 | 29.7 | 6.25 | 4390 | 478 |
| | | ＊742 | 300 | 13 | 20 | 18 | 214.0 | 168 | 197000 | 9020 | 30.4 | 6.49 | 5320 | 601 |
| | | ＊750 | 300 | 13 | 24 | 18 | 238.0 | 187 | 231000 | 10800 | 31.1 | 6.74 | 6150 | 721 |
| | | ＊758 | 303 | 16 | 28 | 18 | 284.8 | 224 | 276000 | 13000 | 31.1 | 6.75 | 7270 | 859 |
| | 800×300 | ＊792 | 300 | 14 | 22 | 18 | 239.5 | 188 | 248000 | 9920 | 32.2 | 6.43 | 6270 | 661 |
| | | 800 | 300 | 14 | 26 | 18 | 263.5 | 207 | 286000 | 11700 | 33.0 | 6.66 | 7160 | 781 |

续表

| 类别 | 型号(高度×宽度)mm×mm | 截面尺寸(mm) | | | | | 截面面积(cm²) | 理论重量(kg/m) | 惯性矩(cm⁴) | | 惯性半径(cm) | | 截面模数(cm³) | |
|---|---|---|---|---|---|---|---|---|---|---|---|---|---|---|
| | | $H$ | $B$ | $t_1$ | $t_2$ | $r$ | | | $I_x$ | $I_y$ | $i_x$ | $i_y$ | $W_x$ | $W_y$ |
| HN | 850×300 | *834 | 298 | 14 | 19 | 18 | 227.5 | 179 | 251000 | 8400 | 33.2 | 6.07 | 6020 | 564 |
| | | *842 | 299 | 15 | 23 | 18 | 259.7 | 204 | 298000 | 10300 | 33.9 | 6.28 | 7080 | 687 |
| | | *850 | 300 | 16 | 27 | 18 | 292.1 | 229 | 346000 | 12200 | 34.4 | 6.45 | 8140 | 812 |
| | | *858 | 301 | 17 | 31 | 18 | 324.7 | 255 | 395000 | 14100 | 34.9 | 6.59 | 9210 | 939 |
| | 900×300 | *890 | 299 | 15 | 23 | 18 | 266.9 | 210 | 339000 | 10300 | 35.6 | 6.20 | 7610 | 687 |
| | | 900 | 300 | 16 | 28 | 18 | 305.8 | 240 | 404000 | 12600 | 36.4 | 6.42 | 8990 | 842 |
| | | *912 | 302 | 18 | 34 | 18 | 360.1 | 283 | 491000 | 15700 | 36.9 | 6.59 | 10800 | 1040 |
| | 1000×300 | *970 | 297 | 16 | 21 | 18 | 276.0 | 217 | 393000 | 9210 | 37.8 | 5.77 | 8110 | 620 |
| | | *980 | 298 | 17 | 26 | 18 | 315.5 | 248 | 472000 | 11500 | 38.7 | 6.04 | 9630 | 772 |
| | | *990 | 298 | 17 | 31 | 18 | 345.3 | 271 | 544000 | 13700 | 39.7 | 6.30 | 11000 | 921 |
| | | *1000 | 300 | 19 | 36 | 18 | 395.1 | 310 | 634000 | 16300 | 40.1 | 6.41 | 12700 | 1080 |
| | | *1008 | 302 | 21 | 40 | 18 | 439.3 | 345 | 712000 | 18400 | 40.3 | 6.47 | 14100 | 1220 |
| HT | 100×50 | 95 | 48 | 3.2 | 4.5 | 8 | 7.620 | 5.98 | 115 | 8.39 | 3.88 | 1.04 | 24.2 | 3.49 |
| | | 97 | 49 | 4 | 5.5 | 8 | 9.370 | 7.36 | 143 | 10.9 | 3.91 | 1.07 | 29.6 | 4.45 |
| | 100×100 | 96 | 99 | 4.5 | 6 | 8 | 16.20 | 12.7 | 272 | 97.2 | 4.09 | 2.44 | 56.7 | 19.6 |
| | 125×60 | 118 | 58 | 3.2 | 4.5 | 8 | 9.250 | 7.26 | 218 | 14.7 | 4.85 | 1.26 | 37.0 | 5.08 |
| | | 120 | 59 | 4 | 5.5 | 8 | 11.39 | 8.94 | 271 | 19.0 | 4.87 | 1.29 | 45.2 | 6.43 |
| | 125×125 | 119 | 123 | 4.5 | 6 | 8 | 20.12 | 15.8 | 532 | 186 | 5.14 | 3.04 | 89.5 | 30.3 |
| | 150×75 | 145 | 73 | 3.2 | 4.5 | 8 | 11.47 | 9.00 | 416 | 29.3 | 6.01 | 1.59 | 57.3 | 8.02 |
| | | 147 | 74 | 4 | 5.5 | 8 | 14.12 | 11.1 | 516 | 37.3 | 6.04 | 1.62 | 70.2 | 10.1 |
| | 150×100 | 139 | 97 | 3.2 | 4.5 | 8 | 13.43 | 10.6 | 476 | 68.6 | 5.94 | 2.25 | 68.4 | 14.1 |
| | | 142 | 99 | 4.5 | 6 | 8 | 18.27 | 14.3 | 654 | 97.2 | 5.98 | 2.30 | 92.1 | 19.6 |
| | 150×150 | 144 | 148 | 5 | 7 | 8 | 27.76 | 21.8 | 1090 | 378 | 6.25 | 3.69 | 151 | 51.1 |
| | | 147 | 149 | 6 | 8.5 | 8 | 33.67 | 26.4 | 1350 | 469 | 6.32 | 3.73 | 183 | 63.0 |
| | 175×90 | 168 | 88 | 3.2 | 4.5 | 8 | 13.55 | 10.6 | 670 | 51.2 | 7.02 | 1.94 | 79.7 | 11.6 |
| | | 171 | 89 | 4 | 6 | 8 | 17.58 | 13.8 | 894 | 70.7 | 7.13 | 2.00 | 105 | 15.9 |
| | 175×175 | 167 | 173 | 5 | 7 | 13 | 33.32 | 26.2 | 1780 | 605 | 7.30 | 4.26 | 213 | 69.9 |
| | | 172 | 175 | 6.5 | 9.5 | 13 | 44.64 | 35.0 | 2470 | 850 | 7.43 | 4.36 | 287 | 97.1 |
| | 200×100 | 193 | 98 | 3.2 | 4.5 | 8 | 15.25 | 12.0 | 994 | 70.7 | 8.07 | 2.15 | 103 | 14.4 |
| | | 196 | 99 | 4 | 6 | 8 | 19.78 | 15.5 | 1320 | 97.2 | 8.18 | 2.21 | 135 | 19.6 |
| | 200×150 | 188 | 149 | 4.5 | 6 | 8 | 26.34 | 20.7 | 1730 | 331 | 8.09 | 3.54 | 184 | 44.4 |
| | 200×200 | 192 | 198 | 6 | 8 | 13 | 43.69 | 34.3 | 3060 | 1040 | 8.37 | 4.86 | 319 | 105 |
| | 250×125 | 244 | 124 | 4.5 | 6 | 8 | 25.86 | 20.3 | 2650 | 191 | 10.1 | 2.71 | 217 | 30.8 |
| | 250×175 | 238 | 173 | 4.5 | 8 | 13 | 39.12 | 30.7 | 4240 | 691 | 10.4 | 4.20 | 356 | 79.9 |
| | 300×150 | 294 | 148 | 4.5 | 6 | 13 | 31.90 | 25.0 | 4800 | 325 | 12.3 | 3.19 | 327 | 43.9 |
| | 300×200 | 286 | 198 | 6 | 8 | 13 | 49.33 | 38.7 | 7360 | 1040 | 12.2 | 4.58 | 515 | 105 |
| | 350×175 | 340 | 173 | 4.5 | 6 | 13 | 36.97 | 29.0 | 7490 | 518 | 14.2 | 3.74 | 441 | 59.9 |
| | 400×150 | 390 | 148 | 6 | 8 | 13 | 47.57 | 37.3 | 11700 | 434 | 15.7 | 3.01 | 602 | 58.6 |
| | 400×200 | 390 | 198 | 6 | 8 | 13 | 55.57 | 43.6 | 14700 | 1040 | 16.2 | 4.31 | 752 | 105 |

注: 1. 表中同一型号的产品, 其内侧尺寸高度一致;
2. 表中截面面积计算公式为: "$t_1(H-2t_2)+2Bt_2+0.858r^2$";
3. 表中"*"表示的规格为市场非常用规格。

附表 6

## 剖分 T 型钢（GB/T 11263—2017）

说明：
h——高度；
B——宽度；
$t_1$——腹板厚度；
$t_2$——翼缘厚度；
r——圆角半径；
$C_x$——重心。

| 类别 | 型号 (高度×宽度) mm×mm | 截面尺寸 (mm) | | | | | 截面面积 (cm²) | 理论重量 (kg/m) | 惯性矩 (cm⁴) | | 惯性半径 (cm) | | 截面模数 (cm³) | | 重心 $C_x$ (cm) | 对应 H 型钢系列型号 |
|---|---|---|---|---|---|---|---|---|---|---|---|---|---|---|---|---|
| | | h | B | $t_1$ | $t_2$ | r | | | $I_x$ | $I_y$ | $i_x$ | $i_y$ | $W_x$ | $W_y$ | | |
| TW | 50×100 | 50 | 100 | 6 | 8 | 8 | 10.79 | 8.47 | 16.1 | 66.8 | 1.22 | 2.48 | 4.02 | 13.4 | 1.00 | 100×100 |
| | 62.5×125 | 62.5 | 125 | 6.5 | 9 | 8 | 15.00 | 11.8 | 35.0 | 147 | 1.52 | 3.12 | 6.91 | 23.5 | 1.19 | 125×125 |
| | 75×150 | 75 | 150 | 7 | 10 | 8 | 19.82 | 15.6 | 66.4 | 282 | 1.82 | 3.76 | 10.8 | 37.5 | 1.37 | 150×150 |
| | 87.5×175 | 87.5 | 175 | 7.5 | 11 | 13 | 25.71 | 20.2 | 115 | 492 | 2.11 | 4.37 | 15.9 | 56.2 | 1.55 | 175×175 |
| | 100×200 | 100 | 200 | 8 | 12 | 13 | 31.76 | 24.9 | 184 | 801 | 2.40 | 5.02 | 22.3 | 80.1 | 1.73 | 200×200 |
| | | 100 | 204 | 12 | 12 | 13 | 35.76 | 28.1 | 256 | 851 | 2.67 | 4.87 | 32.4 | 83.4 | 2.09 | |
| | 125×250 | 125 | 250 | 9 | 14 | 13 | 45.71 | 35.9 | 412 | 1820 | 3.00 | 6.31 | 39.5 | 146 | 2.08 | 250×250 |
| | | 125 | 255 | 14 | 14 | 13 | 51.96 | 40.8 | 589 | 1940 | 3.36 | 6.10 | 59.4 | 152 | 2.58 | |
| | 150×300 | 147 | 302 | 12 | 12 | 13 | 53.16 | 41.7 | 857 | 2760 | 4.01 | 7.20 | 72.3 | 183 | 2.85 | 300×300 |
| | | 150 | 300 | 10 | 15 | 13 | 59.22 | 46.5 | 798 | 3380 | 3.67 | 7.55 | 63.7 | 225 | 2.47 | |
| | | 150 | 305 | 15 | 15 | 13 | 66.72 | 52.4 | 1110 | 3550 | 4.07 | 7.29 | 92.5 | 233 | 3.04 | |
| | 175×350 | 172 | 348 | 10 | 16 | 13 | 72.00 | 56.5 | 1230 | 5620 | 4.13 | 8.83 | 84.7 | 323 | 2.67 | 350×350 |
| | | 175 | 350 | 12 | 19 | 13 | 85.94 | 67.5 | 1520 | 6790 | 4.20 | 8.88 | 104 | 388 | 2.87 | |
| | 200×400 | 194 | 402 | 15 | 15 | 22 | 89.22 | 70.0 | 2480 | 8130 | 5.27 | 9.54 | 158 | 404 | 3.70 | 400×400 |
| | | 197 | 398 | 11 | 18 | 22 | 93.40 | 73.3 | 2050 | 9460 | 4.67 | 10.1 | 123 | 475 | 3.01 | |
| | | 200 | 400 | 13 | 21 | 22 | 109.3 | 85.8 | 2480 | 11200 | 4.75 | 10.1 | 147 | 560 | 3.21 | |
| | | 200 | 408 | 21 | 21 | 22 | 125.3 | 98.4 | 3650 | 11900 | 5.39 | 9.74 | 229 | 584 | 4.07 | |
| | | 207 | 405 | 18 | 28 | 22 | 147.7 | 116 | 3620 | 15500 | 4.95 | 10.2 | 213 | 766 | 3.68 | |
| | | 214 | 407 | 20 | 35 | 22 | 180.3 | 142 | 4380 | 19700 | 4.92 | 10.4 | 250 | 967 | 3.90 | |

| 类别 | 型号(高度×宽度) mm×mm | 截面尺寸(mm) | | | | | 截面面积(cm²) | 理论重量(kg/m) | 惯性矩(cm⁴) | | 惯性半径(cm) | | 截面模数(cm³) | | 重心 $C_x$(cm) | 对应H型钢系列型号 |
|---|---|---|---|---|---|---|---|---|---|---|---|---|---|---|---|---|
| | | $h$ | $B$ | $t_1$ | $t_2$ | $r$ | | | $I_x$ | $I_y$ | $i_x$ | $i_y$ | $W_x$ | $W_y$ | | |
| TM | 75×100 | 74 | 100 | 6 | 9 | 8 | 13.17 | 10.3 | 51.7 | 75.2 | 1.98 | 2.38 | 8.84 | 15.0 | 1.56 | 150×100 |
| | 100×150 | 97 | 150 | 6 | 9 | 8 | 19.05 | 15.0 | 124 | 253 | 2.55 | 3.64 | 15.8 | 33.8 | 1.80 | 200×150 |
| | 125×175 | 122 | 175 | 7 | 11 | 13 | 27.74 | 21.8 | 288 | 492 | 3.22 | 4.21 | 29.1 | 56.2 | 2.28 | 250×175 |
| | 150×200 | 147 | 200 | 8 | 12 | 13 | 35.52 | 27.9 | 571 | 801 | 4.00 | 4.74 | 48.2 | 80.1 | 2.85 | 300×200 |
| | | 149 | 201 | 9 | 14 | 13 | 41.01 | 32.2 | 661 | 949 | 4.01 | 4.80 | 55.2 | 94.4 | 2.92 | |
| | 175×250 | 170 | 250 | 9 | 14 | 13 | 49.76 | 39.1 | 1020 | 1820 | 4.51 | 6.05 | 73.2 | 146 | 3.11 | 350×250 |
| | 200×300 | 195 | 300 | 10 | 16 | 13 | 66.62 | 52.3 | 1730 | 3600 | 5.09 | 7.35 | 108 | 240 | 3.43 | 400×300 |
| | 225×300 | 220 | 300 | 11 | 18 | 13 | 76.94 | 60.4 | 2680 | 4050 | 5.89 | 7.25 | 150 | 270 | 4.09 | 450×300 |
| | 250×300 | 241 | 300 | 11 | 15 | 13 | 70.58 | 55.4 | 3400 | 3380 | 6.93 | 6.91 | 178 | 225 | 5.00 | 500×300 |
| | | 244 | 300 | 11 | 18 | 13 | 79.58 | 62.5 | 3610 | 4050 | 6.73 | 7.13 | 184 | 270 | 4.72 | |
| | 275×300 | 272 | 300 | 11 | 15 | 13 | 73.99 | 58.1 | 4790 | 3380 | 8.04 | 6.75 | 225 | 225 | 5.96 | 550×300 |
| | | 275 | 300 | 11 | 18 | 13 | 82.99 | 65.2 | 5090 | 4050 | 7.82 | 6.98 | 232 | 270 | 5.59 | |
| | 300×300 | 291 | 300 | 12 | 17 | 13 | 84.60 | 66.4 | 6320 | 3830 | 8.64 | 6.72 | 280 | 255 | 6.51 | 600×300 |
| | | 294 | 300 | 12 | 20 | 13 | 93.60 | 73.5 | 6680 | 4500 | 8.44 | 6.93 | 288 | 300 | 6.17 | |
| | | 297 | 302 | 14 | 23 | 13 | 108.5 | 85.2 | 7890 | 5290 | 8.52 | 6.97 | 339 | 350 | 6.41 | |
| TN | 50×50 | 50 | 50 | 5 | 7 | 8 | 5.920 | 4.65 | 11.8 | 7.39 | 1.41 | 1.11 | 3.18 | 2.95 | 1.28 | 100×50 |
| | 62.5×60 | 62.5 | 60 | 6 | 8 | 8 | 8.340 | 6.55 | 27.5 | 14.6 | 1.81 | 1.32 | 5.96 | 4.85 | 1.64 | 125×60 |
| | 75×75 | 75 | 75 | 5 | 7 | 8 | 8.920 | 7.00 | 42.6 | 24.7 | 2.18 | 1.66 | 7.46 | 6.59 | 1.79 | 150×75 |
| | 87.5×90 | 85.5 | 89 | 4 | 6 | 8 | 8.790 | 6.90 | 53.7 | 35.3 | 2.47 | 2.00 | 8.02 | 7.94 | 1.86 | 175×90 |
| | | 87.5 | 90 | 5 | 8 | 8 | 11.44 | 8.98 | 70.6 | 48.7 | 2.48 | 2.06 | 10.4 | 10.8 | 1.93 | |

续表

| 类别 | 型号(高度×宽度) mm×mm | 截面尺寸(mm) $h$ | $B$ | $t_1$ | $t_2$ | $r$ | 截面面积(cm²) | 理论重量(kg/m) | 惯性矩(cm⁴) $I_x$ | $I_y$ | 回转半径(cm) $i_x$ | $i_y$ | 截面模数(cm³) $W_x$ | $W_y$ | 重心 $C_x$(cm) | 对应H型钢系列型号 |
|---|---|---|---|---|---|---|---|---|---|---|---|---|---|---|---|---|
| TN | 100×100 | 99 | 99 | 4.5 | 7 | 8 | 11.34 | 8.90 | 93.5 | 56.7 | 2.87 | 2.23 | 12.1 | 11.5 | 2.17 | 200×100 |
| | | 100 | 100 | 5.5 | 8 | 8 | 13.33 | 10.5 | 114 | 66.9 | 2.92 | 2.23 | 14.8 | 13.4 | 2.31 | |
| | 125×125 | 124 | 124 | 5 | 8 | 8 | 15.99 | 12.6 | 207 | 127 | 3.59 | 2.82 | 21.3 | 20.5 | 2.66 | 250×125 |
| | | 125 | 125 | 6 | 9 | 8 | 18.48 | 14.5 | 248 | 147 | 3.66 | 2.81 | 25.6 | 23.5 | 2.81 | |
| | 150×150 | 149 | 149 | 5.5 | 8 | 13 | 20.40 | 16.0 | 393 | 221 | 4.39 | 3.29 | 33.8 | 29.7 | 3.26 | 300×150 |
| | | 150 | 150 | 6.5 | 9 | 13 | 23.39 | 18.4 | 464 | 254 | 4.45 | 3.29 | 40.0 | 33.8 | 3.41 | |
| | 175×175 | 173 | 174 | 6 | 9 | 13 | 26.22 | 20.6 | 679 | 396 | 5.08 | 3.88 | 50.0 | 45.5 | 3.72 | 350×175 |
| | | 175 | 175 | 7 | 11 | 13 | 31.45 | 24.7 | 814 | 492 | 5.08 | 3.95 | 59.3 | 56.2 | 3.76 | |
| | 200×200 | 198 | 199 | 7 | 11 | 13 | 35.70 | 28.0 | 1190 | 723 | 5.77 | 4.50 | 76.4 | 72.7 | 4.20 | 400×200 |
| | | 200 | 200 | 8 | 13 | 13 | 41.68 | 32.7 | 1390 | 868 | 5.78 | 4.56 | 88.6 | 86.8 | 4.26 | |
| | 225×150 | 223 | 150 | 7 | 12 | 13 | 33.49 | 26.3 | 1570 | 338 | 6.84 | 3.17 | 93.7 | 45.1 | 5.54 | 450×150 |
| | | 225 | 151 | 8 | 14 | 13 | 38.74 | 30.4 | 1830 | 403 | 6.87 | 3.22 | 108 | 53.4 | 5.62 | |
| | 225×200 | 223 | 199 | 8 | 12 | 13 | 41.48 | 32.6 | 1870 | 789 | 6.71 | 4.36 | 109 | 79.3 | 5.15 | 450×200 |
| | | 225 | 200 | 9 | 14 | 13 | 47.71 | 37.5 | 2150 | 935 | 6.71 | 4.42 | 124 | 93.5 | 5.19 | |
| | 237.5×150 | 235 | 150 | 7 | 13 | 13 | 35.76 | 28.1 | 1850 | 367 | 7.18 | 3.20 | 104 | 48.9 | 7.50 | 475×150 |
| | | 237.5 | 151.5 | 8.5 | 15.5 | 13 | 43.07 | 33.8 | 2270 | 451 | 7.25 | 3.23 | 128 | 59.5 | 7.57 | |
| | | 241 | 153.5 | 10.5 | 19 | 13 | 53.20 | 41.8 | 2860 | 575 | 7.33 | 3.28 | 160 | 75.0 | 7.67 | |
| | 250×150 | 246 | 150 | 7 | 12 | 13 | 35.10 | 27.6 | 2060 | 339 | 7.66 | 3.10 | 113 | 45.1 | 6.36 | 500×150 |
| | | 250 | 152 | 9 | 16 | 13 | 46.10 | 36.2 | 2750 | 470 | 7.71 | 3.19 | 149 | 61.9 | 6.53 | |
| | | 252 | 153 | 10 | 18 | 13 | 51.66 | 40.6 | 3100 | 540 | 7.74 | 3.23 | 167 | 70.5 | 6.62 | |

| 类别 | 型号(高度×宽度)mm×mm | 截面尺寸(mm) | | | | | 截面面积(cm²) | 理论重量(kg/m) | 惯性矩(cm⁴) | | 惯性半径(cm) | | 截面模数(cm³) | | 重心 $C_x$(cm) | 对应H型钢系列型号 |
|---|---|---|---|---|---|---|---|---|---|---|---|---|---|---|---|---|
| | | $h$ | $B$ | $t_1$ | $t_2$ | $r$ | | | $I_x$ | $I_y$ | $i_x$ | $i_y$ | $W_x$ | $W_y$ | | |
| TN | 250×200 | 248 | 199 | 9 | 14 | 13 | 49.64 | 39.0 | 2820 | 921 | 7.54 | 4.30 | 150 | 92.6 | 5.97 | 500×200 |
| | | 250 | 200 | 10 | 16 | 13 | 56.12 | 44.1 | 3200 | 1070 | 7.54 | 4.36 | 169 | 107 | 6.03 | 500×200 |
| | | 253 | 201 | 11 | 19 | 13 | 64.65 | 50.8 | 3660 | 1290 | 7.52 | 4.46 | 189 | 128 | 6.00 | |
| | 275×200 | 273 | 199 | 9 | 14 | 13 | 51.89 | 40.7 | 3690 | 921 | 8.43 | 4.21 | 180 | 92.6 | 6.85 | 550×200 |
| | | 275 | 200 | 10 | 16 | 13 | 58.62 | 46.0 | 4180 | 1070 | 8.44 | 4.27 | 203 | 107 | 6.89 | 550×200 |
| | 300×200 | 298 | 199 | 10 | 15 | 13 | 58.87 | 46.2 | 5150 | 988 | 9.35 | 4.09 | 235 | 99.3 | 7.92 | 600×200 |
| | | 300 | 200 | 11 | 17 | 13 | 65.85 | 51.7 | 5770 | 1140 | 9.35 | 4.15 | 262 | 114 | 7.95 | |
| | | 303 | 201 | 12 | 20 | 13 | 74.88 | 58.8 | 6530 | 1360 | 9.33 | 4.25 | 291 | 135 | 7.88 | 600×200 |
| | 312.5×200 | 312.5 | 198.5 | 13.5 | 17.5 | 13 | 75.28 | 59.1 | 7460 | 1150 | 9.95 | 3.90 | 338 | 116 | 9.15 | 625×200 |
| | | 315 | 200 | 15 | 20 | 13 | 84.97 | 66.7 | 8470 | 1340 | 9.98 | 3.97 | 380 | 134 | 9.21 | 625×200 |
| | | 319 | 202 | 17 | 24 | 13 | 99.35 | 78.0 | 9960 | 1160 | 10.0 | 4.08 | 440 | 165 | 9.26 | |
| | 325×300 | 323 | 299 | 12 | 18 | 18 | 91.81 | 72.1 | 8570 | 4020 | 9.66 | 6.61 | 344 | 269 | 7.36 | 650×300 |
| | | 325 | 300 | 13 | 20 | 18 | 101.0 | 79.3 | 9430 | 4510 | 9.66 | 6.67 | 376 | 300 | 7.40 | 650×300 |
| | | 327 | 301 | 14 | 22 | 18 | 110.3 | 86.59 | 10300 | 5010 | 9.66 | 6.73 | 408 | 333 | 7.45 | |
| | 350×300 | 346 | 300 | 13 | 20 | 18 | 103.8 | 81.5 | 11300 | 4510 | 10.4 | 6.59 | 424 | 301 | 8.09 | 700×300 |
| | | 350 | 300 | 13 | 24 | 18 | 115.8 | 90.9 | 12000 | 5410 | 10.2 | 6.83 | 438 | 361 | 7.63 | 700×300 |
| | 400×300 | 396 | 300 | 14 | 22 | 18 | 119.8 | 94.0 | 17600 | 4960 | 12.1 | 6.43 | 592 | 331 | 9.77 | 800×300 |
| | | 400 | 300 | 14 | 26 | 18 | 131.8 | 103 | 18700 | 5860 | 11.9 | 6.66 | 610 | 391 | 9.27 | 800×300 |
| | 450×300 | 445 | 299 | 15 | 23 | 18 | 133.5 | 105 | 25900 | 5140 | 13.9 | 6.20 | 789 | 344 | 11.7 | 900×300 |
| | | 450 | 300 | 16 | 28 | 18 | 152.9 | 120 | 29100 | 6320 | 13.8 | 6.42 | 865 | 421 | 11.4 | 900×300 |
| | | 456 | 302 | 18 | 34 | 18 | 180.0 | 141 | 34100 | 7830 | 13.8 | 6.59 | 997 | 518 | 11.3 | |

# 附录2 螺栓和锚栓规格

普通螺栓规格 附表7

| 螺栓直径 $d$ (mm) | 螺距 $p$ (mm) | 螺栓有效直径 $d_e$ (mm) | 螺栓有效面积 $A_e$ (mm²) | 注 |
|---|---|---|---|---|
| 16 | 2 | 14.12 | 156.7 | |
| 18 | 2.5 | 15.65 | 192.5 | |
| 20 | 2.5 | 17.65 | 244.8 | |
| 22 | 2.5 | 19.65 | 303.4 | |
| 24 | 3 | 21.19 | 352.5 | |
| 27 | 3 | 24.19 | 459.4 | |
| 30 | 3.5 | 26.72 | 560.6 | |
| 33 | 3.5 | 29.72 | 693.6 | 螺栓有效面积 $A_e$ 按下式算得: |
| 36 | 4 | 32.25 | 816.7 | $A_e = \dfrac{\pi}{4}(d - 0.9382p)^2$ |
| 39 | 4 | 35.25 | 975.8 | |
| 42 | 4.5 | 37.78 | 1121.0 | |
| 45 | 4.5 | 40.78 | 1306.0 | |
| 48 | 5 | 43.31 | 1473.0 | |
| 52 | 5 | 47.31 | 1758.0 | |
| 56 | 5.5 | 50.84 | 2030.0 | |
| 60 | 5.5 | 54.84 | 2362.0 | |

锚栓规格 附表8

| 型 式 | I | | | | II | | | III | | | |
|---|---|---|---|---|---|---|---|---|---|---|---|
| 锚栓直径 $d$ (mm) | 20 | 24 | 30 | 36 | 42 | 48 | 56 | 64 | 72 | 80 | 90 |
| 计算净截面积 (cm²) | 2.45 | 3.53 | 5.61 | 8.17 | 11.20 | 14.70 | 20.30 | 26.80 | 34.60 | 44.44 | 55.91 |
| III型锚栓 锚板宽度 $c$ (mm) | | | | | 140 | 200 | 200 | 240 | 280 | 350 | 400 |
| 锚板厚度 $\delta$ (mm) | | | | | 20 | 20 | 20 | 25 | 30 | 40 | 40 |

# 附录 3　钢材的化学成分和力学性能

钢材的化学成分

附表 9

| 类别 | 牌号 | 质量等级 | 化学成分（质量分数）（%） | | | | | | | | | | | | | | |
| | | | C | Si | Mn | P | S | Nb | V | Ti | Cr | Ni | Cu | N | Mo | B | Als |
| | | | 不大于 | | | | | | | | | | | | | | 不小于 |
| 碳素结构钢 | Q235 | A | 0.22 | 0.35 | 1.40 | 0.045 | 0.050 | — | — | — | — | — | — | — | — | — | — |
| | | B | 0.20 | | | 0.045 | 0.045 | | | | | | | | | | |
| | | C | 0.17 | | | 0.040 | 0.040 | | | | | | | | | | |
| | | D | 0.17 | | | 0.035 | 0.035 | | | | | | | | | | |
| 低合金高强度钢 | Q345 | A | 0.20 | 0.50 | 1.70 | 0.035 | 0.035 | — | — | — | — | — | — | — | — | — | — |
| | | B | 0.20 | | | 0.035 | 0.035 | | | | | | | | | | — |
| | | C | 0.20 | | | 0.030 | 0.030 | 0.07 | 0.15 | 0.20 | 0.30 | 0.50 | 0.30 | 0.012 | 0.10 | | 0.015 |
| | | D | 0.18 | | | 0.030 | 0.025 | | | | | | | | | | 0.015 |
| | | E | 0.18 | | | 0.025 | 0.020 | | | | | | | | | | 0.015 |
| | Q390 | A | 0.20 | 0.50 | 1.70 | 0.035 | 0.035 | — | — | — | — | — | — | — | — | — | — |
| | | B | | | | 0.035 | 0.035 | | | | | | | | | | — |
| | | C | | | | 0.030 | 0.030 | 0.07 | 0.20 | 0.20 | 0.30 | 0.50 | 0.30 | 0.015 | 0.10 | | 0.015 |
| | | D | | | | 0.030 | 0.025 | | | | | | | | | | 0.015 |
| | | E | | | | 0.025 | 0.020 | | | | | | | | | | 0.015 |
| | Q420 | A | 0.20 | 0.50 | 1.70 | 0.035 | 0.035 | — | | — | — | — | — | — | — | — | — |
| | | B | | | | 0.035 | 0.035 | | | | | | | | | | — |
| | | C | | | | 0.030 | 0.030 | 0.07 | 0.20 | 0.20 | 0.30 | 0.80 | 0.30 | 0.015 | 0.20 | | 0.015 |
| | | D | | | | 0.030 | 0.025 | | | | | | | | | | 0.015 |
| | | E | | | | 0.025 | 0.020 | | | | | | | | | | 0.015 |
| | Q460 | C | 0.20 | 0.60 | 1.80 | 0.030 | 0.030 | 0.11 | 0.20 | 0.20 | 0.30 | 0.80 | 0.55 | 0.015 | 0.20 | 0.004 | 0.015 |
| | | D | | | | 0.030 | 0.025 | | | | | | | | | | |
| | | E | | | | 0.025 | 0.020 | | | | | | | | | | |

## 碳素结构钢的力学性能和冷弯性能

附表 10(a)

| 牌号 | 质量等级 | 屈服强度 (N/mm²) 不小于 钢板厚度 (mm) | | | | | 抗拉强度 (N/mm²) | 断后伸长率 A(%) 不小于 钢板厚度 (mm) | | | | 冲击吸收功 (纵向)AkV(J) | | 180°弯曲试验 d=弯心直径 a=试样厚度 钢板厚度(mm) | |
|---|---|---|---|---|---|---|---|---|---|---|---|---|---|---|---|
| | | ≤16 | >16~40 | >40~60 | >60~100 | >100~150 | | ≤40 | >40~60 | >60~100 | >100~150 | 温度(℃) | 不小于 | ≤60 | >60~100 |
| Q235 | A | 235 | 225 | 215 | 215 | 195 | 370~500 | 26 | 25 | 24 | 22 | — | — | d=a（纵） d=1.5a（横） | d=2a（纵） d=2.5a（横） |
| | B | 235 | 225 | 215 | 215 | 195 | 370~500 | 26 | 25 | 24 | 22 | +20 | 27 | d=a（纵） d=1.5a（横） | d=2a（纵） d=2.5a（横） |
| | C | 235 | 225 | 215 | 215 | 195 | 370~500 | 26 | 25 | 24 | 22 | 0 | 27 | d=a（纵） d=1.5a（横） | d=2a（纵） d=2.5a（横） |
| | D | 235 | 225 | 215 | 215 | 195 | 370~500 | 26 | 25 | 24 | 22 | -20 | 27 | d=a（纵） d=1.5a（横） | d=2a（纵） d=2.5a（横） |

注：1. 厚度大于 100mm 的钢材，抗拉强度下限允许降低 20N/mm²。宽带钢（包括剪切钢板）抗拉强度上限不作为交货条件；

2. 厚度小于 25mm 的 Q235B 级钢材，如供方能保证冲击吸收功值合格，经需方同意，可不作检验。

## 低合金高强度结构钢的力学性能和冷弯性能

附表 10(b)

| 牌号 | 质量等级 | 屈服强度 (N/mm²) 不小于 钢板厚度 (mm) | | | | | | 抗拉强度 (N/mm²) | 断后伸长率 A (%) 不小于 钢板厚度 (mm) | | | | 冲击吸收功 (纵向) AkV (J) 钢板厚度 ≤150 | | 180°弯曲试验 d=弯心直径 a=试样厚度 钢板厚度 (mm) | |
|---|---|---|---|---|---|---|---|---|---|---|---|---|---|---|---|---|
| | | ≤16 | >16~40 | >40~63 | >63~80 | >80~100 | >100~150 | | ≤40 | >40~63 | >63~100 | >100~150 | 温度(℃) | 不小于 | ≤16 | >16~100 |
| Q345 | A | 345 | 335 | 325 | 315 | 305 | 285 | 470~630 | 20 | 19 | 19 | 18 | — | — | d=2a | d=3a |
| | B | | | | | | | | | | | | +20 | 34 | | |
| | C | | | | | | | | | | | | 0 | 34 | | |
| | D | | | | | | | | | | | | -20 | 34 | | |
| | E | | | | | | | | | | | | -40 | 34 | | |
| Q390 | A | 390 | 370 | 350 | 330 | 330 | 310 | 490~650 | 20 | 19 | 19 | 18 | — | — | d=2a | d=3a |
| | B | | | | | | | | | | | | +20 | 34 | | |
| | C | | | | | | | | | | | | 0 | 34 | | |
| | D | | | | | | | | | | | | -20 | 34 | | |
| | E | | | | | | | | | | | | -40 | 34 | | |
| Q420 | A | 420 | 400 | 380 | 360 | 360 | 340 | 520~680 | 19 | 18 | 18 | 18 | — | — | d=2a | d=3a |
| | B | | | | | | | | | | | | +20 | 34 | | |
| | C | | | | | | | | | | | | 0 | 34 | | |
| | D | | | | | | | | | | | | -20 | 34 | | |
| | E | | | | | | | | | | | | -40 | 34 | | |
| Q460 | C | 460 | 440 | 420 | 400 | 400 | 380 | 550~720 | 17 | 16 | 16 | 16 | 0 | 34 | d=2a | d=3a |
| | D | | | | | | | | | | | | -20 | 34 | | |
| | E | | | | | | | | | | | | -40 | 34 | | |

注：1. 拉伸试样采用的比例系数为 5.65 的比例试样；

2. 断后伸长率按有关标准进行换算时，表中伸长率 A=17% 与 A₅₀=20% 相当。

# 附录 4　钢材、焊缝和螺栓连接的强度设计值

钢材的设计用强度指标（N/mm²）　　　　　附表 11

| 钢材牌号 | | 钢材厚度或直径（mm） | 强度设计值 | | | 屈服强度 $f_y$ | 抗拉强度 $f_u$ |
|---|---|---|---|---|---|---|---|
| | | | 抗拉、抗压、抗弯 $f$ | 抗剪 $f_v$ | 端面承压（刨平顶紧）$f_{ce}$ | | |
| 碳素结构钢 | Q235 | ≤16 | 215 | 125 | 320 | 235 | 370 |
| | | >16，≤40 | 205 | 120 | | 225 | |
| | | >40，≤100 | 200 | 115 | | 215 | |
| 低合金高强度结构钢 | Q355 | ≤16 | 305 | 175 | 400 | 345 | 470 |
| | | >16，≤40 | 295 | 170 | | 335 | |
| | | >40，≤63 | 290 | 165 | | 325 | |
| | | >63，≤80 | 280 | 160 | | 315 | |
| | | >80，≤100 | 270 | 155 | | 305 | |
| | Q390 | ≤16 | 345 | 200 | 415 | 390 | 490 |
| | | >16，≤40 | 330 | 190 | | 370 | |
| | | >40，≤63 | 310 | 180 | | 350 | |
| | | >63，≤100 | 295 | 170 | | 330 | |
| | Q420 | ≤16 | 375 | 215 | 440 | 420 | 520 |
| | | >16，≤40 | 355 | 205 | | 400 | |
| | | >40，≤63 | 320 | 185 | | 380 | |
| | | >63，≤100 | 305 | 175 | | 360 | |
| | Q460 | ≤16 | 410 | 235 | 470 | 460 | 550 |
| | | >16，≤40 | 390 | 225 | | 440 | |
| | | >40，≤63 | 355 | 205 | | 420 | |
| | | >63，≤100 | 340 | 195 | | 400 | |

注：1. 表中直径指实心棒材直径，厚度系指计算点的钢材或钢管壁厚度，对轴心受拉和轴心受压构件系指截面中较厚板件的厚度；
　　2. 冷弯型材和冷弯钢管，其强度设计值应按国家现行有关标准的规定采用。

焊缝的强度指标（N/mm²）　　　　　附表 12

| 焊接方法和焊条型号 | 构件钢材 | | 对接焊缝强度设计值 | | | | 角焊缝强度设计值 | 对接焊缝抗拉强度 $f_u^w$ | 角焊缝抗拉、抗压和抗剪强度 $f_u^f$ |
|---|---|---|---|---|---|---|---|---|---|
| | 牌号 | 厚度或直径（mm） | 抗压 $f_c^w$ | 焊缝质量为下列等级时，抗拉 $f_t^w$ | | 抗剪 $f_v^w$ | 抗拉、抗压和抗剪 $f_f^w$ | | |
| | | | | 一级、二级 | 三级 | | | | |
| 自动焊、半自动焊和 E43 型焊条手工焊 | Q235 | ≤16 | 215 | 215 | 185 | 125 | 160 | 415 | 240 |
| | | >16，≤40 | 205 | 205 | 175 | 120 | | | |
| | | >40，≤100 | 200 | 200 | 170 | 115 | | | |

续表

| 焊接方法和焊条型号 | 构件钢材 | | 对接焊缝强度设计值 | | | | 角焊缝强度设计值 | 对接焊缝抗拉强度 | 角焊缝抗拉、抗压和抗剪强度 |
| --- | --- | --- | --- | --- | --- | --- | --- | --- | --- |
| | 牌号 | 厚度或直径（mm） | 抗压 $f_c^w$ | 焊缝质量为下列等级时，抗拉 $f_t^w$ | | 抗剪 $f_v^w$ | 抗拉、抗压和抗剪 $f_f^w$ | $f_u^w$ | $f_u^f$ |
| | | | | 一级、二级 | 三级 | | | | |
| 自动焊、半自动焊和E50、E55型焊条手工焊 | Q355 | ≤16 | 305 | 305 | 260 | 175 | 200 | 480（E50）540（E55） | 280（E50）315（E55） |
| | | >16，≤40 | 295 | 295 | 250 | 170 | | | |
| | | >40，≤63 | 290 | 290 | 245 | 165 | | | |
| | | >63，≤80 | 280 | 280 | 240 | 160 | | | |
| | | >80，≤100 | 270 | 270 | 230 | 155 | | | |
| | Q390 | ≤16 | 345 | 345 | 295 | 200 | 200（E50）220（E55） | | |
| | | >16，≤40 | 330 | 330 | 280 | 190 | | | |
| | | >40，≤63 | 310 | 310 | 265 | 180 | | | |
| | | >63，≤100 | 295 | 295 | 250 | 170 | | | |
| 自动焊、半自动焊和E55、E60型焊条手工焊 | Q420 | ≤16 | 375 | 375 | 320 | 215 | 220（E55）240（E60） | 540（E55）590（E60） | 315（E55）340（E60） |
| | | >16，≤40 | 355 | 355 | 300 | 205 | | | |
| | | >40，≤63 | 320 | 320 | 270 | 185 | | | |
| | | >63，≤100 | 305 | 305 | 260 | 175 | | | |
| 自动焊、半自动焊和E55、E60型焊条手工焊 | Q460 | ≤16 | 410 | 410 | 350 | 235 | 220（E55）240（E60） | 540（E55）590（E60） | 315（E55）340（E60） |
| | | >16，≤40 | 390 | 390 | 330 | 225 | | | |
| | | >40，≤63 | 355 | 355 | 300 | 205 | | | |
| | | >63，≤100 | 340 | 340 | 290 | 195 | | | |
| 自动焊、半自动焊和E50、E55型焊条手工焊 | Q345GJ | >16，≤35 | 310 | 310 | 265 | 180 | 200 | 480（E50）540（E55） | 280（E50）315（E55） |
| | | >35，≤50 | 290 | 290 | 245 | 170 | | | |
| | | >50，≤100 | 285 | 285 | 240 | 165 | | | |

注：表中厚度系指计算点的钢材厚度，对轴心受拉和轴心受压构件系指截面中较厚板件的厚度。

螺栓连接的强度设计值（N/mm²）　　　　　　　　　　　　　　附表 13

| 螺栓的性能等级、锚栓和构件的钢材牌号 | | 普通螺栓 | | | | | | 锚栓 | 承压型连接高强度螺栓 | | |
| --- | --- | --- | --- | --- | --- | --- | --- | --- | --- | --- | --- |
| | | C级螺栓 | | | A级、B级螺栓 | | | | | | |
| | | 抗拉 $f_t^b$ | 抗剪 $f_v^b$ | 承压 $f_c^b$ | 抗拉 $f_t^b$ | 抗剪 $f_v^b$ | 承压 $f_c^b$ | 抗拉 $f_t^a$ | 抗拉 $f_t^b$ | 抗剪 $f_v^b$ | 承压 $f_c^b$ |
| 普通螺栓 | 4.6级、4.8级 | 170 | 140 | — | — | — | — | — | — | — | — |
| | 5.6级 | — | — | — | 210 | 190 | — | — | — | — | — |
| | 8.8级 | — | — | — | 400 | 320 | — | — | — | — | — |
| 锚栓 | Q235 | — | — | — | — | — | — | 140 | — | — | — |
| | Q345 | — | — | — | — | — | — | 180 | — | — | — |
| | Q390 | — | — | — | — | — | — | 185 | — | — | — |
| 承压型连接高强度螺栓 | 8.8级 | — | — | — | — | — | — | — | 400 | 250 | — |
| | 10.9级 | — | — | — | — | — | — | — | 500 | 310 | — |
| 构件 | Q235 | — | — | 305 | — | — | 405 | — | — | — | 470 |
| | Q345 | — | — | 385 | — | — | 510 | — | — | — | 590 |
| | Q390 | — | — | 400 | — | — | 530 | — | — | — | 615 |
| | Q420 | — | — | 425 | — | — | 560 | — | — | — | 655 |
| | Q460 | — | — | 450 | — | — | 595 | — | — | — | 695 |
| | Q345GJ | — | — | 400 | — | — | 530 | — | — | — | 615 |

注：1. A级螺栓用于 $d \leqslant 24$mm 和 $l \leqslant 10d$ 或 $l \leqslant 150$mm（按较小值）的螺栓；B级螺栓用于 $d > 24$mm 和 $l > 10d$ 或 $l > 150$mm（按较小值）的螺栓；$d$ 为公称直径，$l$ 为螺杆公称长度；
　　2. A、B级螺栓的精度和孔壁表面粗糙度、C级螺栓孔的允许偏差和孔壁表面粗糙度均应符合现行国家标准《钢结构工程施工质量验收标准》GB 50205 的要求。

# 附录5 各种截面回转半径的近似值

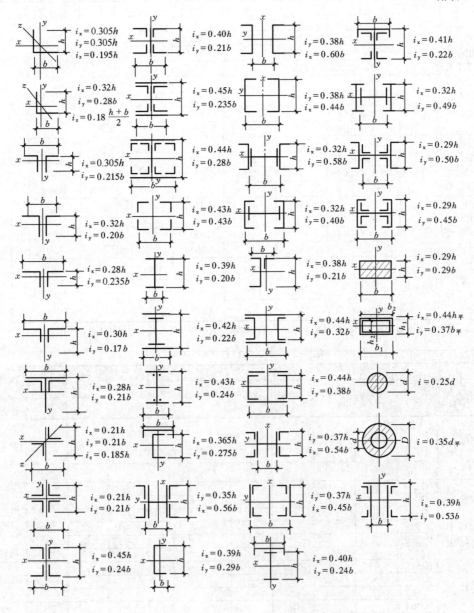

# 附录6　H型钢、等截面工字形简支梁等效弯矩系数和轧制工字钢梁的稳定系数

H 型钢和等截面工字形简支梁的系数 $\beta_b$      附表 15

| 项次 | 侧向支承 | 荷载 | | $\xi \leqslant 2.0$ | $\xi > 2.0$ | 适用范围 |
|---|---|---|---|---|---|---|
| 1 | 跨中无侧向支承 | 均布荷载作用在 | 上翼缘 | $0.69+0.13\xi$ | 0.95 | 图 C.0.1 (a)、(b) 和 (d) 的截面 |
| 2 | | | 下翼缘 | $1.73-0.20\xi$ | 1.33 | |
| 3 | | 集中荷载作用在 | 上翼缘 | $0.73+0.18\xi$ | 1.09 | |
| 4 | | | 下翼缘 | $2.23-0.28\xi$ | 1.67 | |
| 5 | 跨度中点有一个侧向支承点 | 均布荷载作用在 | 上翼缘 | 1.15 | | 图 C.0.1 中的所有截面 |
| 6 | | | 下翼缘 | 1.40 | | |
| 7 | | 集中荷载作用在截面高度的任意位置 | | 1.75 | | |
| 8 | 跨中有不少于两个等距离侧向支承点 | 任意荷载作用在 | 上翼缘 | 1.20 | | |
| 9 | | | 下翼缘 | 1.40 | | |
| 10 | 梁端有弯矩，但跨中无荷载作用 | | | $1.75-1.05\left(\dfrac{M_2}{M_1}\right)+0.3\left(\dfrac{M_2}{M_1}\right)^2$ 但 $\leqslant 2.3$ | | |

注：1. $\xi$ 为参数，$\xi=\dfrac{l_1 t_1}{b_1 h}$，其中 $b_1$ 为受压翼缘的宽度；

2. $M_1$ 和 $M_2$ 为梁的端弯矩，使梁产生同向曲率时 $M_1$ 和 $M_2$ 取同号，产生反向曲率时取异号，$|M_1| \geqslant |M_2|$；

3. 表中项次 3、4 和 7 的集中荷载是指一个或少数几个集中荷载位于跨中央附近的情况，对其他情况的集中荷载，应按表中项次 1、2、5、6 内的数值采用；

4. 表中项次 8、9 的 $\beta_b$，当集中荷载作用在侧向支承点处时，取 $\beta_b=1.20$；

5. 荷载作用在上翼缘系指荷载作用点在翼缘表面，方向指向截面形心；荷载作用在下翼缘系指荷载作用点在翼缘表面，方向背向截面形心；

6. 对 $\alpha_b > 0.8$ 的加强受压翼缘工字形截面，下列情况的 $\beta_b$ 值应乘以相应的系数：

项次 1：当 $\xi \leqslant 1.0$ 时，乘以 0.95；

项次 3：当 $\xi \leqslant 0.5$ 时，乘以 0.90；当 $0.5 < \xi \leqslant 1.0$ 时，乘以 0.95。

轧制普通工字钢简支梁的 $\varphi_b$ 附表 16

| 项次 | 荷载情况 | | 工字钢型号 | 自由长度 $l_1$（mm） | | | | | | | | |
|---|---|---|---|---|---|---|---|---|---|---|---|---|
| | | | | 2 | 3 | 4 | 5 | 6 | 7 | 8 | 9 | 10 |
| 1 | 跨中无侧向支承点的梁 | 集中荷载作用于 上翼缘 | 10～20 | 2.00 | 1.30 | 0.99 | 0.80 | 0.68 | 0.58 | 0.53 | 0.48 | 0.43 |
| | | | 22～32 | 2.40 | 1.48 | 1.09 | 0.86 | 0.72 | 0.62 | 0.54 | 0.49 | 0.45 |
| | | | 36～63 | 2.80 | 1.60 | 1.07 | 0.83 | 0.68 | 0.56 | 0.50 | 0.45 | 0.40 |
| 2 | | 下翼缘 | 10～20 | 3.10 | 1.95 | 1.34 | 1.01 | 0.82 | 0.69 | 0.63 | 0.57 | 0.52 |
| | | | 22～40 | 5.50 | 2.80 | 1.84 | 1.37 | 1.07 | 0.86 | 0.73 | 0.64 | 0.56 |
| | | | 45～63 | 7.30 | 3.60 | 2.30 | 1.62 | 1.20 | 0.96 | 0.80 | 0.69 | 0.60 |
| 3 | | 均布荷载作用于 上翼缘 | 10～20 | 1.70 | 1.12 | 0.84 | 0.68 | 0.57 | 0.50 | 0.45 | 0.41 | 0.37 |
| | | | 22～40 | 2.10 | 1.30 | 0.93 | 0.73 | 0.60 | 0.51 | 0.45 | 0.40 | 0.36 |
| | | | 45～63 | 2.60 | 1.45 | 0.97 | 0.73 | 0.59 | 0.50 | 0.44 | 0.38 | 0.35 |
| 4 | | 下翼缘 | 10～20 | 2.50 | 1.55 | 1.08 | 0.83 | 0.68 | 0.56 | 0.52 | 0.47 | 0.42 |
| | | | 22～40 | 4.00 | 2.20 | 1.45 | 1.10 | 0.85 | 0.70 | 0.60 | 0.52 | 0.46 |
| | | | 45～63 | 5.60 | 2.80 | 1.80 | 1.25 | 0.95 | 0.78 | 0.65 | 0.55 | 0.49 |
| 5 | 跨中有侧向支承点的梁（不论荷载作用点在截面高度上的位置） | | 10～20 | 2.20 | 1.39 | 1.01 | 0.79 | —0.66 | 0.57 | 0.52 | 0.47 | 0.42 |
| | | | 22～40 | 3.00 | 1.80 | 1.24 | 0.96 | 0.76 | 0.65 | 0.56 | 0.49 | 0.43 |
| | | | 45～63 | 4.00 | 2.20 | 1.38 | 1.01 | 0.80 | 0.66 | 0.56 | 0.49 | 0.43 |

注：1. 同附表15的注3、注5；

2. 表中的 $\varphi_b$ 适用于Q235钢。对其他钢号，表中数值应乘以 $\varepsilon_k^2$。

# 附录7 轴心受压构件的稳定系数

a 类截面轴心受压构件的稳定系数 $\varphi$ 附表 17（a）

| $\lambda/\varepsilon_k$ | 0 | 1 | 2 | 3 | 4 | 5 | 6 | 7 | 8 | 9 |
|---|---|---|---|---|---|---|---|---|---|---|
| 0 | 1.000 | 1.000 | 1.000 | 1.000 | 0.999 | 0.999 | 0.998 | 0.998 | 0.997 | 0.996 |
| 10 | 0.995 | 0.994 | 0.993 | 0.992 | 0.991 | 0.989 | 0.988 | 0.986 | 0.985 | 0.983 |
| 20 | 0.981 | 0.979 | 0.977 | 0.976 | 0.974 | 0.972 | 0.970 | 0.968 | 0.966 | 0.964 |
| 30 | 0.963 | 0.961 | 0.959 | 0.957 | 0.954 | 0.952 | 0.950 | 0.948 | 0.946 | 0.944 |
| 40 | 0.941 | 0.939 | 0.937 | 0.934 | 0.932 | 0.929 | 0.927 | 0.924 | 0.921 | 0.918 |
| 50 | 0.916 | 0.913 | 0.910 | 0.907 | 0.903 | 0.900 | 0.897 | 0.893 | 0.890 | 0.886 |
| 60 | 0.883 | 0.879 | 0.875 | 0.871 | 0.867 | 0.862 | 0.858 | 0.854 | 0.849 | 0.844 |
| 70 | 0.839 | 0.834 | 0.829 | 0.824 | 0.818 | 0.813 | 0.807 | 0.801 | 0.795 | 0.789 |
| 80 | 0.783 | 0.776 | 0.770 | 0.763 | 0.756 | 0.749 | 0.742 | 0.735 | 0.728 | 0.721 |
| 90 | 0.713 | 0.706 | 0.698 | 0.691 | 0.683 | 0.676 | 0.668 | 0.660 | 0.653 | 0.645 |
| 100 | 0.637 | 0.630 | 0.622 | 0.614 | 0.607 | 0.599 | 0.592 | 0.584 | 0.577 | 0.569 |

续表

| $\lambda/\varepsilon_k$ | 0 | 1 | 2 | 3 | 4 | 5 | 6 | 7 | 8 | 9 |
|---|---|---|---|---|---|---|---|---|---|---|
| 110 | 0.562 | 0.555 | 0.548 | 0.541 | 0.534 | 0.527 | 0.520 | 0.513 | 0.507 | 0.500 |
| 120 | 0.494 | 0.487 | 0.481 | 0.475 | 0.469 | 0.463 | 0.457 | 0.451 | 0.445 | 0.439 |
| 130 | 0.434 | 0.428 | 0.423 | 0.417 | 0.412 | 0.407 | 0.402 | 0.397 | 0.392 | 0.387 |
| 140 | 0.382 | 0.378 | 0.373 | 0.368 | 0.364 | 0.360 | 0.355 | 0.351 | 0.347 | 0.343 |
| 150 | 0.339 | 0.335 | 0.331 | 0.327 | 0.323 | 0.319 | 0.316 | 0.312 | 0.308 | 0.305 |
| 160 | 0.302 | 0.298 | 0.295 | 0.292 | 0.288 | 0.285 | 0.282 | 0.279 | 0.276 | 0.273 |
| 170 | 0.270 | 0.267 | 0.264 | 0.261 | 0.259 | 0.256 | 0.253 | 0.250 | 0.248 | 0.245 |
| 180 | 0.243 | 0.240 | 0.238 | 0.235 | 0.233 | 0.231 | 0.228 | 0.226 | 0.224 | 0.222 |
| 190 | 0.219 | 0.217 | 0.215 | 0.213 | 0.211 | 0.209 | 0.207 | 0.205 | 0.203 | 0.201 |
| 200 | 0.199 | 0.197 | 0.196 | 0.194 | 0.192 | 0.190 | 0.188 | 0.187 | 0.185 | 0.183 |
| 210 | 0.182 | 0.180 | 0.178 | 0.177 | 0.175 | 0.174 | 0.172 | 0.171 | 0.169 | 0.168 |
| 220 | 0.166 | 0.165 | 0.163 | 0.162 | 0.161 | 0.159 | 0.158 | 0.157 | 0.155 | 0.154 |
| 230 | 0.153 | 0.151 | 0.150 | 0.149 | 0.148 | 0.147 | 0.145 | 0.144 | 0.143 | 0.142 |
| 240 | 0.141 | 0.140 | 0.139 | 0.137 | 0.136 | 0.135 | 0.134 | 0.133 | 0.132 | 0.131 |

注：表中值系按《钢结构设计标准》GB 50017—2017 第 D.0.5 条中的公式计算而得。

**b 类截面轴心受压构件的稳定系数 $\varphi$**　　　　　　　附表 17(b)

| $\lambda/\varepsilon_k$ | 0 | 1 | 2 | 3 | 4 | 5 | 6 | 7 | 8 | 9 |
|---|---|---|---|---|---|---|---|---|---|---|
| 0 | 1.000 | 1.000 | 1.000 | 0.999 | 0.999 | 0.998 | 0.997 | 0.996 | 0.995 | 0.994 |
| 10 | 0.992 | 0.991 | 0.989 | 0.987 | 0.985 | 0.983 | 0.981 | 0.978 | 0.976 | 0.973 |
| 20 | 0.970 | 0.967 | 0.963 | 0.960 | 0.957 | 0.953 | 0.950 | 0.946 | 0.943 | 0.939 |
| 30 | 0.936 | 0.932 | 0.929 | 0.925 | 0.921 | 0.918 | 0.914 | 0.910 | 0.906 | 0.903 |
| 40 | 0.899 | 0.895 | 0.891 | 0.886 | 0.882 | 0.878 | 0.874 | 0.870 | 0.865 | 0.861 |
| 50 | 0.856 | 0.852 | 0.847 | 0.842 | 0.837 | 0.833 | 0.828 | 0.823 | 0.818 | 0.812 |
| 60 | 0.807 | 0.802 | 0.796 | 0.791 | 0.785 | 0.780 | 0.774 | 0.768 | 0.762 | 0.757 |
| 70 | 0.751 | 0.745 | 0.738 | 0.732 | 0.726 | 0.720 | 0.713 | 0.707 | 0.701 | 0.694 |
| 80 | 0.687 | 0.681 | 0.674 | 0.668 | 0.661 | 0.654 | 0.648 | 0.641 | 0.634 | 0.628 |
| 90 | 0.621 | 0.614 | 0.607 | 0.601 | 0.594 | 0.587 | 0.581 | 0.574 | 0.568 | 0.561 |
| 100 | 0.555 | 0.548 | 0.542 | 0.535 | 0.529 | 0.523 | 0.517 | 0.511 | 0.504 | 0.498 |
| 110 | 0.492 | 0.487 | 0.481 | 0.475 | 0.469 | 0.464 | 0.458 | 0.453 | 0.447 | 0.442 |
| 120 | 0.436 | 0.431 | 0.426 | 0.421 | 0.416 | 0.411 | 0.406 | 0.401 | 0.396 | 0.392 |
| 130 | 0.387 | 0.383 | 0.378 | 0.374 | 0.369 | 0.365 | 0.361 | 0.357 | 0.352 | 0.348 |
| 140 | 0.344 | 0.340 | 0.337 | 0.333 | 0.329 | 0.325 | 0.322 | 0.318 | 0.314 | 0.311 |
| 150 | 0.308 | 0.304 | 0.301 | 0.297 | 0.294 | 0.291 | 0.288 | 0.285 | 0.282 | 0.279 |
| 160 | 0.276 | 0.273 | 0.270 | 0.267 | 0.264 | 0.262 | 0.259 | 0.256 | 0.253 | 0.251 |
| 170 | 0.248 | 0.246 | 0.243 | 0.241 | 0.238 | 0.236 | 0.234 | 0.231 | 0.229 | 0.227 |
| 180 | 0.225 | 0.222 | 0.220 | 0.218 | 0.216 | 0.214 | 0.212 | 0.210 | 0.208 | 0.206 |
| 190 | 0.204 | 0.202 | 0.200 | 0.198 | 0.196 | 0.195 | 0.193 | 0.191 | 0.189 | 0.188 |
| 200 | 0.186 | 0.184 | 0.183 | 0.181 | 0.179 | 0.178 | 0.176 | 0.175 | 0.173 | 0.172 |

| λ/εk | 0 | 1 | 2 | 3 | 4 | 5 | 6 | 7 | 8 | 9 |
|---|---|---|---|---|---|---|---|---|---|---|
| 210 | 0.170 | 0.169 | 0.167 | 0.166 | 0.164 | 0.163 | 0.162 | 0.160 | 0.159 | 0.158 |
| 220 | 0.156 | 0.155 | 0.154 | 0.152 | 0.151 | 0.150 | 0.149 | 0.147 | 0.146 | 0.145 |
| 230 | 0.144 | 0.143 | 0.142 | 0.141 | 0.139 | 0.138 | 0.137 | 0.136 | 0.135 | 0.134 |
| 240 | 0.133 | 0.132 | 0.131 | 0.130 | 0.129 | 0.128 | 0.127 | 0.126 | 0.125 | 0.124 |
| 250 | 0.123 | — | — | — | — | — | — | — | — | — |

注：表中值系按《钢结构设计标准》GB 50017—2017 第 D.0.5 条中的公式计算而得。

c 类截面轴心受压构件的稳定系数 φ 附表 17(c)

| λ/εk | 0 | 1 | 2 | 3 | 4 | 5 | 6 | 7 | 8 | 9 |
|---|---|---|---|---|---|---|---|---|---|---|
| 0 | 1.000 | 1.000 | 1.000 | 0.999 | 0.999 | 0.998 | 0.997 | 0.996 | 0.995 | 0.993 |
| 10 | 0.992 | 0.990 | 0.988 | 0.986 | 0.983 | 0.981 | 0.978 | 0.976 | 0.973 | 0.970 |
| 20 | 0.966 | 0.959 | 0.953 | 0.947 | 0.940 | 0.934 | 0.928 | 0.921 | 0.915 | 0.909 |
| 30 | 0.902 | 0.896 | 0.890 | 0.883 | 0.877 | 0.871 | 0.865 | 0.858 | 0.852 | 0.845 |
| 40 | 0.839 | 0.833 | 0.826 | 0.820 | 0.813 | 0.807 | 0.800 | 0.794 | 0.787 | 0.781 |
| 50 | 0.774 | 0.768 | 0.761 | 0.755 | 0.748 | 0.742 | 0.735 | 0.728 | 0.722 | 0.715 |
| 60 | 0.709 | 0.702 | 0.695 | 0.689 | 0.682 | 0.675 | 0.669 | 0.662 | 0.656 | 0.649 |
| 70 | 0.642 | 0.636 | 0.629 | 0.623 | 0.616 | 0.610 | 0.603 | 0.597 | 0.591 | 0.584 |
| 80 | 0.578 | 0.572 | 0.565 | 0.559 | 0.553 | 0.547 | 0.541 | 0.535 | 0.529 | 0.523 |
| 90 | 0.517 | 0.511 | 0.505 | 0.499 | 0.494 | 0.488 | 0.483 | 0.477 | 0.471 | 0.467 |
| 100 | 0.462 | 0.458 | 0.453 | 0.449 | 0.445 | 0.440 | 0.436 | 0.432 | 0.427 | 0.423 |
| 110 | 0.419 | 0.415 | 0.411 | 0.407 | 0.402 | 0.398 | 0.394 | 0.390 | 0.386 | 0.383 |
| 120 | 0.379 | 0.375 | 0.371 | 0.367 | 0.363 | 0.360 | 0.356 | 0.352 | 0.349 | 0.345 |
| 130 | 0.342 | 0.338 | 0.335 | 0.332 | 0.328 | 0.325 | 0.322 | 0.318 | 0.315 | 0.312 |
| 140 | 0.309 | 0.306 | 0.303 | 0.300 | 0.297 | 0.294 | 0.291 | 0.288 | 0.285 | 0.282 |
| 150 | 0.279 | 0.277 | 0.274 | 0.271 | 0.269 | 0.266 | 0.263 | 0.261 | 0.258 | 0.256 |
| 160 | 0.253 | 0.251 | 0.248 | 0.246 | 0.244 | 0.241 | 0.239 | 0.237 | 0.235 | 0.232 |
| 170 | 0.230 | 0.228 | 0.226 | 0.224 | 0.222 | 0.220 | 0.218 | 0.216 | 0.214 | 0.212 |
| 180 | 0.210 | 0.208 | 0.206 | 0.204 | 0.203 | 0.201 | 0.199 | 0.197 | 0.195 | 0.194 |
| 190 | 0.192 | 0.190 | 0.189 | 0.187 | 0.185 | 0.184 | 0.182 | 0.181 | 0.179 | 0.178 |
| 200 | 0.176 | 0.175 | 0.173 | 0.172 | 0.170 | 0.169 | 0.167 | 0.166 | 0.165 | 0.163 |
| 210 | 0.162 | 0.161 | 0.159 | 0.158 | 0.157 | 0.155 | 0.154 | 0.153 | 0.152 | 0.151 |
| 220 | 0.149 | 0.148 | 0.147 | 0.146 | 0.145 | 0.144 | 0.142 | 0.141 | 0.140 | 0.139 |
| 230 | 0.138 | 0.137 | 0.136 | 0.135 | 0.134 | 0.133 | 0.132 | 0.131 | 0.130 | 0.129 |
| 240 | 0.128 | 0.127 | 0.126 | 0.125 | 0.124 | 0.123 | 0.123 | 0.122 | 0.121 | 0.120 |
| 250 | 0.119 | — | — | — | — | — | — | — | — | — |

注：表中值系按《钢结构设计标准》GB 50017—2017 第 D.0.5 条中的公式计算而得。

d 类截面轴心受压构件的稳定系数 φ                                附表 17(d)

| λ/εₖ | 0 | 1 | 2 | 3 | 4 | 5 | 6 | 7 | 8 | 9 |
|---|---|---|---|---|---|---|---|---|---|---|
| 0 | 1.000 | 1.000 | 0.999 | 0.999 | 0.998 | 0.996 | 0.994 | 0.992 | 0.990 | 0.987 |
| 10 | 0.984 | 0.981 | 0.978 | 0.974 | 0.969 | 0.965 | 0.960 | 0.955 | 0.949 | 0.944 |
| 20 | 0.937 | 0.927 | 0.918 | 0.909 | 0.900 | 0.891 | 0.883 | 0.874 | 0.865 | 0.857 |
| 30 | 0.848 | 0.840 | 0.831 | 0.823 | 0.815 | 0.807 | 0.798 | 0.790 | 0.782 | 0.774 |
| 40 | 0.766 | 0.758 | 0.751 | 0.743 | 0.735 | 0.727 | 0.720 | 0.712 | 0.705 | 0.697 |
| 50 | 0.690 | 0.682 | 0.675 | 0.668 | 0.660 | 0.653 | 0.646 | 0.639 | 0.632 | 0.625 |
| 60 | 0.618 | 0.611 | 0.605 | 0.598 | 0.591 | 0.585 | 0.578 | 0.571 | 0.565 | 0.559 |
| 70 | 0.552 | 0.546 | 0.540 | 0.534 | 0.528 | 0.521 | 0.516 | 0.510 | 0.504 | 0.498 |
| 80 | 0.492 | 0.487 | 0.481 | 0.476 | 0.470 | 0.465 | 0.459 | 0.454 | 0.449 | 0.444 |
| 90 | 0.439 | 0.434 | 0.429 | 0.424 | 0.419 | 0.414 | 0.409 | 0.405 | 0.401 | 0.397 |
| 100 | 0.393 | 0.390 | 0.386 | 0.383 | 0.380 | 0.376 | 0.373 | 0.369 | 0.366 | 0.363 |
| 110 | 0.359 | 0.356 | 0.353 | 0.350 | 0.346 | 0.343 | 0.340 | 0.337 | 0.334 | 0.331 |
| 120 | 0.328 | 0.325 | 0.322 | 0.319 | 0.316 | 0.313 | 0.310 | 0.307 | 0.304 | 0.301 |
| 130 | 0.298 | 0.296 | 0.293 | 0.290 | 0.288 | 0.285 | 0.282 | 0.280 | 0.277 | 0.275 |
| 140 | 0.272 | 0.270 | 0.267 | 0.265 | 0.262 | 0.260 | 0.257 | 0.255 | 0.253 | 0.250 |
| 150 | 0.248 | 0.246 | 0.244 | 0.242 | 0.239 | 0.237 | 0.235 | 0.233 | 0.231 | 0.229 |
| 160 | 0.227 | 0.225 | 0.223 | 0.221 | 0.219 | 0.217 | 0.215 | 0.213 | 0.211 | 0.210 |
| 170 | 0.208 | 0.206 | 0.204 | 0.202 | 0.201 | 0.199 | 0.197 | 0.196 | 0.194 | 0.192 |
| 180 | 0.191 | 0.189 | 0.187 | 0.186 | 0.184 | 0.183 | 0.181 | 0.180 | 0.178 | 0.177 |
| 190 | 0.175 | 0.174 | 0.173 | 0.171 | 0.170 | 0.168 | 0.167 | 0.166 | 0.164 | 0.163 |
| 200 | 0.162 | — | — | — | — | — | — | — | — | — |

注：表中值系按《钢结构设计标准》GB 50017—2017 第 D.0.5 条中的公式计算而得。

# 附录 8　框架柱计算长度系数

无侧移框架柱的计算长度系数 μ                                附表 18(a)

| K₂ \ K₁ | 0 | 0.05 | 0.1 | 0.2 | 0.3 | 0.4 | 0.5 | 1 | 2 | 3 | 4 | 5 | ≥10 |
|---|---|---|---|---|---|---|---|---|---|---|---|---|---|
| 0 | 1.000 | 0.990 | 0.981 | 0.964 | 0.949 | 0.935 | 0.922 | 0.875 | 0.820 | 0.791 | 0.773 | 0.760 | 0.732 |
| 0.05 | 0.990 | 0.981 | 0.971 | 0.955 | 0.940 | 0.926 | 0.914 | 0.867 | 0.814 | 0.784 | 0.766 | 0.754 | 0.726 |
| 0.1 | 0.981 | 0.971 | 0.962 | 0.946 | 0.931 | 0.918 | 0.906 | 0.860 | 0.807 | 0.778 | 0.760 | 0.748 | 0.721 |
| 0.2 | 0.964 | 0.955 | 0.946 | 0.930 | 0.916 | 0.903 | 0.891 | 0.846 | 0.795 | 0.767 | 0.749 | 0.737 | 0.711 |
| 0.3 | 0.949 | 0.940 | 0.931 | 0.916 | 0.902 | 0.889 | 0.878 | 0.834 | 0.784 | 0.756 | 0.739 | 0.728 | 0.701 |
| 0.4 | 0.935 | 0.926 | 0.918 | 0.903 | 0.889 | 0.877 | 0.866 | 0.823 | 0.774 | 0.747 | 0.730 | 0.719 | 0.693 |
| 0.5 | 0.922 | 0.914 | 0.906 | 0.891 | 0.878 | 0.866 | 0.855 | 0.813 | 0.765 | 0.738 | 0.721 | 0.710 | 0.685 |
| 1 | 0.875 | 0.867 | 0.860 | 0.846 | 0.834 | 0.823 | 0.813 | 0.774 | 0.729 | 0.704 | 0.688 | 0.677 | 0.654 |
| 2 | 0.820 | 0.814 | 0.807 | 0.795 | 0.784 | 0.774 | 0.765 | 0.729 | 0.686 | 0.663 | 0.648 | 0.638 | 0.615 |
| 3 | 0.791 | 0.784 | 0.778 | 0.767 | 0.756 | 0.747 | 0.738 | 0.704 | 0.663 | 0.640 | 0.625 | 0.616 | 0.593 |
| 4 | 0.773 | 0.766 | 0.760 | 0.749 | 0.739 | 0.730 | 0.721 | 0.688 | 0.648 | 0.625 | 0.611 | 0.601 | 0.580 |

续表

| $K_1$ $K_2$ | 0 | 0.05 | 0.1 | 0.2 | 0.3 | 0.4 | 0.5 | 1 | 2 | 3 | 4 | 5 | ≥10 |
|---|---|---|---|---|---|---|---|---|---|---|---|---|---|
| 5 | 0.760 | 0.754 | 0.748 | 0.737 | 0.728 | 0.719 | 0.710 | 0.677 | 0.638 | 0.616 | 0.601 | 0.592 | 0.570 |
| ≥10 | 0.732 | 0.726 | 0.721 | 0.711 | 0.701 | 0.693 | 0.685 | 0.654 | 0.615 | 0.593 | 0.580 | 0.570 | 0.549 |

注：1. 表中的计算长度系数 $\mu$ 值系按下式算得：

$$\left[\left(\frac{\pi}{\mu}\right)^2 + 2(K_1+K_2) - 4K_1K_2\right]\frac{\pi}{\mu}\cdot\sin\frac{\pi}{\mu} - 2\left[(K_1+K_2)\left(\frac{\pi}{\mu}\right)^2 + 4K_1K_2\right]\cos\frac{\pi}{\mu} + 8K_1K_2 = 0$$

$K_1$、$K_2$——分别为相交于柱上端、柱下端的横梁线刚度之和与柱线刚度之和的比值。当梁远端为铰接时，应将横梁线刚度乘以 1.5；当横梁远端为嵌固时，则将横梁线刚度乘以 2.0；

2. 当横梁与柱铰接时，取横梁线刚度为零；

3. 对底层框架柱：当柱与基础铰接时，取 $K_2=0$（对平板支座可取 $K_2=0.1$）；当柱与基础刚接时，取 $K_2=10$；

4. 当与柱刚性连接的横梁所受轴心压力 $N_b$ 较大时，横梁线刚度应乘以折减系数 $\alpha_N$：

横梁远端与柱刚接和横梁远端铰支时　　　$\alpha_N = 1 - N_b/N_{Eb}$

横梁远端嵌固时　　　　　　　　　　　　$\alpha_N = 1 - N_b/(2N_{Eb})$

式中，$N_{Eb} = \pi^2 EI_b/l^2$，$I_b$ 为横梁截面惯性矩；$l$ 为横梁长度。

**有侧移框架柱的计算长度系数 $\mu$**　　　　　　　　　　附表 18(b)

| $K_1$ $K_2$ | 0 | 0.05 | 0.1 | 0.2 | 0.3 | 0.4 | 0.5 | 1 | 2 | 3 | 4 | 5 | ≥10 |
|---|---|---|---|---|---|---|---|---|---|---|---|---|---|
| 0 | ∞ | 6.02 | 4.46 | 3.42 | 3.01 | 2.78 | 2.64 | 2.33 | 2.17 | 2.11 | 2.08 | 2.07 | 2.03 |
| 0.05 | 6.02 | 4.16 | 3.47 | 2.86 | 2.58 | 2.42 | 2.31 | 2.07 | 1.94 | 1.90 | 1.87 | 1.86 | 1.83 |
| 0.1 | 4.46 | 3.47 | 3.01 | 2.56 | 2.33 | 2.20 | 2.11 | 1.90 | 1.79 | 1.75 | 1.73 | 1.72 | 1.70 |
| 0.2 | 3.42 | 2.86 | 2.56 | 2.23 | 2.05 | 1.94 | 1.87 | 1.70 | 1.60 | 1.57 | 1.55 | 1.54 | 1.52 |
| 0.3 | 3.01 | 2.58 | 2.33 | 2.05 | 1.90 | 1.80 | 1.74 | 1.58 | 1.49 | 1.46 | 1.45 | 1.44 | 1.42 |
| 0.4 | 2.78 | 2.42 | 2.20 | 1.94 | 1.80 | 1.71 | 1.65 | 1.50 | 1.42 | 1.39 | 1.37 | 1.37 | 1.35 |
| 0.5 | 2.64 | 2.31 | 2.11 | 1.87 | 1.74 | 1.65 | 1.59 | 1.45 | 1.37 | 1.34 | 1.32 | 1.32 | 1.30 |
| 1 | 2.33 | 2.07 | 1.90 | 1.70 | 1.58 | 1.50 | 1.45 | 1.32 | 1.24 | 1.21 | 1.20 | 1.19 | 1.17 |
| 2 | 2.17 | 1.94 | 1.79 | 1.60 | 1.49 | 1.42 | 1.37 | 1.24 | 1.16 | 1.14 | 1.12 | 1.12 | 1.10 |
| 3 | 2.11 | 1.90 | 1.75 | 1.57 | 1.46 | 1.39 | 1.34 | 1.21 | 1.14 | 1.11 | 1.10 | 1.09 | 1.07 |
| 4 | 2.08 | 1.87 | 1.73 | 1.55 | 1.45 | 1.37 | 1.32 | 1.20 | 1.12 | 1.10 | 1.08 | 1.08 | 1.06 |
| 5 | 2.07 | 1.86 | 1.72 | 1.54 | 1.44 | 1.37 | 1.32 | 1.19 | 1.12 | 1.09 | 1.08 | 1.07 | 1.05 |
| ≥10 | 2.03 | 1.83 | 1.70 | 1.52 | 1.42 | 1.35 | 1.30 | 1.17 | 1.10 | 1.07 | 1.06 | 1.05 | 1.03 |

注：1. 表中的计算长度系数 $\mu$ 值系按下式算得：

$$\left[36K_1K_2 - \left(\frac{\pi}{\mu}\right)^2\right]\sin\frac{\pi}{\mu} + 6(K_1+K_2)\frac{\pi}{\mu}\cdot\cos\frac{\pi}{\mu} = 0$$

$K_1$、$K_2$——分别为相交于柱上端、柱下端的横梁线刚度之和与柱线刚度之和的比值。当横梁远端为铰接时，应将横梁线刚度乘以 0.5；当横梁远端为嵌固时，则应乘以 2/3；

2. 当横梁与柱铰接时，取横梁线刚度为零；

3. 对底层框架柱：当柱与基础铰接时，取 $K_2=0$（对平板支座可取 $K_2=0.1$）；当柱与基础刚接时，取 $K_2=10$；

4. 当与柱刚性连接的横梁所受轴心压力 $N_b$ 较大时，横梁线刚度应乘以折减系数 $\alpha_N$：

横梁远端与柱刚接时　　　　　　$\alpha_N = 1 - N_b/(4N_{Eb})$

横梁远端铰支时　　　　　　　　　　$\alpha_N = 1 - N_b/N_{Eb}$

横梁远端嵌固时　　　　　　　　　　$\alpha_N = 1 - N_b/(2N_{Eb})$

$N_{Eb}$ 的计算式见附表 18-1 注 4。

附表 19(a)

## 柱上端为自由的单阶柱下段的计算长度系数 μ

| 简　图 | $K_1$ / $\eta_1$ | 0.06 | 0.08 | 0.10 | 0.12 | 0.14 | 0.16 | 0.18 | 0.20 | 0.22 | 0.24 | 0.26 | 0.28 | 0.3 | 0.4 | 0.5 | 0.6 | 0.7 | 0.8 |
|---|---|---|---|---|---|---|---|---|---|---|---|---|---|---|---|---|---|---|---|
| | 0.2 | 2.00 | 2.01 | 2.01 | 2.01 | 2.01 | 2.01 | 2.01 | 2.02 | 2.02 | 2.02 | 2.02 | 2.02 | 2.02 | 2.03 | 2.04 | 2.05 | 2.06 | 2.07 |
| | 0.3 | 2.01 | 2.02 | 2.02 | 2.02 | 2.03 | 2.03 | 2.03 | 2.04 | 2.04 | 2.05 | 2.05 | 2.05 | 2.06 | 2.08 | 2.10 | 2.12 | 2.13 | 2.15 |
| | 0.4 | 2.02 | 2.03 | 2.04 | 2.04 | 2.05 | 2.06 | 2.07 | 2.07 | 2.08 | 2.09 | 2.09 | 2.10 | 2.11 | 2.14 | 2.18 | 2.21 | 2.25 | 2.28 |
| | 0.5 | 2.04 | 2.05 | 2.06 | 2.07 | 2.08 | 2.10 | 2.11 | 2.12 | 2.13 | 2.15 | 2.16 | 2.17 | 2.18 | 2.24 | 2.29 | 2.35 | 2.40 | 2.45 |
| | 0.6 | 2.06 | 2.08 | 2.10 | 2.12 | 2.14 | 2.16 | 2.18 | 2.19 | 2.21 | 2.23 | 2.25 | 2.26 | 2.28 | 2.36 | 2.44 | 2.52 | 2.59 | 2.66 |
| | 0.7 | 2.10 | 2.13 | 2.16 | 2.18 | 2.21 | 2.24 | 2.26 | 2.29 | 2.31 | 2.34 | 2.36 | 2.38 | 2.41 | 2.52 | 2.62 | 2.72 | 2.81 | 2.90 |
| | 0.8 | 2.15 | 2.20 | 2.24 | 2.27 | 2.31 | 2.34 | 2.38 | 2.41 | 2.44 | 2.47 | 2.50 | 2.53 | 2.56 | 2.70 | 2.82 | 2.94 | 3.06 | 3.16 |
| | 0.9 | 2.24 | 2.29 | 2.35 | 2.39 | 2.44 | 2.48 | 2.52 | 2.56 | 2.60 | 2.63 | 2.67 | 2.71 | 2.74 | 2.90 | 3.05 | 3.19 | 3.32 | 3.44 |
| | 1.0 | 2.36 | 2.43 | 2.48 | 2.54 | 2.59 | 2.64 | 2.69 | 2.73 | 2.77 | 2.82 | 2.86 | 2.90 | 2.94 | 3.12 | 3.29 | 3.45 | 3.59 | 3.74 |
| | 1.2 | 2.69 | 2.76 | 2.83 | 2.89 | 2.95 | 3.01 | 3.07 | 3.12 | 3.17 | 3.22 | 3.27 | 3.32 | 3.37 | 3.59 | 3.80 | 3.99 | 4.17 | 4.34 |
| | 1.4 | 3.07 | 3.14 | 3.22 | 3.29 | 3.36 | 3.42 | 3.48 | 3.55 | 3.61 | 3.66 | 3.72 | 3.78 | 3.83 | 4.09 | 4.33 | 4.56 | 4.77 | 4.97 |
| | 1.6 | 3.47 | 3.55 | 3.63 | 3.71 | 3.78 | 3.85 | 3.92 | 3.99 | 4.07 | 4.12 | 4.18 | 4.25 | 4.31 | 4.61 | 4.88 | 5.14 | 5.38 | 5.62 |
| | 1.8 | 3.88 | 3.97 | 4.05 | 4.13 | 4.21 | 4.29 | 4.37 | 4.44 | 4.52 | 4.59 | 4.66 | 4.73 | 4.80 | 5.13 | 5.44 | 5.73 | 6.00 | 6.26 |
| | 2.0 | 4.29 | 4.39 | 4.48 | 4.57 | 4.65 | 4.74 | 4.82 | 4.90 | 4.99 | 5.07 | 5.14 | 5.22 | 5.30 | 5.66 | 6.00 | 6.32 | 6.63 | 6.92 |
| | 2.2 | 4.71 | 4.81 | 4.91 | 5.00 | 5.10 | 5.19 | 5.28 | 5.37 | 5.46 | 5.54 | 5.63 | 5.71 | 5.80 | 6.19 | 6.57 | 6.92 | 7.26 | 7.58 |
| | 2.4 | 5.13 | 5.24 | 5.34 | 5.44 | 5.54 | 5.64 | 5.74 | 5.84 | 5.93 | 6.03 | 6.12 | 6.21 | 6.30 | 6.73 | 7.14 | 7.52 | 7.89 | 8.24 |
| | 2.6 | 5.55 | 5.66 | 5.77 | 5.88 | 5.99 | 6.10 | 6.20 | 6.31 | 6.41 | 6.51 | 6.61 | 6.71 | 6.80 | 7.27 | 7.71 | 8.13 | 8.52 | 8.90 |
| | 2.8 | 5.97 | 6.09 | 6.21 | 6.33 | 6.44 | 6.55 | 6.67 | 6.78 | 6.89 | 6.99 | 7.10 | 7.21 | 7.31 | 7.81 | 8.28 | 8.73 | 9.16 | 9.57 |
| | 3.0 | 6.39 | 6.52 | 6.64 | 6.77 | 6.89 | 7.01 | 7.13 | 7.25 | 7.37 | 7.48 | 7.59 | 7.71 | 7.82 | 8.35 | 8.86 | 9.34 | 9.80 | 10.24 |

$$K_1 = \frac{I_1}{I_2} \cdot \frac{H_2}{H_1};$$

$$\eta_1 = \frac{H_1}{H_2}\sqrt{\frac{N_1}{N_2} \cdot \frac{I_2}{I_1}};$$

$N_1$——上段柱的轴心力；

$N_2$——下段柱的轴心力。

注：表中的计算长度系数 μ 值系按下式算得：

$$\eta_1 K_1 \cdot \tan\frac{\pi}{\mu} \cdot \tan\frac{\pi\eta_1}{\mu} - 1 = 0$$

附表 19(b)

## 柱上端可移动但不转动的单阶柱下段的计算长度系数 μ

| 简图 | $K_1$ $\eta_1$ | 0.06 | 0.08 | 0.10 | 0.12 | 0.14 | 0.16 | 0.18 | 0.20 | 0.22 | 0.24 | 0.26 | 0.28 | 0.3 | 0.4 | 0.5 | 0.6 | 0.7 | 0.8 |
|---|---|---|---|---|---|---|---|---|---|---|---|---|---|---|---|---|---|---|---|
| | 0.2 | 1.96 | 1.94 | 1.93 | 1.91 | 1.90 | 1.89 | 1.88 | 1.86 | 1.85 | 1.84 | 1.83 | 1.82 | 1.81 | 1.76 | 1.72 | 1.68 | 1.65 | 1.62 |
| | 0.3 | 1.96 | 1.94 | 1.93 | 1.92 | 1.91 | 1.89 | 1.88 | 1.87 | 1.86 | 1.85 | 1.84 | 1.83 | 1.82 | 1.77 | 1.73 | 1.70 | 1.66 | 1.63 |
| | 0.4 | 1.96 | 1.95 | 1.94 | 1.92 | 1.91 | 1.90 | 1.89 | 1.88 | 1.87 | 1.86 | 1.85 | 1.84 | 1.83 | 1.79 | 1.75 | 1.72 | 1.68 | 1.66 |
| | 0.5 | 1.96 | 1.95 | 1.94 | 1.93 | 1.92 | 1.91 | 1.90 | 1.89 | 1.88 | 1.87 | 1.86 | 1.85 | 1.85 | 1.81 | 1.77 | 1.74 | 1.71 | 1.69 |
| | 0.6 | 1.97 | 1.96 | 1.95 | 1.94 | 1.93 | 1.92 | 1.91 | 1.90 | 1.90 | 1.89 | 1.88 | 1.87 | 1.87 | 1.83 | 1.80 | 1.78 | 1.75 | 1.73 |
| | 0.7 | 1.97 | 1.97 | 1.96 | 1.95 | 1.94 | 1.94 | 1.93 | 1.92 | 1.92 | 1.91 | 1.90 | 1.90 | 1.89 | 1.86 | 1.84 | 1.82 | 1.80 | 1.78 |
| | 0.8 | 1.98 | 1.98 | 1.97 | 1.96 | 1.96 | 1.95 | 1.95 | 1.94 | 1.94 | 1.93 | 1.93 | 1.93 | 1.92 | 1.90 | 1.88 | 1.87 | 1.86 | 1.84 |
| | 0.9 | 1.99 | 1.99 | 1.98 | 1.98 | 1.98 | 1.97 | 1.97 | 1.97 | 1.97 | 1.96 | 1.96 | 1.96 | 1.96 | 1.95 | 1.94 | 1.93 | 1.92 | 1.92 |
| | 1.0 | 2.00 | 2.00 | 2.00 | 2.00 | 2.00 | 2.00 | 2.00 | 2.00 | 2.00 | 2.00 | 2.00 | 2.00 | 2.00 | 2.00 | 2.00 | 2.00 | 2.00 | 2.00 |
| | 1.2 | 2.03 | 2.04 | 2.04 | 2.05 | 2.06 | 2.07 | 2.07 | 2.08 | 2.08 | 2.09 | 2.10 | 2.10 | 2.11 | 2.13 | 2.15 | 2.17 | 2.18 | 2.20 |
| | 1.4 | 2.07 | 2.09 | 2.11 | 2.12 | 2.14 | 2.16 | 2.17 | 2.18 | 2.20 | 2.21 | 2.22 | 2.23 | 2.24 | 2.29 | 2.33 | 2.37 | 2.40 | 2.42 |
| | 1.6 | 2.13 | 2.16 | 2.19 | 2.22 | 2.25 | 2.27 | 2.30 | 2.32 | 2.34 | 2.36 | 2.37 | 2.39 | 2.41 | 2.48 | 2.54 | 2.59 | 2.63 | 2.67 |
| | 1.8 | 2.22 | 2.27 | 2.31 | 2.35 | 2.39 | 2.42 | 2.45 | 2.48 | 2.50 | 2.53 | 2.55 | 2.57 | 2.59 | 2.69 | 2.76 | 2.83 | 2.88 | 2.93 |
| | 2.0 | 2.35 | 2.41 | 2.46 | 2.50 | 2.55 | 2.59 | 2.62 | 2.66 | 2.69 | 2.72 | 2.75 | 2.77 | 2.80 | 2.91 | 3.00 | 3.08 | 3.14 | 3.20 |
| | 2.2 | 2.51 | 2.57 | 2.63 | 2.68 | 2.73 | 2.77 | 2.81 | 2.85 | 2.89 | 2.92 | 2.95 | 2.98 | 3.01 | 3.14 | 3.25 | 3.33 | 3.41 | 3.47 |
| | 2.4 | 2.68 | 2.75 | 2.81 | 2.87 | 2.92 | 2.97 | 3.01 | 3.05 | 3.09 | 3.13 | 3.17 | 3.20 | 3.24 | 3.38 | 3.50 | 3.59 | 3.68 | 3.75 |
| | 2.6 | 2.87 | 2.94 | 3.00 | 3.06 | 3.12 | 3.17 | 3.22 | 3.27 | 3.31 | 3.35 | 3.39 | 3.43 | 3.46 | 3.62 | 3.75 | 3.86 | 3.95 | 4.03 |
| | 2.8 | 3.06 | 3.14 | 3.20 | 3.27 | 3.33 | 3.38 | 3.43 | 3.48 | 3.53 | 3.58 | 3.62 | 3.66 | 3.70 | 3.87 | 4.01 | 4.13 | 4.23 | 4.32 |
| | 3.0 | 3.26 | 3.34 | 3.41 | 3.47 | 3.54 | 3.60 | 3.65 | 3.70 | 3.75 | 3.80 | 3.85 | 3.89 | 3.93 | 4.12 | 4.27 | 4.40 | 4.51 | 4.61 |

简图：

$K_1 = \dfrac{I_1}{I_2} \cdot \dfrac{H_2}{H_1}$；

$\eta_1 = \dfrac{H_1}{H_2}\sqrt{\dfrac{N_1}{N_2} \cdot \dfrac{I_2}{I_1}}$；

$N_1$——上段柱的轴心力；

$N_2$——下段柱的轴心力。

注：表中的计算长度系数 μ 值系按下式算得：

$$\tan\frac{\pi\eta_1}{\mu} + \eta_1 K_1 \cdot \tan\frac{\pi}{\mu} = 0$$

# 参 考 文 献

[1] 中华人民共和国住房和城乡建设部. 钢结构设计标准：GB 50017—2017[S]. 北京：中国建筑工业出版社，2017.

[2] 中华人民共和国住房和城乡建设部. 建筑结构可靠性设计统一标准：GB 50068—2018[S]. 北京：中国建筑工业出版社，2018.

[3] 中华人民共和国住房和城乡建设部. 建筑结构荷载规范：GB 50009—2012[S]. 北京：中国建筑工业出版社，2012.

[4] 中华人民共和国住房和城乡建设部. 钢结构工程施工质量验收标准：GB 50205—2020[S]. 北京：中国计划出版社，2020.

[5] 中华人民共和国建设部. 冷弯薄壁型钢结构技术规范：GB 50018—2002[S]. 北京：中国标准出版社，2002.

[6] 中华人民共和国住房和城乡建设部. 高层民用建筑钢结构技术规程：JGJ 99—2015[S]. 北京：中国建筑工业出版社，2015.

[7] 陈绍蕃. 钢结构(上册)——钢结构基础[M]. 4版. 北京：中国建筑工业出版社，2018.

[8] 陈绍蕃. 钢结构稳定设计指南[M]. 3版. 北京：中国建筑工业出版社，2013.

[9] 陈绍蕃. 现代钢结构设计师手册[M]. 北京：中国电力出版社，2006.

[10] 沈祖炎等. 钢结构基本原理[M]. 3版. 北京：中国建筑工业出版社，2018.

[11] 赵熙元. 建筑钢结构设计手册[M]. 北京：冶金工业出版社，1995.

[12] 国际标准化组织. 钢结构 第1部分：材料和设计：ISO 10721—1—1997[S]. 北京：中国建筑工业出版社，2017.

[13] 沈俊昶. 耐火钢综合性能及构件抗火试验分析[J]. 钢结构，21(4)，2006.

[14] 国家市场监督管理总局. 低合金高强度结构钢：GB/T 1591—2018[S]. 北京：中国标准出版社，2018.

[15] 中华人民共和国住房和城乡建设部. 建筑钢结构防火技术规范：GB 51249—2017[S]. 北京：中国计划出版社，2017.

[16] 中华人民共和国住房和城乡建设部. 工程结构通用规范：GB 55001—2021[S]. 北京：中国建筑工业出版社，2021.

[17] 中华人民共和国住房和城乡建设部. 建筑与市政工程抗震通用规范：GB 55002—2021[S]. 北京：中国建筑工业出版社，2021.

[18] 中华人民共和国住房和城乡建设部. 钢结构通用规范：GB 55006—2021[S]. 北京：中国建筑工业出版社，2021.

# 高等学校土木工程专业指导委员会规划推荐教材（经典精品系列教材）

| 征订号 | 书　名 | 定价 | 作　者 | 备　注 |
|---|---|---|---|---|
| V40063 | 土木工程施工（第四版）（赠送课件） | 98.00 | 重庆大学　同济大学　哈尔滨工业大学 | 教育部普通高等教育精品教材 |
| V36140 | 岩土工程测试与监测技术（第二版） | 48.00 | 宰金珉　王旭东　等 | |
| V40077 | 建筑结构抗震设计（第五版）（赠送课件） | 48.00 | 李国强　等 | |
| V38988 | 土木工程制图（第六版）　（赠送课件） | 68.00 | 卢传贤　等 | |
| V38989 | 土木工程制图习题集（第六版） | 28.00 | 卢传贤　等 | |
| V36383 | 岩石力学（第四版）（赠送课件） | 48.00 | 许　明　张永兴 | |
| V32626 | 钢结构基本原理（第三版）（赠送课件） | 49.00 | 沈祖炎　等 | 国家教材奖一等奖 |
| V35922 | 房屋钢结构设计（第二版）（赠送课件） | 98.00 | 沈祖炎　陈以一　等 | 教育部普通高等教育精品教材 |
| V24535 | 路基工程（第二版） | 38.00 | 刘建坤　曾巧玲　等 | |
| V36809 | 建筑工程事故分析与处理（第四版）（赠送课件） | 75.00 | 王元清　江见鲸　等 | 教育部普通高等教育精品教材 |
| V35377 | 特种基础工程（第二版）（赠送课件） | 38.00 | 谢新宇　俞建霖 | |
| V37947 | 工程结构荷载与可靠度设计原理（第五版）（赠送课件） | 48.00 | 李国强　等 | |
| V37408 | 地下建筑结构（第三版）（赠送课件） | 68.00 | 朱合华　等 | 教育部普通高等教育精品教材 |
| V28269 | 房屋建筑学（第五版）（含光盘） | 59.00 | 同济大学　西安建筑科技大学　东南大学　重庆大学 | 教育部普通高等教育精品教材 |
| V40020 | 流体力学（第四版） | 59.00 | 刘鹤年　刘　京 | |
| V30846 | 桥梁施工（第二版）（赠送课件） | 37.00 | 卢文良　季文玉　许克宾 | |
| V40955 | 工程结构抗震设计（第四版）（赠送课件） | 46.00 | 李爱群　等 | |
| V35925 | 建筑结构试验（第五版）（赠送课件） | 49.00 | 易伟建　张望喜 | |
| V36141 | 地基处理（第二版）（赠送课件） | 39.00 | 龚晓南　陶燕丽 | 国家教材奖二等奖 |
| V29713 | 轨道工程（第二版）（赠送课件） | 53.00 | 陈秀方　娄　平 | |
| V36796 | 爆破工程（第二版）（赠送课件） | 48.00 | 东兆星　等 | |
| V36913 | 岩土工程勘察（第二版） | 54.00 | 王奎华 | |
| V20764 | 钢-混凝土组合结构 | 33.00 | 聂建国　等 | |
| V36410 | 土力学（第五版）（赠送课件） | 58.00 | 东南大学　浙江大学　湖南大学　苏州大学 | |
| V33980 | 基础工程（第四版）（赠送课件） | 58.00 | 华南理工大学　等 | |

注：本套教材均被评为《"十二五"普通高等教育本科国家级规划教材》和《住房和城乡建设部"十四五"规划教材》。

# 高等学校土木工程专业指导委员会规划推荐教材（经典精品系列教材）

| 征订号 | 书 名 | 定价 | 作 者 | 备 注 |
|---|---|---|---|---|
| V34853 | 混凝土结构（上册）——混凝土结构设计原理（第七版）（赠送课件） | 58.00 | 东南大学　天津大学　同济大学 | 教育部普通高等教育精品教材 |
| V34854 | 混凝土结构（中册）——混凝土结构与砌体结构设计（第七版）（赠送课件） | 68.00 | 东南大学　同济大学　天津大学 | 教育部普通高等教育精品教材 |
| V34855 | 混凝土结构（下册）——混凝土桥梁设计（第七版）（赠送课件） | 68.00 | 东南大学　同济大学　天津大学 | 教育部普通高等教育精品教材 |
| V25453 | 混凝土结构（上册）（第二版）（含光盘） | 58.00 | 叶列平 | |
| V23080 | 混凝土结构（下册） | 48.00 | 叶列平 | |
| V11404 | 混凝土结构及砌体结构（上） | 42.00 | 滕智明　等 | |
| V11439 | 混凝土结构及砌体结构（下） | 39.00 | 罗福午　等 | |
| V41162 | 钢结构（上册）——钢结构基础（第五版）（赠送课件） | 68.00 | 陈绍蕃　郝际平　顾　强 | |
| V41163 | 钢结构（下册）——房屋建筑钢结构设计（第五版）（赠送课件） | 52.00 | 陈绍蕃　郝际平 | |
| V22020 | 混凝土结构基本原理（第二版） | 48.00 | 张　誉　等 | |
| V25093 | 混凝土及砌体结构（上册）（第二版） | 45.00 | 哈尔滨工业大学　大连理工大学等 | |
| V26027 | 混凝土及砌体结构（下册）（第二版） | 29.00 | 哈尔滨工业大学　大连理工大学等 | |
| V20495 | 土木工程材料（第二版） | 38.00 | 湖南大学　天津大学　同济大学　东南大学 | |
| V36126 | 土木工程概论（第二版） | 36.00 | 沈祖炎 | |
| V19590 | 土木工程概论（第二版）（赠送课件） | 42.00 | 丁大钧　等 | 教育部普通高等教育精品教材 |
| V30759 | 工程地质学（第三版）（赠送课件） | 45.00 | 石振明　黄　雨 | |
| V20916 | 水文学 | 25.00 | 雏文生 | |
| V36806 | 高层建筑结构设计（第三版）（赠送课件） | 68.00 | 钱稼茹　赵作周　纪晓东　叶列平 | |
| V32969 | 桥梁工程（第三版）（赠送课件） | 49.00 | 房贞政　陈宝春　上官萍 | |
| V40268 | 砌体结构（第五版）（赠送课件） | 48.00 | 东南大学　同济大学　郑州大学 | 教育部普通高等教育精品教材 |
| V34812 | 土木工程信息化（赠送课件） | 48.00 | 李晓军 | |

注：本套教材均被评为《"十二五"普通高等教育本科国家级规划教材》和《住房和城乡建设部"十四五"规划教材》。